高等职业教育应用型人才培养教材

可编程控制器技术

（三菱机型）

张 东 主编

周益明 张俊萍 鲍慧玲 副主编

電子工業出版社

Publishing House of Electronics Industry

北京·BEIJING

内 容 简 介

本书以三菱公司的 FX_{2N} 系列可编程控制器为对象，以提升语言编程及表达技巧为主线，以提高学生的PLC 实战应用能力为目标，融入了维修电工中、高级职业技能考证的相关内容，从而满足“双证融通”应用型人才培养的要求。

全书分为 10 个章节，内容包括 PLC 原理、基本指令、逻辑编程、自保持编程、时序编程、顺控编程、应用指令编程、结构指令编程、功能模块、通信、高速计数、变频器等。每个章节后均配有实训内容，兼容各类机型，供不同院校、不同专业的学生选做。每章结尾还配有小结及大量习题，全书配有习题参考答案、实训视频、教学视频等丰富的教学资源，为提升教学质量提供保障。

本书可作为高职高专、应用型本科、电大等院校的电气自动化、应用电子技术、电力系统及自动化、机电一体化、楼宇智能化、通信技术、电气工程等专业的 PLC 课程教学用书，也可供相关专业工程技术人员自学或培训使用。

图书在版编目（CIP）数据

可编程控制器技术：三菱机型/张东主编．—北京：电子工业出版社，2015.8
全国高等职业教育应用型人才培养规划教材
ISBN 978-7-121-26232-6

Ⅰ．①可…　Ⅱ．①张…　Ⅲ．①可编程序控制器-高等职业教育-教材　Ⅳ．①TM571.6

中国版本图书馆 CIP 数据核字（2015）第 120340 号

策划编辑：王昭松（wangzs@phei.com.cn）
责任编辑：郝黎明
印　　刷：北京虎彩文化传播有限公司
装　　订：北京虎彩文化传播有限公司
出版发行：电子工业出版社
　　　　　北京市海淀区万寿路 173 信箱　邮编 100036
开　　本：787×1 092　1/16　印张：22　字数：563.2 千字
版　　次：2015 年 8 月第 1 版
印　　次：2024 年 1 月第 16 次印刷
定　　价：59.00 元

凡所购买电子工业出版社图书有缺损问题，请向购买书店调换。若书店售缺，请与本社发行部联系，联系及邮购电话：（010）88254888。

质量投诉请发邮件至 zlts@phei.com.cn，盗版侵权举报请发邮件至 dbqq@phei.com.cn。

服务热线：（010）88258888。

前　言

可编程控制器（Programmable Logic Controller）简称PLC，是综合了计算机技术、自动控制技术和通信技术的一种新型、通用的自动控制产品，具有功能强、可靠性高、使用灵活方便、易于编程及适应工业环境下应用等一系列优点。近年来随着人力成本的上涨和我们国家的产业升级，PLC得到越来越广泛的应用。为适应当前社会生产技术需求，上海科学技术职业学院于2002年在通信与电子信息系、机电工程系的相关专业及上海开放大学机电专业都开设了PLC课程，并配套有相应的实验室，经过多年的建设，该课程于2005年被评为校级精品课程，2009年又被评为上海市精品课程。

可编程控制器的应用能力是高职院校相关专业学生及企业工程技术人员的必备技能之一，本课程以培养职业能力为宗旨，以训练实际应用能力为前提，融入了维修电工职业技能考证的相关内容，从而满足目前“双证融通”应用型人才培养的要求。

编程语言类的教学，训练编程思路是首要的。本书在结构编排和内容组织上，力求打破传统教学模式，摒弃技术说明书似的叙述方式，以渐进方式展开PLC的资源和使用方法，以方法思路为模块，以实战应用为目的，以提高教学效能为目标，全书内容丰富翔实，综合了PLC相关联的必备知识和拓展知识，每章后均配有丰富的习题和实训，全面提高学生的PLC实战应用能力。

由于本课程涉及的知识点较多，传统教材大多采用先介绍PLC的概述、基本组成和工作原理，再介绍PLC的硬件及软元件，接着讲解其基本指令和功能指令，最后才给出设计实例的方式，这种传统的“填鸭式”的教学方法势必让学生产生厌烦情绪，大大降低教学的实效性。本书以实践技能应用为目标，比如拿出一个PLC，告诉同学这是什么，怎么从输入到输出，如何实现，简单编写一个程序看看。如何更有效地让学生掌握本课程的基础理论知识和基本操作技能，我校改革创新了一套切实可行的教学实施方法，即采用课堂教学“三步走”和实践教学“三步走”，将理论与实习实训相结合进行教学，让学生独立体会和分析PLC指令的应用。这种教学方法，符合学生学习过程中的心理特点及活动规律，大大提高了学生的学习兴趣，充分发挥了学生学习的主动性，更重要的一点是，可以培养学生解决实际问题的思路，让学生实实在在地掌握PLC的专业技术与技能。

从近些年“自动化设备安装与调试”国赛的涵盖技术来看，主要有4个方面，分别是PLC对变频器的控制（含A/D和D/A技术）、PLC控制伺服系统、PLC的通信联网及PLC与人机界面控制技术，这4个方面是PLC实战的综合技术。本书在实训方面兼顾这4个方面的内容，为PLC的综合应用作技术铺垫。

本书共分10章，第1章和第2章由张俊萍编写，第3章由鲍慧玲编写，第10章及部分实训由周益明编写，其余章节及全书配套的例题、习题及实训由张东编写。此外，还要感谢杨云老师、王鹏老师、王永明老师为本书的编写提供了大量案例，还要特别感谢王安栋同学、柯永星同学、索岩松同学、张亚晴同学，为本书绘制了大量的矢量配图。

本书主要以三菱公司的FX_{2N} -32MT机型PLC为实验对象，同时也介绍了FX_{3U}系列机型与FX_{2N}系列机型的改进之处，做到与时俱进。

由于笔者水平有限，书中难免存在错误和疏漏之处，敬请广大读者批评指正，我们将不断地充实和改进，以使本书更趋完美，也更加符合教学需求。

编　者

2015年6月

目　　录

第1章　可编程控制器概述

可编程控制器作为通用工业控制计算机，存在于工业控制的各个领域，它的应用范围几乎覆盖了所有工业企业，可以说凡是需要进行自动控制的场合，都可以用它来实现，如钢铁、化工、纺织、汽车、交通、建筑、食品、石油、娱乐等各行业。在人们的日常生活中，每天乘坐的电梯以及商场楼宇供电照明控制等都是由可编程控制器来实现的。可编程控制器、机器人、CAD/CAM 技术被称为现代工业自动化的三大支柱。特别是网络时代，可编程控制器和网络相结合，使它拥有了更加广阔的应用前景。

本章主要任务：了解可编程控制器的产生、现状、特点及应用，熟悉其工作原理。掌握可编程控制器是什么？如何工作的。

本章重点：PLC 的基本概念。

本章难点：可编程控制器循环扫描、串行工作的方式。

1.1　可编程控制器的产生

可编程控制器（Programmable Controller）简称 PC，个人计算机（Personal Computer）也简称 PC，为了避免混淆，故人们仍习惯用 PLC（Programmable Logic Controller）作为可编程控制器的缩写。

在工业生产过程中，要大量使用开关量来进行顺序控制，它按照一定的逻辑条件进行顺序动作，并按照逻辑关系进行联锁保护动作的控制，以及采集大量离散数据。传统上，这些功能是通过气动或电气控制系统来实现的。以往的顺序控制器主要是由继电器组成的，由此构成的系统只能按设定好的顺序工作，如果要改变控制顺序，就必须改变硬件设置，使得在实际生产应用中非常不方便。

于是在 1968 年，美国通用汽车公司（GM）对外公开招标，要求用新的电气控制取代继电器控制系统，以适应快速改变生产程序的要求，具体要求如下：

（1）编程方便，可在现场进行程序的编改。

（2）维修方便，采用插件式结构。

（3）可靠性能要高于继电器装置。

（4）体积要比继电器小。

（5）可以与管理计算机进行数据交换。

（6）成本要低，可与继电器竞争。

（7）可采用市电输入供电。

（8）输出可为市电，能直接驱动接触器。

（9）进行扩展时，要最小的改变原系统结构。

（10）用户存储器大于 4KB。

1969 年，美国数字设备公司（DEC）根据上述要求，研制出基于集成电路和电子技术的控制装置，首次采用程序化的手段应用于电气控制，这就是第一代可编程控制器。这台可编程控制器（PDP-14）在通用汽车公司的生产线上得到成功应用，并获得了满意的效果。

这一新型工业控制器装置的出现，也受到了世界其他国家的高度重视。1971 年日本从美国引进了这项新技术，并研制出了日本第一台 PLC。1973 年，西欧国家也研制出第一台 PLC。我国从 1974 年开始研制 PLC，于 1977 年应用于工业。

可编程控制器的历史虽然不长，但发展极为迅速，为了确定它的性质，国际电工委员会（IEC）对 PLC 定义如下：可编程控制器是一种数字运算操作的电子系统，专为在工业环境下应用而设计。它采用可编程序的存储器，用来在其内部存储执行逻辑运算、顺序控制、定时、计数和算术运算等操作的指令，并通过数字的、模拟的输入和输出，控制各种类型的机械或生产过程，如图 1-1 所示。

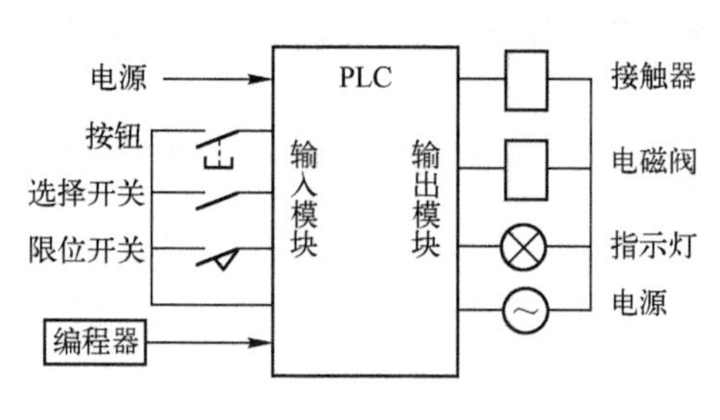

图 1-1　PLC 外部控制示意图

可编程控制器接收输入信号，依据内部程序进行运算，再控制输出，也可以把 PLC 看成是一个黑匣子，从输入到输出在黑匣子里运算。可编程控制器及其有关设备，都应按易于与工业控制系统形成一个整体，易于扩充其功能的原则设计。

1.2　可编程控制器的特点及主要性能指标

1.2.1　可编程控制器的特点

1. 可靠性高，抗干扰能力强

可靠性是指可编程控制器平均无故障工作时间。可靠性既反映了用户的要求，又是可编程控制器生产厂家竭力追求的技术指标。目前各生产厂家的 PLC 平均无故障安全运行时间都远大于国际电工委员会（IEC）规定的 10 万小时的标准。例如，三菱生产的 F 系列 PLC 平均无故障时间高达 30 万小时。一些使用冗余 CPU 的 PLC 的平均无故障时间则更长。可编程控制器从硬件和软件两方面采取一系列的抗干扰措施。在硬件方面，隔离是抗干扰的主要手段之一。在 CPU 和 I/O 之间采用光电隔离措施，有效地抑制了外部干扰源对 PLC 的影响，同时还可以防止外部高电压进入 CPU。滤波也是抗干扰的又一主要措施。此外对有些模块还设置了联锁保护、自诊断电路等。在软件方面，应用者可编写并输入外围器件的故障自诊断程序，使 PLC 在每一次循环扫描过程的内部处理期间，监测系统硬件是否正常，同时具有状态信息保护功能，当出现故障时，立即把重要的当前状态信息存入指定存储器，用软硬件配合封闭存储器，禁止对存储器进行任何不稳定的读写操作，以防存储信息被冲掉。实验测试表明，一般 PLC 产品可抗 1kV、1μs 的脉冲干扰。

2. 编程简单，操作方便

PLC 作为通用工业控制计算机，提供了多种面向用户的语言，如常用的梯形图 LAD（ladder Diagram）、指令语句表 STL（Statement List）和控制系统流程图 CSF（Control System Flowchart）等。考虑到企业中一般电气技术人员和技术工人的读图习惯和应用微电机的实际水平，目前大多数的 PLC 采用继电器控制形式的梯形图编程方式。这是一种面向生产、面向用户的生产方式，它以计算机软件技术构成人们惯用的继电器模式，直观易懂。

PLC 编程器大都采用个人计算机，早期还有手持式编程器的形式。手持式编程器有键盘、显示功能，通过电缆线与 PLC 相连，具有体积小、重量轻、便于携带等优点，但功能不如计算机。通过计算机对 PLC 编程，可进行系统仿真调试，监控运行。目前在国内，各厂家都开发了适用于计算机的编程软件，同时编程软件的汉化界面更有利于对 PLC 的学习和推广应用。

3. 系统的设计、安装、调试工作量小，维护方便

PLC 用软件取代了继电器控制系统中大量的继电器、时间继电器、计数器等器件，使控制柜的设计、安装接线工作量大为减少。同时 PLC 的用户程序大部分可以在实验室进行模拟调试，用模拟实验开关代替输入信号，其输入状态可通过 PLC 上的发光二极管指示出来。模拟调试好后再将 PLC 控制系统安装到生产现场，进行联机调试；这样既安全，又快捷方便。

PLC 的故障率低，并且有完善的自诊断和显示功能。当故障发生时，可以根据可编程控制器的发光二极管或编程器提供的信息迅速地查找故障的原因，用更换模块的方法可迅速地排出故障。

4. 体积小，能耗低

可编程控制器体积小、重量轻，以三菱公司的 FX－14 超小型可编程控制器为例，其底部尺寸为 90mm×60mm。由于体积小，很容易装在机械设备内部，是实现机电一体化的理想设备。对于复杂的控制系统，使用可编程控制器以后，可以减少大量的中间继电器和时间继电器，而可编程控制器的体积仅相当于几个继电器的大小，因此可将开关柜的体积缩小到原来的 1/2～1/10，由于减少了线圈用电，从而也使能耗降低。

可编程控制器的配线比继电器控制系统的配线少得多，故可以省下大量的配线和附件，减少大量的安装接线工时，加上开关柜的体积缩小，可以节省大量的费用。

1.2.2　可编程控制器的主要性能指标

1. 存储容量

存储容量是指用户程序存储器的容量。用户程序存储器的容量大，可以编制出复杂的程序。一般来说，小型 PLC 的用户存储器容量为几千字，而大型机的用户存储器容量为几万字。

2. I/O 点数

输入/输出点数是 PLC 可以接收的输入信号和输出信号的总和，点数越多，外部可控制的输入设备和输出设备就越多，控制规模就越大。

3. 扫描速度

扫描速度是指 PLC 执行用户程序的速度，一般以扫描 1K 字用户程序所需的时间来衡量扫描速度，通常以 ms/K 字为单位。

4. 指令系统

指令系统是指可编程控制器所有指令的总和。可编程控制器的编程指令越多，软件功能就越强，但应用起来也就相对复杂。用户可根据实际控制要求选择合适指令功能的可编程控制器。

5. 特殊功能单元

特殊功能单元种类的多少与功能的强弱是衡量 PLC 产品的一个重要指标。近年来，PLC 厂商非常重视特殊功能模块的开发，特殊功能单元种类日益增多，功能日益增强。

6. 可扩展性

PLC 的可扩展能力包括 I/O 点数的扩展、存储容量的扩展、联网功能的扩展以及各种功能模块的扩展。小型可编程控制器的基本单元多为 I/O 接口，各厂家在可编程控制器基本单元的基础上大力发展模拟量处理、高速处理、温度控制、通信等智能扩展模块。

1.3 可编程控制器的结构组成

PLC 就是一台工业用的专用计算机，其结构就是专用计算机的结构。它是由基本单元和扩展单元组成的。其中基本单元为中央处理单元（CPU）、存储器、输入/输出（I/O）接口、电源等。硬件系统结构图如图 1-2 所示。

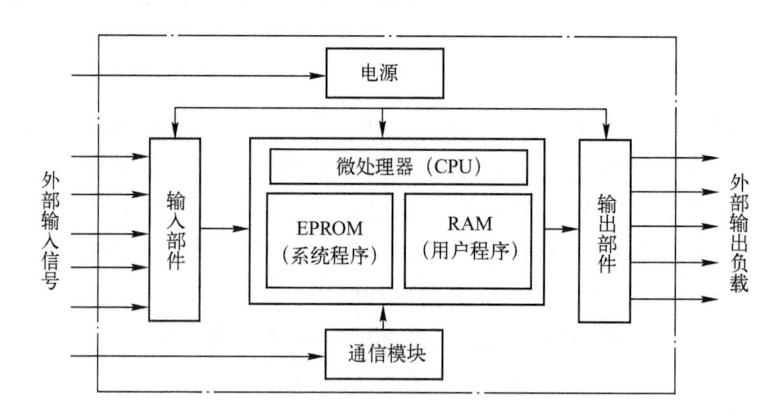

图 1-2 PLC 内部硬件系统结构图

1. CPU

CPU 是 PLC 的核心，负责进行数据处理和运算。每台 PLC 至少有一个 CPU。先用扫描的方式采集由现场输入装置送来的状态或数据，并存入规定的寄存器中。同时，诊断电源和 PLC 内部电路的工作状态和编程过程中的语法错误等。进入到运行状态后，从用户程序存储器中逐条读取指令，经译码后再按指令功能产生相应的控制信号，进行数据传输、逻辑和算术运算、存储相关结果。根据结果产生控制信号来控制相关设备。

与通用计算机一样，中央处理器主要由运算器、控制器、寄存器及实现它们之间联系的数据、控制及状态总线构成，还有外围芯片、总线接口及相关电路。它确定了进行控制的规模、工作速度、内存容量等。其中运算器负责逻辑和算术运算；控制器负责指令读取、指令译码、时序控制等；内存主要用于存储程序和数据。

不同厂商、不同型号的 PLC 的 CPU 芯片都是不同的，有的采用通用性的 CPU 芯片，有的采用自行研制的特殊专用芯片。随着集成电路的迅速发展，PLC 的数据处理能力与速度也在迅猛提高，从以前的 8 位发展到现在的 32 位甚至 64 位。

CPU 模块的外部表现就是它的工作状态的显示、接口及设定或控制开关。一般来讲，CPU 模块均有状态指示灯，如电源显示、运行显示、故障显示等。还有用于接 I/O 模块或底板的总线接口；用于安装内存的内存接口；用于接外部设备的外设口；还有用于通信的通信口。

2. I/O 模块

PLC 通过各种 I/O 接口模块与外界联系，I/O 模块可多可少，但其最大数受 CPU 所能管理的基本配置能力的限制，即受最大的底板或机槽数目的限制。I/O 模块集成了 PLC 的 I/O 电路，其输入暂存器反映输入信号的状态，输出点反映输出锁存器的状态。输入接口用来接收和采集不同的输入信号。一类是由按钮、选择开关、继电器触点、行程开关、光电开关、拔码开关等送来的开关输入信号；另一类是由变送器、传感器、电位器等送来的模拟信号。输出接口用来连接被控对象的执行元件，如接触器、指示灯、电磁阀等。

3. 电源模块

有些 PLC 中的电源，是与 CPU 模块合二为一的，有些是分开的。其主要用途是为 PLC 各模块的集成电路提供工作电源。同时，有的还为输入电路提供 24V 的工作电源。电源按其输入类型可分为交流电源（交流 220V 或 110V）、直流电源（直流 24V）。

4. 底板或机架

大多数模块式 PLC 使用底板或机架，其作用是：在电气上，实现各模块间的联系，使 CPU 能访问底板上的所有模块，如图 1-3 所示；在机械上，实现各模块间的连接，使各模块构成一个整体，如图 1-4 所示。

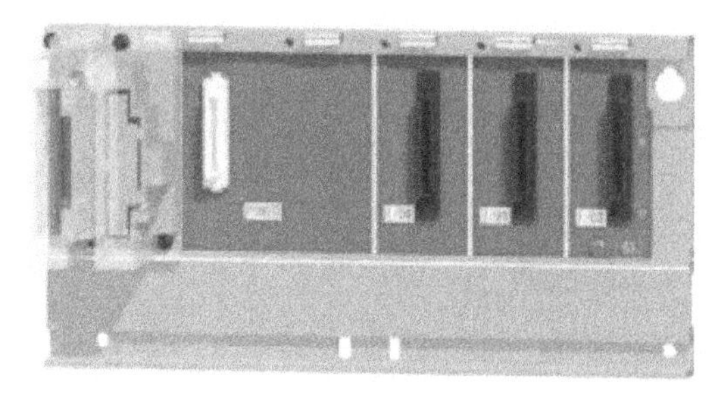

图 1-3　三菱 Q 系列 PLC 底板

图 1-4　三菱 Q 系列 PLC

5. PLC 的外部设备

外部设备是 PLC 系统不可分割的一部分，它有 4 大类。

（1）编程设备：它提供给用户对程序进行编程、编译、调试和监视等功能。有简易型编程器和智能型编程器两种，其中简易型编程器只能提供联机编程的功能，而智能型编程器可用于编程、对系统作一些设定、监控 PLC 及 PLC 所控制的系统的工作状况。编程器是 PLC 开发应用、监测运行、检测维护不可缺少的器件，但它不参与现场控制运行。

（2）监控设备：有数据监视器和图形监视器，可直接监视数据或通过画面监视数据。

（3）存储设备：有存储卡、存储磁带、软磁盘或只读器，用于永久性地存储用户数据，使用户程序不丢失，如 EPROM、EEPROM 写入器等。

（4）输入/输出设备：用于接收信号，一般有条码读入器、输入模拟量的电位器和打印机等。

了解了 PLC 的基本结构，在购买 PLC 时就有了一个基本的配置概念，做到既经济又合理，以尽可能发挥 PLC 所提供的最佳功能。

1.4 可编程控制器的内部资源及其工作原理

在机电控制电路中，用一个按钮控制一盏灯，如图 1-5 所示，当按钮按下时灯亮，当按钮松开时灯灭。

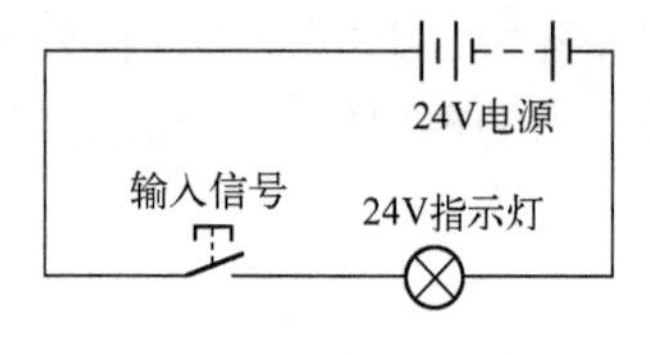

图 1-5 简单的灯控制电路

假设用 PLC 控制，也实现相同的控制效果，则需要将“输入信号”接在 PLC 的输入端 X0，24V 电源和 24V 指示灯接在 PLC 的输出端 Y0，程序要写入“X0 Y0”梯形图，如图 1-6 所示。PLC 读输入信号，程序计算、输出更新，这就是 PLC 的工作原理，详见后述。

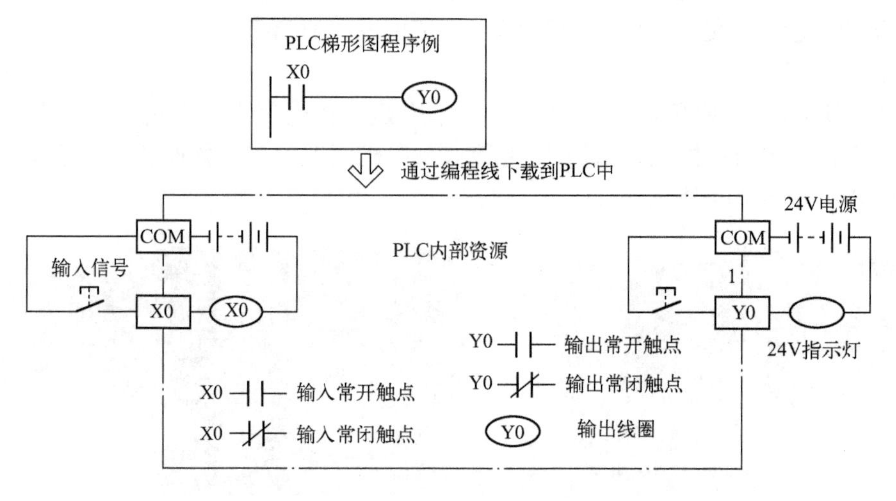

图 1-6 输入/输出继电器（X/Y）电路

1.4.1 可编程控制器的输入/输出编程元件

1. 输入继电器 X

输入继电器与 PLC 的输入端相连，是 PLC 接收外部开关信号的窗口。与输入端子连接的输入继电器是光电隔离的电子继电器，其常开触点和常闭触点的使用次数不限。这些触点在 PLC 内可以自由使用。FX_{2N}系列的输入继电器采用八进制地址编号，分别为 X0～X7、X10～X17、…、X260～X267，最多可达 184 点。

图 1-6 所示为输入/输出继电器的电路。编程时应注意，输入继电器只能由外部信号驱动，而不能在程序内部用指令驱动，其触点也不能直接输出带动负载。

2. 输出继电器 Y

输出继电器的输出端是 PLC 向外部传送信号的接口。外部信号无法直接驱动输出继电器，它只能在程序内部由指令驱动。输出触点（继电器触点、双向可控硅 SSR、晶体管等输出元件）接到 PLC 的输出端子，输出触点的通和断取决于输出线圈的通和断状态。其常开触点和常闭触点的使用次数不限。FX_{2N} 系列的输出继电器采用八进制地址编号，分别为 Y0 ~ Y7、Y10 ~ Y17、…、Y260 ~ Y267，最多可达 184 点。

1.4.2　可编程控制器的工作原理

可编程控制器的工作原理与计算机的工作原理基本上是一致的，但个人计算机与 PLC 的工作方式有所不同，计算机一般用等待命令的工作方式，如常见的键盘扫描方式或 I/O 扫描方式。当键盘有键按下或 I/O 口有信号输入时则中断转入相应的子程序。而 PLC 有确定的工作任务，装入了专用程序并成为一种专用机，它采用循环扫描方式，系统工作任务管理及应用程序执行都是循环扫描方式完成的。

1. 扫描周期及 PLC 的两种工作状态

PLC 有两种基本的工作状态，即运行（RUN）状态与停止（STOP）状态。运行状态是执行应用程序的状态，停止状态一般用于程序的编制与修改。在运行状态，可编程控制器通过执行反映控制要求的用户程序来实现控制功能。为了使可编程控制器的输出及时地响应随时可能变化的输入信号，用户程序不是只执行一次，而是反复不断地重复执行，直至可编程控制器停机或切换到停止工作状态。

PLC 在 RUN 工作状态时，执行一次如图 1-7 所示的扫描操作所需的时间称为扫描周期，其典型值为 1 ~ 100ms。在每次循环过程中，可编程控制器还要完成内部处理、通信处理等工作，一次循环可分为 5 个阶段。

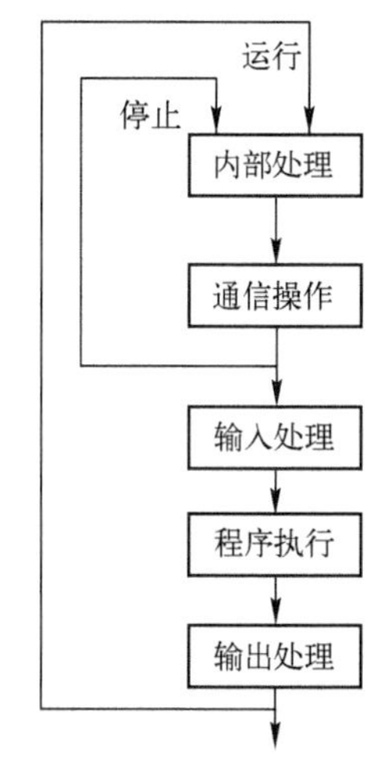

图 1-7　PLC 扫描过程

2. 分时处理及扫描工作方式

PLC 系统工作所要完成的任务如下：

（1）计算机各工作单元的信号内部处理。

（2）计算机与外部设备间的通信。

（3）用户程序所要完成的工作。

这些工作都是分时完成的，每项工作又都包含着许多具体的工作。以用户程序的完成来说可分为以下三个阶段。

① 输入处理阶段。输入处理也称为输入采样，在这个阶段，可编程控制器读入输入口的状态，并将它们存放在输入状态暂存区中。

② 程序执行阶段。在这个阶段中，可编程控制器根据本次读入的输入的数据，依用户程序的顺序逐条执行用户程序，执行的结果存储在输出状态暂存区中。

③ 输出处理阶段。输出处理也称为输出刷新。这是一个程序执行周期的最后阶段。可编程序控制器将本次执行用户程序的结果一次性地从输出状态暂存区送到各个输出口，对输出状态进行刷新。

这三个阶段也是分时完成的。为了连续地完成 PLC 所承担的工作，系统必须周而复始地依一定的顺序完成这一系列的工作，故把这种工作方式称为循环扫描工作方式。PLC 用户程序执行阶段扫描工作过程如图 1-8 所示。

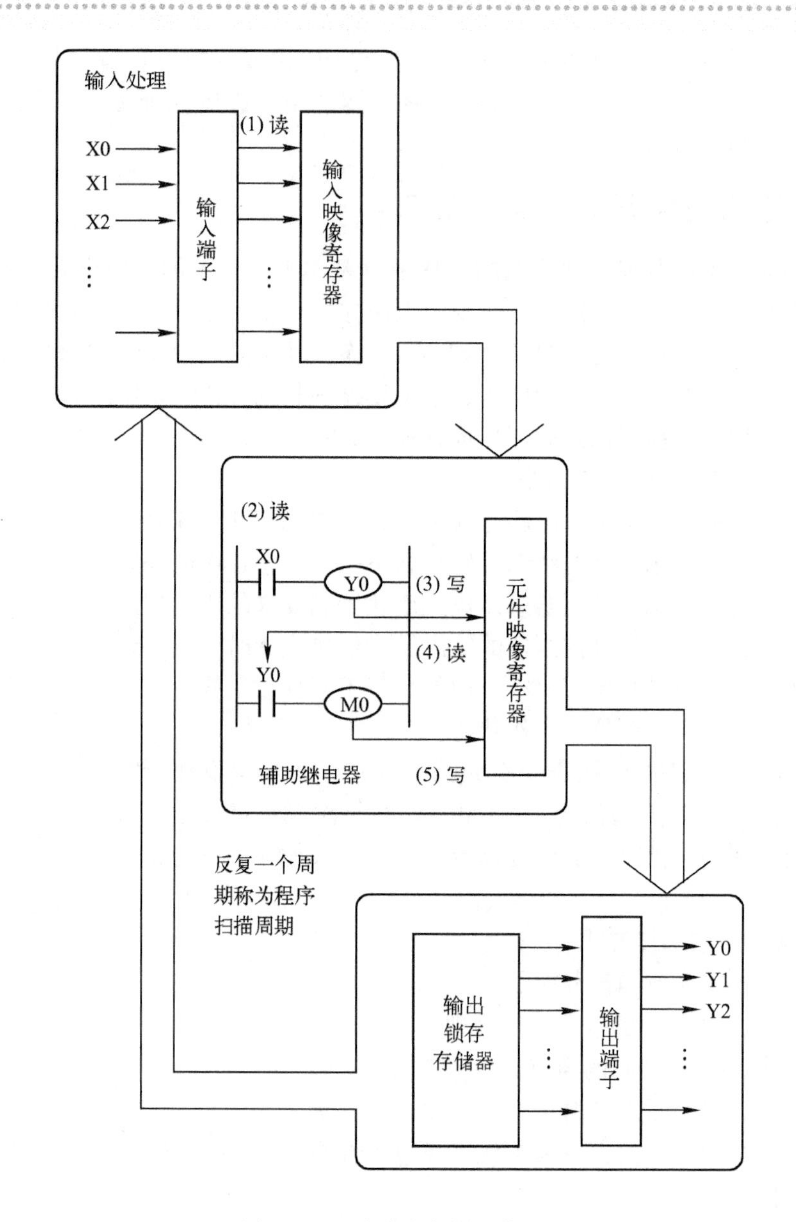

图 1-8　程序执行扫描工作过程

3. 输入/输出滞后时间

输入/输出滞后时间又称为系统响应时间，是指 PLC 外部输入信号发生变化的时刻起至它控制的有关外输出信号发生变化的时刻停止之间的间隔。它由输入电路的滤波时间、输出模块的滞后时间和因扫描工作方式产生的滞后时间三部分所组成。

输入模块的 RC 滤波电路用来滤除由输入端引入的干扰噪声，消除因外接输入触点动作时产生抖动引起的不良影响。滤波时间常数决定了输入滤波时间的长短，其典型值为 10ms 左右。

输出模块的滞后时间与模块开关元件的类型有关：继电器型输出电路的滞后时间一般最大值在 10ms 左右；双向可控硅型输出电路的滞后时间在负载被接通时的滞后时间约为

1ms，负载由导通到断开时的最大滞后时间为 10ms；晶体管型输出电路的滞后时间一般为 1ms 左右。

下面分析由扫描工作方式引起的滞后时间。在图 1-9 梯形图中的 X000、X001 是输入继电器，用来接收外部输入信号；Y000、Y001、Y002、Y003 是输出继电器，用来将输出信号传送给外部负载。图中 X000、X001 和 Y000、Y001、Y002、Y003 的波形表示对应的输入/输出映像寄存器的状态，高电平表示“1”状态，低电平表示“0”状态。

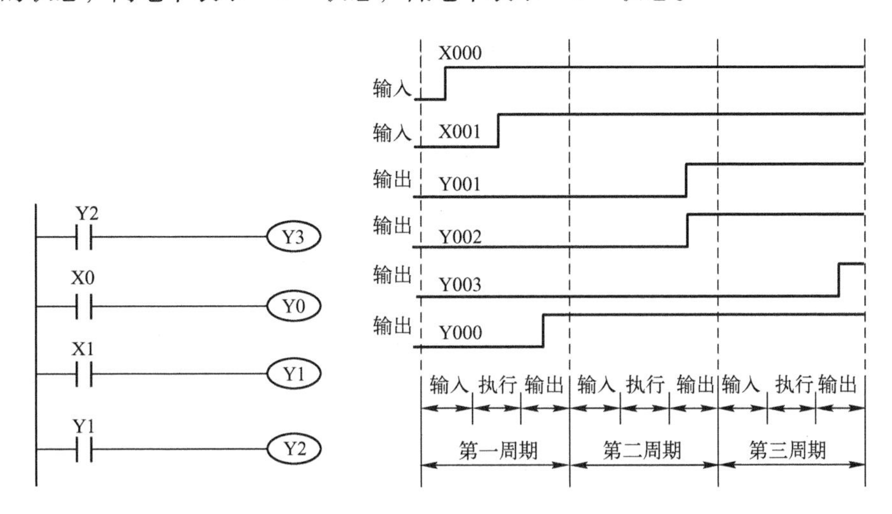

图 1-9　PLC 的输入/输出延时电路分析

图 1-9 中输入信号 X000 在第一个扫描周期的输入处理阶段出现，所以在第一个扫描周期的输出阶段 Y0 为“1”状态。信号 X001 在第一个扫描周期的程序执行阶段出现“1”，所以在第一个扫描周期的输出阶段 Y1 为“0”状态。

在第二个扫描周期的输入处理阶段前，输入继电器 X001 的映像寄存器变为“1”。在程序执行阶段，由梯形图可知，Y001、Y002 依次接通，它们的映像寄存器都变为“1”状态。

在第三个扫描周期的程序执行阶段，由于 Y002 接通，使 Y003 接通。Y003 的输出映像寄存器变为“1”状态。在输出处理阶段，Y003 对应的外部负载被接通。可见从外部输入触点接通到 Y003 驱动的负载接通，响应延迟最长可达两个多扫描周期。

将梯形图中第一行放到最后一行的位置，Y003 的延迟时间将减少一个扫描周期，可见这种延迟时间可以使用程序优化的方法减少。PLC 总的响应延迟时间一般只有数十毫秒，对于一般的控制系统是无关紧要的。但也有少数系统对响应时间有特别的要求，这时就需选择扫描时间快的 PLC，或采取使输出与扫描周期脱离的控制方式来解决。

4. 可编程控制器系统与继电接触器系统工作原理的差别

继电器电路图是用低压电器的接线表达逻辑控制关系的，可编程控制器则使用梯形图表达这种关系。在简单逻辑控制场合，继电器电路图与梯形图的结构可以非常相似。但是继电器电路和可编程控制器在运行时序上，却有着根本的不同。对于继电器电路来说，忽略电磁滞后及机械后，同一个继电器的所有触点的动作是和它的线圈通电或断电同时发生的。但是 PLC 中，由于指令的分时扫描执行，同一个器件的线圈工作和它的各个触点的动作并不同时发生。这就是继电接触器系统的并行工作方式和 PLC 的串行工作方式的差别。

1.5 可编程控制器的系统配置

1.5.1 FX 系列型号名称的含义

目前生产 PLC 的厂家较多，其中市场占有率较高的公司有日本三菱公司、欧姆龙公司、德国西门子公司等。三菱公司 FX_{1s}系列 PLC 是一种集成型小型单元式 PLC，I/O 点数在 30 点以内，具有完备的性能和通信功能。三菱公司 FX_{1n}系列 PLC 是三菱公司推出的普及型 PLC，I/O 点数在 128 点以内，具有扩展 I/O、模拟量控制、通信和链接扩展等功能，三菱公司 FX_{1N}系列是一款广泛应用于一般顺序控制的 PLC。三菱公司 FX_{2N}系列是 FX 家族中性价比最高的系列，模块最全，I/O 点数在 256 点以内，具有高速处理及可以扩展大量满足特殊需要的特殊功能模块等特点，并具有很大的灵活性和控制能力。三菱 PLC FX_{3UC}系列是三菱公司最新、最先进的系列，三菱 PLC FX_{3UC}系列是针对市场需求产品小型化、大容量存储、高性价比的背景下开发出来的第三代微型可编程控制器。它在诸多方面进行了增强，其 CPU 处理速度达到了 0. 065μs/基本指令；内置了高达 64K 步的大容量 RAM 存储器；大幅度增加了内部软元件的数量。此外，FX_{3UC}系列 PLC 还集成了业界最高水平的多种功能，如高性能的显示模块、3 轴独立最高 100kHz 的定位功能和增加的新定位指令、6 点同时 100kHz 的高速计数功能、CC - Link/LT 主站功能等。

FX_{3UC}系列 PLC 还专门强化了通信的功能，其内置的编程口可以达到 115. 2kbps 的高速通信，而且最多可以同时使用 3 个通信口（包括编程口在内）；新增了模拟量适配器，包括模拟量输入适配器、模拟量输出适配器和温度输入适配器，这些适配器不占用系统点数，使用方便。

本书主要介绍的是日本三菱公司的 FX_{2N}系列 PLC，兼顾 FX_{3UC}的不同点及其先进之处。

FX_{2N}系列可编程控制器的型号格式如下：

FX_{2N}——□□ □ □—□
① ② ③ ④

其中：

① 表示输入/输出的总点数：范围从 16 到 128。

② 表示单元类型：M 为基本单元，E 为输入/输出混合扩展单元与扩展模块，EX 为输入扩展模块，EY 为输出扩展模块。

③ 表示输出形式：R 为继电器输出，T 为晶体管输出，S 为双向可控硅输出。

④ 表示特殊品种的区别：D 为 DC（直流）电源，DC 输出；A1 为 AC（交流）电源，AC 输入（AC100 ~ 120V）或 AC 输出模块；H 为大电流输出扩展模板（1A/1 点）；V 为立式端子排的扩展模块；C 为接插口输入输出方式；F 为输入滤波时间常数为 1ms 的扩展模块；L 为 TTL 输入扩展模块；S 为独立端子（无公共端）扩展模块；若无符号，则为 AC 电源、DC 输入、横式端子排、标准输出（继电器输出为 0. 5A/I 点；双向可控硅输出为0. 3A/I点）。

例如，型号为 FX_{2N} - 40MR - D 的 PLC 属于 FX_{2N}系列，是有 40 个 I/O 点的基本单元，继

电器输出型，使用 DC24V 电源。

型号为 FX－4EYSH 的 PLC 属于 FX 系列，输入点数为 0 点，输出点数为 4 点，晶闸管输出，大电流输出扩展模块。

1.5.2 FX 系列 PLC 的主要指标

FX_{2N}系列 PLC 的一般技术指标包括基本性能指标、一般技术指标以及输出技术指标，各种性能指标如表 1-1 ~ 表 1-3 所示。

表 1-1 FX_{2N}系列 PLC 的基本性能指标

项目			性能指标	
运算控制方式			存储程序反复运算方式（专用 LSI），中断命令	
输入输出控制方式			批处理方式（在执行 END 指令时），但有输入输出刷新指令	
运算处理速度	基本指令		0.08μs/指令	
	应用指令		（1.52μs ~ 数百 μs）/指令	
程序语言			继电器符号 + 步进梯形图方式（可用 SFC 表示）	
程序容量存储器形式			内附 8K 步 RAM，最大为 16K 步（可选 RAM，EPROM EEPROM 存储卡盘）	
指令数	基本、步进指令		基本（顺控）指令 27 个，步进指令 2 个	
	应用指令		128 种 298 个	
输入继电器（扩展合用时）			X000 ~ X267（八进制编号）208 点	合计最大 256 点
输出继电器（扩展合用时）			X000 ~ X267（八进制编号）208 点	
辅助继电器	一般用		M000 ~ M499 500 点	
	锁存用		M500 ~ M1023 524 点，M1024 ~ M3071 2048 点 合计 2572 点	
	特殊用		M8000 ~ M8255 256 点	
状态寄存器	初始化用		S0 ~ S9 10 点	
	一般用		S10 ~ S499 490 点	
	锁存用		S500 ~ S899 400 点	
	报警用		S900 ~ S999 点 100 点	
定时器	100ms		T0 ~ T199（0.1 ~ 3276.7s） 200 点	
	10ms		T200 ~ T245（0.01 ~ 327.67s） 46 点	
	1ms（积算型）		T246 ~ T249（0.001 ~ 32.767s） 4 点	
	100ms（积算型）		T250 ~ T255（0.1 ~ 23.767s） 6 点	
	模拟定时器（内附）		1 点	
计算器	增计数	一般用	C0 ~ C99（0 ~ 32，767）（16 位） 100 点	
		锁存用	C100 ~ C199（0 ~ 32，767）（16 位） 100 点	
	增/减计数用	一般用	C200 ~ C219（32 位） 20 点	
		锁存用	C220 ~ C234（32 位） 15 点	
	高速用		C235 ~ C255 中有：1 相 60kHz 2 点，10kHz 2 点，10kHz 4 点或 2 相 30kHz 1 点，5kHz 1 点	

续表

数据寄存器	通用数据寄存器	一般用	D0～D199 （16位） 200点
		锁存用	D200～D511 （16位） 312点，D512～D 7999（16位） 7488点
	特殊用		D8000～D8195 （16位） 196点
	变址用		V0～V7，Z0～Z7 （16位）
	文件寄存器		通用寄存器的D1000以后可每500点位单位设定文件寄存器（MAX7000点）
指针	跳转、调用		P0～P127 128点
	输入中断、计时中断		I0□～I8□ 9点
	计时中断		I010～I060 6点
	嵌套（主控）		N0～N7 8点
常数	十进制K		16位：－32768～＋32767； 32位：－2147483648～＋2147483647
	十六进制H		16位：0～FFFF（H） 32位：0～ FFFFFFFF（H）
SFC程序			○
注释输入			○
内附RUN/STOP开关			○
模拟定时器			FX_{2N}－8AV－BD（选择）安装时8点
程序RUN中写入			○
时钟功能			○（内藏）
输入滤波器调整			X000～X017 0～60ms可变，FX_{2N}－16M X000～X007
恒定扫描			○
采样跟踪			○
关键字登录			○
报警器信号			○
脉冲列输出			20kHz/DC5V或10kHz/DC12～24V 1点

表1-2 FX_{2N}系列PLC的一般指标

环境温度	使用时：0～55℃，储存时：－20～＋70℃	
环境湿度	35%～89%RH时（不结露）使用	
抗振	JIS C0912标准10～50Hz 0.5mm（最大2G） 3轴方向各2h（但用DIN导轨安装时0.5G）	
抗冲击	JIS C0912标准 10G 3轴方向各3次	
抗噪声干扰	在用噪声仿真器产生电压为100Vp－p、噪声脉冲宽度为1μs、周期为30～100Hz的噪声干扰时工作正常	
耐压	AC1500V	所有端子与接地端之间
绝缘电阻	5MΩ以上（DC500V兆欧表）	
接地	第三种接地，不能接地时亦可浮空	
使用环境	无腐蚀性气体，无尘埃	

表 1-3　FX_{2N}系列 PLC 三种输出方式的技术规格

项　目		继电器输出	可控硅开关元件输出	晶体管输出
机型		FX_{2N}基本单元； 扩展单元； 扩展模块	FX_{2N}基本单元； 扩展模块	FX_{2N}基本单元； 扩展单元； 扩展模块
内部电源		AC250V，DC30V 以下	AC85～242V	DC5～30V
电路绝缘		机械绝缘	光控晶闸管绝缘	光耦合器绝缘
动作显示		继电器螺线管通电时 LED 灯亮	光控晶闸管驱动时 LED 灯亮	光耦合器驱动时 LED 灯亮
最大负载	电阻负载	2A/1 点、8A/4 点公用、8A/4 点公用、8A/8 点公用	0.3A/1 点、0.8A/4 点	0.5A/1 点、0.8A/4 点（Y000、Y001 以外）、0.3A/1 点（Y000、Y001）
	感性负载	80V·A	15V·A/AC100V、30V·A/ AC200V	12W/DC24V（Y000、Y001 以外）、7.2W/DC24V（Y000、Y001）
	灯负载	100W	30W	1.5W/DC24V（Y000、Y001 以外）、0.9W/DC24V（Y000、Y001）
开路漏电器		—	1mA/AC100V、2mA/AC200V	0.1mA/DC30V
最小负载		DC5V2mA（参考值）	0.4V·A/AC100V、1.6V·A/AC200V	—
响应时间	OFF→ON	约 10ms	1ms 以下	0.2ms 以下
	ON→OFF	约 10ms	10ms 以下	0.2ms 以下

1.6　可编程控制器的分类及发展趋势

1.6.1　PLC 分类

目前，PLC 的种类很多，规格性能不一。对 PLC 的分类，通常可根据它的结构形式、容量或功能进行。

1. 按结构形式分类

按照硬件的结构形式，PLC 可分为以下三种。

（1）整体式 PLC：这种结构的 PLC 将电源、CPU、输入/输出部件等集成在一起，装在一个箱体内，通常称为主机，如图 1-10 所示。整体式结构的 PLC 具有结构紧凑、体积小、重量轻、价格较低等特点，但主机的 I/O 点数固定，使用不太灵活。小型的 PLC 通常使用这种结构，适用于简单的控制场合。

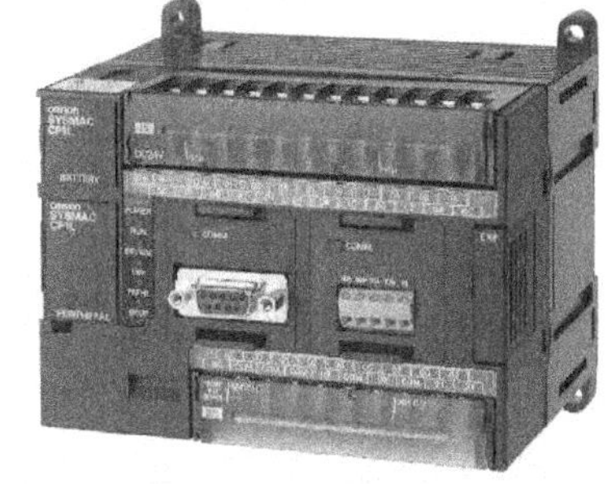

图 1-10　整体式 PLC OMRON CP1H

（2）模块式 PLC：也称为积木式结构，即把 PLC 的各组成部分以模块的形式分开，如电源模块、CPU、输入模块、输出模块等，把这些模块插在底板上，组装在一个机架内，如图 1-11 所示。这种结构的 PLC 组装灵活、装配方便、便于扩展，但结构较复杂，价格较高。大型的

PLC 通常采用这种结构，适用于比较复杂的控制场合。

图 1-11　模块式 PLC 西门子 S7-300

（3）叠装式 PLC：这是一种新的结构形式，它吸收了整体式和模块式 PLC 的优点，如三菱公司的 FX_{2N} 系列，它的基本单元、扩展单元和扩展模块等高等宽，但是长度不同。它们不用基板，仅用扁平电缆，紧密拼装后组成一个整齐的长方体，输入、输出点数的配置也相当灵活，如图 1-12 所示。

图 1-12　叠装式 PLC FX_{3U} 及其模块

2. 按容量分类

PLC 的容量主要指其输入/输出点数。按容量大小，可将 PLC 分为以下三种。

（1）小型 PLC：I/O 点数一般在 256 点以下。

（2）中型 PLC：I/O 点数一般在 256～1024 点之间。

（3）大型 PLC：I/O 点数在 1024 点以上。

3. 按功能分类

按 PLC 功能上的强弱，可分为以下三种。

（1）低档机：具有逻辑运算、计时、计数等功能，有的具备一定的算术运算、数据处理和传送等功能，可实现逻辑、顺序、计时计数等控制功能。

（2）中档机：除具有低档机的功能外，还具有较强的模拟量输入输出、算术运算、数据传送等功能，可完成既有开关量又有模拟量的控制任务。

（3）高档机：除具有中档机的功能外，还具有带符号运算、矩阵运算等功能，使得运算能力更强，还具有模拟量调节、联网通信等功能，能进行智能控制、远程控制、大规模控制，可构成分布式控制系统，实现工厂自动化管理。

1.6.2　可编程控制器的发展趋势

随着科技的发展和工业现代化生产的需要，目前可编程控制器主要有以下几个发展趋势。

1. 向微型化、专业化的方向发展

随着元器件体积的减小、质量的提高，可编程控制器结构更加紧凑，设计制造水平在不断进步。微型可编程控制器一般是指 I/O 点数小于等于 256 点的可编程控制器，大多采用整体式结构，因其性价比高，故适合于单机自动化或组成分布式控制系统。有些微型可编程控制器的体积非常小，如三菱公司的 FX_{0N}、FX_{0S}、FX_{2N}系列 PLC 均为超小型可编程控制器，与该公司的 F1 系列相比，其体积只有前者的 1/3 左右。

微型可编程控制器的体积虽小，功能却很强，如 FX_{2N}的基本指令执行速度高达 0.08μs/步，有功能很强的 128 种计 298 条功能指令，可以作 16 位或 32 位二进制运算，具有数据传送、比较、四则运算、转移、循环、子程序调用、多层嵌套主控功能。FX_{2N}为用户提供了大量的编程元件，如 3000 多点辅助继电器、1000 点状态、256 点定时器、200 多点计数器、8 点内附高速计数器、800 多点数据寄存器、128 点跳步指针和 15 点中断指针。配上特殊扩展模块可实现模拟量控制、定位控制、温度控制、可编程凸轮控制和模拟量设定。FX 系列可编程控制器可以通过串联通信接口与计算机和三菱公司的 A 系列可编程控制器联网，FX 系列可编程控制器也可以组成 RS-485 通信网络。同时，随着可编程控制器价格的不断下降，PLC 将真正的成为继电器控制的替代产品。

2. 向大型化、高速度、高性能方面发展

大型化指的是大中型可编程控制器向着大容量、智能化和网络化发展，使之能与计算机组成集成控制系统，对大规模、复杂系统进行综合性的自动化控制。

在模拟量控制方面，除了专用于模拟量闭环控制的 PID 指令和智能 PID 模块外，某些可编程控制器还具有模拟量模糊控制、自适应、参数自整定功能，使调试时间减少，控制精度提高。

同时，用于监控、管理和编程的人机接口和图形工作站的功能日益增加。如西门子公司的 TISTAR 和 PCS 工作站使用的 APT（应用开发工具）软件，是面向对象的组态设计、系统开发和管理工具软件，它使用工业标准符号进行基于图形的配置设计。自上而下的模块化和面向对象的设计方法，大大提高了配置效率，降低了工程费用，系统的设计开发自始至终体现了高度结构化的特点。APT 的程序检测和模拟功能减少了安装和开发需要的时间，APT 根据用户确定的控制策略自动生成配置程序。可以认为这是控制设计领域的重大革新，是过程控制的 CAD。TISTAR 的命令均为配置方式，不需要任何编程工作，大大简化了控制系统的建立和调试工作。

3. 编程语言日趋标准

与个人计算机相比，可编程控制器的硬件、软件系统结构都是封闭的，而不是开放的。在硬件方面，各厂家的 CPU 模块和 I/O 模块互不通用，各公司的总线、通信网络和通信协议一般也是专用的。可编程语言虽然多采用梯形图，但具体的指令系统和表达方式并不一致，因此各公司的可编程控制器互不兼容。为了解决这一问题，国际电工委员会 IEC 于 1994 年 5 月公布了可编程控制器的编程语言标准。标准中共有五种语言，其中的顺序功能图

（SFC）是一种结构块控制程序流程图，梯形图和功能块图是两种图形语言，此外还有两种文字语言（指令表和结构文本）。除了提供集中编程语言供用户选择外，标准还允许编程者在同一程序中使用多种编程语言，这使得编程者能够选择不同的语言来适应特殊的工作。几乎所有的可编程控制器厂家都表示在将来完全支持 IEC 的标准，但是不同厂家的产品之间的程序转换仍有一个过程。

4. 与其他工业控制产品更加融合

可编程控制器与个人计算机、分布式控制系统（DCS，又称集散控制系统）和计算机数控（CNC）在功能和应用方面相互渗透，互相融合，使得控制系统的性价比不断提高。在这种关系中，目前的趋势是采用开放式的应用平台，即网络、操作系统、监控及显示均采用国际标准和工业标准，如操作系统采用 UNIX、MS－DOS、Windows、OS2 等，这样可以把不同厂家的可编程控制器连接到一个网络中运行。

① PLC 与 PC 的融合。个人计算机的价格便宜，有很强的数据运算、处理和分析能力。目前个人计算机主要用作可编程控制器的编程器、操作站或人/机接口终端。

将可编程控制器与工业控制计算机有机地结合在一起，形成了一种称之为 IPLC（Integrated PLC，即集成可编程控制器）的新型控制装置，其典型代表是 1988 年 10 月 A－B 公司和 DEC 公司联合开发的金字塔集成器（Pyramid Integrator），它是可编程控制器工业成熟的一个里程碑。

② PLC 和 CNC 的融合。计算机数控（CNC）已受到来自可编程控制器的挑战，目前可编程控制器已经用于控制各种金属切削机床、金属成形机械、装配机械、机器人、电梯和其他需要位置控制和速度控制的场合。过去控制几个轴的内插补是可编程控制器的薄弱环节，而现在已经有一些公司的可编程控制器能实现这种功能。例如三菱公司的 A 系列和 AnS 系列大中型可编程控制器均有单轴/双轴/三轴位置控制模块，集成了 CNC 功能的 IPCL620 控制器可以完成 8 轴的插补运算。

5. 与现场总线相结合

现场总线（FieldBus）是连接智能现场设备和自动化系统的数字式、双向传输、多分支结构的通信网络，它是当前工业自动化的热点之一。现场总线以开放的、独立的、全数字化的双向多变量通信代替 0～10mA 或 4～20mA 现场电动仪表信号。现场总线 I/O 集检测、数据处理、通信为一体，可以代替变送器、调节器、记录仪等模拟仪表，它接线简单，只需一根电缆，从主机开始，沿数据链从一个现场总线 I/O 连接到下一个现场总线 I/O。

可编程控制器与现场总线相结合，可以组成价格便宜、功能强大的分布式控制系统。使用现场总线后，操作员可以在中央控制室实现远程监控，对现场设备进行参数调整，还可以通过现场设备的自诊断功能预测故障和寻找故障点。

6. 通信联网能力增强

可编程控制器的通信联网功能使 PLC 与 PLC 之间、PLC 与个人计算机之间以及与其他智能控制设备之间能交换数字信息，形成一个统一的整体，实现分散控制和集中管理。可编程控制器网络大多是各厂家专用的，但是它们可以通过主机，与遵循标准通信协议的大网络联网。现在几乎所有的 PLC 新产品都有通信联网功能，它和计算机一样具有 RS－232 接口，通过双绞线、同轴电缆或光纤联网，可以在几千米甚至几十千米的范围内交换信息。

1.7　PLC电路的实训

1.7.1　PLC电源和负载接线

三菱 FX_{2N}机型主要有两种供电形式，一种是交流 AC 供电，电压为 100～240V，其接线图如图 1-13 所示；另一种是直流 DC 供电，电压为 24V，其接线图如图 1-14 所示。

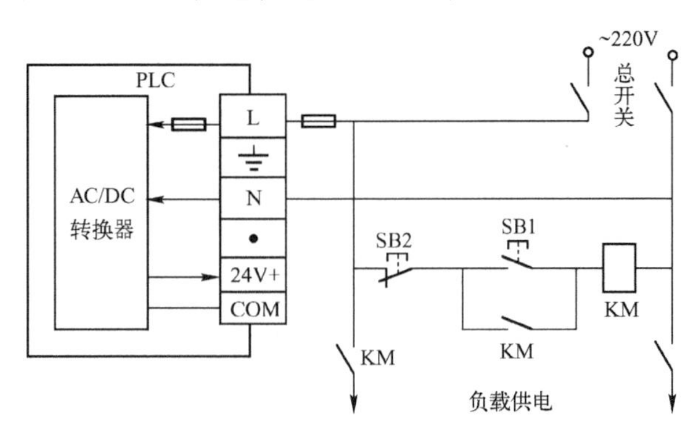

图 1-13　PLC 交流电源接线图

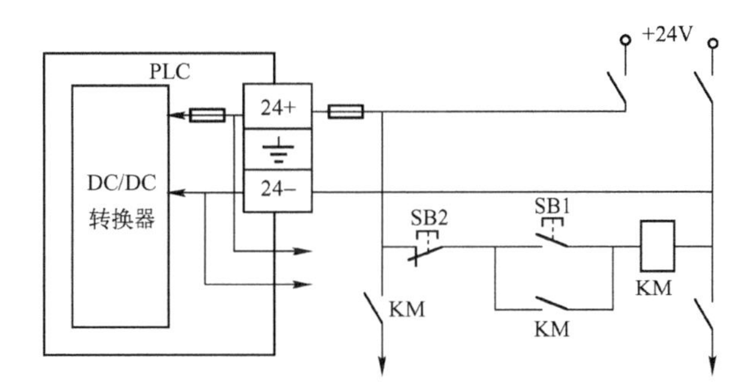

图 1-14　PLC 直流电源接线图

在 PLC 输出的 COM 口，须加装一个 5～10A 的保险丝，以防负载短路烧坏电路。另外，在直流电感性负载上，应并联连接续流二极管。如果没有续流二极管，会显著降低触点的寿命。可选择耐反向电压为负载电压的 5～10 倍以上、正向电流超过负载电流的续流二极管。PLC 直流电感性负载保护接线如图 1-15 所示。

在交流电感性负载上，须设计与负载并联的浪涌吸收器，浪涌吸收器器件参数选择为电容 0.1μF 加电阻 100～120Ω。PLC 交流电感性负载保护接线如图 1-16 所示。

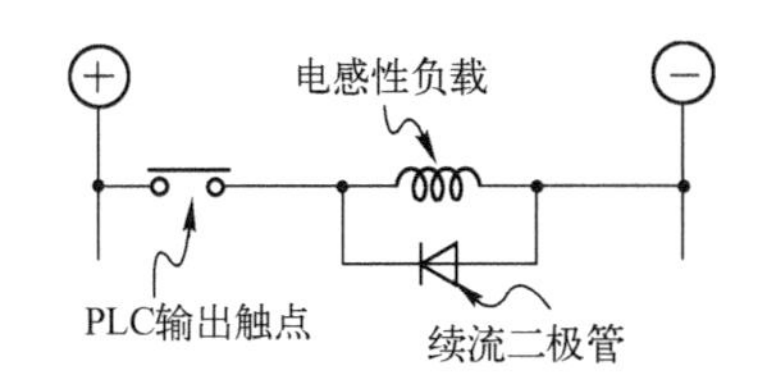

图 1-15　PLC 直流电感性负载保护接线图

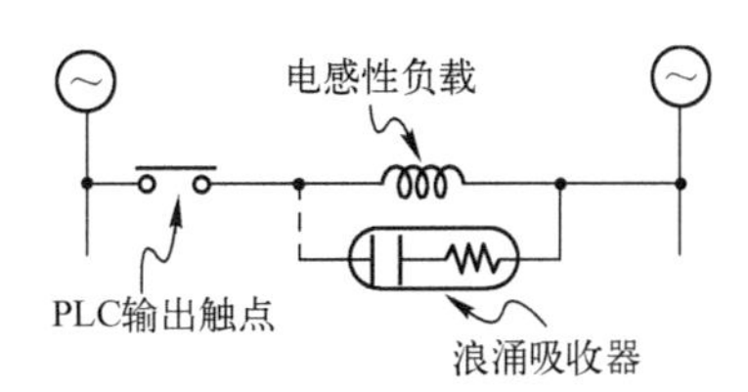

图 1-16　PLC 交流电感性负载保护接线图

1.7.2 实训内容

对于三菱 PLC 输入信号的接线，分 AC 型、DC 型两种，这和电源的 AC 型、DC 型是两回事。只要输入是 DC 型的，即可从 COM 口通过输入接点接至 PLC 的输入口（X0、X1、X2…）。

对于三菱 PLC 输出信号的接线，主要是看负载是 AC 型还是 DC 型，图 1-17 是 PLC 直流输入、直流输出的接线图，其中，L0～L4 为 24V 指示灯，KM1、KM2 为 24V 继电器。

对于输出接交流 220V 负载的情况，其接线如图 1-18 所示。

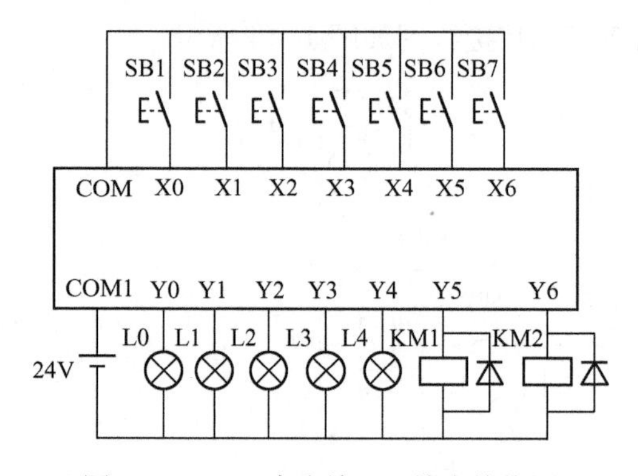

图 1-17　PLC 直流输入、输出接线图

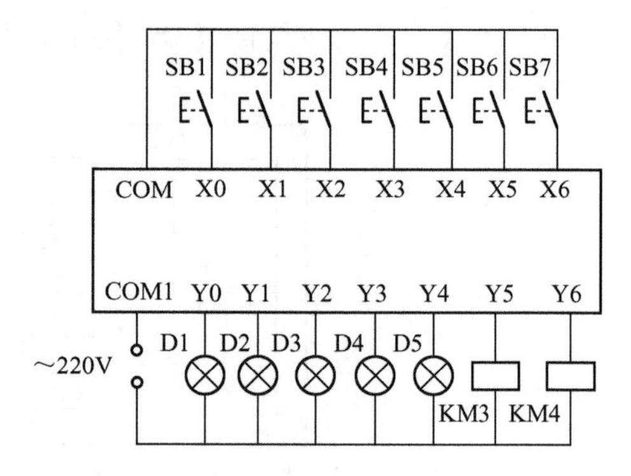

图 1-18　PLC 直流输入、交流输出接线图

练习建立程序，按如图 1-19 所示的梯形图输入程序，并下载到 PLC 中，调试并观察输入与输出之间的关系，体会 PLC 的工作原理。

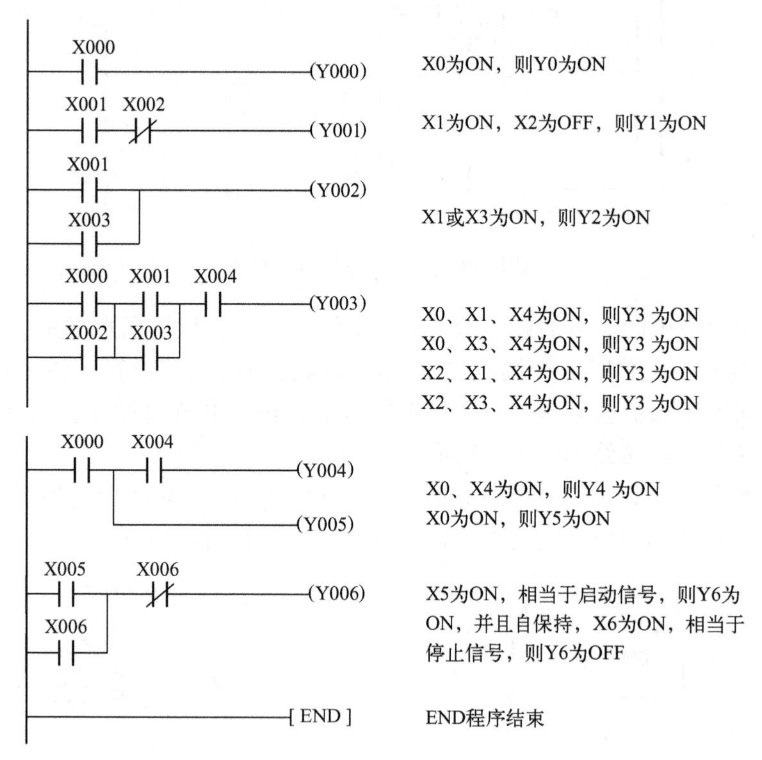

图 1-19　梯形图输入练习

【思考题】

（1）若 SB1、SB2、SB3 均为 ON，则 L1（或 D1）为 ON，那么硬件接线要改吗？程序如何实现？

（2）若 SB1、SB2、SB3 中有一个为 ON，则 L2（或 D2）为 ON，那么硬件接线要改吗？程序如何实现？

（3）使用同编号的常闭触点和常开触点有什么规律？

本章小结

本章重点介绍了可编程控制器 PLC 的产生、特点、基本组成、工作原理以及系统配置等。掌握 PLC 的组成和工作原理，将对后续 PLC 指令以及编程方法的学习起到很大的帮助。

PLC 是专为工业环境设计的电子控制装置，具有抗干扰能力强、可靠性高、功能强、体积小、编程简单、使用维护方便等特点，应用于各行各业。国际电工委员会（IEC）对 PLC 定义如下：可编程控制器是一种数字运算操作的电子系统，专为在工业环境下应用而设计。它采用可编程序的存储器，用来在其内部存储执行逻辑运算、顺序控制、定时、计数和算术运算等操作的指令，并通过数字的、模拟的输入和输出，控制各种类型的机械或生产过程。

PLC 主要由 CPU、存储器、I/O 模块、电源模块和编程器等部分组成。它采用集中采样、集中输出，按顺序循环扫描用户程序的串行工作方式，不同于传统继电器控制的并行工作方式。PLC 在工作运行时，每个扫描周期分为输入采样、程序执行和输出刷新三个阶段。

PLC 的分类，通常可根据它的结构形式、容量或功能进行。按结构形式可分为整体式 PLC、模块式 PLC 及叠装式 PLC；按容量可分为小型 PLC（I/O 点数一般在 256 点以下）、中型 PLC（I/O 点数一般为 256 ~ 1024 点）及大型 PLC（I/O 点数在 1024 点以上）；按功能可分为低档机、中档机及高档机。

习　题　1

一、选择题

1. 可编程控制器英文表达为（　　）。

A. Programmable Controller　　B. Programmable Logic Controller
C. Personal Computer　　D. Personal Logic Controller

2. PLC 是在（　　）基础上发展起来的。

A. 继电控制系统　　B. 单片机　　C. 工业计算机　　D. 机器人

3. 一般公认的 PLC 发明时间为（　　）年。

A. 1945　　B. 1968　　C. 1969　　D. 1970

二、填空题

1. PLC 的基本组成由________、________、________、________、电源、________及 I/O 扩展端口构成。

2. PLC控制电路工作方式为________，继电控制电路为________工作方式。

3. PLC中的直流控制电压一般是采用________伏。

4. 可编程控制器是一种专门为在________环境下应用而设计的数字运算操作的电子装置。

5. PLC按结构形式可分为________式PLC、________式PLC及________式PLC；按容量可分为________型PLC（I/O点数一般在256点以下）、________型PLC（I/O点数一般为256～1024点）及________型PLC（I/O点数在1024点以上）；按功能可分为低档机、中档机及高档机。

6. PLC直流电感性负载保护是在负载两端加________。

7. PLC交流电感性负载保护是在负载两端加________。

三、简答题

1. PLC控制系统有哪些特点?

2. 可编程控制系统与继电器控制系统相比，有哪些优点?

3. PLC按结构分有哪些种类?

4. 可编程控制器的硬件由哪几个部分组成，各有何用途?

5. 简述什么是PLC的扫描周期。

四、分析题

1. 接线如图1-9所示，输入下列程序，分析Y2需如何会ON?

X0 X1 X2 Y2

2. 接线如图1-9所示，输入下列程序，分析Y3需如何会OFF?

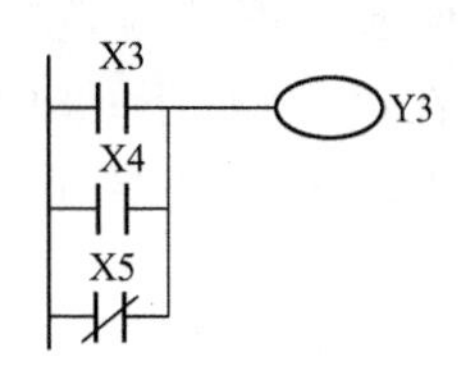

第 2 章　基本指令及逻辑编程

本章主要讲述 PLC 的编程语言以及基本的编程指令，PLC 常用的两种编程语言即梯形图和助记符语句表。采用梯形图编程，比较直观，但需要一台个人计算机及相应的编程软件；采用助记符形式便于实验，它只需要一台简易编程器，而不必用图形编程器或计算机来编程。这两种编程语言相互互补，各有其优势。

在 PLC 控制应用中，从最简单的电动机启停控制到复杂的流水线控制，在外围硬件选定的前提下，都是由程序来实现不同的功能，由此可见编程的重要性。而编程的基础则是基于 PLC 基本指令的梯形图、语句表、状态转移图等。为了更好地学习 PLC 的编程方法，我们先从最基本的基本指令讲起。

在方法上用真值表和卡诺图来做逻辑电路的程序设计。本章通过实例详细阐述逻辑电路的程序设计技巧和方法。

本章任务：掌握基本指令，掌握语句表的编写，掌握逻辑电路设计的方法，进一步熟悉 PLC 的使用。

本章重点：基本的编程指令。

本章难点：逻辑电路设计的方法。

2.1　PLC 的编程语言

根据系统配置和控制要求编制用户程序，是 PLC 应用于工业控制的一个重要环节。为使广大电气工程技术人员很快掌握 PLC 的编程方法，通常 PLC 不采用微型计算机的编程语言，PLC 的系统软件为用户创立了一套易学易懂、应用简便的编程语言，它是 PLC 能够迅速推广应用的一个重要因素。常用的 PLC 编程语言有以下几种。

1. 梯形图编程语言（Ladder Diagram）

这是目前 PLC 使用最广、最受电气技术人员欢迎的一种编程语言。因为梯形图不但与传统继电器控制电路图相似，设计思路也与继电器控制图基本一致，还很容易由电气控制线路转化而来。由于梯形图是 PLC 用户程序的一种图形表达式，因此梯形图设计又称为 PLC 程序设计或编程，如图 2-1 所示。有关梯形图设计方法与规则在后续内容进一步介绍。

2. 指令表编程语言（Instruction List）

它是一种类似汇编语言，但更简单的编程语言。它采用助记符指令（又称语句），并以程序执行顺序逐句编写成指令表。指令表可直接输入简易编程器，其功能与梯形图完全相同。由于简易编程器既没有大屏幕显示梯形图，也没有梯形图编程功能，所以小型 PLC 采用指令表编程语言更为方便、实用。图 2-2 是图 2-1 梯形图程序的指令表。可见指令表与梯形图有着严格的一一对应关系。

由于不同型号 PLC 的助记符、指令格式和参数表示方法各不相同，因此它们的指令表也不相同。

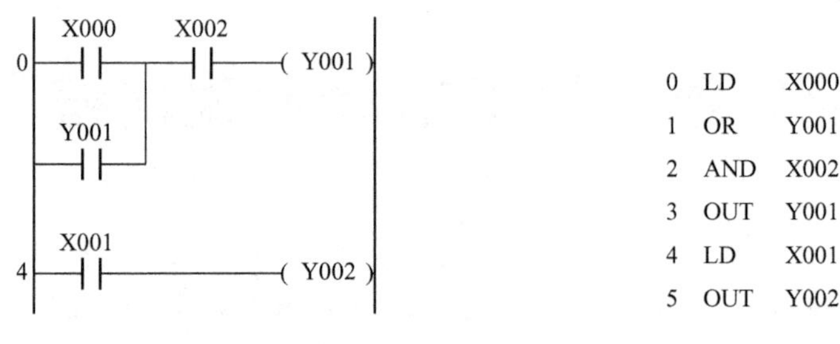


```
0  LD   X000
1  OR   Y001
2  AND  X002
3  OUT  Y001
4  LD   X001
5  OUT  Y002
```

图 2-1　梯形图语言　　　　图 2-2　指令表语言

3. 顺序功能图编程语言（Sequential Function Chart）

简称 SFC 编程语言，又称为功能表图或状态转移图。它将一个完整的控制过程分为若干个阶段（状态），各阶段具有不同动作，阶段间有一定的转换条件，条件满足就实现状态转移，上一状态动作结束，下一状态动作开始，用这种方式表达一个完整控制过程。步、转换和动作是顺序功能图中的 3 种主要元件，如图 2-3 所示。

4. 逻辑图编程语言（Logic Chart）

它也是一种图形编程语言，采用逻辑电路规定的“与”、“或”、“非”等逻辑图符号，依控制顺序组合而成，图 2-4 所示就是用此语言编制的一段 PLC 程序。

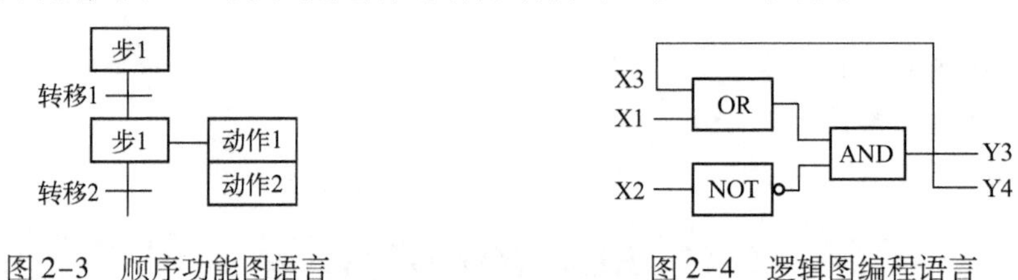

图 2-3　顺序功能图语言　　　　图 2-4　逻辑图编程语言

5. 高级语言编程语言

随着软件技术的发展，为增强 PLC 的运算功能和数据处理能力并方便用户使用，许多大、中型 PLC 已采用类似 BASIC、FORTAN、C 等高级语言的 PLC 专用编程语言，实现程序的自动编译。

目前各种类型的 PLC 一般都能同时使用两种以上的语言，且大多数都能同时使用梯形图和指令表。虽然不同的厂家梯形图、指令表的使用方式有差异，但基本编程原理和方法是相同的。三菱 FX_{2N} 产品同时支持梯形图、指令表和状态转移图 3 种编程语言。

2.2　PLC 的基本指令

本节主要采用梯形图编程语言与指令表编程语言两种方式相结合的方式来介绍 FX 系列可编程控制器的基本指令，FX_{2N} 的 PLC 有 27 条基本指令，其中部分指令在后续章节中介绍。

2.2.1　输入/输出指令（LD、LDI、LDP、LDF、OUT）

LD：取指令。表示一个与输入母线相连的常开触点指令，即常开触点逻辑运算起始。

LDI：取反指令。表示一个与输入母线相连的常闭触点指令，即常闭触点逻辑运算起始。

LDP：取脉冲上升沿，指在输入信号的上升沿接通一个扫描周期。

LDF：取脉冲下降沿，指在输入信号的下降沿接通一个扫描周期。

OUT：线圈驱动指令，也称为输出指令。

图2-5是上述几条指令的使用说明。

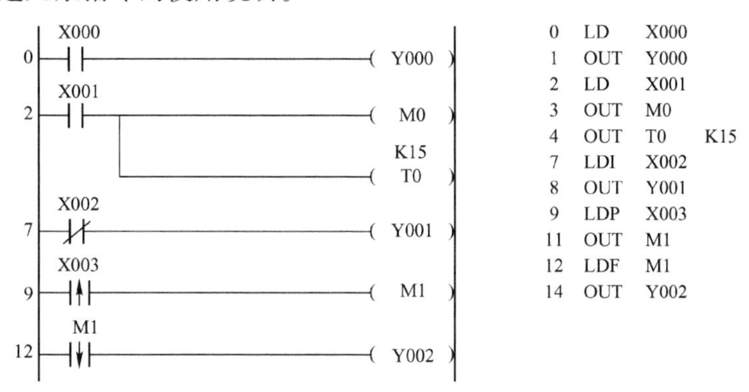

图2-5　LD、LDI、LDP、LDF、OUT指令说明

LD、LDI两条指令的目标元件是X、Y、M、S、T、C，用于将接点接到母线上。可以与后述的ANB指令、ORB指令配合使用，在分支起点也可使用。

LDP、LDF两条指令的目标元件是X、Y、M、S、T、C。这两条指令都占两个程序步。使用LDP指令，元件Y0仅在X0的上升沿时（由OFF到ON）接通一个扫描周期。使用LDF指令，元件Y1仅在X1的下降沿时（由ON到OFF）接通一个扫描周期。

OUT是驱动线圈的输出指令，它的目标是Y、M、S、T、C，是一个多程序步指令，要视目标元件而定。当其目标元件是Y或C时，必须设置常数K。注意OUT指令对输入继电器X不能使用，OUT指令可以连续使用多次。

2.2.2　触点串联指令（AND、ANI、ANDP、ANDF）

AND：与指令，用于单个常开触点的串联。

ANI：与非指令，用于单个常闭触点的串联。

ANDP：与脉冲上升沿指令。

ANDF：与脉冲下降沿指令。

图2-6是上述几条基本指令的使用说明。

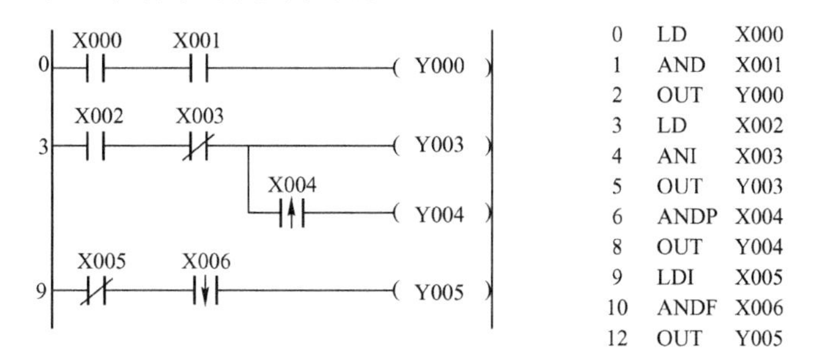

图2-6　AND、ANDI、ANDP、ANDF指令说明

AND与ANI指令的目标元件为X、Y、M、S、T、C，都是一个程序步指令，它们串联接

点的个数没有限制，也就是说这两条指令可以多次重复使用。

ANDP、ANDF 指令的目标元件为 X、Y、M、S、T、C，都占两个程序步。使用 ANDP 指令，元件 Y4 仅在 X4 的上升沿时（由 OFF 到 ON）接通一个扫描周期。使用 ANDF 指令，元件 Y5 仅在 X6 的下降沿时（由 ON 到 OFF）接通一个扫描周期。

2.2.3 触点并联指令（OR、ORI、ORP、ORF）

OR：或指令，用于单个常开触点的并联。

ORI：或非指令，用于单个常闭触点的并联。

ORP：或脉冲上升沿指令。

ORF：或脉冲下降沿指令。

图 2-7 是上述几条基本指令的使用说明。

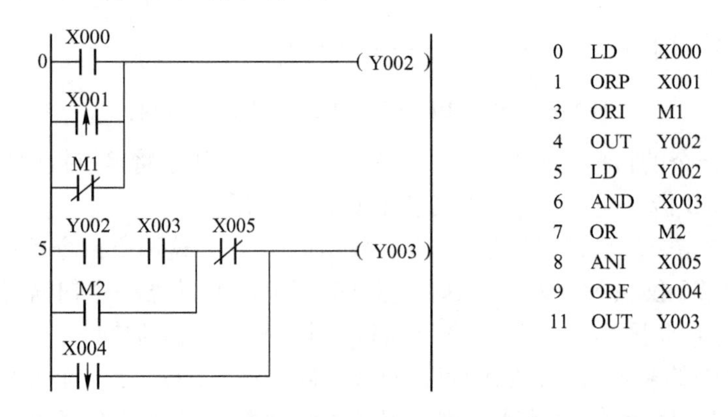

图 2-7　OR、ORI、ORP、ORF 指令说明

OR 与 ORI 指令都占一个程序步，它们的目标元件是 X、Y、M、S、T、C。这两条指令都是并联一个接点。OR、ORI 是从该指令的当前步开始，对前面的 LD、LDI 指令并联连接。并联的次数无限制。

ORP 与 ORF 指令都占两个程序步，它们的目标元件为 X、Y、M、S、T、C。从图 2-8 可以看出，使用 ORP 指令，元件 M0 仅在 X0 或 X1 的上升沿时（由 OFF 到 ON）接通一个扫描周期。使用 ORF 指令，元件 Y0 仅在 X4 或 X3 的下降沿时（由 ON 到 OFF）接通一个扫描周期。

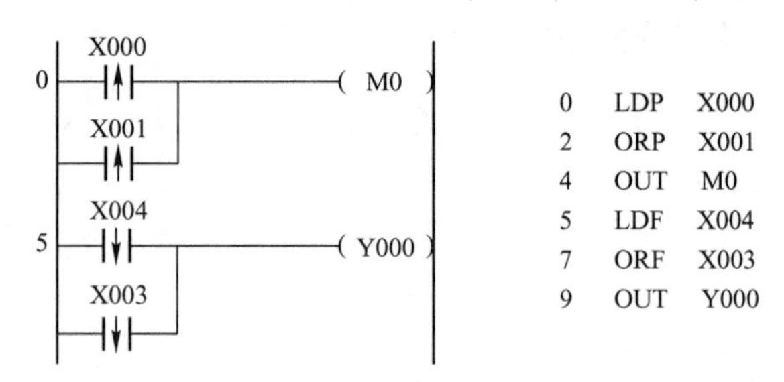

图 2-8　ORP、ORF 指令说明

2.2.4 电路块的串联和并联指令（ANB、ORB）

ANB：并联电路块的串联连接指令。

ORB：串联电路块的并联连接指令。

两个或两个以上触点并联的电路称为并联电路块，分支电路并联电路块与前面电路串联连接时，使用 ANB 指令。分支的起点用 LD、LDI 指令，并联电路块结束后，使用 ANB 指令与前面电路串联。图 2-9 所示为 ANB、ORB 指令的举例。

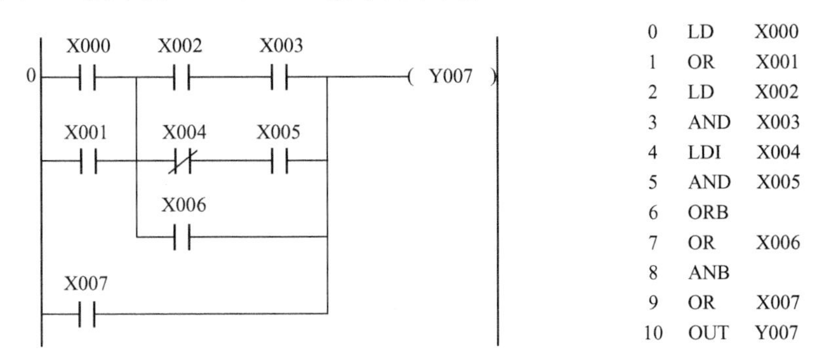

图 2-9　ANB、ORB 指令说明

两个或两个以上的触点串联连接的电路称为串联电路块。串联电路块并联连接时，分支开始用 LD、LDI 指令，分支结束用 ORB 指令。

ORB 指令与 ANB 指令均为无目标元件指令，而两条无目标元件指令的步长都为一个程序步。

ORB 指令的使用方法有两种：一种是在要并联的每个串联电路块后加 ORB 指令，详见图 2-10（a）语句表：另一种是集中使用 ORB 指令，详见图 2-10（b）语句表。对于前者分散使用 ORB 指令时，并联电路块的个数没有限制；但对于后者集中使用 ORB 指令时，这种电路块并联的个数不能超过 8 个（即重复使用 LD、LDI 指令的次数限制在 8 次以下），所以不推荐用后者编程。

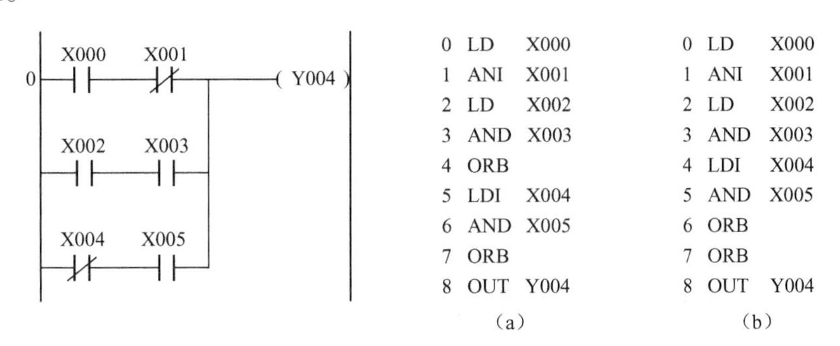

图 2-10　ORB 指令说明

2.2.5　多重输出指令（MPS、MRD、MPP）

MPS：为进栈指令。

MRD：为读栈指令。

MPP：为出栈指令。

这 3 条指令是无操作元件指令，都为一个程序步长。这组指令用于多输出电路。可将连接点先存储，用于连接后面的电路。图 2-11 给出了栈操作指令的应用情况。从图中可看出，当

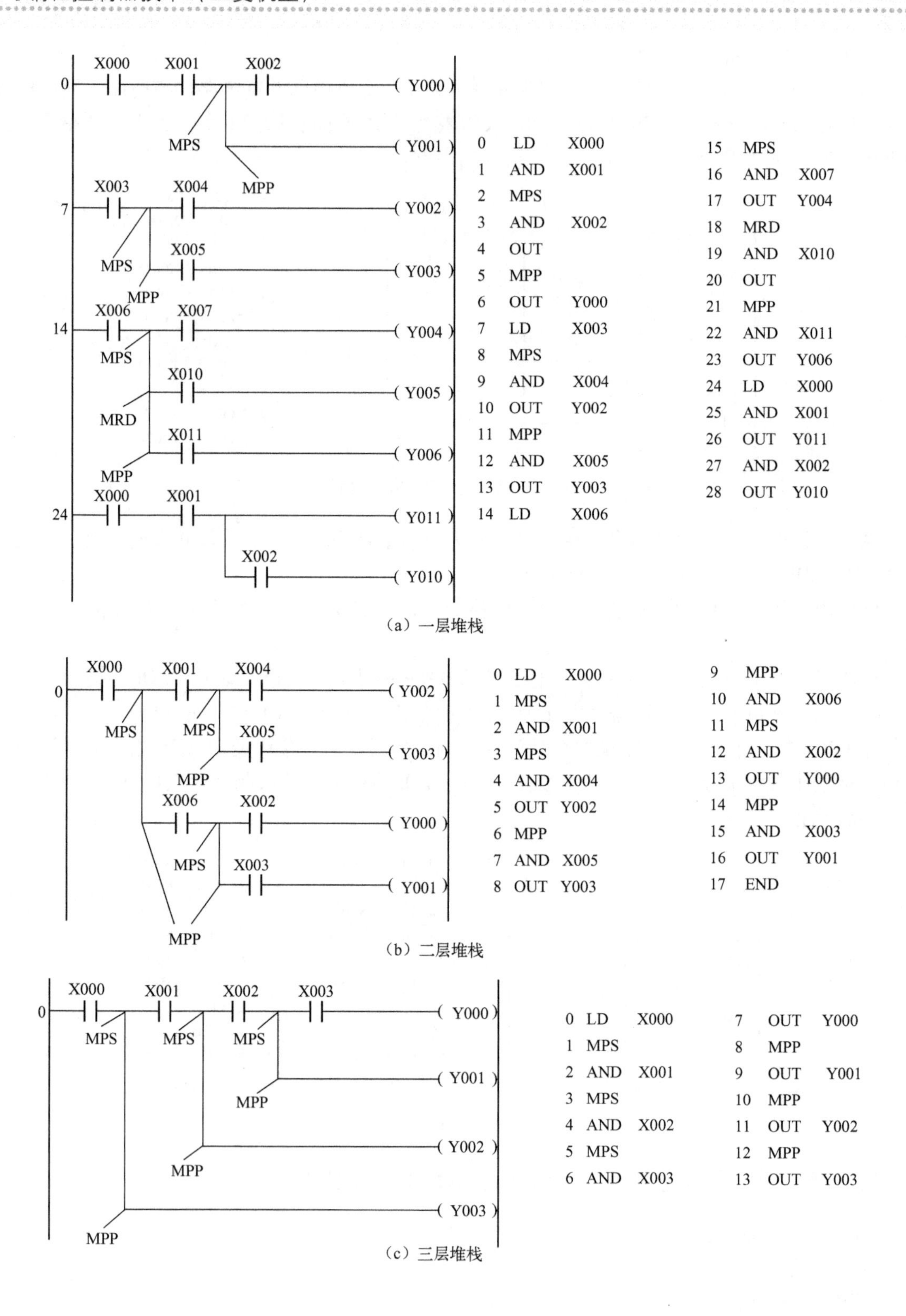

图 2-11　栈操作指令说明

分支仅有两个支路时用不到读栈指令，只有三个及三个以上分支时才在进栈和出栈指令间使用读栈指令。栈指令要求成对使用。使用一次进栈指令 MPS 时，就将该时刻的运算结果压入栈的第一层进行存储，而将栈中原来的数据依次向下一层推移。

使用出栈指令 MPP 时，各层的数据依次向上移动一次，将最上端的数据读出后，数据就从栈中消失。

MRD 是读出最上层所存的最新数据的专用指令。读出时，栈内数据不发生移动，仍然保持在栈内的位置不变。MPS 和 MPP 指令必须成对使用，而且连续使用应少于 11 次。

特别要再次指出的是，MPS 和 MPP 连续使用必须少于 11 次，并且 MPS 与 MPP 必须配对使用。MRD 指令可以多次编程，但是在打印、图形编程面板的画面显示方面有限制（并联回路在 24 行以下）。

2.2.6　主控及主控复位指令（MC、MCR）

MC：主控指令，用于公用串联触点的连接。

MCR：主控复位指令，即 MC 的复位指令。

在编程时，多个线圈同时受一个或一组触点控制。如果在每个线圈控制的电路中都串入同样的触点，将多占用储存单元，应用主控制命令可以解决这一问题。使用主控制的触点称为主控触点，它在梯形图中是控制一组电路的总开关。MC、MCR 指令的使用说明如图 2-12 所示。

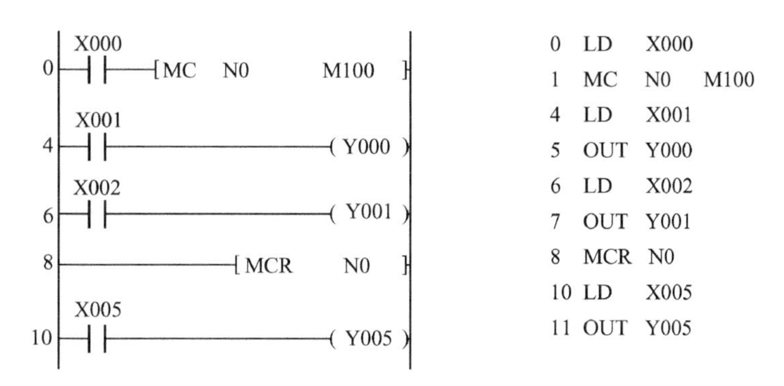

图 2-12　MC、MCR 指令的使用说明

MC 指令占 3 个程序步，MCR 指令占两个程序步，两条指令的操作目标元件是 Y、M，但不允许使用特殊辅助继电器 M。

图 2-12 中的 X0 接通时，执行 MC 与 MCR 之间的指令；当输入条件断开时，不执行 MC 与 MCR 之间的指令。非积算定时器用 OUT 指令驱动的元件复位，而积算定时器、计数器，用 SET/RST 指令驱动的元件保持当前的状态。与主控触点相连的触点必须用 LD 或 LDI 指令。使用 MC 指令后，母线移到主控触点的后面，MCR 使母线回到原点的位置。

2.2.7　脉冲输出指令（PLS、PLF）

PLS：在输入信号上升沿产生一个扫描周期的脉冲输出。

PLF：在输入信号下降沿产生一个扫描周期的脉冲输出。

PLS、PLF 指令都占两个程序步。它们的目标元件是 Y 和 M，但特殊辅助继电器不能作目标元件。PLS、PLF 指令的使用说明如图 2-13 所示。使用 PLS 指令，元件 Y、M 仅在驱动输入接通后的一个扫描周期内动作（置 1）。而使用 PLF 指令，元件 Y、M 仅在输入断开后的一个扫描周期内动作。

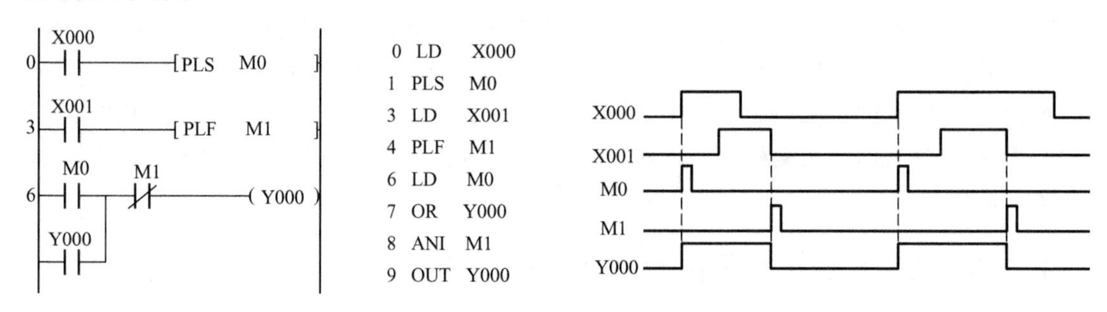

图 2-13　PLS、PLF 指令说明

2.2.8　PLC 逻辑反、空操作与结束指令（INV、NOP、END）

INV：将运算结果取反。它不能直接与母线连接，也不能像 OR、ORI 等指令那样单独使用。该指令是一个无操作元件指令，占一个程序步。INV 指令的用法如图 2-14 所示。当 X0 断开时，Y0 为 ON，如果 X0 接通，则 Y0 为 OFF。

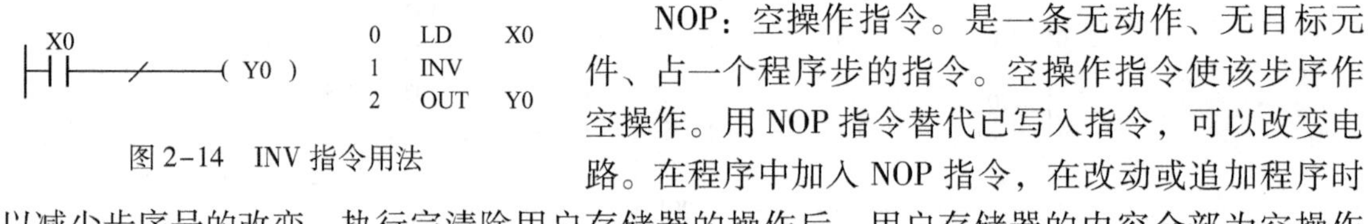

图 2-14　INV 指令用法

NOP：空操作指令。是一条无动作、无目标元件、占一个程序步的指令。空操作指令使该步序作空操作。用 NOP 指令替代已写入指令，可以改变电路。在程序中加入 NOP 指令，在改动或追加程序时可以减少步序号的改变。执行完清除用户存储器的操作后，用户存储器的内容全部为空操作指令。

END：程序结束指令。是一条无目标元件、占一个程序步的指令。若程序的最后没有 END 指令，则 PLC 不管实际用户程序有多长，都从用户程序存储器的第一步执行到最后一步。而有了 END 指令，则当程序扫描到 END 指令时，即结束执行程序。

2.3　编程规则及注意事项

梯形图是各种 PLC 通用的编程语言，尽管各厂家的 PLC 所使用的指令符号等不太一致，但梯形图的设计与编程方法基本上相同。

1. 编程的基本规则

（1）触点只能与左母线相连，不能与右母线相连，如图 2-15 所示。

（2）线圈只能与右母线相连，不能直接与左母线相连，右母线可以省略。

（3）线圈可以并联，不能串联连接。

（4）应尽量避免双线圈输出。

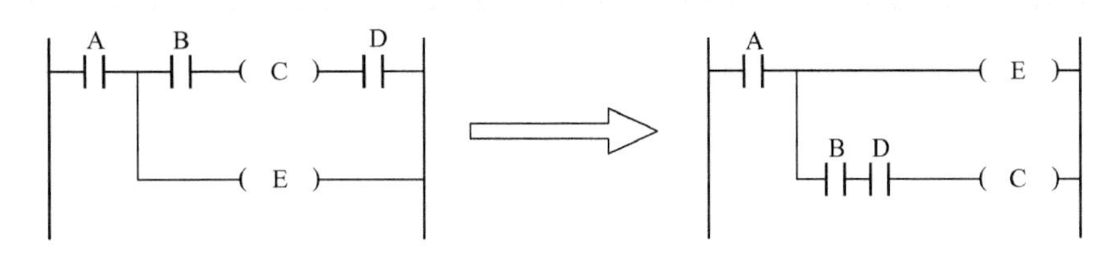

图 2-15　梯形图编程规则

2. 编程的技巧

（1）并联电路上下位置可调，应将单个触点的支路放下面，如图 2-16 所示。

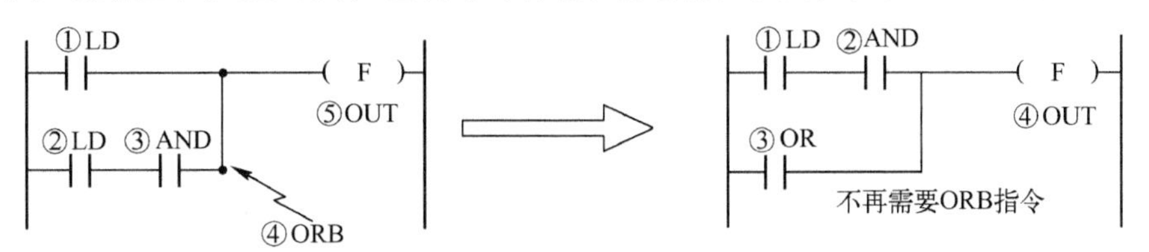

图 2-16　并联电路上下位置可调

（2）串联电路左右位置可调，应将多个触点的支路尽量靠近母线，如图 2-17 所示。

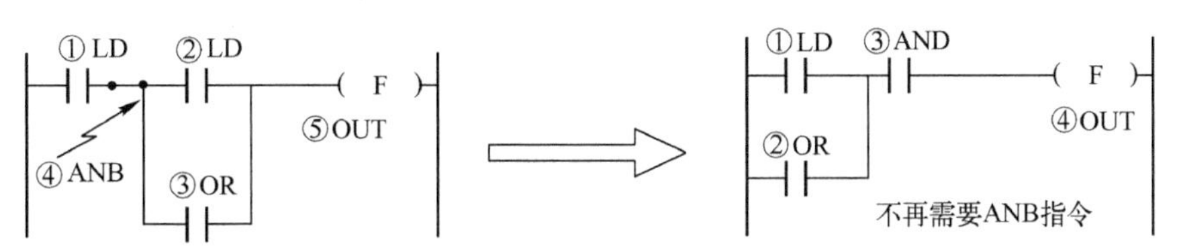

图 2-17　串联电路左右位置可调

（3）避免出现无法编程的梯形图，如图 2-18 所示。

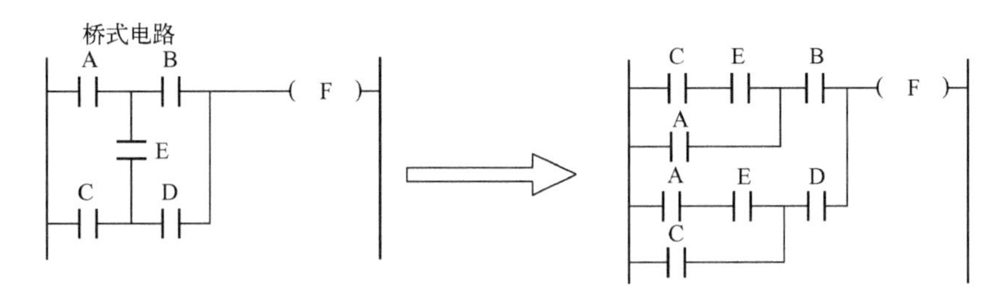

图 2-18　避免出现无法编程的梯形图

（4）逻辑关系尽量清楚，避免左轻右重，如图 2-19 所示。

3. 语句表的编程规则

在很多场合需要将梯形图转换为语句表，这时根据图上的符号及符号间的相互关系正确地选取指令及注意正确的表达顺序。在编程时要注意按梯形图触点从左到右、自上而下的原则进行。

4. 语句表综合应用

如图 2-20 所示，从开始到 A 点处有三路并联，再串接两点至 B 点处，X4、X5、X6、X7 先串再并，再与前面梯形图对接至 C 点，最后是连续输出电路。

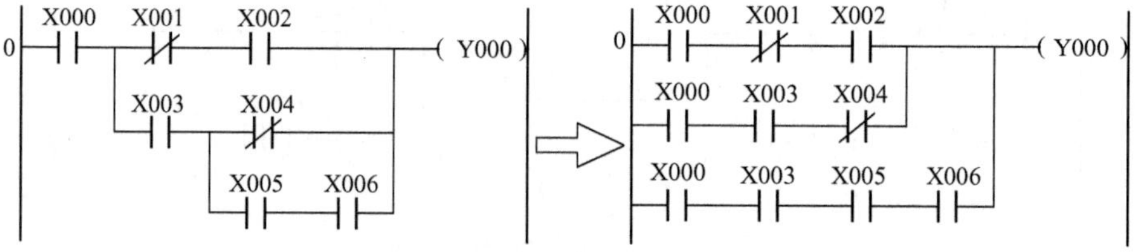

（a）重排电路之一

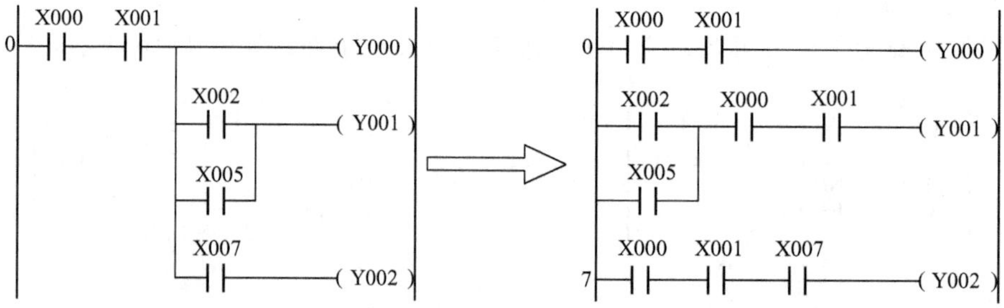

（b）重排电路之二

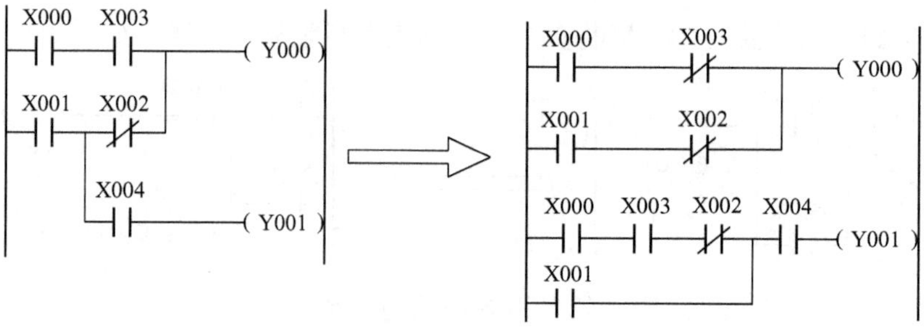

（c）重排电路之三

图 2-19　逻辑清晰的梯形图

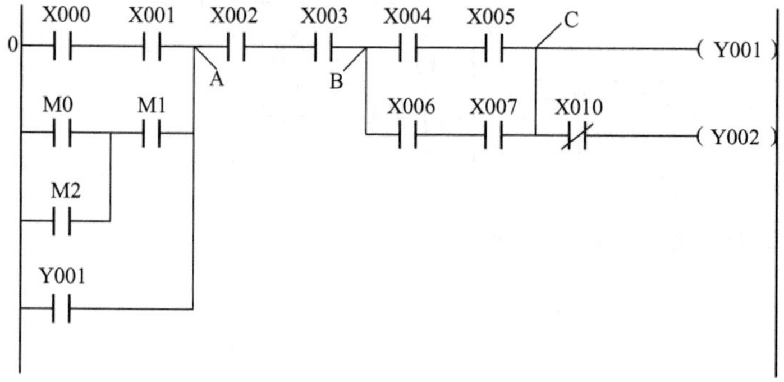

```
0  LD   X000   ┐           ┐        ┐
1  AND  X001   │           │        │
2  LD   M0     │           │        │
3  OR   M2     │ A         │        │
4  AND  M1     │           │ B      │
5  ORB         │           │        │
6  OR   Y001   ┘           │        │
7  AND  X002               │        │ C
8  AND  X003               ┘        │
9  LD   X004                        │
10 AND  X005                        │
11 LD   X006                        │
12 AND  X007                        │
13 ORB                              │
14 ANB                              ┘
15 OUT  Y001
16 ANI  X010
17 OUT  Y002
```

图 2-20　梯形图按触点分块逐块编程

2.4　PLC 内部辅助继电器资源

在 PLC 内有很多的辅助继电器，其线圈与输出继电器一样，由 PLC 内各软元件的触点驱动。辅助继电器也称为中间继电器，它没有向外的任何联系，只供内部编程使用。它的电子常开/常闭触点使用次数不受限制。但是，这些触点不能直接驱动外部负载，外部负载的驱动必须通过输出继电器来实现。辅助继电器中还有一些特殊的辅助继电器，如掉电继电器、保持继电器等。

2.4.1　辅助继电器资源

辅助继电器不能直接驱动外部负载。辅助继电器的常开与常闭触点在 PLC 内部编程时可无限次使用。

辅助继电器采用 M 与十进制数共同组成编号（只有输入/输出继电器才用八进制数）。它可分为三类。

1. 通用辅助继电器（M0 ~ M499）

FX_{2N}系列共有 500 点通用辅助继电器。通用辅助继电器在 PLC 运行时，如果电源突然断电，则全部线圈均 OFF。当电源再次接通时，除了因外部输入信号而变为 ON 状态以外，其余的仍将保持 OFF 状态，它们没有断电保持功能。

2. 断电保持辅助继电器（M500 ~ M3071）

FX_{2N}系列有 M500 ~ M3071 共 2572 个断电保持辅助继电器。它与普通辅助继电器不同的是具有断电保护功能，即能记忆电源中断瞬时的状态，并在重新通电后再现其状态。它之所以能在电源断电时保持其原有的状态，是因为电源中断时用 PLC 中的锂电池保持它们映像寄存器中的内容。其中 M500 ~ M1023 可由软件将其设定为通用辅助继电器。

3. 特殊辅助继电器

PLC 内有大量的特殊辅助继电器，它们都有各自的特殊功能。FX_{2N}系列中有 256 个特殊辅助继电器，可分成触点型和线圈型两大类。

（1）触点型。其线圈由 PLC 自动驱动，用户只可使用其触点。例如：

M8000：运行监视器（在 PLC 运行中接通），M8001 与 M8000 相反逻辑。

M8011、M8012、M8013 和 M8014 分别是产生 10ms、100ms、1s 和 1min 时钟脉冲的特殊辅助继电器。

（2）线圈型。由用户程序驱动线圈后 PLC 执行特定的动作。例如：

M8033：若使其线圈得电，则 PLC 停止时保持输出映像存储器和数据寄存器内容。

M8034：若使其线圈得电，则 PLC 禁止输出。

M8039：若使其线圈得电，则 PLC 按 D8039 指定的循环扫描时间工作。

2.4.2　辅助继电器的梯形图及动作说明

辅助继电器在梯形图中同 Y 的使用是一样的，只是没有了输出，并在内部使用。例如，如图 2-21 所示，X0 与 X1 并联输出至 M0，X2 与$\overline{X3}$串联输出至 M1，M0 与 M1 并联至输出 Y0。其程序的效果等同于图 2-22 所示的梯形图。

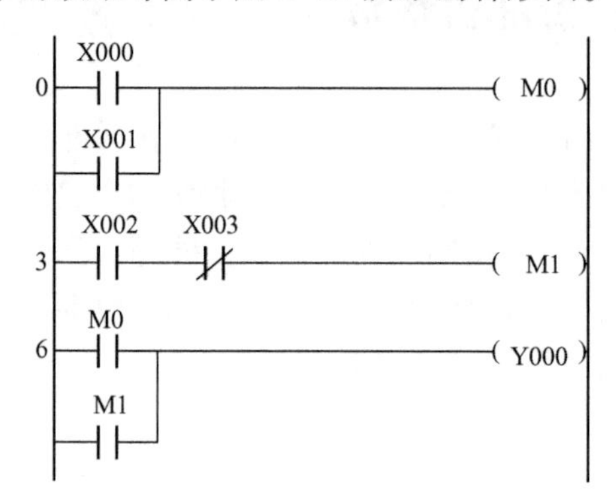

图 2-21　使用辅助继电器梯形图

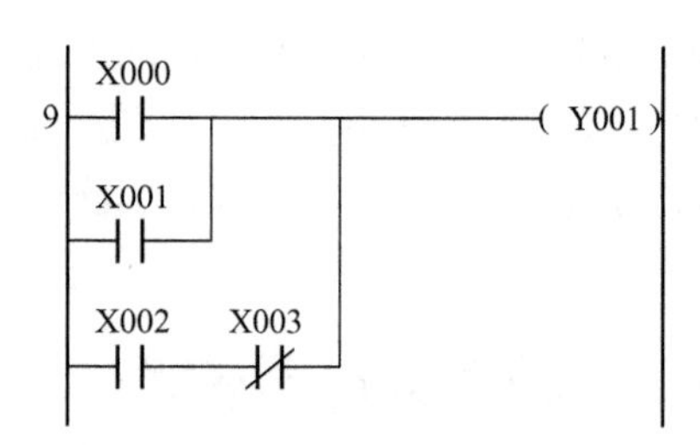

图 2-22　不使用辅助继电器梯形图

在图 2-21 中是通过辅助继电器 M0、M1 过渡，然后将 M0、M1 并联输出 Y0，实现了(X0 + X1) + (X2 * $\overline{X3}$)的这样逻辑输出 Y0，其效果是一样的。本例看上去似乎没有用辅助继电器的必要，这只是使用方法的演示，其实很多场合辅助继电器是非常有用和必要的。

2.5　PLC 逻辑电路的程序设计

在数字电路中常用到“与”、“或”、“非”逻辑运算，主要是通过真值表和卡诺图法来解决的。在 PLC 中也一样，真值表法的缺点是会使语句增多，但程序的可读性好；卡诺图法的优点是可以简化程序，但可读性不如真值表。

2.5.1　简单的逻辑电路设计

1. 与逻辑电路

与逻辑电路也称为串联电路，如 Y3 = X0 * X1 * X2，其结果可用语言表述为：当 X0、X1、X2 都动作时，Y3 动作。真值表如表 2-1 所示。

表 2-1　真值表

X0	X1	X2	Y3
0	0	0	0
0	0	1	0
0	1	0	0
0	1	1	0
1	0	0	0
1	0	1	0
1	1	0	0
1	1	1	1

其梯形图为：X000　X001　X002　(Y003)

2. 或逻辑电路

或逻辑电路也称并联电路，如 Y2 = X3 + X4，其真值表如表 2-2 所示。

表 2-2　真值表

X3	X4	Y2
0	0	0
0	1	1
1	0	1
1	1	1

其梯形图为：

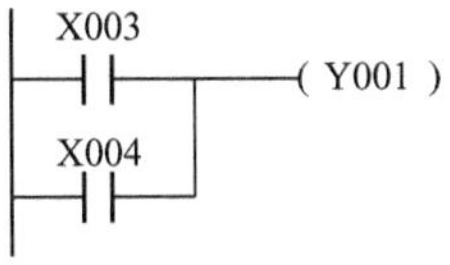

X003
(Y001)
X004

其结果可用语言表述为：当 X3 动作或 X4 动作时，Y2 动作。

【例 2.1】 有三台设备，由 X0、X1、X2 分别接三台设备的运行继电器辅助触点，设备运行则对应的 X 输入点动作。要求只要有一台设备运行属正常情况，则设备正常信号 Y1 动作。

解： 用 X0、X1、X2 并联，驱动 Y1。

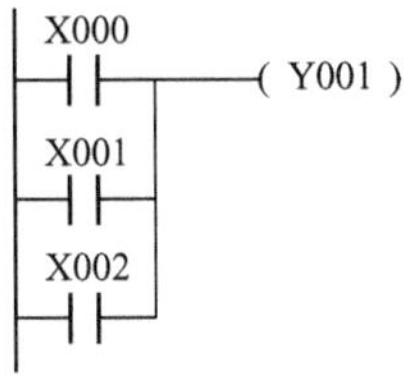

X000
(Y001)
X001
X002

3. 非逻辑电路

非逻辑电路也称为取反电路，即对输出进行取反，如 Y5 = $\overline{X4 + X5}$，可以用 PLC 的取反指令 INV。用法如下：

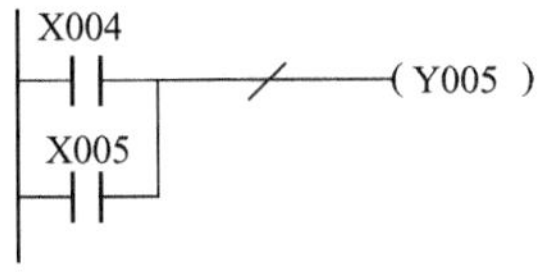

X004
(Y005)
X005

对于该指令的使用技巧，将在后面进行描述。

2.5.2　用真值表法进行逻辑电路设计

复杂的逻辑电路设计采用真值表设计，只要将输出为“1”的逻辑表达出来即可。下面用例题来说明整个设计思路。

【例 2.2】 有三台设备，由 X0、X1、X2 分别接三台设备的运行继电器辅助触点，设备运行则对应的 X 输入点动作。当只有一台设备运行时，Y0 动作；当两台设备运行时，Y1 动作；当三台设备运行时，Y0、Y1 都动作。试用真值表法完成程序设计。

解： 建立真值表，如表 2-3 所示。

表 2-3　真值表

X0	X1	X2	Y0	Y1
0	0	0	0	0
0	0	1	1	0
0	1	0	1	0
0	1	1	0	1
1	0	0	1	0
1	0	1	0	1
1	1	0	0	1
1	1	1	1	1

Y0 有四行逻辑动作，故在梯形图中也应该有四行，这四行用“或”进行合并，如图 2-23 所示。

Y1 有四行逻辑动作，故在梯形图中也应该有四行，这四行用“或”进行合并，如图 2-24 所示。

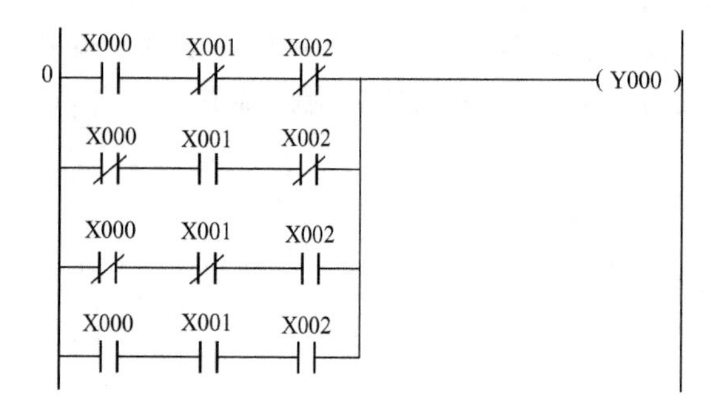

图 2-23　真值表输出法 Y0 输出

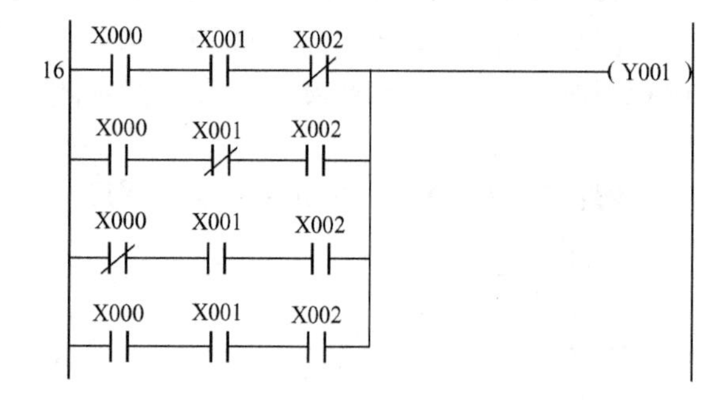

图 2-24　真值表输出法 Y1 输出

其结果可用语言表述为当 X0、X1、X2 只有一个动作或三个都动作时 Y0 动作，当 X0、X1、X2 有两个动作或三个都动作时 Y1 动作。

2.5.3　用卡诺图进行逻辑电路设计

复杂的逻辑电路设计也可以采用卡诺图法，以上题为例，分别作 Y0、Y1 的卡诺图。将输出为“1”的逻辑用表达式表达出来即可。Y0 和 Y1 的卡诺图如表 2-4 和表 2-5 所示。

表 2-4　Y0 的卡诺图

X1X2 / X0	00	01	11	10
0		1		1
1	1		1	

表 2-5　Y1 的卡诺图

1 2 / 0	00	01	11	10
0			1	
1		1	1	1

由卡诺图得：$Y0 = X0\overline{X1}\,\overline{X2} + \overline{X0}\,\overline{X1}X2 + X0X1X2 + \overline{X0}X1\overline{X2}$

$$Y1 = X0X1 + X0X2 + X1X2$$

Y1 的梯形图较真值表法得以简化，如图 2-25 所示。但可读性不如真值表法。

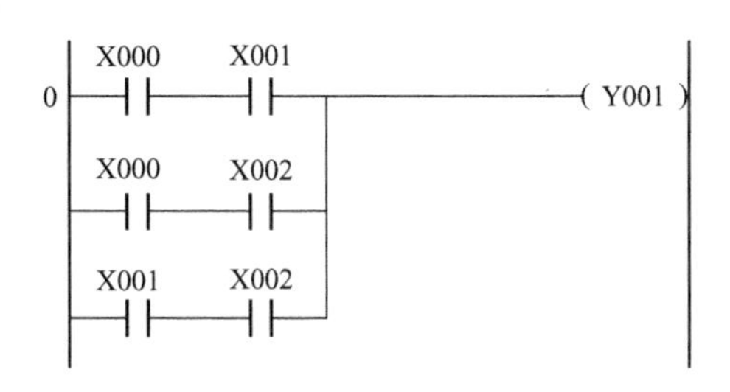

图 2-25　Y1 的简化梯形图

2.6　PLC 逻辑电路设计应用

三菱 A 系列 PLC 中没有数码管的输出专用指令，而在 FX_{2N} 中是有的。本节用逻辑的方法动手设计一个数码显示指令。

LED 数码管由 8 笔画构成。每个笔画都是一个或几个发光二极管，其示意图如图 2-26 所示。

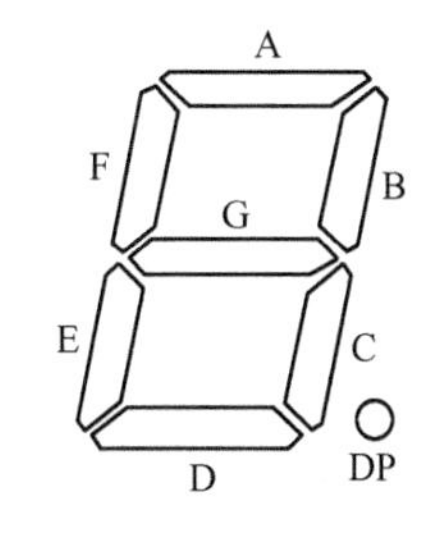

图 2-26　LED 数码管示意图

设用 PLC 的输出来驱动这些引脚，Y10 ~ Y16 作为数码管每个笔画发光二极管的驱动（数码管的小数点 DP 除外，因为本例不用），用 X0 ~ X3 作为 BCD 码的输入，实现当 X0 ~ X3 改变数值，数码管显示该数值的功能。

该逻辑程序的设计一般分三步，先是 I/O 定义和资源分配，然后是功能分析及真值表（卡诺图）的运算，最后写出程序。

2.6.1　I/O 定义和资源分配

输入、输出定义和资源分配是每个应用设计的首要步骤，本例的 I/O 端口分配如表 2-6 所示。

表 2-6　I/O 端口分配

输　入		输　出	
X0	数据低位	Y10	数码管 A 笔画
X1	数据第 2 位	Y11	数码管 B 笔画
X2	数据第 3 位	Y12	数码管 C 笔画
X3	数据高位	Y13	数码管 D 笔画
		Y14	数码管 E 笔画
		Y15	数码管 F 笔画
		Y16	数码管 G 笔画

2.6.2　功能分析及真值表（卡诺图）的运算

作表分析输入与输出的关系，如表 2-7 所示。

表 2-7　输入、输出关系真值表

X3	X2	X1	X0	Y16（G）	Y15（F）	Y14（E）	Y13（D）	Y12（C）	Y11（B）	Y10（A）	显示数据
0	0	0	0	0	1	1	1	1	1	1	0
0	0	0	1	0	0	0	0	1	1	0	1
0	0	1	0	1	0	1	1	0	1	1	2
0	0	1	1	1	0	0	1	1	1	1	3
0	1	0	0	1	1	0	0	1	1	0	4
0	1	0	1	1	1	0	1	1	0	1	5
0	1	1	0	1	1	1	1	1	0	1	6
0	1	1	1	0	0	0	0	1	1	1	7
1	0	0	0	1	1	1	1	1	1	1	8
1	0	0	1	1	1	0	1	1	1	1	9

根据表 2-7，写出 Y10 的表达式，表达式是按“1”的位置写的。见下式：

$$Y10 = \underset{①}{\overline{X3}\,\overline{X2}\,\overline{X1}\,\overline{X0}} + \underset{②}{\overline{X3}\,\overline{X2}X1\,\overline{X0}} + \underset{③}{\overline{X3}\,\overline{X2}X1X0} + \underset{④}{\overline{X3}X2\,\overline{X1}X0} + \underset{⑤}{\overline{X3}X2X1\,\overline{X0}} +$$
$$\underset{⑥}{\overline{X3}X2X1X0} + \underset{⑦}{X3\,\overline{X2}\,\overline{X1}\,\overline{X0}} + \underset{⑧}{X3\,\overline{X2}\,\overline{X1}X0}$$

Y10 式子中共计 8 个“1”，故 Y10 的输出分八行并联输出。公式中 8 处标记对应着表 2-8 的 8 处标记。

表 2-8　输出 Y10 表达式标记

X3	X2	X1	X0	Y10（a）	表达式位置	X3	X2	X1	X0	Y10（a）	表达式位置
0	0	0	0	1	①	0	1	0	1	1	④
0	0	0	1	0	(1)	0	1	1	0	1	⑤
0	0	1	0	1	②	0	1	1	1	1	⑥
0	0	1	1	1	③	1	0	0	0	1	⑦
0	1	0	0	0	(2)	1	0	0	1	1	⑧

Y1 的 8 行是“或”的关系（并联关系），故 Y10 的梯形图为 8 行，详见 Y10 输出梯形图，如图 2-27 所示。

在表 2-8 中，Y10 有两行“0”，故 Y10 可表达为：

$$\overline{Y10} = \overline{X3}\,\overline{X2}\,\overline{X1}X0 + \overline{X3}X2\,\overline{X1}\,\overline{X0}$$

两边取反得：

$$\overline{Y10} = \overline{\overline{X3}\,\overline{X2}\,\overline{X1}X0 + \overline{X3}X2\,\overline{X1}\,\overline{X0}}$$

此处用 INV 指令取代上面算式中的“非”，可得 Y10 的梯形图如图 2-28 所示，比较前面的图有了大大的简化。

由此可见，Y10 用“0”来写出表达式比用“1”来写出表达式要简单很多。原因就是“0”比“1”的个数要少，故哪种少就用哪种写是比较简单的。但有一点要强调的是，总表所列的为所有状态，不会出现总表以外的情况，否则会出现不可预见的结果。

如果采用卡诺图（表 2-9）来设计，不仅步骤多，可读性不好，而且并不比真值表法简单。

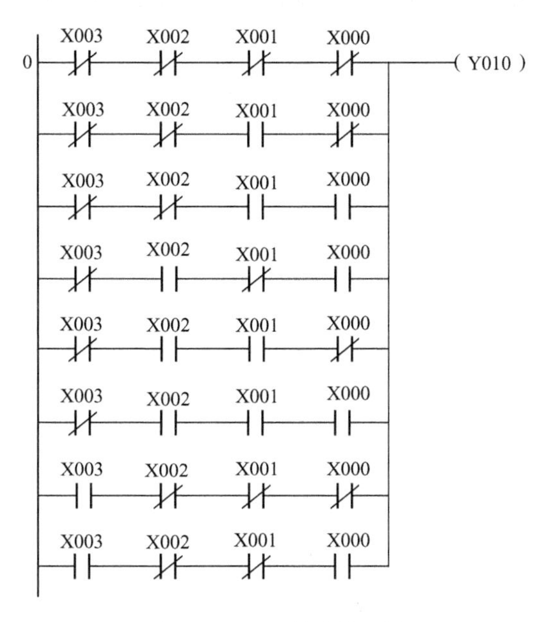

图 2-27　Y10 输出梯形图

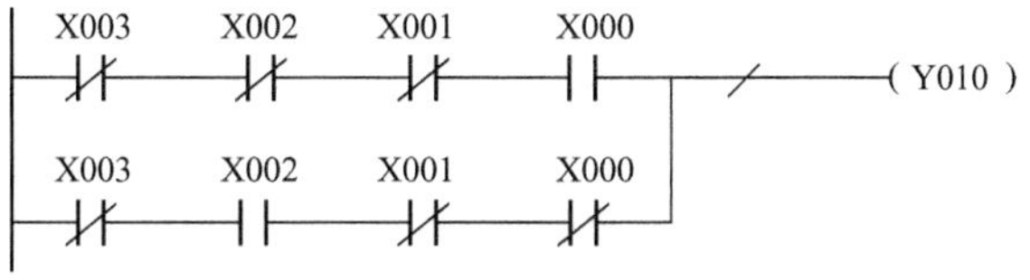

图 2-28　带 INV 的 Y10 输出梯形图

表 2-9　Y10 的卡诺图

X3X2 \ X1X0	00	01	11	10
00	1		1	1
01		1	1	1
11				
10	1	1		

$$Y10=\overline{X3}X1+\overline{X3}X2X0+X3\,\overline{X2}\,\overline{X1}+\overline{X3}\,\overline{X2}\,\overline{X0}$$

上式可得梯形图如图 2-29 所示。

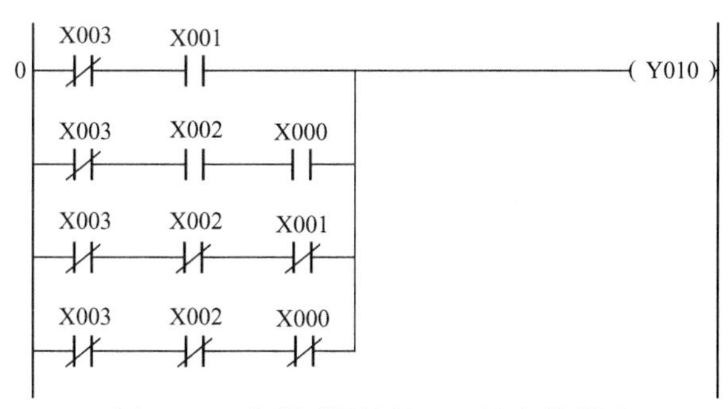

图 2-29　卡诺图设计的 Y10 输出梯形图

$$\overline{Y11} = \overline{X3}X2\overline{X1}X0 + \overline{X3}X2X1\overline{X0}$$

故：

$$Y11 = \overline{\overline{X3}X2\overline{X1}X0 + \overline{X3}X2X1\overline{X0}}$$

Y11 输出的梯形图如图 2-30 所示。

X003
X002
X001
X000
Y011
X003
X002
X001
X000

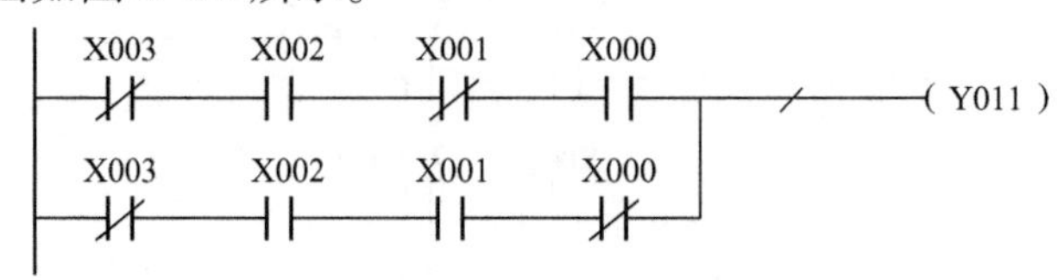

图 2-30　Y11 输出梯形图

$$\overline{Y12} = \overline{X3}\,\overline{X2}X1\overline{X0}$$

故：

$$Y12 = \overline{\overline{X3}\,\overline{X2}X1\overline{X0}}$$

Y12 输出的梯形图如图 2-31 所示。

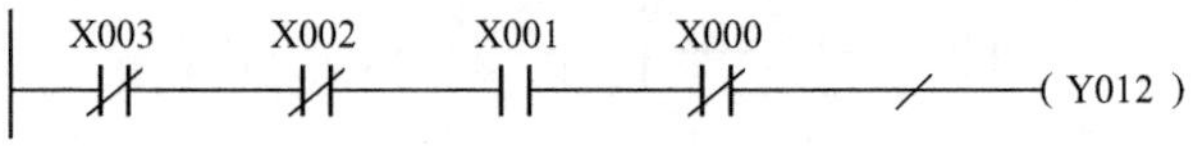

X003
X002
X001
X000
Y012

图 2-31　Y12 输出的梯形图

$$\overline{Y13} = \overline{X3}\,\overline{X2}\,\overline{X1}X0 + \overline{X3}X2\overline{X1}\,\overline{X0} + \overline{X3}X2X1X0$$

故：

$$Y13 = \overline{\overline{X3}\,\overline{X2}\,\overline{X1}X0 + \overline{X3}X2\overline{X1}\,\overline{X0} + \overline{X3}X2X1X0}$$

Y13 输出的梯形图如图 2-32 所示。

X003
X002
X001
X000
Y013
X003
X002
X001
X000
X003
X002
X001
X000

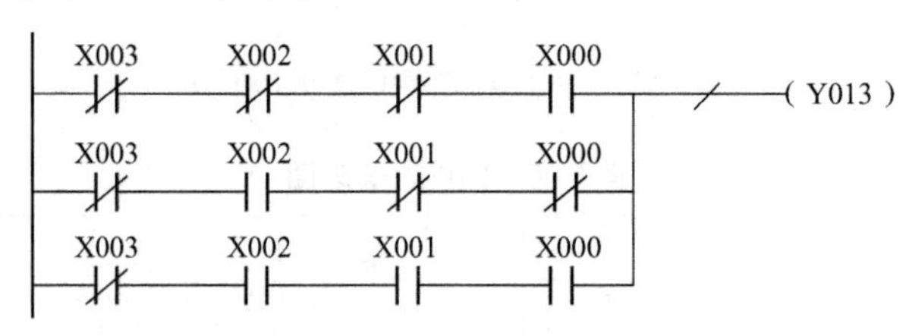

图 2-32　Y13 输出的梯形图

$$Y14 = \overline{X3}\,\overline{X2}\,\overline{X1}\,\overline{X0} + \overline{X3}\,\overline{X2}X1\overline{X0} + \overline{X3}X2X1\overline{X0} + X3\overline{X2}\,\overline{X1}\,\overline{X0}$$

Y14 输出的梯形图如图 2-33 所示。

X003
X002
X001
X000
Y014
X003
X002
X001
X000
X003
X002
X001
X000
X003
X002
X001
X000

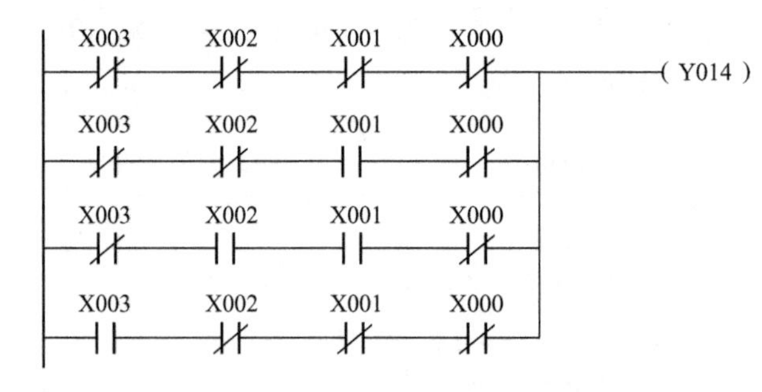

图 2-33　Y14 输出的梯形图

$$\overline{Y15} = \overline{X3}\,\overline{X2}\,\overline{X1}X0 + \overline{X3}\,\overline{X2}X1\overline{X0} + \overline{X3}\,\overline{X2}X1X0 + \overline{X3}X2X1X0$$

故：

$$Y15 = \overline{\overline{X3}\,\overline{X2}\,\overline{X1}X0 + \overline{X3}\,\overline{X2}X1\overline{X0} + \overline{X3}\,\overline{X2}X1X0 + \overline{X3}X2X1X0}$$

Y15 输出的梯形图如图 2-34 所示。

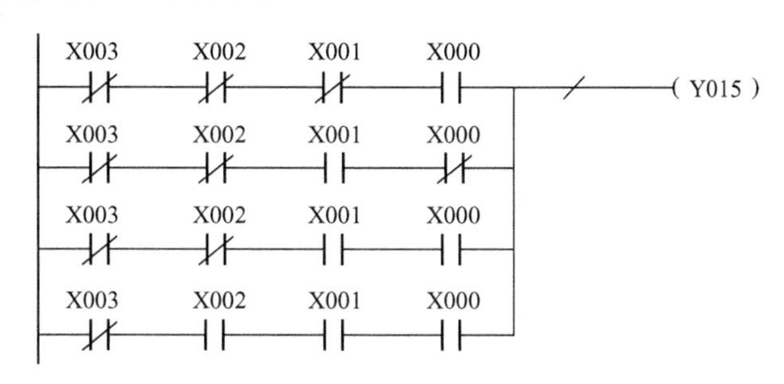

图 2-34　Y15 输出的梯形图

$$\overline{Y16} = \overline{X3}\,\overline{X2}\,\overline{X1}\,\overline{X0} + \overline{X3}\,\overline{X2}\,\overline{X1}\,X0 + \overline{X3}\,X2\,X1\,X0$$

故：

$$Y16 = \overline{\overline{X3}\,\overline{X2}\,\overline{X1}\,\overline{X0} + \overline{X3}\,\overline{X2}\,\overline{X1}\,X0 + \overline{X3}\,X2\,X1\,X0}$$

Y16 输出的梯形图如图 2-35 所示。

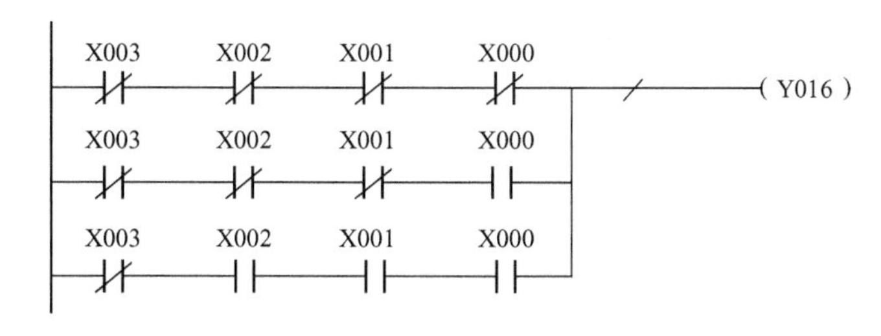

图 2-35　Y16 输出的梯形图

通过软件的仿真或通过实训测试，输入 X3 ~ X0 的相应编码，Y10 ~ Y16 输出同表 2-7，当编码大于“1001”时则不输出，如果需要，则在规划真值表时予以考虑。在后面的章节中我们将讲到通过数据写入的形式来控制数码显示以及数码显示的专用指令。

2.7　PLC 逻辑电路的实训

按输出开关器件不同，PLC 开关量输出接口有三种类型，分别是继电器输出、晶体管输出和双向晶闸管（可控硅）输出。

三种类型的开关量输出接口如表 2-10 所示，可以将其视为开关或电子开关，其作用是把可编程控制器内部的标准信号转换成现场执行机构所需的开关量信号。

继电器输出电路通常用于接通和断开频率较低的直流负载或交流负载开关电路。但因为有触点，故使用寿命不够长。对于型号 FX_{2N} - 32MR 中的“R”，就表示该型 PLC 为继电器输出电路。

晶体管输出电路无触点，寿命长，响应速度快。但输出电流较小，约为 0.5A。无触点的晶体管输出方式，仅适用于接通或断开开关频率较高的直流电源负载。对于型号 FX_{2N} - 32MT 中的“T”，就表示该型 PLC 为晶体管输出电路。

表 2-10　PLC 继电器、晶体管、可控硅三种输出类型表

继电器输出	可控硅输出	晶体管输出
FX_{2N}基本单元 扩展单元 扩展模块	FX_{2N}基本单元 扩展单元 扩展模块	① FX_{2N}基本单元、扩展单元 ② FX_{2N}、FX_{0N}扩展模块 ③ FX_{2N} - 16EYT - C ④ FX_{0N} - 8EYT - H、FX_{2N} - 8EYT - H
负载 外部电源 PLC	大电流模块时 0.022μF　47Ω 0.015μF　36Ω 负载 外部电源 PLC	负载 外部电源 PLC

晶闸管输出电路属于无触点输出形式，寿命长。但 PLC 中的晶闸管输出电流不大，约 1A。无触点输出方式的晶闸管输出接口电路，仅用于接通或断开开关频率较高的交流电源负载 。对于型号 FX_{2N} - 32MS 中的“S”，就表示该型 PLC 为晶闸管输出电路。

继电器输出较慢，交直流都可用。晶体管输出和双向晶闸管输出接口的响应速度快，动作频率高，但前者只能用于驱动直流负载，后者只能用于交流负载。对于电阻负载而言，继电器输出的 PLC 每点电流为 2A，个别型号的 PLC 每点负载电流高达 8 ~ 10A，晶闸管和晶体管输出型 PLC 负载电流一般为 0. 3 ~ 0. 5A。

在上一节中，通过控制输入来控制 PLC 去驱动一个数码管显示电路。本节将讨论如何实现这个功能，一方面可以巩固用逻辑设计法设计所需程序，另一方面通过实训去提高 PLC 的运用能力（这部分在后面的章节中会予以介绍）。

2. 7. 1　LED 数码管介绍

LED 数码管有共阳和共阴两种接法，把 LED 发光二极管的正极接到一块（一般是拼成一个 8 字加一个小数点）作为一个引脚，称为共阳接法；反之，称为共阴接法，如图 2-36 所示。

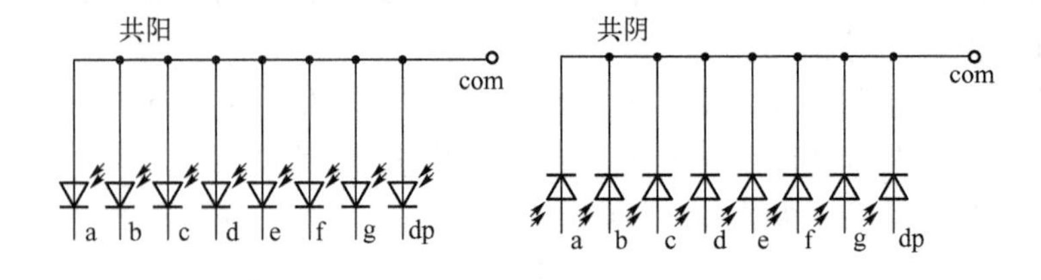

图 2-36　LED 数码管共阴、共阳示意图

数码管的驱动电压取 24V，驱动电流取 5mA，限流电阻一般根据经验公式计算：

$$R = (24 - 0.7)/0.005 = 4660\Omega$$

故选 4. 7kΩ 的电阻。

使用 LED 数码管前要对其进行检测，检测的目的有两个：一是检测 LED 数码管是否完好；二是确定连接方式是共阳还是共阴。具体做法是将 VCC 串接电阻后和 GND 试接在任意两个引脚上，组合有很多，直到 LED 会发光，此时保持 GND 不动，VCC（串电阻）逐个碰接其余的引脚，如果有多个 LED（一般是 8 个）发光，则它是共阴接法。反之，保持 VCC 不动，用 GND 逐个碰接其余的引脚，如果有多个 LED（一般是 8 个）发光，那它是共阳接法，并能确定各个引脚的引脚号。

2.7.2　BCD 拨码盘

BCD 拨码盘是一种方便直观、易于操作的输入设备，由加、减按钮构成，用于输出 BCD 码，其实物图如图 2-37 所示。

BCD 拨码盘 4 个接点加一个公共引脚的接线图如图 2-38 所示。

图 2-37　BCD 拨码盘实物图

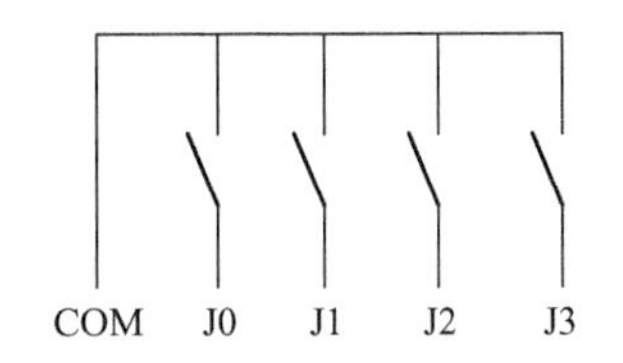

图 2-38　BCD 拨码盘接线图

2.7.3　实训内容

本实训所需的器件包括 FX_{2N}-32MT 的 PLC、8 寸 LED 数码管、按钮或 BCD 拨码盘。使用 PLC 时，当电流较大时要进行总电流验算，当 8 路全部亮时，由于每路电路为 10mA，则总电流为 80mA。使用 PLC 自身的 24V 电源即可满足设计要求。

使用数码管时须注意共阳和共阴接法时的电流方向。图 2-39 所示是数码管共阳极接法的实训图。

电源（24V）经数码管内的发光二极管和 1 个 4.7kΩ 的电阻，以及 PLC 的输出 Y，再经 PLC 内部的光耦到地，形成一个回路。注意我们选用的 PLC 是晶体管输出类型的，为 NPN 型，电流由 Y 进 COM 出。这一电流流向一定要和发光管的流向一致，否则数码管将无法工作。晶体管输出结构示意图如图 2-40 所示。

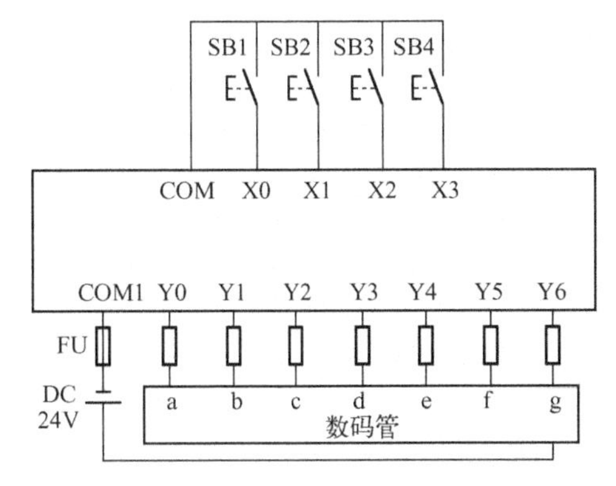

图 2-39　数码管共阳极的接法实训图

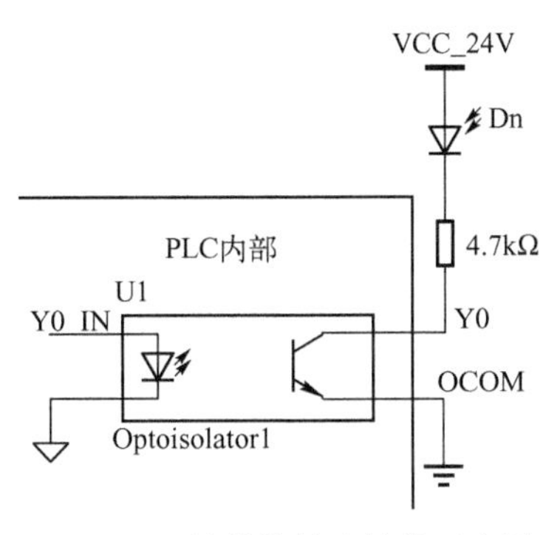

图 2-40　晶体管输出结构示意图

【思考题】

（1）接线同图2-39，X0～X3 使用拨码盘接入，输出接数码管，使拨码盘拨入0～9，观察数码管的显示情况。

（2）将上题中的拨码盘换成4路开关接入，分别拨入0000～1111，数码管显示0～F，输出接线不变。

（3）接线同上，4路开关输入信号，对应十六进制输出 Y0～Y7，Y10～Y17 指示灯，即4个输入控制16个灯，如输入0000，则 Y0 为 ON，接线图略。

本章小结

本章重点讲述了 FX 系列可编程控制器的基本指令，掌握梯形图编程和语句表编程的方法为后面正确理解和熟练掌握 PLC 的编程技巧打下坚实的基础。

PLC 采用多种形式的编程语言来编写 PLC 的用户程序，其中梯形图、语句表和顺序功能表图是最常用的编程语言。

基本指令包括输入输出指令（如 LD、LDI、LDP、LDF、OUT）、触点串联指令（如 AND、ANI、ANDP、ANDF）、触点并联指令（如 OR、ORI、ORP、ORF）、电路块的串联和并联指令（ANB、ORB）、多重输出指令（如 MPS、MRD、MPP）、主控及主控复位指令（MC、MCR）、脉冲输出指令（如 PLS、PLF）以及 PLC 逻辑反、空操作与结束指令。在学习基本指令使用方法和编程规则的基础上，理解指令的用途并熟悉梯形图与语句表之间的互换。

本章介绍的逻辑设计的方法，这不仅适用三菱系列，对其他 PLC 都可以用。逻辑法有真值表和卡诺图两种方法，掌握任意一种都可以。两种方法各有优劣，在 PLC 内用真值表法作出的程序会使语句多一些，但因为程序的可读性好，还可以用 INV 指令进行优化，故只要程序存储空间不是问题就没关系。卡诺图简化了程序，但可读性不如真值表。

习　题　2

一、选择题

1. 辅助继电器（　　）驱动外部负载。

   A. 不能直接　　B. 能直接

2. 辅助继电器的常开与常闭触点在 PLC 内部编程时可（　　）使用。

   A. 无限次　　B. 有限次　　C. 用1次　　D. 用2次

3. 辅助继电器 M8013 为（　　）。

   A. 10ms 时钟脉冲特殊辅助继电器　　B. 100ms 时钟脉冲特殊辅助继电器

   C. 1s 时钟脉冲特殊辅助继电器　　D. 1min 时钟脉冲特殊辅助继电器

4. 辅助继电器 M8001 为（　　）。

   A. 运行监视器常 ON　　B. 运行监视器常 OFF

   C. 开机第一个扫描周期 ON　　D. 开机第一个扫描周期 OFF

二、填空题

1. PLC 常用的编程语言有________、________、顺序功能图、逻辑图、高级语言。

2. PLC 基本指令中多重输出堆栈指令为________、________、________。

3. PLC 堆栈指令中，MPS 与 MPP 连续使用必须少于________次，并且________和________必须成对使用。

4. M8000：运行监视器（在 PLC 运行中接通），________与 M8000 相反逻辑。

5. M8011、M8012、M8013 和 M8014 分别是产生________、________、________和________时钟脉冲的特殊辅助继电器。

三、简答题

1. 辅助继电器分为哪几类？怎么分的？

2. 逻辑设计的方法有几种？各是什么？

3. 写出逻辑表达式 Y0 = (X1X2 + X2X3 + X4X5)X6 的梯形图。

4. 写出逻辑表达式 Y1 = (X1 + X2 + X3)X4 + X5X6 的梯形图。

5. 写出逻辑表达式 M100 = (M1M2M3M4 + M5M6M7M8)M9M10 + M11M12 的梯形图。

四、画出与下列语句表对应的梯形图

1.

0	LD	X0	8	LD	X6
1	AND	X1	9	OR	X7
2	ANI	X2	10	ANB	
3	OR	X3	11	OUT	Y3
4	OUT	Y1			
5	OUT	Y2			
6	LD	X4			
7	OR	X5			

2.

0	LD	X0	11	ORB	
1	MPS		12	ANB	
2	LD	X1	13	OUT	Y1
3	OR	X2	14	MPP	
4	ANB		15	AND	X7
5	OUT	Y0	16	OUT	Y2
6	MRD		17	LD	X10
7	LDI	X3	18	ORI	X11
8	AND	X4	19	ANB	
9	LD	X5	20	OUT	Y3
10	ANI	X6			

3.

0	LD	M0	14	ORB	
1	ANI	Y1	15	ANB	
2	LDI	M0	16	OUT	Y6
3	AND	Y1	17	MPP	
4	ORB		18	LD	Y4
5	MPS		19	ANI	X5
6	AND	M1	20	LD	X5
7	AND	X2	21	ANI	M6
8	OUT	Y5	22	ORB	
9	MRD		23	OR	C7
10	LDI	T2	24	ANB	

11	ANI	T3	25	OUT	Y7
12	LD	M3	26	END	
13	AND	M4			

五、写出图 2.41 ~ 图 2.44 所示梯形图对应的指令表

1.

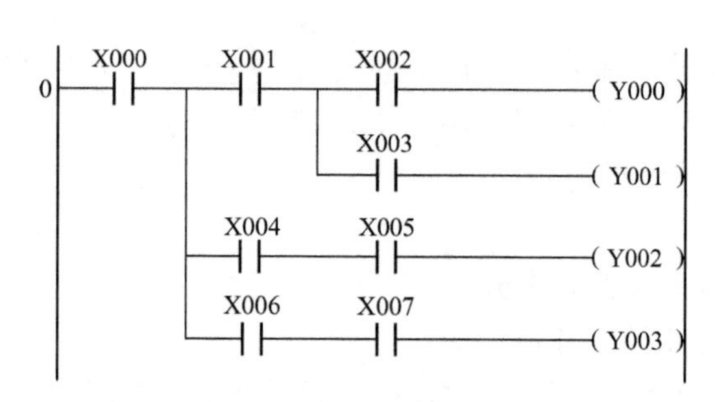

图 2-41　语句表转换练习 1

2.

图 2-42　语句表转换练习 2

3.

图 2-43　语句表转换练习 3

4.

图 2-44　语句表转换练习 4

六、编程题

1. 有一四层电梯，M11、M12、M13、M14 为 1 ~4 层有人呼叫标志位（M11 为 ON 则 1 层

有人呼叫；M12 为 ON 则 2 层有人呼叫；M13 为 ON 则 3 层有人呼叫；M14 为 ON 则 4 层有人呼叫）。楼层 1 ~4 的标志为 M31、M32、M33、M34（M31 为 ON 则表示电梯在 1 层；M32 为 ON 则表示电梯在 2 层；M33 为 ON 则表示电梯在 3 层；M34 为 ON 则表示电梯在 4 层）。试建立上标志位 M22，下标志位 M23。

2. 有一锅炉系统，内装了 5 个测温电路，其中一个为主测点，其余为副测点。当一个主测点和一个副测点动作，或三个副测点动作则测温系统输出动作，否则被视为测温系统不动作。

3. 有三台设备，设备运行由 X0、X1、X2 分别接三台设备的运行继电器辅助触点上，设备运行则对应的 X 输入点动作。当只有一台设备运行时 Y0 快闪（M8012），当两台设备运行时，Y0 慢闪（M8013）。当三台设备运行时，Y0 常亮。

4. 用四位 BCD 拔码盘做一个密码开门应用。当四位 BCD 码为 3721 时，按一下开锁键，则门开（Y0）。如果密码不对，则报警灯亮、不得再试。试设计该应用。

5. 某学生会制作一 8 人表决器，其中有主席一人算 3 票，副主席一人算 2 票，另有 6 名成员每人算 1 票，6 票以上即可通过，用逻辑法设计该表决器。

6. 八层电梯需设计一个楼层显示器，M0 ~ M7 为电梯 1 ~8 层楼的位置保持信号，电梯经过对应楼层时会将对应的开关信号置 ON，其他的信号都为 OFF，要求楼层显示楼层号。

第3章　启保停电路的设计和应用

启保停电路的程序设计是“经验法”编程的典型代表，并且应用非常广泛，这类程序主要是用辅助继电器或具有保持功能的指令设计。本章将通过实例详细阐述启保停电路的程序设计技巧和方法，并总结“经验法”的基本技巧。

本章学习重点：启保停电路程序设计技巧和方法。

本章学习难点：经验设计法。

3.1　SET/RST 指令

经验法是运用自己或别人的经验进行设计的一种方法。多数是设计前先选择与自己工艺要求相近的典型电路单元，结合自己工程的实际情况，对这些典型电路逐一修改，使之适合自己的工程要求。启保停电路的程序设计是基本的电路单元。启保停电路设计中普遍使用辅助继电器。在介绍启保停电路之前先介绍一下 SET/RST 指令。

3.1.1　SET 指令

SET 为置位指令，使动作保持，某元件状态为 ON。SET 指令使用的目标元件有 Y、M、S，占 1 ~3 个程序步。

如图 3-1 所示，当 X0 接通时，Y0 状态为 ON，即使 X0 的状态变为断开，Y0 也保持接通的状态不变。

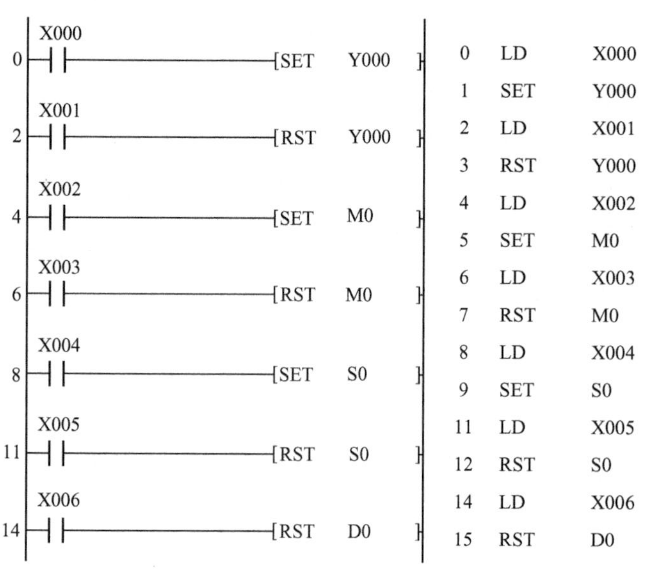

图 3-1　SET/RST 指令

3.1.2　RST 指令

RST 为复位指令，使操作保持复位，某元件状态为 OFF。RST 指令使用的目标元件有 Y、M、S、D、V、Z、T、C，占 1～3 个程序步。

如图 3-1 所示，当 X1 接通后，Y0 状态为 OFF，即使 X1 的状态变为断开，Y0 也保持断开的状态不变。

SET 指令与 RST 指令在同一个扫描周期里若同时满足执行条件，则以最后执行的结果输出。如图 3-2 所示，当 X0 和 X1 同时为 ON 时，Y0 状态为 OFF；当 X2 和 X3 同时为 ON 时，Y1 状态为 ON。

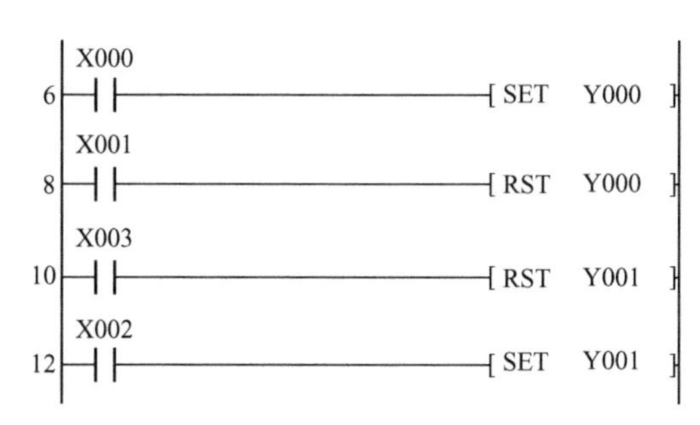

图 3-2　SET/RST 指令同时执行的结果

3.2　基本启保停电路设计

在生产实践过程中，某些生产机械常要求既能正常启动，又能实现调整位置的点动工作。试用可编程控制器的基本逻辑指令来控制电动机的点动及连续运行。

3.2.1　启停基本电路

实现 Y0 的启动和停止的梯形图如图 3-3 所示。X0 为启动信号，X2 为停止信号。该电路可实现 Y0 的点动控制。

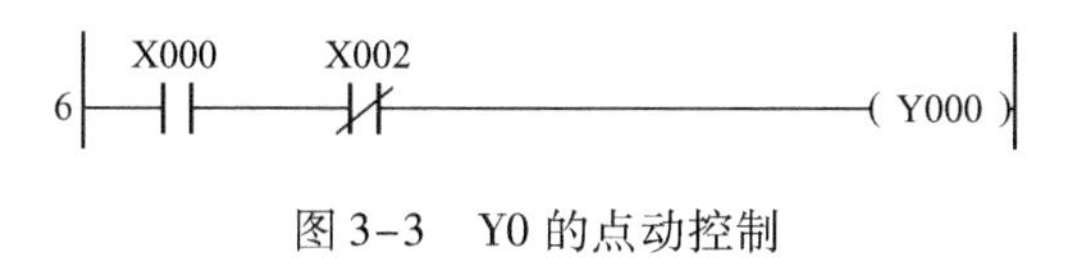

图 3-3　Y0 的点动控制

3.2.2　启保停电路

若要实现 Y0 的连续运行，则可按照图 3-4 设计。其工作过程分析如下：当 X0 接通时，Y0 置 1，即使 X0 为 OFF，Y0 通过其 Y0 并联触点，依然为 ON，这时电动机连续运行。需要停车时，按下停车按钮 X1，串联于 Y0 线圈回路中的 X1 的常闭触点断开，Y0 为 0，电机失电停车。

梯形图 3-4 称为启保停电路。这个名称主要来源于图中的自保持触点 Y0 。并联在 X0 常开触点上的 Y0 常开触点的作用是当启动按钮松开，输入继电器 X0 断开时，线圈 Y0 仍然能保持接通状态。工程中把这个触点称为“自保持触点”。

图3-5为多点启动和停止，X0、X3都可以启动，X1、X2、X6都可以停止，X0、X3与Y0常开触点并联，X1、X2、X6串联在Y0线圈回路中，如图3-5所示。

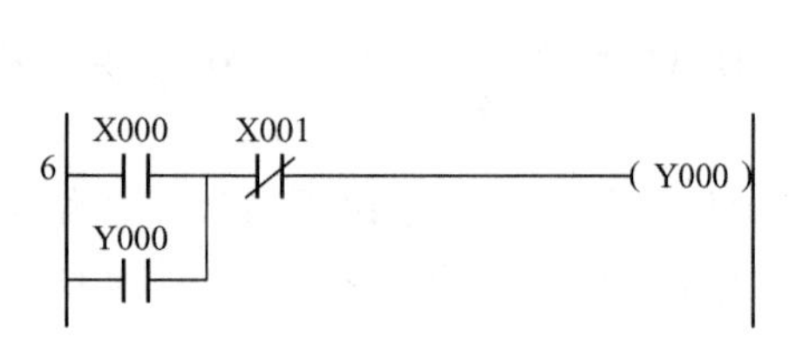

图3-4　Y0的自保持运行

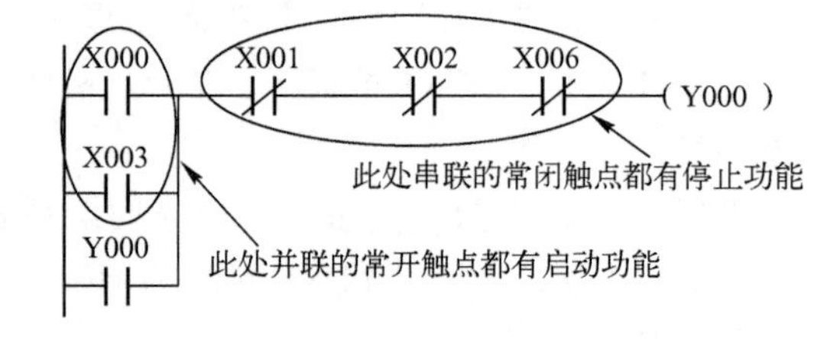

图3-5　多点启停控制

启保停电路是梯形图中最典型的单元，它包含了梯形图程序的全部要素。它们是：

（1）事件。每一个梯形图支路都针对一个事件。事件用输出线圈（或功能框）表示，本例中为Y0。

（2）事件发生的条件。梯形图支路中除了线圈外还有触点的组合，使线圈置1的条件即是事件发生的条件，本例中为启动按钮X0、X3置1。

（3）事件得以延续的条件。触点组合中使线圈置1得以持久的条件。本例中为与X0、X3并联的Y0的自保持触点。

（4）使事件终止的条件。触点组合中使线圈置1中断的条件。本例中为X1、X2、X6的常闭触点断开。

3.2.3　优先启停电路

图3-4电路属关断优先式控制程序。当关断信号X1 = ON时，无论启动信号状态如何，内部继电器Y0均被关断（状态为OFF）。当关断信号X1 = OFF时，使启动信号X0 = ON，则可启动Y0（使其状态变为ON），并通过常开触点Y0闭合自锁，在X0变为OFF后仍保持Y0为启动状态（状态保持为ON）。

因为当X0与X1同时为ON时，关断信号X1有效，所以此程序称为关断优先式程序。

与关断优先式程序相反的是启动优先式控制程序，如图3-6所示。当启动信号X0 = ON时，无论关断信号X1状态如何，M2总被启动，并且当X1 = OFF时，通过M2常开触点闭合实现自锁。当启动信号X0 = OFF时，使X1 = ON可实现关断M2。因为当X0与X1同时ON时，启动信号X0有效，故称此程序为启动优先式程序。

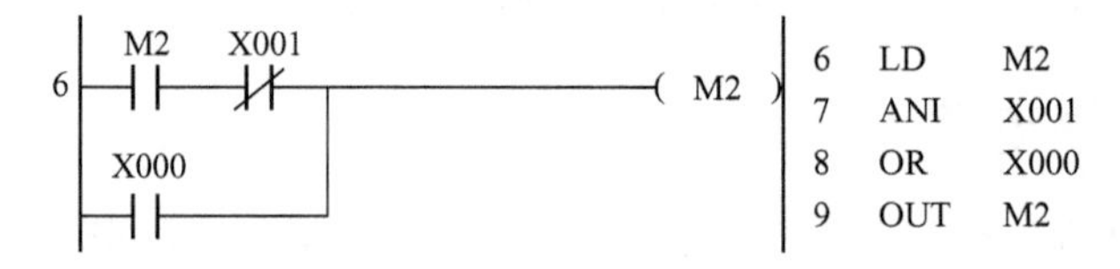

图3-6　启动优先式控制程序

3.2.4　脉冲启动电路

脉冲启动电路如图3-7所示，将启动信号X0变成脉冲信号，用于启动Y0，使得停止变得更加可靠，因为启动只启动一个扫描周期宽度，即便松开停止按钮也不会因为启动按钮没有松开而引起弹跳。

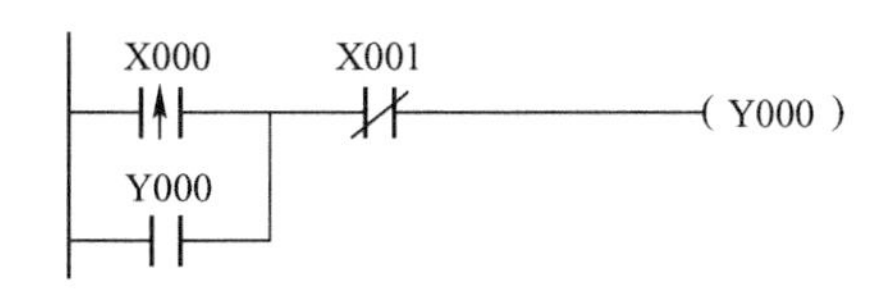

图 3-7　脉冲式启动程序

【例 3.1】 设计一单按键启停程序，要求：按下 X0 按钮，Y0 线圈接通输出并自保持，当第 2 次按下 X0 按钮时，Y0 自保持消失，Y0 线圈断开。第 3 次按下 X0 按钮时，Y0 线圈再次接通，在第 4 个脉冲的上升沿，输出 Y0 再次消失，以后往复循环，

解： 实际 Y0 是 X0 的 2 分频。程序如图 3-8 所示。

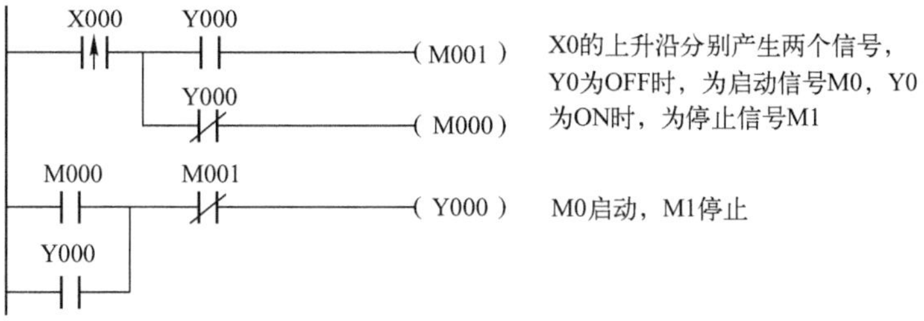

X000　Y000　M001
Y000　M000
X0的上升沿分别产生两个信号，Y0为OFF时，为启动信号M0，Y0为ON时，为停止信号M1
M000　M001　Y000
Y000
M0启动，M1停止

图 3-8　单按键启停程序

如果第一次 Y0 没有 ON，按下 X0 时，M0 产生一个扫描周期的单脉冲，使 M0 的常开触点闭合，启动了 Y0，当 Y0 为 ON 时，按下了 X0 按钮时，M1 为 ON，其常闭触点断开一个扫描周期，Y0 为 OFF。

3.2.5　条件启动电路

在启动信号中可以加入一些逻辑设计，如将多个触点串接起来就是条件启动，即所有的信号都满足时才启动，如图 3-9 所示，当 X0、X2 都为 ON 时，Y0 才能为 ON。

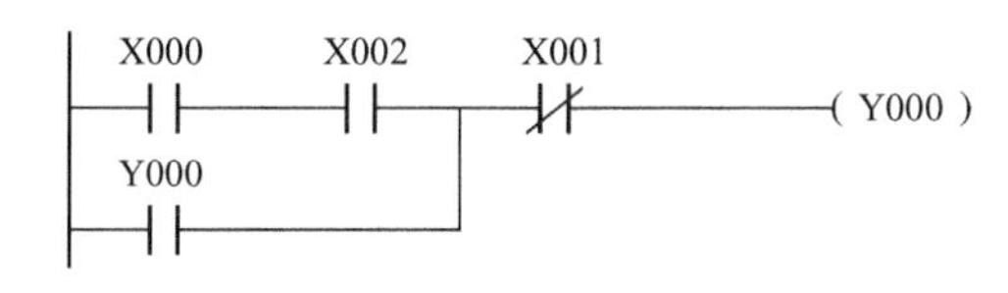

图 3-9　条件启动示例

3.2.6　停止闭锁电路

在自保持电路中，将停止触点并联一信号，可使得停止触点失去停止功能，这也是设计中常用的技巧，当 M0 为 ON，则 X1 不能停止，如图 3-10 所示。

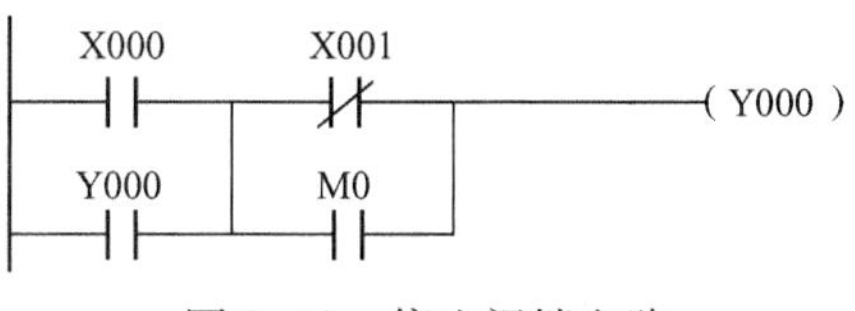

图 3-10　停止闭锁电路

使输入信号保持时间超过一个扫描周期的自我维持电路是构成有记忆功能元件控制回路的最基本环节，它经常用于内部继电器、输出点的控制回路，也称之为记忆电路，从图 3-4 可以看出，只要 Y0 为 ON，则可以认为 X0 一定 ON，因为 Y0 有记忆电路功能，利

用该功能，可以在后续电路予以应用。

【例 3.2】 四层电梯需设计一个楼层显示器，X0 ~ X7 为电梯 1 ~ 8 层楼的输入信号，要求编写程序，当电梯经过对应楼层时会将记忆对应的开关信号 M0 ~ M7 置 ON，其他的信号都 OFF。（只写出 M0 ~ M3，M4 ~ M8 原理相同。）

如图 3-11 所示，X0 ~ X3 启动 M0 ~ M3 的自保持电路，X0 启动 M0 为 ON 的同时，停止了 M1 ~ M3，X1 ~ X3 同理，在启动自保持的同时，也停止了其他回路。虽然楼层信号不可能同时有两个到来，但从程序的结构上看，也避免了两个 M 信号同时为 ON 的可能性。该程序也可用 SET/RST 指令设计，如 X0 启动 M0，同时复位 M1 ~ M3，如图 3-12 所示。

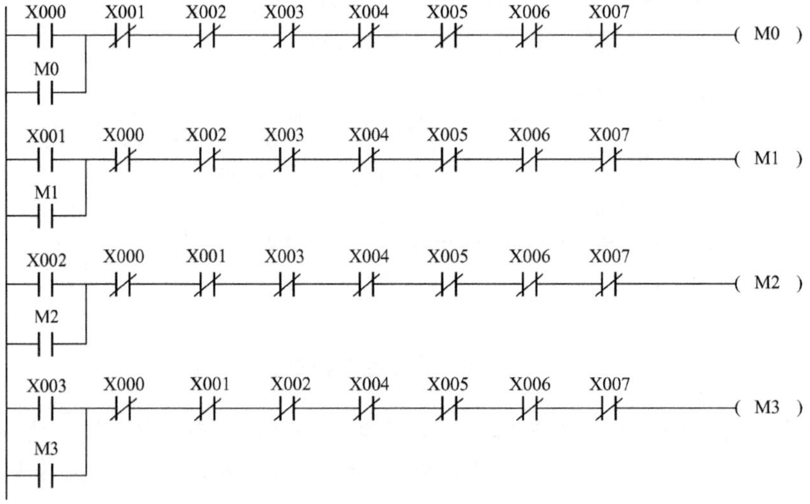

图 3-11　电梯楼层自保持信号

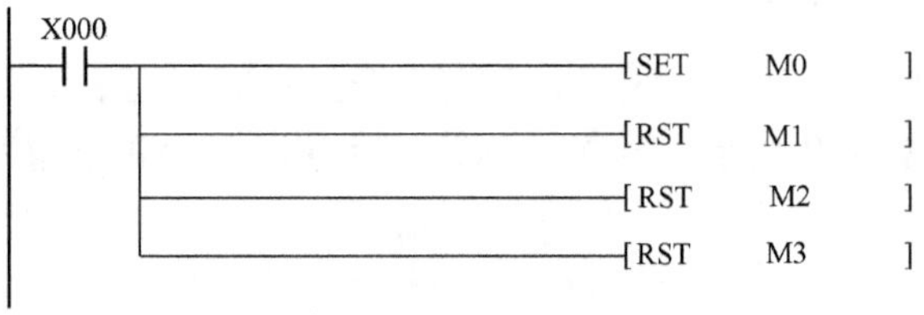

图 3-12　电梯楼层 SET/RST 信号

X1 ~ X3 同理，用 SET 指令置“1”本楼层标志信号，用 RST 指令复位其他标志信号。这里可以用自保持方法，也可以用 SET/RST 指令来设计程序，但用自保持电路法设计更加高效。

3.3　启保停电路的设计

启保停电路可称为自锁电路或自保持电路，在机电控制里有“三把锁”的概念，掌握“三把锁”，即掌握了机电设计的魂，“三把锁”即“自锁”、“互锁”、“联锁”。在生产机械的各种运动之间，往往存在着某种相互制约的控制关系，一般采用联锁控制来实现。可以用反映某一运动的联锁信号触点去控制另一运动相应的电路，实现两个以上运动的相互制约，达到联锁控制的要求（两个运动的相互制约称为互锁）。联锁控制的关键是正确地选择和使用联锁信号。下面是几种常见的联锁控制。

3.3.1　不能同时发生运动的联锁（互锁）控制

电动机正反转电路电气控制原理图如图 3-13 所示，为了使电动机能够正转和反转，电路采用两只接触器 KM1、KM2 换接电动机三相电源的相序，但两个接触器不能同时吸合，如果同时吸合将造成电源的短路事故，为了防止这种事故，在电路中采取了可靠的互锁。

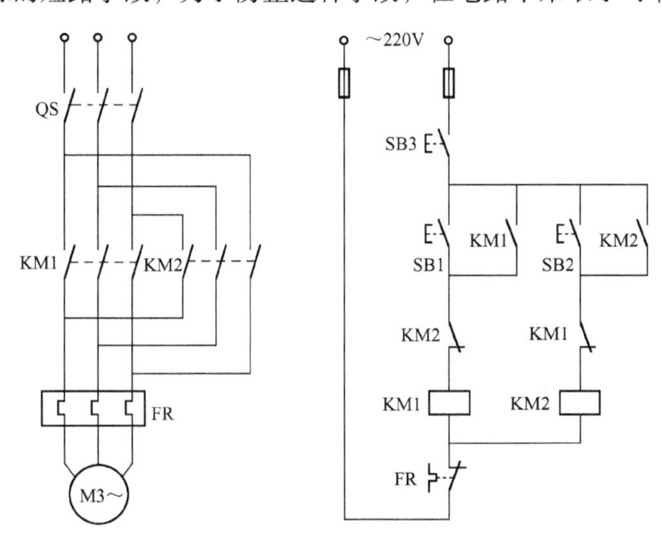

图 3-13　电动机正反转电气图

实际应用中，用 PLC 来只做电动机正反转控制是不可能的，因为简单的控制功能只用按钮和接触器等电气元件就可以实现，无须另外花费购买 PLC。用 PLC 控制多是要实现较为复杂的功能。如果用 PLC 来实现电动机正反转控制功能，其电气接线图如图 3-14 所示，SB1、SB2、SB3、FR 为输入，KM1、KM2 为输出。

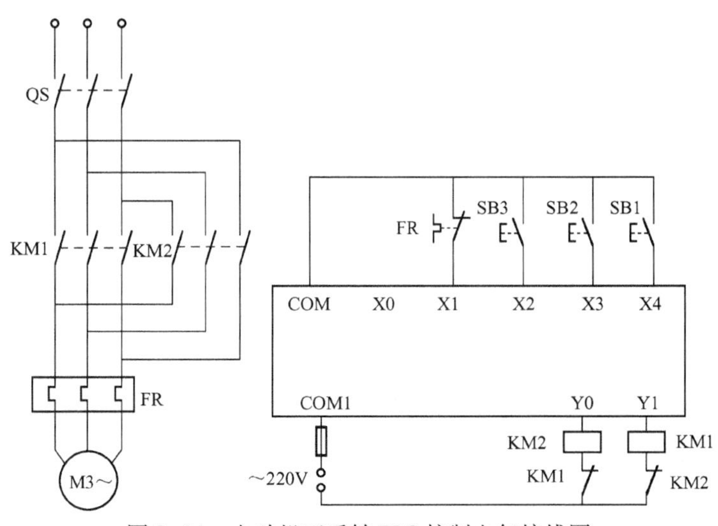

图 3-14　电动机正反转 PLC 控制电气接线图

其程序设计与电气控制图较为相似，有两个自保持回路，详细的梯形图程序如图 3-15 所示。

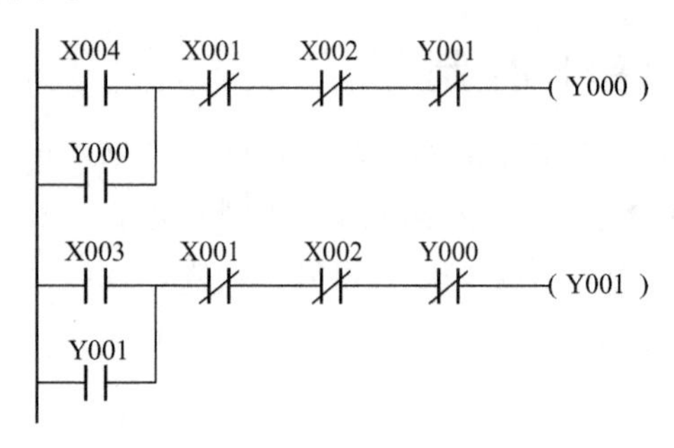

图 3-15　电气正反转 PLC 梯形图

按下 SB1 按钮，X4 为 ON，则 Y0 为 ON，Y0 和 Y1 互为闭锁，也就是 Y0 为 ON，则 Y1 不能为 ON。Y1 先为 ON，则 Y0 不能为 ON。Y0 和 Y1 不被同时接通，选择互锁信号为 Y0 的常闭触点和 Y1 的常闭触点，分别串入 Y1 和 Y0 的控制回路中。

当 Y0 和 Y1 中有任何一个要启动时，必须先关断一个，才能启动另一个。反过来说，两者之中任何一个启动之后都首先将另一个的启动控制回路断开，从而保证任何时候两者都不能同时启动，达到了互锁控制的要求。这种控制用得最多的是同一台电动机的正反转控制，机床的刀架进给与快速移动之间，横梁升降与工作台运动之间、多工位回转工作台式组合机床的动力头向前与工作台的转位和夹具的松开动作，这些不能同时发生的运动都可采用这种互锁方式。

这里特别提出的是：程序中的 Y0 与 Y1 的互锁是不能保证 Y0 与 Y1 的错位 ON，程序中从 Y0 为 ON 到 Y1 为 ON 最短只间隔一个 PLC 扫描周期，差不多 1ms。基本可以认为两个接触器一个掉电，一个上电，几乎是同时的，这样就会带来电路的危险，而原机电回路中，从一个接触器失电，到用于闭锁的常闭触点还原，再到另一个接触器上电，中间间隔一个接触器失电常闭触点还原的时间，差不多 40～50ms。故一定要在 PLC 控制接线图中加上接触器的互锁，如图 3-14 所示。

3.3.2　互为发生条件的联锁控制

在有机床的控制电路中，主轴电机与油泵电机的关系是联锁关系，油泵先开，主轴才能开。主轴先停，油泵才能停。图 3-16 所示为主轴电机与油泵电机动力回路接线图。

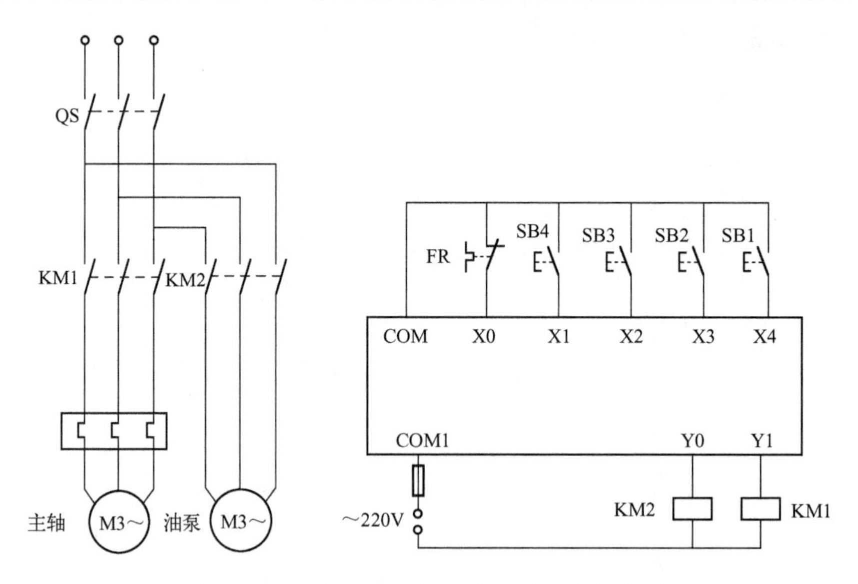

图 3-16　主轴电机与油泵电机动力回路接线图

Y0 控制 KM2，为油泵电机的控制输出，Y1 控制 KM1，为主轴电机的控制输出。SB1 用于启动油泵，SB2 用于停止油泵，SB3 用于启动主轴，SB4 用于停止主轴。FR 为主轴电机热保护。设计梯形图如图 3-17 所示。

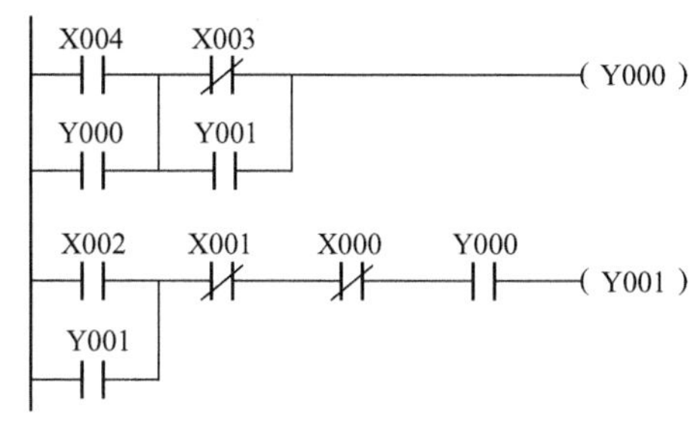

图 3-17　主轴电机与油泵电机梯形图

该梯形图程序由油泵和主轴的自保持电路组成，油泵输出 Y0 的常开触点串在主轴 Y1 的控制回路中，Y0 为 ON 后 Y1 才可以为 ON，故只有油泵 Y0 接通才能使主轴 Y1 接通。在油泵 Y0 自保持回路中，Y1 触点并联在 X3 停止开关上，即闭锁停止回路，只有 Y1 先停止，Y0 才能停止。

3.3.3　带延时自保持控制

关于定时器的设计及应用，在后续章节将予以详细描述，这里只做简单介绍。带延时的控制电路需要用到定时器，定时器有 T0、T1、T2 等，定时时间通过参数设置，定时 1 秒则是 K10，定时 10 秒则是 K100，这里 K 表示十进制，定时时间为数值乘 0.1 秒。如图 3-18 所示电路，当 X0 启动 Y0 后，Y1 在 10 秒后为 ON。

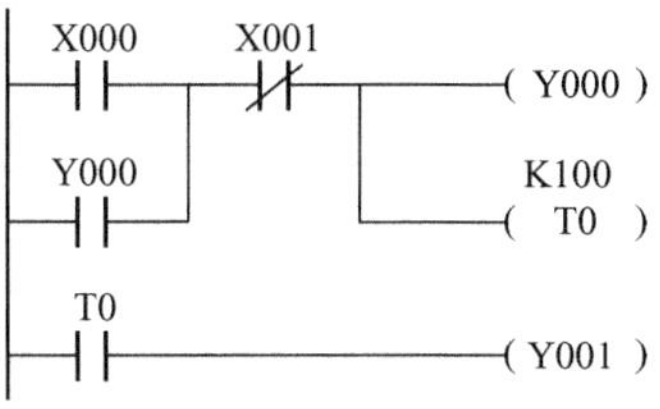

图 3-18　带延时自保持控制电路

【例 3.3】 按下正转按钮 SB1 时，接触器 KM1 接通，电动机开始正转运行；按下反转按钮 SB2 时，接触器 KM2 接通，电动机反转运行。在运行过程中，可按下按钮 SB1 或 SB2 进行转向切换，但在电动机开始正转或反转运行的前 5 秒内是不允许进行转向切换的，即使按下按钮 SB1 或 SB2 也不起作用，电动机仍然保持原来的旋转方向不变，只有在电动机正转或反转运行了 5 秒后才能进行转向切换，要求用 PLC 实现控制，并画出梯形图。

解： 电气接线如图 3-14 所示，I/O 端口分配如表 3-1 所示。

表 3-1　I/O 端口分配

输　入		输　出	
正启动按钮 SB1	X001	KM1	Y001
反启动按钮 SB2	X002	KM2	Y002
停止按钮 SB3	X003		

设计程序如图 3-19 所示。

按下正转启动按钮 X1，Y001 为 ON，同时启动 T0，T0 过 5 秒后为 ON，并开放 X2 按钮，可由 X2 启动 M0 来停止 Y001，此时，因 Y001 停止，Y001 串联在 Y002 回路中的常闭触点闭合，X2 可启动 Y002。

【例 3.4】 延时启动电路设计：按下启动按钮 X0，10 秒后 Y0 为 ON，按下停止按钮 X1 时，Y0 立即停止。梯形图程序如图 3-20 所示。

按下 X0，启动 M0 的自保持电路，该电路相当于 X0 的记忆电路，并同时启动定时器 T0，定时时间到，T0 启动 Y0，达到了延时启动的目的，同时关闭记忆电路；按下 X1 按钮，Y0 为 OFF。

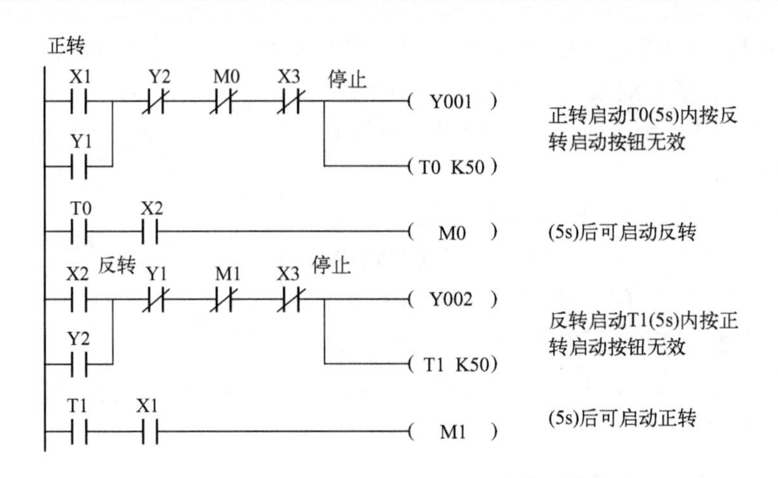

图 3-19　延时电机正反转 PLC 梯形图

延时停止电路设计：按下启动按钮 X1，Y0 立即为 ON，按下停止按钮 X0，10 秒后 Y0 为 OFF。梯形图程序如图 3-21 所示。

图 3-20　延时启动自保持电路梯形图程序　　　　图 3-21　延时停止自保持电路梯形图程序

【例 3.5】 如图 3-22（a）所示为三相交流异步电动机 Y－△启动控制的主电路。在按下启动按钮时，首先使接触器 KM1、KM2 的常开触点闭合，电动机以 Y 形接法启动。5 秒后，断开 KM1，接通接触器 KM3 的常开触点，使电动机以△形接法运转，注意此处的 KM1、KM3 的硬件互锁。当按下停止按钮时，电动机停止运行，要求用 PLC 控制三相交流异步电动机 Y－△启动，画出控制电路接线图，并写出梯形图。

解： 根据控制要求，PLC 接线图如图 3-22（b）所示，进行 I/O 端口分配，如表 3-2 所示。

表 3-2　三相异步电动机 Y－△启动控制 I/O 端口分配

输　入		输　出	
启动按钮	X000	星形 KM1	Y001
停止按钮	X001	电源 KM2	Y002
		三角形 KM3	Y003

程序如图 3-23 所示。

图 3-23 是一个延时自动停止程序，按下 X0 按钮，Y2 为 ON，启动 Y2 的自保持电路，该电路相当于 X0 的记忆电路，并未立即启动 T0 电路，而是当启动按钮返回时启动定时器 T0，T 时间以后，T0 停止 Y1，启动 Y3。

如图 3-24 所示，当 X0 为 ON 时，其常开触点闭合，输出继电器 Y0 接通并自保持，但此

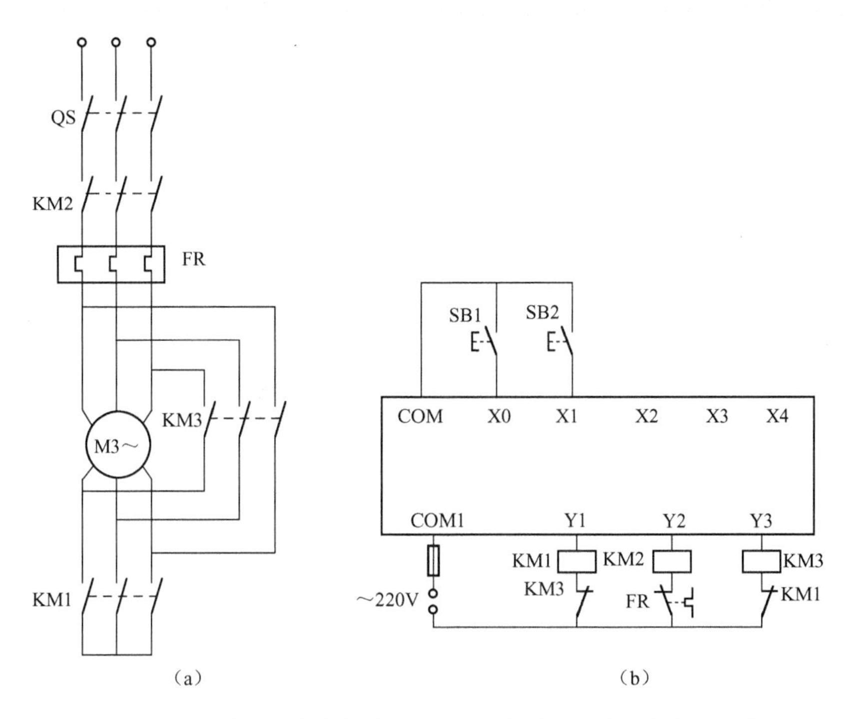

图 3-22　三相交流异步电动机 Y－△启动控制主电路及 PLC 接线图

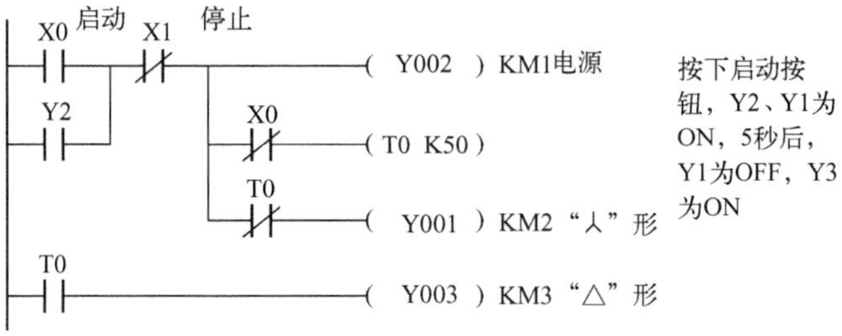

X0 启动　X1　停止
Y002　KM1电源
Y2
X0
T0 K50
T0
Y001　KM2"人"形
T0
Y003　KM3"△"形
按下启动按钮，Y2、Y1为ON，5秒后，Y1为OFF，Y3为ON

图 3-23　交流异步电动机 Y－△启动程序

时定时器 T0 却无法接通。因 X0 常闭触点串在 T0 回路中，只有 X0 断开，且断开时间达到设定值（10 秒）时，Y0 才由 ON 变成 OFF，实现了失电延时。

图 3-25 是一个双延时电路，所谓双延时定时器，是指通电和失电均延时的定时器，用两个定时器完成双延时控制，逻辑功能梯形图如图 3-25 所示。

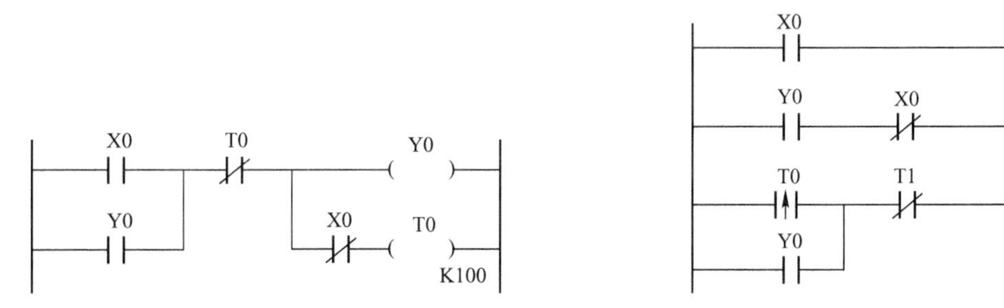

图 3-24　立即启动延时停止程序

图 3-25　双延时启停电路梯形图

当输入 X0 为 ON 时，T0 开始定时，10 秒后接通 Y0 并自保持。当输入 X0 由 ON 变 OFF

时，T1 开始定时，15 秒后，T1 常闭触点断开，Y0 复位，这样就实现了输出线圈 Y0 在通电和失电时均产生延时控制的效果。改变定时器的设定值即可改变通电和失电的延迟时间。这里的 T0 启动 Y0 改为 T0 的上升沿启动，是为了不循环启动 Y0，即按下 X0 按钮，Y0 只是会 ON 一次，不会循环周期启动，如果我们希望得到循环启动，以后的时序电路设计将会详细阐述。T0 为非上升沿启动时，程序的执行情况请大家自己分析。

3.4　启保停电路的典型应用

启保停电路设计有很多技巧，本节通过不同的设计实例学习这些技巧的使用，有些程序可以融合多个技巧。

3.4.1　运料传输带控制

【例 3.6】 某车间运料传输带分为两段，由两台电动机分别驱动，其工作示意图如图 3-26 所示。按下启动按钮 SB1，电动机 M2 开始运行并保持连续工作，当被运送的物品前进至被传感器 SQ2 检测到时，启动电动机 M1 运载物品前进；当物品被传感器 SQ1 检测到时，延时 3 秒，停止电动机 M1。上述过程不断进行，直到按下停止按钮 SB2，传送电机 M2 立刻停止。试根据上述控制要求，完成梯形图程序设计。

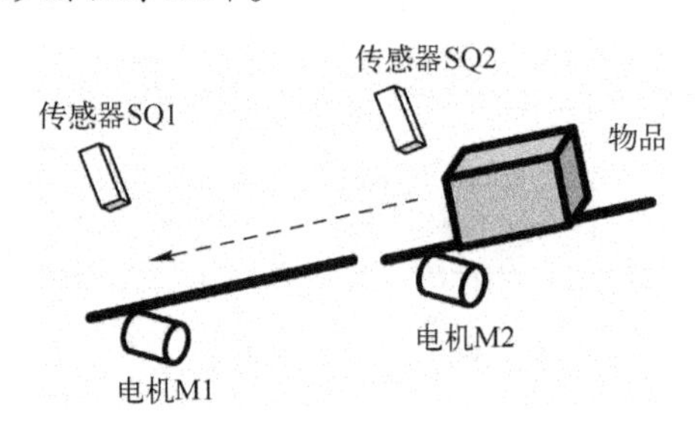

图 3-26　运料传输带示意图

解：根据控制要求，完成 I/O 端口分配，如表 3-3 所示。

表 3-3　运料传输带控制系统 I/O 端口分配

输　入		输　出	
启动按钮	X001	电机 M1	Y001
停止按钮	X002	电机 M2	Y002
传感器 SQ1	X004		
传感器 SQ2	X003		

本例的梯形图程序如图 3-27 所示。

该程序分为三段，第一段为经典启停控制，X001 用于启动 Y002，X002 用于停止 Y002。第二段是条件启动，只有当 Y002 为 ON 时，X003 才能启动 Y001。第三段为条件启动加延时停止，条件是 Y001 为 ON、有 X004 信号时，启动 M0 和 T0，3 秒后 T0 为 ON，断开 M0 及 Y001。

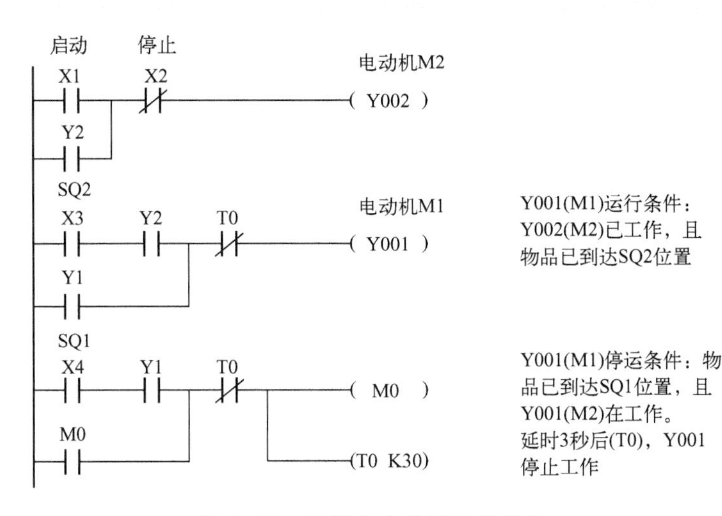

图 3-27　运料传输带 PLC 梯形图

3.4.2　两路抢答器控制

【例 3.7】两路抢答器控制示意图如图 3-28 所示。当主持人说出题目并按动开始抢答按钮 SB3 后，抢答开始，哪组先按下按钮，哪组桌子上的灯点亮，同时接通电铃 DL，后者抢答无效。延时 3s 后电铃停，并点亮答题指示灯，答题时间为 10s，答题时间到后熄灭抢答灯和答题灯，本轮抢答结束。若 5s 内没人抢答，本轮抢答结束。试根据上述控制要求，设计梯形图程序。

图 3-28　两组抢答器示意图

解：根据控制要求，进行 I/O 端口分配，如表 3-4 所示。

表 3-4　两路抢答器 I/O 端口分配

输　入		输　出	
主持人启动	X003	A 组指示灯	Y000
A 组抢答按钮	X001	B 组指示灯	Y001
B 组抢答按钮	X002	电铃	Y002
		答题灯	Y003

程序设计如图 3-29 所示。

该程序分为 6 段，第一段为主持人启动程序和在正常答题 10 秒时间到或无人抢答 5 秒时间到后停止程序。第二段是 A 组抢答，第三段是 B 组抢答，这两组是互锁的，均在主持人启动 M0 后才有效，并随着 M0 的停止而停止。第四段为逻辑段，无论 A 组或 B 组抢答，均启动电铃 Y002，并启动 T1，3 秒后停止铃响，即电铃 Y002 灭，同时启动第五段 Y003，并启动 10 秒答题的 T2，最后一段是主持人启动程序后都没人抢答，则启动 T0，5 秒后停止本轮抢答。

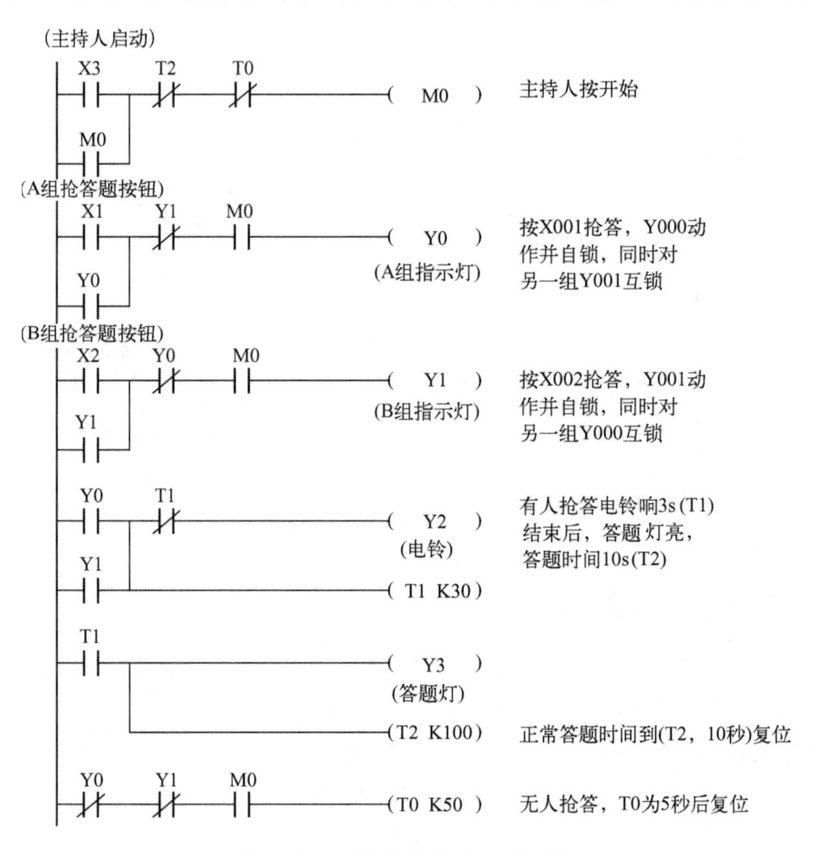

图 3-29　两组抢答器 PLC 梯形图

3.4.3　水塔水位控制

【例 3.8】 水塔上设有 4 个液位传感器，安装位置如图 3-30 所示，从低到高依次为 SQ1、SQ2、SQ3、SQ4。凡液面高于传感器安装位置则传感器接通（ON），液面低于传感器安装位置时则传感器断开（OFF）。其中 SQ2 和 SQ3 作为水位控制信号，而 SQ1 和 SQ4 可在 SQ2 或 SQ3 失灵后发出报警信号，起到保护作用。

用水泵将水池里的水抽到水塔上。按下启动按钮 SB1 后，水泵开始运行，直到接收到 SQ3 信号并保持 3 秒以上，确认水位到达高液位时停止运行；当水塔水位下降到低水位即 SQ2 接通时则重新开启水泵。

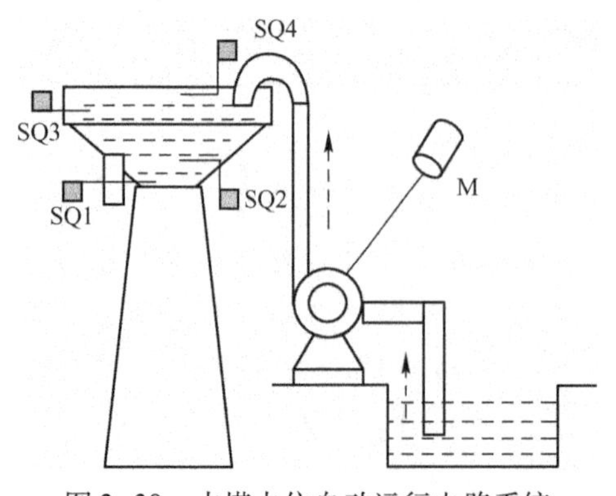

图 3-30　水塔水位自动运行电路系统

一旦传感器 SQ3 失灵，则水位会继续上升到 SQ4 位置，此时 SQ4 发出信号，立即点亮高液位报警指示灯并停止工作（除报警指示灯外其他所有的输出全部切断）；而若传感器 SQ2 一旦失灵，则在收到 SQ1 信号时立即点亮低液位报警指示灯并停止工作。按下启动按钮 SB1 时将报警指示灯复位，并可重新开始正常工作。

运行过程中按下停止按钮 SB2，可立即停止整个控制程序。图 3-30 为系统示意图。

解：根据控制要求，进行 PLC I/O 端口分配，如表 3-5 所示。

表 3-5　水塔水位自动运行控制 I/O 端口分配表

输　入		输　出	
启动 SB1	X005	抽水电机 M	Y000
停止 SB2	X006	超高报警指示灯	Y010
超低 SQ1	X001	超低报警指示灯	Y011
低液位 SQ2	X002		
高液位 SQ3	X003		
超高 SQ4	X004		

设计梯形图如图 3-31 所示。

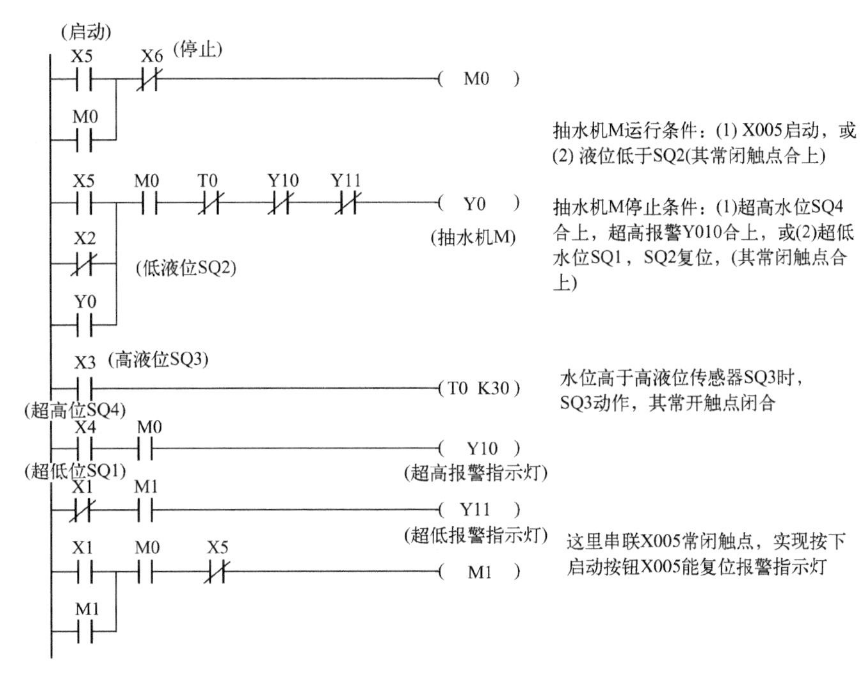

图 3-31　水塔水位自动运行

该程序分为 6 段，第一段为启动和停止 M0 标志，M0 为 ON 则表示系统运行。启动水塔抽水，启动条件一为按下启动按钮，启动条件二为水位低到 SQ2。停止的条件则有到高水位 SQ3 3 秒，或到 SQ4 启动的高报警 Y10，以及低于 SQ1 水位启动的 Y11。最后一段是当水位低到 SQ1 时，由于 M1 记忆曾经有水的 M1 记忆回路，进入水位低于 SQ1 时，Y11 报警为 ON，当按下复位按钮 X005 时，M1 为 OFF，由 SQ2 的触点 X002 启动水塔电机 Y000。

3.4.4　自动门控制

【例 3.9】 自动门控制系统示意图如图 3-32 所示。正转接触器 KM1 驱动电机正转使库门上升打开，反转接触器 KM2 驱动电机反转使库门下降关闭。在库门的上方装有一个超声波传感器 SQ3，当检测到有人（车）来时发出信号（SQ3 = ON），由该信号使电动机 M 正转将卷帘门上升打开。门升至上限位开关 SQ1 后停止。此时若超声波传感器 SQ3 已为 OFF，则延时 3s 后电动机 M 反转，使卷帘下降自动关门；若 SQ3 仍为 ON，则需等到 SQ3 变为 OFF 后才可再延时 3s 后

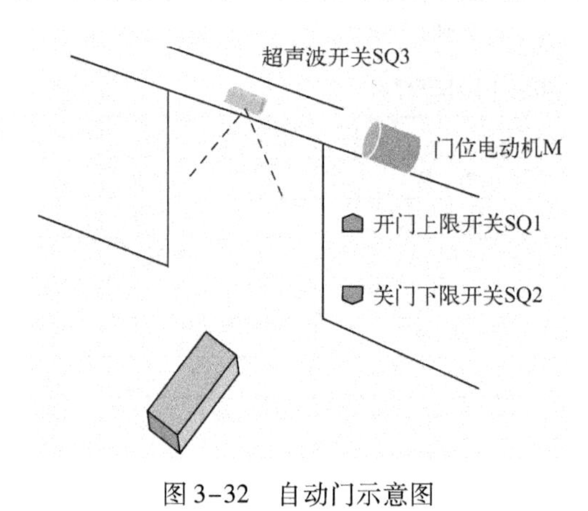

图 3-32　自动门示意图

关门。门关至下限位开关 SQ2 后停止。在关门过程中若又接到超声波传感器信号，则立即停止关门并自动转为开门，然后按照前述过程自动关门。用按钮 SB1 可手动以点动方式控制开门，用按钮 SB2 可手动以点动方式控制关门。使用了手动开关门后，自动开关门控制即变为无效。只有在门已关闭，下限位开关 SQ2 被压下，且检测到 SQ3 发出信号的情况下，才能重新进入自动开关门控制状态。

解： 根据控制要求，进行 PLC I/O 端口分配，如表 3-6 所示。

表 3-6　自动门控制系统 I/O 端口分配

输　入		输　出	
开门上限 SQ1	X001	开门 KM1	Y001
关门下限 SQ2	X002	关门 KM2	Y002
超声波 SQ3	X003		
手动开门 SB1	X004		
手动关门 SB2	X005		

设计的梯形图程序如图 3-33 所示。

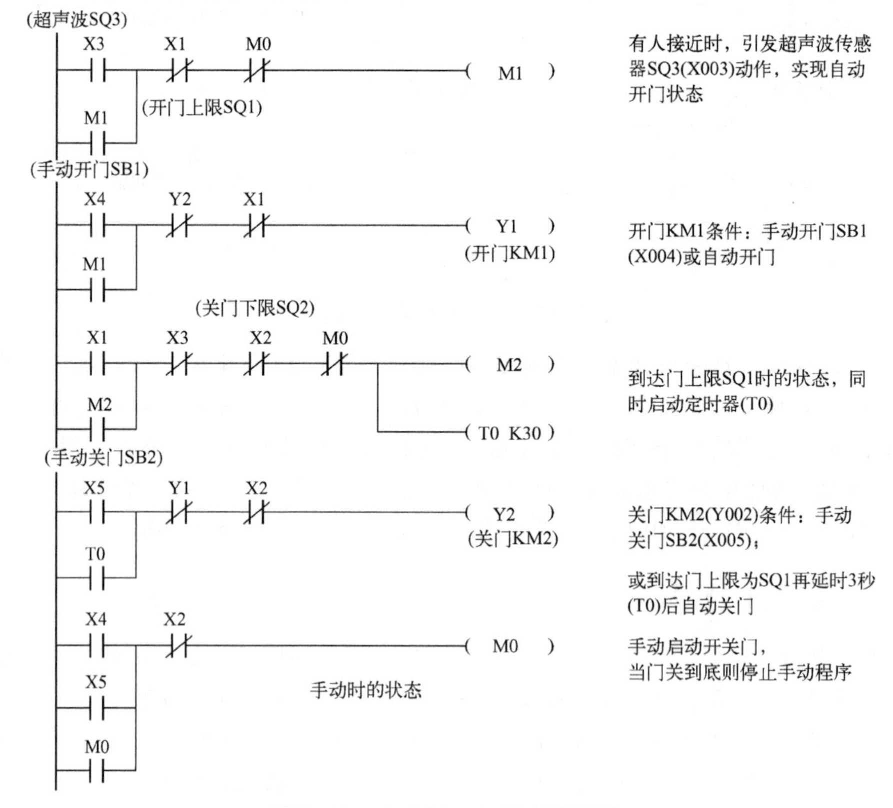

图 3-33　自动门 PLC 程序梯形图

本程序分成5段，第一段是超声波启动自动门开启，开到顶停止。第二段是手动开门，并与自动开门并联。第三段是门升至上限位开关SQ1，且有3秒时间都没有超声波信号，启动关门。第四段是自动和手动关门。第五段是无论手动开关门，启动M0手动启动标志，利用M0去停止自动程序，当门关到底则停止手动程序。

3.4.5　运料传输带控制

按照时间的先后顺序使被控对象依次工作的例子很多，如霓虹灯、艺术灯等，其共同特点是多个被控对象按时间顺序依次工作一定的时间，时间到了，前一个的工作结束，后一个的工作开始，最后一个工作完成后又从第一个控制对象开始，依次循环。图3-34所示是循环顺序输出控制的例子，某一个定时器的常开触点并联在后一个工作的启动线路中，作为下一个工作发生的条件，它的常闭触点串入自己的控制线路中使自己工作一定时间后断电。

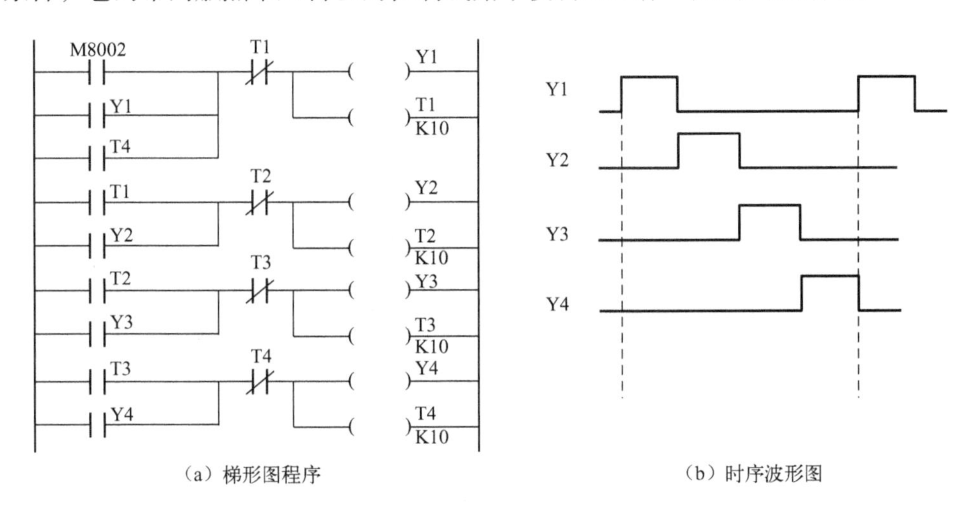

（a）梯形图程序　　（b）时序波形图

图3-34　循环顺序输出控制

3.4.6　初步的顺序步进控制

本节对顺序步进控制做一下初步的介绍，后面顺序控制章节将会详细展开。顺序步进控制的实例很多，如按照工艺要求一步一步地加工或装配，这在单机生产设备或生产流水线上是经常看到的。图3-35所示就是一个顺序步进控制的例子。在依次发生的输出之间切换，采用顺序步进的控制方式。选择代表前一个输出的常开触点并在后一个输出的启动线路中，作为后一个输出发生的条件。同时选择代表后一个输出的常闭触点串入前一个输出的关断回路里。

本例中，X1、X5启动Y1，在Y1为ON的同时X2为ON，则Y2启动，并同时停止Y1，然后在Y2为ON的同时X3为ON，则Y3启动，并同时停止Y2，接着是Y3为ON的同时X4为ON，则Y4启动，并同时停止Y3，最后是Y4为ON的同时X5为ON，则Y1启动，并同时停止Y4，依此循环。可以看出，只有前一个输出发生了，才允许后一个输出可以发生，而一旦后一个输出发生了，就立即使前一个输出停止。因此可以实现各个输出严格地依预定的顺序发生和转换，达到顺序步进控制，保证不会发生顺序的错乱。

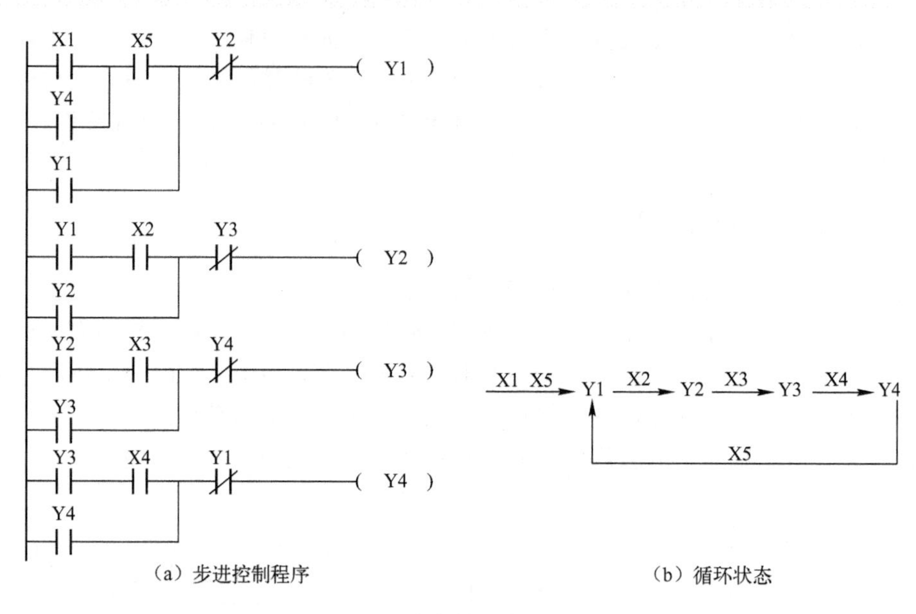

（a）步进控制程序　　（b）循环状态

图 3-35　自保持顺序步进控制

3.5　启保停电路的实训

3.5.1　接近开关简介

行程开关又称为限位开关，一般安装在相对静止的物体（如固定架、门框等）上或者运动的物体（如行车、门等）上。当运动物体接近静止的物体时，开关的连杆驱动开关的接点引起常闭触点分断或者常开触点闭合，行程开关多用于运动部件的位置检测。常见的行程开关实物如图 3-36 所示。

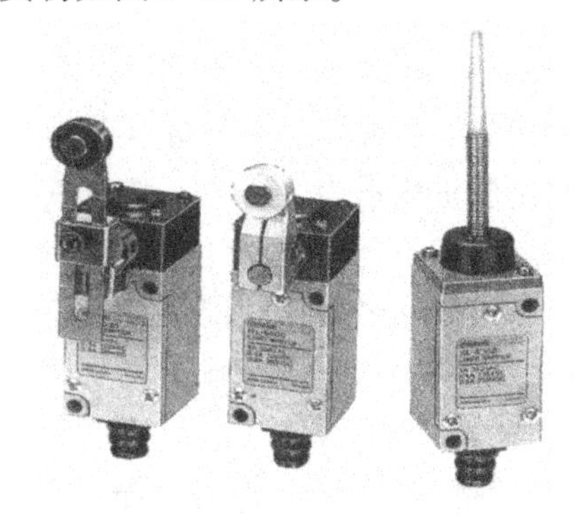

图 3-36　行程开关

实际应用中，位置检测多采用另外一种开关——接近开关。接近开关是一种无须与运动部件进行直接接触而可以操作的位置开关。

接近开关又称无触点接近开关，是一种理想的电子开关量传感器。当被测物体接近开关的感应区域时，开关就能无接触、无压力、无火花地迅速发出电气指令，准确反映出运动机构的位置和行程，即使用于一般的行程控制，其定位精度、操作频率、使用寿命、安装调整的方便性和对恶劣环境的适用能力，也是一般机械式行程开关所不能相比的。接近开关已广泛应用于机床、冶金、化工、轻纺和印刷等行业。在自动控制系统中不仅用作位置检测，还可用于限位、计数、定位控制和自动保护环节等。

常见的接近开关有以下几种。

（1）无源接近开关：这种开关不需要电源，通过磁力感应控制开关的闭合状态。

（2）涡流式接近开关：也称为电感式接近开关。当导电物体接近此种开关时，物体内部将产生涡流。这个涡流反作用到接近开关，使开关内部电路参数发生变化，由此识别出有无导电物体移近，进而控制开关的通或断。这种接近开关所能检测的物体必须是导电体。

（3）电容式接近开关：这种开关测量头通常是构成电容器的一个极板，而另一个极板是物体的外壳，如图3-37（a）所示。这个外壳在测量过程中通常是接地或与设备的机壳相连接。当有物体移向接近开关时，不论它是否为导体，由于它的接近，总要使电容的介电常数发生变化，从而使电容量发生变化，使得和测量头相连的电路状态也随之发生变化，由此便可控制开关的接通或断开。这种接近开关检测的对象不限于导体，也可以是绝缘的液体或粉状物等。

（4）霍尔接近开关：霍尔元件是一种磁敏元件，利用霍尔元件做成的开关称为霍尔开关，如图3-37（b）所示。当磁性物件移近霍尔开关时，开关检测面上的霍尔元件因产生霍尔效应而使开关内部电路状态发生变化，由此识别附近有无磁性物体存在，进而控制开关的通或断。这种接近开关的检测对象必须是磁性物体。

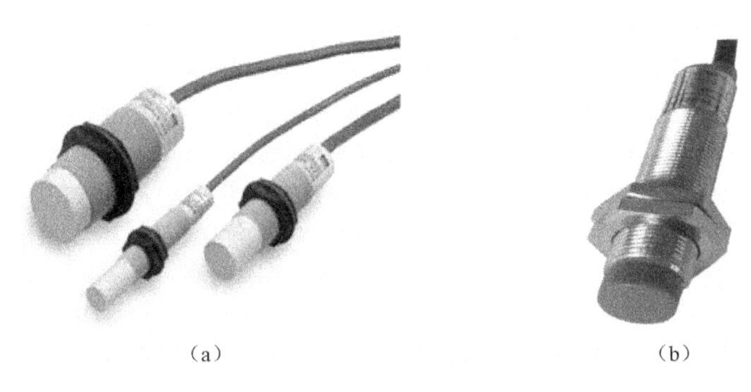

（a）　（b）

图3-37　电容式接近开关和霍尔接近开关

（5）光电式接近开关：利用光电效应制成的开关称为光电开关，如图3-38（a）所示。将发光器件与光电器件按一定方向装在同一个检测头内，当有反光面（被检测物体）接近时，光电器件接收到反射光后便有信号输出，由此便可“感知”有无物体接近。

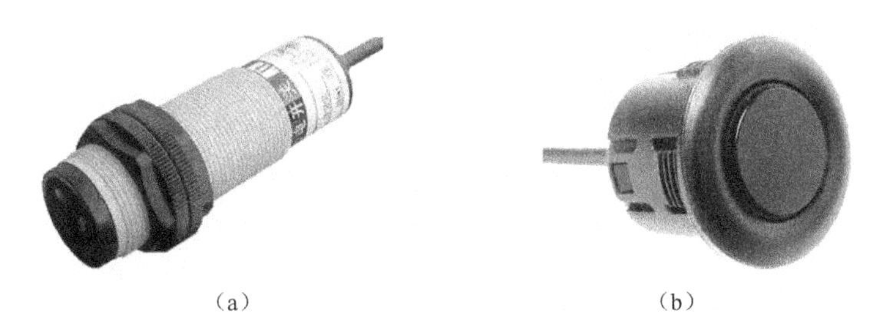

（a）　（b）

图3-38　光电式接近开关和超声波接近开关

此外，还有利用多普勒效应制成的超声波接近开关（图3-38（b））、微波接近开关等。当有物体移近时，接近开关接收到的反射信号会产生多普勒频移，由此可以识别出有无物体接近，汽车倒车雷达就是采用这类开关。

3.5.2 接近开关接线介绍

接近开关接线分两线制和三线制，两线制接近开关可当作开关接线，三线制接近开关又分为 NPN 型和 PNP 型，它们的接线是不同的。

三菱主机的输入端内部有内置的 24V 电源，其 I/O 模块是没有内部电源的，PLC 主机与 NPN 型接近开关的内部电源接线如图 3-39 所示。

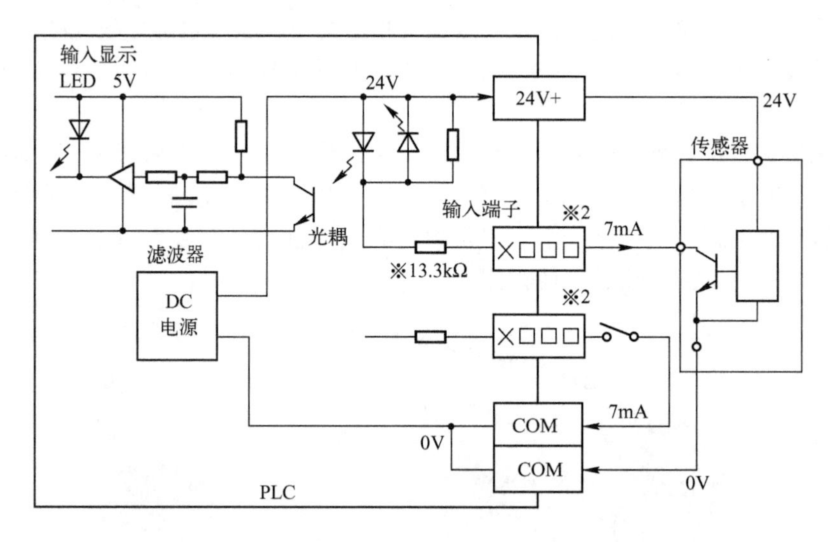

图 3-39　PLC 主机与 NPN 接近开关内部电源接线图

三线制接近开关的接线：红（棕）线接电源正端；蓝线接电源 0V 端；黄（黑）线为信号，应接 PLC 的输入端。

除了用 PLC 自带电源供电外，还可以采用外部电源给接近开关供电，此时需要将外部电源与 PLC 共地。PLC 主机与 NPN 型接近开关外部电源的接线如图 3-40 所示。

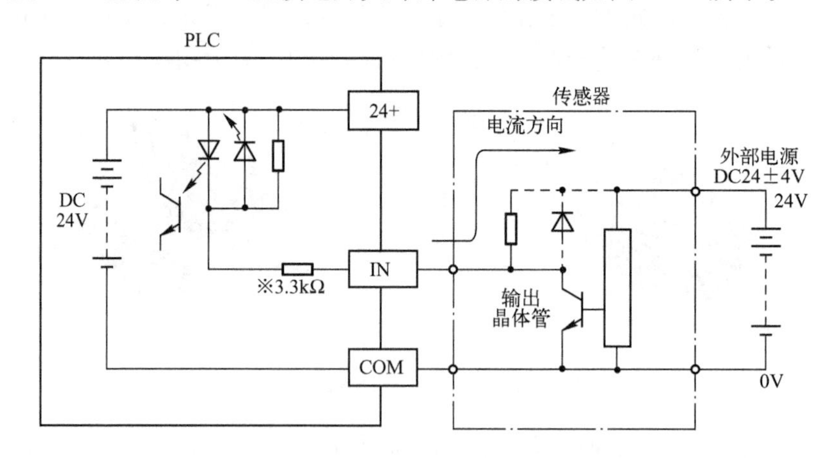

图 3-40　PLC 主机与 NPN 接近开关外部电源接线图

当 PLC 的输入输出点不够时，可以选择外接 I/O 模块，这些外接 I/O 模块的输入口内部和主机不同，没接电源，PLC 外接模块与主机的接线如图 3-41 所示。

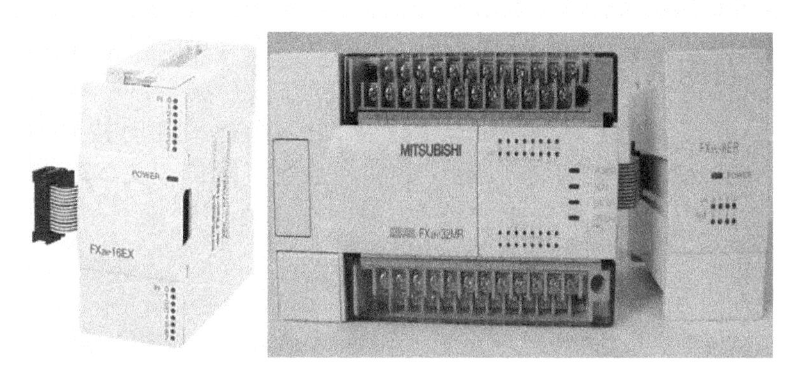

图3-41　PLC外接模块及外接模块与主机连接图

当PLC扩展模块需要连接NPN型接近开关时，需要外部电源给NPN型接近开关供电，此时要将外部电源与PLC的I/O模块相连接，COM口接24V电源的正极，如图3-42所示。

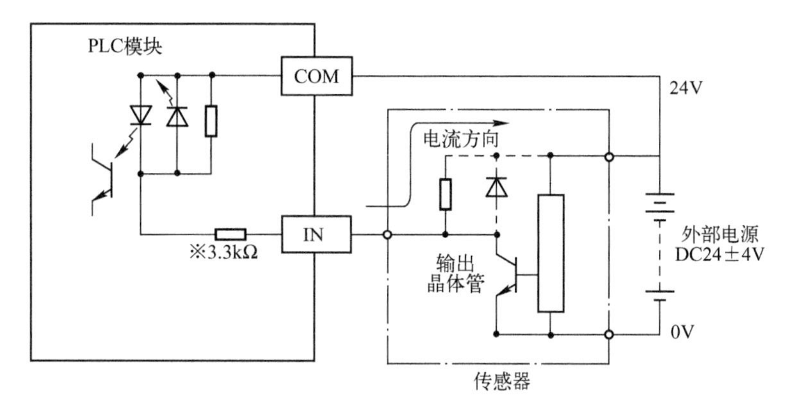

图3-42　PLC扩展I/O模块与NPN接近开关接线图

由于PLC的I/O模块内部没有电源接入，其光耦的输入端为双向口，所以可以外接电源和PNP型接近开关，COM口与电源的负极相连接，PLC模块与PNP型接近开关的接线如图3-43所示。

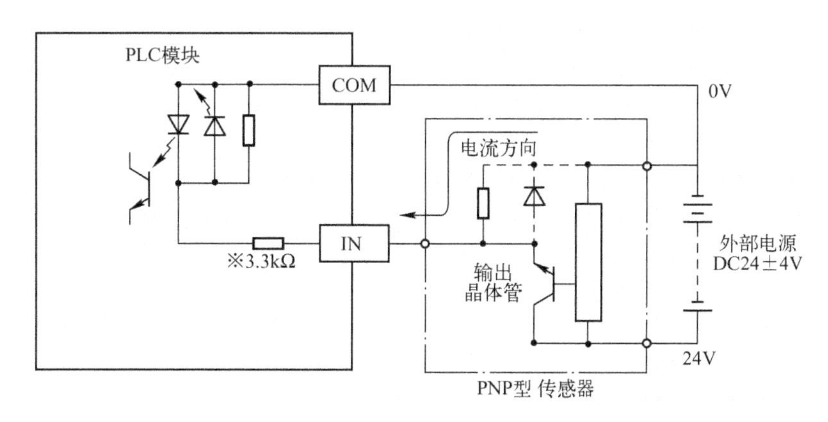

图3-43　PLC模块与PNP接近开关接线图

还有一类三菱PLC的输入类型是交流220V，具体接线与直流类似，在此不再讲述。

3.5.3 实训内容

【实训 3.1】用直流电机控制小车往返运动，当按下启动按钮 X0 后小车前进（Y0），碰到右限位开关 X4 则小车后退（Y1），碰到左限位开关 X3，小车又变为前进（Y0），如此往返循环，当按下停止按钮 X1 时，小车立刻停止。小车往返运动示意图如图 3-44 所示。

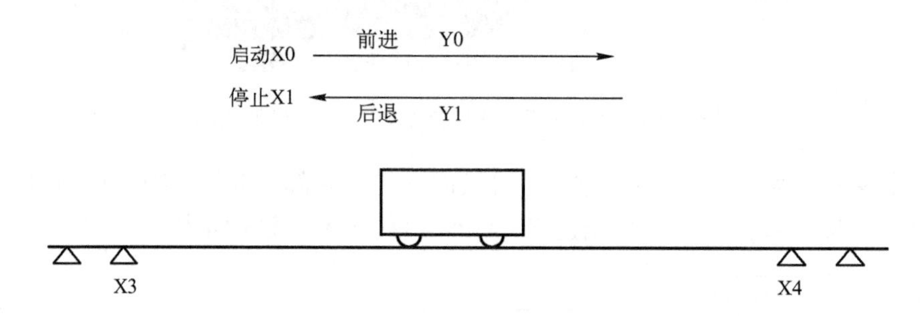

图 3-44 小车往返运动示意图

按图 3-45 接线，SB1（X0）为启动按钮，SB2（X1）为停止按钮，M 为 24V 直流电动机，Y0 接 K2 继电器，驱动小车前进，Y1 接 K1 继电器，驱动小车后退。注意 K1 和 K2 继电器一定要加上一个对方的常闭触点以作互锁。设计并调试程序。

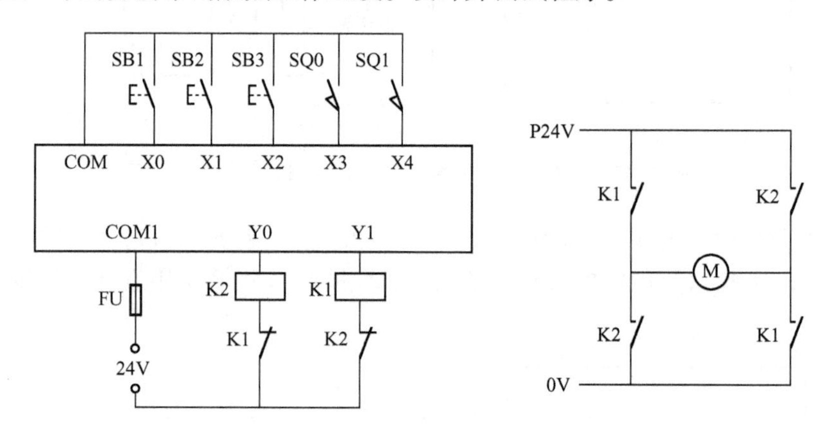

图 3-45 小车往返（直流电机）接线图

【实训 3.2】4 路三相交流异步电机顺序启停控制电路如图 3-46 所示，电动机 1 ~ 4 由接触器 KM1 ~ KM4 串联热保护 FR1 ~ FR4 控制，SB0、SB1 分别接 X0、X1 作为启动和停止按钮，接触器 KM1 ~ KM4 串联热保护 FR1 ~ FR4 的常闭触点分别接到 Y0 ~ Y3。要求按下启动按钮 SB0 后，电动机 1 到电动机 4 顺序启动，即电动机 1 启动，5 秒后电动机 2 启动，再 5 秒后电动机 3 启动，再 5 秒后电动机 4 启动，当按下停止按钮后，先停最后一个启动的电机，以后每隔 4 秒依次停一台。假设启动三台后，第四台还未启动，此时按下停止按钮，第三台立刻停止，4 秒后第二台电机停止，再 4 秒后第一台电机停止，设计并调试程序。

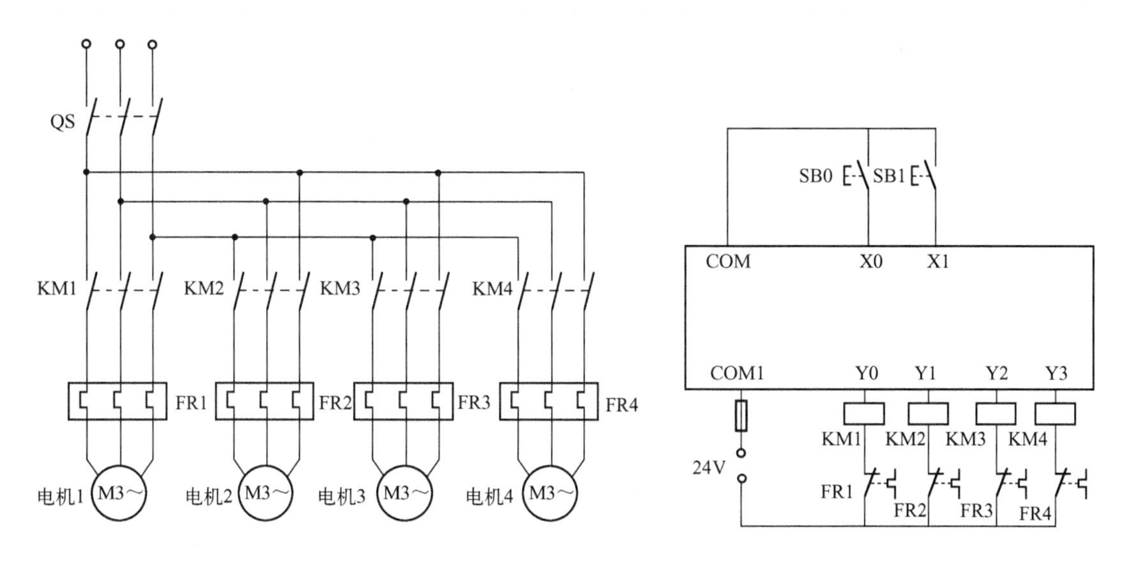

图 3-46　四台电机顺序启停控制

【实训 3. 3】三段输送带控制示意图如图 3-47 所示，电磁阀 F1（直流 24V）可控制料斗下料。24V 直流电动机 M1 ~ M3 分别驱动上、中、下三段皮带，可输送物料，在皮带线的最后有接料斗，而料斗的上方有 NPN 型光电传感器，可用于检测物料是否装满。

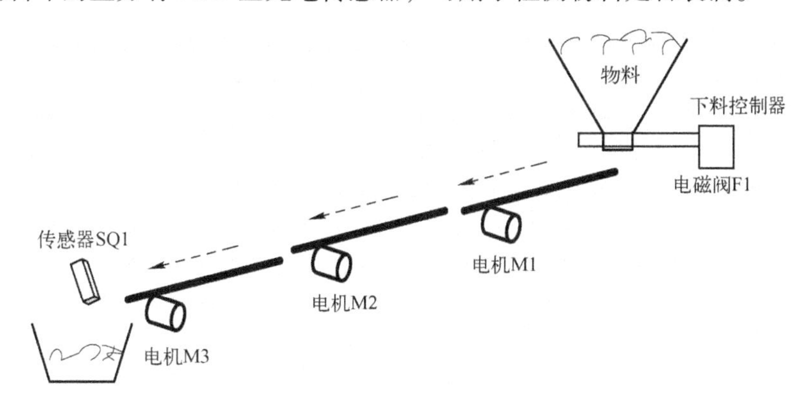

图 3-47　三段输送带控制示意图

按图 3-48 接线，继电器 K1、K2、K3 分别控制 M1 ~ M3 直流电机，K4 控制电磁阀 F1，启动按钮 SB0 接 X0、停止按钮 SB1 接 X1。传感器 SQ1 接 X2。要求按下启动按钮 SB0 后，电磁阀打开，同时电动机 M1 启动，3 秒后电动机 M2 启动，3 秒后电动机 M3 启动。当物料满，传感器 SQ1 为 ON，M1 ~ M3 直流电机及电磁阀 F1 立刻停止并关闭，当料斗物料清除，传感器检测不到物料满 2 秒以上，再启动电机和电磁阀，按下停止按钮后电磁阀 F1 立刻关闭，电机 M1 ~ M3 开启，每间隔 5 秒依次停电机

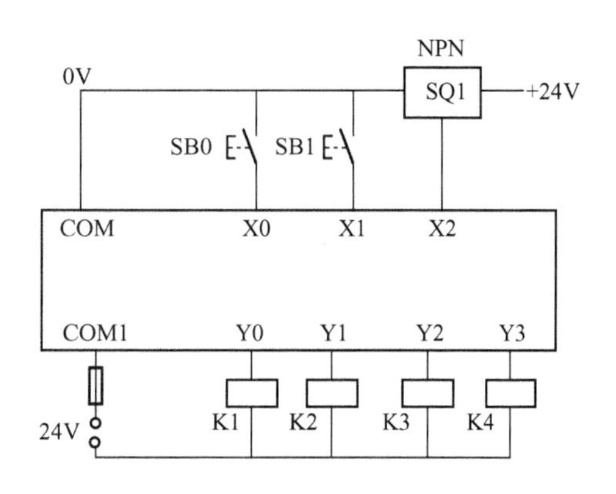

图 3-48　三段输送带控制接线图

M1、电机 M2、电机 M3。设计并调试程序。

【实训 3.4】4 路抢答器示意图如图 3-49 所示。当主持人说出题目并按动启动按钮 SB6 后，先按下按钮的组其桌子上的灯先亮，A、B、C、D 四组分别为 L1、L2、L3、L4 这 4 组灯，若有人在主持人启动按钮 SB6 按钮之前抢答，则 L5 减分灯亮，当主持人按下启动按钮 SB6 10 秒之后无人抢答，则 L7 无效灯亮起，若在主持人启动按钮 SB6 按下 10 秒之内抢答，则有效灯亮起，L1、L2、L3、L4 只可亮一个灯，L5、L6、L7 也只可亮一个灯，主持人按下总停开关 SB7 即可复位所有输出信号。

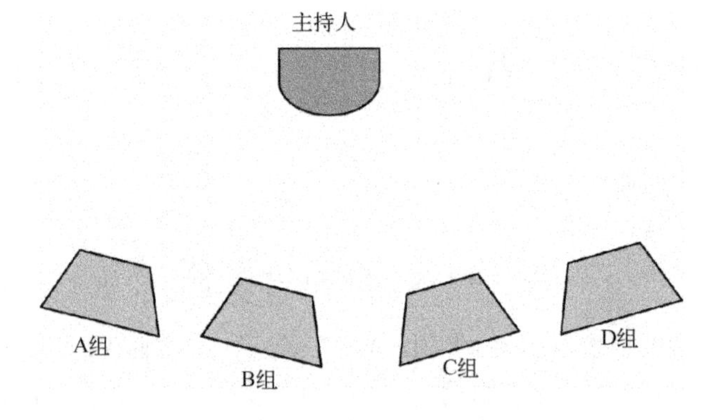

图 3-49　4 路抢答器示意图

按图 3-50 接线，SB1 ~ SB4 为 4 组抢答按钮，SB6、SB7 为主持人开始和复位按钮，接线并调试程序。

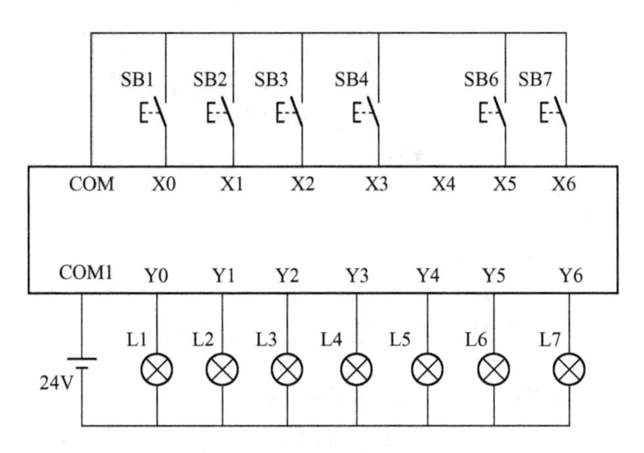

图 3-50　四路抢答器接线图

【思考题】

1. 四路抢答器现场增加 10 秒倒计时，参考顺序启动电路，每秒切换一个状态，10 秒 10 个状态，分别显示 10、9、8、…、0。

2. 小车往返中，直流电机由正转立即转为反转，这样电流大、冲击大，能否在正、反转之间停 2 秒。中间可加一个过渡状态和延时启动回路。

3. 三段输送带控制中，当料斗物料清除，传感器检测到物料满 2 秒以上，则电动机依次启动，以避免同时启动带来的启动电流对电源的冲击，先启动电机 M3，2 秒后启动电动机

M2，再过 2 秒启动电动机 M1，再过 2 秒启动电磁阀 F1。

4. 为 4 路三相交流异步电机设计一联锁控制，当电机 1 启动时电机 2 才能启动，当电机 2 启动时电机 3 才能启动，当电机 3 启动时电机 4 才能启动。停止时，只有电机 4 先停止，电机 3 才能停止，同理，只有电机 3 先停止，电机 2 才能停止，只有电机 2 先停止，电机 1 才能停止。

本章小结

启保停电路的要点在于电路中有关启动、保持、停止的设计。用 SET/RST 指令也可实现传统启保停电路功能，启保停电路沿用了机电设计中的自锁、互锁和联锁的概念。掌握这三把“锁”的设计是该章的核心。启保停电路可以设计成启动优先，也可以设计成停止优先，和定时器配合，可以实现延时启动、延时停止、延时启动和延时停止的双延时，启保停电路也称为记忆电路，合理使用辅助继电器，可实现非常多的变化。

习　题　3

一、选择题

1. 启保停电路可以做成（　　）程序。

A. 既可以设计成启动优先，也可以设计成停止优先

B. 只能启动优先

C. 只能停止优先

D. 没有什么优先

2. （　　）是理想的电子开关量传感器。当被测物体接近开关的感应区域，开关就能无接触、无压力、无火花地迅速发出电气指令。

A. 行程开关　　B. 接近开关　　C. 雷达　　D. 红外

二、填空题

1. 启保停电路的程序设计是________编程的典型代表。

2. PLC 基本指令中置“1”和清“0”指令为________、________。

3. 在机电控制里有“三把锁”的概念，掌握“三把锁”，即掌握了机电设计的魂，“三把锁”即“______锁”、“______锁”、“______锁”。

4. 实现两个以上输出的相互制约，达到______锁控制的要求。

5. 一个输出以另一个输出为条件的称为______。

6. 型号为 FX_{2N} − 16EX 的意思是，______点的，E 是指______模块，X 表示______的意思。

7. 接近开关接线分为______线制和______线制。

8. 三线制接近开关又分为______型和______型，它们的接线是不同的。

9. 利用霍尔元件做成的开关，叫做______开关。

10. PLC 主机和 PLC 扩展模块的不同点在于：PLC 主机内部自带电源，而 PLC 扩展模块则

______电源。

11. 利用光电效应做成的开关叫______。将发光器件与光电器件按一定方向装在同一个检测头内，也有分体的。

三、设计题

1. 有一辆小车运料，供应这八个工位物料，每个工位有一个按钮和一个对应的指示灯以及一个限位开关，如图 3-51 所示。

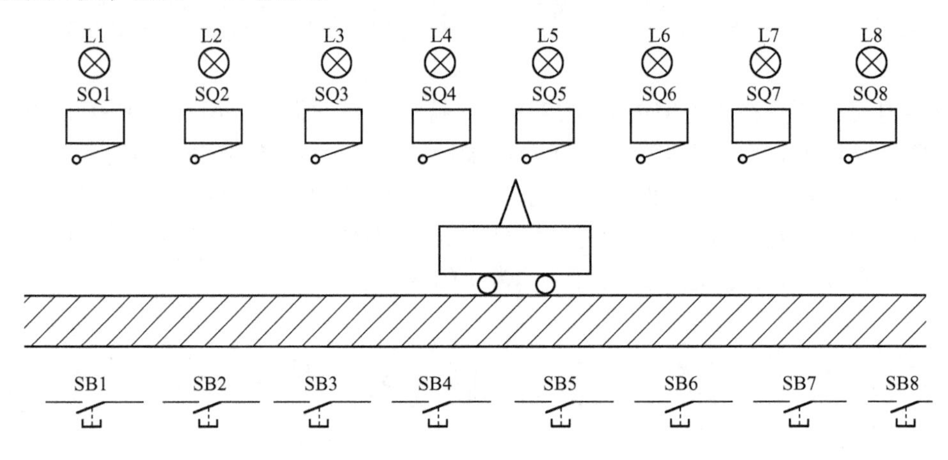

图 3-51　一辆小车运料示意图

如果有工位按下启动按钮，则对应的指示灯会亮，小车由交流异步电机拖动，如果有人呼叫，小车即做往返运动，当运动到呼叫位置，小车停止 5s，时间到，则该位置指示灯熄灭。没人呼叫，小车停止。

2. 有三台 Y－△启动的电动机，设计一个随机启动电路，三台都是停止的，按下启动按钮后，随机启动其中一台电机，再次按下启动按钮，又会随机启动剩下 2 台中的其中一台，再次按下启动最后一台电机，按下停止按钮，电机全停。

3. 三台电动机 M1、M2、M3，当按下按钮 X0 后 5s M1、M2 同时转动，M1、M2 转动后按下按钮 X1 M3 才能启动，M3 启动运行 2s 后 M1、M2、M3 同时停止。画出控制梯形图。

4. 某磨床的冷却输送清滤系统由三台电动机 M1、M2、M3 带动，在电控上要求如下：

（1）电动机 M1、M2 同时启动。

（2）M1、M2 启动 10 秒后 M3 才允许启动。

（3）M1、M2 必须在 M3 停止 2s 后才能停止。

5. 用 PLC 实现的 2 台电动机联动控制电路。其控制要求如下：按下正转按钮 SB1，电动机 1 启动正转，6s 后电动机 2 启动正转，6s 后电动机 1 停止，再 6s 电动机 2 停止，再 6s 后转换为电动机 1 启动反转，6s 后电动机 2 启动反转，6s 后电动机 1 反转停止，再 6s 电动机 2 反转停止，再 6s 后循环。按下停止按钮 SB2，电动机都停止运行。

6. 设计一个简易 4 层模型电梯的控制系统。1～4 层各配有一个按钮和一个指示灯，以及一个限位开关。轿厢里面配有 4 个楼层按钮和楼层指示灯，功能和楼层信号一样，按下对应的楼层按钮，则该楼层指示灯亮，当电梯到达的层有人呼叫，则执行电动机正反转控制，开门 2s 停 5s，再关门 2s，然后该楼层信号熄灭，并保持原先的状态，直到该方向无人呼叫，反方向有人呼叫，则转状态。无人呼叫轿厢停止运行。结合上一章节，加入楼层显示电路。

第 4 章　时序电路的程序设计

时序电路的程序设计是指 PLC 的输出随时间的变化而变化的程序设计，该类设计主要是用定时器或定时器加计数器来实现，上一章虽然涉及了一些跟时间有关联的设计，但都不是以定时器为主的设计。本章将重点介绍定时器资源以及定时器的基本使用方法，并通过实例详细阐述时序电路的程序设计技巧和方法。

本章学习重点：时序电路程序设计技巧和方法。

本章学习难点：时序电路的嵌套。

4.1　PLC 内部定时器资源

PLC 内的定时器采用时钟脉冲的累积形式，当累计时间达到设定值时，其输出触点动作。定时器可以用用户程序存储器内的常数 K（表示十进制）作为设定值，也可以用数据寄存器（D）的内容作为设定值。

4.1.1　定时器资源

定时器基准时钟脉冲有 1ms、10ms、100ms。其定时时间就是“基准 × 设定值”。定时器的基准与其通道号有关，其通道范围如下：

（1）基准 100ms 定时器 T0 ~ T199，共 200 点，设定值：0.1 ~ 3276.7 秒。

（2）基准 10ms 定时器 T200 ~ TT245，共 46 点，设定值：0.01 ~ 327.67 秒。

（3）基准 1ms 积算定时器 T246 ~ T249，共 4 点，设定值：0.001 ~ 32.767 秒。

（4）基准 100ms 积算定时器 T250 ~ T255，共 6 点，设定值：0.1 ~ 3276.7 秒。

综上所述，定时器按基准不同可分为 1ms、10ms、100ms 三种，按积算方式不同分为积算定时器和非积算定时器。

4.1.2　定时器的梯形图及动作说明

图 4-1 所示是普通定时器的使用说明。定时器 T0 的基准为 0.1 秒，定时器的参数是 K120，K 代表十进制，如果是 H，则代表十六进制，故定时时间为 12 秒（120 × 0.1），所以当 X0 接通 12 秒后 T0 动作，若 X0 接通不足 12 秒就断开，即使再次接通，也要满足连续接通时间达到 12 秒，T0 才可以接通，从而控制 Y0 输出触点动作。

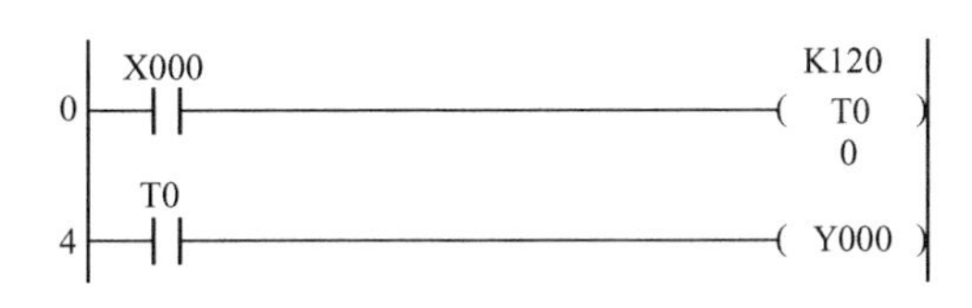

图 4-1　普通定时器的使用说明

下面举例说明积算定时器的工作原理。如图 4-2 所示，当 X1 接通时，T250 计数器开始累积 100ms 的时钟脉冲的个数。若 X1 经 t_0 后断开，而 T250 尚未计数到设定值 K100，则其计数的当前值保留。当 X0 再次接通时，T250 从保留的当前值开始继续累积，又经过 t_1 时间，当累积值达到 K100 时，定时器的触点动作。累积的时间为 $t_0+t_1=0.1\times100=10s$。当复位输入 X2 接通时，定时器复位，当前值变为 0，触点也跟随复位。

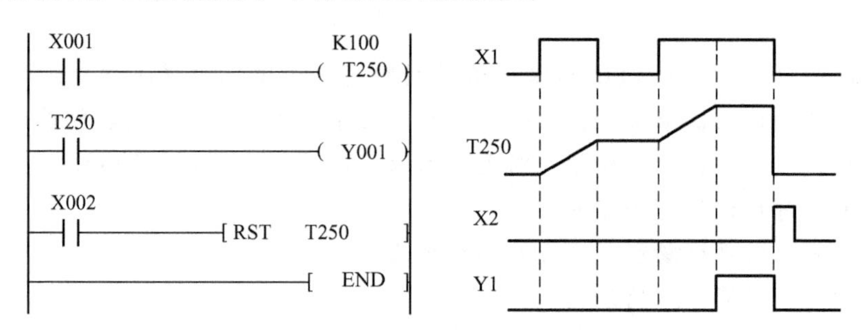

图 4-2　积算定时器的使用说明

4.2　PLC 计数器资源

PLC 内的计数器用于在执行扫描操作时对内部信号（如 X、Y、M、S、T 等）进行计数。内部输入信号的接通和断开时间应比 PLC 的扫描周期稍长。当所计数达到设定值时，其输出触点动作，计数器可以用用户程序存储器内的常数 K（表示十进制）作为设定值，也可以用数据寄存器（D）的内容作为设定值。

计数器分为 16 位计数器和 32 位计数器。

16 位增计数器（C0～C199）：共 200 点，其中 C0～C99 为通用型，C100～C199 为断电保持型（断电保持型即断电后能保持当前值待通电后继续计数）。这类计数器为递加计数，应用前先对其设置一个设定值，当输入信号（上升沿）个数累加到设定值时，计数器动作，其常开触点闭合、常闭触点断开。计数器的设定值为 1～32767（16 位二进制）。

下面举例说明通用型 16 位增计数器的工作原理。如图 4-3 所示，当 X11 断电不能复位 C0 时，需另加 X10 作为复位信号，当 X10 为 ON 时 C0 复位。X11 是计数输入，每当 X11 接通一次，计数器当前值加 1（注意 X10 断开，计数器不会复位）。当计数器计数当前值为设定值 10 时，计数器 C0 的输出触点动作，Y0 被接通。此后即使输入 X11 再接通，计数器的当前值也保持不变。当复位输入 X10 接通时，执行 RST 复位指令，计数器复位，输出触点也复位，Y0 被断开。

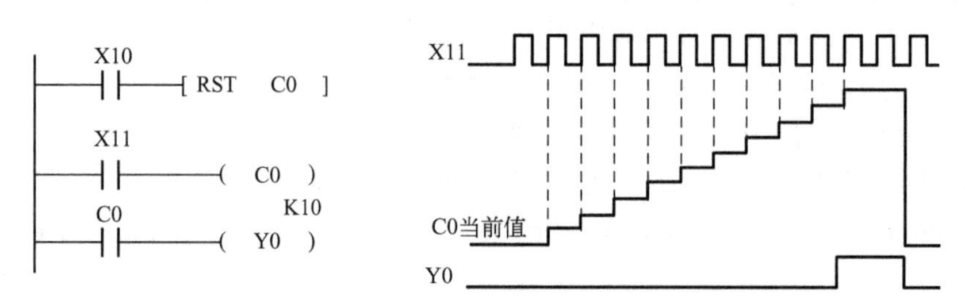

图 4-3　通用型 16 位增计数器的使用说明

32 位增/减计数器（C200 ~ C234）：共 35 点，其中 C200 ~ C219（共 20 点）为通用型，C220 ~ C234（共 15 点）为断电保持型。这类计数器与 16 位增计数器除位数不同外，还在于它能通过控制实现加/减双向计数。设定值范围均为 -214783648 ~ +214783647（32 位）。

C200 ~ C234 是增计数还是减计数，分别由特殊辅助继电器 M8200 ~ M8234 设定。对应的特殊辅助继电器被置为 ON 时为减计数，置为 OFF 时为增计数。

计数器计数速度不能过高，一般不能超过 1kHz，如果速度太高，由于 PLC 的工作方式是循环扫描工作方式，故不能被扫描到。为了实现高速计数，可以使用 PLC 的高速输入口 X0、X1、X2，这部分内容将在后面章节详细介绍。

C235 - C255 为高速计数器，在第 9 章予以介绍。

4.3　PLC 定时器、计数器基本电路

作为 PLC 重要功能之一的定时器、计数器，在 PLC 程序中，可以进行时序构造、等待响应、人为制造中断、产生时间脉冲等多种应用，是 PLC 编程中不可或缺的重要技术手段，我们把这类设计方法统称为时序电路设计法。

4.3.1　长延时定时器

FX 系列 PLC 最大计时时间为 3276.7s，因为定时器参数是 16 位数据，除最高一位是符号位外，其最大计数就是 $2^{15}-1$ 是 32767。如果希望产生更长的设定时间，可将多个定时器联合使用，扩大其延时时间，以适应长延时需要。

如图 4-4 所示，当 X0 导通后，输出 Y0 在经过 T0 + T1 延时之后才允许接通，延时时间为两个定时器设定值之和。X0 为 ON 后 100s 加 200s，即 300s 后 Y0 为 ON。

图 4-5 是对应的时序图。时序图是实训电路设计中最常用的工具之一，把输入、输出按时间的顺序一一画出，并标明时间，一目了然。

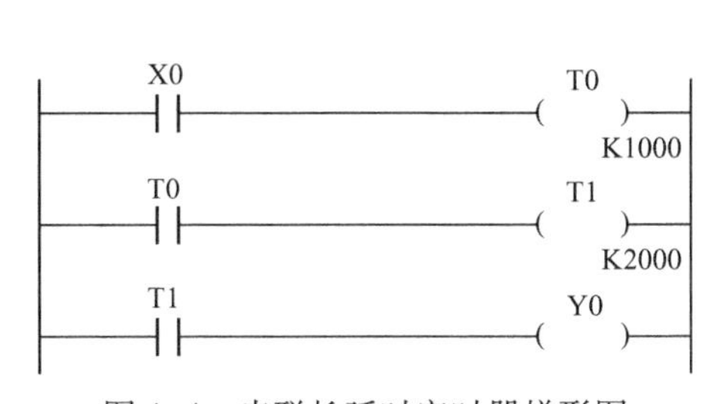

图 4-4　串联长延时定时器梯形图

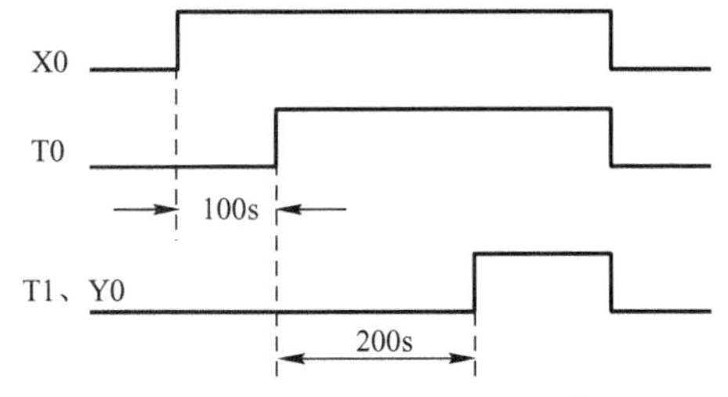

图 4-5　串联长延时定时器时序图

4.3.2　大计数的计数器

大容量计数器的设计主要有两种方法，一种同长延时定时器一样，当需要的计数值超过单个计数器最大值时，可将两个计数器串联，得到一个大容量的计数器，梯形图如图 4-6 所示。当 X0 第 n_1 次接通时，C0 常开触点闭合，C1 开始计数（含本次计数），故总的计数次数为 $n_1+n_2-1=700+800-1=1499$ 次。其时序图如图 4-7 所示。

上述长延时定时器的设计可以说是计数器的加法，还可以使用计数器的乘法，其计数数据

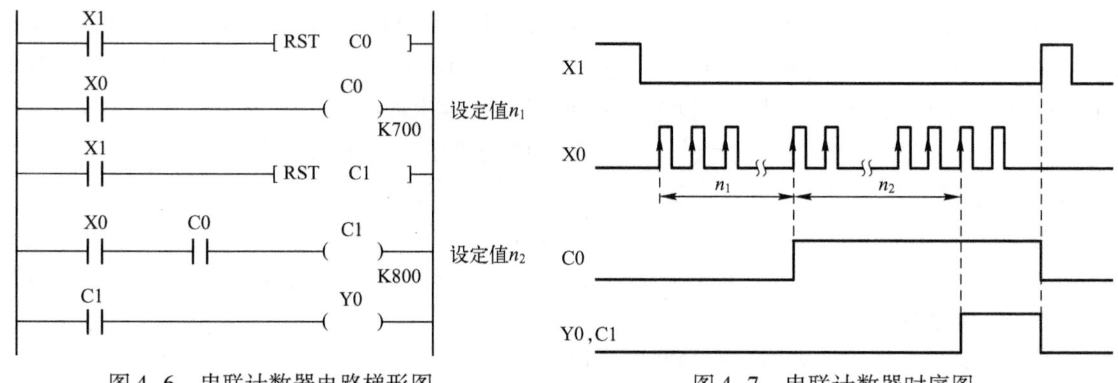

图 4-6　串联计数器电路梯形图　　　　图 4-7　串联计数器时序图

更大。大容量计数器的计数乘法如图 4-8 所示。计数器 C0 对输入 X0 的 ON 和 OFF 次数进行计数，当计数到 50（n_1）次时，C0 的常开触点闭合，使 C1 计数一次，接着 C0 自复位，重新从 0 开始对 X0 的通/断进行计数。当 C1 计数到 80 次时，即此时 X0 共接通 $n_1 \times n_2 = 50 \times 80 = 4000$ 次，C1 常开触点闭合，使 Y0 线圈接通。

计数乘法计数器的时序图如图 4-9 所示。

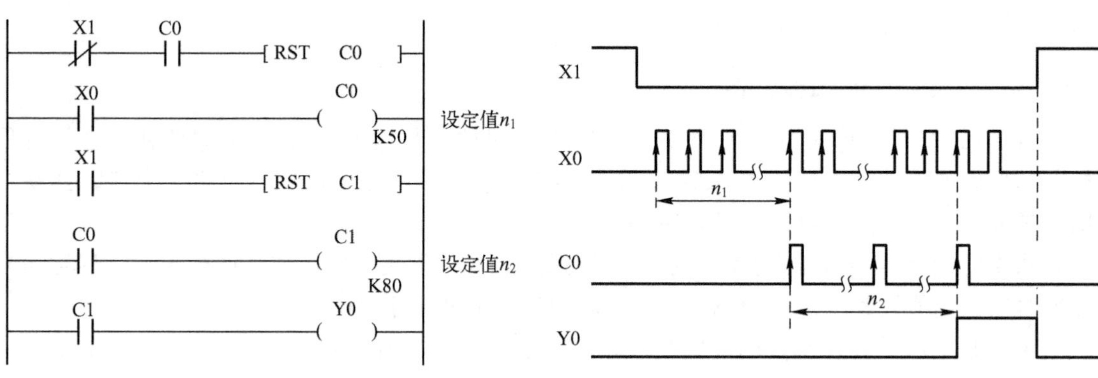

图 4-8　计数乘法的计数器梯形图　　　　图 4-9　计数乘法的计数器时序图

4.3.3　定时器周期控制

如果在图 4-1 中串联一个常闭触点到定时器回路中，如图 4-10 所示。

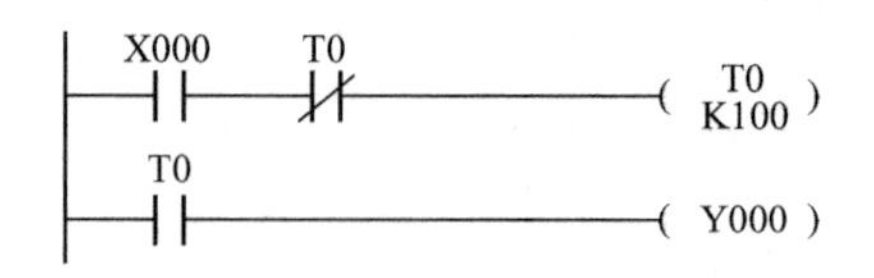

图 4-10　定时器周期控制梯形图

当 X0 为 ON 时，通过 T0 的常闭触点接通定时器 T0，由于 T0 的定时时间为 10 秒，故此时 T0 的常开触点为 OFF，则 Y0 为 OFF，当 10 秒时间到，T0 为 ON，则 Y0 为 ON，随后的下一个周期因为 T0 的常闭触点为 ON，则 T0 定时器为 OFF，T0 常闭触点为 OFF，故 Y0 为 OFF。再下一个扫描周期因为 X0 为 ON，T0 经其常闭触点再次接通，又开始新一轮计时，该程序最终呈现的是 10 秒一个脉冲，脉冲宽度为一个扫描周期，时序图如图 4-11 所示。

参考大容量计数器的计数乘法的思路，设计一定时器的长延时的乘法控制，用一个定时器和一个计数器连接以形成一个等效倍乘的定时器。其梯形图如图 4-12 所示。梯形图的第一行形成一个设定值为 200s（t_1）的脉冲定时器 T0，T0 的常开触点每 200s 接通一次，每次接通时间为一个扫描周期，C0 对这个脉冲进行计数，计到 300（n）次时，C0 的常开触点闭合，即输入 X0 导通后，输出 Y0 在$(t_1+\Delta t)\times n$的延时之后才允许导通，Δt为一个扫描周期。由于Δt很短，可近似认为输出 Y0 的延时为$t_1\times n$，即一个定时器和一个计数器连接，等效定时器的延时为定时器设定值和计数器设定值之积。200×300＝60000(s)；共计 16 小时 40 分多一点，假定 PLC 的扫描周期为 1ms，则多出 300ms。

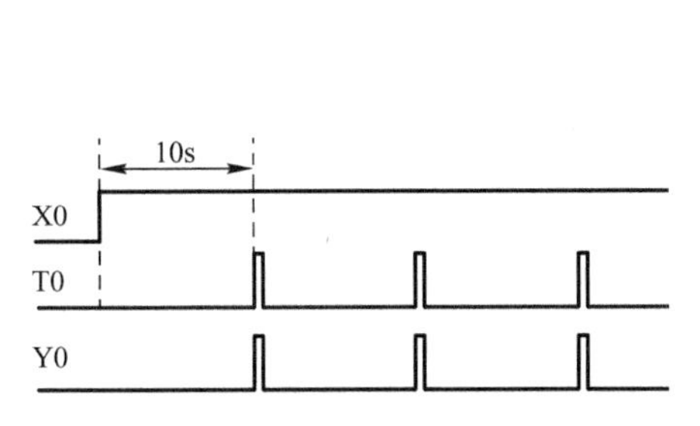

图 4-11　定时器周期控制时序图

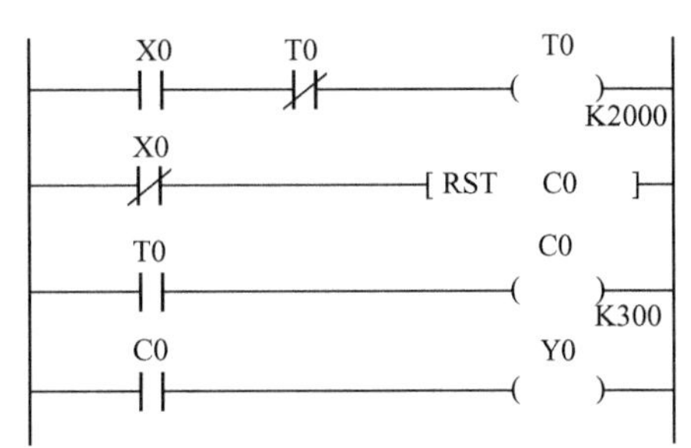

图 4-12　定时器的长延时的乘法控制梯形图

时序图如图 4-13 所示。

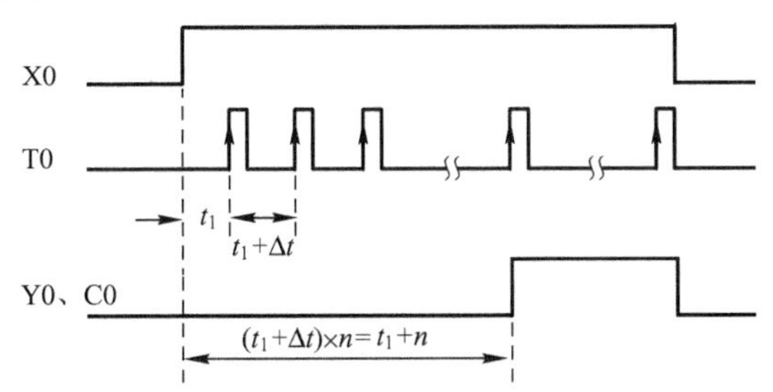

图 4-13　定时器的长延时的乘法控制时序图

4.3.4　计数器周期控制及分频控制

与定时器周期控制一样，通过计数器的周期控制，可以实现任意周期的计数控制，进而实现对输入信号的任意分频，图 4-14 所示是一个六分频电路，改变 C0、C1 的设定值即可实现任意分频。按下 X0 按钮，则 M0 脉冲发出，在实际应用中，我们常用到单个脉冲，用它控制系统的启动、复位、计数器的清零和计数等。在这种情况下，我们就用单脉冲发生器。单脉冲往往是在信号变化时产生的，其宽度是 PLC 扫描一遍用户程序所需的时间，即一个扫描周期，并同时启动 C0、C1 计数，当 C0 计到 3 后，则 Y0 为 ON，当 C1 计到 6 时，C0、C1 都复位，状态回到初始状态。

时序图如图 4-15 所示，当 C0 为 3 时，则 Y0 为 ON，当 C1 为 6 时，Y0 为 OFF。

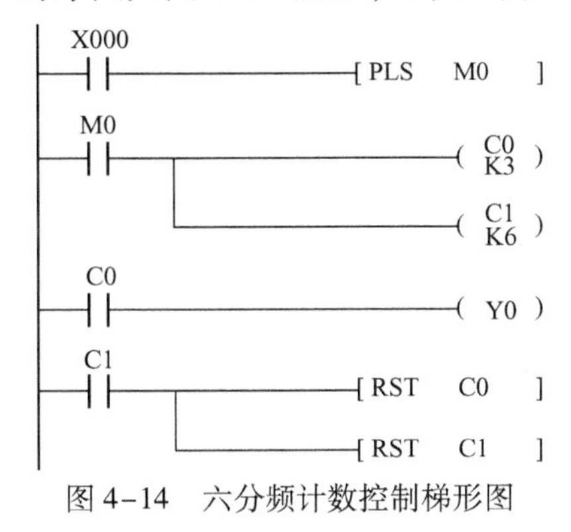

图 4-14　六分频计数控制梯形图

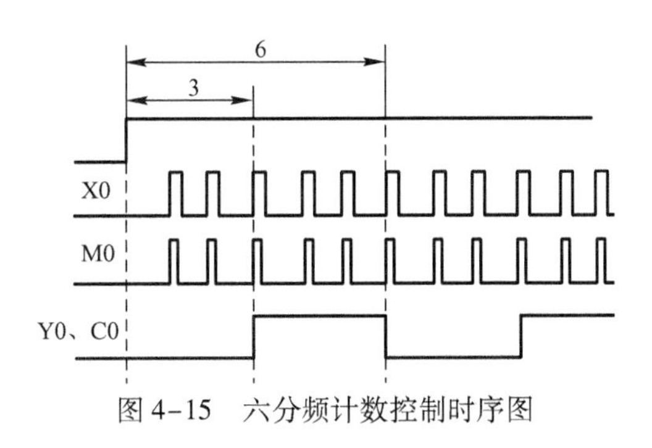

图 4-15　六分频计数控制时序图

【例4.1】利用计数器设计一闪光电路，实现以下功能：启动后，Y0 灭 3 秒，亮 3 秒，依此循环。

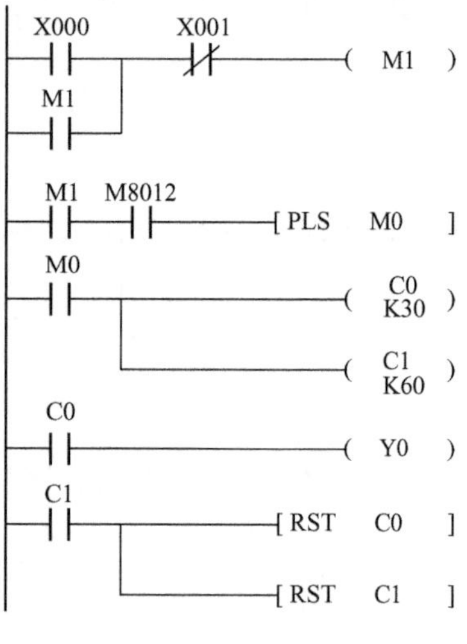

图4-16　计数器闪光电路程序设计

利用 M8012 可产生周期为 0.1s 的脉冲，参考本节关于计数和分频的程序设计技巧，实现 Y0 灭 3 秒，亮 3 秒，周期为 6 秒的循环控制功能。如果用 M8012 计数，每秒计数 10 个。程序如图 4-16 所示。

X0 为启动按钮，用于启动 M0，X1 为停止计数按钮。当 M0 为 ON 时，启动计数回路，M8012 为 FX_{2N}的一个特殊继电器，其功能是产生周期为 0.1 秒的时钟脉冲，C0、C1 为两个计数器，此例中由于闪光的频率设为亮 3 秒，灭 3 秒，所以将两个计数器的常数设置为 30 和 60。Y0 是输出继电器。

当输入控制开关 X0 接通后，计数器 C0 就接收 M8012 的时钟脉冲，当计数到 30 个 3000ms 的时钟脉冲，即 3 秒钟后，C0 动作，其常开触点接通输出继电器 Y0 的线圈，使灯亮，此时 C1 的计数数据是 60。当 C1 计数到 M8012 产生的 60 个时钟脉冲后，C1 动作，C1 的常开触点使 C0、C1 复位，使 Y0 断开，C0、C1 重新开始计数，3 秒钟后 Y0 灯亮，再 3s 后 Y0 灯灭如此循环，按下停止按钮 X1，计数暂停，计数和输出保持原先的状态，这样就实现了闪光控制。如果改为按下 X1，程序回到初始，则将程序最后一行改为如图 4-17 所示的形式。

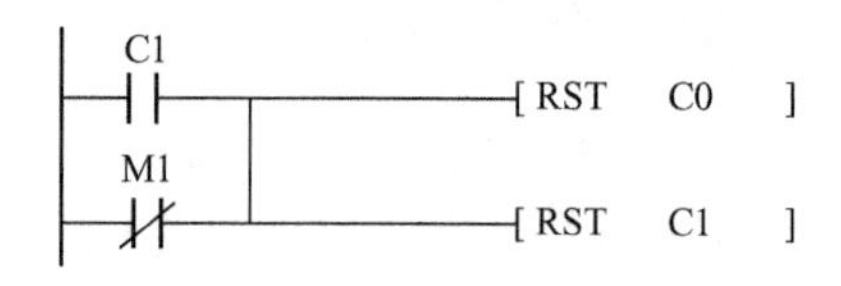

图4-17　计数器闪光程序停止

如果想改变闪光频率或调整灯的通断时间比，只需改变两个计数器的设定值即可。

同样原理可以运用在定时器的分频控制上，即闪光电路，闪光电路是广泛应用的一种实用控制电路，它既可以控制灯光的闪烁频率，又可以控制灯光的通断时间比。此类电路也可以控制其他负载，如电铃、蜂鸣器等。实现灯光控制的方法很多，常用的方法是采用两个定时器。

定时器闪光程序设计梯形图如图 4-18 所示，在闪光电路中 X0 为闪光启动输入按钮，X1 为闪光停止按钮。X0 为 ON 时，内部辅助继电器 M1 线圈接通并自保持，M1 的常开触点接通，通过 T0 的常闭触点接通输出继电器 Y0（灯亮），同时定时器 T0 开始计时；3 秒后，T0 计时时间到，其常开触点接通 Y1 的线圈（灯亮），Y0 的线圈（灯灭），此时 T1 已计时 3 秒；又经 3 秒钟，T1 计时时间到，T1 的常闭触点断开 T0、T1 的线圈，使 T0、T1 复位，T0、T1 又开始计时。如此周而复始，形成了灭 3 秒，亮 3 秒，共计 6 秒周期的循环闪光程序，停止按钮 X1 按下，M1 为 OFF，则 T0、T1、Y0 全部复位。若想要改变闪光电路的频率，只需改变两个定时器的设定值即可，其中 T0 为中间切换点，T1 为周期的值。

无论是用两个定时器还是用两个计数器组成的闪光电路，都可以看做有脉冲发生器，改变闪光的频率和通断时间比，实际上就是改变脉冲发生器的频率和脉冲宽度，定时器闪光时序图如图 4-19 所示。

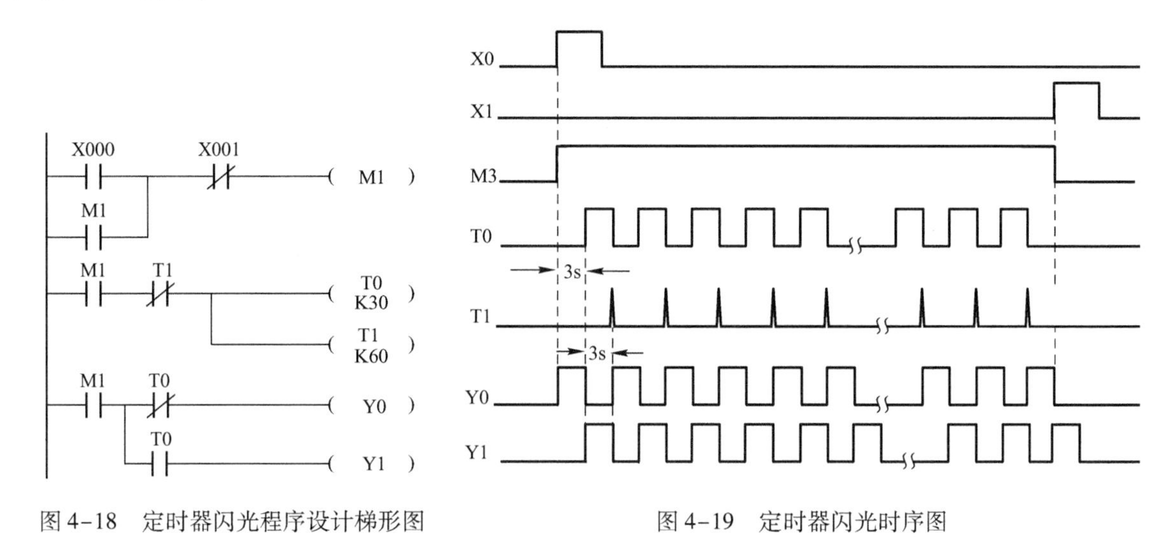

图 4-18　定时器闪光程序设计梯形图　　图 4-19　定时器闪光时序图

4.4　PLC 时序电路的设计

PLC 时序电路的设计通常包含以下三步，第一步 I/O 定义；第二步画时序图，第三步按时序图做出程序。下面通过设计实例详细讲述时序电路的设计方法。

4.4.1　定时器实现任意时序电路的设计

设计一时序电路，启动 X0 后，Y0 为 ON，3 秒后 Y0 灭，2 秒后 Y0 又 ON，4 秒后 Y0 灭，1 秒后又亮，3 秒后灭，再 2 秒后循环上述过程，按下停止按钮 X1，Y0 停止输出。

第一步：进行 I/O 定义，X0 启动；X1 停止；Y0 输出。

第二步：画出上述过程的时序图，如图 4-20 所示。

第三步：写出程序。先写出定时器组成的时序，按时间标志顺序进行排列并联启动，即启动 X0，3 秒后 T0 为 ON，第 5 秒 T1 为 ON，第 9 秒 T2 为 ON，第 10 秒 T3 为 ON，第 13 秒 T4 为 ON，第 15 秒 T4 为 ON，T4 为 ON 后复位所有定时器，也就是周期控制，依此循环。程序的时序部分如图 4-21 所示。

如果是串联启动，时序如图 4-22 所示，程序如图 4-23 所示，按下启动按钮 X0，3 秒后 T0 为 ON，T0 的常闭触点接通 T1，T1 开始计时，2 秒后 T1 为 ON，再过 4 秒 T2 为 ON，再过 1 秒 T3 为 ON，再过 3 秒 T4 为 ON，再过 2 秒 T5 为 ON，T5 为 ON 后复位所有定时器，周期循环，其控制结果同并联定时器一样，只是这里的时间常数要写间隔而已。

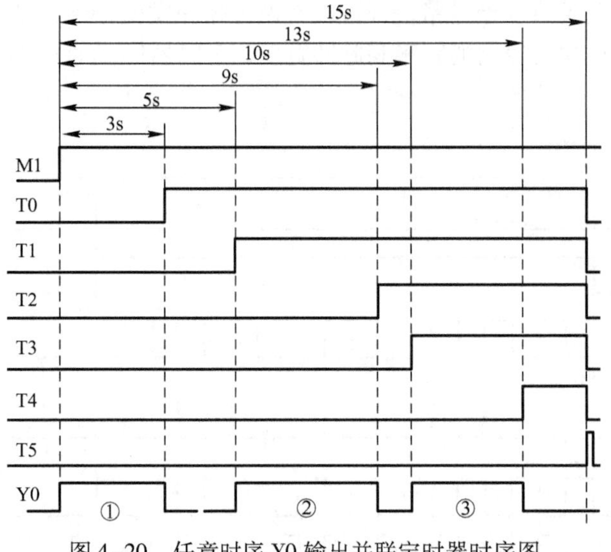

图 4-20　任意时序 Y0 输出并联定时器时序图

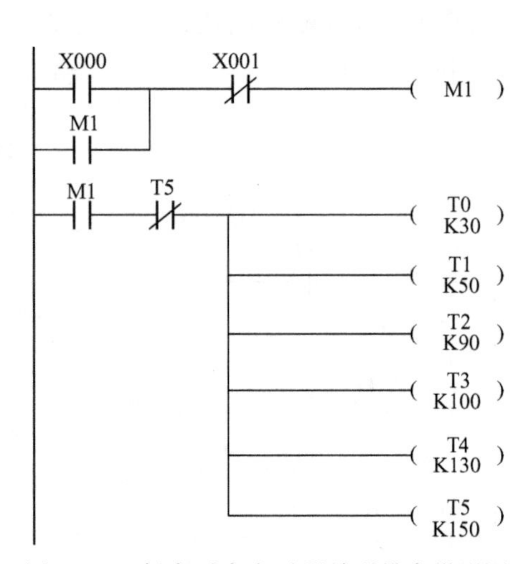

图 4-21　任意时序定时器并联排序梯形图

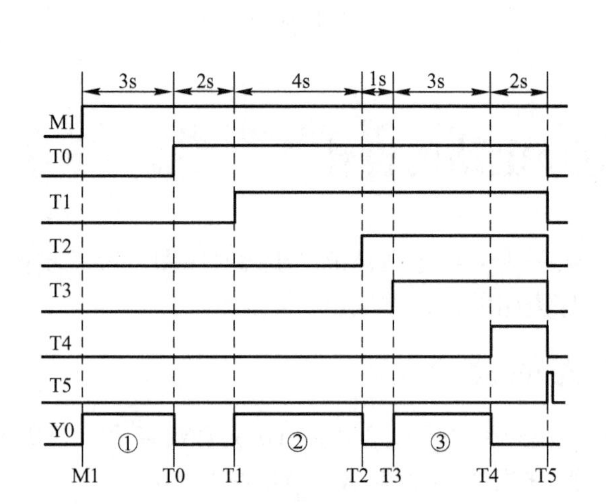

图 4-22　任意时序 Y0 输出串联定时器时序图

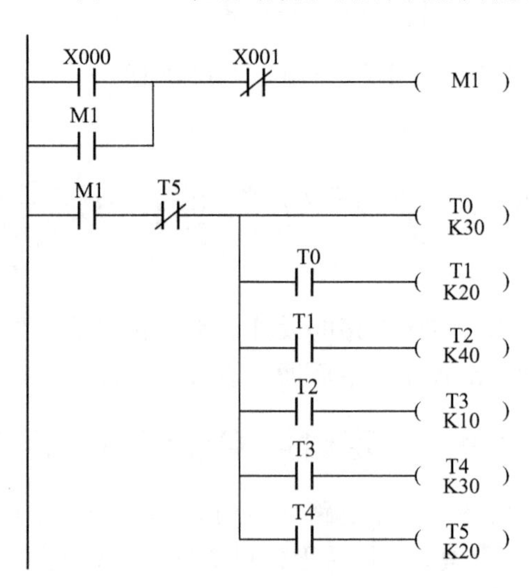

图 4-23　任意时序定时器串联排序梯形图

从时序图中可以看出，Y0 有三段时序为 ON，将这三段的开始和结束分别标出，如图 4-24 所示。

第一段为 M1 到 T0，第二段为 T1 到 T2，第三段为 T3 到 T4，这三段按逻辑组合应该是“或”的关系，即并联关系，如图 4-25 所示。

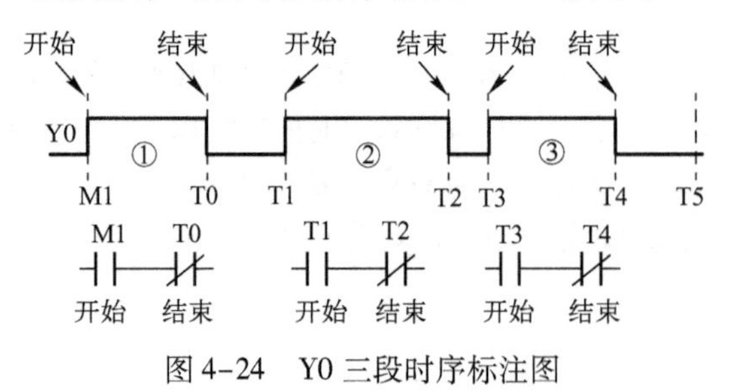

图 4-24　Y0 三段时序标注图

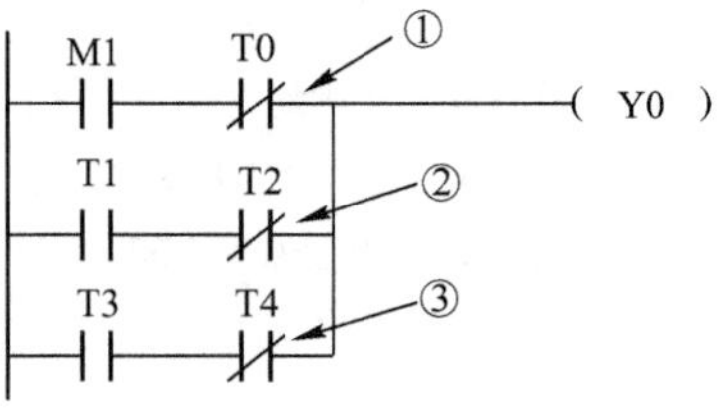

图 4-25　Y0 三段并联输出

可以看出，Y0 有三段为 ON，其梯形图就有三行的输出。

【**例 4.2**】试设计一双水柱控制电路，启动后，低水柱运行 3 秒，随后停 2 秒，然后高水柱运行 4 秒，再停 2 秒，再双水柱运行 5 秒，停 2 秒，如此循环。按下停止按钮，输出全停。

第一步：进行 I/O 定义。X0 启动；X1 停止；Y0 低水柱输出；Y1 高水柱输出。

第二步：画出上述过程的时序图，如图 4-26 所示。

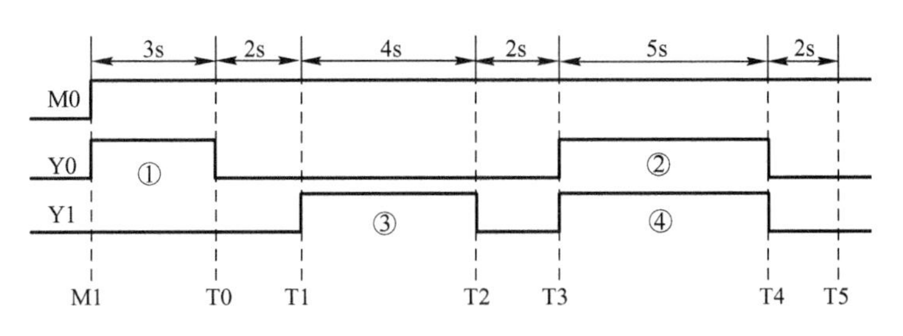

图 4-26　双水柱时序图

第三步，写出程序，先按时间串联写出定时器组成的时序，周期控制为 T5，如图 4-27 所示。

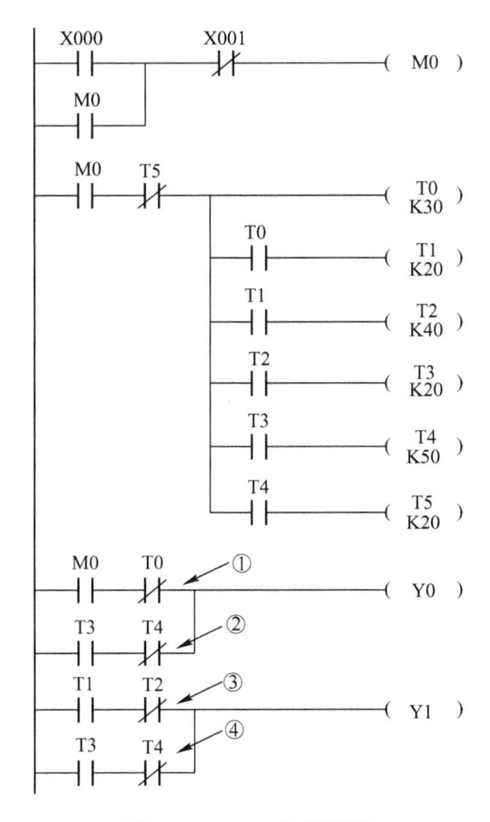

图 4-27　双水柱梯形图

其中的①和②并联输出低水柱，③和④并联输出高水柱。

4.4.2 定时器实现时序电路的嵌套设计

设计一双彩灯控制电路。当开关 SB1 接通时彩灯 LD1 和 LD2 按照循环要求工作，LD1 彩灯亮，延时 8s 后，LD1 闪烁三次（每一周期为亮 1s 熄 1s），然后 LD1 灯灭、LD2 彩灯亮，延时 5s 后 LD2 熄灭并进入下一次循环。SB1 断开后彩灯都熄灭。

第一步：进行 I/O 定义。X0——启动开关 SB1；Y0——彩灯 LD1 输出、Y1——彩灯 LD2 输出。

第二步：画出上述过程的时序图，如图 4-28 所示。

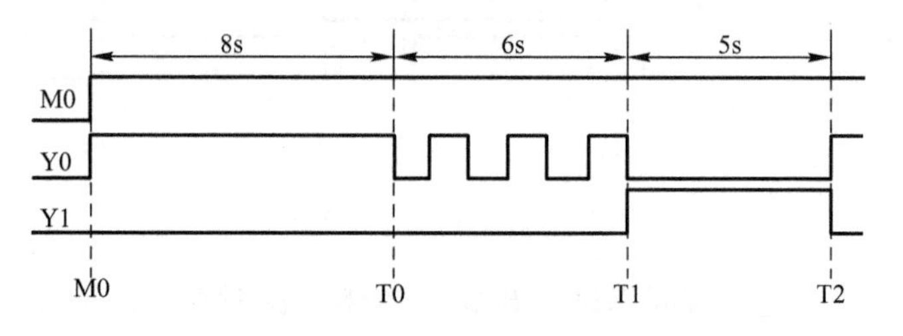

图 4-28　双彩灯控制时序图

第三步：写出上述时序图的梯形图程序，如图 4-29 所示，时序分为三段，第一段是 LD1 灯亮 8 秒，第二段是 6 秒的闪烁，其中的“闪烁”涉及时序电路的嵌套设计，第三段是 LD2 亮 5 秒。

闪光电路的设计在【例 4.1】中有过详细的描述，即图 4-19 的部分，用定时器设计该“闪烁”电路程序，这里需要两个定时器，时序图如图 4-30 所示。

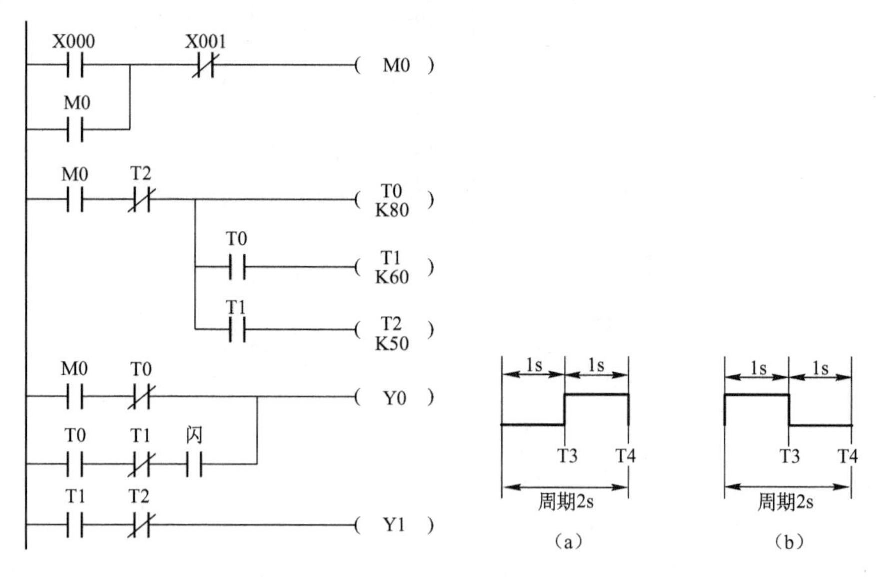

图 4-29　双彩灯控制程序图（1）　　图 4-30　“闪烁”电路的时序图

用 T3、T4 即可实现“闪烁”的效果，图 4-30（a）是先 OFF，再 ON，可用 T0 表示。图 4-30（b）是先 ON 再 OFF，到底是用前者还是后者？要根据该输出前面的状态，如果前状态是 ON 的，那就用先 OFF，再 ON。如果前状态是 OFF 的，那就用先 ON，再 OFF。如图 4-31 所示。

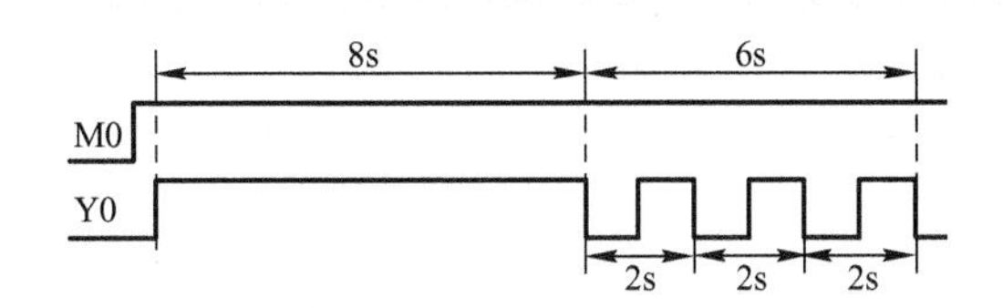

图 4-31　双彩灯控制（a）闪烁时序图

如果是采用图 4-30（b）相当于 LD1 灯亮 9 秒，再开始闪 2 次，如图 4-32 所示，显然不符合要求。

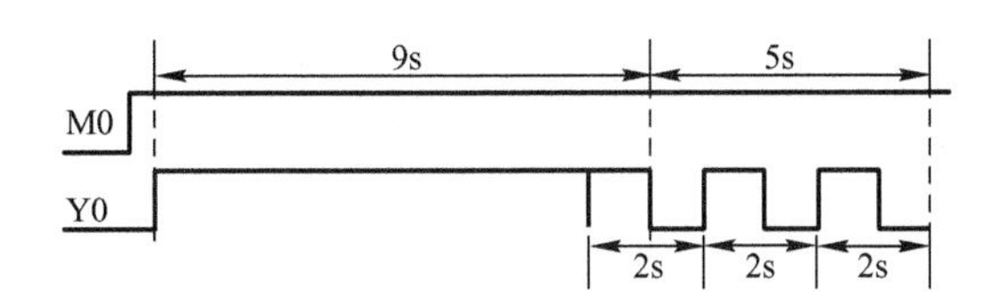

图 4-32　双彩灯控制（b）闪烁时序图

综上所述，合并后的程序如图 4-33 所示，开始启动“闪烁”的条件为 T0 到 T1 时间段，即从 T0 开始，到 T1 结束，图 4-30（a）模式的“闪”即 T3 触点，用 T3 触点替换图 4-29 的“闪”点即可。

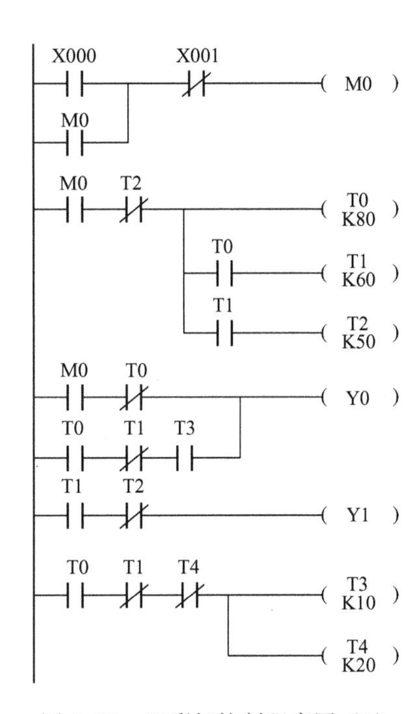

图 4-33　双彩灯控制程序图（2）

时序电路的嵌套可谓时序中的时序，通过这个实例说明多种方法运用的重要性，灵活掌握，有助于提高编程水平。

【**例 4.3**】有四台水泵电机，按下启动按钮 SB1，四台电机依次 1～4 启动，间隔 6 秒，都启动完以后，运行 10 秒后又依次 1～4 电机停止运行，间隔 5 秒，停 10 秒又依次启动循环，这样循环 4 次，全部停止后，不再运行。试根据上述控制要求，编写 PLC 控制程序。

第一步：进行 I/O 定义。X0——启动按钮 SB1；X1——停止按钮 SB2；Y0——电机 1 输出、Y1——电机 2 输出、Y2——电机 3 输出、Y3——电机 4 输出。

第二步：画出上述过程的时序图，T7 为周期控制，如图 4-34 所示。

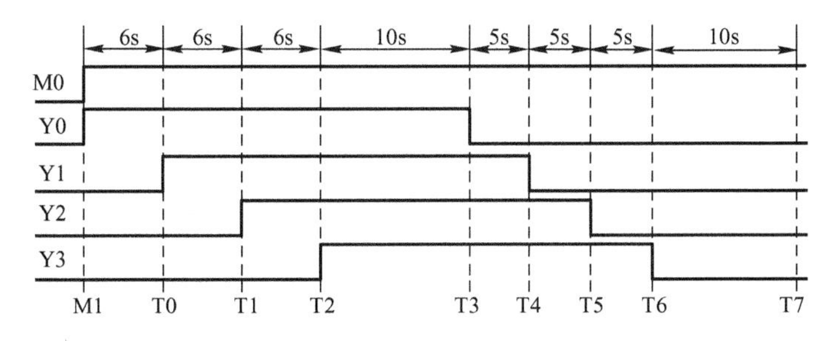

图 4-34　四台水泵电机自动运行时序图

第三步：写出梯形图程序，如图 4-35 所示。

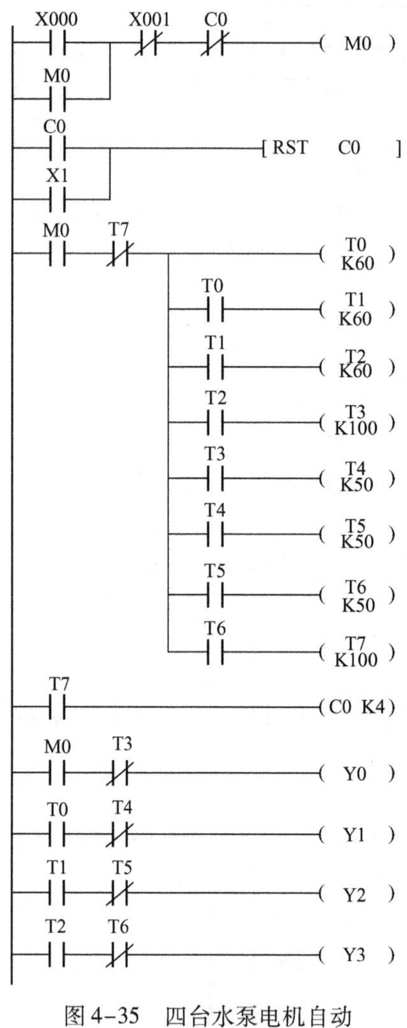

图 4-35 四台水泵电机自动运行梯形图程序

【例 4.4】有 A、B、C 三台化工泵电机和一台搅拌电机，启动 SB1 后，A 泵运行 11 秒，停 5 秒，接下来 B 泵运行 8 秒，停 4 秒，再下来 C 泵运行 7 秒停 3 秒，搅拌机搅拌 15 秒结束，再按启动按钮则重复进行上述过程，按下停止按钮，电动机全停，再次启动则电机重新运行。设置一暂停按钮，按下该按钮后电动机停止，再次按下该按钮后则解除暂停，电动机继续原中断时间运行，不受中断影响。根据上述控制要求，编写 PLC 控制程序。

第一步：进行 I/O 定义。X0——启动按钮 SB1；X1——停止按钮 SB2；X2——暂停按钮 SB3；Y0 为 A 泵电机输出，Y1 为 B 泵电机输出，Y2 为 C 泵电机输出，Y3 为搅拌电机输出。

第二步：画出上述过程的时序图，如图 4-36 所示。

第三步：进行程序设计，如图 4-37 所示。

四个电机的时间控制全部采用 T250 ~ T253 的积算定时器，故当时间出现中断后，定时器还保留着原来的时间，中断后再次启动，则定时器继续原中断的时间，但该类定时器断电不会复位，需设计一个复位，程序中按下停止按钮或程序完成对 T250 ~ T253 复位。X2 程序相当于单按键启停，在上一章出现过，这是用计数器实现的单按键启停，即按一下计数器为 ON，再按一下计数器为 OFF。

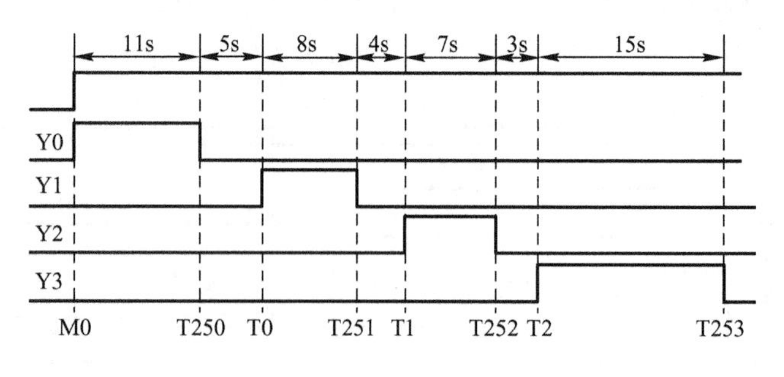

图 4-36 化工泵控制时序图

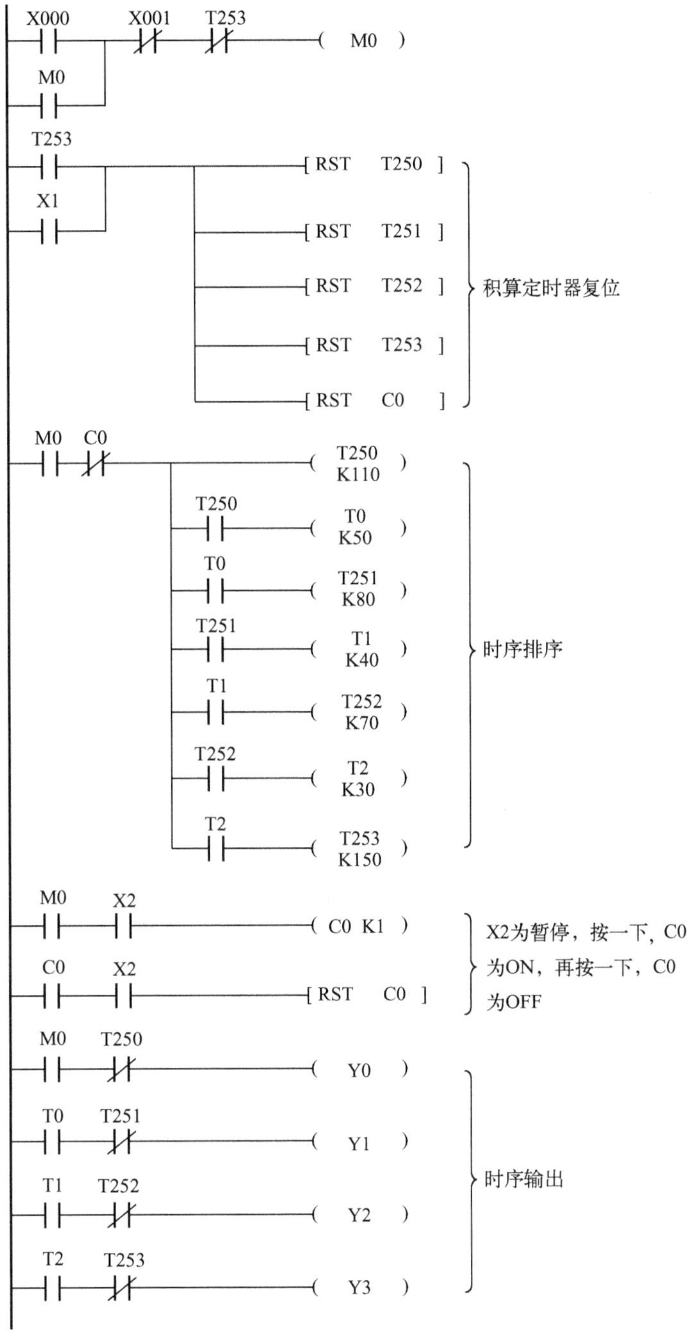

图 4-37　化工泵控制梯形图

4.5　时序电路设计的典型应用

时序电路设计相对来讲比较容易掌握，通过以下实例学习时序电路设计的技巧，编程技巧包括定时器的串联、并联，时间排序，时序电路设计的嵌套等。

4.5.1 交通灯的设计

设交通灯变化单循环周期为38s，东西、南北各有红、黄、绿三盏灯。按下启动按钮后，南北红灯亮，东西主干道均直行绿灯亮15s后，直行东西绿灯闪亮3s（0.5s ON，0.5s OFF），接着东西黄灯亮，2s后，东西红灯亮，同时南北绿灯亮，13s后，直行绿灯闪亮3s（0.5s ON，0.5s OFF），接着南北黄灯亮，2s后，南北红灯亮，依此循环。试根据上述控制要求，设计PLC控制程序。

第一步：进行I/O端口分配，如表4-1所示。

表4-1 交通灯设计I/O端口分配

启动开关	X000	停止开关	X001
东西主干道绿灯	Y000	南北主干道绿灯	Y003
东西主干道黄灯	Y001	南北主干道黄灯	Y004
东西主干道红灯	Y002	南北主干道红灯	Y005

第二步：画出时序图，并分配好定时器，如图4-38所示。

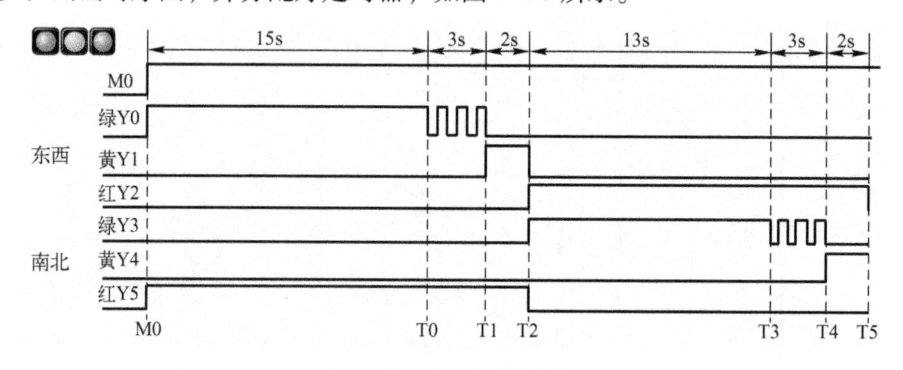

图4-38 交通灯时序图

第三步：设计梯形图程序，X0用于启动M0，X1用于停止M0，如图4-39所示。

该时间排序电路为并联启动电路，原因是M0启动后T0～T5同时启动，如果写成时间串联电路，两者效果是一样的，如图4-40所示。

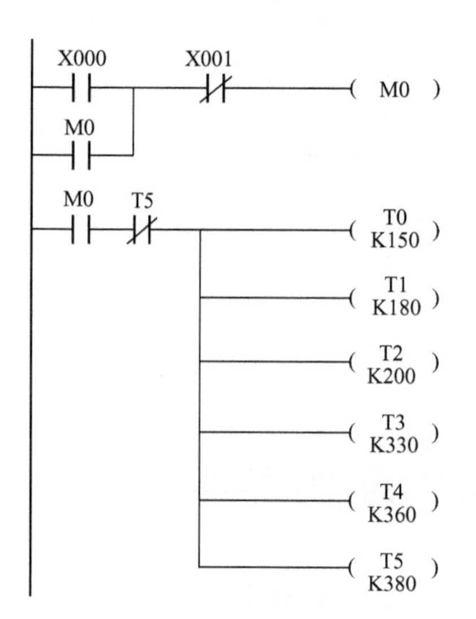

图4-39 交通灯并联定时器

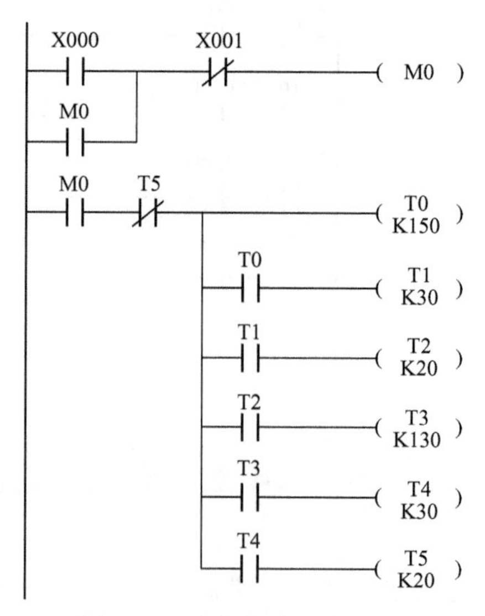

图4-40 交通灯串联定时器

当 M0 启动后，T0 ~ T5 按顺序为 ON，当 T5 为 ON 时，复位所有的定时器，T5 的作用是循环控制。

以输出 Y0 为例，可以把 Y0 为 ON 分成两段，第一段为 M0 到 T0；第二段为 T0 到 T1，这一段为闪，可以串联一个秒闪的特殊继电器 M8013。第一段可以把从哪里开始表示为 MO 的常开触点，到 T0 结束可以理解为 T0 时间到则结束，表示为 T0 的常闭触点，两者之间为“或”的关系，故 Y0 可以写成如图 4-41 所示的程序。

Y1、Y2 各只有一段为 ON，所以各自只有一行。Y3 ~ Y5 的设计同 Y0 ~ Y2。

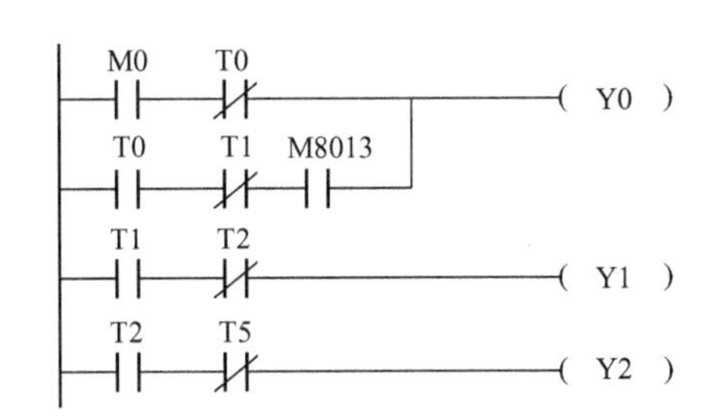

图 4-41　交通灯东西绿（系统闪）、黄、红灯输出

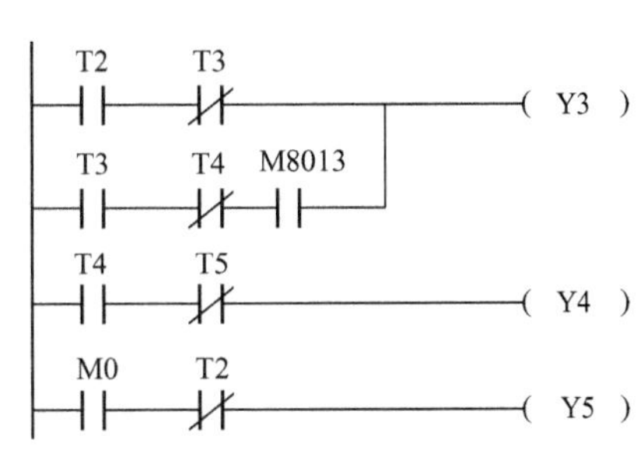

图 4-42　交通灯南北绿（系统闪）、黄、红灯输出

由于 M8013 为系统闪，不论程序是否执行它，该系统闪总是工作，所以当 T0 或 T3 开放闪时，不一定会和系统闪正好衔接，要做到完美衔接，可以设计一个闪电路。方法见时序嵌套部分，具体程序如图 4-43 所示。

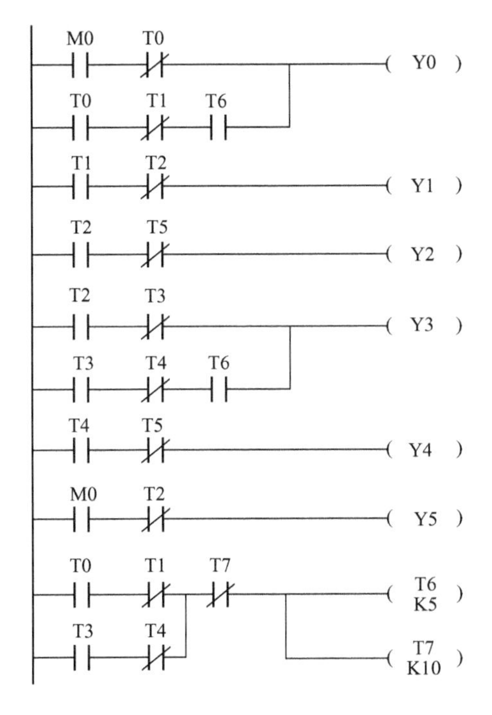

图 4-43　交通灯绿、黄、红灯及闪程序

和闪区间一样，在 T0 到 T1 区间以及 T3 到 T4 区间启动闪电路，即 T6、T7 组成的闪电路，按图 4-30（a）所示的方式，闪就是 T6，用 T6 常开触点替换原程序中的 M8013 即可。

4.5.2 霓虹灯的设计

本节设计“欢迎光临”四字的霓虹灯控制程序，将“欢”、“迎”、“光”、“临”四个字分别接到 PLC 的输出接口 Y0～Y3 上，按下启动按钮后，“欢”亮 1 秒后灭，“迎”亮 1 秒后灭，“光”亮 1 秒后灭，“临”亮 1 秒后灭，停 1 秒后都亮，2 秒后都灭，1 秒后 4 个灯闪 5 下（0.3 秒 ON，0.4 秒 OFF），停 1 秒后，依此循环。按下停止按钮，灯全停。

第一步：进行 I/O 端口分配，如表 4-2 所示。

表 4-2 霓虹灯设计 I/O 端口分配

启动开关	X000	停止开关	X001
“欢”灯	Y000	“迎”灯	Y001
“光”灯	Y002	“临”灯	Y003

第二步：画出上述过程的时序图，如图 4-44 所示。

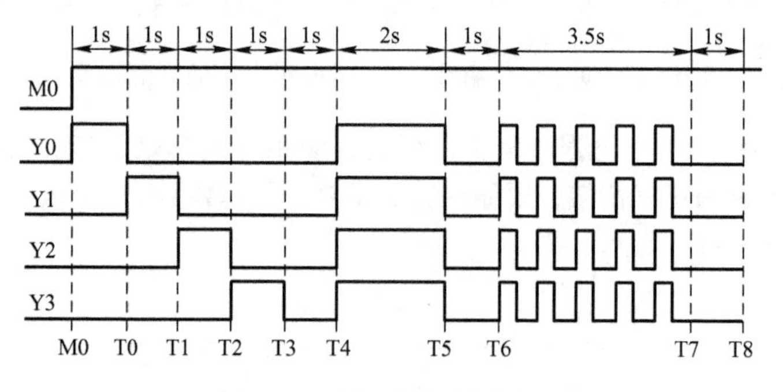

图 4-44 霓虹灯控制时序图

第三步：编写控制程序，如图 4-45 所示，其中，T9、T10 为闪烁电路，采用嵌套设计。

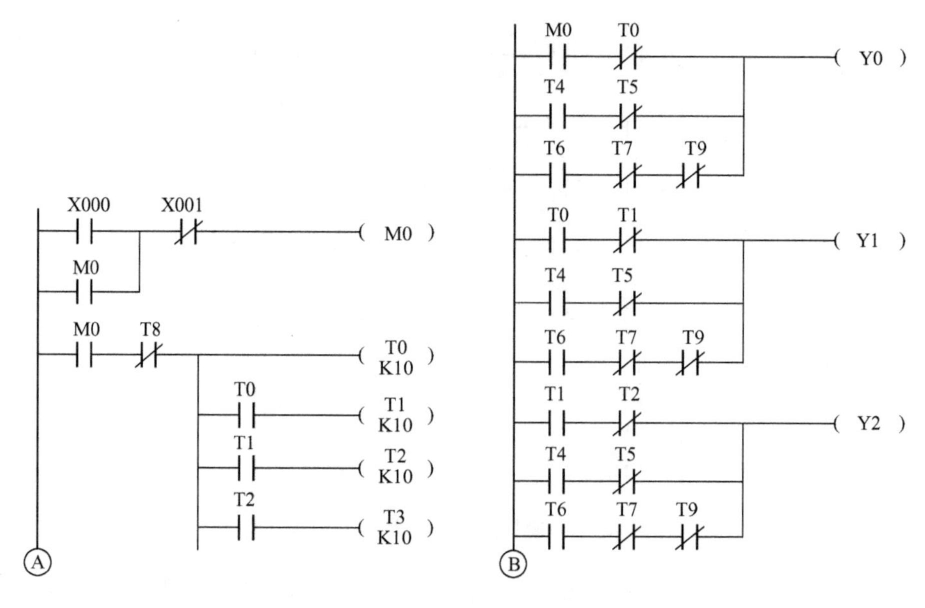

图 4-45 霓虹灯控制梯形图

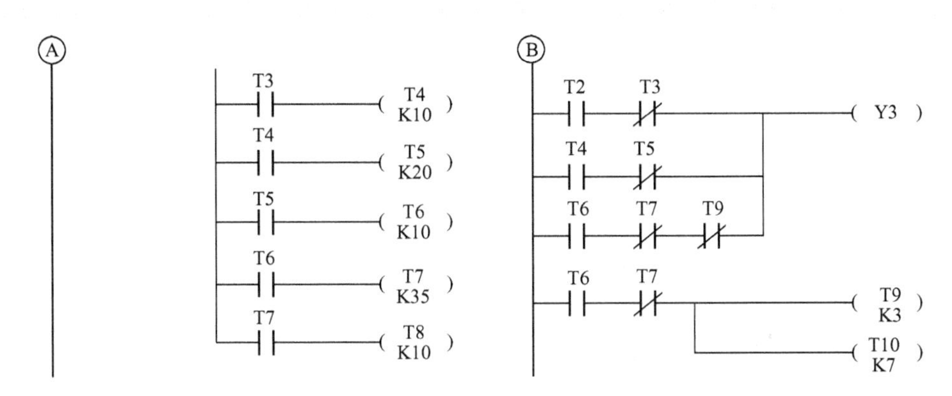

图4-45　霓虹灯控制梯形图（续）

4.6　时序电路的实训

4.6.1　PLC输出端子使用说明

PLC的输出类型有三种，即继电器、晶体管和可控硅。在第2章已经有过相关介绍，晶体管输出用于接直流负载，可控硅输出用于接交流负载，继电器输出既可用于直流负载，又可用于交流负载。以三菱的FX_{3U}-32MR为例，“R”表示是继电器输出类型，由于继电器的公共端是分组的，所以可以每组接一种电压或一种类型，PLC的输出端子示意图如图4-46所示。

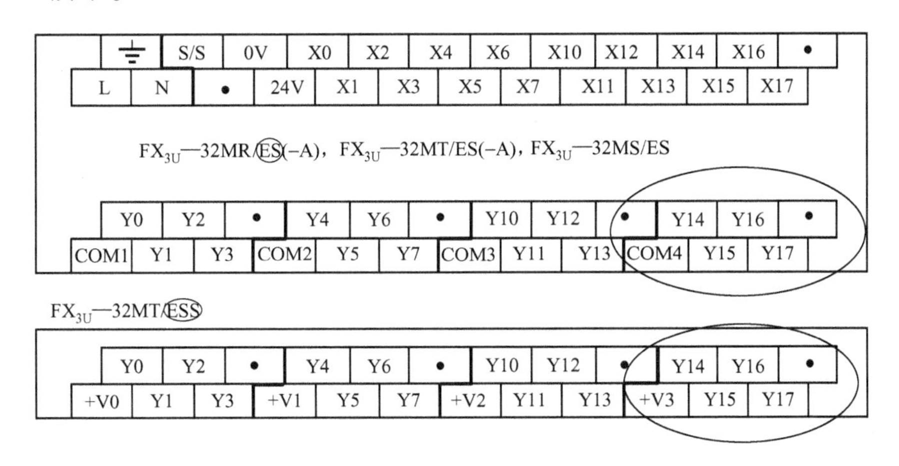

图4-46　PLC输出端子示意图

可以看出，Y0、Y1、Y2、Y3共一个COM口，Y4、Y5、Y6、Y7共一个COM口，Y10、Y11、Y12、Y13共一个COM口，Y14、Y15、Y16、Y17共一个COM口，每个接口可以接不同类型的电压，如图4-47所示。

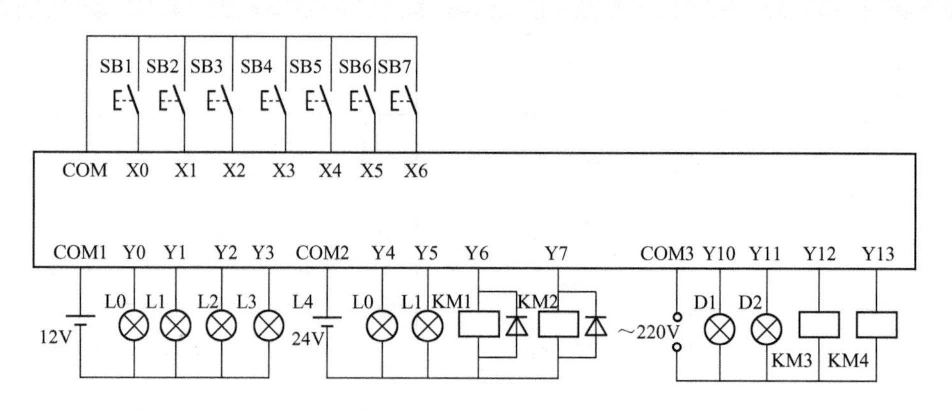

图 4-47　PLC 输出端子接不同类型负载示意图

4.6.2　实训内容

本实训要求根据 4.5.1 节介绍的交通灯设计内容，完成 PLC 的接线和调试工作，具体的接线图如图 4-48 所示。当按下启动按钮 X0 时，交通灯开始工作，当按下停止按钮 X1 时，交通灯停止工作。

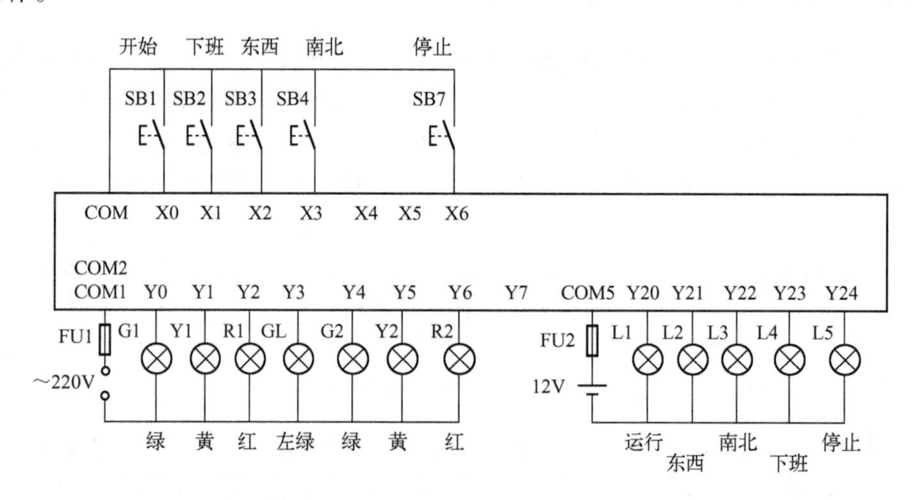

图 4-48　交通灯实训接线图

其中，交通灯使用的是交流 220V 的灯，状态灯使用的是直流 12V 的灯。用户可用继电器输出型 PLC 完成该实验接线，如果没有都换成 24V 指示灯进行实训。

【思考题】

（1）尝试增加三个按键功能，实现三种工作模式。包括“下班”模式：东西、南北黄灯闪；“东西直通”模式：东西绿灯亮，南北红灯亮；“南北直通”模式：南北绿灯亮，东西红灯亮。

（2）设计一路左转灯。设南北为主干道，增加南北左转绿灯，南北绿灯闪 3 秒后，左转绿灯亮 7 秒，然后闪 2 秒，随后黄灯亮 2 秒。期间东西红灯不变。这样南北主干道依次点亮直行绿灯，直行绿灯闪，左转绿灯，左转绿灯闪和黄灯。东西为次道，动作不变。

（3）结合逻辑设计部分，设置 10 秒倒计时显示。绿灯结束、左转绿灯结束，都有 10 秒倒计时显示，接线如图 4-49 所示。

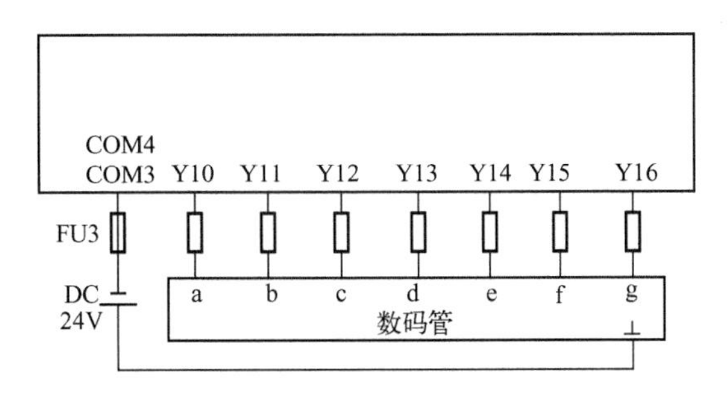

图 4-49　带 10s 倒计时显示的交通灯实训接线图

本章小结

本章介绍了 PLC 的定时器、计数器资源，详细阐述了定时器和计数器的用法，包括定时器串联长延时和定时器的乘法长延时；计数器的加法和计数器的乘法。同时，详细叙述了以定时器为主要指令的时序电路的设计方法。主要步骤为：I/O 定义；画出时序图，划分定时器；写出程序。时序电路设计主要运用时间标记，将每个时间拐点都用定时器计时，通过逻辑组合，可任意输出要输出的波形。另外，时序电路设计法还可以嵌套，即多次运用时序法设计。

习　题　4

一、选择题

长延时最佳的设计是用（　　）。

A. 定时器 + 定时器　　　　B. 定时器 * 计数器

C. 计数器 + 计数器　　　　D. 积算定时器

二、填空题

1. 定时器基准时钟脉冲有__ms、____ms、____ms，其中 T23 为______ms 基准。

2. 计数器有______型和断电保持型之分，断电保持型即断电后能保持当前值待通电后__ ____________。

三、简答题

1. 什么是积算定时器？举例说明。

2. 计数器计数的最大频率为多少？如果要采用高速计数其频率能达到多少？

四、编程题

1. 设计一个 Y - △启动电动机电路及程序，切换时间 6 秒。

2. 运用时序设计方法，设计一个闪烁电路，Y0 为 ON 1.2 秒，为 OFF 2.3 秒。

3. 设计一顺序启动 4 台电机的启动程序，按下启动按钮后，分别间隔 5 秒、6 秒、7 秒启动一台电机，按下停止按钮后，4 台电机立即停止。

4. 设计一个喷水池喷水控制，要求按下启动按钮后，高水柱喷 10s，停 2s，中水柱喷 7s，停 2s，低水柱喷 5s，停 2s，三水柱喷 4s，停 2s，如此循环。

5. 设计一个彩灯控制程序，有三盏彩灯分别为红色、黄色、绿色，启动后，红灯亮，2s 之后黄灯也亮，3s 之后红灯和黄灯均灭，绿灯闪 0.2s 为 ON，0.2s 为 OFF，4s 之后绿灯亮，2s 之后绿灯灭，黄灯亮，1s 之后又是红灯亮，2s 以后灯都灭，如此循环，当按下停止按钮时，三盏灯均灭。

6. 设计一个周期输出脉冲，一个周期中包括高电平 5s，低电平 3s，高电平 10s，低电平 6s。

7. 设计程序，满足如下要求：启动时电机正转，10s 后电机停止正转，延时 2s 后，电机能够自动反转 15s，电机停止反转运行，2s 后，电机又能自动正转运行，循环 3 次后，电机自动停止工作。另外，当按下停止按钮时，无论电机正转还是反转都能停止工作。要求：I/O 口分配表；梯形图；程序。

8. 有一台电动机，当控制开关闭合后，运行 5s，停止 5s，再运行 5s，再停止 5s，这样进行一小时，停一小时。作 5 次自动停止，直到下次启动，画出梯形图，写出程序。

9. 试用计数器设计一个采用一个按钮就能控制电动机启停的控制电路。画出控制梯形图，编写应用程序（即单按键启停）。

第 5 章　顺序控制的程序设计

顺序控制的程序设计是现场使用最多的设计方法，顺序控制是将整个控制过程划分为若干个工步，每个工步按一定的顺序轮流工作，而每个工步的输出是不一样的。顺序控制有选择分支与并列分支，设计时一般有各类分支的组合。根据该类控制特点，顺序控制程序的设计一般采用功能表图（Function Chart Diagram）法进行设计，这种先进的设计方法已成为 PLC 程序设计的最主要方法。本章考虑应用各类方法实现顺序控制，重点在运用功能表图法实现顺序控制的程序设计，强调设计的一般步骤及方法。

本章学习重点：功能表图法设计顺序控制程序的技巧和方法。

本章学习难点：顺序控制中的选择分支流程与并列分支流程。

5.1　顺序控制的通用设计方法

顺序控制设计法也称为功能表图设计法，功能表图又称为状态转移图，它是描述控制系统的控制过程、功能和特性的一种图形，也是设计 PLC 顺序控制程序的有力工具。功能表图并不涉及所描述的控制功能的具体技术，它是一种通用的技术语言，可以用于进一步设计和不同专业的人员之间进行技术交流。各个 PLC 厂家都开发了相应的功能表图，各国家也都制定了功能表图的国家标准。我国于 1986 年颁布了功能表图的国家标准（GB6988.6—1986）。它主要是由步、转换、转换条件、箭头线和动作组成的。

5.1.1　自保持电路的编程方式

自保持即启保停电路，具有记忆功能，可以这样认为 M0 为“ON”，那就是 X0 一定“ON”过，如图 5-1 所示

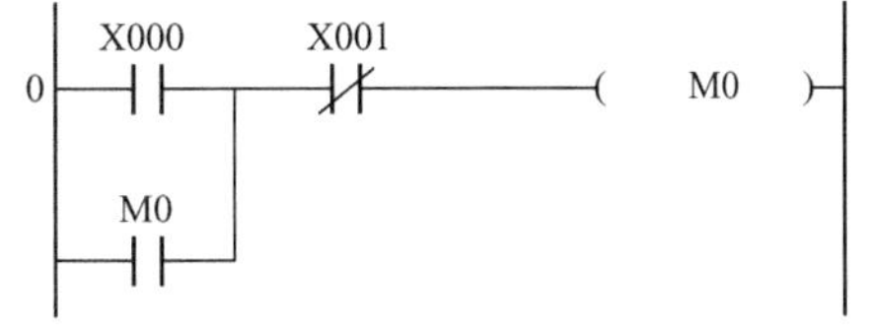

图 5-1　基本自保持记忆电路

本章用到顺序的状态其实就是类似这里的 M0，当 M0、M1、M2 等由各自的自保持电路联系起来时，就组成了顺序控制程序。

在 3.4.6 节初步的顺序步进控制中，X1、X5 启动 Y1，然后依次启动 Y2、Y3、Y4，如图 5-2（a）所示。这种形式只反映输出，在数字电路里，可以用状态图反映电路在不同状态之间的切换或跳转，如图 5-2（b）所示。运用状态的概念应该这样叙述：状态 1 时 Y1 为 ON，状态 2 时 Y2 为 ON，状态 3 时 Y3 为 ON，状态 4 时 Y4 为 ON。

对于状态的切换可以这样描述：由 X1、X5 启动“状态 1”，在“状态 1”有 X2 信号状态转到“状态 2”，在“状态 2”有 X3 信号状态转到“状态 3”，在“状态 3”有 X4 信号状态转到“状态 4”，在“状态 4”有 X5 信号状态转到“状态 1”，如此不断循环。

在这个动作过程中，可以认为程序启动后有 4 个状态在切换，即状态 1 ~ 4。每一个状态可

以表示成图 5-3（a）所示的形式。

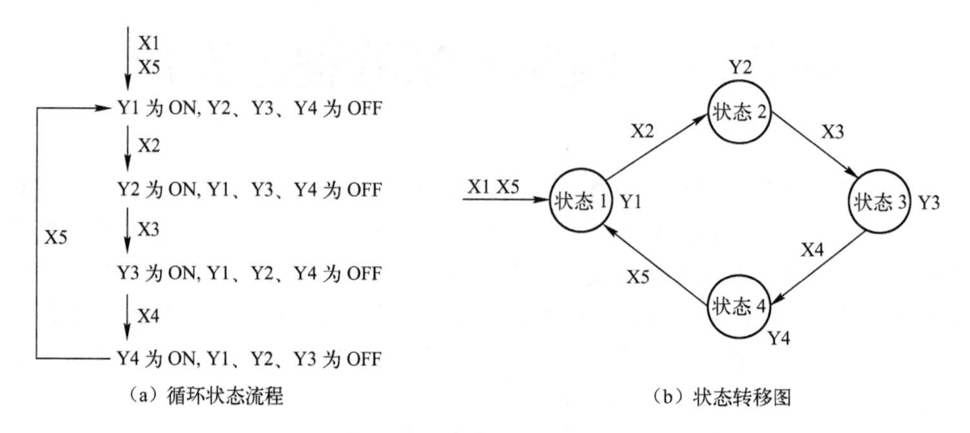

图 5-2　顺序步进控制流程

图 5-3（a）中条件 1 是启动该状态的信号，条件 2 是停止该状态的信号，那么可以用一个自保持电路来描述该功能图，如图 5-2（b）所示。

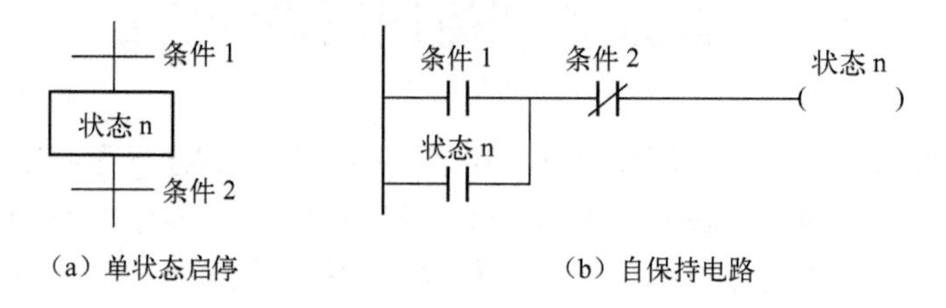

图 5-3　单状态的自保持电路

对于 4 个状态的切换，在了解顺序功能图表达方式后，再作图描述。

5.1.2　顺序功能图表基本概念

功能表图又称为状态转移图，功能表图的基本结构有单序列结构、选择序列结构、合并序列结构。它们均由步、转换条件和有向连线组成，如图 5-4 所示。

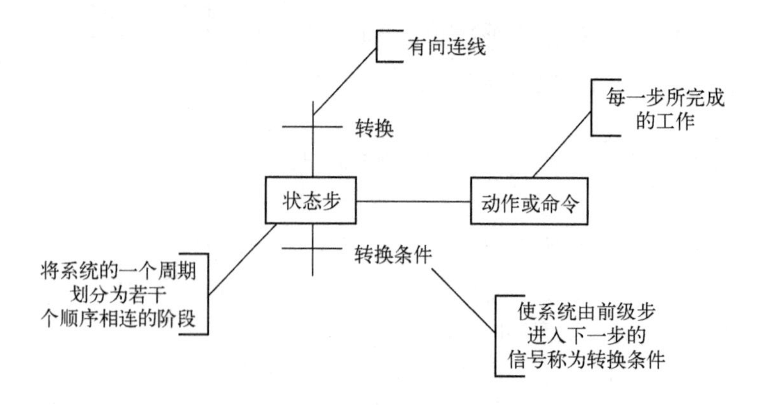

图 5-4　功能表图的组成

功能图是用图形符号和文字叙述相结合的方法，全面描述控制系统（含电气、液压、气动和机械控制系统或系统某些部分）的控制过程、功能和特性的一种通用语言。在功能表图中，把一个过程循环分解成若干个清晰的连续状态，称为“步”（Step），状态步与状态步之间由“转换条件”分隔。当两状态步之间的转换条件满足时，实现转换，此时上一状态步的活动结束，而下一状态步的活动开始。

1. 状态步

在控制系统的一个工作周期中，依次相连的工作阶段称为状态步，简称“步”，用矩形框和文字（或数字）表示。每一个功能表图至少有一个初始步，对应控制过程开始阶段的步，另外下面接着好多其他步。初始步用双线矩形框表示。这些步可分为两种状态：“活动步”（该步为 ON）、“非活动步”（该步为 OFF）。一系列活动步决定控制过程的状态。

2. 动作

在功能表图中，命令（Command）或动作（Action）用带框文字和字母符号表示，与对应状态步的符号相连。一个步被激活，能导致一个或几个动作或命令，亦即对应活动步的动作被执行。若某步为非活动步，对应的动作结束。

3. 转换条件

在功能表图中，各状态步之间都有转换条件，并具有一定的方向性，其走向总是从上至下、从左至右，因此有向连线的箭头可以省略。如果不遵守上述规则，则必须加注箭头。转换的符号是一根短画线，与有向连线相交，转换将相邻的两个步隔开，当上一级状态步为活动步，又遇转换条件满足时，则下一级状态步转为活动步，同时上一级状态步转为非活动步。

4. 转换条件表达

转换条件标注在转换符号旁，转换条件可以是文字、触点名（含定时器、计数器）、逻辑表达式。若转换相关的逻辑变量为真（1），则转换；若为假（0），则不转换。

5.1.3 使用启保停电路的编程方法

根据顺序功能图设计梯形图时，可以用辅助继电器 M 来代表状态步。某一步为活动步时，对应的辅助继电器 M 为 1，当转换条件满足时，该状态步转换为非活动步，即 OFF，下一步变为活动步，即 ON。转换信号为启动信号，用于启动自保持电路，下一步的启动信号是该步的停止信号。用图 5-5 的梯形图来表达状态步 n 的状态。

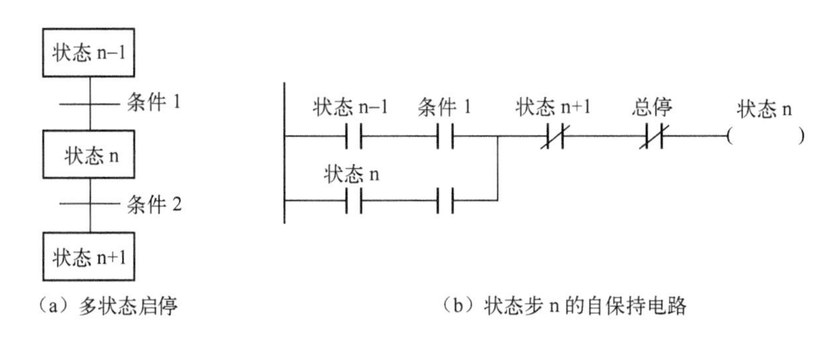

（a）多状态启停　　（b）状态步 n 的自保持电路

图 5-5　状态 n 的梯形图表达形式

该梯形图实际是自保持电路，也称为记忆电路。状态步可用辅助继电器表示。在状态 n - 1 为 ON 的情况下，若转换条件 1 发生，则转换到状态 n，同时状态 n - 1 关闭，在状态 n 为活动步

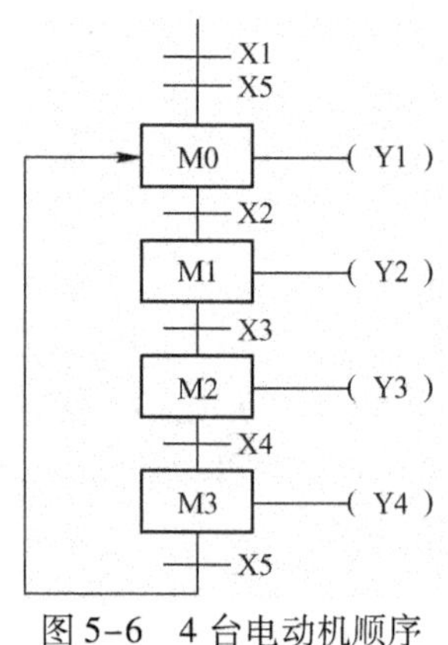

图 5-6　4 台电动机顺序控制的功能图

的情况下，若转换条件 2 发生，就启动状态 n +1，同时停止状态 n。转换条件 1 可以称为状态 n -1 的停止信号，转换条件 2 可以称为状态 n +1 的启动信号。

用启保停电路来进行顺序控制的设计，具有适用面比较广的优点，如可用于西门子、欧姆龙等，任何一种可编程序控制器的指令系统都有这一类指令，因此这是一种通用的编程方法。

按照上述方法，将 4 台电动机顺序控制的功能图画出，如图 5-6 所示。

图 5-7 所示为按照功能图编写的梯形图，M0 为两路启动，故启动行为两行。

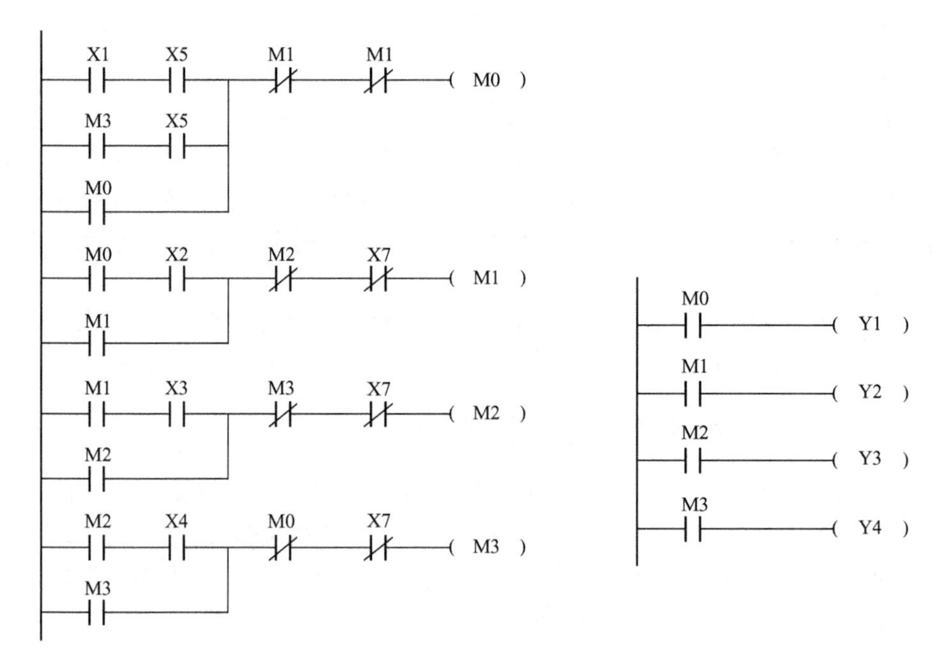

图 5-7　4 台电动机顺序控制梯形图

需要注意的是，状态 M0 ~ M3 和 Y1 ~ Y3 是一一对应的，但状态和输出还是要区分开，要分开写，这一点很重要，因为复杂的流程会注重方法，状态里会有多个输出的。

下面通过小车运料来阐述顺序控制的步骤，小车初始位置在原点（SQ1 被压下）。按下启动按钮 SB1 后，小车在 1 号仓装料 5s 后由 1 号位（限位开关 SQ1，即 X1）送料到 2 号位。到达 2 号位限位开关 SQ2（X2）后，停留（卸料）4s，然后空车返回到 1 号位，碰到限位开关 SQ1（X1）后停车，然后重复上述工作过程，直到按下停止按钮 SB2，小车立即停止，如图 5-8 所示。

第一步：进行 I/O 端口定义：X6——启动；X7——停止；Y0——料仓放料；Y1——小车放料；Y2——小车前进；Y3——小车后退。

第二步：画出上述过程的功能图，如图 5-9 所示。

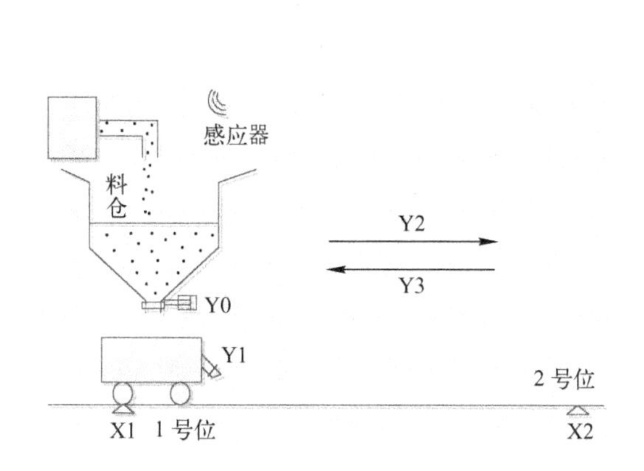

图 5-8　小车运料（单次）示意图

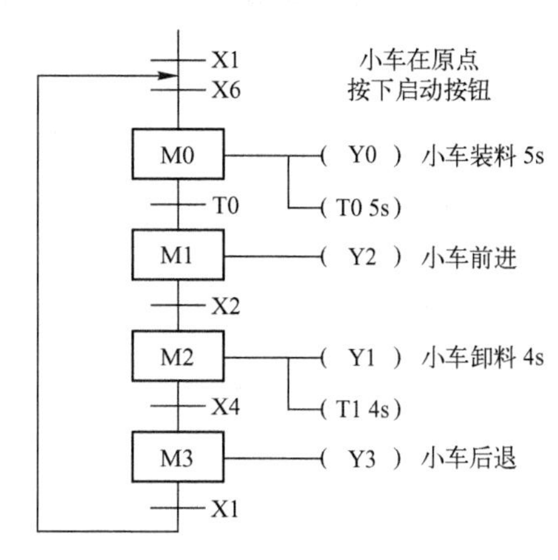

图 5-9　小车运料功能图

第三步：根据功能图写出 M0～M3 的梯形图及与状态对应的输出，如图 5-10 所示。

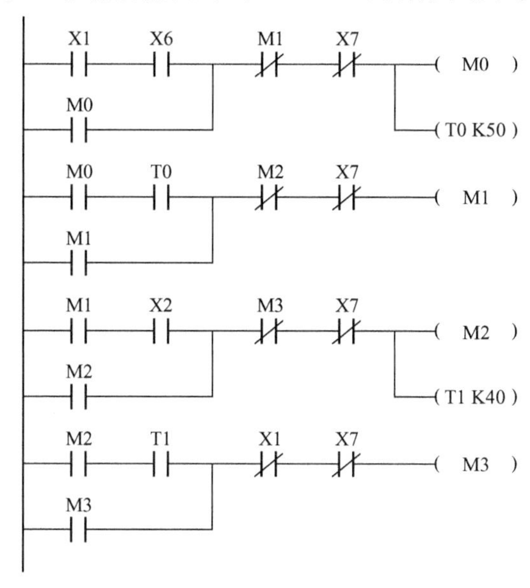

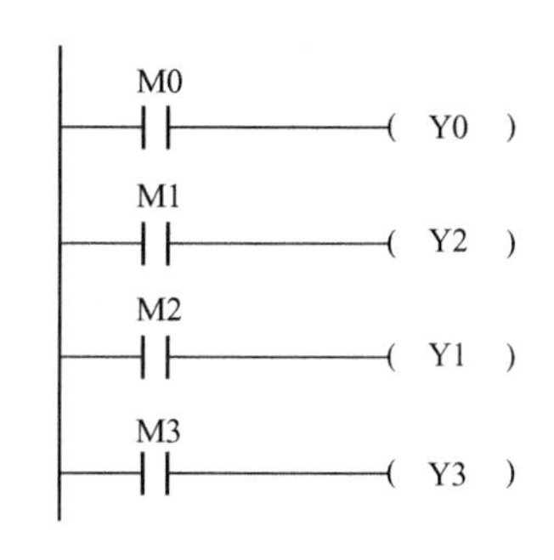

图 5-10　小车运料（单料）梯形图

该程序有 4 个状态，状态的转换有两种信号，一种是位置信号，另一种是定时器信号。

在模拟测试时会发现，若启动时小车不在原位，则程序不能启动，解决的办法是可以编写一段程序让小车自动返回，具体内容后续将做介绍。

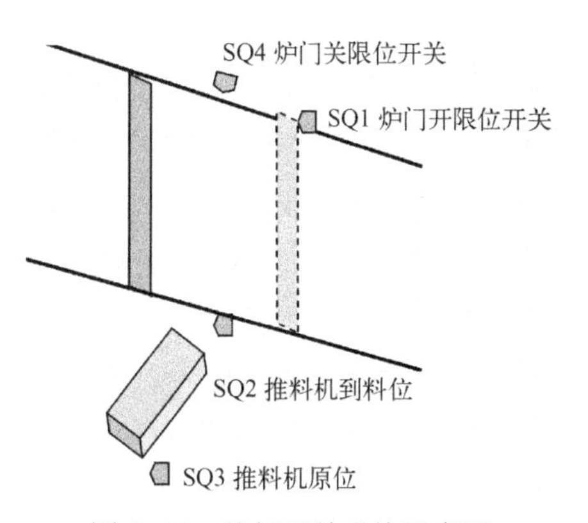

图 5-11　炉门开关系统示意图

【例 5.1】 设计一炉门开关控制系统。初始状态时推料机停在原位，炉门关闭。在初始状态下按下启动按钮 SB1 使 KM1 得电，炉门电机正转，炉门开；触碰到限位开关 SQ1 时，KM1 失电，炉门电机停转，然后 KM3 得电，推料机电机正转，推料机前进；前进到限位开关 SQ2 时，KM3 失电，KM4 得电，推料机电机反转，推料机退到原位；退到限位开关 SQ3 时，KM4 失电，推料机电机停转；KM2 得电，炉门电机反转，炉门闭；触碰到限位开关 SQ4 时，KM2 失电，炉门电机停转；SQ4 常开触点闭合，并延时 5s 后开始下次循环。

上述过程不断重复运行，若按下停止按钮 SB2，则工作立即停止。

解：（1）先进行 I/O 端口定义，如表 5-1 所示。

（2）画出上述过程的功能图，如图 5-12 所示。

表 5-1　炉门开关系统 I/O 端口定义

输　入		输　出	
炉门开限位开关 SQ1	X0	炉门开电机正转 KM1	Y0
炉门关限位开关 SQ4	X1	炉门关电机反转 KM2	Y1
推料机原位限位开关 SQ3	X2	推料机推料电机正转 KM3	Y2
推料机到位限位开关 SQ2	X3	推料机退回电机反转 KM4	Y3
启动 SB1	X6		
停止 SB2	X7		

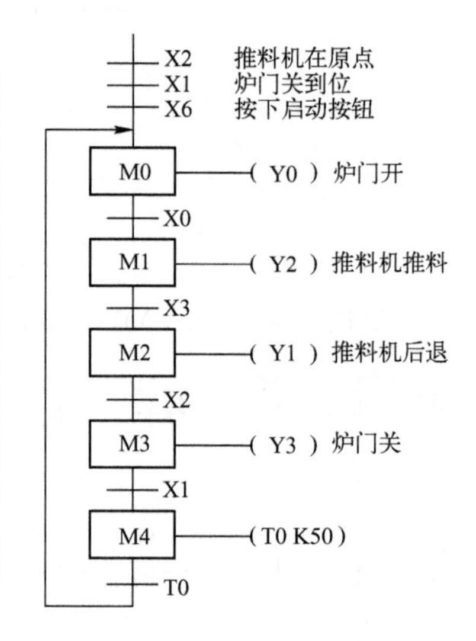

图 5-12　炉门开关系统功能图

（3）根据功能图写出 M0～M4 的梯形图及与状态对应 Y0～Y3 的输出，如图 5-13 所示。

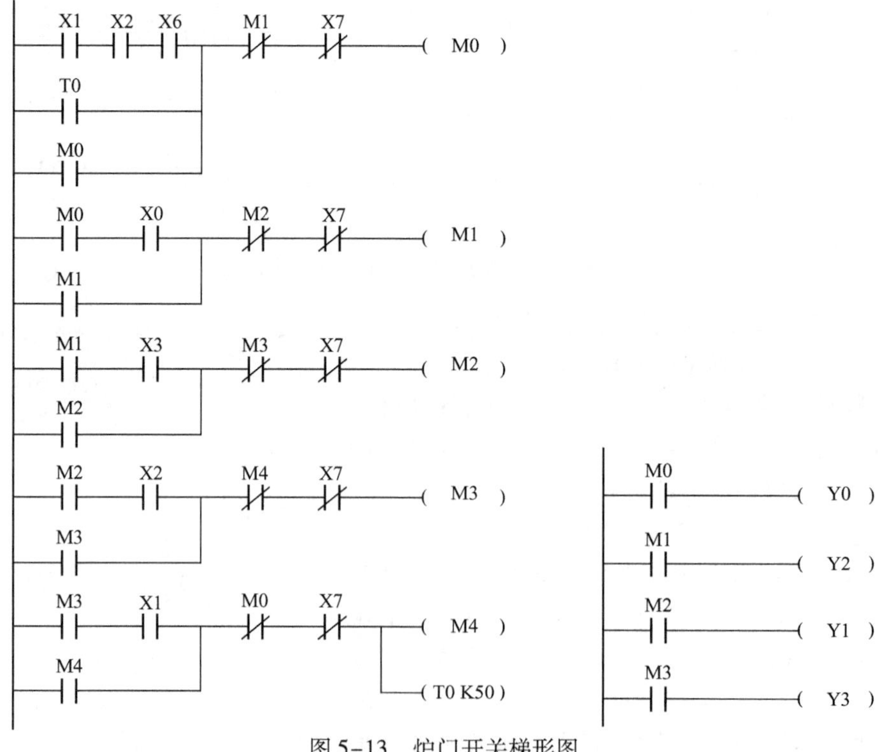

图 5-13　炉门开关梯形图

测试上述程序会发现，若停止后，炉门和推料机不在原位，则程序将无法启动；还会发现一个新问题，就是多次启动顺序的问题，即程序被启动了好几次，表现在该程序就是当炉门关好、推料机在原位按下启动按钮，程序被启动，当程序走到最后一步延时 5s 开始下次循环期间，如果再次按下启动按钮，顺序将会被重新启动，这样整个程序就同时存在两个状态是 ON 的，即程序被多次启动。程序这样改一下，可以避免重复启动，即如果 M4 为 ON，则禁止启动，如图 5-14 所示。

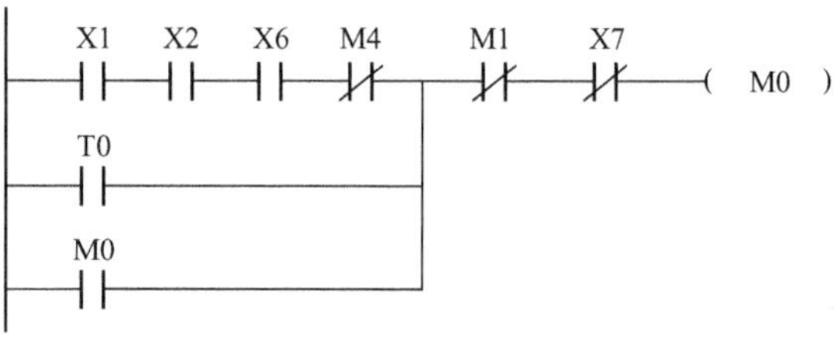

图 5-14　炉门开关中 M0 状态修改的梯形图

在顺序控制中，直线传递的状态只可能有一个状态为 ON，不能有多个状态为 ON。

为解决程序中出现的初始问题和多次启动问题，通常的做法是增加一个初始状态，一旦启动，则初始状态就关闭了，不存在多次启动的问题。设置初始状态还有一个好处就是可以做一个复位程序，使炉门未关闭则炉门关闭，推料机未复位则复位，开机自动启动初始状态，用开机第一个扫描周期 ON 的触点 M8002 启动初始状态，初始状态为双框设置，如图 5-15 所示。

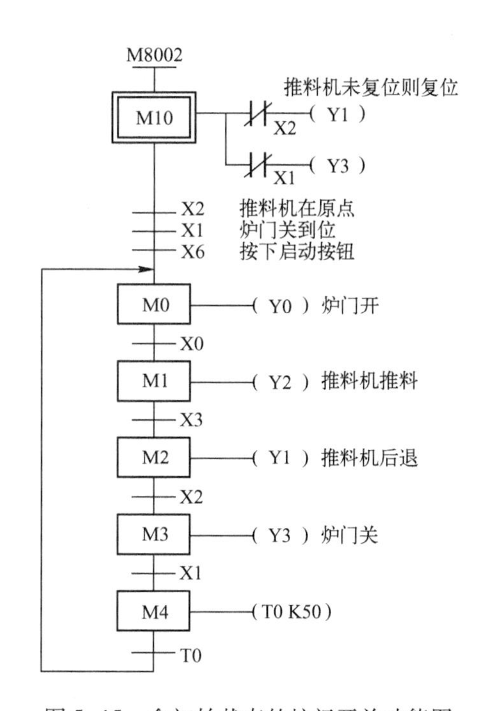

图 5-15　含初始状态的炉门开关功能图

根据含初始状态的功能图写出梯形图，如图 5-16 所示，注意 Y0 ~ Y3 输出的写法，Y1 和 Y3 有两个，需要合并，即 M10 状态和 M2 状态各有一个 Y1 输出，M10 状态和 M3 状态各有一个 Y3 输出，而一个程序中不能出现两个相同的线圈。

【例 5.2】 动力头进给运动的示意图如图 5-17 所示。动力头初始位置在原位，当加以启动信号时，接通电磁阀 YV1，动力头快进；动力头碰到限位开关 SQ1 后，接通电磁阀 YV1 和 YV2，动力头由快进转为工进，同时动力头电机转动（由 KM1 控制）；动力头碰到限位开关 SQ2 后，电磁阀 YV1 和 YV2 失电，并开始延时 6s；延时时间到，接通电磁阀 YV3，动力头快退；动力头回到原位即停止电磁阀 YV3 及动力头电机。试根据上述运动过程，用功能图法设计梯形图程序。

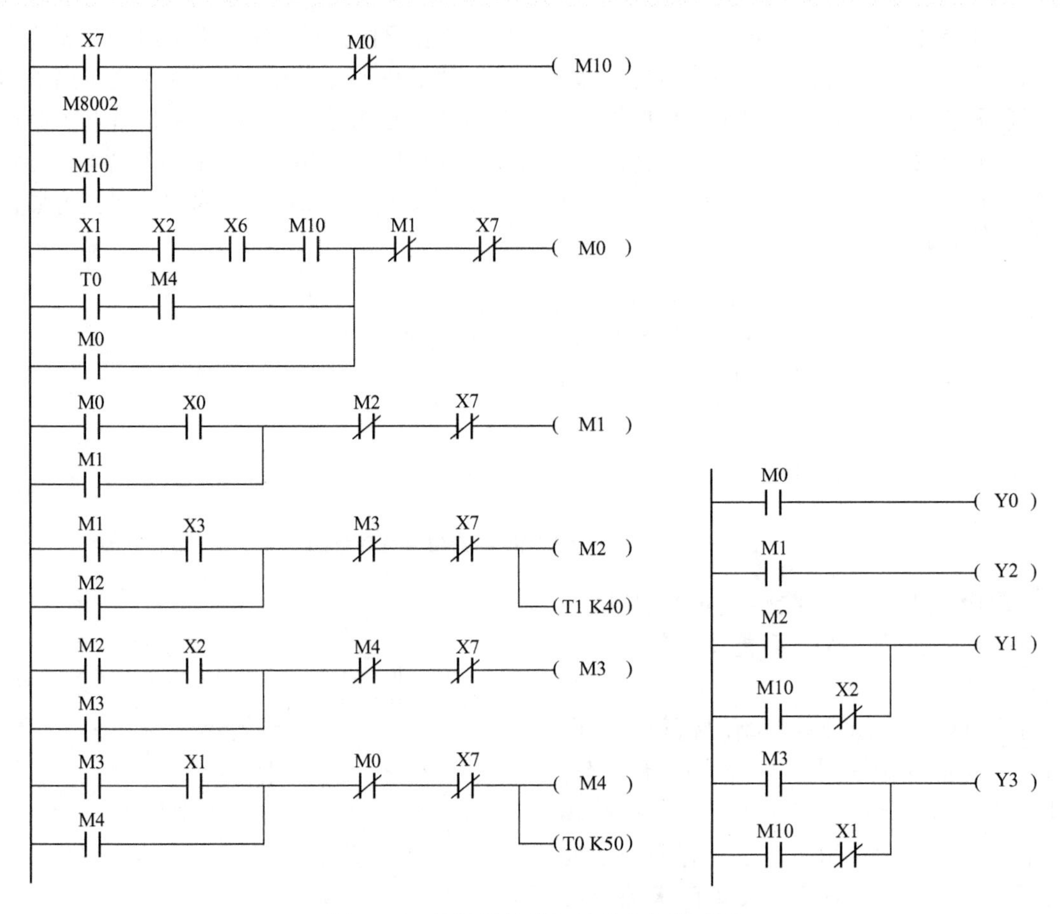

图 5-16　炉门开关带初始状态的梯形图

解：(1) 进行 I/O 端口分配，如表 5-2 所示。

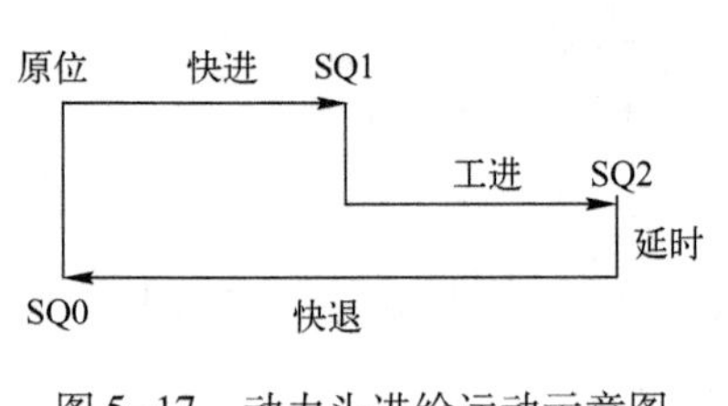

图 5-17　动力头进给运动示意图

表 5-2　动力头进给运动 I/O 端口分配

输　入		输　出	
原点限位开关 SQ0	X0	电磁阀 YV1	Y0
中部的限位开关 SQ1	X1	电磁阀 YV2	Y1
前部的限位开关 SQ2	X2	电磁阀 YV3	Y2
启动 SB1	X6	电动机接触器 KM1	Y3
停止 SB2	X7		

(2) 画出上述过程的功能图，如图 5-18 所示。

(3) 根据功能图写出 M0 ~ M3 的梯形图及与状态对应 Y0 ~ Y3 的输出，如图 5-19 所示。

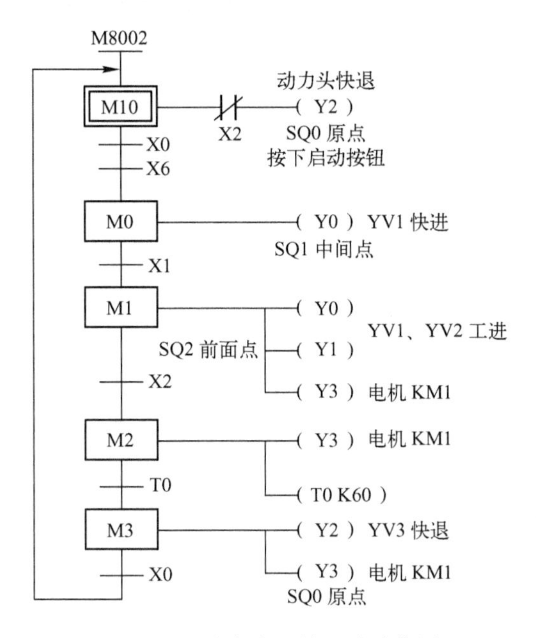

图 5-18　动力头进给运动功能图

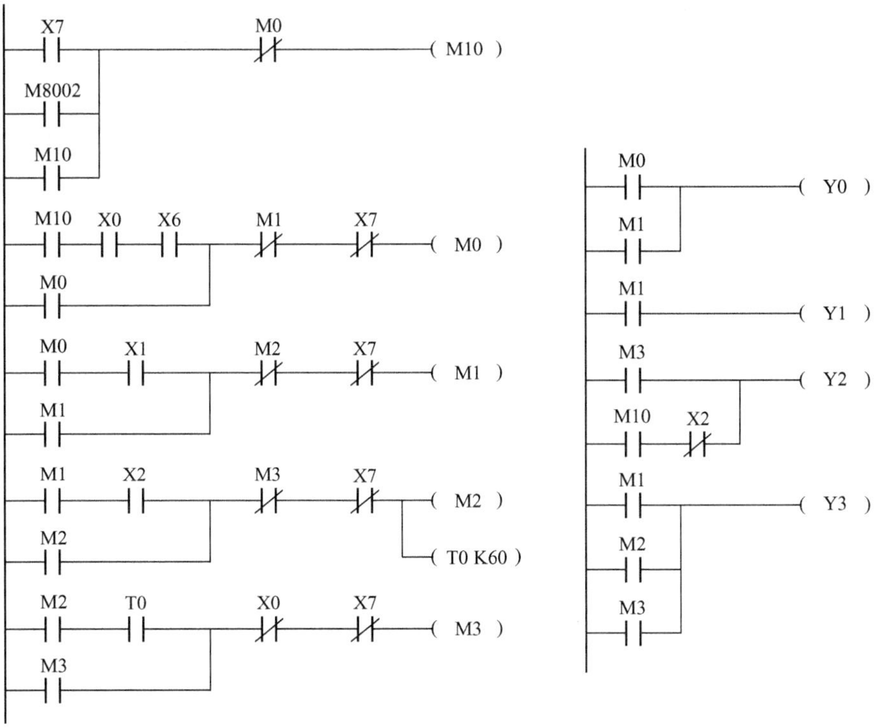

图 5-19　动力头进给运动梯形图

程序每执行一轮，动力头回到原点。当按下“停止”按钮 X7 后，所有的状态均关闭，初始状态开启，为下一次启动做准备。

5.1.4 使用置位/复位指令的编程方式

SET/RST 指令和自保持电路是对一个描述对象的不同编程描述，效果一样。使用置位/复位编程方式一样可编写出与图 5-20（a）顺序功能图对应的梯形图。在置位/复位指令的编程方式中，用某一转换所有前级步对应的辅助继电器的常开触点与转换对应的触点或电路串联，作为使所有后续步对应的辅助继电器置位和使所有前级步对应的辅助继电器复位的条件。对简单顺序控制系统也可直接对输出继电器置位或复位。该方法顺序转换关系明确，编程易理解，一般多用于自动控制系统中手动控制程序的编程。

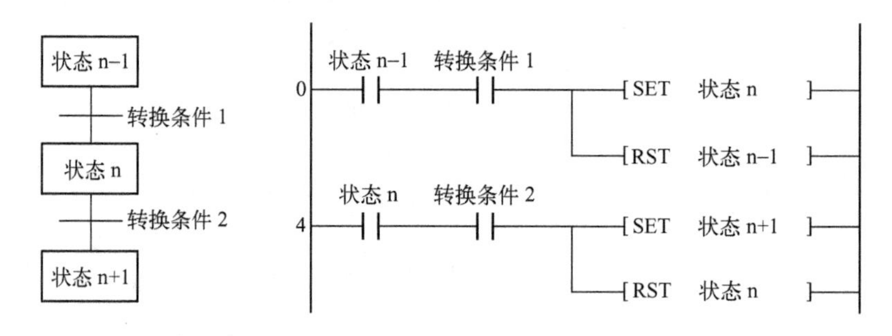

图 5-20 SET/RST 指令的状态 n 梯形图表达形式

下面通过混料罐实例来学习置位/复位指令编程方法。

【例 5.3】 液体混合装置示意图如图 5-21 所示，上限位、下限位和中限位液位传感器被液体淹没时为 1 状态，阀 F1、阀 F2 和阀 F3 为电磁阀，线圈通电时打开，线圈断电时关闭。开始时容器是空的，各阀门均关闭，各传感器均为 0 状态。按下启动按钮后，打开阀 F1，液体 A 流入容器，到中限位开关变为 ON 时，关闭阀 F1，打开阀 F2，液体 B 流入容器。液面升到上限位开关时，关闭阀 F2，电机 M 开始运行，搅拌液体，10s 后停止搅拌，打开阀 F3，放出混合液，当液面降至下限位开关之后再过 3s，容器放空，关闭阀 F3，程序再打开阀 F1，又开始下一周期的操作。按下停止按钮，放完液体立刻停在初始状态。试根据上述控制要求，用置位/复位指令完成梯形图设计。

解：（1）进行 PLC I/O 端口分配，如表 5-3 所示。

表 5-3 液体混合装置 I/O 端口分配

输入		输出	
高液位 L1	X0	物料 A 进料电磁阀 F1	Y0
中液位 L2	X1	物料 B 进料电磁阀 F2	Y1
低液位 L3	X2	料灌出料电磁阀 F3	Y2
启动按钮 SB1	X6	料灌搅拌接触器 KM	Y3
停止按钮 SB2	X7		

（2）根据控制过程，画出状态转移图，如图 5-22 所示。

（3）采用自保持电路编写的程序如图 5-23 所示。

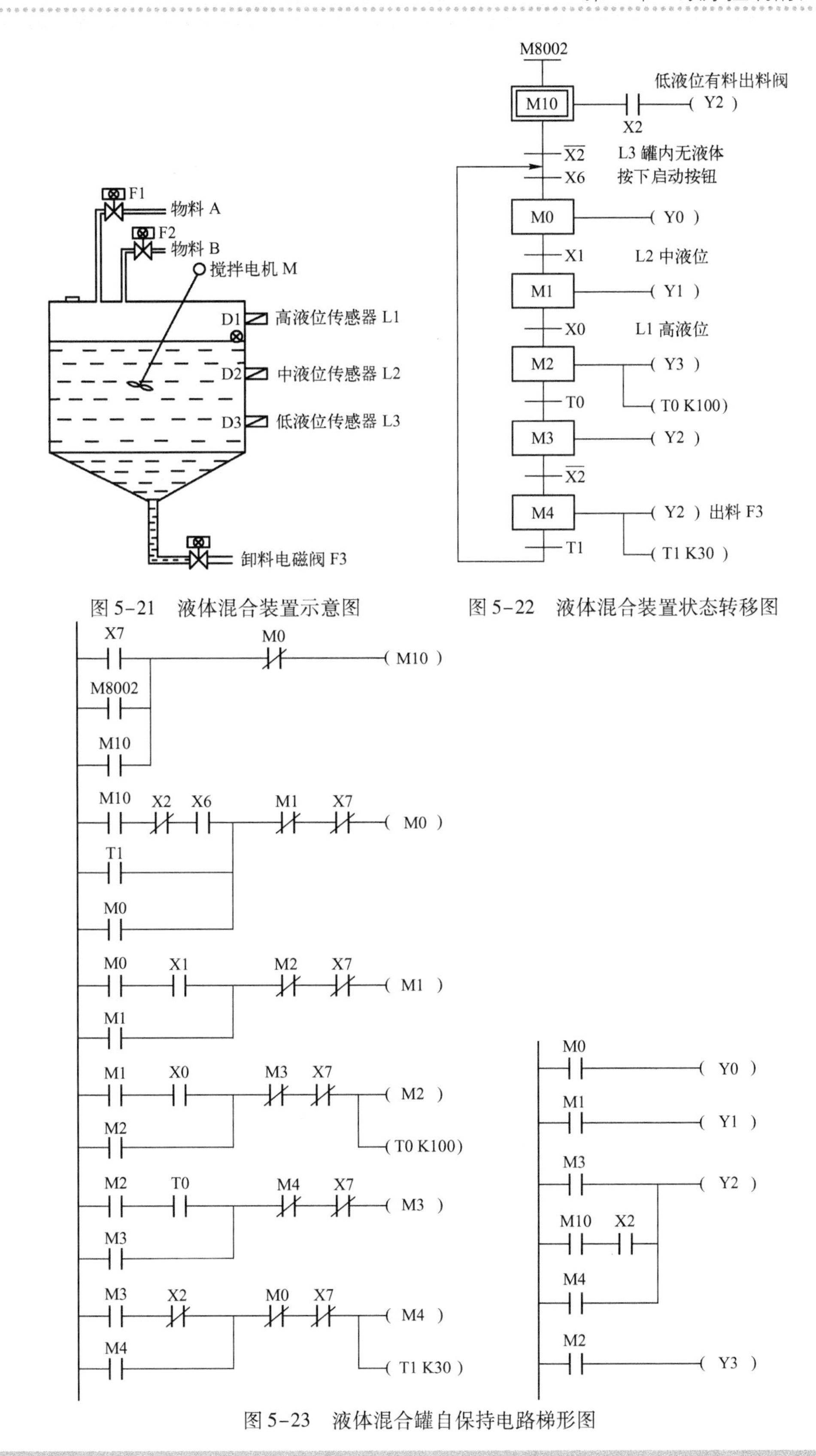

图 5-21　液体混合装置示意图

图 5-22　液体混合装置状态转移图

图 5-23　液体混合罐自保持电路梯形图

（4）采用 SET/RST 指令编写的程序如图 5-24 所示。

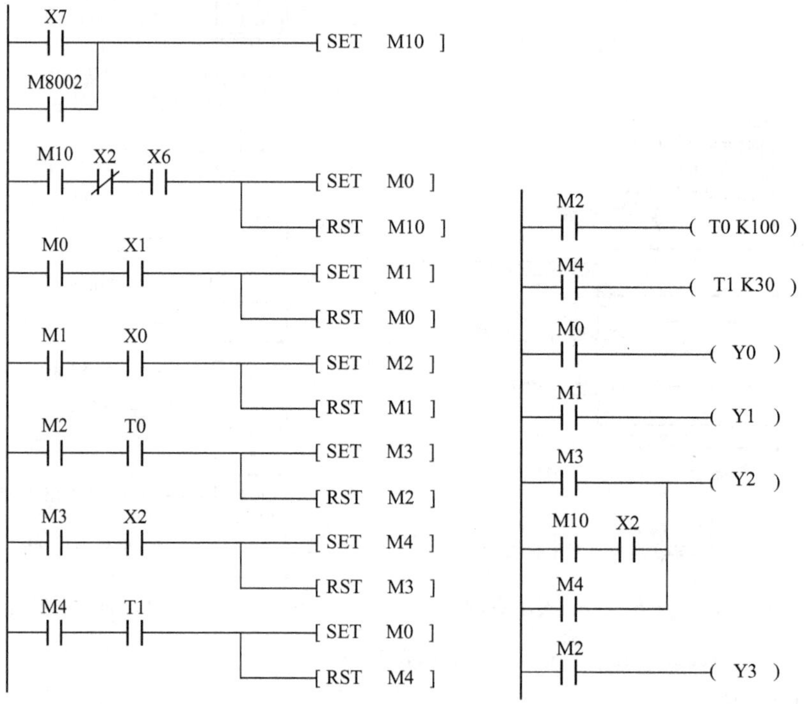

```
X7 ──────────────── [SET M10]
M8002 (并联)
M10  X2(常闭)  X6 ─ [SET M0]
                    [RST M10]
M0   X1 ─────────── [SET M1]
                    [RST M0]
M1   X0 ─────────── [SET M2]
                    [RST M1]
M2   T0 ─────────── [SET M3]
                    [RST M2]
M3   X2 ─────────── [SET M4]
                    [RST M3]
M4   T1 ─────────── [SET M0]
                    [RST M4]

M2 ──────────────── (T0 K100)
M4 ──────────────── (T1 K30)
M0 ──────────────── (Y0)
M1 ──────────────── (Y1)
M3 ──────────────── (Y2)
M10  X2 (并联)
M4 (并联)
M2 ──────────────── (Y3)
```

图 5-24　液体混合罐 SET/RST 梯形图

5.2　PLC 内部 S 状态继电器编程

所谓顺序控制，就是按照生产工艺所要求的动作规律，在各个输入信号的作用下，根据内部的状态和时间顺序，使生产过程的各个执行机构自动地、有秩序地进行操作。在实现顺序控制的设备中，输入信号一般由按钮、行程开关、接近开关、继电器或接触器的触点发出。输出执行机构一般是接触器、电磁阀等。通过接触器控制电动机动作或通过电磁阀控制液压装置动作时，都可以使生产机械按顺序工作。在顺序控制中，生产过程是按顺序、有步骤地连续工作，因此，可以将一个较复杂的生产过程分解成若干步骤，每一步对应生产过程中一个控制任务，也称一个工步（或一个状态）。在顺序控制的每个工步中，都应含有完成相应控制任务的输出执行机构和转移到下一工步的转移条件。S 状态继电器就是顺序控制的专用内部资源。

5.2.1　S 状态继电器资源

在顺序控制中，生产工艺要求每一个工步必须严格按规定的顺序执行，否则将造成严重后果。为此，顺序控制中每个状态都要设置一个控制元件，保证在任何时刻，系统只能处于一种工作状态。以 FX 系列 PLC 为例，FX 系列 PLC 中规定状态继电器为控制元件，状态继电器有 S0～S899 共 900 点，如表 5-4 所示。

表 5-4　S 状态继电器资源

序　　号	地　　址	作　　用
1	S0 ~ S9	初始状态的专用继电器
2	S10 ~ S19	回零状态的专用继电器
3	S20 ~ S899	一般通用的状态继电器，可以按顺序连续使用

5.2.2　使用步进梯形指令的编程方式

步进梯形指令是专门为顺序控制设计提供的指令，它的步只能用状态寄存器 S 来表示，状态寄存器有断电保持功能，在编制顺序控制程序时使用步进指令 STL，这样状态转移图转换到梯形图非常方便，将上题的混料罐状态图转换为专用步进指令状态图，如图 5-25 所示。

初始状态 S0，一般通用的状态继电器 S20 ~ S24。将状态转移图转换为梯形图时要注意三个方面：状态寄存器必须用置位指令 SET 置位，这样才具有控制功能，状态寄存器 S 才能提供 STL 触点，否则状态寄存器 S 与一般的中间继电器 M 相同；在步进梯形图中不同的步进段允许有双重输出，即允许有重号的负载输出；在步进触点结束时要用 RET 指令使后面的程序返回原母线。使用状态继电器的设计方法效率高，程序的调试、修改和阅读也很容易，使用也方便，在顺序控制设计中应优先考虑，该法在工业自动化控制中应用较多，将状态转移图转换为梯形图的过程如图 5-26 所示。

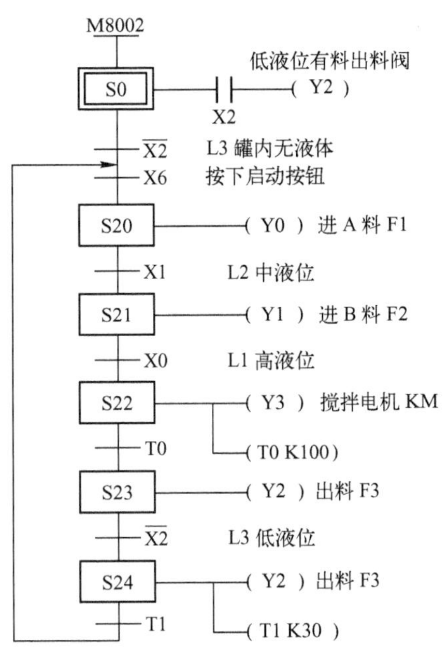

图 5-25　液体混合装置的“S”状态寄存器状态转移图

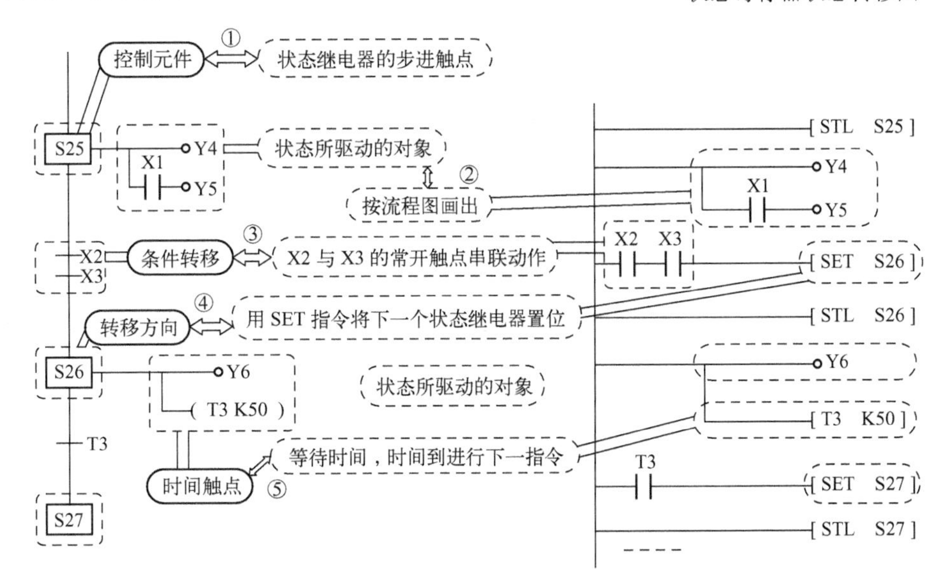

图 5-26　将状态转移图转换为梯形图的过程

STL 指令：步进开始指令，与母线直接相连，表示步进顺控开始。

RET 指令：步进结束指令，表示步进顺控结束，用于状态流程结束返回主程序。

STL 的操作元件为状态继电器 S0 ~ S899；RET 无操作元件。

STL 指令使编程者可以生成和工作流程、顺序功能图非常接近的程序。

STL 指令的使用说明如下：

（1）每个状态继电器具有三种功能：驱动相关负载、指定转移条件和转移目标。

（2）STL 触点与母线相连接，使用该指令后，相当于母线右移到 STL 触点下面，并延续到下一条 STL 指令或者出现 RET 指令为止，如图 5-27 所示。同时该指令使得新的状态置位，原状态复位。

[STL S20]
(Y6)
(Y1)
X11
[SET S21]
[STL S21]
从第一个 STL 指令开始到 RET 为止，中间只能放置步进指令
[STL S48]
(Y15)
X12
[SET S20]
[RET]

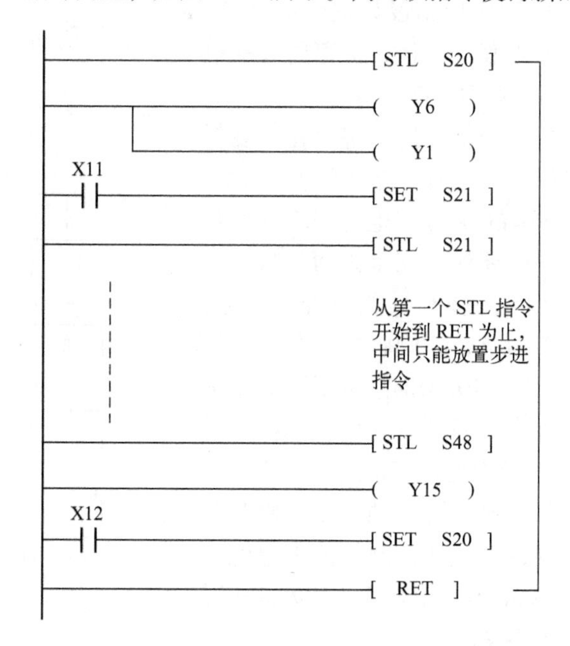

图 5-27　最后一条 STL 指令结束处的 RET 指令

（3）与 STL 指令相连接的起始触点最好直接连接线圈，用于辅助状态记忆，如图 5-28 所示。

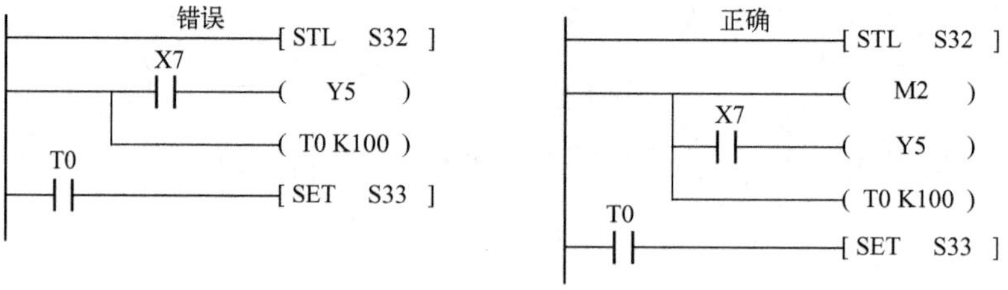

错误
[STL S32]
X7
(Y5)
(T0 K100)
T0
[SET S33]
正确
[STL S32]
(M2)
X7
(Y5)
(T0 K100)
T0
[SET S33]

图 5-28　STL 下一行最好直接连接线圈

（4）STL 触点和继电器的触点功能类似。在 STL 触点接通时，该状态下的程序执行；STL 触点断开时，一个扫描周期后该状态下的程序不再执行，直接跳转到下一个状态。

（5）STL 和 RET 是一对指令，在多个 STL 指令后必须加上 RET 指令，表示该次步进顺控过程结束，并且后移母线返回到主程序母线。

（6）在步进顺控程序中使用定时器时，不同状态内可以重复使用同一编号的定时器，但

相邻状态不可以使用。

（7）在中断程序和子程序中，不能使用 STL、RET 指令。而在 STL 指令中尽量不使用跳转指令。

（8）停电保持状态继电器采用内部电池保持其动作状态，应用于动作过程中突然停电而再次通电时需继续原来运行的场合。

（9）RET 指令可以多次使用。

将图 5-25 状态转移图写成梯形图，如图 5-29 所示。

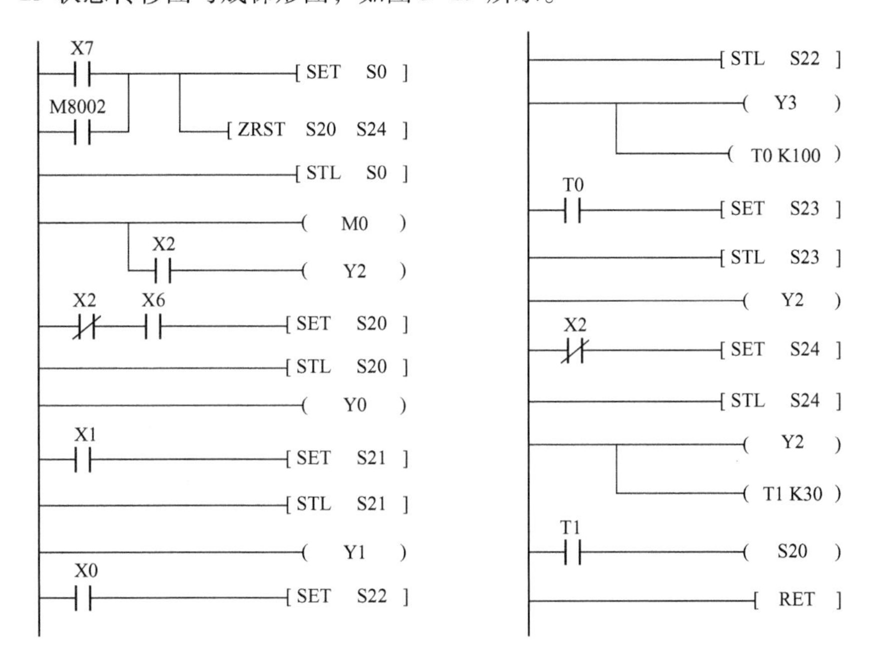

图 5-29　液体混合装置的“S”状态寄存器梯形图

下面以机械手为例，详细阐述机械手程序的 S 状态的顺序控制的设计方法。

【例 5.4】 如图 5-30 所示为机械手捡球装置示意图。机械手夹住小球，将其送入球盆。机械手工作过程为：启动机械手下降到下限位置，夹住小球，夹住并上升到顶端上限位置，机械手横向移动到右端，下降到下限位置，机械手放松，把工件放到盆处，机械手上升到顶端，机械手横向移动返回到左端原点处，停止。按下停止按钮 ，机械手回到原点，即上限位和左限位，试用状态转移图法完成 PLC 控制程序的设计。

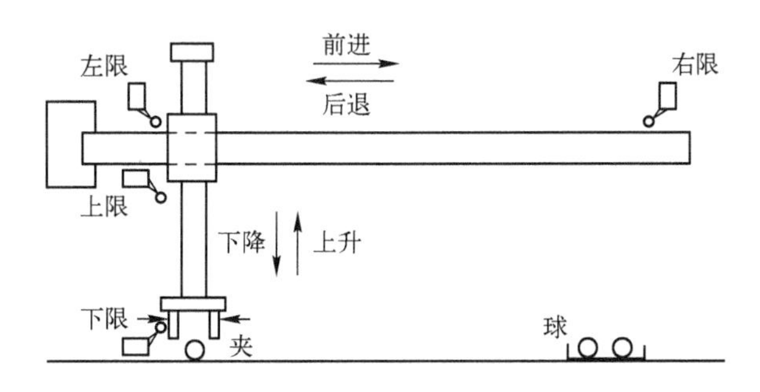

图 5-30　机械手捡球装置示意图

解：（1）先进行 PLC I/O 端口分配，如表 5-5 所示。

表 5-5　机械手捡球装置 I/O 端口分配

输　入		输　出	
启动按钮	X0	下降	Y0
停止按钮	X1	上升	Y1
下降到位	X2	右移	Y2
上升到位	X4	左移	Y3
右移到位	X5	夹	Y4
左移到位	X7		

（2）根据上述描述，绘制状态顺序功能图，如图 5-31 所示。

（3）按状态转移图写出梯形图程序，如图 5-32 所示。

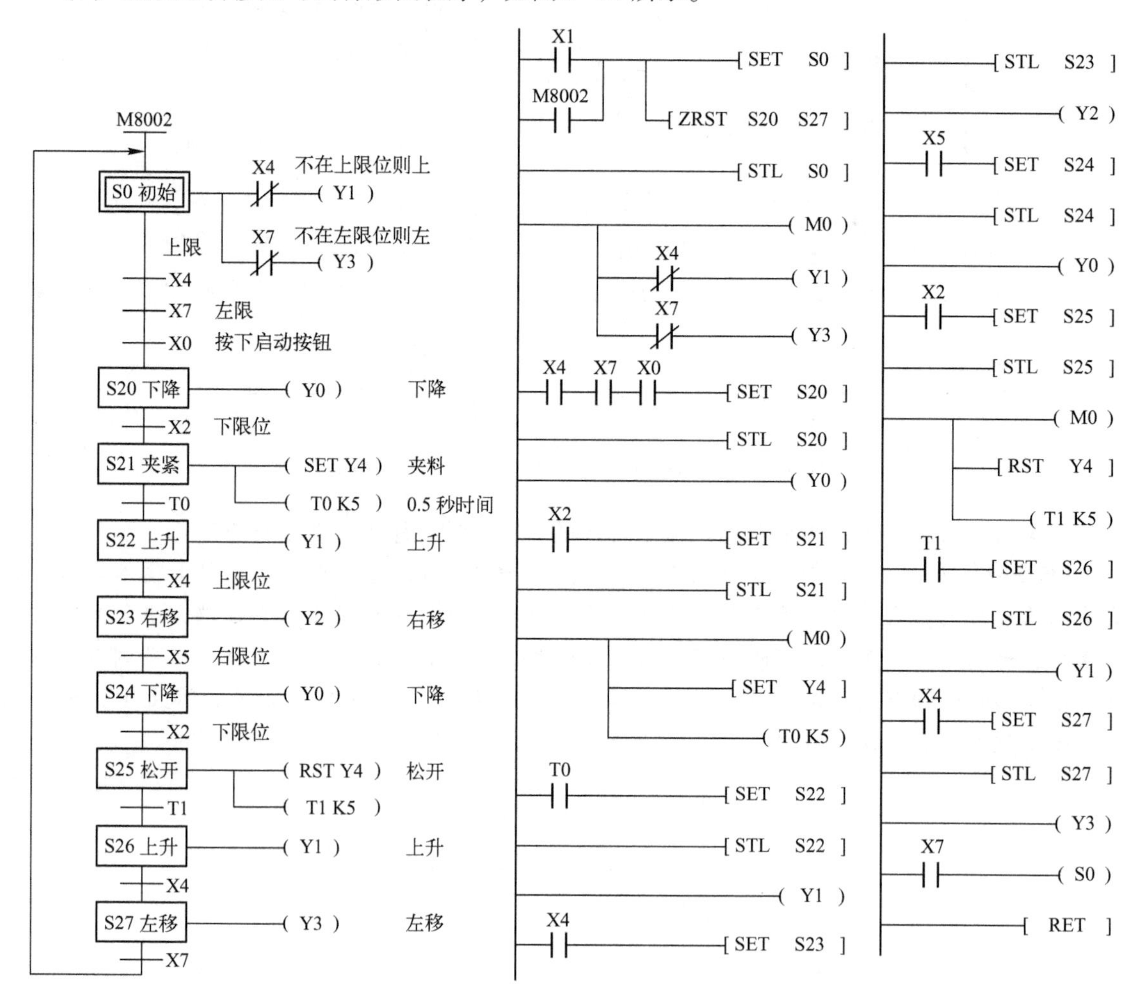

图 5-31　机械手捡球装置状态顺序功能图　　　　图 5-32　机械手顺序控制梯形图

机械手属于标准顺序控制，用顺序控制指令编程非常方便，像交通灯这样的时序电路，也可以按顺控的方法编程，下面是用顺控方法设计出的交通灯程序。

【例 5.5】用状态转移图法对 4.5.1 节的交通灯控制系统进行 PLC 控制程序设计。

解：(1) PLC I/O 端口分配同 4.5.1 小节。

(2) 画出状态转移图，如图 5-33 所示。

(3) 根据图 5-33，编写对应的梯形图程序，如图 5-34 所示。

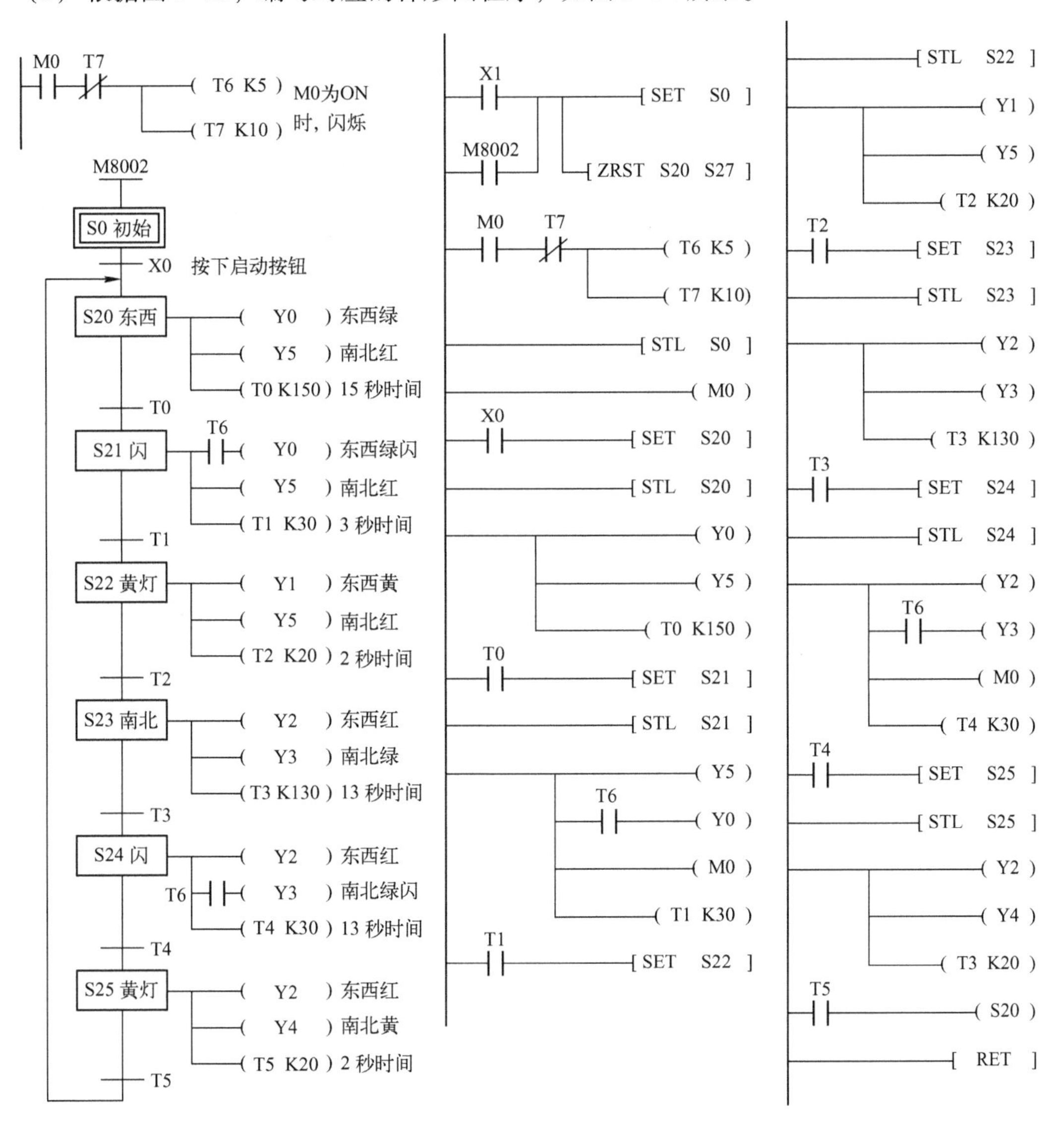

图 5-33　交通灯状态转移图　　　　图 5-34　交通灯顺序控制梯形图程序

5.3　顺序控制的选择分支和并列分支

顺序控制往往具有两个以上分支的顺序动作的控制过程，其状态流程图也具有两条以上的状态转移支路，常见的顺序控制有选择性分支与汇合、并行性分支与汇合。下面分别介绍其特点和编程方法。

5.3.1 选择性分支与汇合的编程

如图 5-35 所示的状态流程图是选择性分支状态流程图，图 5-35（a）为 S24 到 S0 和 S20 的两分支，图 5-35（b）为从 S20 可以往 S21 分支流程转移或往 S31、S41 三分支流程转移。分支是指从多个分支流程中选择其中一个分支流程的程序，该状态流程图称为选择性分支状态流程图。

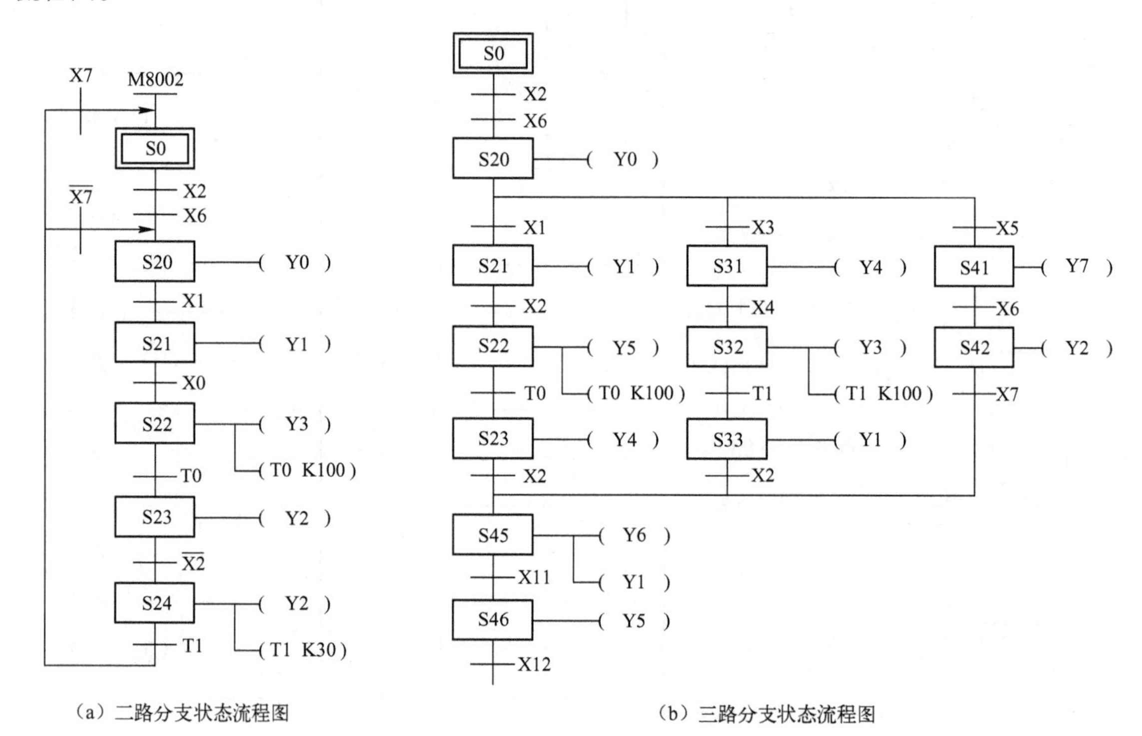

（a）二路分支状态流程图

（b）三路分支状态流程图

图 5-35　二路、三路分支状态流程图

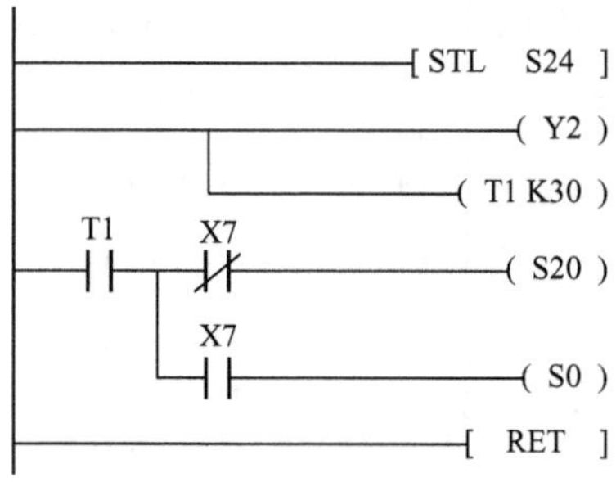

[STL　S24]
(Y2)
(T1 K30)
T1　X7　(S20)
X7　(S0)
[RET]

图 5-36　停止和循环的选择分支梯形图

如图 5-35（a）所示，实际上是程序的停止和循环的选择，当 T1、X7 为 ON，则 S0 为 ON，程序停止；当 T1 为 ON，X7 为 OFF，则 S20 为 ON，程序循环，对应的梯形图程序如图 5-36 所示。

如图 5-35（b）所示，先从状态 S0 到状态 S20，从 S20 开始只能从三个分支中选择一个分支流程转移，具体向哪一个分支转移，由转移条件决定。在三个转移条件 X1、X3 和 X5 中，任意时刻只能有一个转移条件接通。从三个状态 S21、S31 和 S41 中选择一个状态转移。当 X1 接通时，状态 S20 转向状态 S21；当 X3 接通时，状态 S20 转向状态 S31；当 X5 接通时，状态 S20 转向状态 S41。状态 S21 或 S31 或 S41 中任意一个置位时，都将使状态 S20 自动复位。

选择性分支最终汇合到状态 S45。状态 S45 由状态 S23 与 X2；或由状态 S33 与 X2；或由状态 S42 与 X7 置位为 ON 时进行传递。与图 5-35（b）对应的梯形图程序如图 5-37 所示。

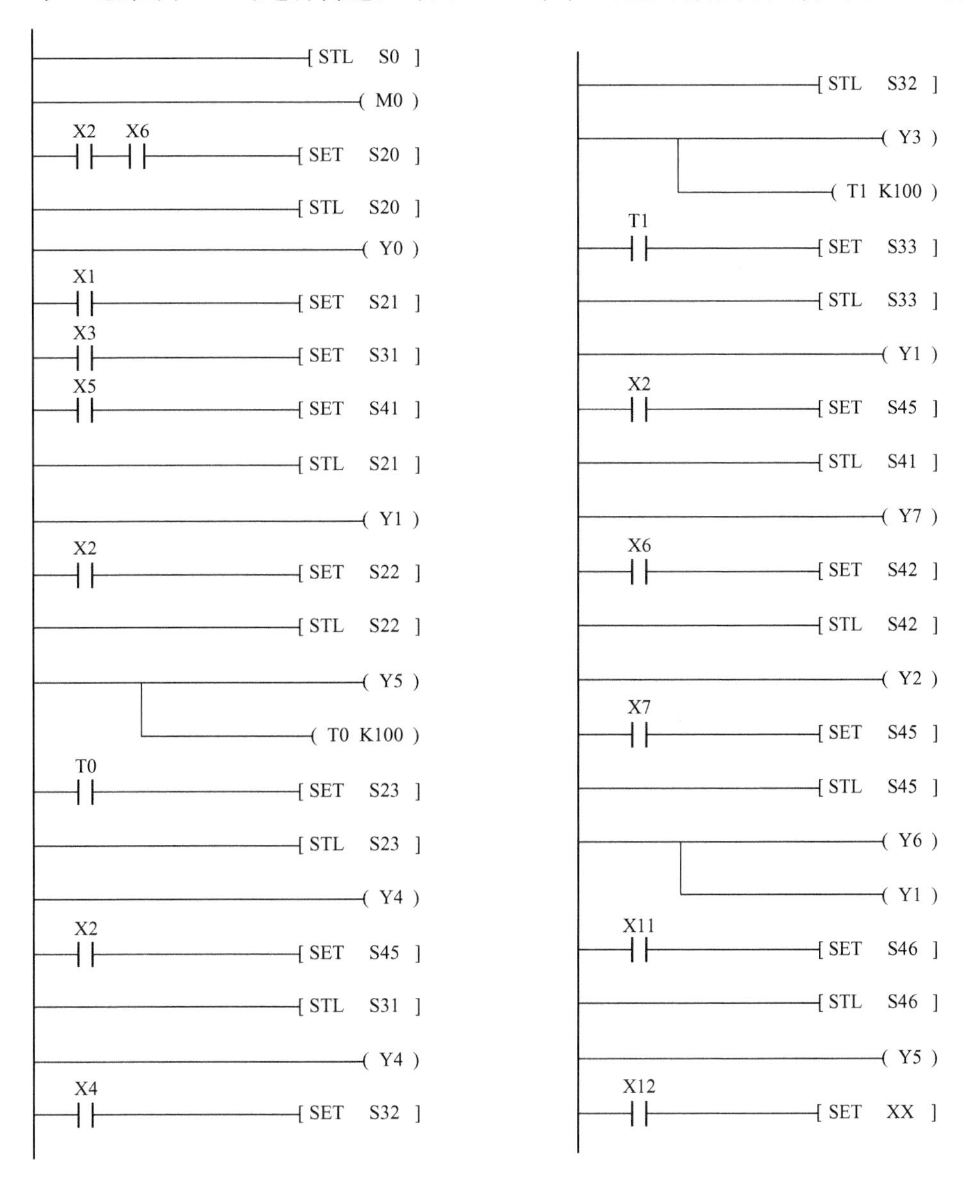

图 5-37　三路选择性分支梯形图

选择性分支的支路数可以是两条或更多。从图 5-37 所示的梯形图中可以看到：步进触点 S20 后面接有并联的三个转移置位指令。并联的转移指令个数由选择性分支状态流程图中分支流程数决定。画梯形图时，根据流程图按从左到右的次序逐个设置各个支路的转移置位指令。程序运行时，只能有其中的一条转移置位指令被执行，而此时状态 S20 将自动复位。如图 5-38 所示，如果程序运行时，几个转移条件中有两个或以上的转移条件同时满足，则满足转移条件的几个分支会同时执行，这种情况就是下面要谈到的并行性分支。

另外，从步进触点 S23、S33 和 S42 后面的转移置位指令可以看到，它们都是 SET S45 指令，这是因为无论在状态 S23 或 S33 或 S42，最终都是汇合到状态 S45。

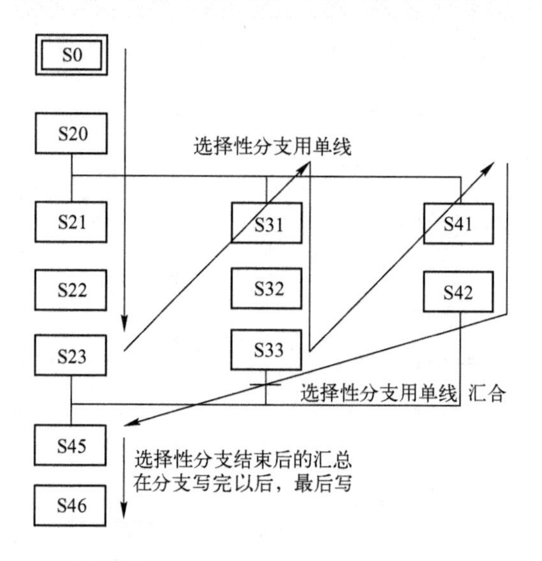

图 5-38　流程图按从左到右、由上往下的次序设置 S 寄存器

绘制具有选择性分支与汇合的状态流程图所对应的梯形图时，仍应遵循步进触点之后先进行驱动处理，然后设置转移条件的原则，从上到下、从左到右依次将每个状态对应的梯形图画出，只要注意分支处与汇合处梯形图的画法，就能得到正确的梯形图。

【例 5.6】 双料位小车运料示意图如图 5-39 所示。启动按钮 SB1 用来开启运料小车，停止按钮 SB2 用来手动停止运料小车。按 SB1 小车从原点启动，KM1 接触器吸合使小车向前运行直到碰 A 位置 SQ2 开关停，KM2 接触器吸合使 A 料斗装料 6 秒，然后小车继续向前运行直到碰 B 位置 SQ3 开关停，此时 KM3 接触器吸合使 B 料斗装料 5 秒，随后 KM4 接触器吸合，小车返回原点直到碰原点 SQ1 开关停止，KM5 接触器吸合使小车卸料 8 秒后完成一次循环。按下下班按钮 SB3，小车完成一次循环后自动停止，否则小车完成 10 次循环后自动停止。按下停止按钮 SB2，小车立即返回原点，直到碰 SQ1 开关立即停止；当再按启动按钮 SB1 时小车重新运行。根据上述控制要求，用状态转移图法完成 PLC 控制程序的设计。

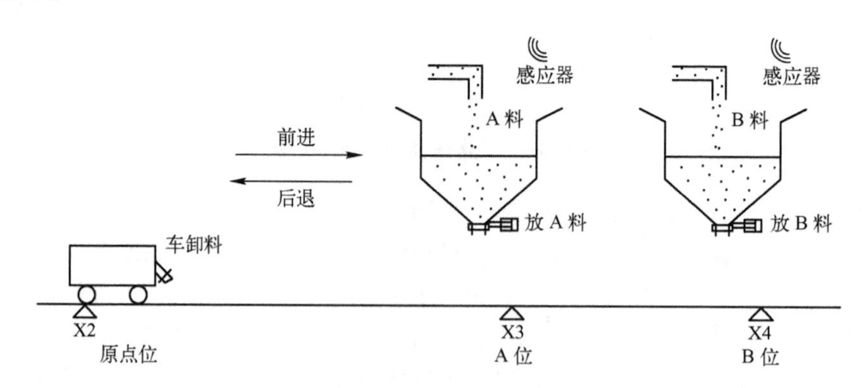

图 5-39　双料位小车运料示意图

解：（1）进行 PLC I/O 端口分配，如表 5-6 所示。

表 5-6　双料位小车运料系统 I/O 端口分配

输　入		输　出	
启动按钮 SB1	X00	向前接触器 KM1	Y00
停止按钮 SB2	X01	A 卸料接触器 KM2	Y01
原点位置开关 SQ1	X02	B 卸料接触器 KM3	Y02
A 位置开关 SQ2	X03	向后接触器 KM4	Y03
B 位置开关 SQ3	X04	车卸料接触器 KM5	Y04
下班按钮 SB3	X05		

（2）根据上述描述，画出状态转移图，如图 5-40 所示。

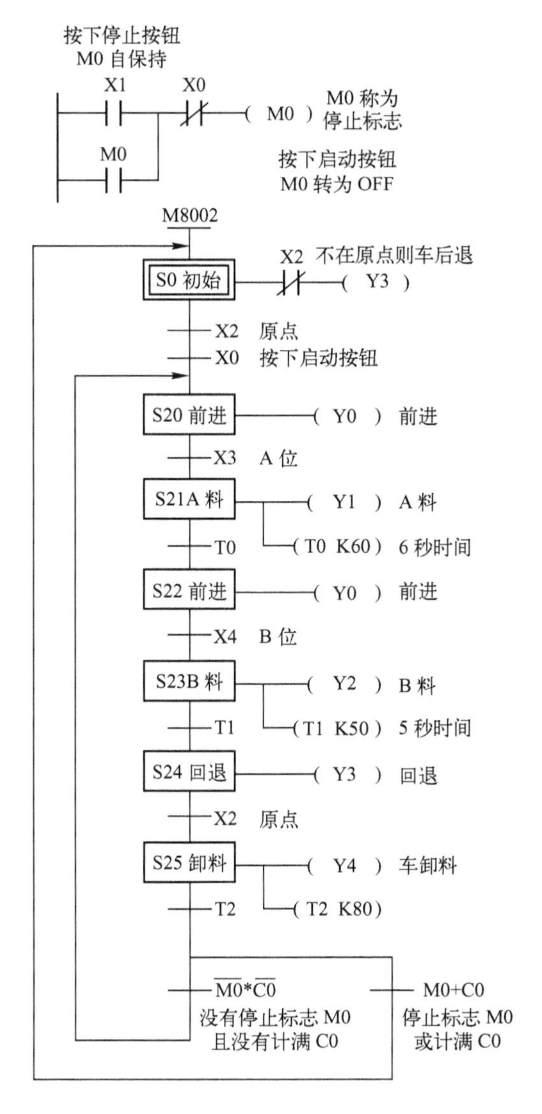

图 5-40　双料位小车运料状态转移图

（3）按状态转移图写出梯形图程序，如图 5-41 所示。

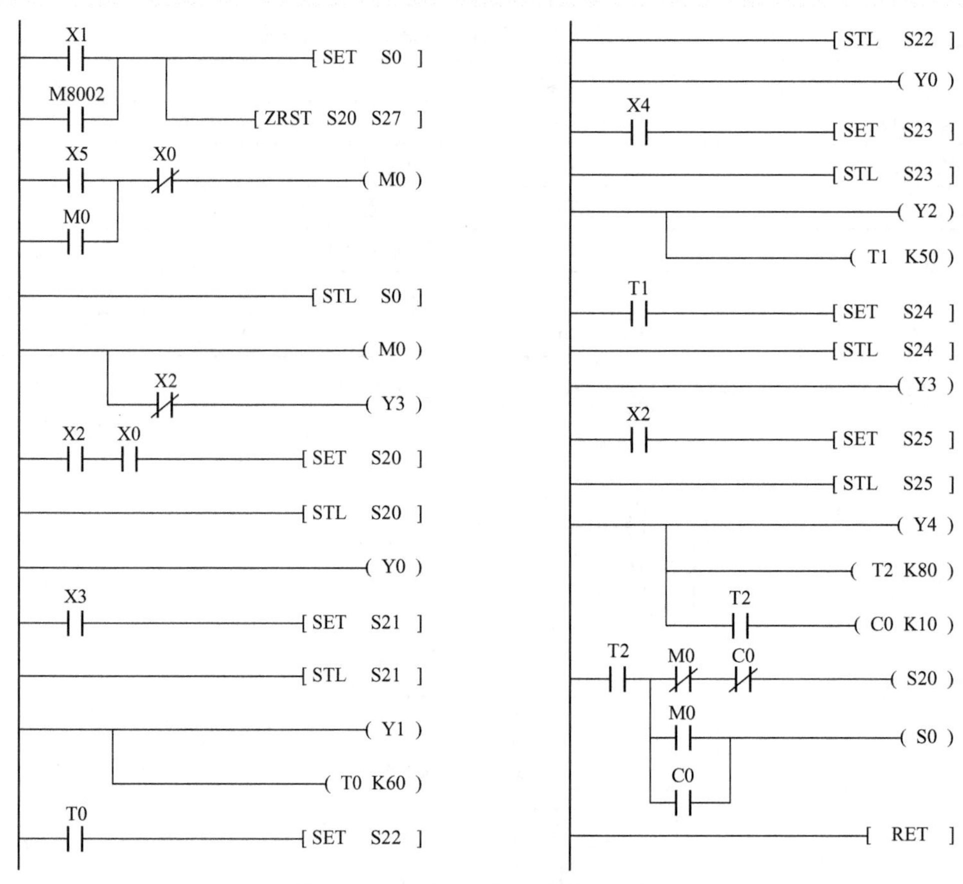

图 5-41　双料位小车运料梯形图程序

【例 5.7】 彩球分拣机系统示意图如图 5-42 所示。如果机械手夹头夹住红球则送到红球箱里，如果机械手夹头夹住蓝球则送到蓝球箱里，如果机械手夹头夹住绿球则送到绿球箱里。

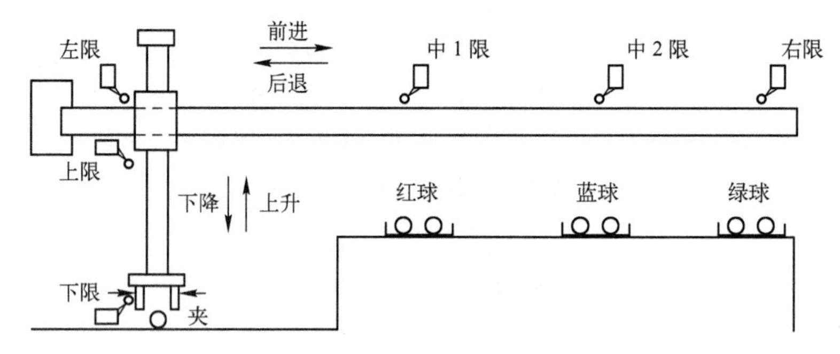

图 5-42　彩球分拣机系统示意图

工作过程的分析：

分拣机的机械手臂上升、下降运动由一台电动机驱动，机械手臂的左行、右行运动由另一台电动机驱动。

机械手臂停在原位时，按下启动按钮，手臂下降到球盒中，如果压合下限行程开关 SQ2，夹头夹球，停 0.5 秒，然后手臂上升，右行到对应的位置，由颜色传感器决定，颜色传感器输出 3 个信号，红色、蓝色、绿色三个信号，对应行程开关中 1、中 2、右限。手臂不用下降，将小球释放，最后手臂回到原位。

按下停止按钮，若手臂已经抓球且右行，则做完一轮后返回并停止；若已抓球但没右行，则应放下手臂，松开球，回原点；若没抓球，直接回原点即可。试完成用 PLC 控制的程序设计。

解：(1) 先分配 PLC 输入点和输出点，如表 5-7 所示。

表 5-7　彩球分拣机系统 I/O 端口分配

输　入		输　出	
启动按钮 SBl	X0	指示灯 HL	Y0
停止按钮 SB2	X10	继电器（上升）KMl	Y1
上限行程开关 SQ1	X1	继电器（下降）KM2	Y2
下限行程开关 SQ2	X2	继电器（左移）KM3	Y3
左行程开关 SQ3	X3	继电器（右移）KM4	Y4
中 1 行程开关 SQ4	X4	继电器驱动电磁阀 YV 夹头	Y5
中 2 行程开关 SQ5	X5		
右行程开关 SQ6	X6		
红色感应开关	X11		
蓝色感应开关	X12		
绿色感应开关	X13		

(2) 没加停止时的状态转移图如图 5-43 所示。

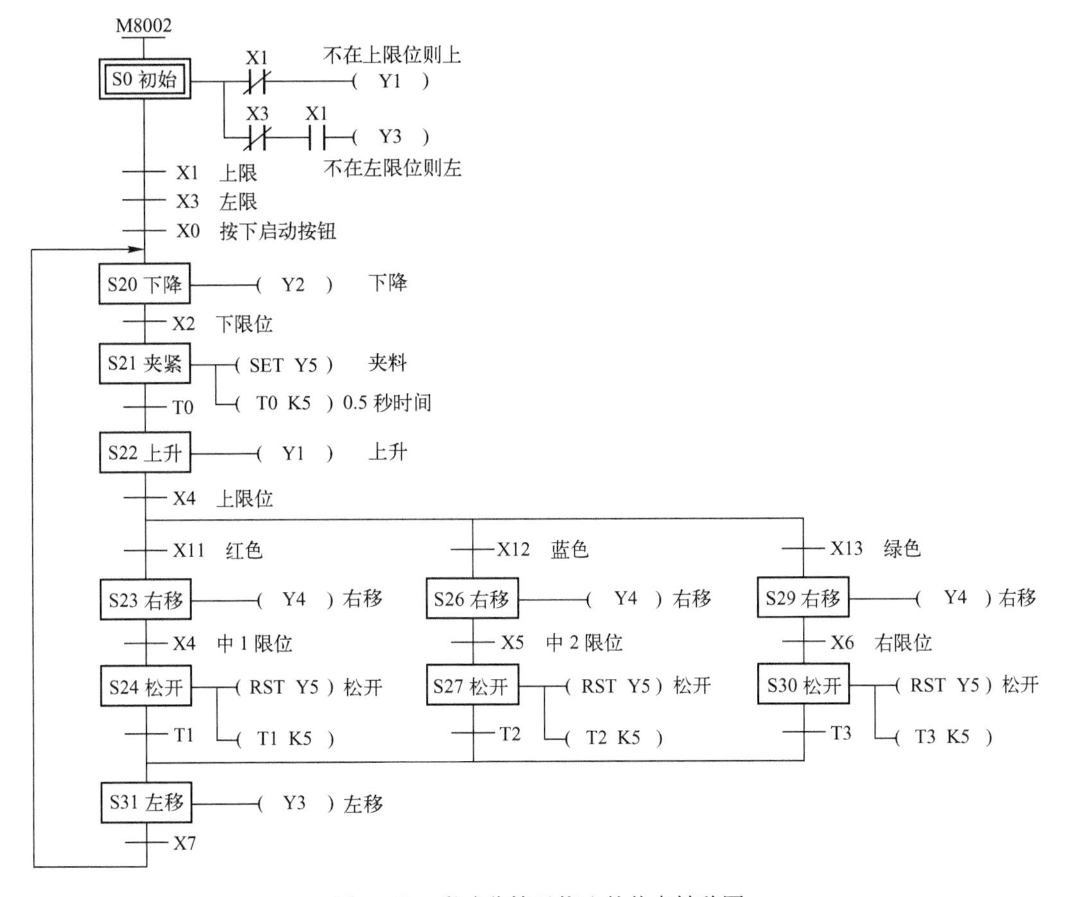

图 5-43　彩球分拣无停止的状态转移图

加停止后的状态转移图如图 5-44 所示。

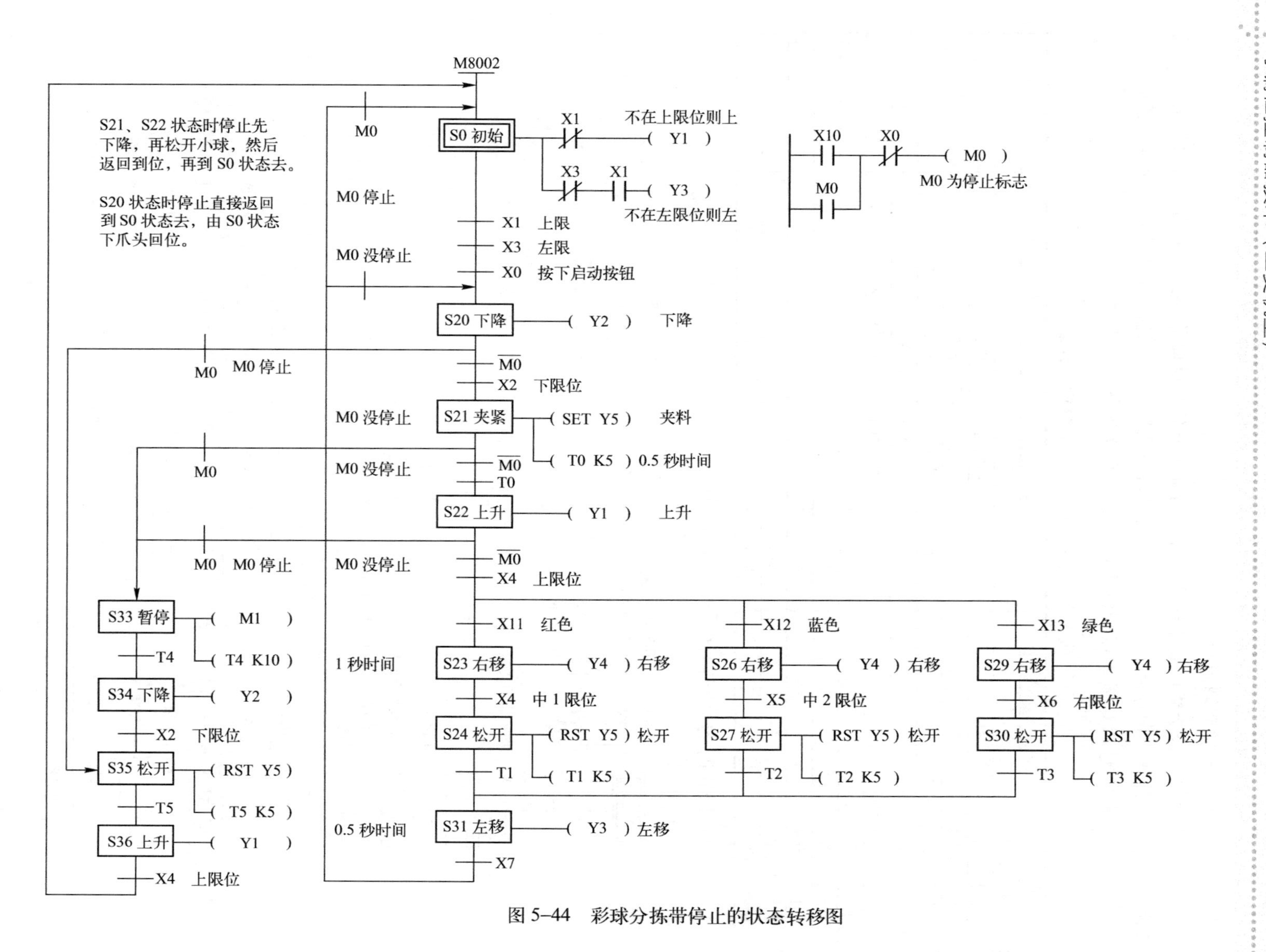

图 5-44　彩球分拣带停止的状态转移图

S20 状态要停止，则跳至 S35，借 S35 状态的延时，可避免正转直接转反转的冲击。

（3）按状态转移图写出梯形图程序，如图 5-45 所示。

```
X10   X0
-| |--+--|/|------------( M0 )
X10   |
-| |--+
M8002
-| |-------------------[ SET  S0 ]
-----------------------[ STL  S0 ]
-----------------------( M0 )
   |  X1
   +--|/|--------------( Y1 )
   |  X3   X1
   +--|/|--| |---------( Y3 )
X1   X3   X0
-| |--| |--| |---------[ SET  S20 ]
-----------------------[ STL  S20 ]
-----------------------( Y2 )
   |  M0
   +--| |--------------[ SET  S35 ]
M0   X2
-|/|--| |--------------[ SET  S21 ]
-----------------------[ STL  S21 ]
-----------------------( M0 )
   +-------------------[ SET  Y5 ]
   +-------------------( T0 K5 )
M0
-| |-------------------[ SET  S33 ]
M0   T0
-|/|--| |--------------[ SET  S22 ]
-----------------------[ STL  S22 ]
-----------------------( Y1 )
M0
-| |-------------------[ SET  S33 ]
M0   X4      X11
-|/|--| |--+--| |------[ SET  S23 ]
           |  X12
           +--| |------[ SET  S26 ]
           |  X13
           +--| |------[ SET  S29 ]
-----------------------[ STL  S23 ]
-----------------------( Y4 )
X4
-| |-------------------[ SET  S24 ]
-----------------------[ STL  S24 ]
-----------------------( M0 )
        +--------------[ RST  Y5 ]
(A)     (B)

-----------------------[ STL  S27 ]
-----------------------( M0 )
   +-------------------[ RST  Y5 ]
   +-------------------( T2 K5 )
T2
-| |-------------------[ SET  S31 ]
-----------------------[ STL  S29 ]
-----------------------( Y4 )
X6
-| |-------------------[ SET  S30 ]
-----------------------[ STL  S30 ]
-----------------------( M0 )
   +-------------------[ RST  Y5 ]
   +-------------------( T3 K5 )
T3
-| |-------------------[ SET  S31 ]
-----------------------[ STL  S31 ]
-----------------------( Y3 )
X7     M0
-| |--+--| |-----------( S0 )
      |  M0
      +--|/|-----------( S20 )

-----------------------[ STL  S33 ]
-----------------------( M1 )
      +----------------( T4 K10 )
T4
-| |-------------------[ SET  S34 ]
-----------------------[ STL  S34 ]
-----------------------( Y2 )
X2
-| |-------------------[ SET  S35 ]
-----------------------[ STL  S35 ]
-----------------------( M0 )
      +----------------[ RST  Y5 ]
      +----------------( T5 K5 )
(C)
```

图 5-45　彩球分拣梯形图程序

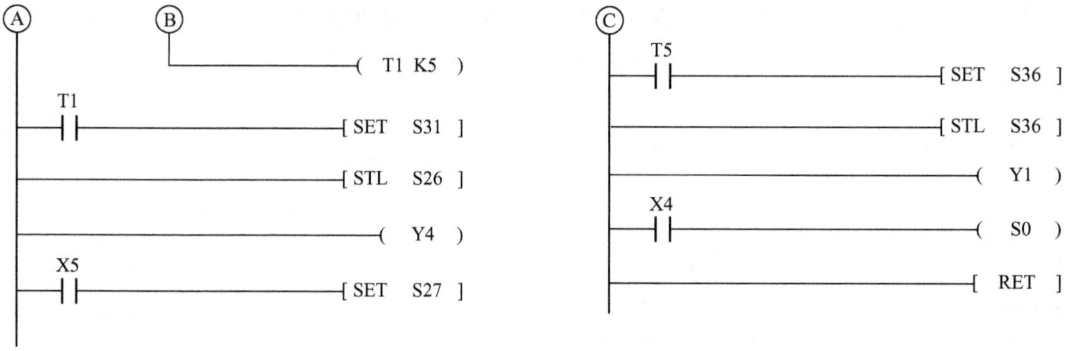

```
Ⓐ                                  Ⓑ                               Ⓒ
                                   └──────( T1 K5 )                  T5
 T1                                                                ─┤├──────[ SET  S36 ]
─┤├──────────[ SET  S31 ]                                          ─────────[ STL  S36 ]
─────────────[ STL  S26 ]                                          ─────────( Y1 )
─────────────( Y4 )                                                  X4
 X5                                                                ─┤├──────( S0 )
─┤├──────────[ SET  S27 ]                                          ─────────[ RET ]
```

图 5-45　彩球分拣梯形图程序（续）

可以看出，这是一个三分支的选择性分支结构，在停止中，也多次运用了二分支选择结构。注意 X11、X12、X13 只有 1 个为 ON，也必须 ON 一个。必要时作互锁。

5.3.2　并行性分支与汇合的编程

与选择性分支与汇合的状态流程图不同的是，并行性分支与汇合的状态流程图中允许同时执行多条单独分支流程，并且要等到所有单独分支流程都执行完毕后，才能同时转移到下一个状态。图 5-46 所示是并行性分支与汇合状态转移图。

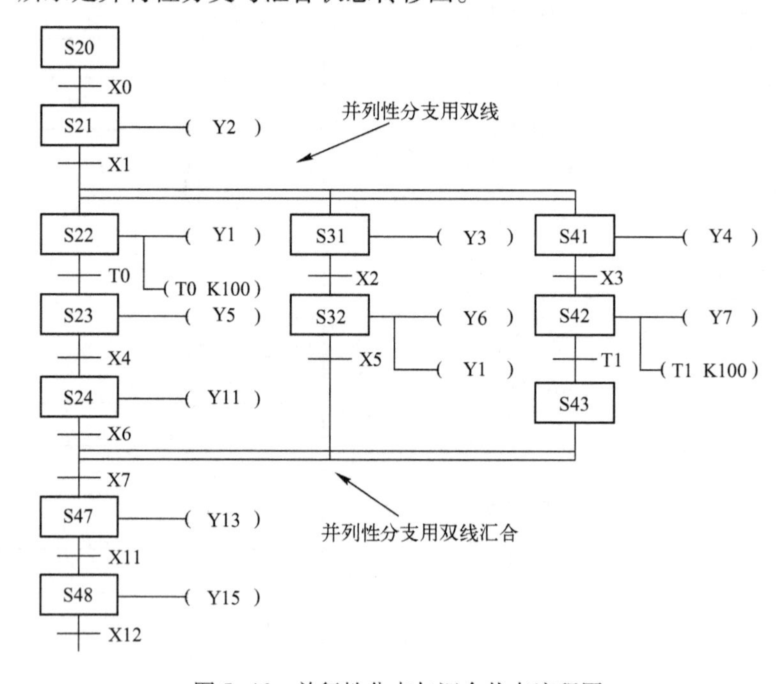

图 5-46　并行性分支与汇合状态流程图

由图 5-46 可知，当状态 S21 为 ON 且转移条件 X1 接通时，状态 S22、S31 和 S41 同时置位，这三个单独分支流程各自执行自己的步进流程，S21 这时会自动复位。当转移条件成立时，状态 S22 转移到状态 S24；状态 S31 转移到 S32；状态 S41 转移到 S43。在所有单独分支流程都动作到最后一个状态时，即 S24、S32 和 S43 都置位时，如分转移条件和总转移条件 X5、X6、X7 都成立，则状态转移到 S47，状态 S24、S32 和 S43 都自动复位，S47 再继续。

并行性分支与汇合的状态流程图（图5-46）对应的梯形图如图5-47所示。

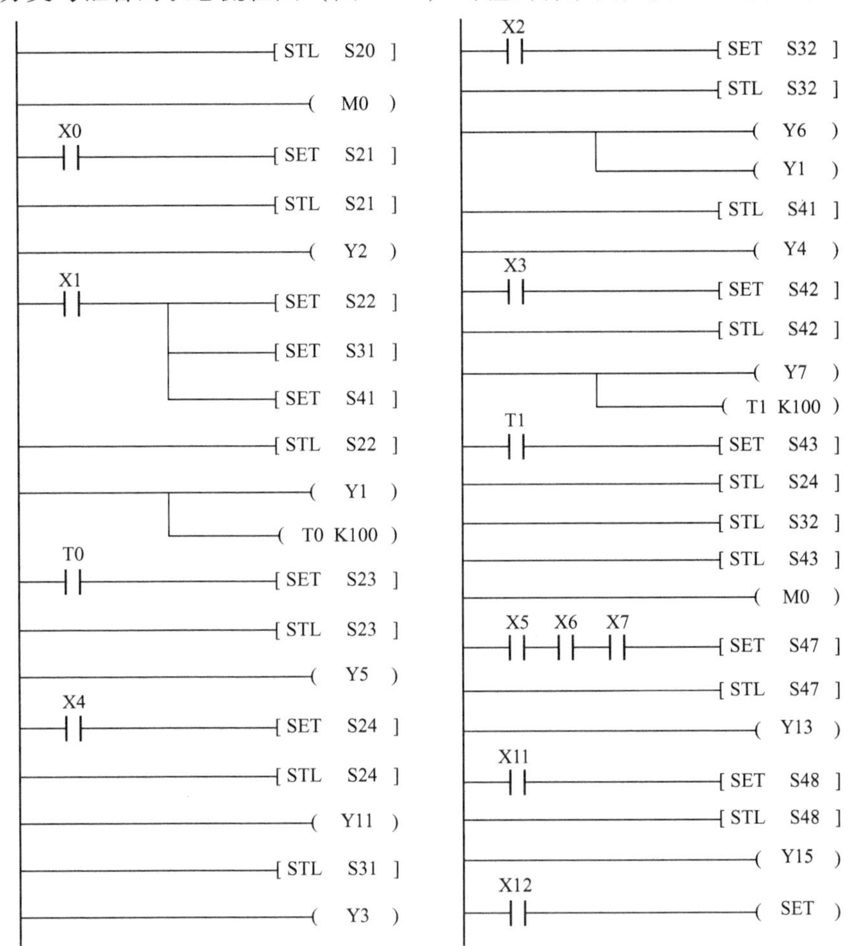

图5-47　并行性分支与汇合梯形图

在梯形图中，步进触点之后设置转移条件X1接有三条并联SET指令，说明X1接通时，SET S21指令、SET S31指令和SET S41指令同时执行，状态S22、S31和S41同时被置位。并行的单独分支流程数与并联的SET指令数是一致的，但规定并行的单独分支流程不得超过8条。梯形图中步进状态S24、S32和S43后面都可设置转移条件，而并列合并的条件是状态S23、S32和S43都已动作了，并且转移条件X5、X6、X7都接通，状态才可以转移到S47，故并列合并标准的写法是把条件合并起来，如图5-48所示。

为实现这一汇合作用，梯形图中将三个步进触点S24、S32和S43连续使用STL指令。因并行的单独分支流程数不会超过8个，故梯形图中串联的步进触点数和指令语句表中连续使用STL指令数也不会超过8个。

【例5.8】 小车分料系统示意图如图5-49所示。甲、乙两辆小车给仓料分料，甲小车在B点为原点装料，到A点卸料。乙小车在C点为原点，到D点和E点卸料。控制要求为：当甲、乙小车都在原位，按下启动按钮SB1后，料仓放料10秒后，甲、乙小车同时前进，甲小车前进到A位置，卸料7秒返回，乙小车前进到D位置卸料6秒，再前进到E位置卸料5秒再回到原点，待两车都到原点，停1秒，又开始新一轮装料，依此循环。当甲、乙小车都不在原位时，按下启动按钮 SBl 后，小车回到原点，并卸料 8 秒，再进行装料。按下停止按钮 SB2，所有动作立刻停止。试用状态流程图法设计 PLC 控制程序。

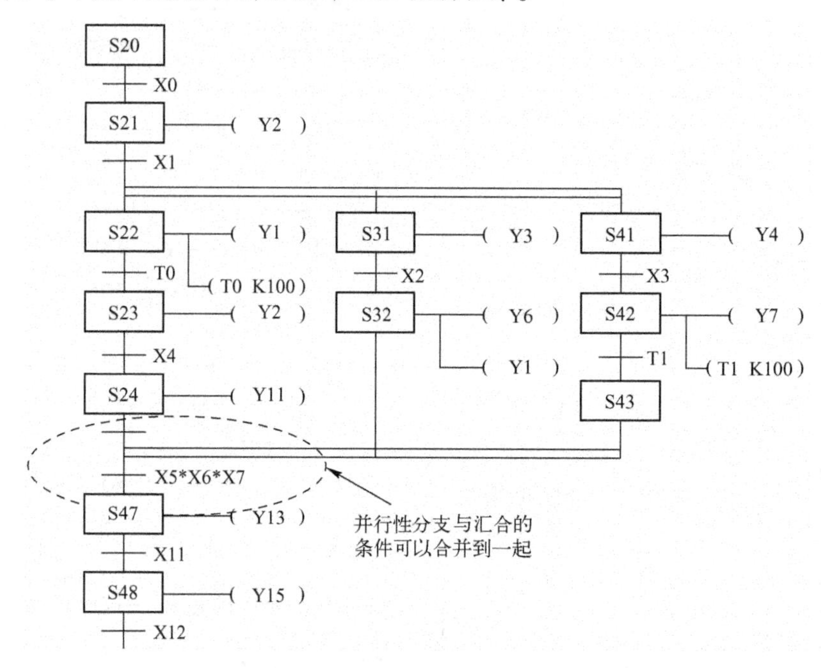

图 5-48　并行性分支与汇合改进的状态流程图

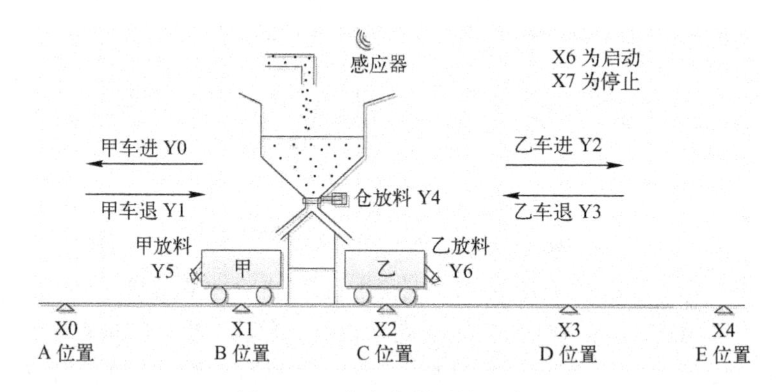

图 5-49　小车分料系统示意图

解：（1）先分配输入点和输出点，如表 5-8 所示。

表 5-8　小车分料系统 I/O 端口分配

输　入		输　出	
A 行程开关 SQ1	X0	甲小车前进接触器（KMl）	Y0
B 行程开关 SQ2	X1	甲小车后退接触器（KM2）	Y1
C 行程开关 SQ3	X2	乙小车前进接触器（KM3）	Y2
D 行程开关 SQ4	X3	乙小车后退接触器（KM4）	Y3
E 行程开关 SQ5	X4	料仓放料电磁阀 YV1	Y4
启动按钮 SBl	X6	甲车放料电磁阀 YV2	Y5
停止按钮 SB2	X7	乙车放料电磁阀 YV3	Y6

（2）画出状态流程图，按下 SBl 后，甲小车和乙小车装料后分别完成各自分料流程，随后回到原点，由于各自的流程执行时间不一样长，故一个先回来，另一个后回来。为了避免先回来的小车始终处于后退状态，故每路增加一个等待状态。状态流程图如图 5-50 所示。

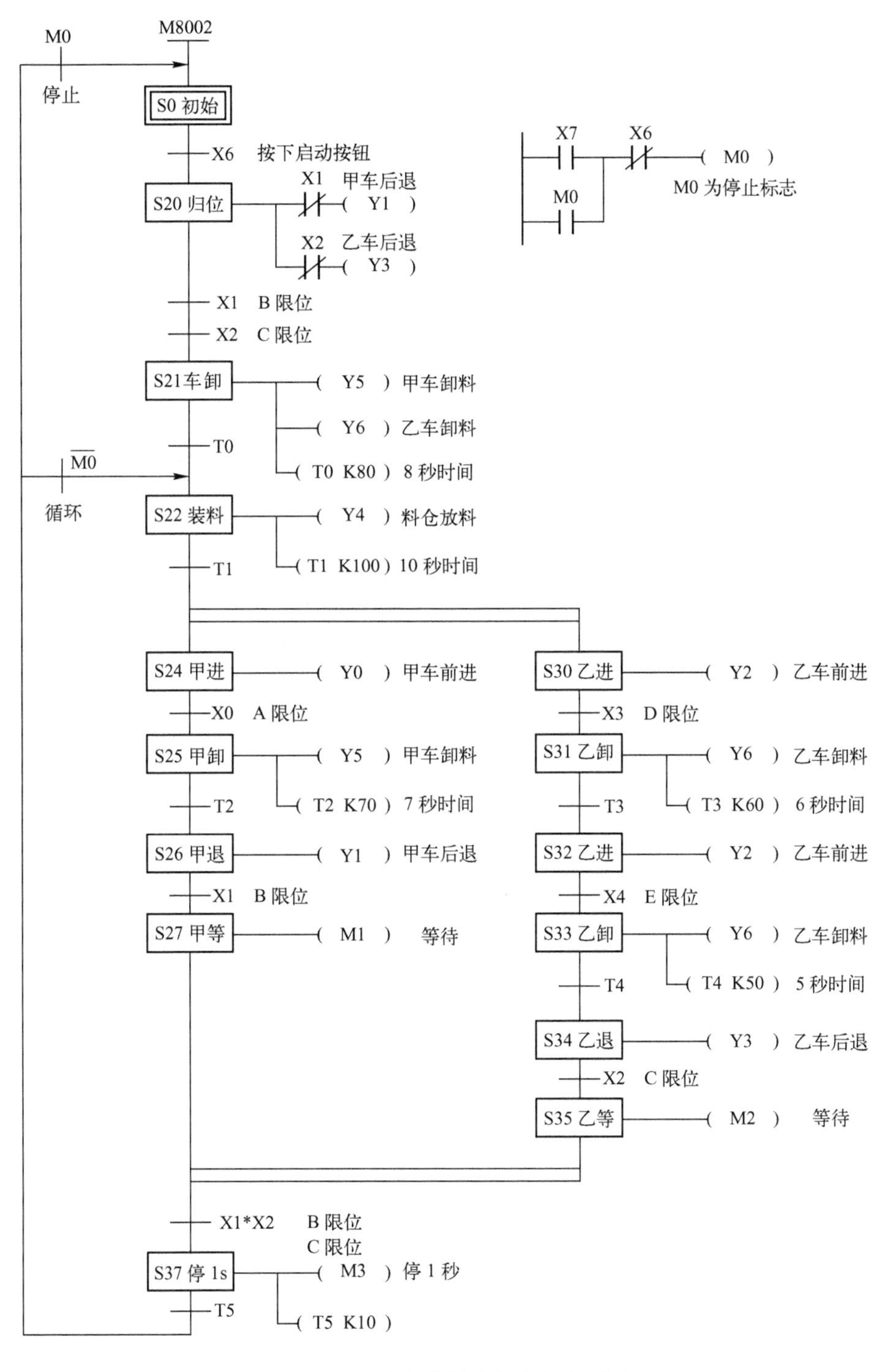

图 5-50　小车分料系统状态流程图

由图 5-50 可知，当按下 SB1 后，状态 S0 同时转移到状态 S24 和 S30，两个单独分支流程各自执行自己的步进流程，最后再转移到状态 S0。

（3）根据状态流程图，编写小车分料系统的梯形图程序，如图 5-51 所示。

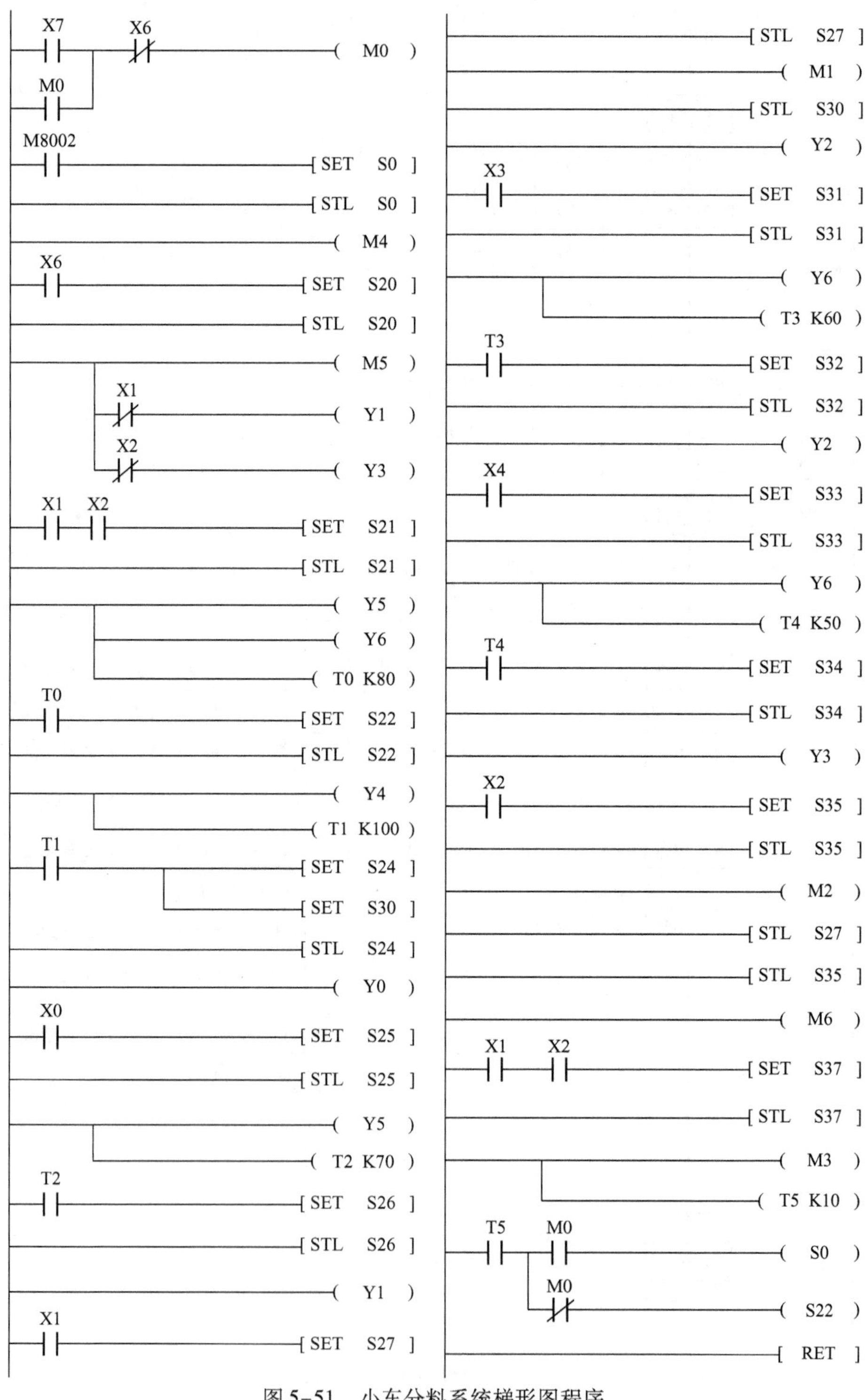

图 5-51　小车分料系统梯形图程序

停止即回到 S0 状态，启动则开始初始化。前者虽然什么都不做，却有着实际的意义，在以后的设计中将加以应用。

5.4　顺序控制的启动、停止编写

顺序控制的启动和停止是程序设计中的要点，稍不注意就会出现问题，例如，一个直线型的顺序控制，其启动后只有一个状态为活动状态，即为 ON 状态，其他状态都是 OFF 状态，程序不管如何运行，也不会出现多个状态为活动状态，否则程序将会紊乱。

另外，顺控中停止的做法很多，停止做法的原则是停止后，既能回到初始位置，又能重新启动运行，本节就启动和停止做一下探讨和总结。

5.4.1　简单的启动编写

前面讨论的控制过程，其状态流程图都有启动步，程序启动后，下面的状态步作为活动步，则启动步随之关闭，即使再次启动，也不可能启动了。这里介绍一种简单的方法同样可以实现上述功能，如图 5-52 所示。

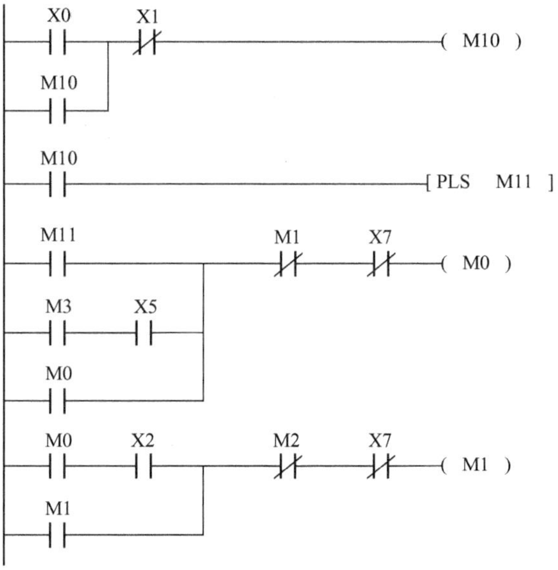

图 5-52　单次启动 1 梯形图

当启动 X0 后，M10 为 ON，而 M10 启动一个 M11 的脉冲，并由 M11 这个脉冲启动 M0 步。还可以采用如图 5-53 所示的方法。

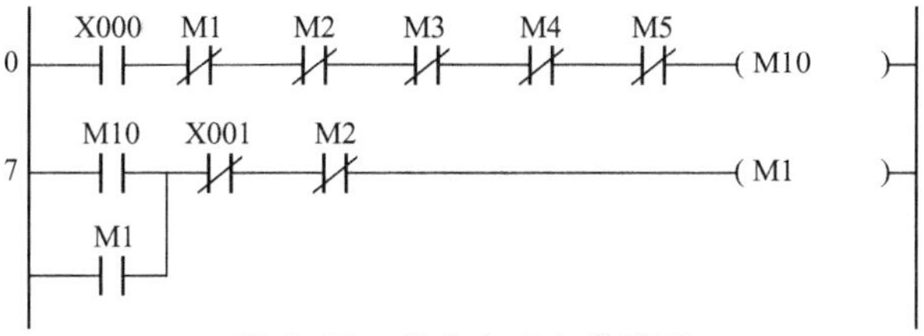

图 5-53　单次启动 2 梯形图

当 M1 ~ M5 中的任何一步启动时，都可以限制 X0 的再次启动。

5.4.2　一般停止的编写

停止在设计要求上的变化比较多，但其共性的原则是：不论做何种停止，停止之后一定能够恢复。以机械手的停止为例，有以下几种停止方式。

（1）循环与单次：机械手连续循环与单次循环可按 X1 自锁按钮进行选择，当 X1 为“0”时，机械手连续循环；当 X1 为“1”时，机械手单次循环，如图 5-54 所示。

（2）暂停：机械手连续循环，按停止按钮 S02，机械手立即停止；当再次按下启动按钮 S01 时，机械手继续运行，其状态转移图如图 5-55 所示。

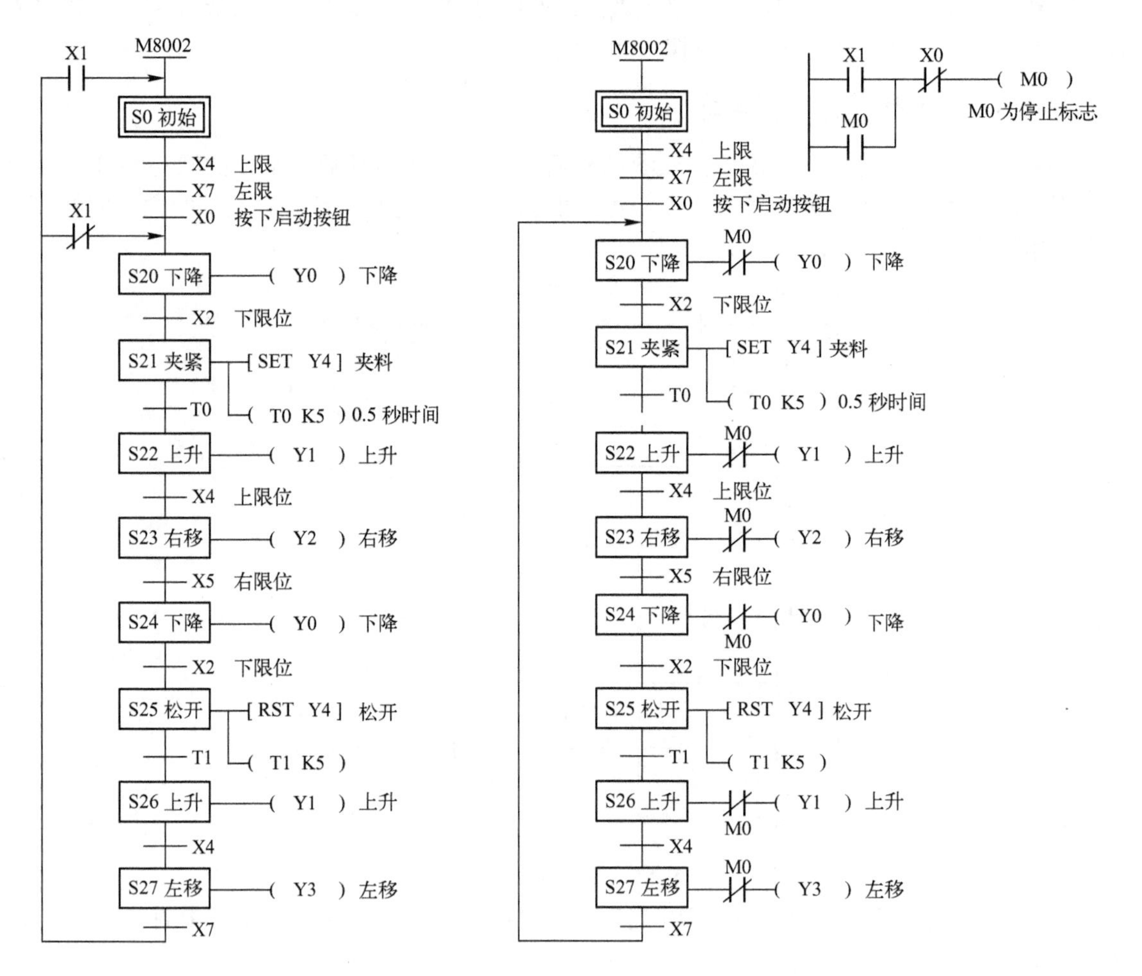

图 5-54　机械手单次循环状态转移图　　　图 5-55　机械手暂停状态转移图

（3）连续作三次循环后自动停止，中途按停止按钮 X1，机械手完成一次循环后才能停止，其状态转移图如图 5-56 所示。

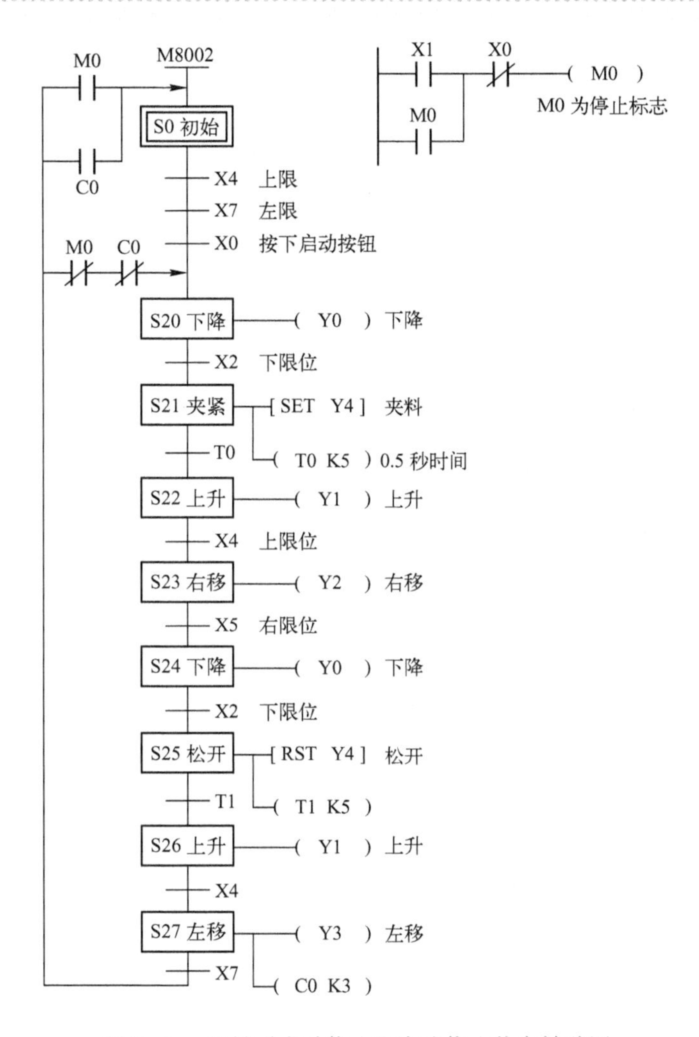

图 5-56　机械手自动停止和中途停止状态转移图

5.4.3　停止后转停止流程的停止

如果是按下停止按钮后，爪头将小球放回原处，再回到原位，在设计时可以设计一个最长的流程作为停止流程，其他状态可依据这个最长流程作一个中途的切入，最后三个状态本身就是返回，故不变。那么 S24 状态就是最长的返回状态。先上升，再左移，再下降，再松开，最后上升到原点结束。其状态转移图如图 5-57 所示。

【例 5.9】 以 3.5.3 节中的实训 3.2 为例，试用顺序控制的方式实现顺序启停。控制要求如下：按下启动按钮 SB0 后，电动机 1 到电动机 4 顺序启动，即电动机 1 启动，5 秒后电动机 2 启动，再过 5 秒后电动机 3 启动，再过 5 秒后电动机 4 启动，当按下停止按钮后，先停最后一个启动的电机，以后每隔 4 秒依次停一台。假设启动三台后，第四台还未启动，此时按下停止按钮，第三台立刻停止，4 秒后第二台电机停止，再过 4 秒后第一台电机停止。

解：（1）进行 PLC I/O 端口分配，X0——启动，X1——停止，Y0 ~ Y3——电机 1 ~ 电机 4。

（2）按题意写出状态转移图，如图 5-58 所示。

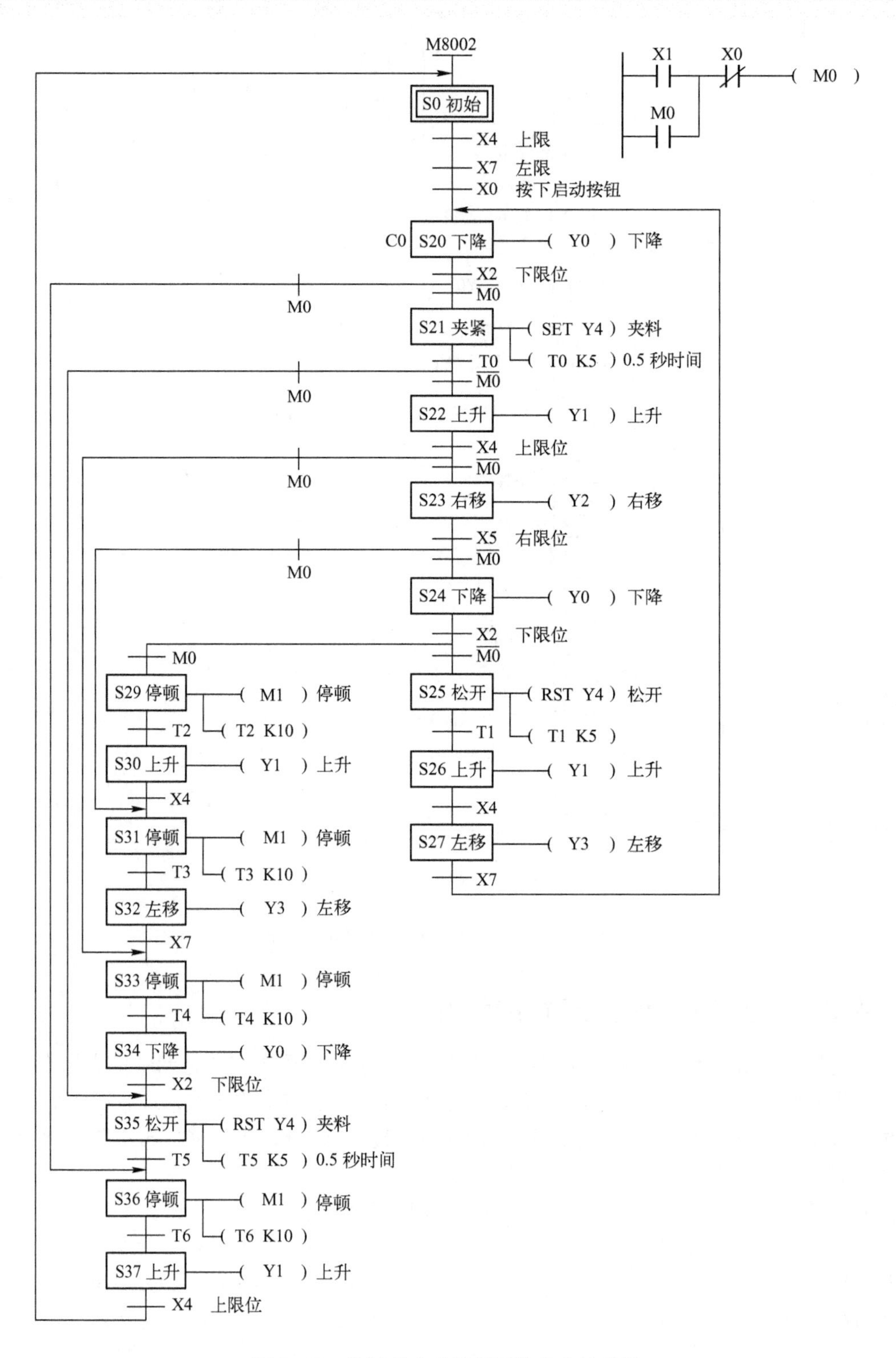

图 5-57　机械手小球放回原处状态转移图

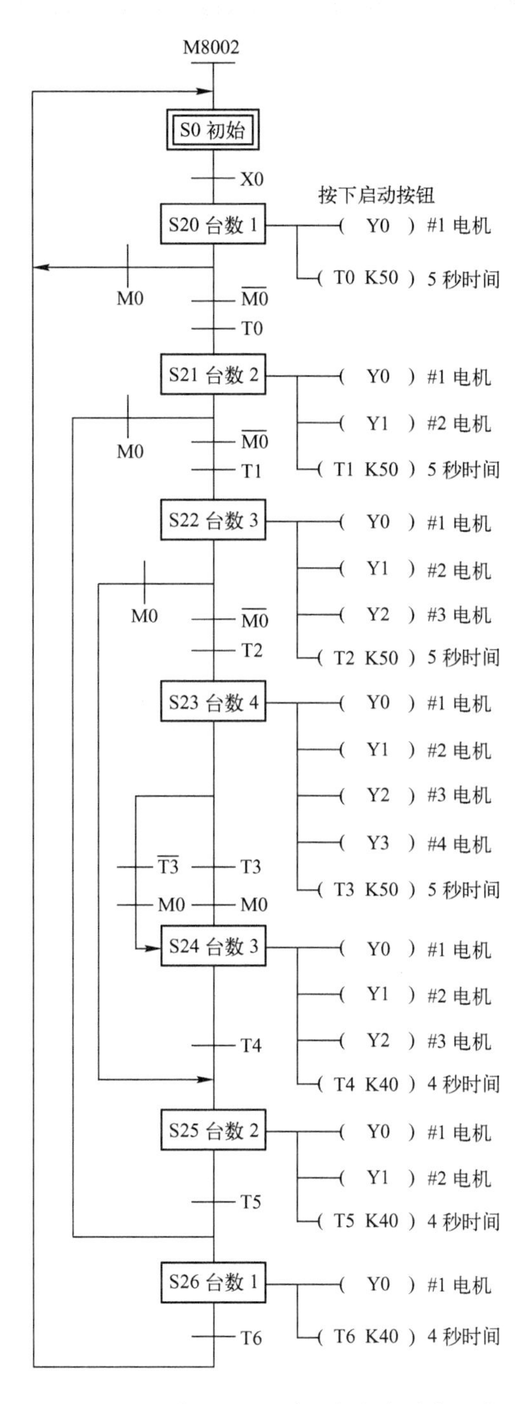

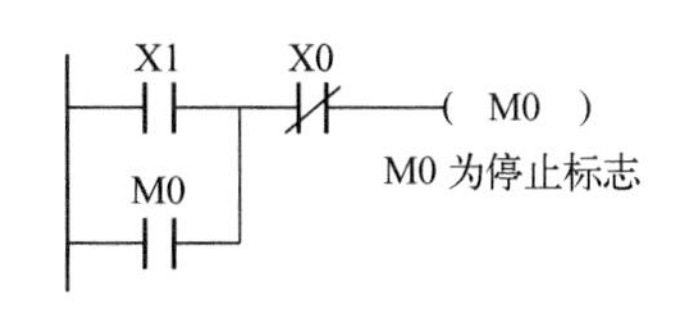

图 5-58　4 路三相交流异步电动机顺序启停状态转移图

【例 5.10】 机械滑台控制系统示意图如图 5-59 所示。控制过程为：当工作台在原始位置时，按下启动按钮 SB1，电磁阀 YV1 得电，工作台快进，同时由接触器 KM1 驱动的动力头电机 M 启动。

当工作台快进到达 A 点时，行程开关 X3 压合，YV1、YV2 得电，工作台由快进切换成工进，进行切削加工。

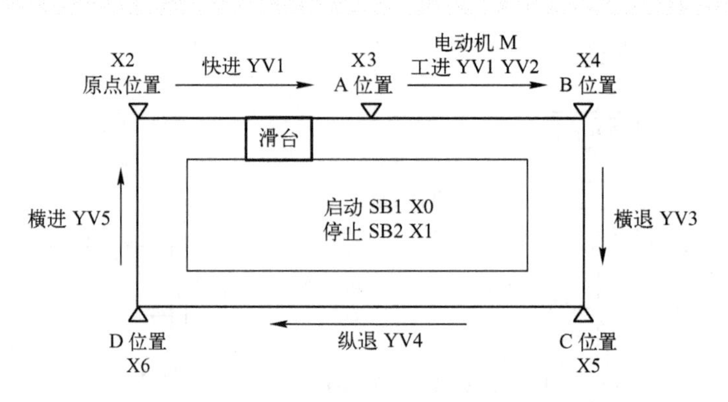

图 5-59　机械滑台控制系统示意图

当工作台工进到达 B 点时，X4 动作，工进结束，YV1、YV2 失电，同时工作台停留 3 秒钟，YV3 得电，工作台作横向退刀，同时主轴电机 M 停转。

当工作台到达 C 点时，行程开关 X5 压合，此时 YV3 失电，横退结束，YV4 得电，工作台作纵向退刀。

工作台退到 D 点碰到开关 X6，YV4 失电，纵向退刀结束，YV5 得电，工作台横向进给直到原点，压合开关 X2 为止，此时 YV5 失电，完成一次循环。

连续作三次循环后自动停止，若中途按下停止按钮 SB2，则机械滑台立即停止运行，并按原路径返回，直到压合开关 X2 才能停止；当再次按下启动按钮 SB1，机械滑台重新计数运行。

试根据上述控制要求，画出状态转移图。

解：（1）进行 PLC I/O 端口分配，如表 5-9 所示。

表 5-9　机械滑台控制 I/O 端口分配

输　入		输　出	
启动按钮 SB1	X0	主轴电机动力头接触器（KM1）	Y0
停止按钮 SB2	X1	电磁阀 YV1	Y1
原始行程开关 SQ0	X2	电磁阀 YV2	Y2
A 行程开关 SQ1	X3	电磁阀 YV3	Y3
B 行程开关 SQ2	X4	电磁阀 YV4	Y4
C 行程开关 SQ3	X5	电磁阀 YV5	Y5
D 行程开关 SQ4	X6		

（2）按题意画出状态转移图，如图 5-60 所示。

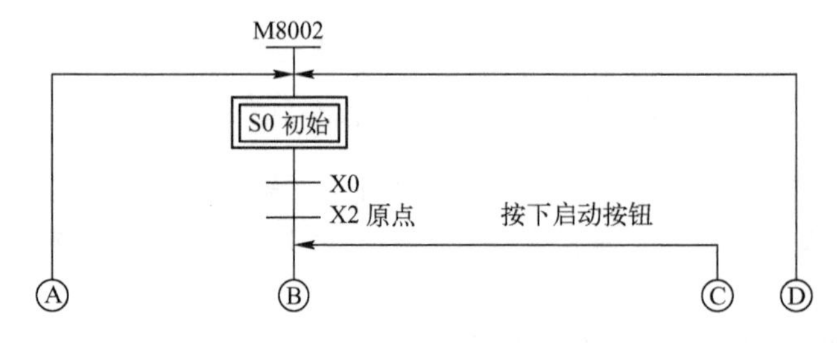

图 5-60　机械滑台控制系统状态转移图

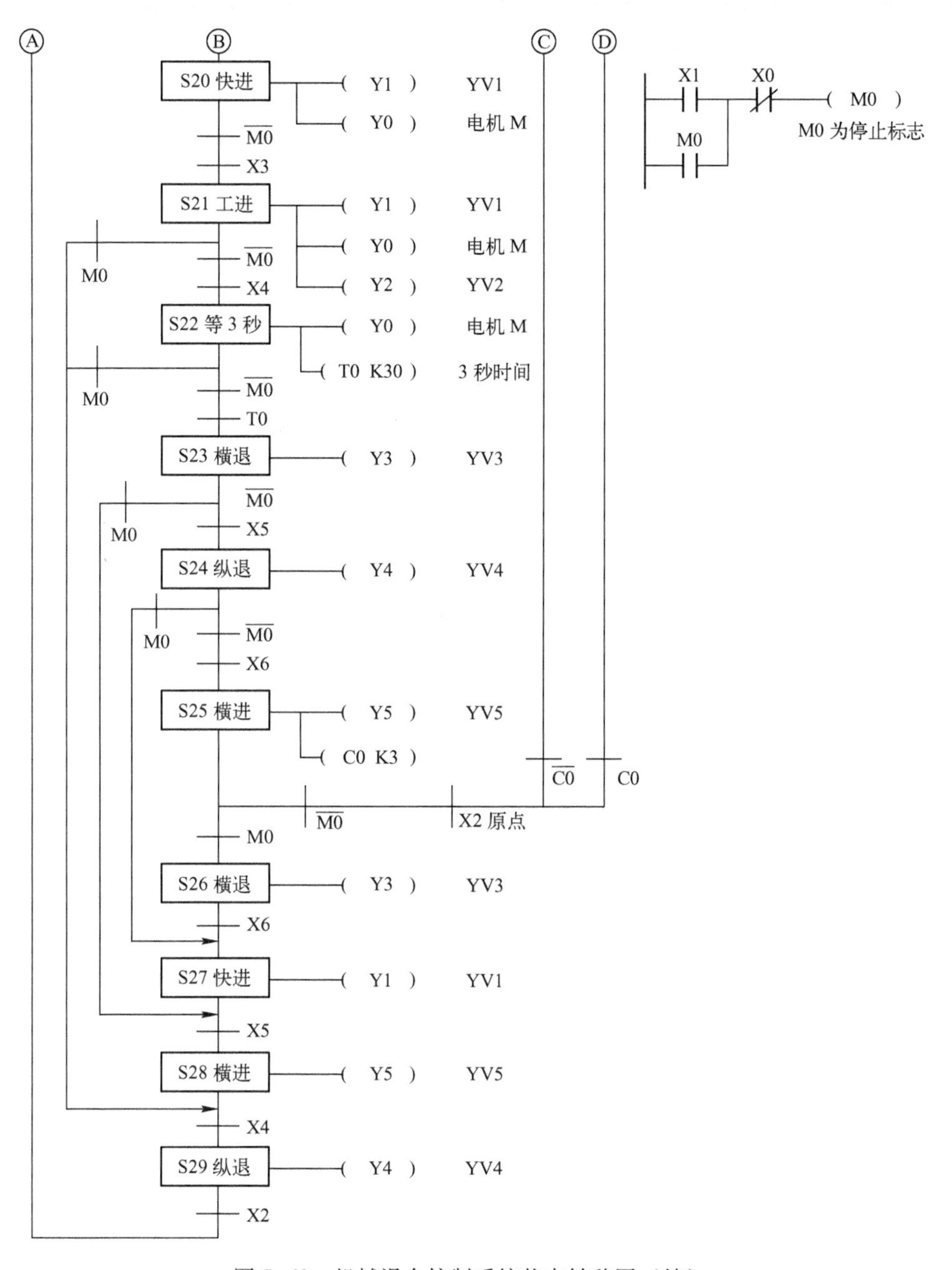

图 5-60　机械滑台控制系统状态转移图（续）

5.5　SFC 顺序功能图

可以用三菱 PLC 编程软件 GX Developer 编制 SFC 顺序功能图。具体步骤如下：

（1）启动 GX Developer 编程软件，单击“工程”菜单，单击“创建新工程”菜单项或“新建工程”按钮 🗋，打开“创建新工程”对话框，如图 5-61 所示。在这里选择 PLC 的类型、程序类型、工程名和存储路径，单击“确定”按钮，进入“块列表”窗口。

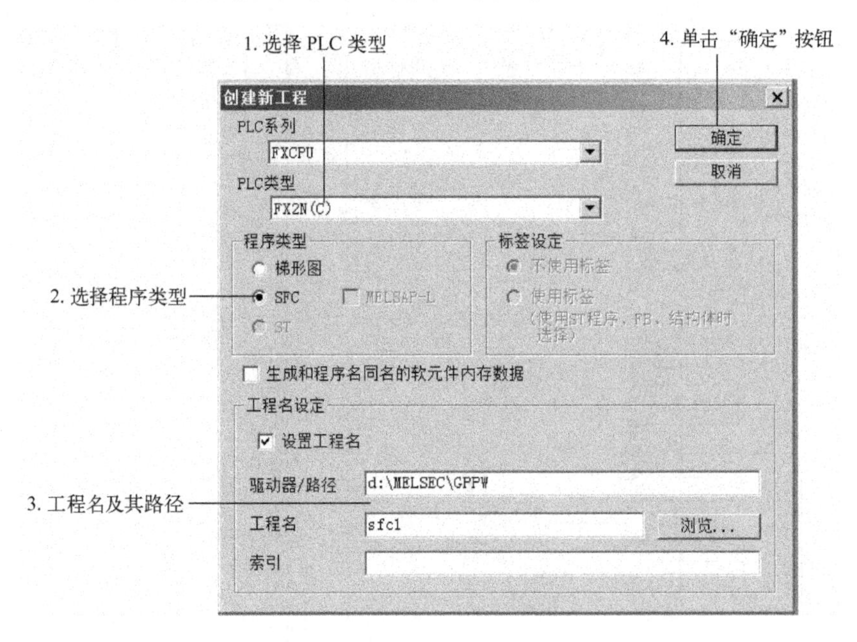

图 5-61 “创建新工程”对话框

（2）按图 5-62 所示的步骤建立第一个 SFC 块。

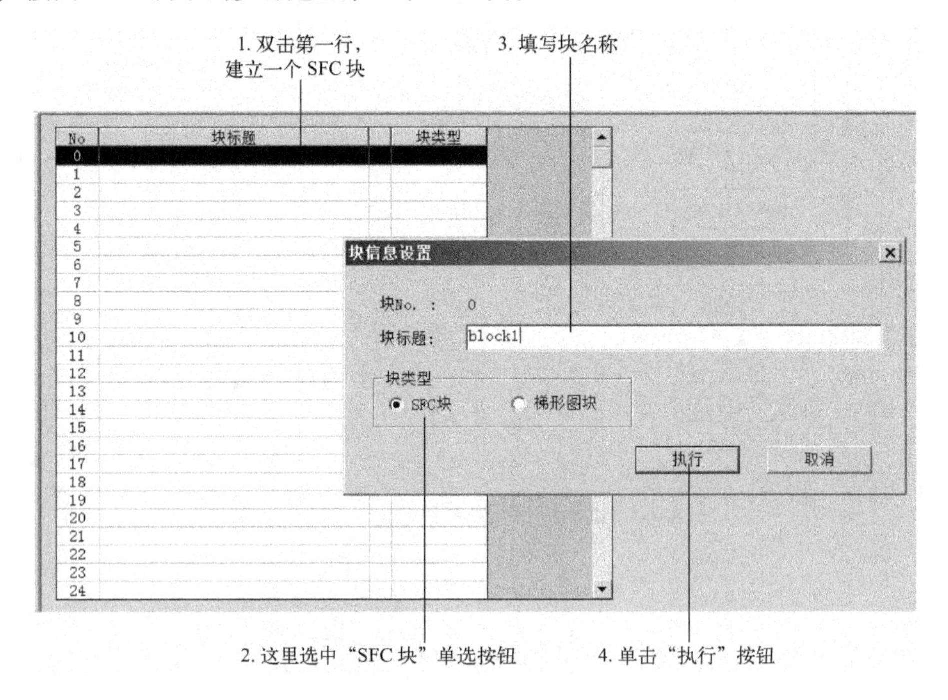

图 5-62 “块列表”窗口

（3）按图 5-63 所示步骤建立一个梯形图块。

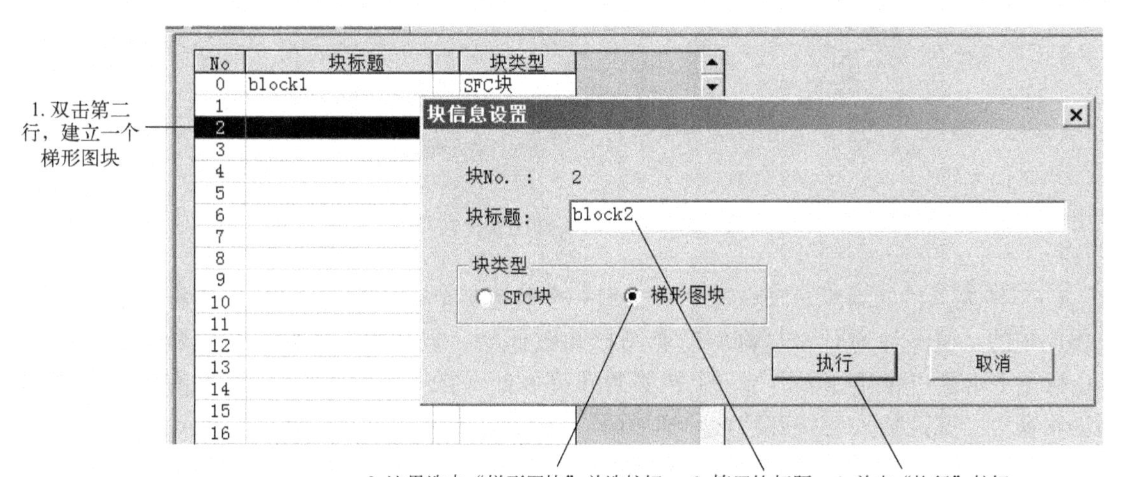

图 5-63　创建梯形图块

块的类型有两个，分别是“SFC 块”和“梯形图块”。

初始状态的激活一般采用辅助继电器 M8002 来完成，在梯形图编辑窗口中单击第 1 行输入初始化梯形图，如图 5-64 所示，输入完成单击“变换”按钮，或按 F4 快捷键，完成梯形图的变换。

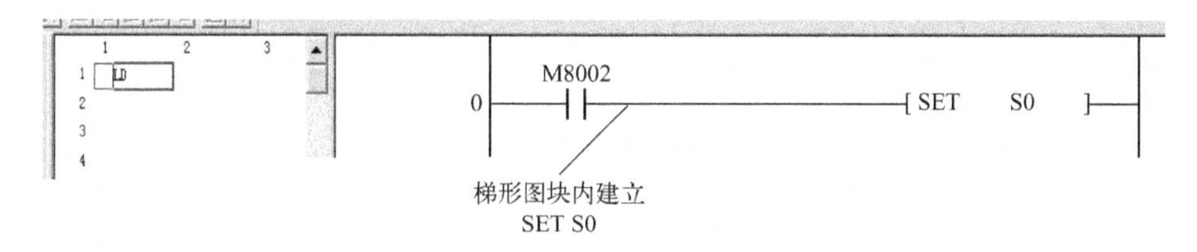

图 5-64　梯形图编辑窗口

在 SFC 程序的编制过程中，每一个状态中的梯形图编制完成后必须进行变换，才能进行下一步工作，否则弹出出错信息，如图 5-65 所示。

图 5-65　出错信息

（4）在完成了程序的第一块（梯形图块）编辑以后，双击“工程数据列表”窗口中的“程序”→“MAIN”，返回“块列表”窗口，如图 5-66 所示。

图 5-66　“工程数据列表”窗口

（5）双击第一块，在弹出的“块信息设置”对话框中“块类型”一栏中选择“SFC”块，在“块标题”中可以填入相应的标题，单击“执行”按钮，弹出 SFC 程序编辑窗口，如图 5-67 所示。

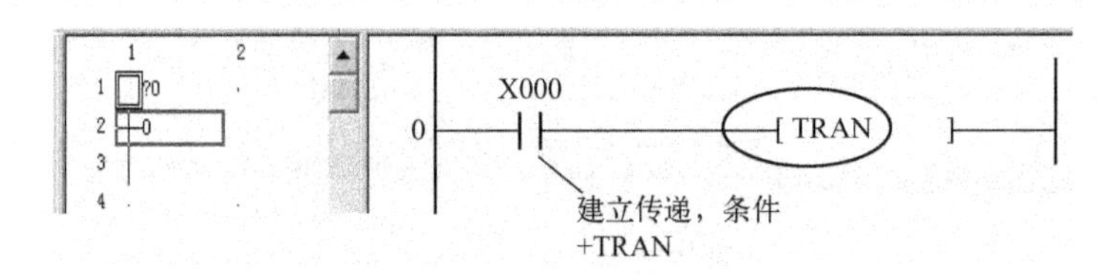

图 5-67　SFC 程序编辑窗口

（6）转换条件的编辑。SFC 程序中的每一个状态或转移条件都是以 SFC 符号的形式出现在程序中的，每一种 SFC 符号都对应有图标和图标号，现在输入使状态发生转移的条件。在 SFC 程序编辑窗口将光标移到第一个转移条件符号处（图 5-67）并单击，在右侧将出现梯形图编辑窗口，在此输入使状态转移的梯形图。读者从图 5-67 中可以看出，输入 X0 状态转移，而是 TRAN 符号，意思是表示转移（Transfer），在 SFC 程序中，所有的转移都用“TRAN”表示，不可以采用“SET + S?”语句表示。

（7）通用状态的编辑。在 SFC 程序编辑窗口中把光标下移到方向线底端，按工具栏中的工具按钮 或单击 F5 快捷键弹出步序输入设置对话框，如图 5-68 所示。

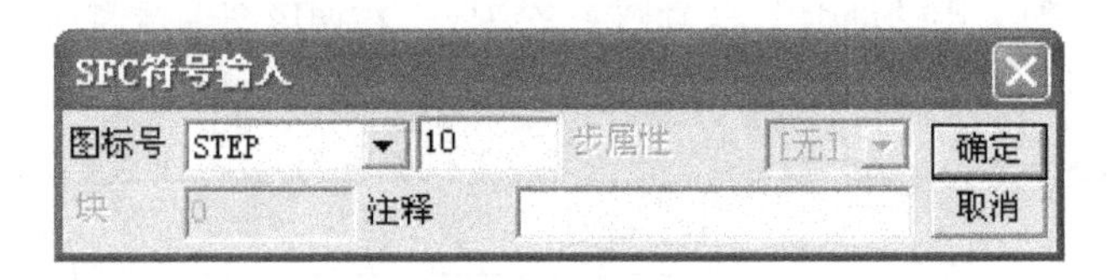

图 5-68　SFC 符号输入

输入步序标号后单击“确定”按钮，这时光标将自动向下移动，此时，可看到步序图标号前面有一个问号（?），这是表明此步现在还没进行梯形图编辑，同时右边的梯形图编辑窗口呈现灰色，也表明为不可编辑状态，如图 5-69 所示。

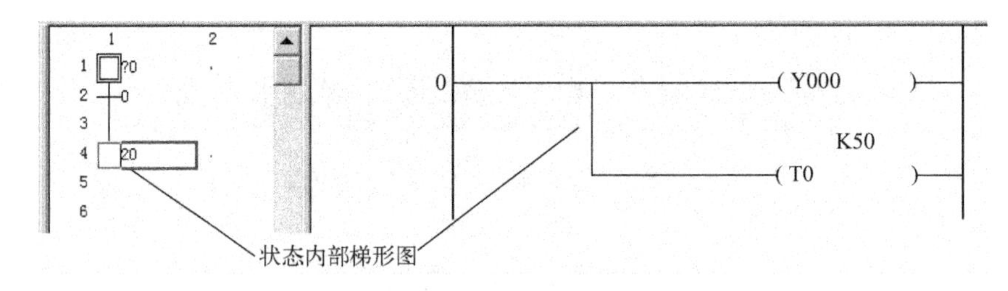

图 5-69　状态内部梯形图编辑窗口

下面对通用工序步进行梯形图编程。将光标移到步序号符号处，在步符号上单击后右边的窗口将变成可编辑状态，现在，可在此梯形图编辑窗口中输入梯形图。需要注意的是，此处的梯形图是指程序运行到此工序步时所要驱动哪些输出线圈，在本例中，现在所要获得的通用工序步 20 是驱动输出线圈 Y0 以及 T0 线圈。

T0 触点驱动状态转换，如图 5-70 所示。

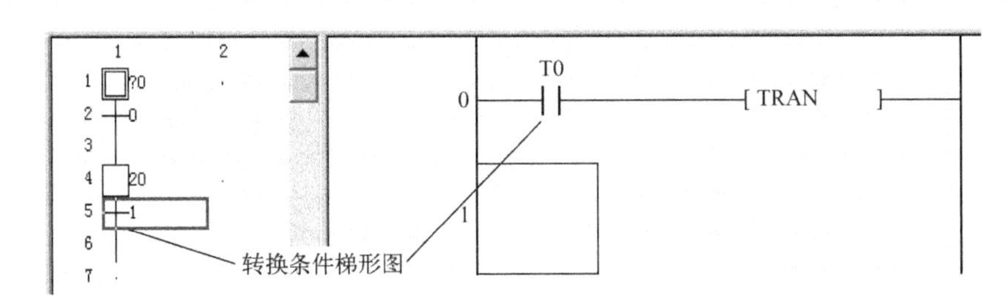

图 5-70　T0 触点驱动状态转换

对转换条件梯形图的编辑，可按 PLC 编程的要求完成。

（8）工具的使用。如图 5-71 与图 5-72 所示。

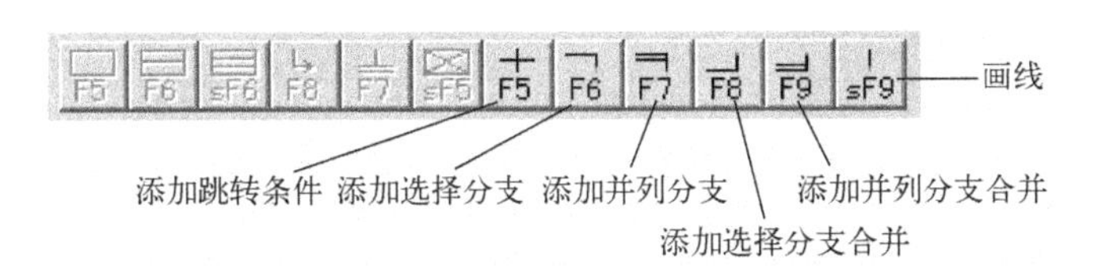

图 5-71　状态转移 SFC 主要工具 1

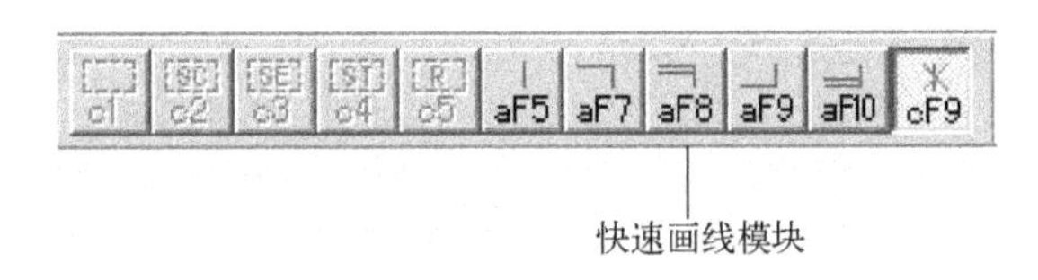

图 5-72　状态转移 SFC 主要工具 2

（9）程序变换。SFC 程序在执行过程中，出现返回或跳转的编辑问题，这是执行周期性的循环所必须的。要在 SFC 程序中出现跳转符号，需用 F8 或 JUMP 指令加目标号进行设计。

现在进行返回初始状态编辑，如图 5-73 所示。输入方法是：把光标移到方向线的最下端，按 F8 快捷键或者单击 F8 按钮，在弹出的对话框中填入要跳转到的目的地步序号，然后单击“确定”按钮。

图 5-73　跳转符号输入

当所有 SFC 程序编辑完后，可单击“变换”按钮进行 SFC 程序的变换（编译），如图 5-74 所示。如果在变换时弹出了块信息设置对话框，直接单击“执行”按钮即可。经过变换后的程序如果成功，就可以进行仿真实验或写入 PLC 进行调试了。

如果想观看 SFC 程序所对应的顺序控制梯形图，可以这样操作：单击“工程”→“编辑数据”→“改变程序类型”，进行数据改变。

以上介绍了单序列的 SFC 程序的编制过程，使大家了解 SFC 程序中状态符号的输入方法。

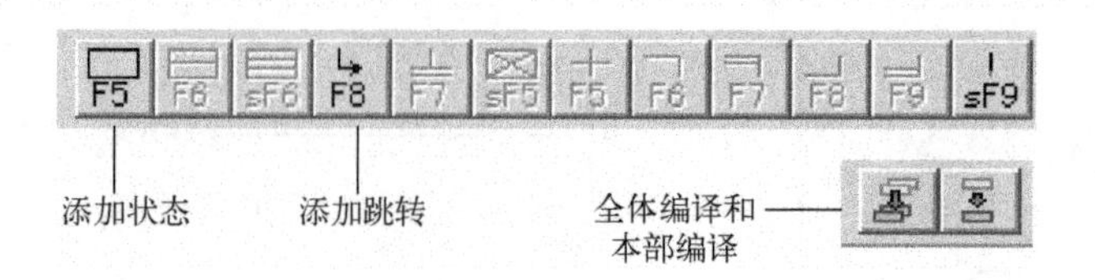

图 5-74　编译图标

如图 5-75（a）所示是三路小球分拣 SFC 程序，为选择性分支；如图 5-75（b）所示是小车分料 SFC 程序，为并行性分支。

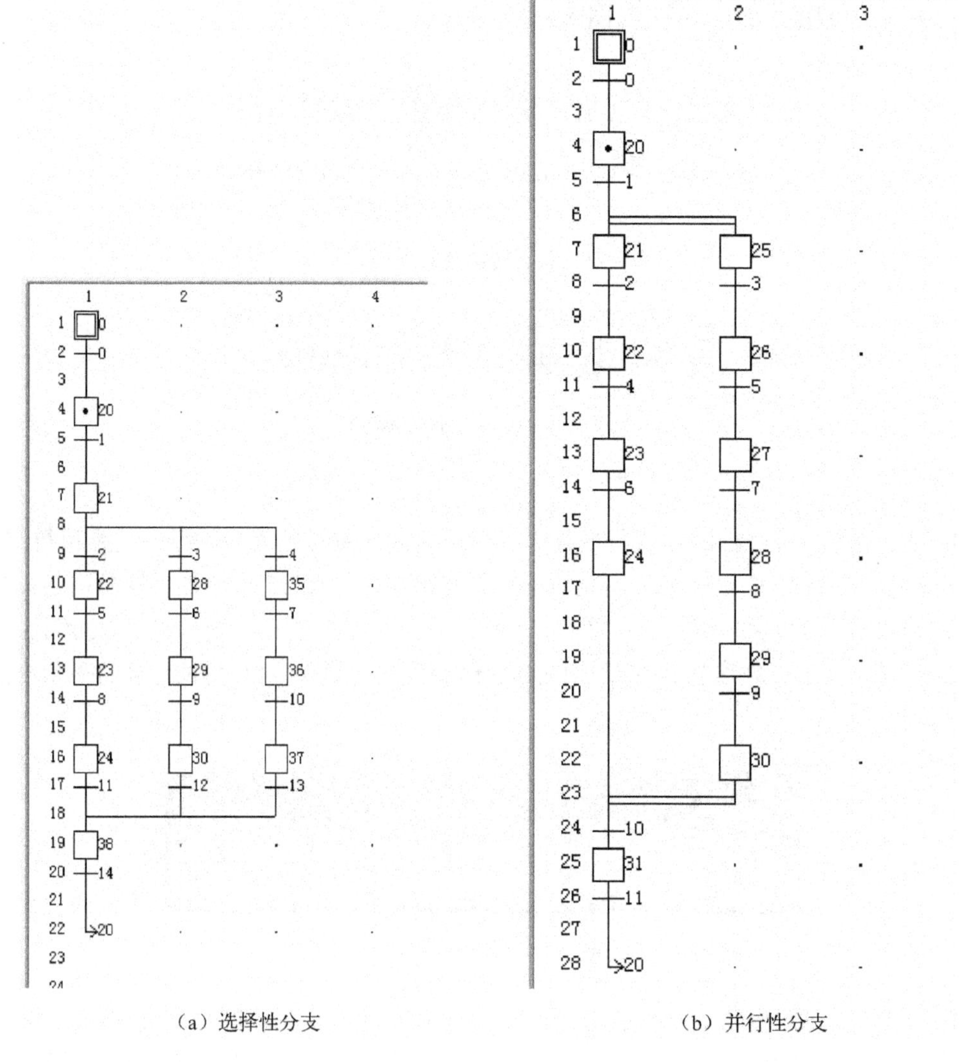

（a）选择性分支　　（b）并行性分支

图 5-75　SFC 的分支程序

图 5-75 所示的 SFC 程序，对选择性分支、并行性分支、并行汇合符号的输入，点开状态，在右边输入梯形图，这就是一个完整的 SFC 程序，由初始状态、方向线、转移条件和转移方向组成。以上是对多流程结构的编程方法介绍。

5.6　PLC顺序控制电路的实训

5.6.1　气动技术概述

气动技术是以空气压缩机为动力源，以压缩空气为工作介质，进行能量传递或信号传递的工程技术，是实现各种生产控制、自动控制的重要手段之一。1776年，John Wilkinson发明了能产生1个大气压压力的空气压缩机；1880年，人们第一次利用汽缸做成气动刹车装置，将它成功地用到火车的制动上；20世纪30年代初，气动技术成功地应用于自动门的开闭及各种机械的辅助动作上。进入到60年代尤其是70年代初，随着工业机械化和自动化的发展，气动技术广泛应用在生产自动化的各个领域，形成现代气动技术。现代气动技术的原理是通过电磁阀推动汽缸来实现动作。如图5-76所示为汽缸和电磁阀。

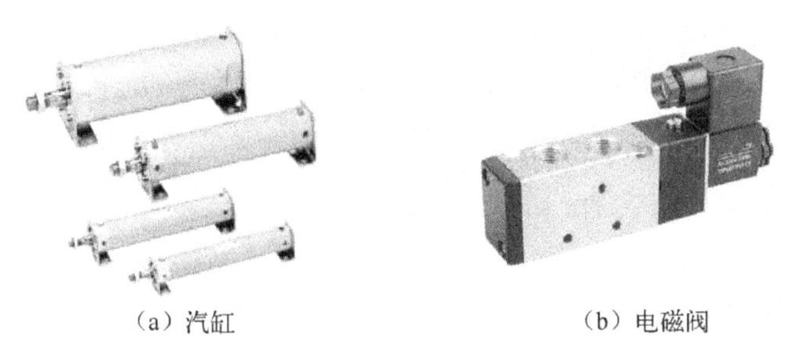

（a）汽缸　　（b）电磁阀

图5-76　汽缸和电磁阀

汽缸通过电控阀门动作控制，常用的电控阀门包括二位三通电控阀、二位五通单电控电磁阀等。

常用的气动元件包括：带各种导向机构的汽缸和汽缸滑动组件、具有两根导向杆的汽缸、双活塞杆双缸筒汽缸、单杆双作用汽缸小型气动滑台、气动滑台摆动汽缸、滑动导轨圆柱体、爪式开闭型气爪等，如图5-77所示。

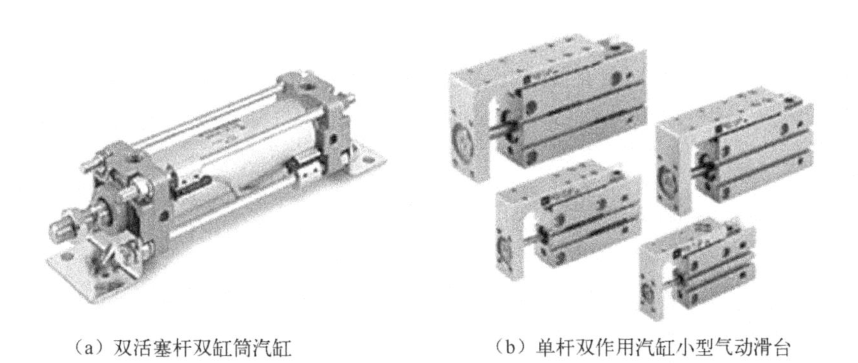

（a）双活塞杆双缸筒汽缸　　（b）单杆双作用汽缸小型气动滑台

图5-77　常用气动元件

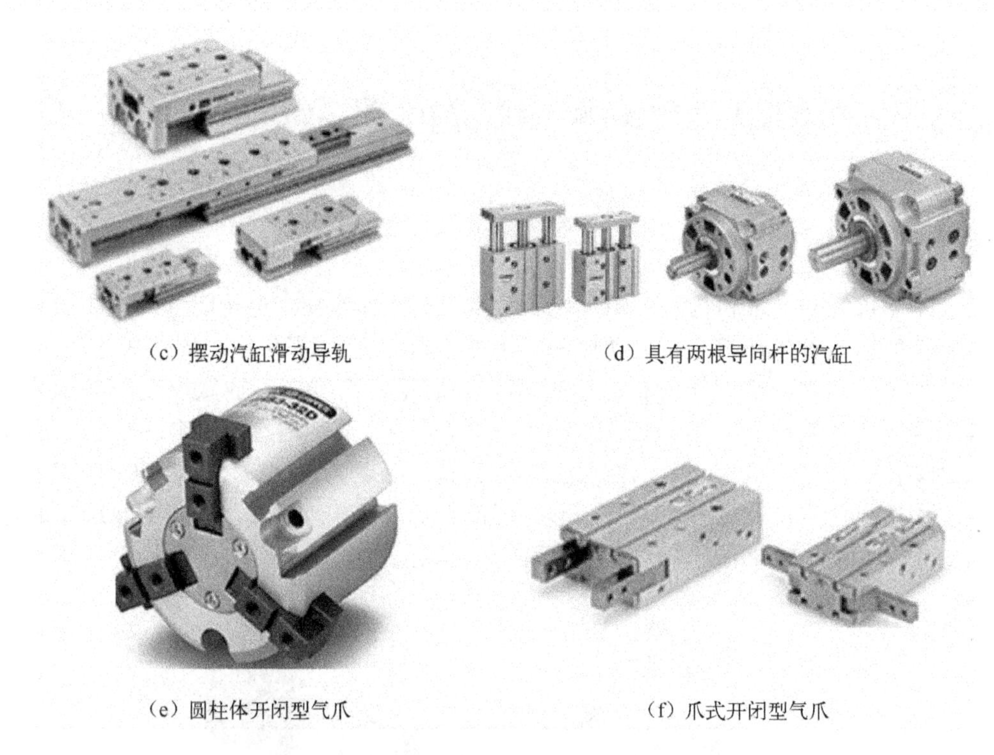

（c）摆动汽缸滑动导轨　　（d）具有两根导向杆的汽缸

（e）圆柱体开闭型气爪　　（f）爪式开闭型气爪

图 5-77　常用气动元件（续）

5.6.2　实训内容

【实训 5.1】如图 5-78 所示为小车运料系统示意图，由直流电机控制小车往返。小车初始位置在原点，按下启动按钮 SB1，小车前进（Y0），碰到 B 位置右限位开关 X4，则小车停止，小车上方的 B 料斗 Y2 打开放料 8s，B 料斗关。小车后退（Y3），至原点位置放料（Y4）10s，时间到则小车再前进（Y0）至 A 位置（X3）停，小车上方的 A 料斗打开放料（Y1）7s，A 料斗关，小车后退（Y3）至初始原点位置，放料（Y4）5s，如此循环。当按下停止按钮时，小车立刻停止并返回原点。按图 5-79 接线，试用启保停编程方式、步进梯形指令编程方式和置位/复位编程方式分别完成程序的编写和调试。

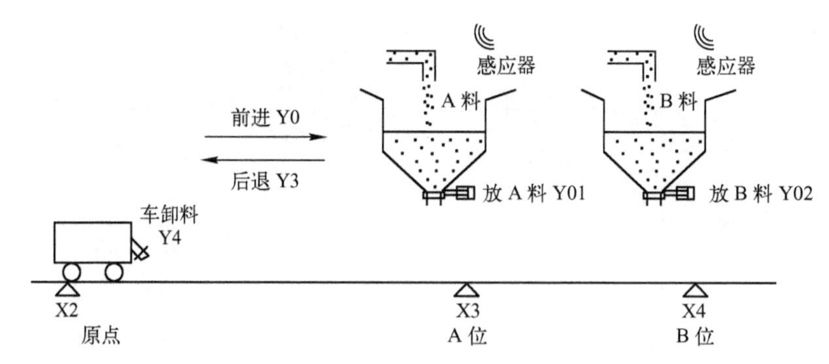

图 5-78　小车运料系统示意图

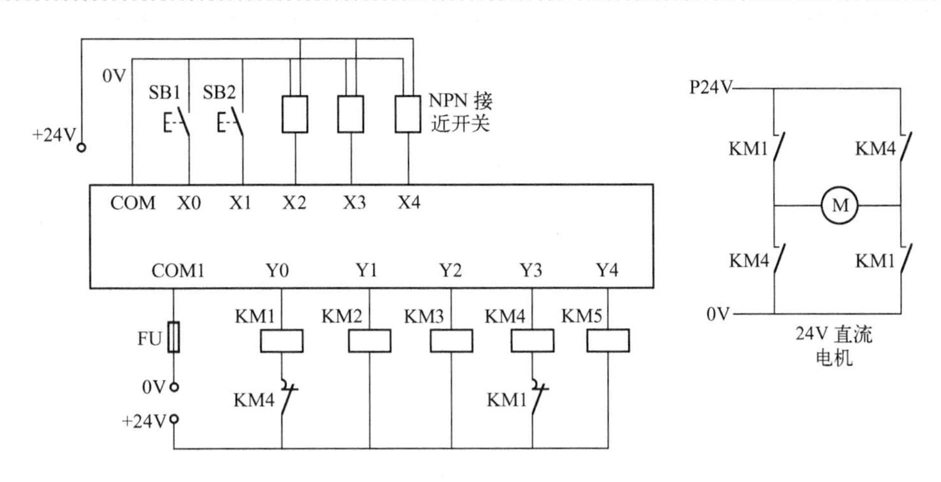

图 5-79　小车运料系统接线图

【实训 5.2】彩球分拣机控制系统示意图如图 5-80 所示。机械手臂的左行、右行运动由一台 24V 直流电动机驱动；机械手臂上升、下降运动由汽缸驱动薄型气动滑台实现，本实训采用佳越双联汽缸双轴汽缸 TN16 * 200；夹头由汽缸驱动平行开闭型气爪控制，本实训采用佳越手指汽缸 MHZ2 - 20D。本实训采用的汽缸和气爪如图 5-81 所示。

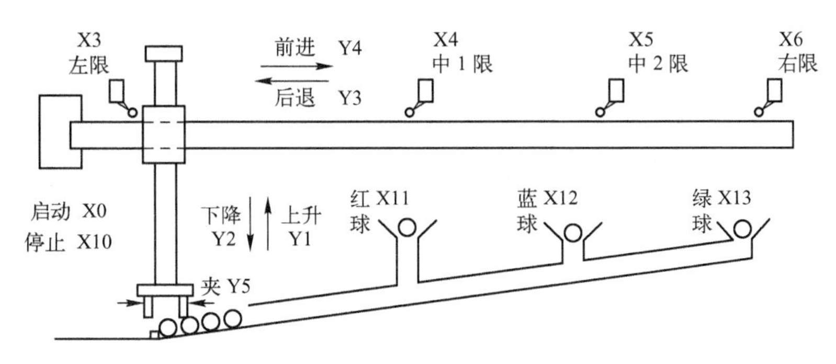

图 5-80　彩球分拣机控制系统示意图

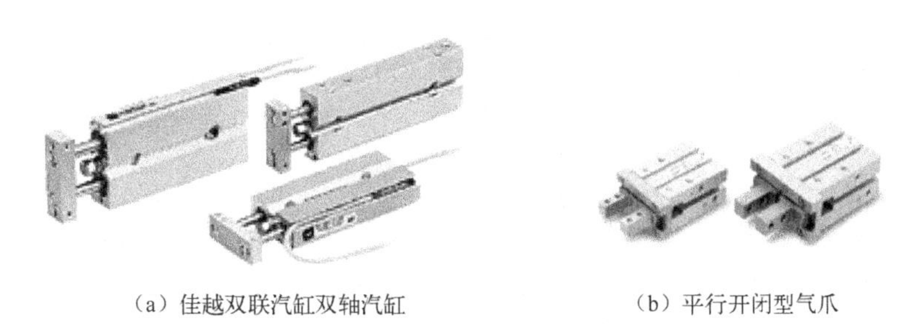

（a）佳越双联汽缸双轴汽缸　　（b）平行开闭型气爪

图 5-81　佳越双联汽缸双轴汽缸和平行开闭型气爪

气动回路连接图如图 5-82 所示。

本实训的控制要求同【例 5.7】。按图 5-83 接线，Y2 为 ON，机械手臂由汽缸驱动下降；Y2 为 OFF，机械手臂由汽缸驱动上升；Y5 为 ON，手臂夹头由汽缸驱动夹紧；Y5 为 OFF，手臂夹头由汽缸驱动松开。要求按下启动按钮，机械手臂完成【例 5.7】中所述的控制流程。

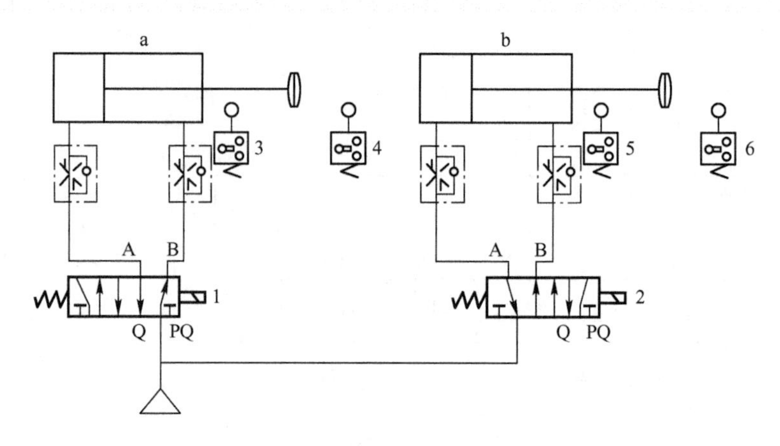

图 5-82　气动回路连接图

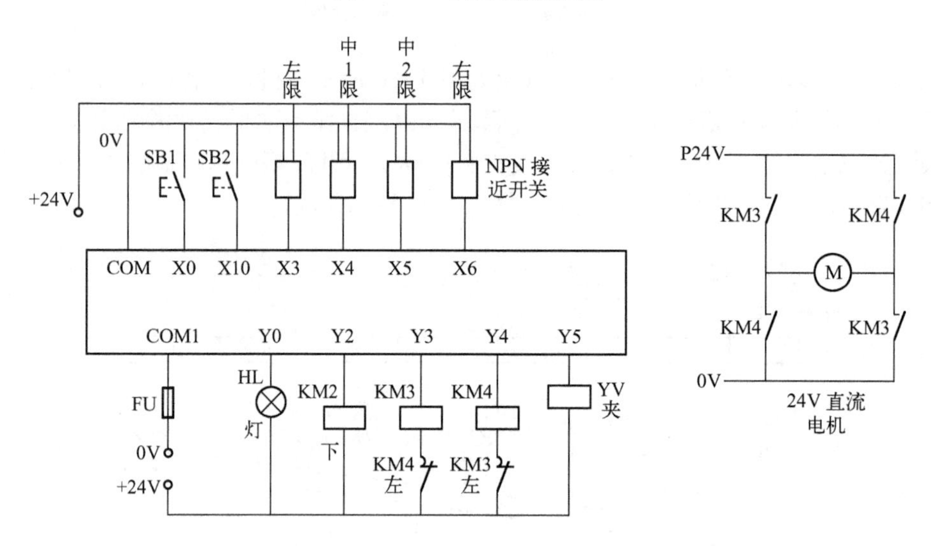

图 5-83　彩球分拣机 PLC 控制接线图

【实训 5.3】小车分料控制系统示意图如图 5-84 所示，两台小车的左行、右行运动各由一台 24V 直流电动机驱动，三个放料点 A、D、E 由三个 24V 继电器控制三个电磁阀，接线图如图 5-85 所示。

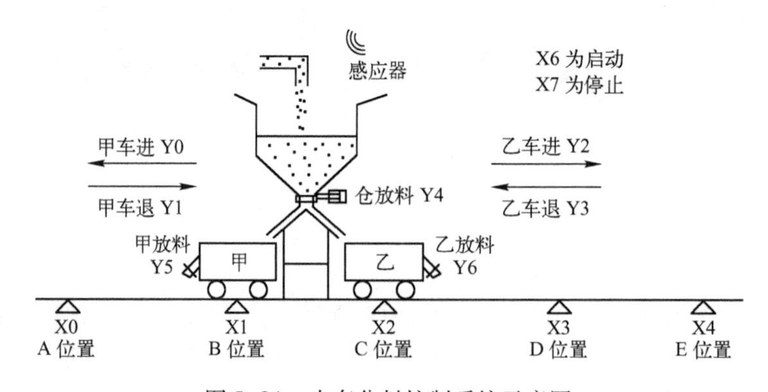

图 5-84　小车分料控制系统示意图

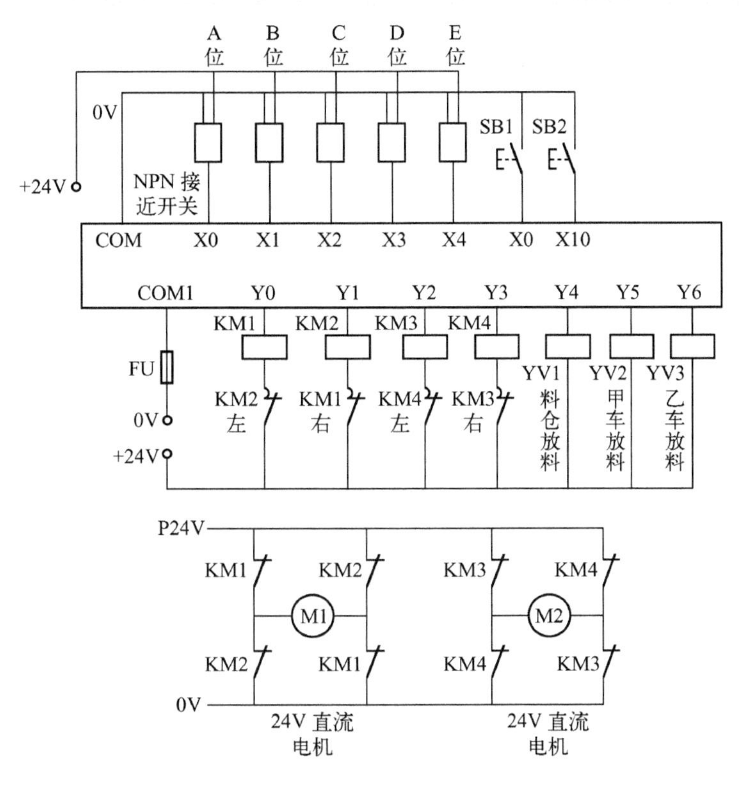

图 5-85　小车分料系统 PLC 控制接线图

控制要求见【例 5.8】。要求按下启动按钮，小车分料完成【例 5.8】中所述的控制流程。

【实训 5.4】要求用顺序控制完成交通灯控制。控制要求见【例 5.5】。接线图见图 4－48 交通灯实训接线图。

【实训 5.5】要求四台电机按顺序控制，控制要求见【例 5.9】。接线图见图 3－46 四台电机实训接线图。

【思考题】

（1）在小车运料的状态寄存器编程模式下，设计一个能暂停的程序，包括下料时间。

（2）设计彩球分拣机做完一次会停止的顺序控制流程。

（3）小车分料在启动后，实现完成 5 次自动停止的编程与调试。

（4）在交通灯的实训中，用顺控编程法实现带左转弯的，并能倒计时显示的编程与调试。

（5）能否实现四台电机顺序控制的随机组合启停。（每台电动机都是随机的，一年下来应该是 4 台电机的启动次数差不多）

设置 4 个故障开关，代表 4 台电机，哪一个为 ON，哪一台电机不参与运行。

本章小结

顺序控制流程大体将一个工序分成几个工步，这几个工步是串联起来的。当工步 1 完成后，接收到完成触发信号，系统转入工步 2；直到接收到工步 2 完成信号，才进入下一工步，否则系统一直保持工步 2 的输出状态。整个工步全部完成之后，如果需要停止，系统停止；否则，系统投入工步 1，进行第二次的运行，依此循环进行。

触发信号有触点信号和时间信号两类。

顺序控制设计法是最重要的方法，大约 90% 的编程用到该方法。顺序控制设计法也称为功能表图设计法，功能表图是一种用来描述控制系统的控制过程功能、特性的图形，它主要是由步、转换、转换条件、箭头线和动作组成的。这是一种先进的设计方法，对于复杂系统，可以节约 60% ~90% 的设计时间。我国 1986 年颁布了功能表图的国家标准。有了功能表图后，可以用几种方式编制顺序控制梯形图，分别是：启保停编程方式、步进梯形指令编程方式和置位/复位编程方式。另外还有一种移位寄存器编程方式，我们将在后续章节中讲述。它们各有利弊，个人可根据喜好和场合选择。

做顺序控制的方法为：I/O 分配；画出状态转移图；按状态图的标注写出程序。

顺序控制设计法分为直线的和分支的，分支的有选择性的和并行性的，本章详细阐述了选择性和并行性分支的设计方法，以及如何运用状态转移图去进行设计。从状态转移图到梯形图的写法，一般会多种方法并用，要注意结合实际情况去运用。

本章还就常用的停止设计作举例描述，望读者能从中吸取设计技巧和经验。

习　题　5

一、填空题

1. 功能表图是一种用来描述控制系统的________功能、特性的图形，它主要是由________、________、________、________和________组成。

2. 我国________年颁布了功能表图的国家标准。

3. 顺序控制程序的设计一般采用________（Function Chart Diagram）法进行设计。

4. 功能表图又称为________图，功能表图的基本结构：________序列结构、________序列结构、________序列结构。

5. 状态继电器为顺序控制专用寄存器________，初始状态的专用继电器________，回零状态的专用继电器________，一般通用的状态继电器________，可以按顺序连续使用。

二、简答题

1. 简述顺序功能图编程的步骤。
2. 顺序功能图的组成要素有哪些？
3. 顺序功能图要实现转换必须满足什么条件？
4. 顺序功能图有哪几种结构？

三、状态转移图转换题

1. 有一选择性分支状态转移图如图 5-86 所示。请对其进行编程。
2. 有一选择性分支状态转移图如图 5-87 所示。请对其进行编程。
3. 有一并行性分支状态转移图如图 5-88 所示。请对其进行编程。
4. 有一并行性分支状态转移图如图 5-89 所示。请对其进行编程。

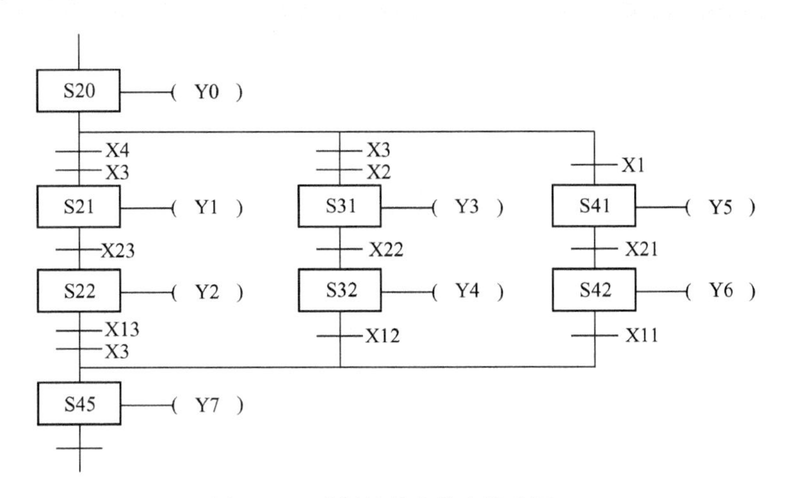

图 5-86　选择性分支状态转移图一

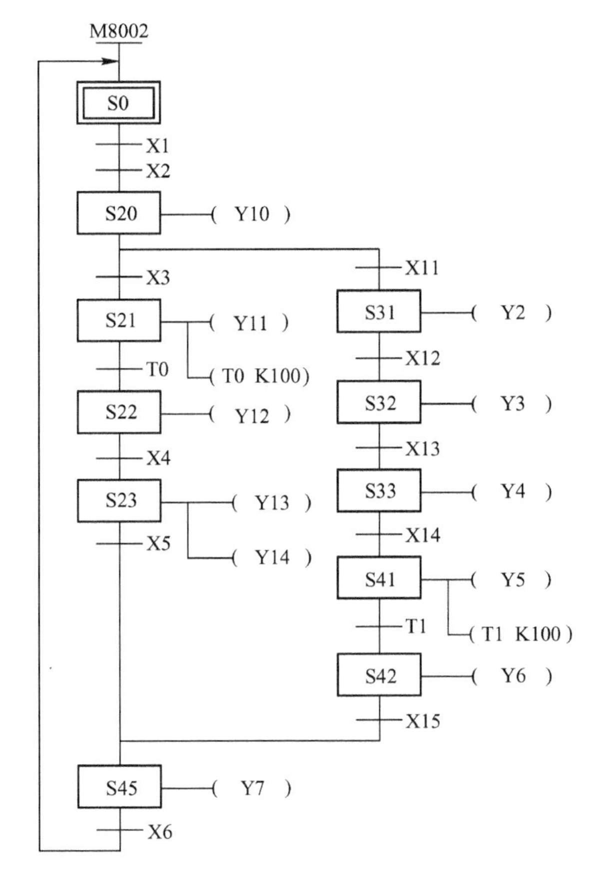

图 5-87　选择性分支状态转移图二

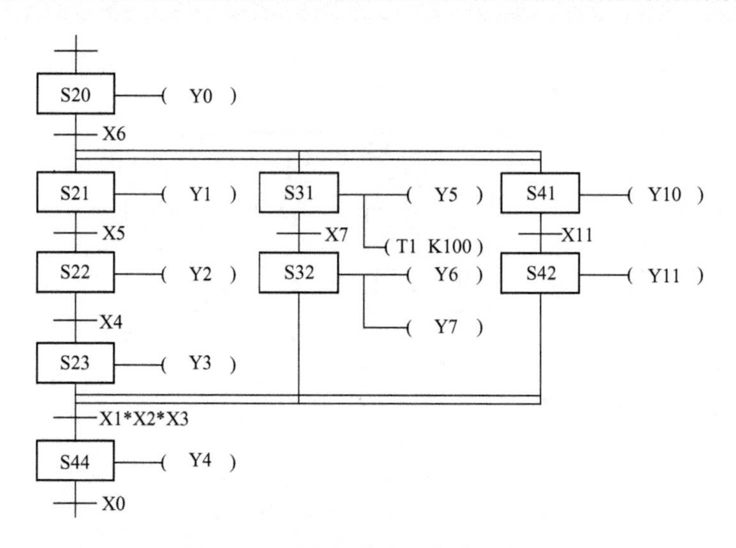

图 5-88　并行性分支状态转移图一

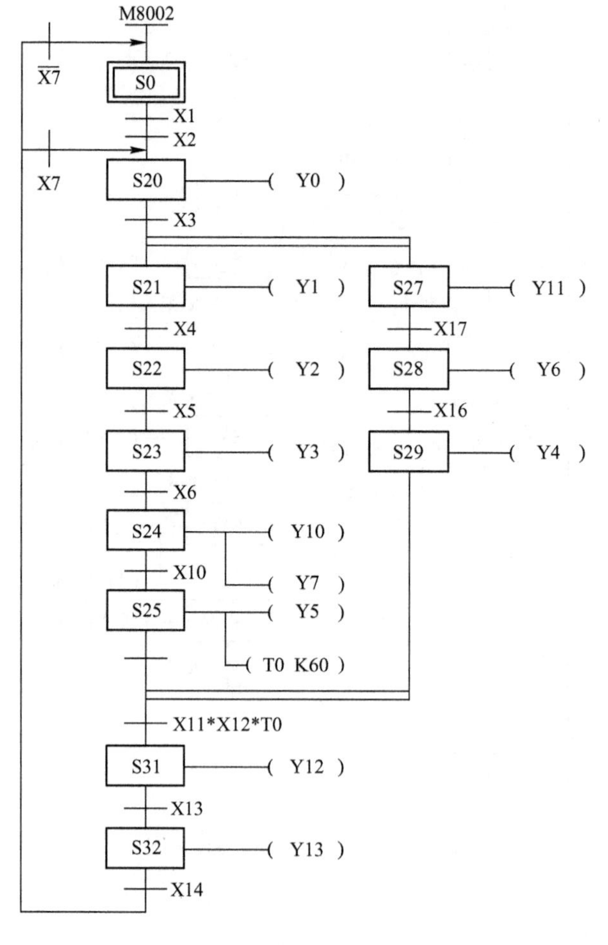

图 5-89　并行性分支状态转移图二

5. 有一选择性和并行性分支状态转移图如图 5-90 所示。请对其进行编程。

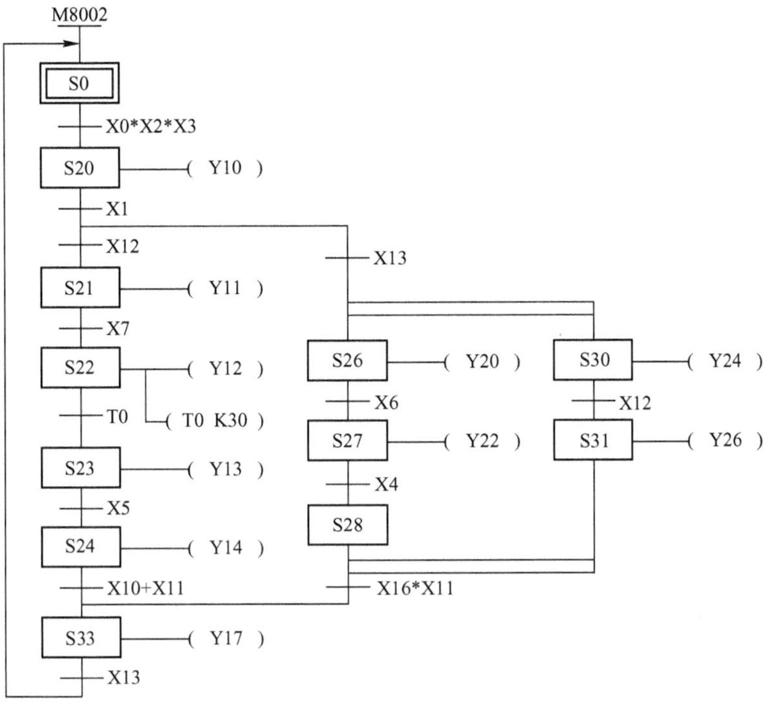

图 5-90　选择性和并行性分支状态转移图

四、设计题

1. 小车运料（一料两位置）系统示意图如图 5－91 所示，小车于初始原点位置 X2，按下启动按钮 SB1 后，料斗打开放料(Y1)5s，小车前进(Y0)，碰到 A 位置 X3 则小车停，小车放料(Y4)8s。放料后小车后退(Y3)至原点位置 X2，料斗打开放料(Y1)6s，时间到则小车再前进(Y0)至 B 位置 X1 停，小车放料(Y4)7s，时间到小车再后退(Y3)至初始原点位置 X2，如此循环。当按下停止按钮时，小车立刻停止并能返回原点。试用起保停编程方式、步进梯形指令编程方式和置位/复位编程方式完成程序编写并调试运行。

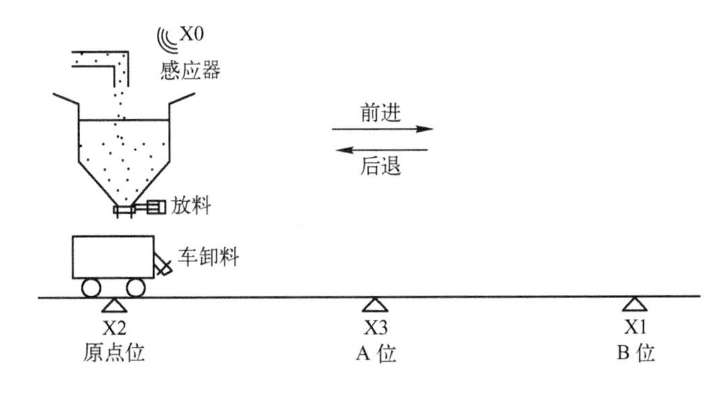

图 5-91　小车运料系统示意图

2. 大小球分拣传送机的机械手臂上升、下降运动由一台电动机驱动，机械手臂的左行、右行运动由另一台电动机驱动，如图 5-92 所示。

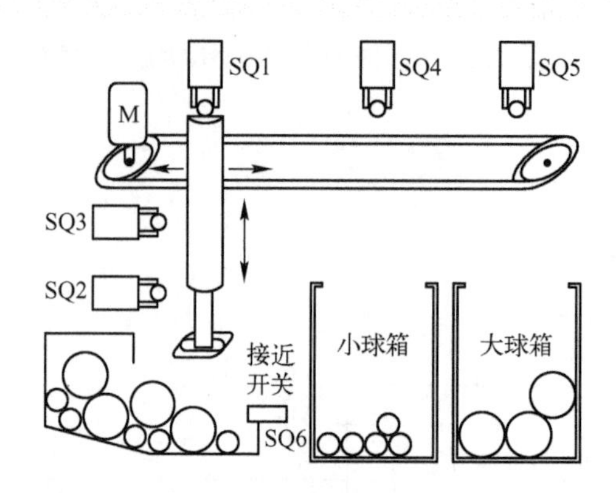

图 5-92　大小球分拣传送机控制系统示意图

机械手臂停在原位时，按下启动按钮，手臂下降到球箱中，如果压合下限行程开关 SQ2，电磁铁线圈通电后，将吸住小铁球，然后手臂上升，右行到行程开关 SQ4 位置，手臂下降，将小球放进小球箱中，最后，手臂回到原位。

如果手臂由原位下降后未碰到下限行程开关 SQ2，则电磁铁吸住的是大铁球，像运送小球那样，将大球放到大球箱中。

3. 四台电动机 M1 ~ M4，当启动后 M1 先启动，每隔 5s 启动下一台，M1 动作 5s 后 M2 动作，再 5s 后 M3 启动，M3 动作 5s 后，M4 动作，当停止启动后先停止第一台，再停第二台，每隔 8s 停一台，直到全部停完，用步进顺控指令设计其状态转移图，并进行编程。

4. 如图 5-93 所示为综合混料控制系统示意图，按下启动按钮，甲、乙小车回到原位，甲小车到 B 位置，乙小车到 C 位置。两车清料 8 秒，同时主料仓开 10 秒清空，主料仓清空同时吸尘，待两车复位到位同时，吸尘多开 7 秒，然后，两小车分别前进装料，甲车到 A 料仓装料 6 秒，然后回到 B 位。乙车到 D 料仓装料 4 秒，到 E 料仓装料 5 秒，然后回到 C 位。待两车都到位，开吸尘机，2 秒后开搅拌机，再 2 秒甲乙两车放料 8 秒。然后两小车分别前进装料，搅拌机在启动两小车前进装料后再多开 3 秒，然后主料仓放料 9 秒。吸尘器在搅拌机停止后 2 秒再停。

5. 综合加工台（钻孔、镗孔、倒角单元）：钻、镗、倒角工艺由四工位旋转工作台完成，工作台的四个工位分别完成零件的安装、钻孔、镗孔、倒角的工艺过程，如图 5-94 所示。

四工位旋转工作台的工作步骤：机械手将零件装到四工位旋转工作台的装卸料工位（一工位）后，等机械手离开后，开始加工。

（1）旋转工作台将零件夹紧，顺时针转动 90 度，将零件送到钻孔工位（二工位）进行加工，钻头先快速进给接近零件，转为工作进给完成钻孔加工，然后快速退回。

（2）等待机械手将下一个零件装到工作台的装卸料工位后，旋转工作台再转动 90 度将该零件送到镗孔工位（三工位）进行加工，（同时钻孔工位也对下一个零件进行加工），镗刀进退往返两次，完成加工。

（3）等一、二、三工位都完成后，旋转工作台再转动 90 度，将第一个零件送到倒角工位（四工位）进行加工，倒角工艺进给后要停留 2 秒才返回。

（4）四个工位都完成后，旋转工作台再转动 90 度，将这个零件再送到装卸料工位（一工位），放松夹紧，完成全部加工，等待机械手将这个零件取走。

四工位旋转工作台展开图，如图 5-95 所示。

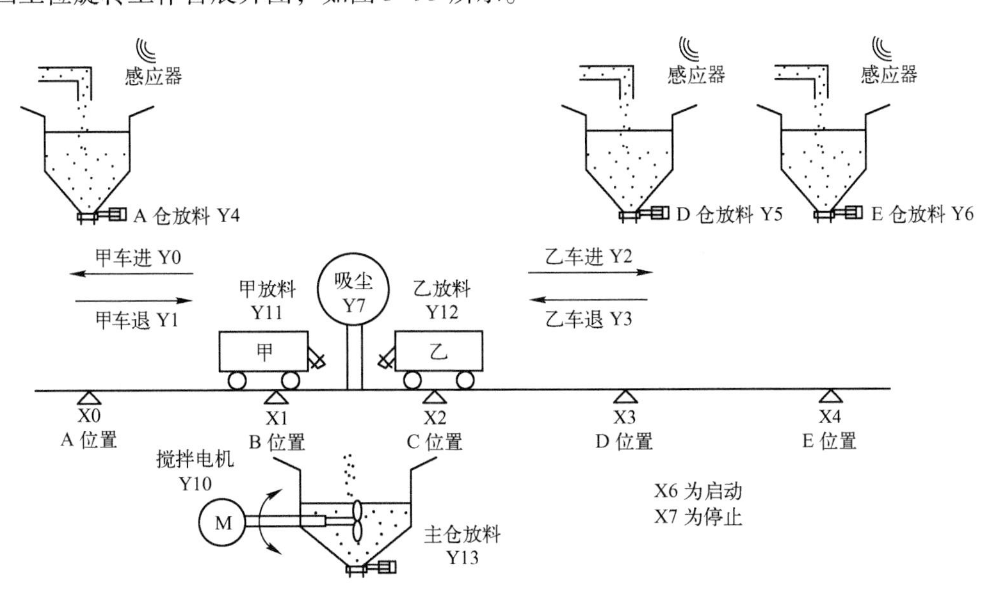

图 5-93　综合混料控制系统示意图

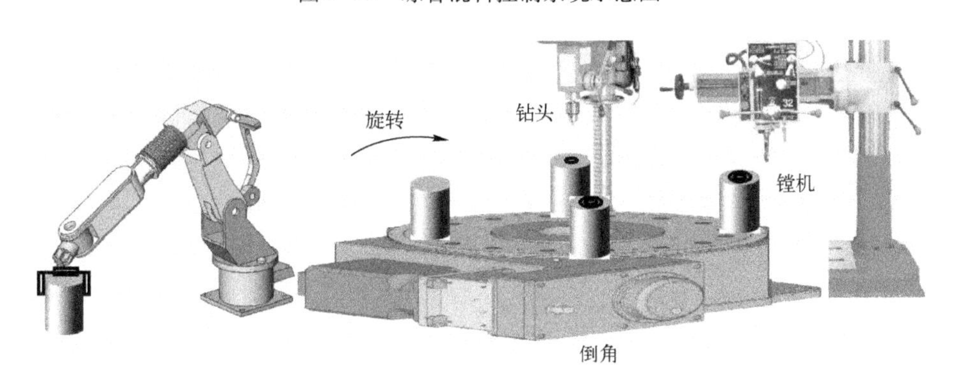

图 5-94　综合加工台控制系统示意图

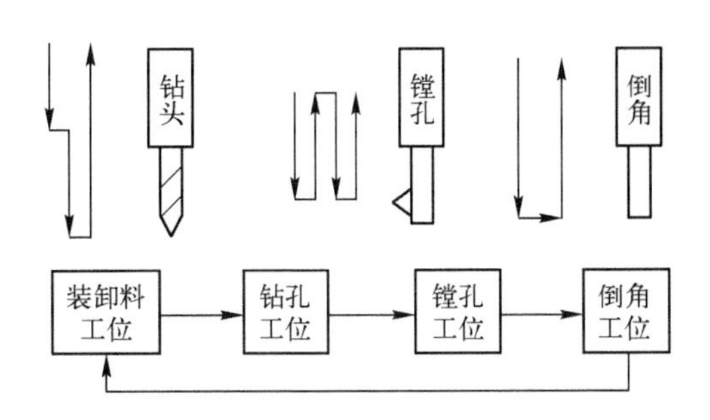

图 5-95　四工位旋转工作台展开图

注意，开机时四工位旋转工作台控制二、三、四工位的加工，工位上有零件时才加工，没有零件就不加工。注意设计要求：第一个零件钻孔时，不能同时进行镗孔和倒角；第二个零件钻孔时，不能同时倒角；最后第二个零件镗孔时，不能同时进行钻孔；最后一个零件倒角时，不能同时进行镗孔和钻孔。

工作台的控制方案也可采用行程开关控制，端口分配：启动（X6）→零件夹紧（Y16）→工作台旋转（Y6）→（X25）→快速进给（Y12）→（X21）→钻孔（Y12 + Y3）→（X12）→快速退回（Y13）→（X13）→完成钻孔，等待→工作台旋转（Y6）→（X26）→一次镗孔进（Y14）→（X14）→镗孔退（Y15）→（X17）→两次镗孔进（Y14）→（X14）→镗孔退（Y15）→（X17）→完成镗孔，等待→工作台旋转（Y6）→（X27）→倒角（Y11）→（X11）→等 2 秒→倒角退（Y10）→（X10）→完成倒角，等待→工作台旋转（Y6）→（X24）→完成。

注意，按下停止按钮，零件全部加工完成后，机器停止。

第6章　基本应用指令的程序设计

FX 系列 PLC 除了具有基本逻辑指令和步进指令外，还有很多应用指令，前者主要用于逻辑处理，后者主要用于数据处理。应用指令可分为 MOV 类、比较类、算术计算类及移位类等，FX_{2N}系列 PLC 具有 128 种、298 条应用指令，本章将详细阐述上述 4 类指令的基本概念和使用方法。

本章学习重点：应用指令基本概念和使用。

本章学习难点：应用指令设计技巧。

6.1　PLC 内部数据寄存器资源

PLC 在进行输入/输出处理、模拟量控制、位置控制时，需要许多数据寄存器存储数据和参数。包括输入的 X 区域、输出的 Y 区域、辅助继电器 M 区域、状态寄存器区域，以及定时器、计数器等。数据寄存器为 16 位，最高位可为符号位。可用两个数据寄存器来存储 32 位数据，最高位仍可为符号位。本节对专用数据寄存器 D 的类型、数据格式及变址寄存器进行详细介绍。

6.1.1　数据寄存器（D）

数据寄存器包括以下三类。

1. 通用数据寄存器（D0 ~ D199）

通用数据寄存器共 200 点。当 M8033 为 ON 时，D0 ~ D199 有断电保护功能；当 M8033 为 OFF 时，它们无断电保护功能，此时如果 PLC 由 RUN →STOP 或停电，则数据将全部清零。

2. 断电保持数据寄存器（D200 ~ D7999）

断电保持数据寄存器共 7800 点，其中 D200 ~ D511 有断电保持功能，可以利用外部设备的参数设定改变通用数据寄存器与有断电保持功能数据寄存器的分配；D490 ~ D509 供通信用；D512 ~ D7999 的断电保持功能不能用软件改变，但可用指令清除它们的内容。根据参数设定可以将 D1000 以上的数据寄存器作为文件寄存器。

3. 特殊数据寄存器（D8000 ~ D8255）

特殊数据寄存器共 256 点。特殊数据寄存器主要用来监控 PLC 的运行状态，如扫描时间、电池电压等。未加定义的特殊数据寄存器，用户不能使用。

6.1.2　数据格式

1. 位元件与位元件的组合

X0、Y2、S20、M5 等都是位（bit）元件，位元件用来表示开关量的状态，如常开触点的通、断，线圈的通电和断电等，这两种状态分别用二进制数 1 和 0 来表示，或称为该编程元件处于 ON 或 OFF 状态。X、Y、M 和 S 类位元件组合起来就是元件组，可以用于存放数据，如图 6-1 所示，X3 ~ X0 这 4 个位构成一个字，即寄存器，这是一个“字”的寄存器，如果 X3、X1 为 ON，X2、X0 为 OFF，则该寄存器的二进制数为 1010，十进制数为 10，十六进制数为 A。在三菱 PLC 的程序里，十进制用“K”来表示，用十进制表示上述的数据为 K10，十六进制用“H”来表示，用十六进制表示上述的数据为 HA。

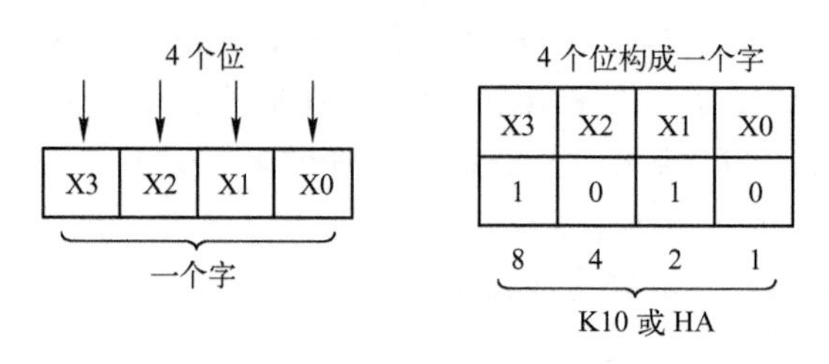

图 6-1　位元件与位元件的组合

图 6-1 的元件组合可表示为 K1X0，K1 是 1 个字，X0 是最低位。FX 系列 PLC 用 KnP 的形式表示连续的位元件组，每组由 4 个连续的位元件组成，P 为位元件的首地址（最低位），n 为组数（n = 1 ~ 8），表示几个数。例如 K2M0 表示 2 个字，是由 M0 ~ M7 组成的 8 个位元件组，M0 为数据的最低位（首位）。16 位操作数时 n = 1 ~ 4，n < 4 时高位为 0，如图 6-2 所示；32 位操作数时 n = 1 ~ 8，n < 8 时高位为 0。

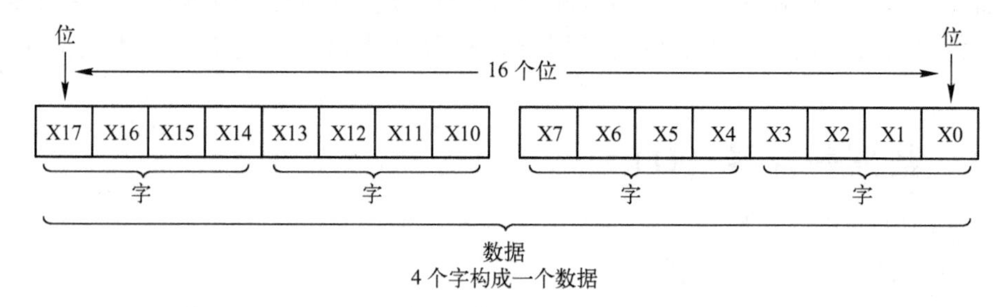

图 6-2　X 位元件组成的 16 位寄存器

建议在使用成组的位元件时，X 和 Y 的首地址的最低位为 0，如 X0、X10、Y20 等。对于 M 和 S 类位元件，首地址可以采用能被 8 整除的数，也可以用最低位为 0 的地址作首地址，如 M32、S50 等。

在应用指令中，操作数的形式有以下几种：K（十进制常数），H（十六进制常数），KnX、KnY、KnM、KnS、T、C、D、V 和 Z。

再如：K4Y0 表示由 Y17 ~ Y0 组成，如果数据为 H7E96 或 K32406，其位的数据情况如图 6-3所示，从这里可以清楚地看到由十六进制转到二进制，第一位的 7 转到二进制为“0111”，第二位的 E 转到二进制为“1110”，第三位的 9 转到二进制为“1001”，第四位的 6 转到二进制为“0110”。

2. 字元件

一个字由 16 个二进制位组成，字元件用来处理数据，定时器和计数器的设定值寄存器、当前值寄存器和数据寄存器 D 都是字元件，位元件 X、Y、M、S 等也可以组成字元件来进行数据处理。PLC 可以按以下三种编码方式存取字数据。

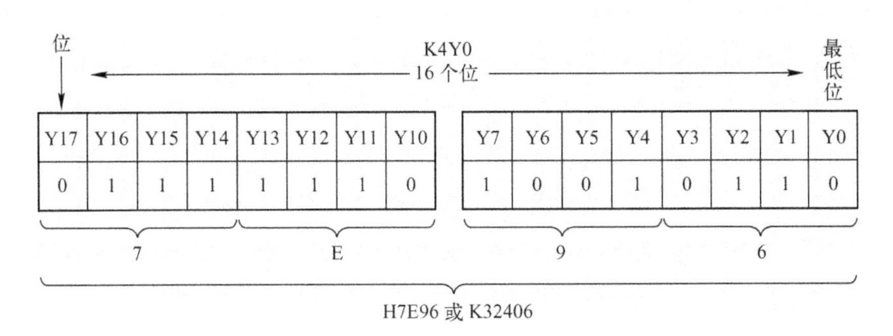

图 6-3　Y 位元件组成的 16 位寄存器

（1）二进制补码

在 FX 系列 PLC 内部，数据以二进制（BIN）补码的形式存储，所有四则运算和加 1、减 1 运算都使用二进制数。二进制补码的最高位（第 15 位）为符号位，正数的符号位为 0，负数的符号位为 1，最低位为第 0 位。第 n 位二进制数为 1 时，对应的十进制数为 2^n。以 3 为例，其对应的 16 位二进制数为 0000 0000 0000 0011，则进行补码运算后得到 -3 的二进制数为 1111 1111 1111 1101，如图 6-4 所示。

图 6-4　数据 3 的补码运算

也可以这样认为，0 的二进制（BIN）是 0000 0000 0000 0000，-1 的二进制（BIN）是 0000 0000 0000 0000 - 1 = 1111 1111 1111 1111，-2 的二进制（BIN）是 1111 1111 1111 1110，-3 的二进制（BIN）1111 1111 1111 1101。再将 -3 进行补码运算又可回到 +3，如图 6-5 所示。

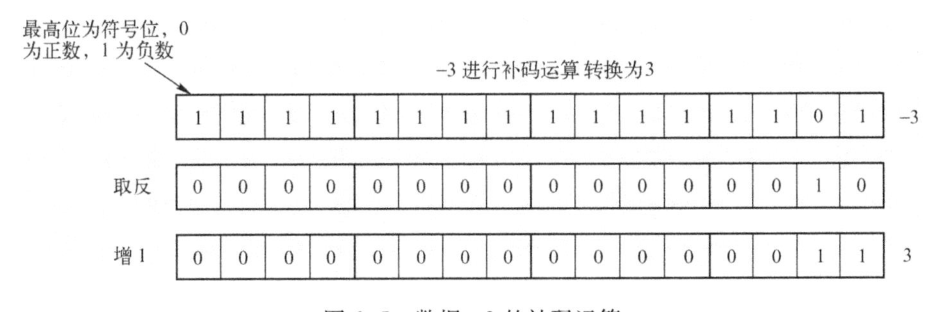

图 6-5　数据 -3 的补码运算

最大的 16 位正数为 0111 1111 1111 1111，对应的十进制数为 32 767。而 -32767 为 1000 0000 0000 0001，最小的负数是 1000 0000 0000 0000，是 -32768。故 16 位数据正负范围是从

32767 到 -32768。

再以 16 位二进制数 0100 1000 0100 1010 为例，对应的十进制数为

$$2^{14}+2^{11}+2^{6}+2^{3}+2^{1}=18506$$

将负数的各位逐位求反后加 1，得到其绝对值。以 0100 1000 0100 1010 为例，将它逐位取反后得 1011 0111 1011 0101，加 1 后得 1011 0111 1011 0110，因为 0100 1000 0100 1010 对应的十进制数为 18506，所以 1011 0111 1011 0110 对应的十进制数为 -18506，如图 6-6 所示。

图 6-6　数据 18506 的补码运算

（2）十六进制编码

十六进制编码使用 16 个数字符号，即 0 ~ 9 和 A ~ F，A ~ F 分别对应十进制数 10 ~ 15，十六进制数采用逢 16 进 1 的运算规则。

4 位二进制数可以转换为 1 位十六进制数，如图 6-3 所示，二进制数 0111 1110 1001 0110 可以转换为十六进制数 7E96。又如，二进制数 1011 0111 1011 0110 可以转换为十六进制数 B7B6。

（3）BCD 码

BCD（Binary Coded Decimal）码是按二进制编码的十进制数。每位十进制数用 4 位二进制数来表示，0 ~ 9 对应的二进制数为 0000 ~ 1001，各位十进制数之间采用逢 10 进 1 的运算规则。以 BCD 码 1001 0110 0111 0101 为例，对应的十进制数为 9 675，最高的 4 位二进制数 1001 实际上表示 9 000。16 位 BCD 码对应 4 位十进制数，允许的最大数字为 9 999，最小的数字为 0000。从 PLC 外部的数字拨码开关输入的数据是 BCD 码，PLC 送给外部 7 段数码显示器的数据一般也是 BCD 码。

6.1.3　变址寄存器（V/Z）

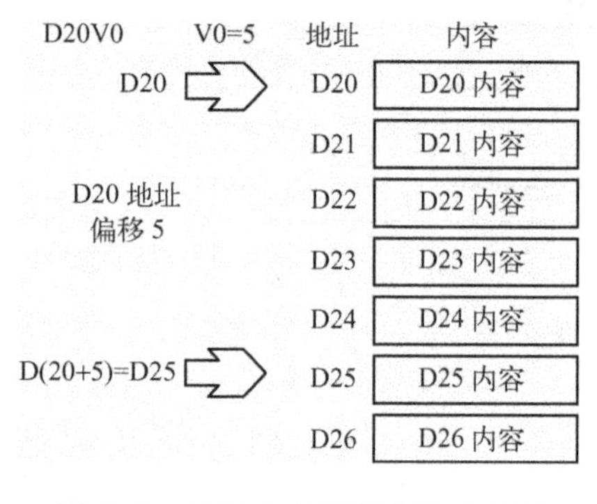

图 6-7　D20V0 变址寄存器示意图

FX_{2N}系列 PLC 有 V0 ~ V7 和 Z0 ~ Z7 共 16 个变址寄存器，它们都是 16 位的寄存器。变址寄存器 V/Z 实际上是一种特殊用途的数据寄存器，其作用相当于微机中的变址寄存器，用于改变元件的编号（变址），例如 V0 = 5，则执行 D20V0 时，被执行的编号为 D25（D（20 + 5）），如图 6-7所示。

变址寄存器可以像其他数据寄存器一样进行读写，需要进行 32 位操作时，可将 V、Z 串联使用（Z 为低位，V 为高位）。

在传送、比较指令中，变址寄存器V、Z用来修改操作对象的元件号，在循环程序中常使用变址寄存器。

对于32位指令，V为高16位，Z为低16位。32位指令中V、Z自动组对使用。这时变址指令只需指定Z，Z就能代表V和Z的组合。

6.2　应用指令的表示方法及其格式、类型

PLC的应用指令，如数据的传送、比较、移位、循环、数学运算、字逻辑运算、数据类型转换等指令，都有其表达的方法和格式。

6.2.1　应用指令的表示方法

FX系列PLC采用计算机通用的助记符形式来表示应用指令。一般用指令的英文名称或缩写作为助记符，例如图6-8中的指令助记符MOV（Move）用来表示数据传送指令。有的应用指令没有操作数，大多数应用指令有1～4个操作数，图6-8中的[S]表示源（Source）操作数，[D]表示目标（Destination）操作数。源操作数或目标操作数不止一个时，可以表示为[S1]、[S2]、[D1]、[D2]等。有些还用n或m表示其他操作数，它们常用来表示常数，或源操作数和目标操作数的补充说明。需注释的项目较多时，可以采用m1、n2等方式。

应用指令的助记符占一个程序步，每一个16位操作数和32位操作数分别占2个和4个程序步。

在用编程器输入应用指令MOV时，因为其应用指令编号为12，所以应先按FNC键，再输入12，编程器将显示出指令的助记符：MOV。两个操作数之间要用SP（Space，空格）键来隔开。MOV指令的功能如图6-8所示。

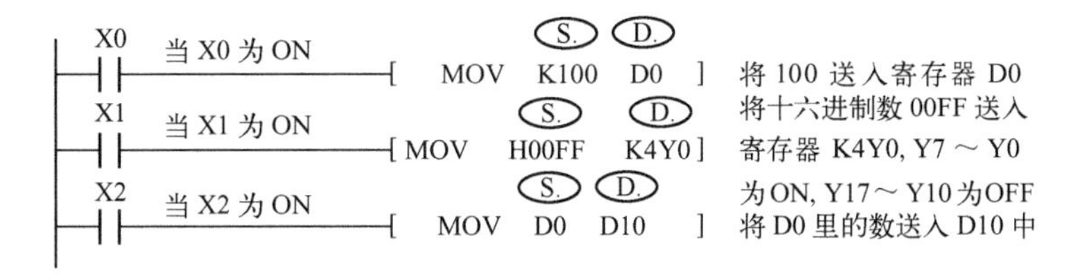

图6-8　MOV指令的使用示例

在图6-8中，当X0的常开触点接通时，将数据100送到数据寄存器D0中，当X1的常开触点接通时，将数据H00FF送到数据寄存器K4Y0中，送入后K4Y0寄存器如图6-9所示。

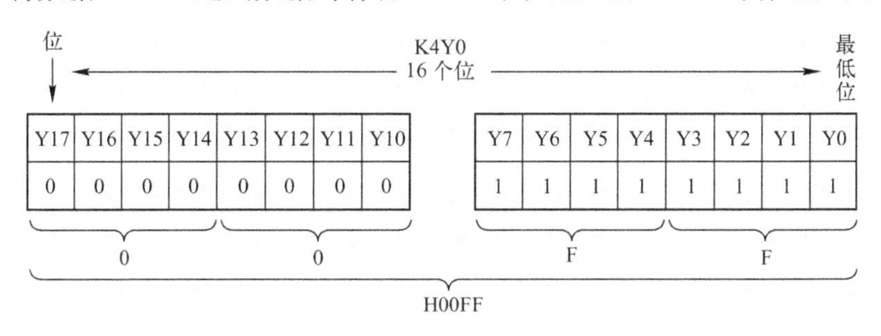

图6-9　数据H00FF存入K4Y0

当 X2 的常开触点接通时，将 D0 中的数据送到数据寄存器 D10 中。

6.2.2 32 位指令与脉冲执行指令

1. 32 位指令

如图 6-10 所示，助记符 MOV 之前的“D”表示处理 32 位（bit）双字数据，这时相邻的两个数据寄存器组成数据寄存器对。

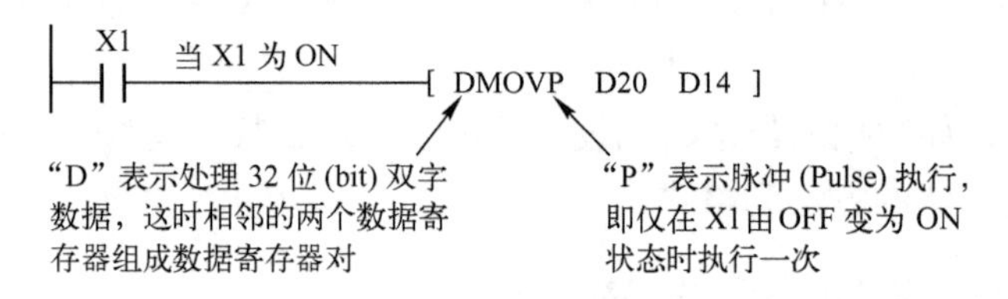

图 6-10　DMOVP 的指令格式

该指令将 D21 和 D20 中的数据传送到 D15 和 D14 中，D20 用于存储低 16 位数据，D21 用于存储高 16 位数据。32 位数据的传送过程如图 6-11 所示。

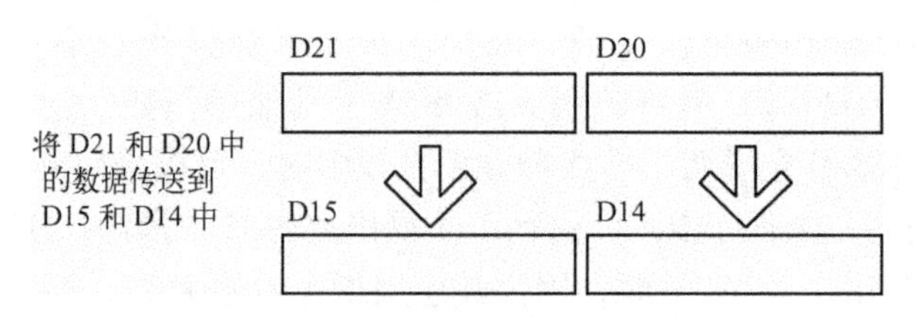

图 6-11　32 位数据传输示意图

为了避免出现错误，建议使用首地址为偶数的操作数，指令前面没有“D”时表示处理 16 位数据。

2. 脉冲执行指令

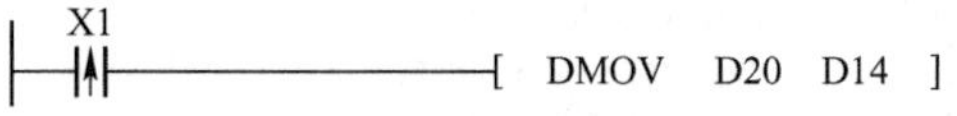

X1　[DMOV　D20　D14]

图 6-12　X1 改为上升沿检测触点

图 6-10 中 MOV 后面的“P”表示脉冲（Pulse）执行，即仅在 X1 由 OFF 变为 ON 状态时执行一次。如果指令后面没有“P”，那么，在 X1 为 ON 的每个扫描周期该指令都要被执行，称为连续执行。后文将要叙述的 INC（加 1）、DEC（减 1）和 XCH（数据交换）等指令一般应使用脉冲执行方式。如果不需要每个周期都执行指令，使用脉冲方式可以减少执行指令的时间。如果将图 6-10 中的 X1 改为上升沿检测触点（触点中间有一个向上的箭头），如图 6-12 所示，则可以不用使用脉冲执行方式（去掉 DMOVP 中的 P），其效果一样。

符号“P”和“D”可以同时使用，例如 D☆☆☆P，其中的“☆☆☆”表示应用指令的助记符。

MOV 的应用指令编号为 12，用编程器输入应用指令“DMOVP”时按以下顺序操作：

〈FNC〉→〈D〉→〈1〉→〈2〉→〈P〉

在编程软件中，可以直接输入“DMOVP D20 D14”，指令和各操作数之间要用空格隔开。

6.3 传送类指令

常用的传送类指令包括 MOV（传送）、SMOV（BCD 码移位传送）、CML（取反传送）、BMOV（数据块传送）和 FMOV（多点传送）以及 XCH（数据交换）指令。下面对这类指令做详细介绍。

6.3.1 传送指令 MOV（FNC 12）

传送指令 MOV（Move）用于将源数据传送到指定目标，源操作数 S 为被传数，目标 D 为接收寄存器，如表 6-1 所示。

表 6-1 传送指令 MOV（FNC12）

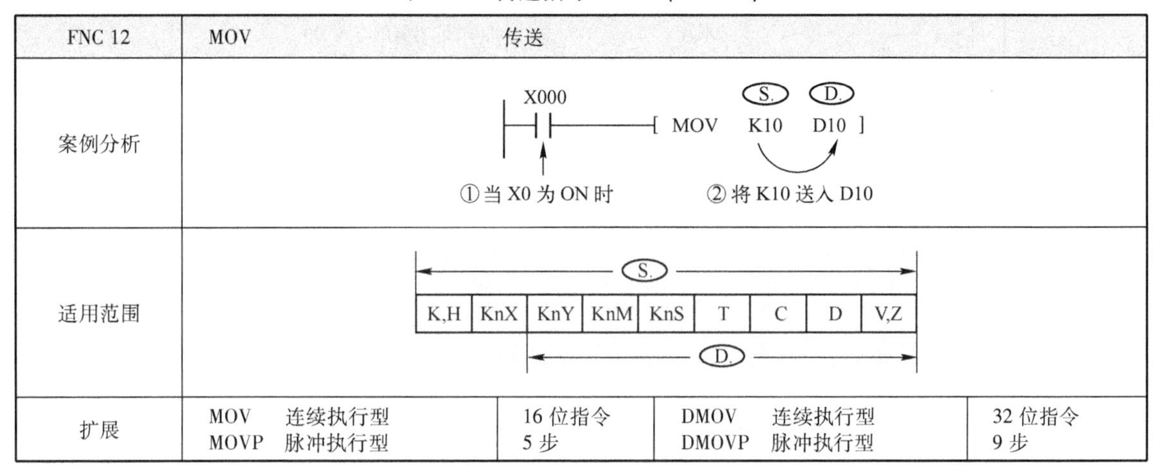

FNC 12	MOV 传送		
案例分析	X000 ─┤├─ [MOV K10(S.) D10(D.)] ①当 X0 为 ON 时 ②将 K10 送入 D10		
适用范围	(S.): K,H KnX KnY KnM KnS T C D V,Z (D.): KnY KnM KnS T C D V,Z		
扩展	MOV 连续执行型 MOVP 脉冲执行型	16 位指令 5 步	DMOV 连续执行型 DMOVP 脉冲执行型	32 位指令 9 步

表中的示例表示：当 X0 为 ON 时，将 K10 送入 D10，源操作数 S 是 K10，目标 D 是 D10。S 和 D 的适用数据类型在表中已一一标出，非常直观，其中，K、H 是指立即数，如 K10、H00FF。表中源操作数可以取 KnX、KnY、KnM、KnS、T、C、D、V 和 Z。目标数 D 可以是 KnM、KnS、T、C、D、V 和 Z，刚好是 S 的后半部分。最后给出该指令的 D、P 扩展及其执行步数。下面通过两个示例阐述 MOV 指令的用法。

示例一：如图 6-13 所示，当 X0 为 ON 时，常数 100 被传送到 D0；当 X0 为 OFF 时，常数 200 被传送到 D0；当 X1 为 ON 时，定时 10 秒或 20 秒后 Y1 为 ON。当 X0 为 ON 时，定时 10 秒；当 X0 为 OFF 时，定时 20 秒。

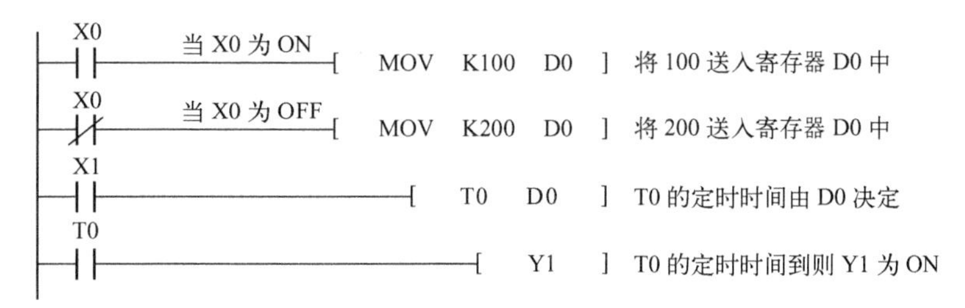

图 6-13 MOV 指令示例一

示例二：如图6-14所示，当M8002为ON时，Z0为3，当X0为ON时，Z0先为4，再为2，后又为4，最终D4传送给D10。

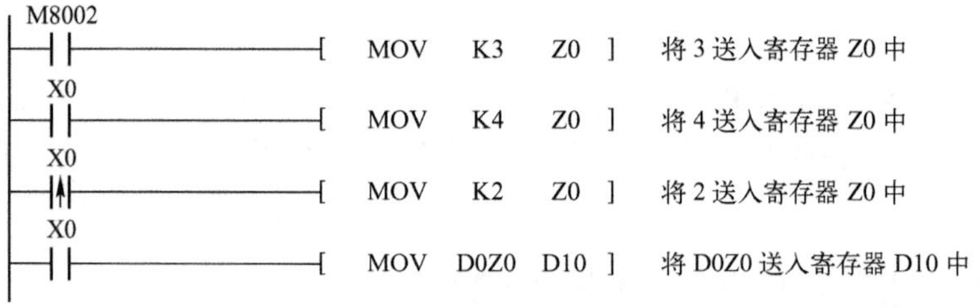

```
M8002
─┤├──────────[ MOV  K3    Z0  ]   将3送入寄存器Z0中
X0
─┤├──────────[ MOV  K4    Z0  ]   将4送入寄存器Z0中
X0
─┤↑├─────────[ MOV  K2    Z0  ]   将2送入寄存器Z0中
X0
─┤├──────────[ MOV  D0Z0  D10 ]   将D0Z0送入寄存器D10中
```

图6-14　MOV指令示例二

练习：试分析图6-15所示梯形图程序的执行过程。

```
X3
─┤├──────┬───[ MOV   T0    D0   ]   将T0的当前值存入D0
         └───[ MOV   K60   D1   ]   将60的值存入D1
X0   在X0的上升沿
─┤↑├─────────[ MOV   K8    V0   ]   将8的值存入V0
X1   在X1的上升沿
─┤├──────────[ MOVP  K2X0  K2Y0 ]   将K2X0的当前值存入K2Y0
X2
─┤/├─────────[ MOV   C7    D100 ]   将C7的当前值存入D100
X4
─┤├──────────[       T0    D1   ]   T0开始定时(T0的设定值存放在D1中)
```

图6-15　MOV指令练习程序

【例6.1】由Y17～Y0控制16个彩灯的亮灭。按下启动按钮X0后，Y7～Y0控制的灯亮，Y17～Y10控制的灯灭；5s后，Y7～Y0控制的灯灭，Y17～Y10控制的灯亮，如此循环。按下停止按钮X1，彩灯都灭。彩灯控制梯形图如图6-16所示，试分析程序的整个执行过程。

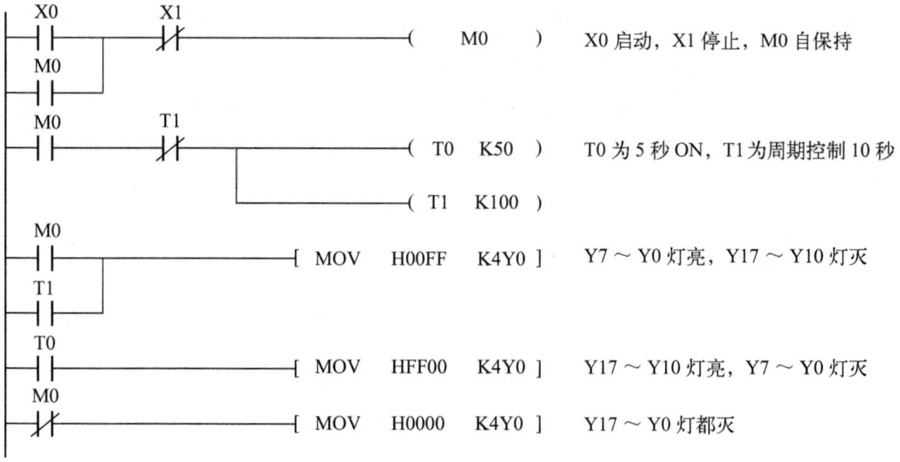

```
X0        X1
─┤├──┬────┤/├──────────( M0        )   X0启动，X1停止，M0自保持
M0   │
─┤├──┘
M0        T1
─┤├───────┤/├───┬──────( T0   K50  )   T0为5秒ON，T1为周期控制10秒
                └──────( T1   K100 )
M0
─┤├──┬─────────[ MOV  H00FF  K4Y0 ]   Y7～Y0灯亮，Y17～Y10灯灭
T1   │
─┤├──┘
T0
─┤├────────────[ MOV  HFF00  K4Y0 ]   Y17～Y10灯亮，Y7～Y0灯灭
M0
─┤/├───────────[ MOV  H0000  K4Y0 ]   Y17～Y0灯都灭
```

图6-16　彩灯控制梯形图

【例 6.2】一台洗衣机具有强洗、中洗、弱洗三挡控制功能，对应的控制开关分别为 X0、X1、X2。强洗过程是：洗衣机正转 7 秒、停 3 秒，反转 7 秒、停 3 秒；中洗过程是：洗衣机正转 5 秒、停 5 秒，反转 5 秒、停 5 秒；弱洗过程是洗衣机正转 4 秒、停 6 秒，反转 4 秒、停 6 秒，不设置，则衣服程序默认为中洗。按下启动按钮 X6，洗衣机开始洗衣，按下停止按钮 X7，洗衣机停止洗衣。其梯形图程序如图 6-17 所示，试分析其程序执行过程。

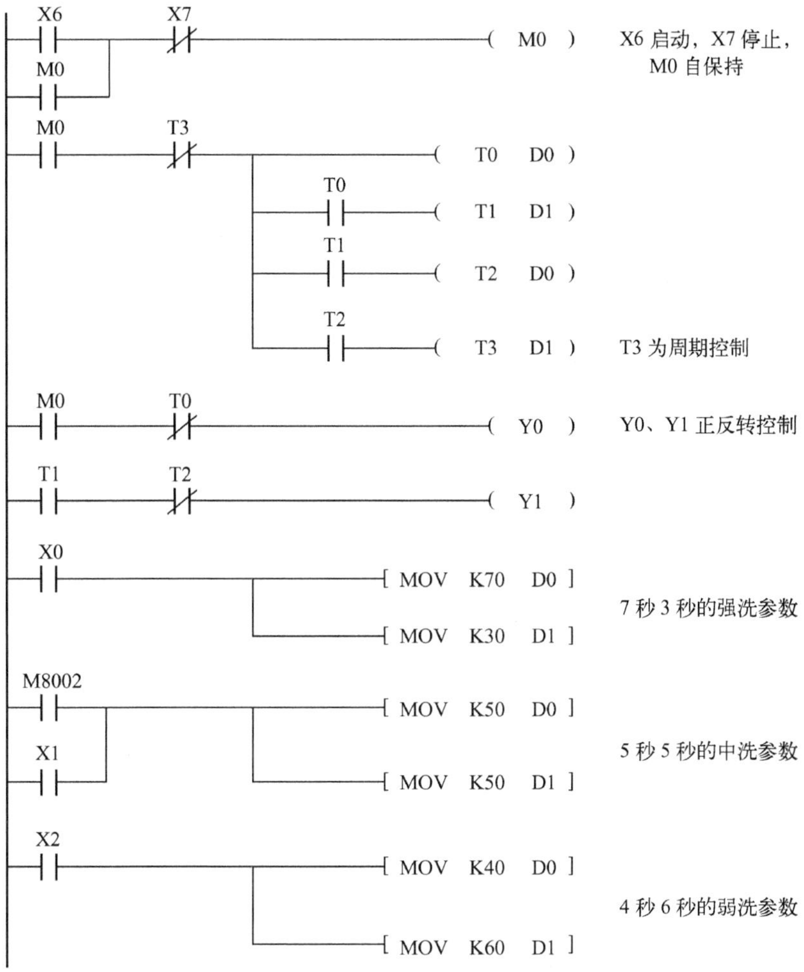

```
X6 ─┤├─┬─ X7 ─┤/├──────────( M0 )        X6 启动，X7 停止，
M0 ─┤├─┘                                  M0 自保持
M0 ─┤├─── T3 ─┤/├─┬────────( T0  D0 )
                  ├─ T0 ─┤├─( T1  D1 )
                  ├─ T1 ─┤├─( T2  D0 )
                  └─ T2 ─┤├─( T3  D1 )   T3 为周期控制
M0 ─┤├─── T0 ─┤/├──────────( Y0 )        Y0、Y1 正反转控制
T1 ─┤├─── T2 ─┤/├──────────( Y1 )
X0 ─┤├─┬───────────[ MOV  K70  D0 ]
       └───────────[ MOV  K30  D1 ]      7 秒 3 秒的强洗参数
M8002 ─┤├─┬─┬──────[ MOV  K50  D0 ]
X1 ─┤├────┘ └──────[ MOV  K50  D1 ]      5 秒 5 秒的中洗参数
X2 ─┤├─┬───────────[ MOV  K40  D0 ]
       └───────────[ MOV  K60  D1 ]      4 秒 6 秒的弱洗参数
```

图 6-17　洗衣机强、中、弱洗控制梯形图

注意：洗衣机强、中、弱参数的设置没有做闭锁处理，如果都为 ON，则越靠后执行的越优先，故 X2 最优先。

6.3.2　移位传送指令 SMOV（FNC 13）

移位传送指令 SMOV（Shift Move）将 4 位十进制（Decimal）源数据（S）中指定位数的数据传送到 4 位十进制目标操作数（D）中指定的位置，如表 6-2 所示。指令中的常数 m1、m2 和 n 的取值范围为 1 ~ 4，分别对应个位 ~ 千位。

表 6-2　移位传送指令 SMOV（FNC 13）

FNC13	SMOV	移位传送		
案例分析	X000　Ⓢ m1 m2 Ⓓ n [SMOV D1 K4 K2 D2 K3] D1 的 BCD 码：1 0 0 1 1 0 0 0 0 1 1 1 0 1 1 0 10^3　10^2　10^1　10^0 Ⓢ D1 的十进制：9 8 7 6 m1=4 为源的第 4 位数起始 m2=2 为总计 2 个数 n=3 为目标的第 3 位位置 Ⓓ D2 的十进制：不变 9 8 不变 10^3　10^2　10^1　10^0 D2 的 BCD 码：不变 1 0 0 1 1 0 0 0 不变			
适用范围	Ⓢ：K,H KnX KnY KnM KnS T C D V,Z Ⓓ：KnY KnM KnS T C D V,Z m1, m2, n=1～4			
扩展	SMOV　连续执行型 SMOVP　脉冲执行型	16 位指令 11 位		32 位指令

十进制数在存储器中以二进制数的形式即 BCD 码存放，源数据和目标数据的范围均为 0 ~ 9999。当 X0 为 ON 时，将 D1 中转换后的 BCD 码右起第 4 位（m1 =4）开始的 2 位（m2 =2）移到目标操作数 D2 右起的第 3 位（n =3）和第 2 位，D2 的第 1 位和第 4 位不受移位传送指令的影响。

特殊辅助继电器 M8168 为 ON 时，SMOV 指令运行在 BCD 方式，源数据和目标数据均为 BCD 码。

【例 6.3】 假设接在 X3 ~ X0 的拨码开关输入的 BCD 码为个位，接在 X17 ~ X10 的两个拨码开关输入的 BCD 码为百位和十位，将它们结合为 3 位 BCD 码，将结果放在 D1 中。其对应的梯形图程序如图 6-18 所示，试分析程序的执行过程。

图 6-18　3 位 BCD 码组合梯形图

该程序用 SMOV 指令将 D2 中的低 8 位 BCD 码放在 D1 中 BCD 码的第 2 位和第 3 位，或二进制数的第4～11位。假设D2读入的为56H，D1读入的为7H，组合以后的3位BCD码为567H。

6.3.3　取反传送指令CML（FNC 14）

取反传送指令CML（Complement）将源元件中的数据逐位取反（1→0，0→1），并传送到指定目标中，如表6-3所示。

表6-3　取反传送指令CML（FNC 14）

FNC14	CML 取反传送			
案例分析	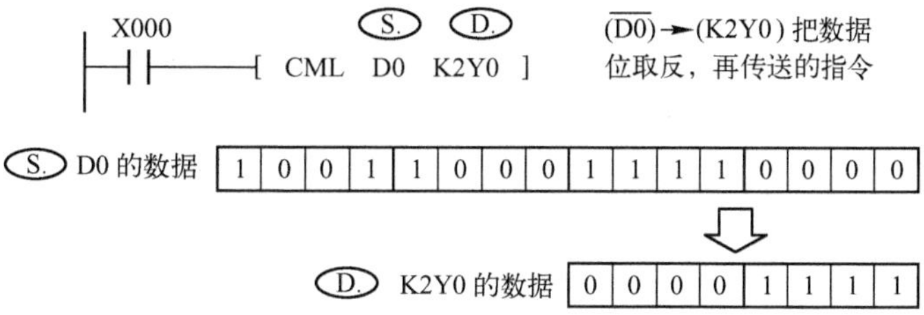 X000 ┤├──[CML D0 K2Y0]　(S.) (D.) $(\overline{D0})$→(K2Y0) 把数据位取反，再传送的指令 (S.) D0的数据 1 0 0 1 1 0 0 0 1 1 1 1 0 0 0 0 (D.) K2Y0的数据 0 0 0 0 1 1 1 1			
适用范围	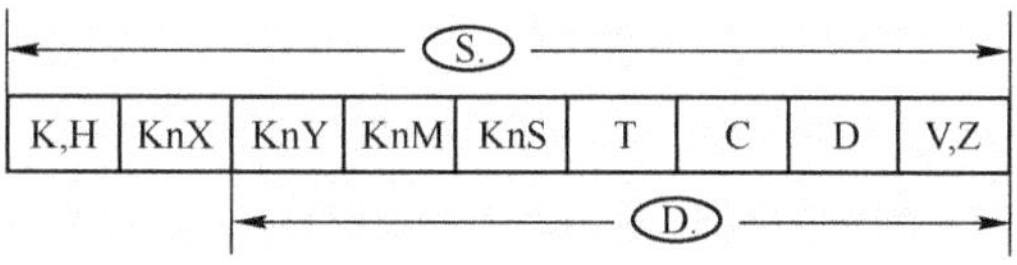 (S.): K,H　KnX　KnY　KnM　KnS　T　C　D　V,Z (D.): KnY　KnM　KnS　T　C　D　V,Z			
扩展	CML　连续执行型 CMLP　脉冲执行型	16位指令 5步	DCML　连续执行型 DCMLP　脉冲执行型	32位指令 9步

表中的示例表示：CML指令将D0的低8位取反后传送到Y7～Y0中。

【例6.4】用CML指令实现【例6.1】中的彩灯控制的梯形图程序如图6-19所示，试分析程序的执行过程。

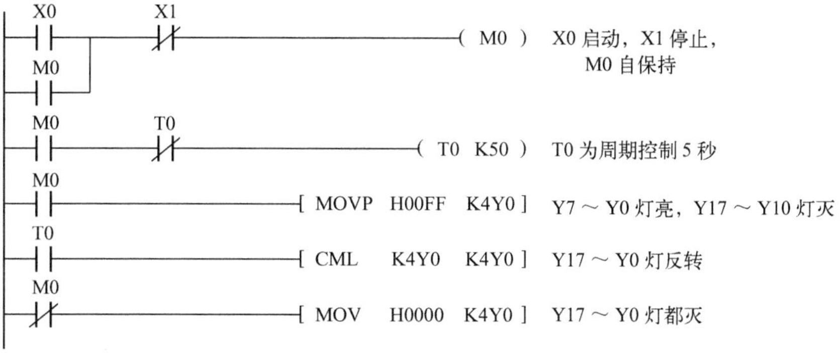

```
X0      X1
─┤├──┬──┤/├──────────────( M0 )              X0启动，X1停止，
M0   │                                         M0自保持
─┤├──┘
M0      T0
─┤├─────┤/├──────────( T0  K50 )             T0为周期控制5秒
M0
─┤├──────────────[ MOVP  H00FF  K4Y0 ]       Y7～Y0灯亮，Y17～Y10灯灭
T0
─┤├──────────────[ CML   K4Y0   K4Y0 ]       Y17～Y0灯反转
M0
─┤/├─────────────[ MOV   H0000  K4Y0 ]       Y17～Y0灯都灭
```

图6-19　用CML指令实现彩灯控制梯形图程序

可以看出：用M0启动周期设置初始Y17～Y0，再利用CML实现每5秒一个反转，整个程序有所简化。

6.3.4 块传送指令 BMOV（FNC 15）

块传送指令用于将源操作数指定的元件开始的 n 个数据组成的数据块传送到指定的目标中，n 可以取 K、H 和 D。如果元件号超出允许的范围，数据仅传送到允许的范围，如表 6-4 所示。

表 6-4 块传送指令 BMOV（FNC 15）

FNC15	BMOV	块传送		(BLOCK MOVE)
案例分析	X000 [BMOV (S.)D5 (D.)D10 n K3] 将 D5 的数据传到 D10 中，连续传 3 个，即 D5 到 D10，D6 到 D11，D7 到 D12。 (S.) D5 (1)→ D10 (D.)；D6 (2)→ D11；D7 (3)→ D12			
适用范围	(S.): KnX KnY KnM KnS T C D K,H | KnX | KnY | KnM | KnS | T | C | D | V,Z n: K,H、D (D.): KnY KnM KnS T C D n<=512			
扩展	BMOV 连续执行型 BMOVP 脉冲执行型	16 位指令 7 步		32 位指令

传送顺序是自动决定的，从而防止源数据块与目标数据块重叠时源数据在传送过程中被改写。如果源元件与目标元件的类型相同，传送按顺序进行并由小到大编号。

如果 M8024 为 ON，则传送的方向相反（目标数据块中的数据传送到源数据块中）。

【例 6.5】 假设有一 D0～D9 数据区，当 X1 为 ON 时，将 D0～D9 的数据传送到 D50～D59 中，当 X1 为 OFF 时，数据又从 D50～D59 传送到 D0～D9 中。对应的梯形图程序如图 6-20 所示，试分析程序的执行过程。

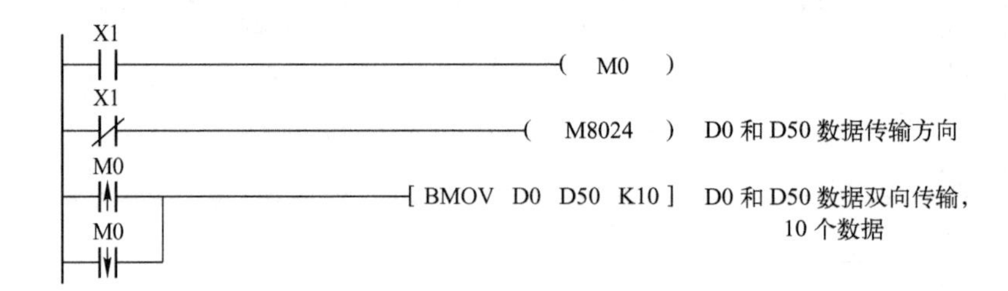

图 6-20 BMOV 数据传输

6.3.5 多点传送指令 FMOV（FNC 16）

多点传送指令 FMOV（Fill Move）用于将单个元件中的数据传送到指定目标地址开始的 n 个元件中，传送后 n 个元件中的数据完全相同，如表 6-5 所示。

表 6-5　多点传送指令 FMOV（FNC 16）

FNC 16	FMOV　　　多点传送			
案例分析	X000 ─┤├─[FMOV K0 (S.) D0 (D.) K10 (n)]　将 K0 传送至 D0～D9。统一数据的多点传送指令			
适用范围	K,H | KnX | KnY | KnM | KnS | T | C | D | V,Z；(S.)：KnX～V,Z；(D.)：KnY～V,Z；n：K,H，n<=512			
扩展	FMOV　连续执行型 FMOVP　脉冲执行型	16 位指令 7 位	DFMOV　连续执行型 DFMOVP　脉冲执行型	32 位指令 13 步

如果元件号超出允许的范围，数据仅送到允许的范围中。

如图 6-21 所示梯形图，当 X2 为 ON 时，可以将常数 0 送到 D100～D199 共 100 个（n = 100）数据寄存器中，从而实现数据的初始化。(a) 为 MOV 指令，(b) 为 FMOV 指令。

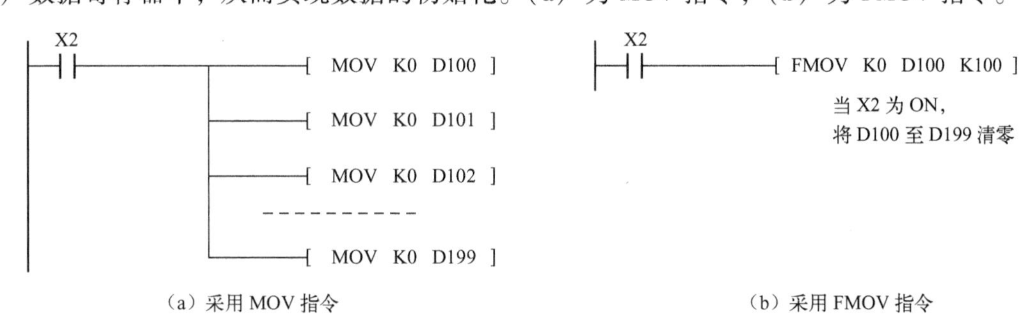

(a) 采用 MOV 指令　　　(b) 采用 FMOV 指令

图 6-21　数据初始化

显然，FMOV 指令比 MOV 指令简洁得多，编写程序时，应灵活运用，编写的程序越简洁、简单越好。

6.3.6　数据交换指令 XCH（FNC 17）

数据交换指令 XCH（Exchange）用于在指定的目标元件[D1]和[D2]之间交换数据，如表 6-6所示。

表 6-6　数据交换指令 XCH（FNC 17）

FNC 17	XCH　　　交换			
案例分析	X000 ─┤├─[XCH D10 (D1.) D11 (D2.)]　执行前：(D10)=100，(D11)=101；执行后：(D10)=101，(D11)=100			
适用范围	K,H | KnX | KnY | KnM | KnS | T | C | D | V,Z；(D1.)(D2.)：KnY～V,Z			
扩展	XCH　连续执行型 XCHP　脉冲执行型	16 位指令 5 步	DXCH　连续执行型 DXCHP　脉冲执行型	32 位指令 9 步

交换指令一般采用脉冲执行方式（指令助记符后面加 P），否则每一个扫描周期都要交换一次。M8160 为 ON 且[D1]和[D2]是同一元件时，将交换目标元件的高、低字节。

【例 6.6】 现有 D0 ~ D3 数据区和 D10 ~ D13 数据区，当 X1 为 ON 时，两个数据区做数据交换。其梯形图程序如图 6-22 所示，试分析程序的执行过程。

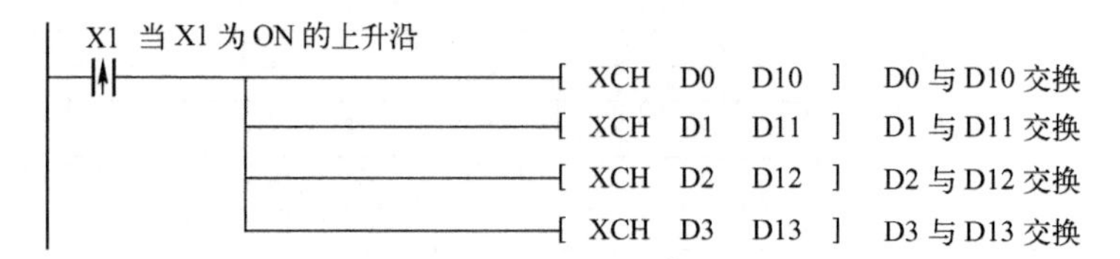

图 6-22 两数据区数据交换梯形图程序

【例 6.7】 假设需要将 D0 中的 BCD 数据输出，将低 8 位送到 Y27 ~ Y20，高 8 位送到 Y7 ~ Y0。由 X3 控制程序执行。对应的梯形图程序如图 6-23 所示，试分析程序的执行过程。

X3 当 X3 为 ON
[MOVP D0 K2Y20] 将 D0 的低 8 位送入寄存器 K2Y20
(M8160) 启动 SWAP
[XCHP D0 D0] 将 D0 的高、低 8 位互换
[MOVP D0 K2Y0] 将 D0 的低 8 位（原高 8 位）送入寄存器 K2Y20

图 6-23 高、低 8 位数据交换梯形图

6.3.7 BCD 变换指令（FNC 18）

BCD 变换指令（Binary Code to Decimal）用于将源元件中的二进制数转换为 BCD 码并送到目标元件中，如表 6-7 所示。如果执行的结果超出 0 ~ 9 999 的范围，或双字的执行结果超出 0 ~ 99 999 999 的范围，将会出错。

表 6-7 BCD 变换指令（FNC18）

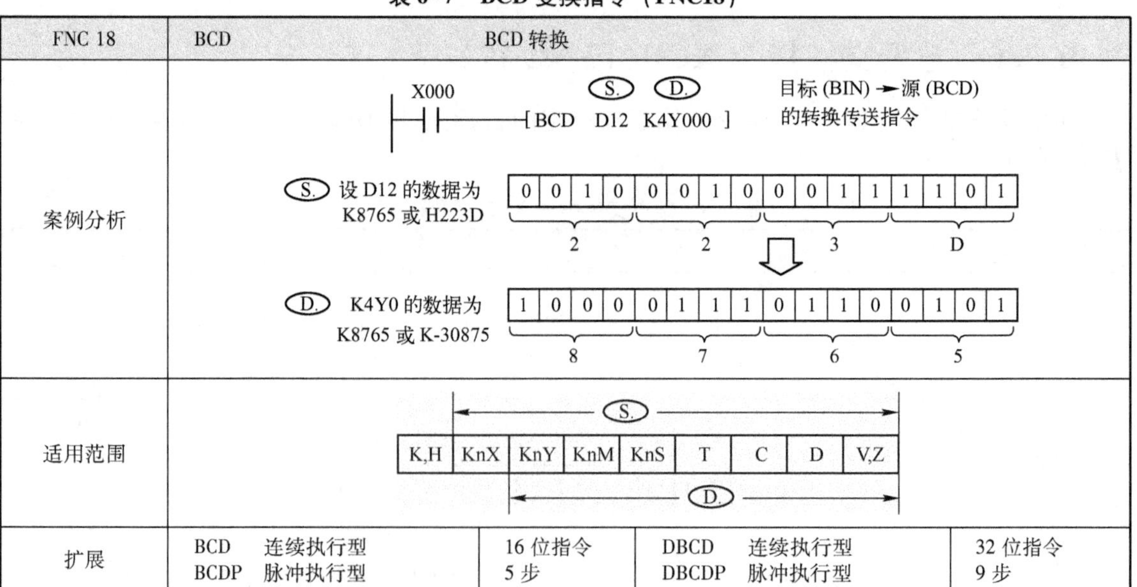

FNC 18	BCD	BCD 转换		
案例分析	X000 [BCD D12 K4Y000] (S.) (D.) 目标 (BIN) → 源 (BCD) 的转换传送指令 (S.) 设 D12 的数据为 K8765 或 H223D：0 0 1 0 | 0 0 1 0 | 0 0 1 1 | 1 1 0 1 → 2 2 3 D (D.) K4Y0 的数据为 K8765 或 K-30875：1 0 0 0 | 0 1 1 1 | 0 1 1 0 | 0 1 0 1 → 8 7 6 5			
适用范围	(S.)：K,H KnX KnY KnM KnS T C D V,Z (D.)：KnY KnM KnS T C D V,Z			
扩展	BCD 连续执行型 BCDP 脉冲执行型	16 位指令 5 步	DBCD 连续执行型 DBCDP 脉冲执行型	32 位指令 9 步

PLC 内部的算术运算用二进制数进行，可以用 BCD 指令将二进制数变换为 BCD 码后输出到 7 段数码显示器。

M8032 为 ON 时，双字将被转换为科学计数法格式。

【例 6.8】 一组 7 段数码显示器和"翻页"的方式显示计数器 C1 ~ C10 的当前值。每按一次 X1 外接按钮，显示下一个计数器的值。显示到头，则重新显示 C1 的值。BCD 指令将计数器的当前值转换为 BCD 码后，送给 Y17 ~ Y0 控制的 4 位 7 段数码显示器。每次按下按钮 X1，变址寄存器 V0 的值被加 1，程序的梯形图如图 6-24 所示。试分析程序的执行过程。

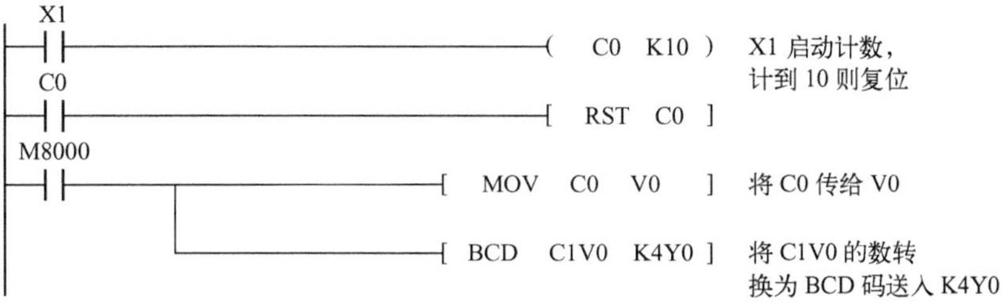

```
 X1
─┤├──────────────────────( C0  K10 )   X1 启动计数，
                                         计到 10 则复位
 C0
─┤├──────────────────────[ RST  C0 ]
 M8000
─┤├────┬─────────────[ MOV  C0  V0 ]   将 C0 传给 V0
       │
       └─────────────[ BCD  C1V0  K4Y0 ]   将 C1V0 的数转
                                            换为 BCD 码送入 K4Y0
```

图 6-24　用 BCD 转换实现 4 位 7 段数码显示

6.3.8　BIN 变换指令（FNC 19）

BIN 变换指令（Binary）用于将源元件中的 BCD 码转换为二进制数后送到目标元件中，如表 6-8 所示。

表 6-8　BIN 变换指令（FNC19）

FNC 19	BIN	BIN 转换		
案例分析	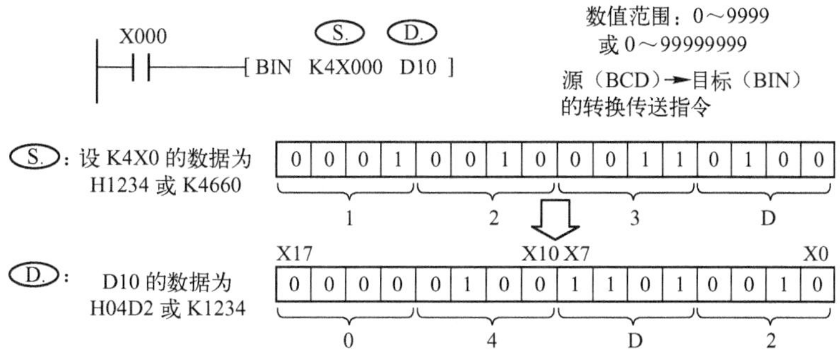 X000 —┤├—[BIN K4X000 D10]（S. = K4X000，D. = D10） 数值范围：0～9999 或 0～99999999 源（BCD）→目标（BIN）的转换传送指令 S.：设 K4X0 的数据为 H1234 或 K4660 0 0 0 1 │ 0 0 1 0 │ 0 0 1 1 │ 0 1 0 0 1　2　3　D X17　X10 X7　X0 D.：D10 的数据为 H04D2 或 K1234 0 0 0 0 │ 0 1 0 0 │ 1 1 0 1 │ 0 0 1 0 0　4　D　2			
适用范围	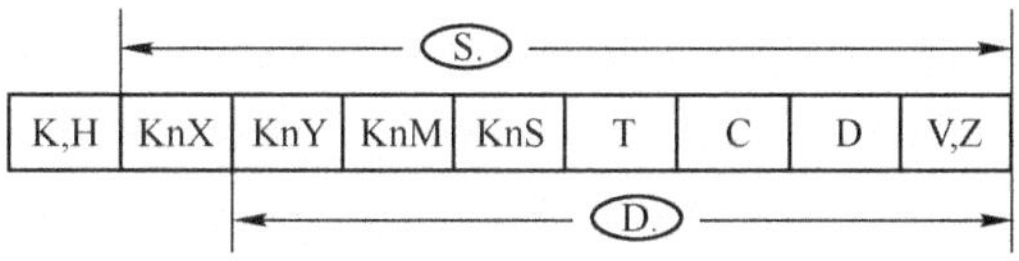 K,H │ KnX │ KnY │ KnM │ KnS │ T │ C │ D │ V,Z S.：KnX ～ V,Z D.：KnY ～ V,Z			
扩展	BIN　连续执行型 BINP　脉冲执行型	16 位指令 5 步	DBIN　连续执行型 DBINP　脉冲执行型	32 位指令 9 步

BCD 数字拨码开关的 10 个位置对应十进制数 0 ~ 9，通过内部编码，拨码开关的输出为当前位置对应的十进制数转换后的 4 位二进制数。可以用 BIN 指令将拨码开关提供的 BCD 设定值转换为二进制数后输入到 PLC。

【例 6.9】X17～X0 接有 4 个拨码开关，可设置定时器的定时时间，时间范围为 0～9999 秒，按下启动按钮 X20 后启动定时，设定时间到，Y20 为 ON，Y17～Y0 显示 BCD 码倒计时时间。按下 X21，显示和输出均复位。对应的梯形图程序如图 6-25 所示，试分析程序的执行过程。

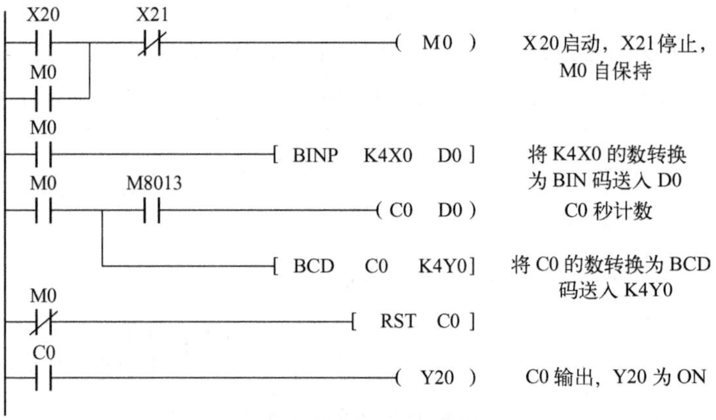

```
X20     X21
─┤├──┬──┤/├──────────────( M0 )        X20启动，X21停止，
M0   │                                  M0 自保持
─┤├──┘
M0
─┤├─────────────[ BINP  K4X0  D0 ]     将 K4X0 的数转换
M0      M8013                           为 BIN 码送入 D0
─┤├──┬──┤├──────────( C0  D0 )          C0 秒计数
     │
     └──────────[ BCD  C0  K4Y0]        将 C0 的数转换为 BCD
M0                                      码送入 K4Y0
─┤/├────────────────[ RST  C0 ]
C0
─┤├──────────────────( Y20 )            C0 输出，Y20 为 ON
```

图 6-25　BIN 转换可设置定时器

如果源元件中的数据不是 BCD 数，将会出错。当设置 M8032 为 ON 时，BIN 将科学计数法格式的数转换为浮点数。

6.4　比较指令

6.4.1　比较指令 CMP（FNC 10）

比较指令 CMP（Compare）用于比较源操作数[S1]和[S2]，将比较的结果送到目标操作数[D]中，如表 6-9 所示。比较的结果用目标元件的状态来表示。

表 6-9　比较指令 CMP（FNC 10）

FNC 10	CMP	比较
案例分析	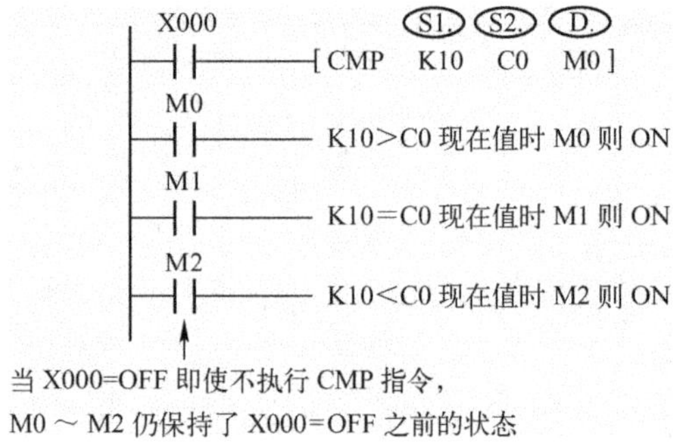	X000 ─┤├─[CMP (S1) K10 (S2) C0 (D) M0] M0 ─┤├─ K10>C0 现在值时 M0 则 ON M1 ─┤├─ K10=C0 现在值时 M1 则 ON M2 ─┤├─ K10<C0 现在值时 M2 则 ON 当 X000=OFF 即使不执行 CMP 指令， M0 ～ M2 仍保持了 X000=OFF 之前的状态

续表

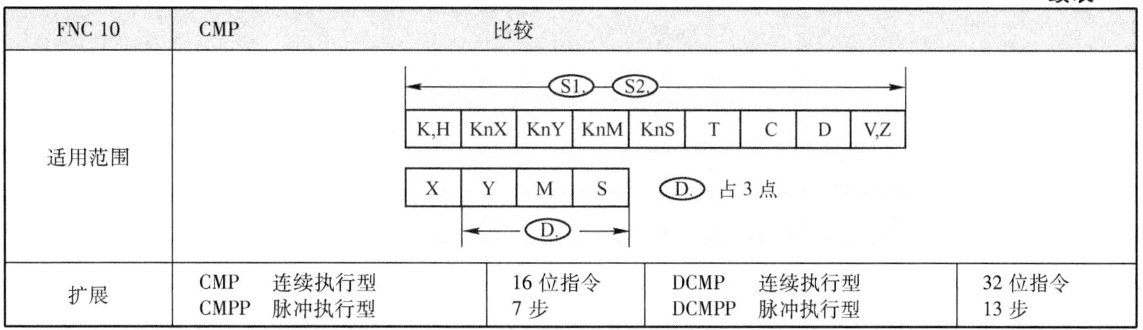

FNC 10	CMP	比较		
适用范围	S1. S2.: K,H KnX KnY KnM KnS T C D V,Z；D.: X Y M S；D. 占3点			
扩展	CMP　连续执行型 CMPP　脉冲执行型	16位指令 7步	DCMP　连续执行型 DCMPP　脉冲执行型	32位指令 13步

表6-9中的示例表示：比较指令将十进制常数10与计数器C0的当前值做比较，将比较结果送到M0～M2。X0为OFF时不进行比较，M0～M2的状态保持不变；X0为ON时，进行比较，若[S1]>[S2]，仅M0为ON；若[S1]=[S2]，仅M1为ON；若[S1]<[S2]，仅M2为ON。所有的源数据都被视为二进制数进行处理。指定的元件种类或元件号超出允许范围时将会出错。

【例6.10】有D0～D4数据区，当X1为ON时，找出D0～D4中最大的数，并输出到D0。对应的梯形图程序如图6-26所示，试分析程序的执行过程。

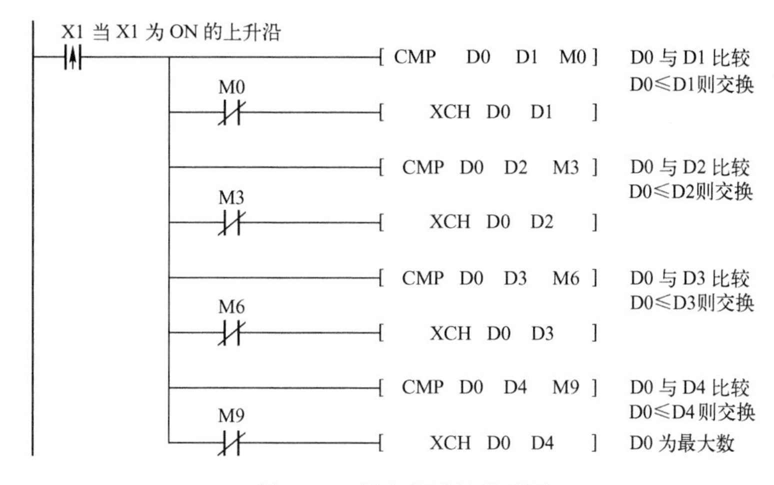

图6-26　最大数计算梯形图

本题的解题技巧在于用冒泡法解题。

【例6.11】设计一洗衣机控制程序，要求设置单按键启停，单按键设置强、中、弱洗，并设有强、中、弱三灯及启停灯。强洗过程是：洗衣机正转7s、停3s，反转7s、停3s；中洗过程是：洗衣机正转5s、停5s，反转5s、停5s；弱洗过程是：洗衣机正转4s、停6s，反转4s、停6s。设置X6为启动/停止按钮，X5为强、中、弱洗设置，强、中、弱洗指示为Y3、Y4、Y5。对应的梯形图程序如图6-27所示，试分析程序的执行过程。

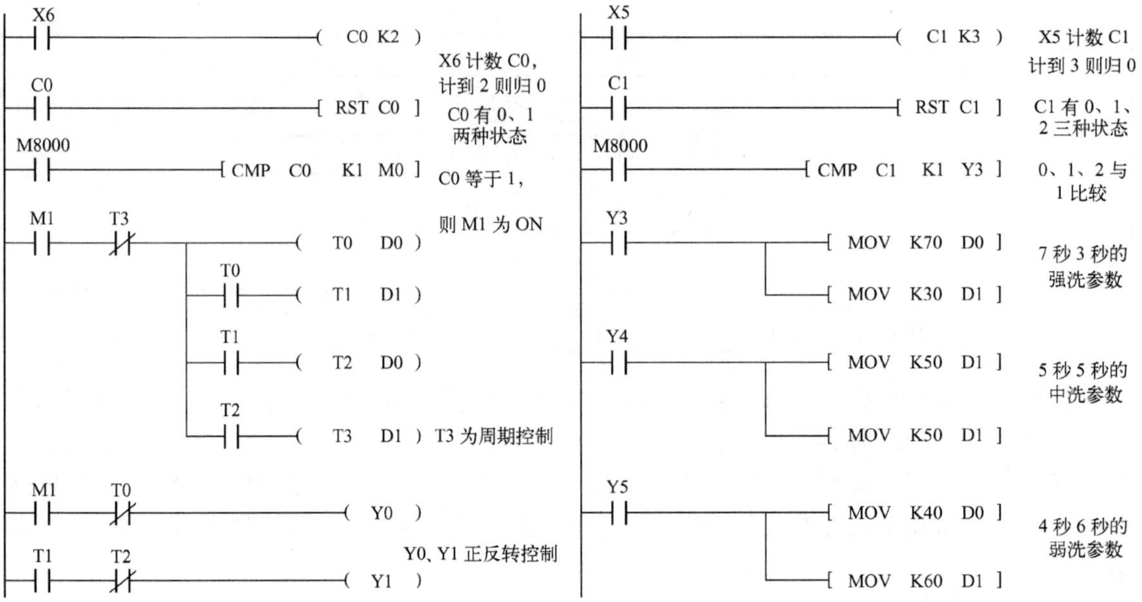

```
X6                                         ( C0 K2 )      X6计数C0，计到2则归0
C0                                         [ RST C0 ]     C0有0、1两种状态
M8000                                      [ CMP C0 K1 M0 ]  C0等于1，则M1为ON
M1      T3(NC)                             ( T0 D0 )
            T0                             ( T1 D1 )
            T1                             ( T2 D0 )
            T2                             ( T3 D1 )      T3为周期控制
M1      T0(NC)                             ( Y0 )
T1      T2(NC)                             ( Y1 )         Y0、Y1正反转控制

X5                                         ( C1 K3 )      X5计数C1计到3则归0
C1                                         [ RST C1 ]     C1有0、1、2三种状态
M8000                                      [ CMP C1 K1 Y3 ]  0、1、2与1比较
Y3                                         [ MOV K70 D0 ]  7秒3秒的强洗参数
                                           [ MOV K30 D1 ]
Y4                                         [ MOV K50 D1 ]  5秒5秒的中洗参数
                                           [ MOV K50 D1 ]
Y5                                         [ MOV K40 D0 ]  4秒6秒的弱洗参数
                                           [ MOV K60 D1 ]
```

图6-27　洗衣机控制单按键启停梯形图程序

【例6.12】有一罐装流水线，若每秒罐装5瓶以上，说明速度过高，将产生高速报警；若每秒的罐装速度大于2瓶、小于等于5瓶，说明工作正常；若每秒的罐装数量小于等于2瓶，说明速度过低，将产生低速报警。X6为启动按钮，X7为停止按钮，X0为计数检测，高报警输出为Y5，合格输出为Y4，低报警输出为Y3。对应的梯形图程序如图6-28所示，试分析程序的执行过程。

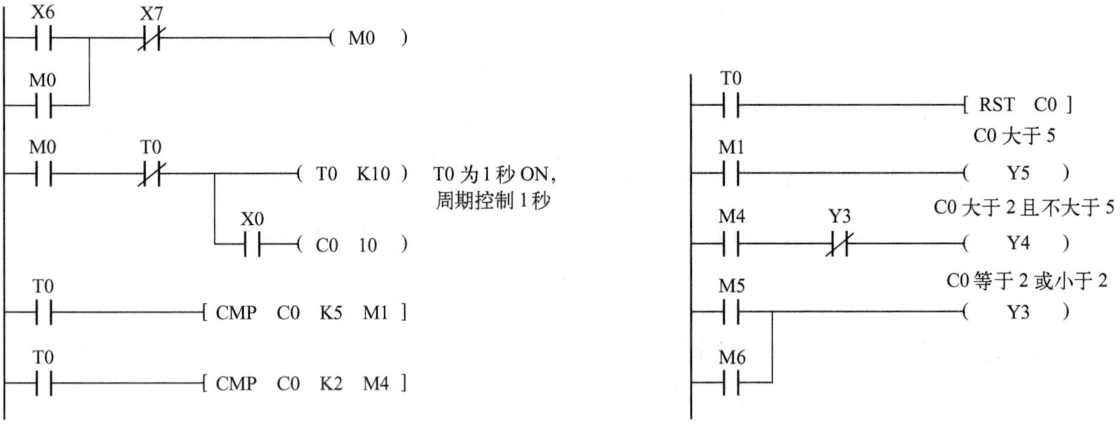

```
X6      X7(NC)                             ( M0 )
M0
M0      T0(NC)                             ( T0 K10 )     T0为1秒ON，周期控制1秒
            X0                             ( C0 10 )
T0                                         [ CMP C0 K5 M1 ]
T0                                         [ CMP C0 K2 M4 ]

T0                                         [ RST C0 ]
M1                                         ( Y5 )         C0大于5
M4      Y3(NC)                             ( Y4 )         C0大于2且不大于5
M5                                         ( Y3 )         C0等于2或小于2
M6
```

图6-28　罐装流水线报警控制梯形图程序

6.4.2　区间比较指令ZCP（FNC 11）

区间比较指令ZCP（Zone Compare）用于将[S]的当前值与[S1]和[S2]相比较，比较结果送到[D]中，源数据[S1]不能大于[S2]，如表6-10所示。

表 6-10　区间比较指令 ZCP（FNC 11）

FNC 11	ZCP　　　　区域比较			
案例分析	X000 ┤├ [ZCP K10(S1.) K150(S2.) C20(S.) M3(D.)] M3 ┤├ C20 当前值时<K10 为 ON M4 ┤├ K10<=C20 当前值<=K150 时为 ON M5 ┤├ C20 当前值>K150 时为 ON 当 X000=OFF 即使不执行 ZCP 指令， M3～M5 仍保持了 X000=OFF 之前的状态			
适用范围	(S1.)(S2.)(S.)：K,H　KnX　KnY　KnM　KnS　T　C　D　V,Z (D.)：X　Y　M　S (D.) 占 3 点			
扩展	ZCP　连续执行型 ZCPP　脉冲执行型	16 位指令 7 步	DZCP　连续执行型 DZCPP　脉冲执行型	32 位指令 17 步

上表中的示例表示：当 X0 为 ON 时，执行 ZCP 指令，将 C20 的当前值与常数 10 和 150 相比较，若 C20 的当前值小于 10，则 M3 为 ON；若 10≤C20≤150，则 M4 为 ON；若 C20 的当前值 > 150，则 M5 为 ON。

【例 6.13】 对于【例 6.12】，如果采用 ZCP 指令，则对应的梯形图程序如图 6-29 所示，试分析程序的执行过程。

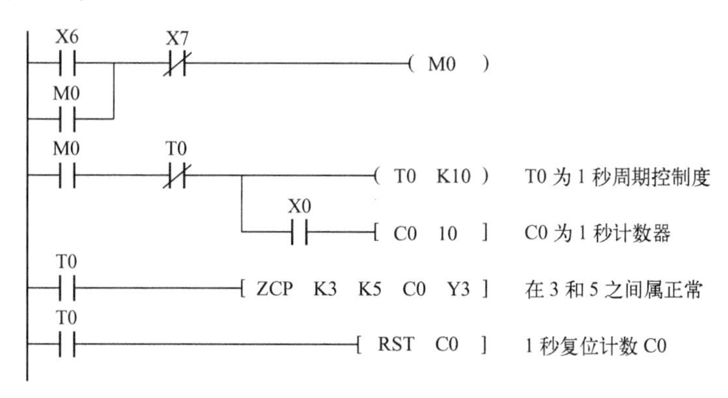

图 6-29　罐装流水线采用 ZCP 指令的梯形图程序

6.4.3　触点型比较指令（FUN 224～246）

触点型比较指令相当于一个触点，执行时比较源操作数[S1]和[S2]，满足比较条件则触点闭合，源操作数可以取所有的数据类型。以 LD 开始的触点型比较指令接在左侧母线上，以

AND 开始的触点型比较指令相当于串联触点，以 OR 开始的触点型比较指令相当于并联触点。各种触点型比较指令的助记符和意义如表 6-11 所示。

表 6-11　触点型比较指令表

功能号	助记符	命 令 名 称	功能号	助记符	命 令 名 称
224	LD =	（S1）=（S2）时运算开始的触点接通	236	AND < >	（S1）≠（S2）时串联触点接通
225	LD >	（S1）>（S2）时运算开始的触点接通	237	AND≤	（S1）≤（S2）时串联触点接通
226	LD <	（S1）<（S2）时运算开始的触点接通	238	AND≥	（S1）≥（S2）时串联触点接通
228	LD < >	（S1）≠（S2）时运算开始的触点接通	240	OR =	（S1）=（S2）时并联触点接通
229	LD≤	（S1）≤（S2）时运算开始的触点接通	241	OR >	（S1）>（S2）时并联触点接通
230	LD≥	（S1）≥（S2）时运算开始的触点接通	242	OR <	（S1）<（S2）时并联触点接通
232	AND =	（S1）=（S2）时串联触点接通	244	OR < >	（S1）≠（S2）时并联触点接通
233	AND >	（S1）>（S2）时串联触点接通	245	OR≤	（S1）≤（S2）时并联触点接通
234	AND <	（S1）<（S2）时串联触点接通	246	OR≥	（S1）≥（S2）时并联触点接通

触点型比较指令的助记符由文字符（如 LD、AND、OR）和数学关系符（如 <、=、>）两部分组成，在梯形图中，触点型比较指令助记符的文字符部分并不会出现，只出现数学关系符，因此实际是 =、>、<、< >、>=、<= 共 6 种，如果是 32 位运算，则指令最前面加“D”，如表 6-12 所示。

表 6-12　触点型比较指令说明

<table>
<tr><td>FNC 224 ~ 246</td><td colspan="4">=、>、<、<>、>=、<=　　触点型比较指令</td></tr>
<tr><td>案例分析</td><td colspan="4">[>= D10 K100]（S1. S2.）LD 型 — X000 — (Y0)　D10 值大于 100 且 X0 为 ON 则 Y0 为 ON
X3 — [= D20 K100]（S1. S2.）AND 型 — (Y1)　X3 为 ON，且 D20 值等于 100 时 Y1 为 ON
X4 — (Y2)
[D< D40 K80000]（S1. S2.）OR 型　X4 为 ON，或 D40（32 位）的值小于 80000 时 Y2 为 ON</td></tr>
<tr><td>适用范围</td><td colspan="4">S1. S2.：K,H　KnX　KnY　KnM　KnS　T　C　D　V,Z</td></tr>
<tr><td>扩展</td><td>全　连续执行型
无脉冲执行型</td><td>16 位指令
5 步</td><td>D + 指令　连续执行型
无脉冲执行型</td><td>32 位指令
9 步</td></tr>
</table>

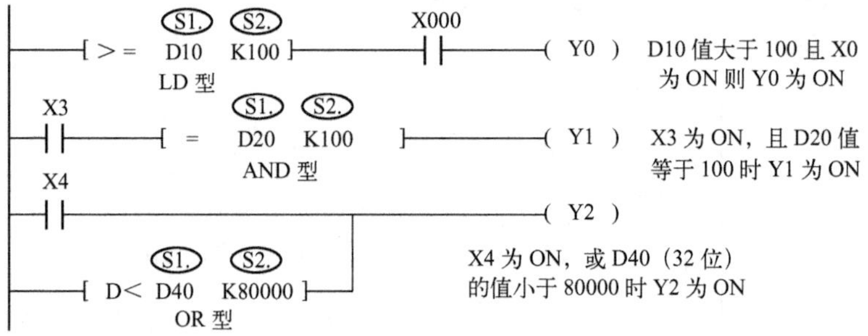

【例 6.14】 以【例 6.10】为例，用触点型指令设计，则梯形图如图 6-30 所示，试分析程序的执行过程。

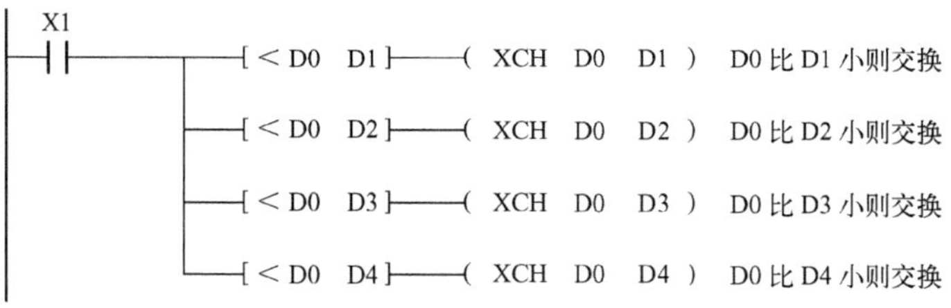

```
 X1
─┤├──┬─[< D0 D1]──(XCH D0 D1)  D0比D1小则交换
     ├─[< D0 D2]──(XCH D0 D2)  D0比D2小则交换
     ├─[< D0 D3]──(XCH D0 D3)  D0比D3小则交换
     └─[< D0 D4]──(XCH D0 D4)  D0比D4小则交换
```

图6-30　触点型指令的应用

6.5　算术运算指令

算术运算指令包括 ADD（二进制加）、SUB（二进制减）、MUL（二进制乘）、DIV（二进制除）指令和 INC（二进制加1）、DEC（二进制减1）6种指令。

算术运算指令的源操作数可以取所有的数据类型，目标操作数可以取 KnY、KnM、KnS、T、C、D、V 和 Z，其中，32位乘除指令中 V 和 Z 不能用作目标操作数。

每个数据的最高位为符号位（0为正，1为负），所有的运算均为代数运算。在32位运算中被指定的字编程元件为低位字，下一个字编程元件为高位字。为了避免错误，建议指定操作元件时采用偶数元件号。如果目标元件与源元件相同，为避免每个扫描周期都执行一次指令，应采用脉冲执行方式。

如果运算结果为0，则零标志 M8020 置1；如果16位运算结果超过32 767或32位运算结果超过2 147 483 647，则进位标志 M8022 置1；如果16位运算结果小于－32 768或32位运算结果小于－2147483 648，则借位标志 M8021 置1。

如果目标操作数（如 KnM）的位数小于运算结果，将只保存运算结果的低位。例如运算结果为二进制数11001（十进制数25），指定的目标操作数为 K1Y4（由 Y4～Y7 组成的4位二进制数），实际上只能保存低位的二进制数1001（十进制数9）。

令 M8023 为 ON，可以用算术运算指令进行32位浮点数运算。

6.5.1　加法指令 ADD（FNC 20）

加法指令 ADD（Addition）将源元件中的二进制数[S1]和[S2]相加，结果送到指定的目标元件中，如表6-13所示。

表6-13　加法指令 ADD（FNC 20）

FNC 20	ADD　　BIN 加法运算
案例分析	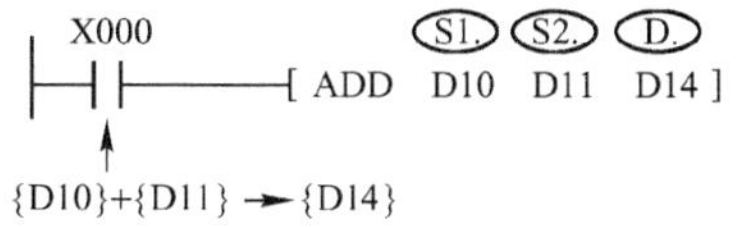 X000 ─┤├─[ADD D10(S1) D11(S2) D14(D)] {D10}+{D11} → {D14}
适用范围	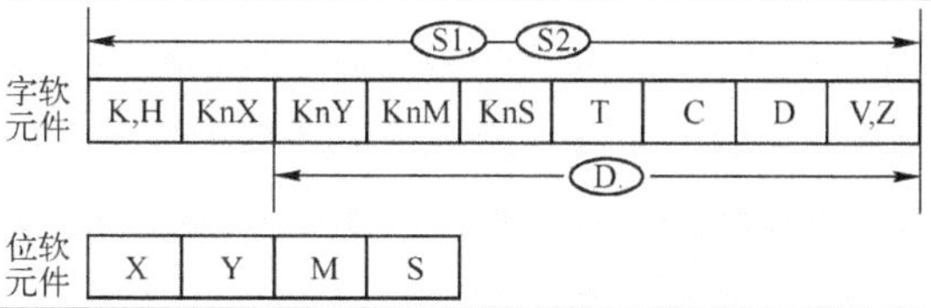 字软元件：K,H　KnX　KnY　KnM　KnS　T　C　D　V,Z（S1、S2：K,H～V,Z；D：KnY～V,Z） 位软元件：X　Y　M　S

续表

FNC 20	ADD	BIN 加法运算		
扩展	ADD　连续执行型 ADDP　脉冲执行型	16 位指令 7 步	DADD　连续执行型 DADDP　脉冲执行型	32 位指令 13 步

上表中的示例表示：当 X0 为 ON 时，执行(D10)＋(D11)→(D14)。

6.5.2　减法指令 SUB（FNC 21）

减法指令 SUB（Subtraction）将[S1]指定元件中的数与[S2]指定元件中的数相减，结果送到[D]指定的目标元件中，如表 6-14 所示。

表 6-14　减法指令 SUB（FNC 21）

FNC 21	SUB	BIN 减法运算		
案例分析	X000 ─┤├─[SUB D10 D11 D14]（S1. S2. D.） {D10}-{D11} → {D14}			
适用范围	S1. S2.：字软元件 K,H　KnX　KnY　KnM　KnS　T　C　D　V,Z D.：KnY　KnM　KnS　T　C　D　V,Z 位软元件：X　Y　M　S			
扩展	SUB　连续执行型 SUBP　脉冲执行型	16 位指令 7 步	DSUB　连续执行型 DSUBP　脉冲执行型	32 位指令 13 步

上表中的示例表示：当 X0 由 OFF 变为 ON 时，执行(D10)－(D11)→(D14)，运算结果送入 D14。如使用脉冲执行方式，即在指令的后面加 P。

6.5.3　乘法指令 MUL（FNC 22）

16 位乘法指令 MUL（Multiplication）用于将源元件[S1]和[S2]中的二进制数相乘，将结果（32 位）送到指定的目标元件[D]中，如表 6-15 所示。

表 6-15　乘法指令 MUL（FNC 22）

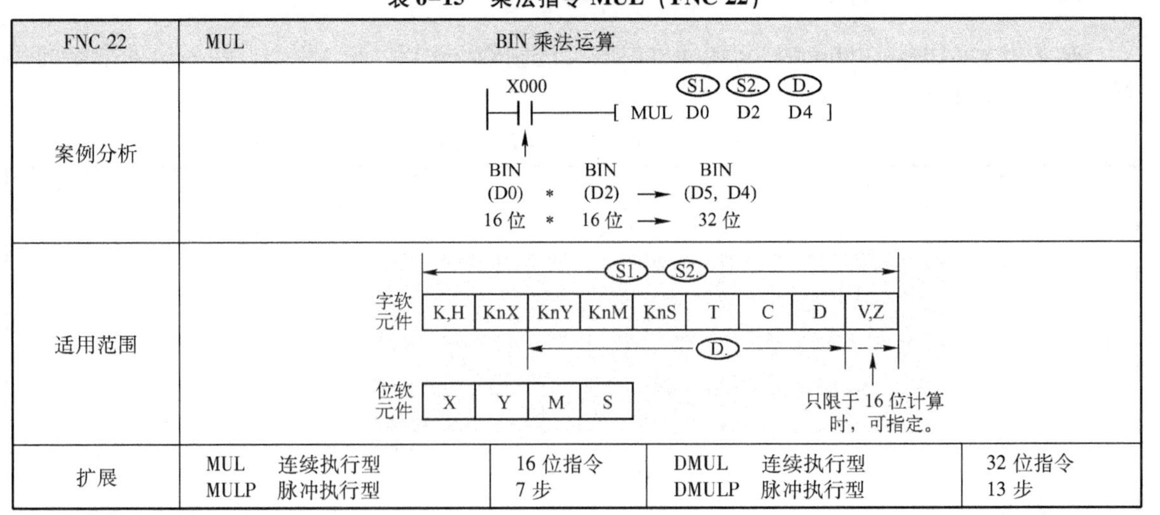

FNC 22	MUL	BIN 乘法运算		
案例分析	X000 ─┤├─[MUL D0 D2 D4]（S1. S2. D.） BIN (D0) * BIN (D2) → BIN (D5, D4) 16 位 * 16 位 → 32 位			
适用范围	S1. S2.：字软元件 K,H　KnX　KnY　KnM　KnS　T　C　D　V,Z D.：KnY　KnM　KnS　T　C　D　（V,Z 只限于 16 位计算时，可指定。） 位软元件：X　Y　M　S			
扩展	MUL　连续执行型 MULP　脉冲执行型	16 位指令 7 步	DMUL　连续执行型 DMULP　脉冲执行型	32 位指令 13 步

上表中的示例表示：当 X0 为 ON 时，执行(D0)×(D2)→(D5、D4)，乘积的低位字送到 D4，高位字送到 D5。32 位乘法的结果为 64 位，只能用两个双字分别监视运算结果的高 32 位和低 32 位。目标位元件（如 KnM）的位数如果小于运算结果的位数，只能保存结果的低位。

6.5.4　除法指令 DIV（FNC 23）

除法指令 DIV（Division）用于将源元件中的[S1]除以[S2]，将商送到[D]的首元件，余数送到[D+1]元件中，如表 6-16 所示。

表 6-16　除法指令 DIV（FNC 23）

FNC 23	DIV　BIN 除法运算			
案例分析	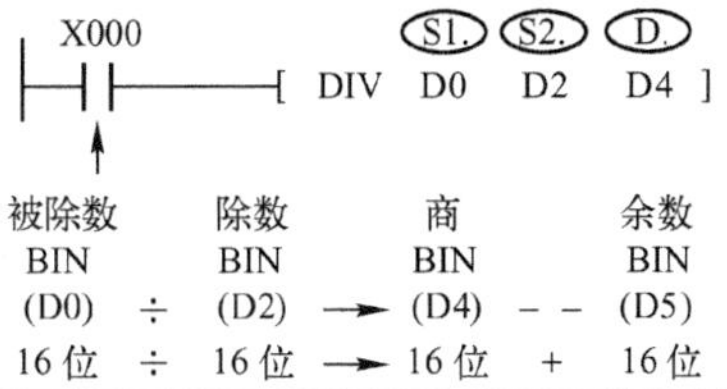 X000 —[DIV D0(S1.) D2(S2.) D4(D.)] 被除数 BIN (D0) 16 位 ÷ 除数 BIN (D2) 16 位 → 商 BIN (D4) 16 位 + 余数 BIN (D5) 16 位			
适用范围	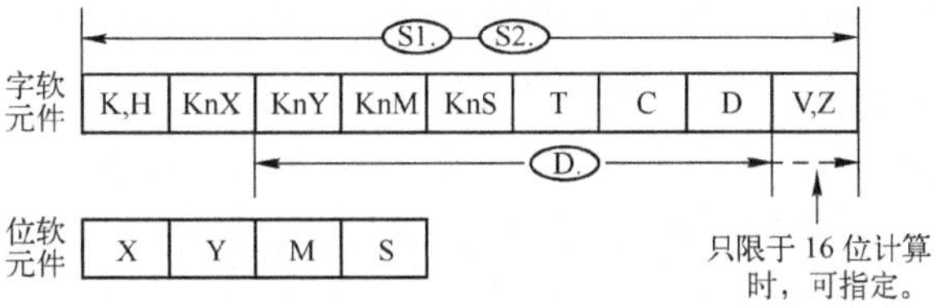 字软元件：K,H　KnX　KnY　KnM　KnS　T　C　D　V,Z（S1.、S2.：K,H～V,Z；D.：KnY～D，V,Z 只限于 16 位计算时，可指定。） 位软元件：X　Y　M　S			
扩展	DIV　连续执行型 DIVP　脉冲执行型	16 位指令 7 步	DDIV　连续执行型 DDIVP　脉冲执行型	32 位指令 13 步

上表中的示例表示：当 X0 为 ON 时，执行(D0)÷(D2)→(D4)，将商送到 D4，余数送到 D5。16 位除法的结果为两个 16 位，共 32 位，32 位除法的结果为 64 位。

若除数为 0 则不执行该指令。若位元件被指定为目标元件，则不能获得余数，商和余数的最高位为符号位。

6.5.5　二进制数加 1、减 1 指令 INC/DEC（FNC 24/25）

加 1 指令 INC（Increment，FNC 24）和减 1 指令 DEC（Decrement，FNC 25）的使用及说明如表 6-17 与表 6-18 所示。它们不影响零标志、借位标志和进位标志。

表 6-17　二进制数加 1 指令

FNC 24	INC　BIN 加 1			
案例分析	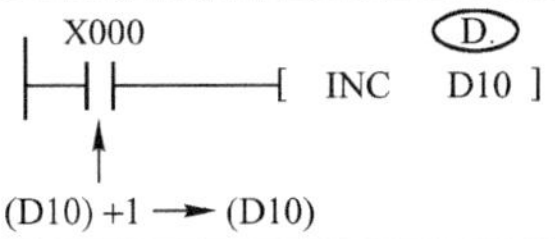 X000 —[INC D10(D.)] (D10)+1 → (D10)			
适用范围	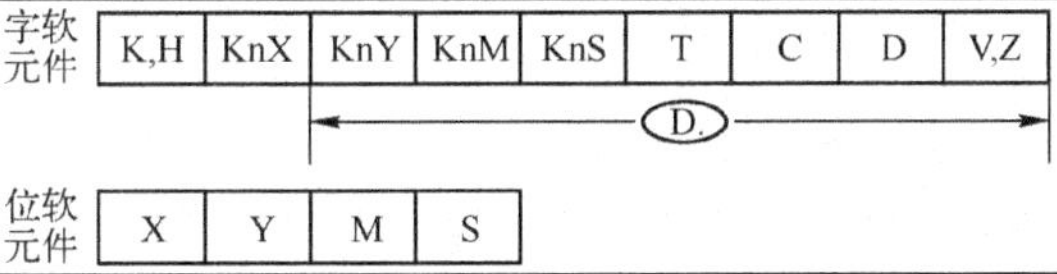 字软元件：K,H　KnX　KnY　KnM　KnS　T　C　D　V,Z（D.：KnY～V,Z） 位软元件：X　Y　M　S			
扩展	INC　连续执行型 INCP　脉冲执行型	16 位指令 3 步	DINC　连续执行型 DINCP　脉冲执行型	32 位指令 13 步

表 6-18　二进制减 1 指令

FNC 25	DEC		BIN 减 1	
案例分析	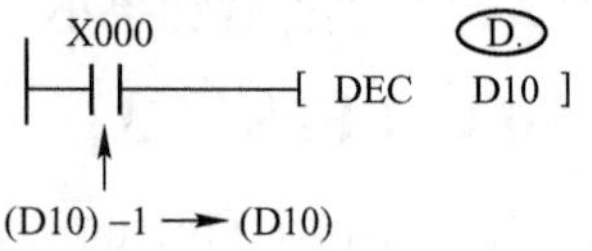 X000 ─┤├─ [DEC (D.) D10] (D10) −1 → (D10)			
适用范围	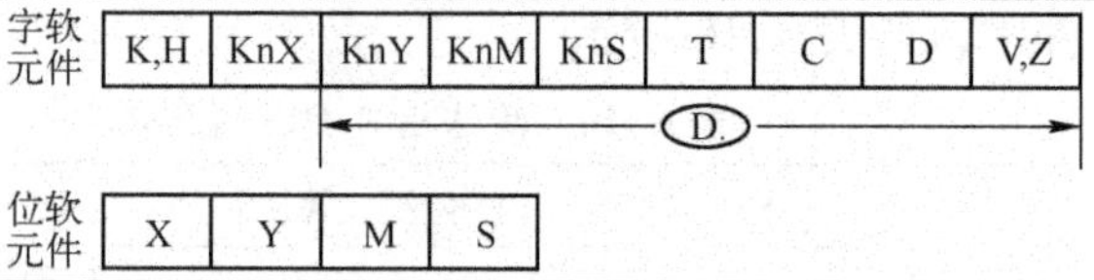 字软元件：K,H　KnX　KnY　KnM　KnS　T　C　D　V,Z（(D.)：KnY ~ V,Z） 位软元件：X　Y　M　S			
扩展	DEC　连续执行型 DECP　脉冲执行型	16 位指令 3 步	DDEC　连续执行型 DDECP　脉冲执行型	32 位指令 5 步

表 6-17 中的示例表示：当 X0 每次由 OFF 变为 ON 时，由[D]指定的元件中的数增加 1。如果不用脉冲指令，每一个扫描周期都要加 1。在进行 16 位运算时，32 767 再加 1 就变成 −32 768。在进行 32 位运算时，+2 147 483 647 再加 1，就会变为 −2 147 483 648。表 6-18 的减 1 指令也采用类似的处理方法，这里不再赘述。

【例 6.15】 假设开机时将 10 存入 D0，作为原始数据。D0 中的数据每 2 秒会自动增 5，当数据大于等于 8000 时，数据还原为 10。另有 D10 和 D20 的数据会随 D0 的变化而变化，D10 为 D0 数据的 1/4，D20 为 D0 中数据的 3 倍。对应的梯形图程序如图 6-31 所示，试分析程序的执行过程。

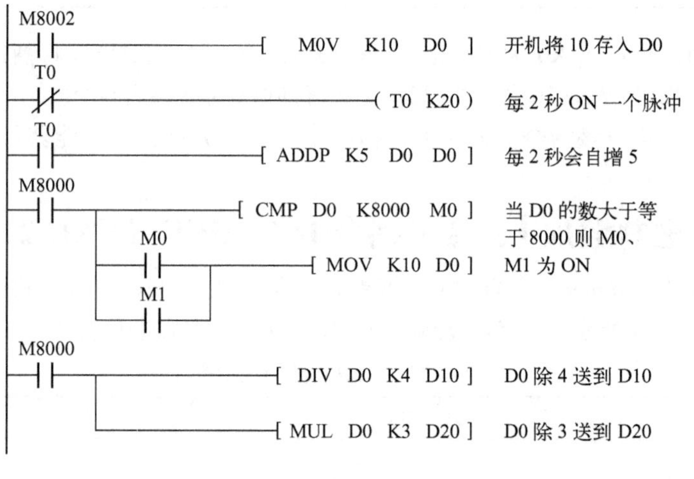

M8002 ─┤├─ [MOV K10 D0]　开机将 10 存入 D0
T0 ─┤/├─ (T0 K20)　每 2 秒 ON 一个脉冲
T0 ─┤├─ [ADDP K5 D0 D0]　每 2 秒会自增 5
M8000 ─┤├─ [CMP D0 K8000 M0]　当 D0 的数大于等于 8000 则 M0、M1 为 ON
M0 / M1 ─┤├─ [MOV K10 D0]
M8000 ─┤├─ [DIV D0 K4 D10]　D0 除 4 送到 D10
　　　　　[MUL D0 K3 D20]　D0 除 3 送到 D20

图 6-31　【例 6.13】的梯形图程序

【例 6.16】 图 6-32 所示为用算术运算指令设计的两种单按键启停，按下按钮时灯亮，再次按下按钮时灯灭。试分析该程序的执行过程。

解： X0、X1 分别为两个启动按钮。

【例 6.17】 现有 D0 ~ D9 共 10 个数，分别去掉一个最大数和一个最小数，求其余 8 个数的平均值，将结果送至 D10。试设计满足上述要求的梯形图程序。

解： 根据题意，编写梯形图程序，如图 6-33 所示。

当 X1 为 ON 时，执行 9 个比较运算和交换运算，把最大的数送至 D0，再执行 8 个比较运算和交换运算，把最小的数送至 D9，再将 D1 到 D8 进行累加送至 D12，最后 D12 除以 8，将商送至 D10，余数送至 D11。

```
X0
─┤├──────────────[ INCP  K1M0 ]      按下 X0，M0 为ON，再
                                     按下 X0，M0 为 OFF
M0
─┤├──────────────( Y0 )
X1
─┤├──────────────[ ADDP  D0  K1  D0 ]  按下 X1，M5 为 ON，再
                                       按下 X1，M5 为 OFF
M8000
─┤├──┬───────────[ CMP  D0  K1  M4 ]
     │  M4
     ├──┤├───────[ MOV  K0  D0 ]
     │  M5
     └──┤├───────( Y1 )
```

图 6-32　两种单按键启停

```
X1
─┤├─┬─[ < D0 D1 ]──[ XCH D0 D1 ]   D0 比 D1 小则交换
    ├─[ < D0 D2 ]──[ XCH D0 D2 ]   D0 比 D2 小则交换
    ├─[ < D0 D3 ]──[ XCH D0 D3 ]   D0 比 D3 小则交换
    ├─[ < D0 D4 ]──[ XCH D0 D4 ]   D0 比 D4 小则交换
    ├─[ < D0 D5 ]──[ XCH D0 D5 ]   D0 比 D5 小则交换
    ├─[ < D0 D6 ]──[ XCH D0 D6 ]   D0 比 D6 小则交换
    ├─[ < D0 D7 ]──[ XCH D0 D7 ]   D0 比 D7 小则交换
    ├─[ < D0 D8 ]──[ XCH D0 D8 ]   D0 比 D8 小则交换
    └─[ < D0 D9 ]──[ XCH D0 D9 ]   D0 比 D9 小则交换
X1
─┤├─┬─[ > D9 D1 ]──[ XCH D9 D1 ]   D9 比 D1 小则交换
    ├─[ > D9 D2 ]──[ XCH D9 D2 ]   D9 比 D2 小则交换
    ├─[ > D9 D3 ]──[ XCH D9 D3 ]   D9 比 D3 小则交换
    ├─[ > D9 D4 ]──[ XCH D9 D4 ]   D9 比 D4 小则交换
    ├─[ > D9 D5 ]──[ XCH D9 D5 ]   D9 比 D5 小则交换
    ├─[ > D9 D6 ]──[ XCH D9 D6 ]   D9 比 D6 小则交换
    ├─[ > D9 D7 ]──[ XCH D9 D7 ]   D9 比 D7 小则交换
    └─[ > D9 D8 ]──[ XCH D9 D8 ]   D9 比 D8 小则交换

X1
─┤├─┬────────[ MOV  K0  D12 ]
    ├────────[ ADD  D12  D1  D12 ]
    ├────────[ ADD  D12  D2  D12 ]
    ├────────[ ADD  D12  D3  D12 ]
    ├────────[ ADD  D12  D4  D12 ]
    ├────────[ ADD  D12  D5  D12 ]
    ├────────[ ADD  D12  D6  D12 ]
    ├────────[ ADD  D12  D7  D12 ]
    ├────────[ ADD  D12  D8  D12 ]
    └────────[ DIV  D12  K8  D10 ]

把 D1 累计加到 D8，结
果放到 D12，再除 8，结
果放到 D10
```

图 6-33　10 个数选数求平均值

6.6　循环与移位指令

循环与移位指令是使位数据或字数据向指定方向循环、移位的指令。从指令的功能来说，循环移位是指数据在本字节或双字内的移动，是一种环形移动；而非循环移位是线性的移位，数据移出部分丢失，移入部分从其他数据获得。

6.6.1 右、左循环移位指令 ROR/ROL（FNC 30/31）

ROR（Rotation Right，FNC 30）为右循环移位指令，如表 6-19 所示。它只有目标操作数。

表 6-19 右循环移位指令（FNC 30）

FNC 30	ROR	右循环移位		
案例分析	X000 [ROR D10 K4]（D. n） 右回转 上位 D. D10 1 1 1 1 1 1 1 1 0 0 0 0 0 0 0 0 下位 ※ n位 M8022 执行一次后 上位 0 0 0 0 1 1 1 1 1 1 1 1 0 0 0 0 下位 ※ M8022 ※ 0			
适用范围	字软元件：K,H KnX KnY KnM KnS T C D V,Z n：K,H；D.：KnY KnM KnS T C D V,Z 回转量：n≤16位（16位指令） n≤32位（32位指令）			
扩展	ROR 连续执行型 RORP 脉冲执行型	16 位指令 5 步	DROR 连续执行型 DRORP 脉冲执行型	32 位指令 9 步

ROL（Rotation Left，FNC 31）为左循环移位指令，如表 6-20 所示。

表 6-20 左循环移位指令（FNC 31）

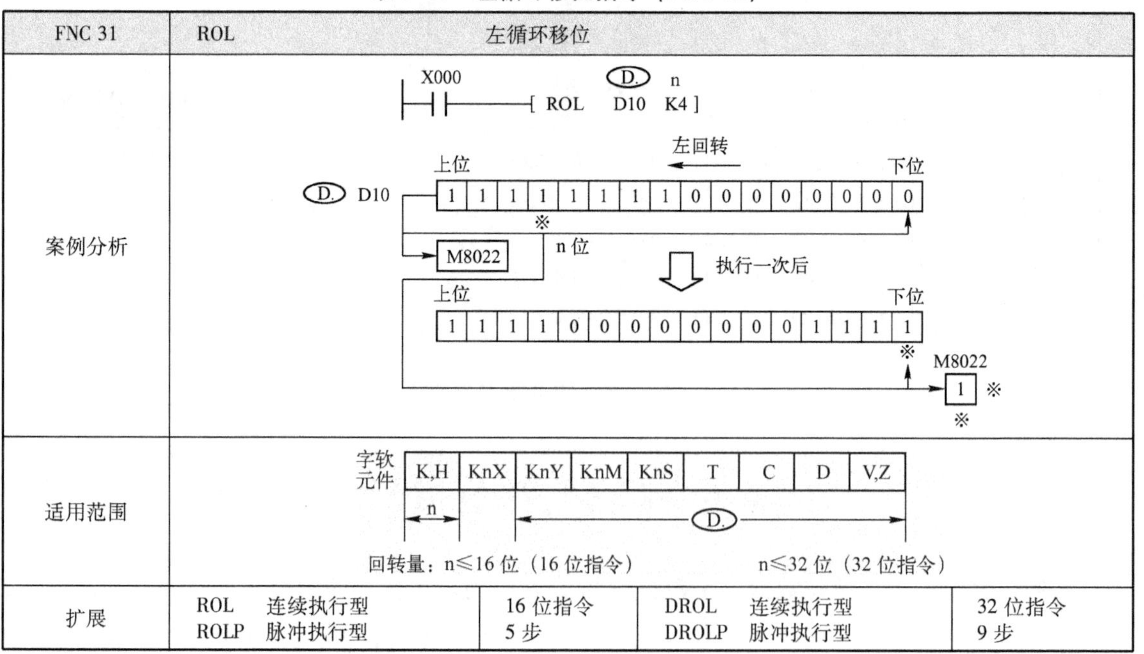

FNC 31	ROL	左循环移位		
案例分析	X000 [ROL D10 K4]（D. n） 左回转 上位 D. D10 1 1 1 1 1 1 1 1 0 0 0 0 0 0 0 0 下位 ※ M8022 n位 执行一次后 上位 1 1 1 1 0 0 0 0 0 0 0 0 1 1 1 1 下位 ※ M8022 1 ※ ※			
适用范围	字软元件：K,H KnX KnY KnM KnS T C D V,Z n：K,H；D.：KnY KnM KnS T C D V,Z 回转量：n≤16位（16位指令） n≤32位（32位指令）			
扩展	ROL 连续执行型 ROLP 脉冲执行型	16 位指令 5 步	DROL 连续执行型 DROLP 脉冲执行型	32 位指令 9 步

执行这两条指令时，各位的数据向右（或向左）循环移动n位（n为常数），16位指令和32位指令中n应分别小于16和32，每次移出来的那一位同时存入进位标志M8022中。若在目标元件中指定位元件组的组数，只有K4（16位指令）和K8（32位指令）有效，例如K4Y10和K8M0。

【例6.18】 设计一循环移位的16位彩灯控制程序，移位的时间间隔为0.5s，开机之前设置彩灯的初值为两个灯亮，20秒内循环左移1位，再过20秒改为循环右移1位，2分钟后换三个灯亮，同样左右循环移位，再过2分钟后改为4个灯亮，同样左右循环移位。再过2分钟，改为2个灯亮，重复上述过程。T3用来产生周期为0.5s的移位脉冲序列。试设计满足上述控制要求的梯形图程序。

解： 根据控制要求，编写梯形图程序，如图6-34所示。

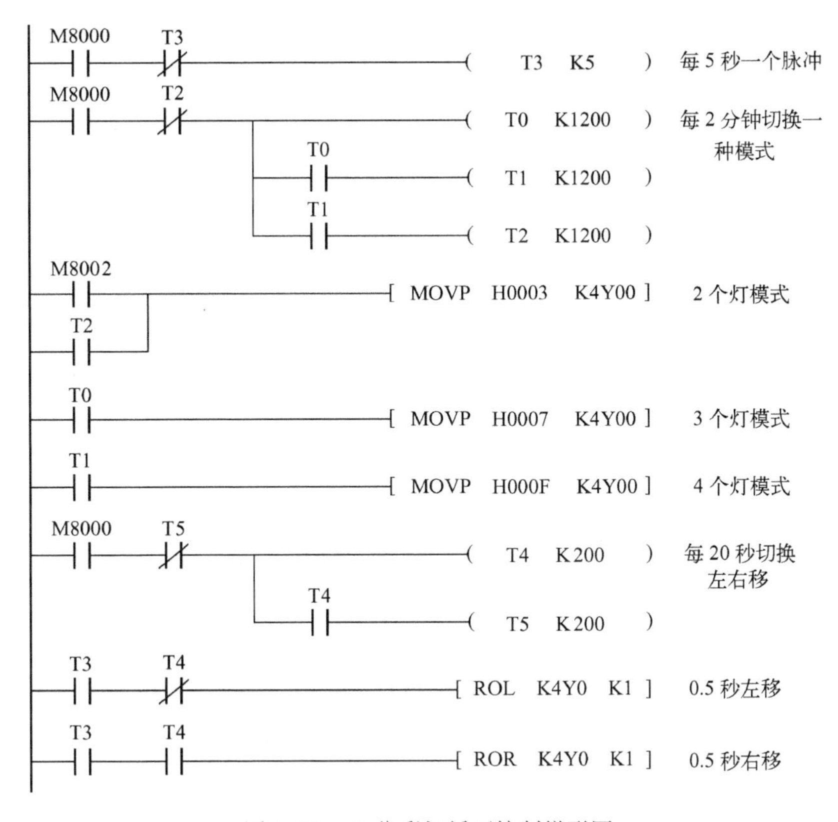

图6-34 16位彩灯循环控制梯形图

该程序有三段时序电路，T0～T2为3个2分钟切换，T3为0.5秒脉冲，T4～T5为20秒左右移动切换。

6.6.2 带进位的右、左循环移位指令RCR/RCL（FNC 32/33）

带进位的右循环移位指令的指令代码为RCR（Rotation Right with Carry，FNC 32），其目标操作数、程序步数和n的取值范围与循环移位指令相同，如表6-21所示。

表 6-21　带进位的右循环移位指令

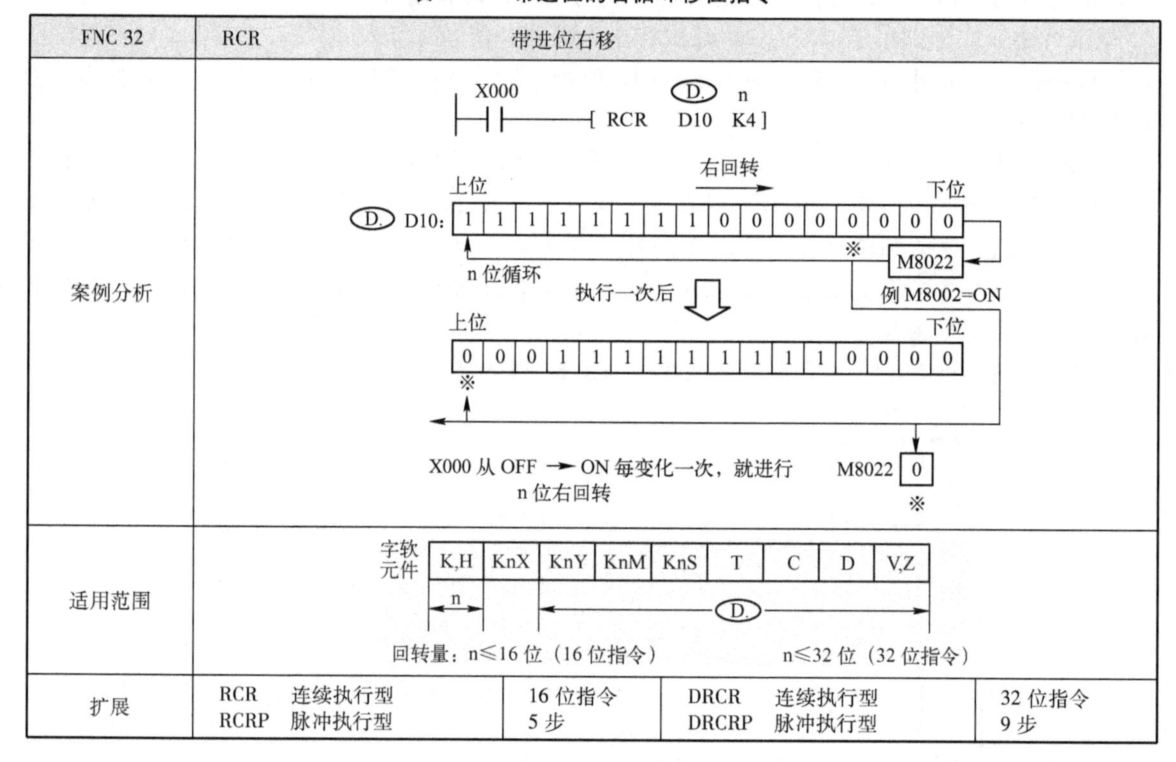

FNC 32	RCR	带进位右移		
案例分析				
适用范围	K,H KnX KnY KnM KnS T C D V,Z；回转量：n≤16 位（16 位指令）　n≤32 位（32 位指令）			
扩展	RCR　连续执行型 RCRP　脉冲执行型	16 位指令 5 步	DRCR　连续执行型 DRCRP　脉冲执行型	32 位指令 9 步

带进位的左循环移位指令的指令代码为 RCL（Rotation Left with Carry，FNC 33），如表 6-22 所示。

表 6-22　带进位的左循环移位指令

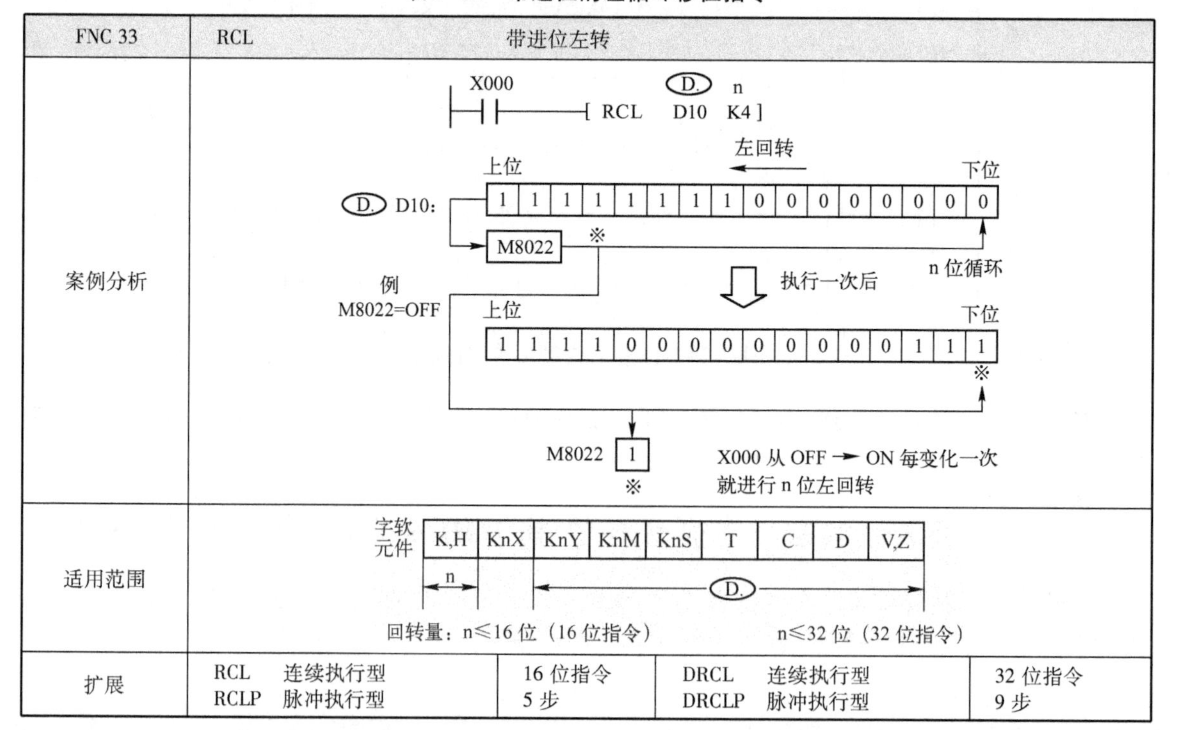

FNC 33	RCL	带进位左转		
案例分析				
适用范围	K,H KnX KnY KnM KnS T C D V,Z；回转量：n≤16 位（16 位指令）　n≤32 位（32 位指令）			
扩展	RCL　连续执行型 RCLP　脉冲执行型	16 位指令 5 步	DRCL　连续执行型 DRCLP　脉冲执行型	32 位指令 9 步

执行这两条指令时，各位的数据与进位位 M8022 一起（16 位指令时一共 17 位）向右（或向左）循环移动 n 位。在循环中移出的位送入进位标志，后者又被送回到目标操作数的另一端。若在目标元件中指定位元件组的组数，只有 K4（16 位指令）和 K8（32 位指令）有效。

6.6.3　位右移和位左移指令 SFTR/SFTL（FNC 34/35）

位右移 SFTR（Shift Right，FNC 34）与位左移 SFTL（Shift Left，FNC 35）指令使位元件中的状态成组地向右或向左移动，由 n1 指定位元件组的长度，n2 指定移动的位数，常数 n2≤n1≤1024，如表 6-23 与表 6-24 所示。

表 6-23　位右移指令（FNC 34）

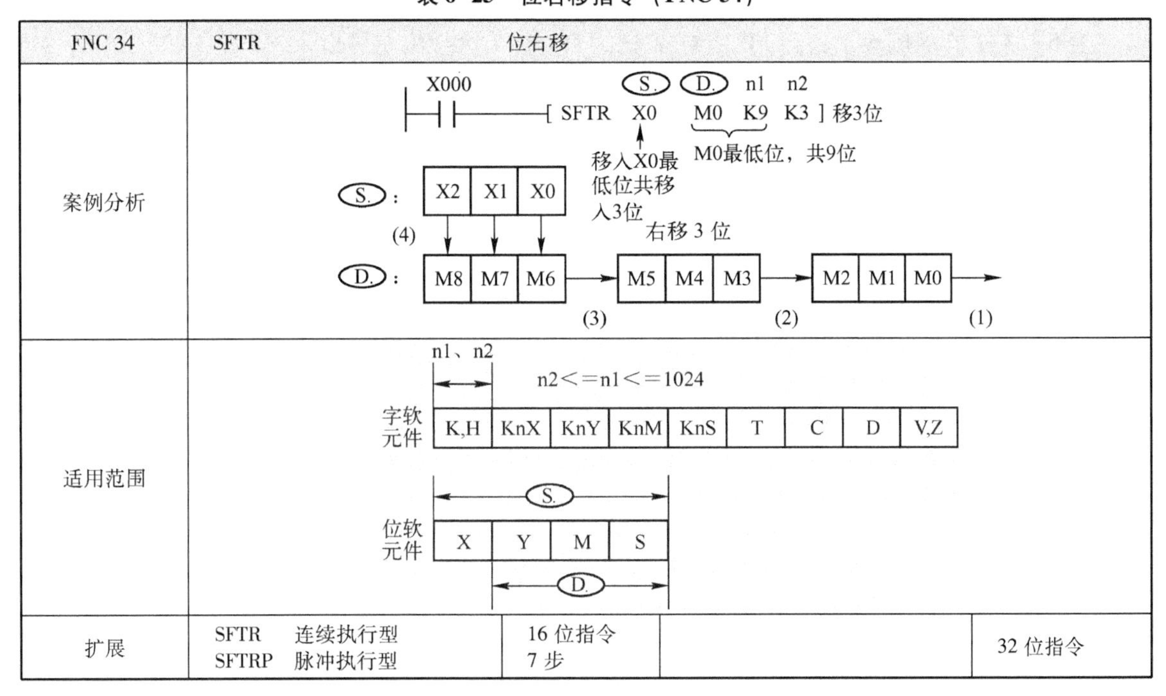

FNC 34	SFTR	位右移		
案例分析	X000 ─┤├─ [SFTR X0 M0 K9 K3] 移3位（S. X0，D. M0，n1 K9，n2 K3）；移入X0最低位共移入3位；M0最低位，共9位；S.: X2 X1 X0 (4)；D.: M8 M7 M6 →(3) M5 M4 M3 →(2) M2 M1 M0 →(1)；右移 3 位			
适用范围	n1、n2；n2<=n1<=1024；字软元件：K,H KnX KnY KnM KnS T C D V,Z；位软元件：X Y M S（S.：X Y M S；D.：Y M S）			
扩展	SFTR　连续执行型 SFTRP　脉冲执行型	16 位指令 7 步		32 位指令

表 6-23 中的示例表示：当 X0 由 OFF 变为 ON 时，执行位右移指令（3 位 1 组），M2 ~ M0 中的数溢出，M5 ~ M3 移至 M2 ~ M0，M8 ~ M6 移至 M5 ~ M3，X2 ~ X0 移至 M8 ~ M6。

表 6-24　位左移指令（FNC 35）

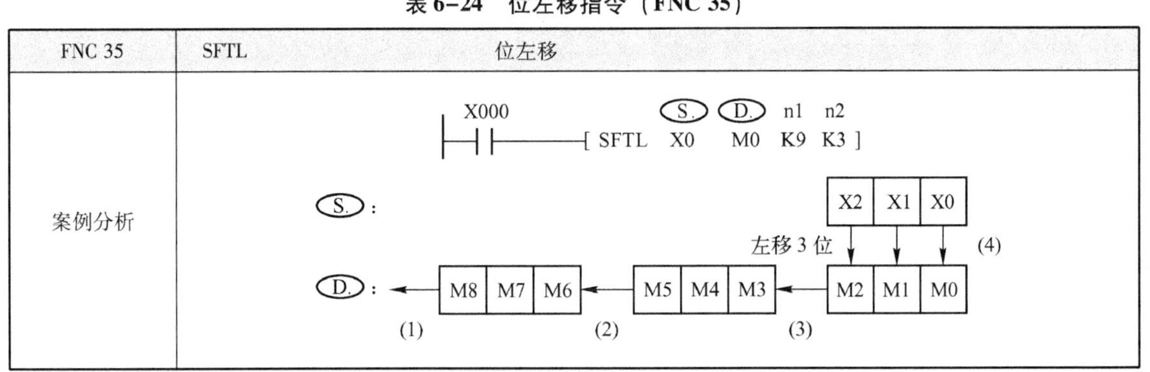

FNC 35	SFTL	位左移
案例分析	X000 ─┤├─ [SFTL X0 M0 K9 K3]（S. X0，D. M0，n1 K9，n2 K3）；S.: X2 X1 X0 (4)；左移 3 位；D.: ←(1) M8 M7 M6 ←(2) M5 M4 M3 ←(3) M2 M1 M0	

续表

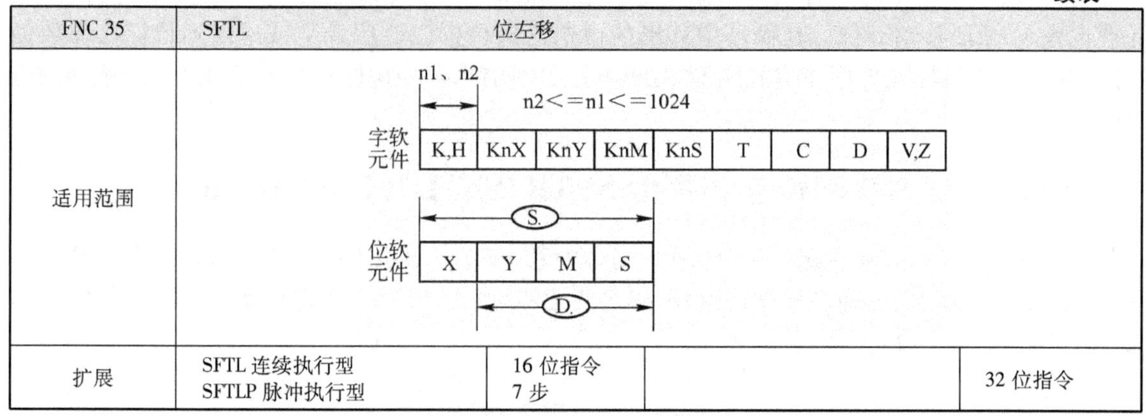

FNC 35	SFTL	位左移		
适用范围	n1、n2　n2<=n1<=1024 字软元件：K,H　KnX　KnY　KnM　KnS　T　C　D　V,Z (S.) 位软元件：X　Y　M　S (D.)			
扩展	SFTL 连续执行型 SFTLP 脉冲执行型	16 位指令 7 步		32 位指令

表6-24中的示例表示：当X0由OFF变为ON时，执行位左移指令（3位1组），M8～M6中的数溢出，M5～M3移至M8～M6，M2～M0移至M5～M3，X2～X0移至M2～M0。

用位右移SFTR与位左移SFTL实现【例6.16】的控制要求，可将后面的两行程序做如下修改，如图6-35所示。

```
 T3        T4
─┤├───────┤/├──[ SFTL  Y17  Y0  K16  K1 ] 0.5秒左移
 T3        T4
─┤├───────┤├───[ SFTR  Y0   Y0  K16  K1 ] 0.5秒右移
```

图6-35　16位流水彩灯SFTL/SFTR循环控制梯形图程序

该段程序是用SFTL控制灯的移位，如果把顺序控制中的状态看成灯，类似地，对于【例5.4】机械手捡球装置控制问题，可以把状态按照M0→M1→M2→…→M8这样的顺序依次传递，对应的状态转移图如图6-36所示。

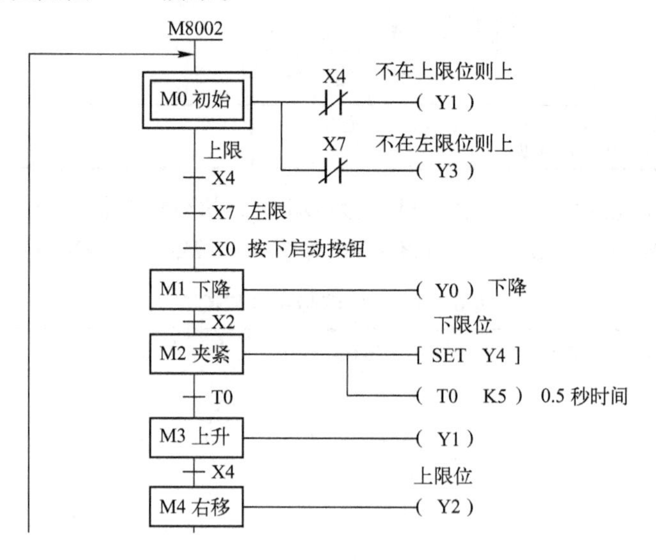

图6-36　机械手捡球装置SFTL状态转移图

X5
M5 下降
右限位
(Y0)
下降
X2
M6 松开
下限位
[RST Y4]
松开
(T1 K5)
T1
M7 上升
(Y1)
上升
X4
M8 左移
(Y3)
左移
X7

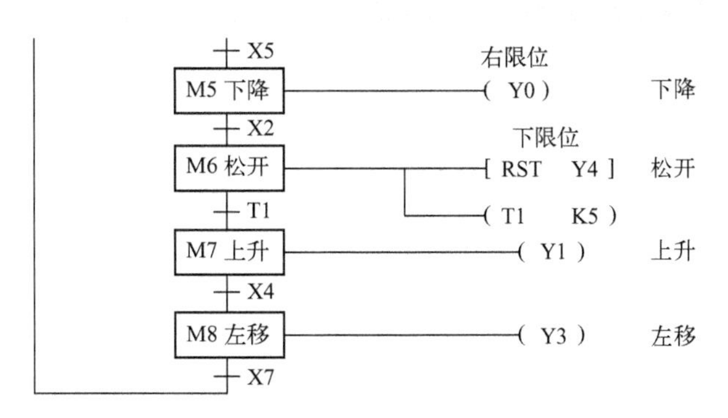

图 6-36　机械手捡球装置 SFTL 状态转移图（续）

【例 6.19】 对于【例 5.4】，试用左移 SFTL 指令来实现机械手捡球装置控制程序。

解： 图 6-37 中的 M0～M9 为直线传递，位左移指令按图中顺序移位，以达到顺控效果。

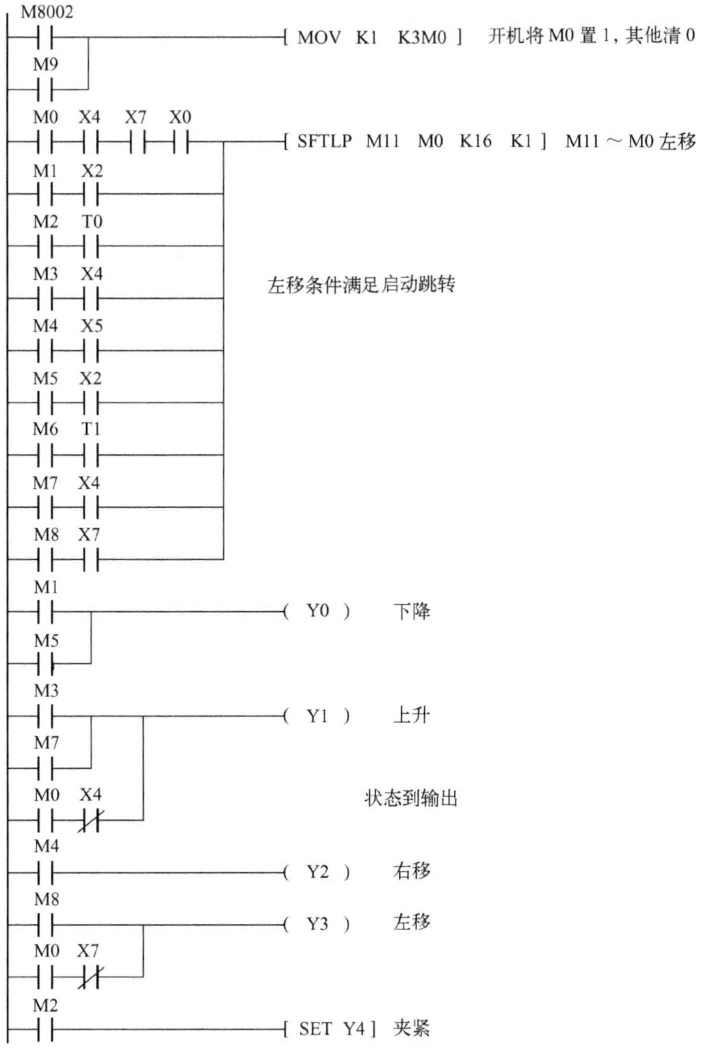

M8002
[MOV K1 K3M0]
开机将 M0 置 1，其他清 0
M9
M0 X4 X7 X0
[SFTLP M11 M0 K16 K1]
M11～M0 左移
M1 X2
M2 T0
M3 X4
左移条件满足启动跳转
M4 X5
M5 X2
M6 T1
M7 X4
M8 X7
M1
(Y0)
下降
M5
M3
(Y1)
上升
M7
M0 X4
状态到输出
M4
(Y2)
右移
M8
(Y3)
左移
M0 X7
M2
[SET Y4]
夹紧

图 6-37　机械手 M9～M0 的 SFTL 梯形图

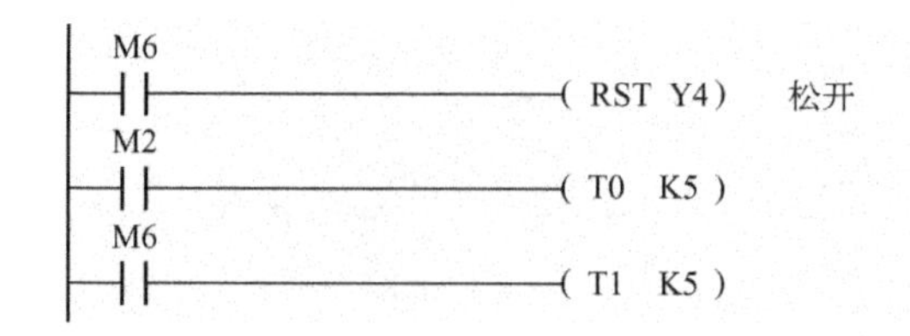

图 6-37　机械手 M9 ~ M0 的 SFTL 梯形图（续）

6.6.4　字右移和字左移指令 WSFR/WSFL（FNC 36/37）

字右移指令 WSFR（Word Sift Right，FNC 36）只有 16 位运算。指令以字为单位，将 n1 个字右移或左移 n2 个字(n2≤n1≤512)，如表 6-25 所示。

表 6-25　字右移指令（FNC 36）

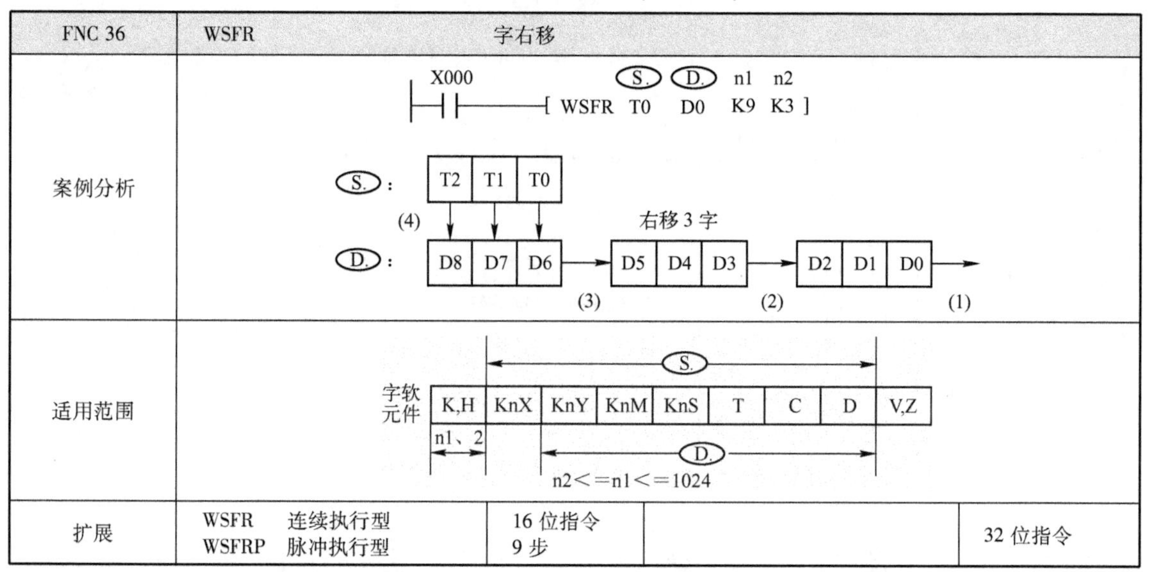

FNC 36	WSFR　字右移		
案例分析	X000　S.　D.　n1　n2 [WSFR T0 D0 K9 K3] S.：T2 T1 T0 (4)　右移 3 字 D.：D8 D7 D6 → D5 D4 D3 → D2 D1 D0 → (3)　(2)　(1)		
适用范围	字软元件：K,H　KnX　KnY　KnM　KnS　T　C　D　V,Z S.：KnX ~ D n1、2：K,H D.：KnY ~ D n2<=n1<=1024		
扩展	WSFR　连续执行型 WSFRP　脉冲执行型	16 位指令 9 步	32 位指令

表 6-25 中的示例表示：当 X0 由 OFF 变为 ON 时，执行字右移指令，D2 ~ D0 中的数溢出，D5 ~ D3 移至 D2 ~ D0，D8 ~ D6 移至 D5 ~ D3，T2 ~ T0 移至 D8 ~ D6。

字左移指令 WSFL（Word Shift Left，FNC 37）也只有 16 位运算。指令以字为单位，将 n1 个字左移 n2 个字(n2≤n1≤512)，如表 6-26 所示。

表 6-26　字左移指令（FNC 37）

FNC 37	WSFL　字左移
案例分析	X000　S.　D.　n1　n2 [WSFL T0 D0 K9 K3] S.：T2 T1 T0 左移 3 字　(4) D.：← D8 D7 D6 ← D5 D4 D3 ← D2 D1 D0 (1)　(2)　(3)

续表

FNC 37	WSFL	字左移		
适用范围	字软元件：K,H　KnX　KnY　KnM　KnS　T　C　D　V,Z S.：KnX～D；D.：KnY～D；n1、2：K,H n2<=n1<=1024			
扩展	WSFL　连续执行型 WSFLP　脉冲执行型	16 位指令 9 步		32 位指令

表 6-26 中的示例表示：当 X0 由 OFF 变为 ON 时，执行字左移指令，D8～D6 中的数溢出，D5～D3 移至 D8～D6，D2～D0 移至 D5～D3，T2～T0 移至 D2～D0。

【例 6.20】 设计一个梯形图程序，当 X0 为 ON 时，计算 D0～D99 累加和的最后 4 个字（16 位），用作检验码，送入 D100 中。

解： 根据控制要求，设计的梯形图程序如图 6-38 所示。

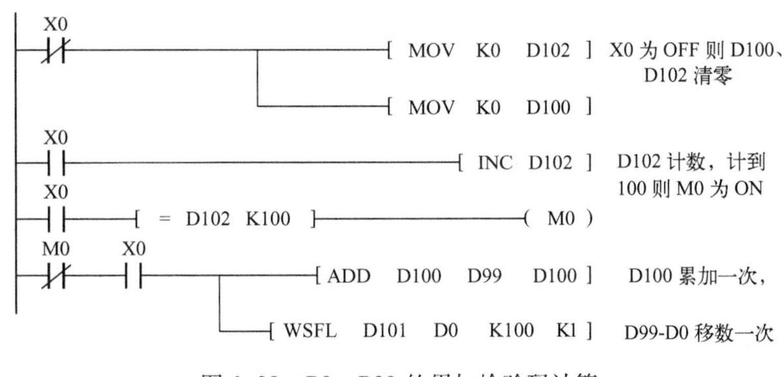

图 6-38　D0～D99 的累加检验码计算

6.6.5　移位寄存器写入与读出指令 SFWR/SFRD（FNC 38/39）

移位寄存器又称为 FIFO（First in First out，先入先出）堆栈，堆栈的长度范围为 2～512 个字。移位寄存器写入指令 SFWR（shift Register Write）和移位寄存器读出指令 SFRD（Shift Register Read）用于 FIFO 堆栈的读写，先写入的数据先读出。

移位寄存器写入指令 SFWR（Shift Register Write）（FNC 38）用于 FIFO 数据的写入，如表 6-27所示。

表 6-27　移位寄存器写入指令（FNC 38）

FNC 38	SFWR	移位寄存器写入
案例分析	X000 —[SFWR　D0　D1　K9]（S.　D.　n） S. 源：D0 D.：D9　D8　D7　D6　D5　D4　D3　D2　D1（指针） (3)　(2)　(1)	

续表

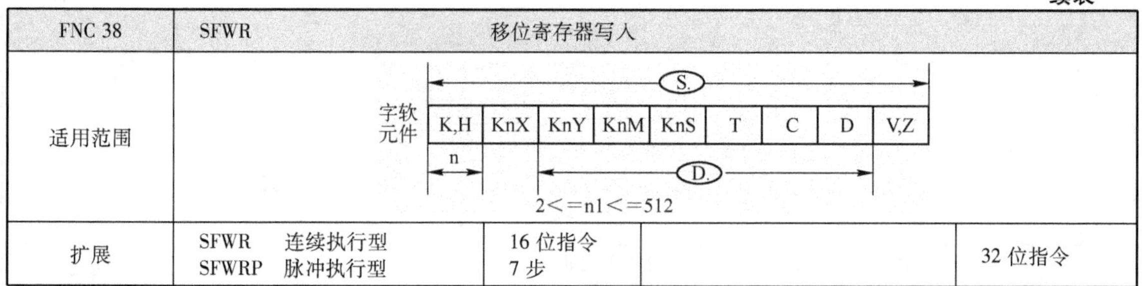

FNC 38	SFWR	移位寄存器写入	
适用范围	字软元件：K,H　KnX　KnY　KnM　KnS　T　C　D　V,Z S.：K,H ~ V,Z；n：K,H；D.：KnY ~ D 2<=n1<=512		
扩展	SFWR　连续执行型 SFWRP　脉冲执行型	16 位指令 7 步	32 位指令

表中的示例表示：目标元件 D1 是 FIFO 堆栈的首地址，也是堆栈的指针，移位寄存器未装入数据时应将 D1 清 0。在 X0 由 OFF 变为 ON 时，指针的值加 1，D0 中的数据写入堆栈。第一次写入时，源操作数 D0 中的数据写入 D2。如果 X0 再次由 OFF 变为 ON，D1 中的数变为 2，D0 中新的数据写入 D3。以此类推，源操作数 D0 中的数据依次写入堆栈。当 D1 中的数等于 n －1（n 为堆栈的长度）时，不再执行上述处理，进位标志 M8022 置 1。

移位寄存器读出指令 SFRD（Shift Register Read）（FNC 39）用于 FIFO 数据的读出，如表 6-28 所示。

表 6-28　移位寄存器读出指令（FNC 39）

FNC 39	SFRD	移位寄存器读出	
案例分析	X000 ─┤├─[SFRD　D1 (S.)　D20 (D.)　K9 (n)] D9　D8　D7　D6　D5　D4　D3　D2　D1（指针）→ D2 送 D20		
适用范围	字软元件：K,H　KnX　KnY　KnM　KnS　T　C　D　V,Z S.：KnY ~ D；n：K,H；D.：KnY ~ V,Z 2<=n<=512		
扩展	SFRD　连续执行型 SFRDP　脉冲执行型	16 位指令 7 步	32 位指令

表中的示例表示：D9 ~ D2 为 FIFO 堆栈，指针为 D1。当 X0 由 OFF 变为 ON 时，D2 中的数据送到 D20，同时指针 D1 的值减 1，D3 到 D9 的数据向右移一个字。数据总是从 D2 读出，指针 D1 为 0 时，FIFO 堆栈被读空，不再执行上述处理，零标志 M8020 为 ON。执行本指令的过程中，D2 的数据保持不变。

【例 6.21】 设计一梯形图控制程序，要求是：当按下 X20 按钮时，来自 X17 ~ X0 的产品编码被送入 100 个寄存器堆栈中。当按下 X21 时，对应于先入的产品编码先输出，并显示到 Y17 ~ Y00。

图 6-39 用 SFWR 和 SFRD 实现先入库的产品先出库的梯形图。

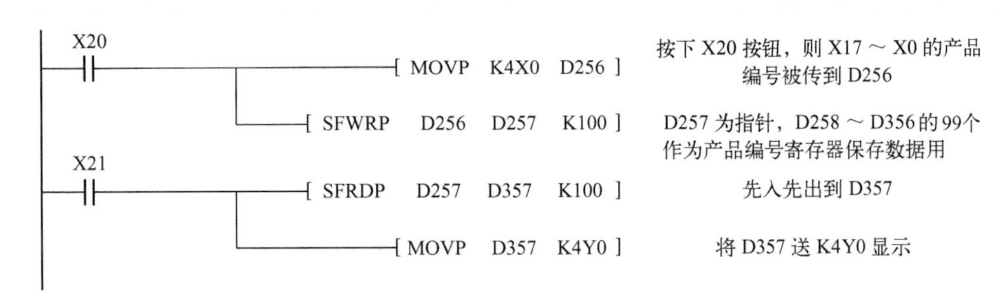

图6-39 产品编码先入先出

【例6.22】 设计一八工位排队呼叫系统，如图6-40所示，其控制要求是：某工位工作人员按下该工位按钮，小车前进到该工位停4秒，然后响应下一个呼叫，小车按呼叫的先后顺序执行操作。

试根据系统控制要求，完成I/O端口分配和梯形图程序设计。

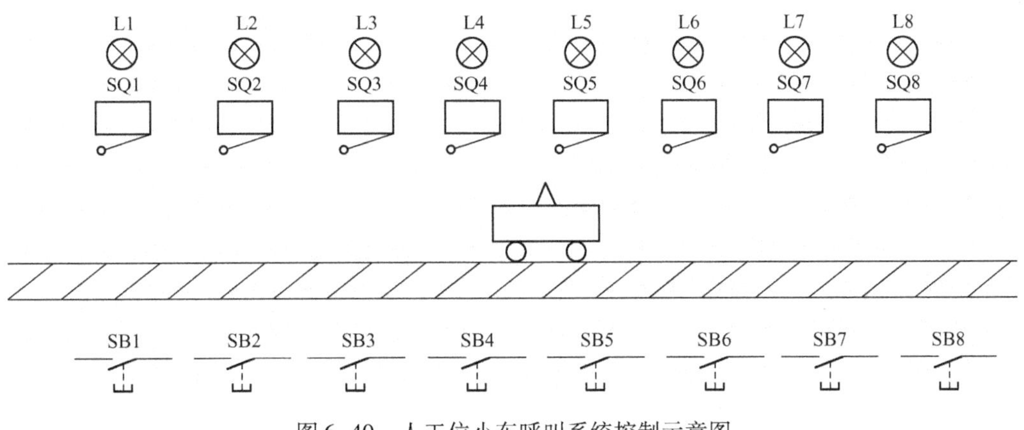

图6-40 人工位小车呼叫系统控制示意图

（1）根据控制要求，进行PLC I/O端口分配，如表6-29所示。

（2）编写梯形图程序，如图6-41所示。

表6-29 八工位小车I/O端口分配

输 入		输 出	
#1位按钮SBl	X0	正转前进KM1	Y0
#2位按钮SB2	X1	反转后退KM2	Y1
#3位按钮SB3	X2	右行前进指示	Y4
#4位按钮SB4	X3	左行后退指示	Y5
#5位按钮SB5	X4	数码管a	Y20
#6位按钮SB6	X5	数码管b	Y21
#7位按钮SB7	X6	数码管c	Y22
#8位按钮SB8	X7	数码管d	Y23
位置开关SQ1	X10	数码管e	Y24
位置开关SQ2	X11	数码管f	Y25

续表

输　　入		输　　出	
位置开关 SQ3	X12	数码管 g	Y26
位置开关 SQ4	X13	#1 位灯	Y10
位置开关 SQ5	X14	#2 位灯	Y11
位置开关 SQ6	X15	#3 位灯	Y12
位置开关 SQ7	X16	#4 位灯	Y13
位置开关 SQ8	X17	#5 位灯	Y14
		#6 位灯	Y15
		#7 位灯	Y16
		#8 位灯	Y17

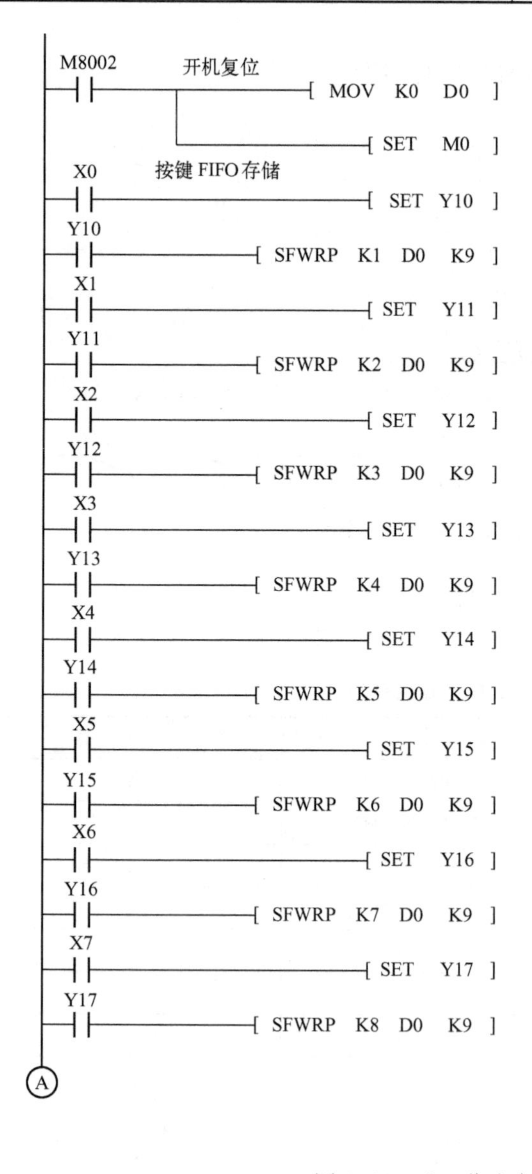

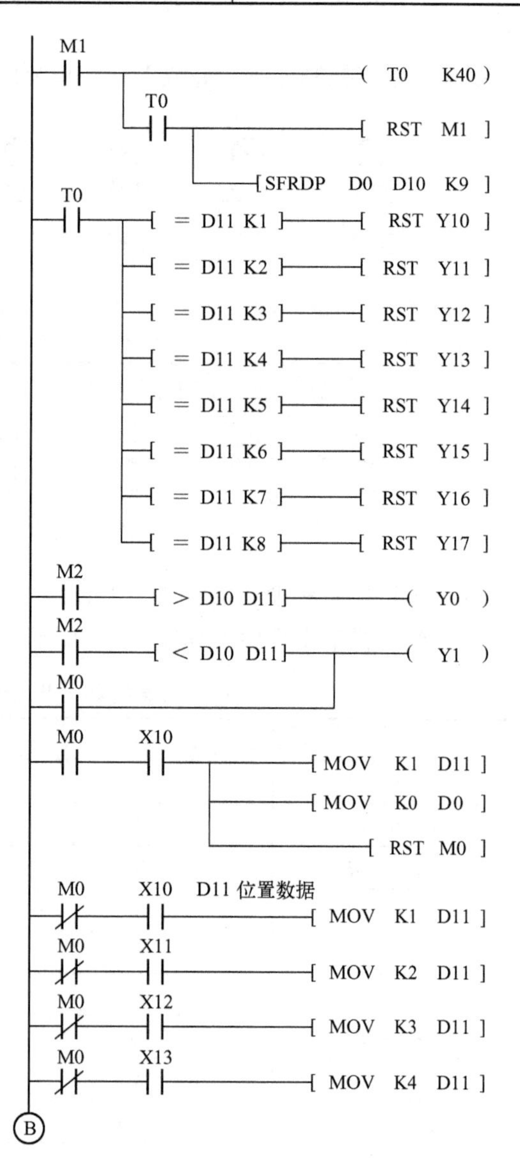

图 6-41　八工位小车呼叫系统控制梯形图

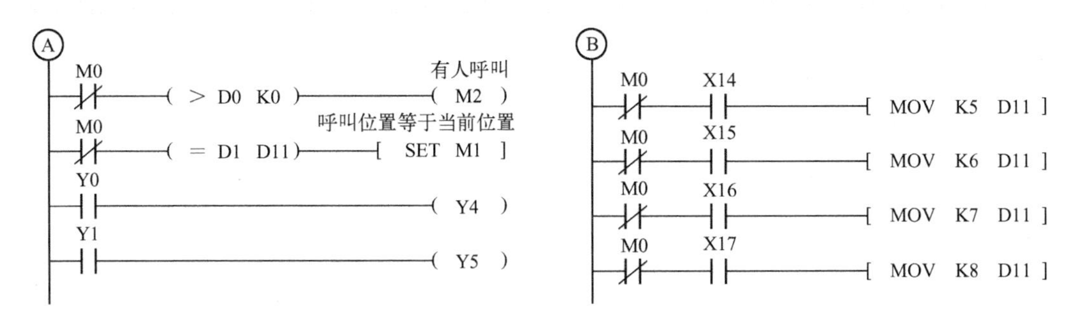

图6-41　八工位小车呼叫系统控制梯形图（续）

6.7　应用指令实训

6.7.1　触摸屏简介

PLC内部数据寄存器的数据大多都是通过触摸屏或工业计算机界面输入的，该界面称为人机界面，它是操作人员和机器设备之间双向沟通的桥梁，它通过通信口与PLC连接，可以方便地将PLC内部寄存器和输入/输出继电器进行画面的映射定义，并且加以编辑和控制，从而使得操作和控制工控设备更加容易。

好的人机界面能够明确指示并告知操作员设备目前的状况，使操作变得简单生动。用人机界面还可以使机器的配线标准化、简单化，同时也能减少PLC控制器所需的I/O点数。触摸屏作为一种新型的人机界面，它的简单易用，强大的功能及优异的稳定性使它非常适合用于工业环境，甚至可以用于日常生活之中，如自动化停车设备、自动洗车机、行车升降控制、生产线监控等，甚至可用于智能大厦管理、会议室声光控制、温度调整等。随着科技的飞速发展和触摸屏价格走低，越来越多的机器与现场操作都趋向于使用人机界面，PLC控制器配上触摸屏其强大的功能及复杂的数据处理，使得其应用更加广泛。

6.7.2　触摸屏的使用

国产品牌的触摸屏主要有MCGS、威纶、步科、信捷等，进口品牌的触摸屏主要有西门子、三菱、施耐德等。

这里以三菱公司的F940GOT－SWD（320＊240）型号触摸屏为例进行简单介绍，该触摸屏有两个串口，分别是RS－422和RS－232，前者用于连接PLC，后者用于连接个人计算机。F940GOT触摸屏与PLC和计算机的连接如图6-42所示。

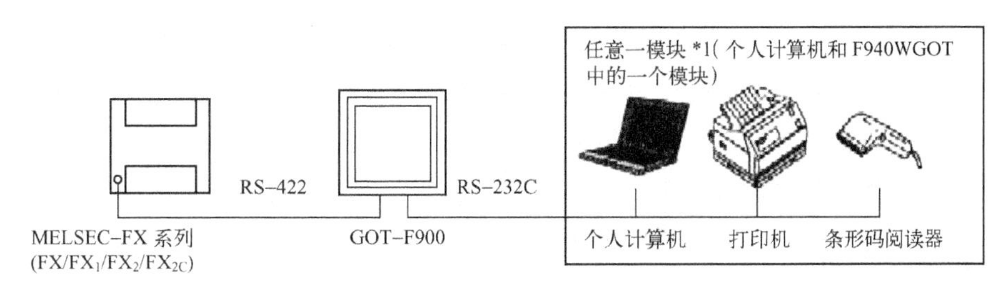

图6-42　F940GOT与PLC和计算机的连接。

下面简单介绍触摸屏的操作方法。

（1）打开触摸屏软件，单击“新建”按钮进入新建设置，如图6-43所示。在这里可以选择GOT类型、PLC类型，进行颜色设置。

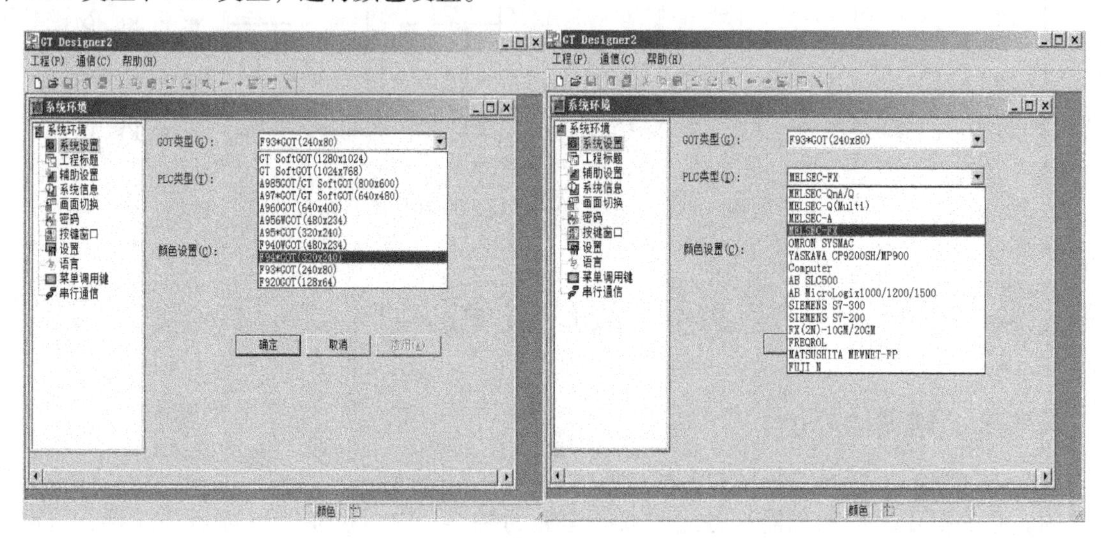

图6-43 “系统环境”设置

（2）单击“确定”按钮，打开“画面的属性”对话框，在这里进行画面编号、标题、画面的种类等的设置，如图6-44所示。

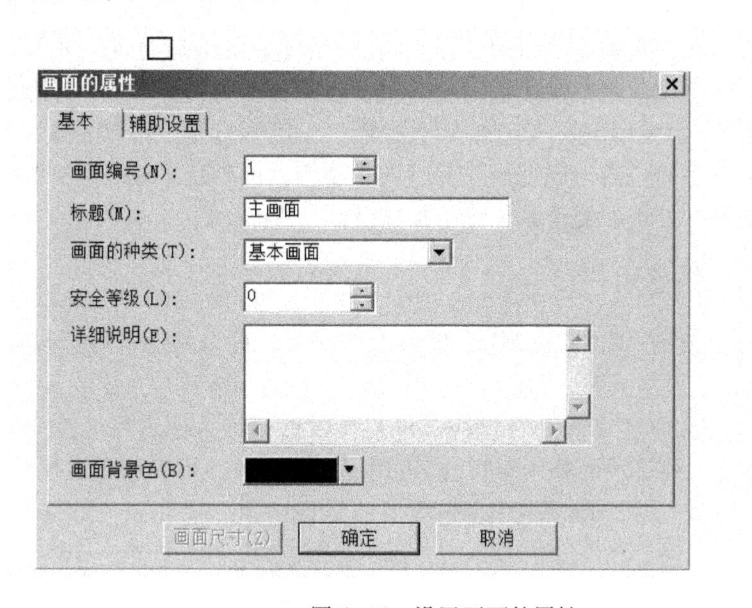

图6-44 设置画面的属性

画面编号：在整个工程中，画面编号是唯一的，可以通过这个编号对画面进行索引。

标题：此项画面的名称，帮助编程人员理解和归类，如此项画面的功能主要是主控画面，则编辑“主界面”便于记忆和管理。

画面背景色：利用此功能设置画面的背景颜色。

(3) 单击“确定”按钮结束向导的设置，开始进行画面的切换设置，如图6-45所示。此处可以设置环境、系统安全等级和系统配方等。

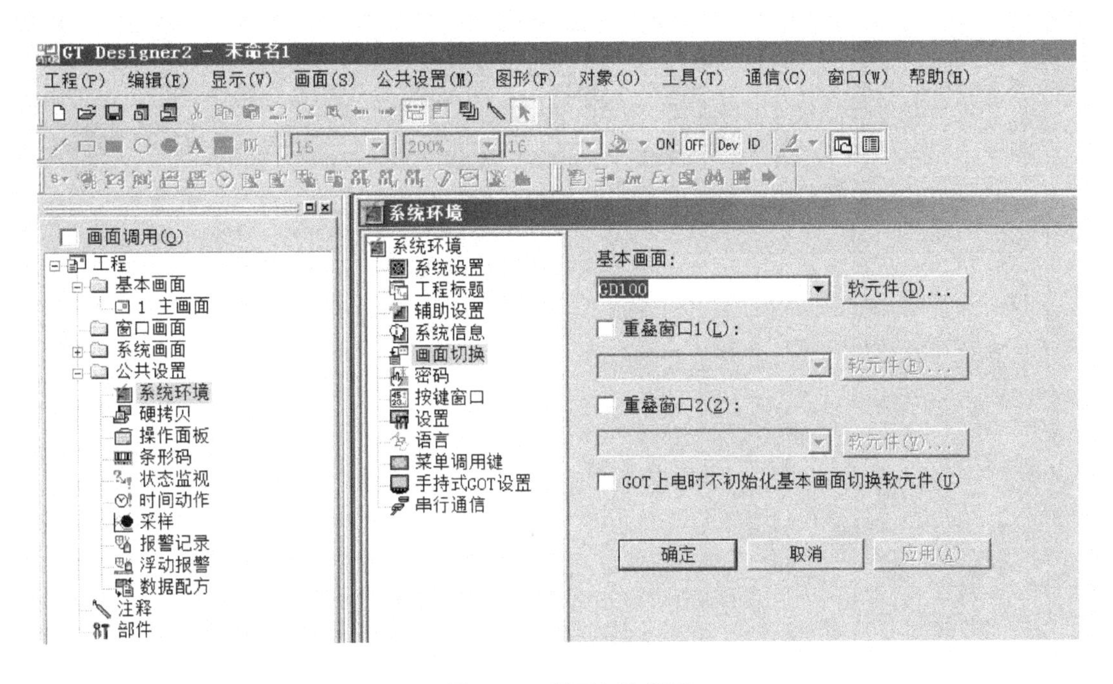

图6-45 画面切换设置

(4) 触摸屏常用的画图工具有位元件、指示灯显示、数值显示、ASCII显示、数值输入、ASCII输入、时刻显示、注释显示位/字、报警记录显示、部件显示、面板显示、趋势显示、折线显示、条线显示等，如图6-46所示。

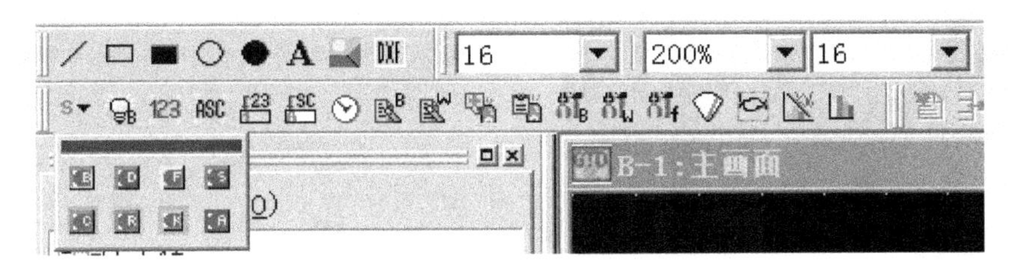

图6-46 画图工具

(7) 触摸屏通信设置的方法如图6-47所示。

如果触摸屏在开机后显示没有安装OS (Operation System)，或者无法调出中文操作菜单，则需要在“跟GOT的通信”对话框中选择安装相关的OS。方法是：单击“通信”→“跟GOT的通信”，如图6-48所示，随之弹出“跟GOT的通信”对话框，如图6-49所示，先在“通信设置”选项卡中设置通信方式和端口，然后单击“测试”按钮，如果连线接好则会弹出“与GOT链接成功”对话框。

“OS”的安装和链接成功后，选择“OS安装->GOT”选择卡，然后选择“中文(简体)”即可，其他的选项会随之自动出现。然后单击“安装”按钮，触摸屏就进入与计算机的通信状态，如图6-50所示。此时不能关闭GOT电源或者拔出GOT通信线。

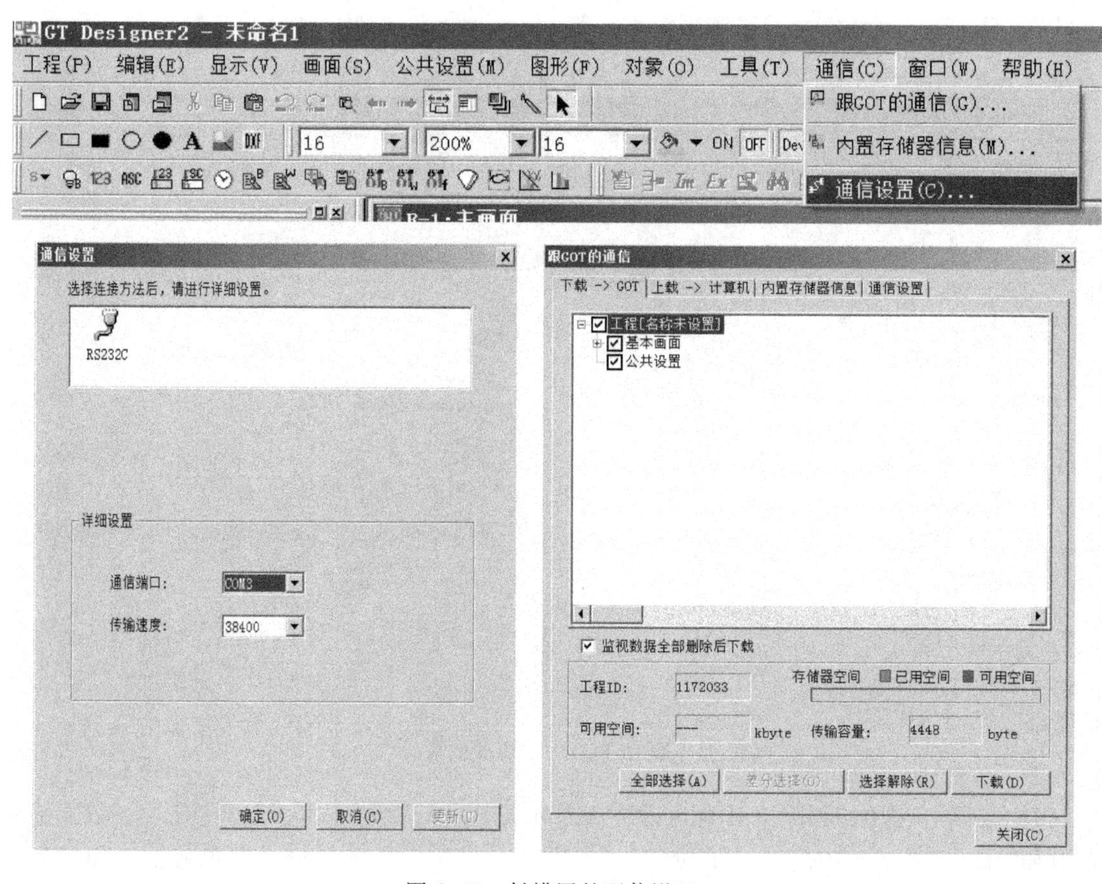

图6-47　触摸屏的通信设置

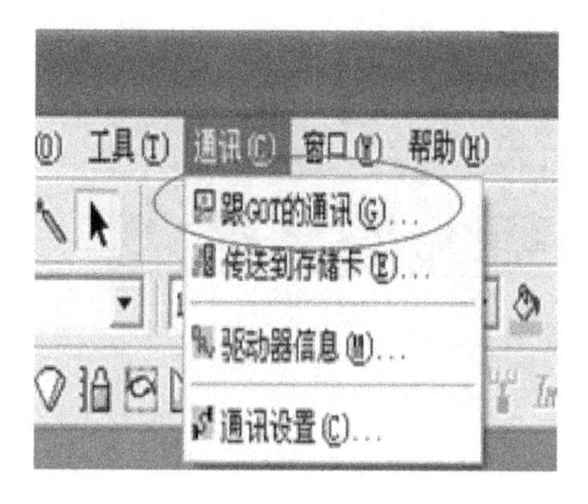

图6-48　选择“跟GOT的通信”

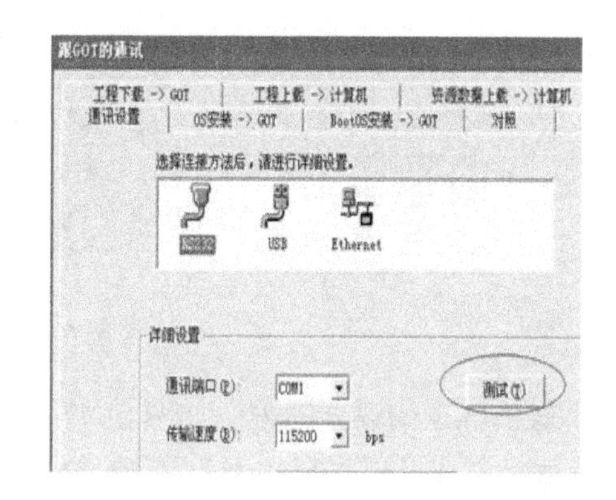

图6-49　“跟GOT的通信”对话框

（8）当工程画面编辑完毕后，单击菜单栏中的“通信”→“跟GOT的通信”，弹出“跟GOT的通信”对话框，进行工程画面的下载。方法是：在该对话框中选择“工程下载->GOT”选项卡，在“基本画面”里选择需要下载的画面名称，在名称前打勾，选择完毕后单击“下载”按钮，就可以进行下载数据传输，在传输过程中禁止关闭触摸屏电源和移动GOT通信线，如图6-51所示。

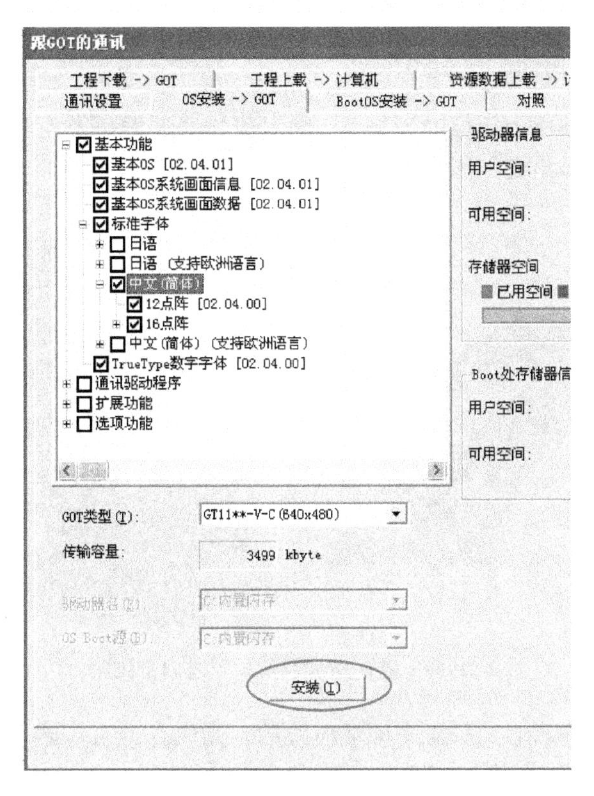

图 6-50　OS 安装

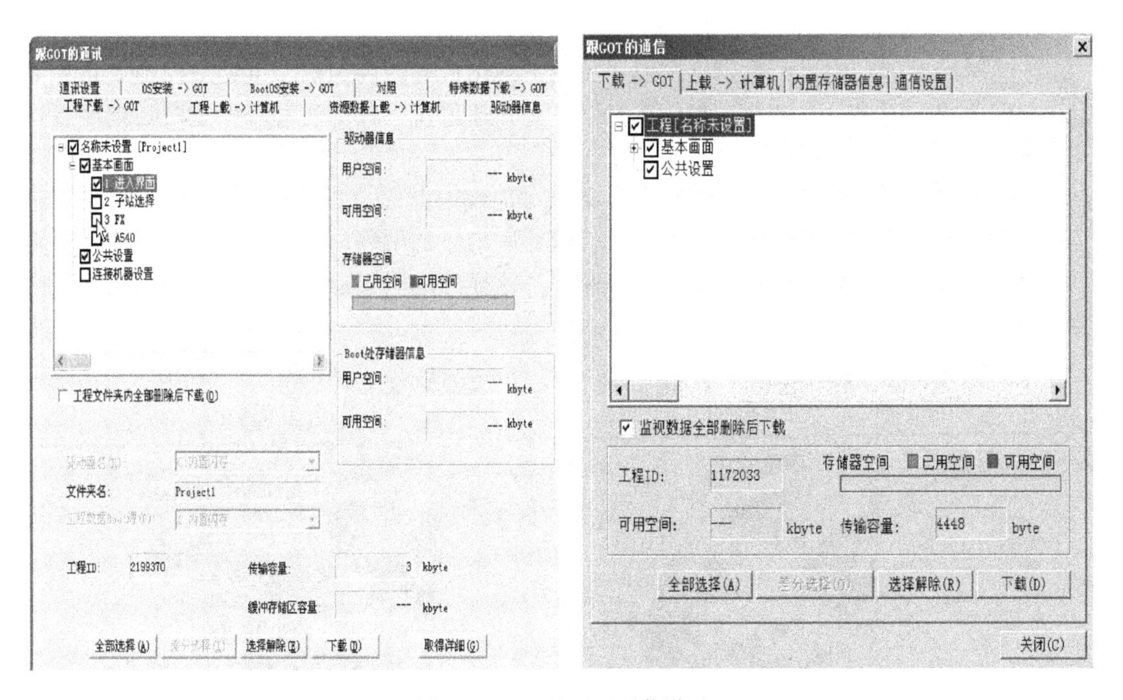

图 6-51　工程画面下载设置

6.7.3 绝对值编码器简介

绝对值编码器是一种用于定位的传感器，绝对值较普通编码器有掉电记忆功能。常用的绝对值编码器的外形和内部结构如图 6-52 所示。

图 6-52 绝对值编码器外形与内部结构

绝对编码器是通过内部的光码盘来记忆位置的，光码盘上有许多道光通道刻线，每道刻线依次以 2 线、4 线、8 线、16 线……这样来编排。在编码器的每一个位置，通过读取每道刻线的通、暗，获得一组从 2 的零次方到 2 的 n－1 次方的唯一的二进制编码（格雷码），这就称为 n 位绝对编码器。这样的编码器是由光电码盘的机械位置决定的，它不受停电、干扰的影响。

由于绝对编码器是由机械位置决定的，故它无须用控制程序记忆，也无须找参考点，而且不用一直像普通编码器一样计数，它什么时候需要知道位置，什么时候就去读取其刻度。这样编码器的抗干扰特性、数据的可靠性大大提高了。

绝对值编码器有单圈绝对值编码器和多圈绝对值编码器之分，如图 6-53 所示。单圈绝对值编码器是以转动中测量光电码盘各道刻线，以获取唯一的编码，当转动超过 360 度时，编码又回到原点，这样就不符合绝对编码唯一的原则，这样的编码只能用于旋转范围 360 度以内的测量。

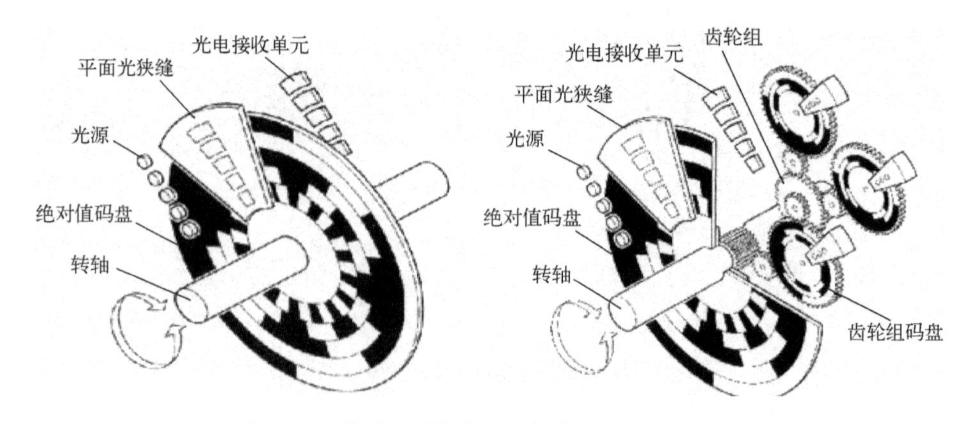

图 6-53 单圈绝对值编码器与多圈绝对值编码器

如果要测量旋转超过360度范围，就要用到多圈绝对值编码器。多圈编码器生产厂家运用钟表齿轮机械的原理，当中心码盘旋转时，通过齿轮传动另一组码盘（或多组齿轮，多组码盘），在单圈编码的基础上再增加圈数的编码，以扩大编码器的测量范围，这样的绝对编码器就称为多圈式绝对编码器，它同样是由机械位置确定编码，每个位置编码唯一不重复，而无须记忆。

多圈编码器另一个优点是由于测量范围大，实际使用往往富裕较多，这样在安装时不必要费劲找零点，将某一中间位置作为起始点就可以了，而大大简化了安装调试难度。

多圈编码器的输出大致有两种：一种为通信接口，如MODBUS通信接口、PROFIBUS通信接口等，还有一类为I/O编码接口。

6.7.4 实训内容

【实训6.1】用触摸屏实现4.6.2节中交通灯的启动、停止及灯的显示控制。

【实训6.2】X7～X0接拨码盘，Y16～Y0接数码管，Y17接蜂鸣器。按下启动按钮，定时器按拨码盘的设定时间开始倒计时，时间到则Y17为ON。接线图如图6-54所示。

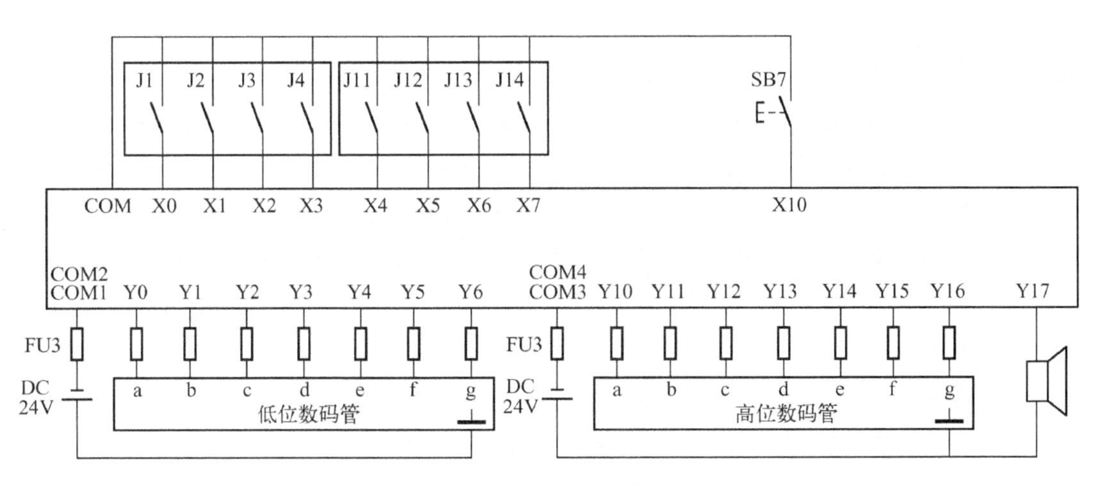

图6-54 接拨码盘数码管示意图

【实训6.3】本实训要求采用光洋Koyo绝对值编码器TRD－NA1024NW（参数详见表6-30）完成等分八个灯的控制实训。

表6-30 绝对值编码器TRD－NA1024NW参数

分辨率	1024等分/转	容许最高转速	3000rpm
输出信号形式	格雷码（10bit）	电源电压	DC 12～24V
最高相应频率	20kHz	输出形式	NPN集电极开路输出

绝对值编码器TRD－NA1024NW接口如表6-31所示。

表 6-31　绝对值编码器 TRD - NA1024NW 接口

电缆型芯线色	插座型引脚号	1024/720 分辨率	电缆型芯线色	插座型引脚号	1024/720 分辨率
蓝	1	0V	紫	8	bit 6 (2^5)
棕	2	+12/24	灰	9	bit 7 (2^6)
黑	3	bit 1 (2^0)	白	10	bit 8 (2^7)
红	4	bit 2 (2^1)	黑/白	11	bit 9 (2^8)
橙	5	bit 3 (2^2)	红/白	12	bit 10 (2^9)
黄	6	bit 4 (2^3)	-	13	不接
绿	7	bit 5 (2^4)	屏蔽	-	GND

将 X11 ~ X0 共计 10 位接绝对值编码器，将 360 度等分 8 个灯，输出接 Y7 ~ Y0，要求在触摸屏上显示角度和输出。接线的示意图如图 6-55 所示。

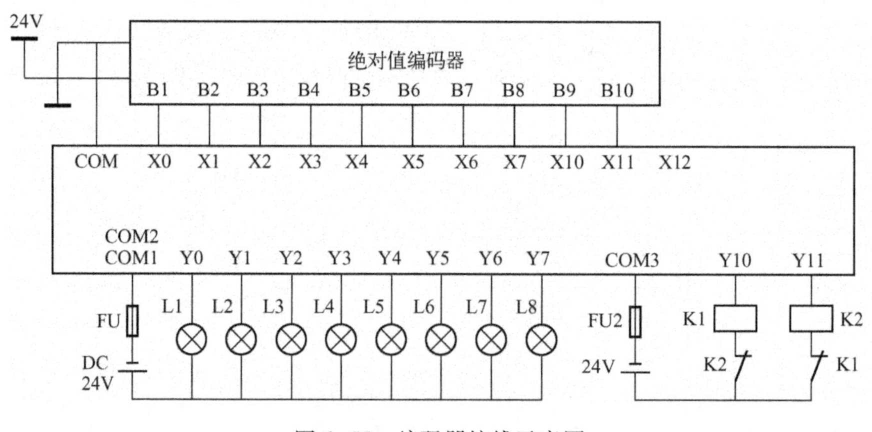

图 6-55　编码器接线示意图

【实训 6.4】完成【例 6.20】八工位排队呼叫系统的接线、调试。系统接线图如图 6-56 所示。

【实训 6.5】连接触摸屏联机调试（接线图略），要求在屏幕上输入 10 个数，能够计算并显示该 10 个数的最大值、最小值和平均值。

【思考题】

1. 将实训 6.1 的交通灯改为时间设置，启动、停止按钮都设置成触摸屏软元件。倒计时时间显示等。

2. 对于实训 6.2，要求停止时显示设置时间，设定值变化则显示值变化，启动后则显示动态倒计时。最后 10s，并伴有倒计时蜂鸣器“嘀”声。设计并调试 3 种以上的单按键启停。

3. 用直流减速电机与单圈绝对值编码器组成控制系统，实现设定值的自动跟踪运行。

4. 将实训 6.4 接上触摸屏，将常规显示做在屏中，加入单路屏蔽开关，开关为 ON 时，则该路屏蔽。

5. 对于实训 6.5，连接触摸屏联机调试，屏幕输入 10 个数，计算并显示该 10 个数的由小到大排序，并显示差值曲线，计算出平方根差。

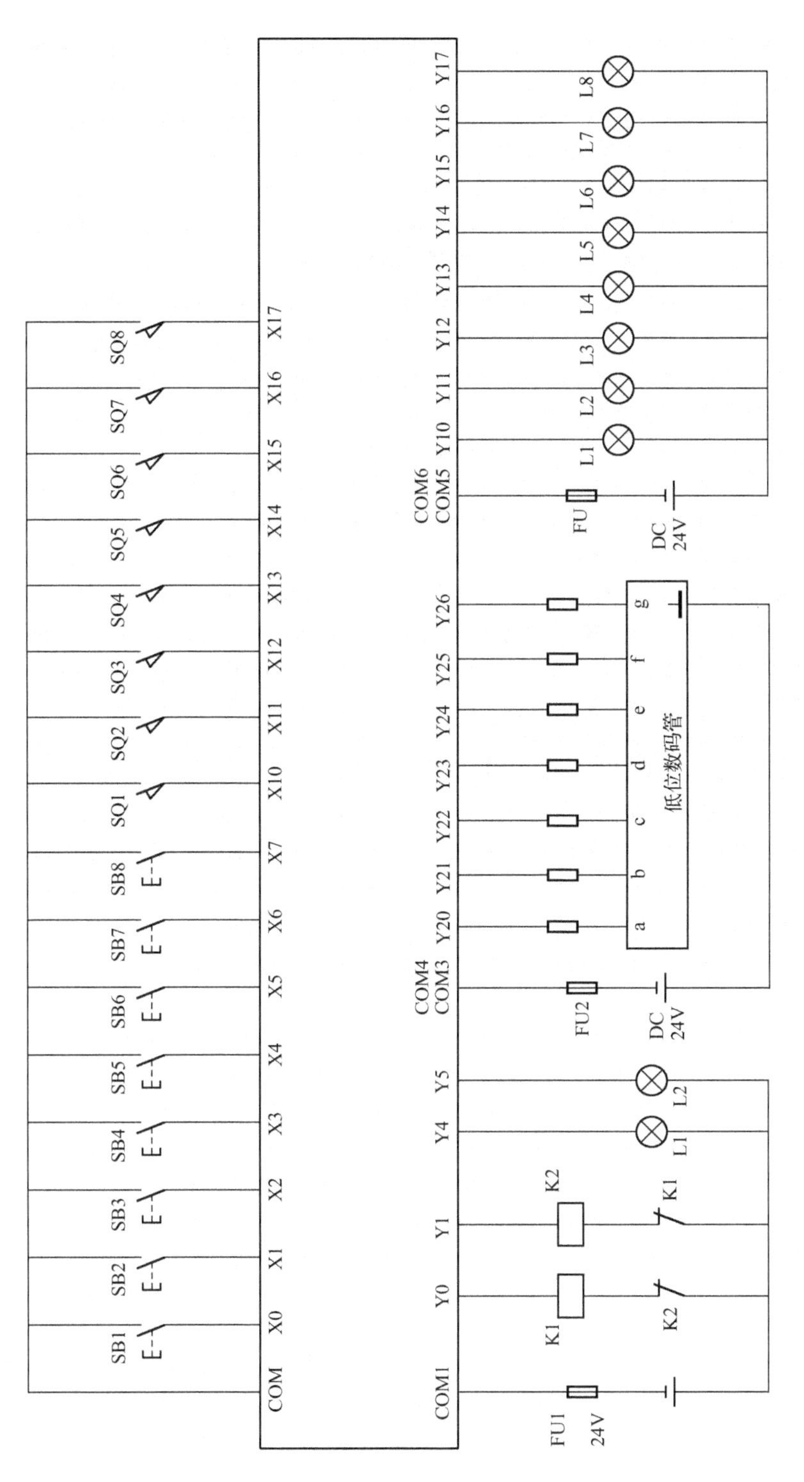

图 6-56　八工位排队呼叫系统接线图

本章小结

PLC 的数据寄存器包括输入的 X 区域、输出的 Y 区域、辅助继电器 M 区域、状态寄存器区域、定时器、计数器、数据寄存器 D、变址寄存器等。数据寄存器为 16 位，最高位可为符号位。可用两个数据寄存器来存储 32 位数据，最高位仍可为符号位。本章对数据表达的一般格式做出了详细的阐述，有十进制、十六进制等数据格式。

本章只对四大类的应用指令的使用做了详细阐述，主要是想突出重点，这四类分别为 MOV 类、比较类、算术计算类及移位类等，这几类是实际现场应用最多的几类应用指令，并通过这些应用指令的使用和设计方法参数，使得大家对应用指令能尽快掌握，也从中看出，应用指令掌握越多，并不是设计越难了，而是程序设计越简单了，以 MOV 为例，一条 BMOV 可以顶上 100 条 MOV 类、比较类、算术计算类及移位类等，FX_{2N}系列具有 128 种 298 条应用指令，本章将通过上述 4 类应用指令，也是最常用的 4 类，详细阐述应用指令的基本概念和使用方法，触类旁通以掌握其应用及设计技巧。

FX 系列 PLC 采用计算机通用的助记符形式来表示应用指令。一般用指令的英文名称或缩写作为助记符，如指令助记符 MOV（ Move）用来表示数据传送指令。有的应用指令没有操作数，大多数应用指令有 1 ~ 4 个操作数，[S]表示源（Source）操作数，[D]表示目标（Destination）操作数。源操作数或目标操作数不止一个时，可以表示为[S1]、[S2]、[D1]、[D2]等。有些还有 n 或 m 表示其他操作数，它们常用来表示常数，或源操作数和目标操作数的补充说明。需注释的项目较多时，可以采用 m1、n2 等方式。

总之，通过这四类应用指令的学习，为进一步学习其他应用指令做了铺垫。

习 题 6

一、填空题

1. 数据寄存器存储数据和参数。包括输入的________区域、输出的________区域、辅助继电器________区域、状态寄存器区域、定时器、计数器等。

2. 通用数据寄存器____________共 200 点，断电保持数据寄存器____________可以将 D1000 以上作为文件寄存器。特殊数据寄存器为____________。

3. 应用指令中的操作数的形式有以下几种情形：____________，____________。

4. [S]表示____________操作数，[D]表示____________操作数，还有 n 或 m 表示其他操作数，它们常用来表示____________。

5. FX_{2N}系列 PLC 有____________和____________共 16 个变址寄存器，它们都是 16 位的寄存器。

6. 操作数 K3X0 表示________组位元件，即由________到________组成的________位数据。

7. 在 FX 系列 PLC 内部，数据以____________的形式存储，所有四则运算和加 1、减 1 运算都使用二进制数。二进制补码的____________为符号位，正数的符号位为____________，负数的符号位为____________。

8. BCD（Binary Coded Decimal）码是按二进制编码的十进制数。每位十进制数用____________来表示，0 ~ 9 对应的二进制数为____________，各位十进制数之间采用____________的运算规则。

9. MOV 后面的____________表示脉冲（Pulse）执行，即仅在 X1 由____________状态时执行一次。

10. 助记符 MOV 之前的____________表示处理 32 位（bit）双字数据，这时____________数据寄存器组成数据寄存器对。

11. 移位寄存器又称为____________________堆栈。

12. 对于 PLC ____________________数据大多都是通过触摸屏或工业计算机界面输入的。

13. ________通过通信口与 PLC 连接，可以方便地将 PLC 的内部寄存器和输入输出继电器进行画面的映射定义

二、简答题

1. 什么是功能指令？用途如何，与基本指令有什么区别？

2. 什么叫“位”软元件？什么叫“字”软元件？

3. 数据寄存器有哪些类型？试简要说明。

4. 32 位数据寄存器如何组成？

5. 什么是变址寄存器？有什么作用？试举例说明。

6. 试问如下软元件为何类型软元件？由几位组成？K1X001、D20、S20、K4S000、V2、X010、K2Y000、K3M9。

7. 功能指令有哪些使用要素？叙述它们的实用意义？

8. 在如图 6-57 所示的功能指令形式中，“X000”、“（D）”、“（P）”、“D10”、“D14”分别表示什么？该指令有什么功能？程序为几步？

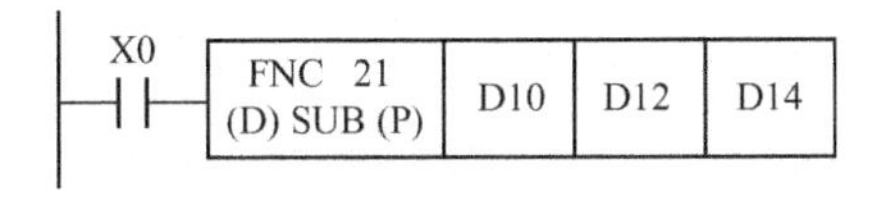

图 6-57　功能指令形式

9. FX_{2N}系列 PLC 中常用的功能指令有几大类？

三、设计题

1. 用开机 D0 的原始数据为 5000。D0 的数据每 2 秒会自动减 10，当数据小于等于 100 时数据还会还原为 6000。另有 D3 和 D5 的数据会随 D0 的变化而变化，D3 为 D0 数据的 1/5，D4 的数据为 D0 的 2 倍。写出分析程序。

2. 用设计循环移位的 16 位彩灯控制程序，移位的时间间隔为 1s，开机之前设置彩灯的初值为 4 个灯亮，左移 1 位到头则右移，右移 1 位到头则左移，每移 10 个来回则换为 3 个灯亮，同样左右移，来回 10 次后换 2 个灯亮，同样左右移。再来回 10 次后换回 4 个灯亮，循环。

3. 用 SFTL 指令，完成小车运料 5-4 -1 的直线型顺控程序设计。

4. 当 X0 为 ON，计算 D100 ~ D199 的累加和，放到 D10（32 位）里，并计数出它们的平均值、最大值、最小值。

第7章　应用指令的程序设计

在上一章中介绍了四类应用指令，分别是传送指令、比较指令、算术运算指令、循环与移位指令。除此之外，PLC应用指令还包括：字逻辑运算指令、数据处理指令、方便指令、外部I/O设备指令、外部设备指令、浮点数运算指令、时钟运算指令、高速运算指令等。有了上一章应用指令的基础，学习其他应用指令比较容易理解，本章通过实例详细阐述应用指令的设计技巧和方法。

本章学习重点：应用指令程序设计技巧和方法。

本章学习难点：方便指令的使用。

7.1　字逻辑运算指令

7.1.1　字逻辑运算指令WAND/WOR/WXOR（FNC 26/27/28）

字逻辑运算指令包括WAND（字逻辑与，FNC 26）、WOR（字逻辑或，FNC 27）、WXOR（字逻辑异或，FNC 28）和NEG（求补，FNC 29）指令。这里先介绍前三种指令。具体的使用说明如表7-1所示。

表7-1　字逻辑运算指令（FNC 26/27/28）

FNC 26	WAND	逻辑与		
FNC 27	WOR	逻辑或		
FNC 28	WXOR	逻辑异或		
案例分析	 X000 [WAND D0 D2 D4]（S1. S2. D.） 当X000为ON，则进行D0与D2位的与运算 D0：H 593B 与 D2：H F6B5 D4：H 5031			
适用范围	字软元件：K,H KnX KnY KnM KnS T C D V,Z（S1.、S2.：K,H～V,Z；D.：KnY～V,Z） 位软元件：X Y M S			
扩展	WAND 连续执行型 WANDP 脉冲执行型	16位指令 7步	DWAND 连续执行型 DWANDP 脉冲执行型	32位指令 13步

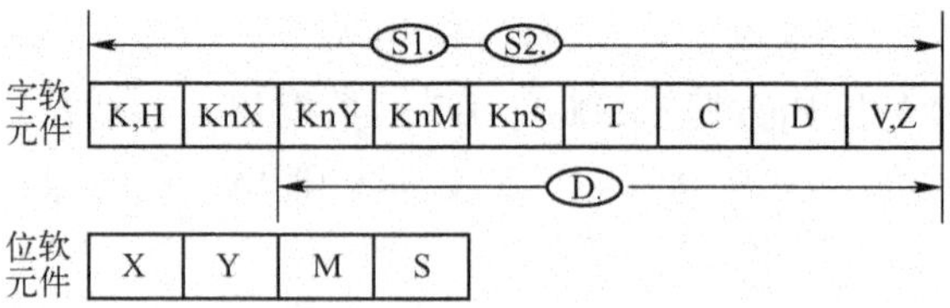

在进行“与”运算时，如果两个操作数的同一位均为1，则运算结果的对应位为1，否则为0。在进行“或”运算时，如果两个操作数的同一位均为0，则运算结果的对应位为0，否则为1。在进行“异或”运算时，如果两个操作数的同一位不同，则运算结果的对应位为1，

否则为0。

表中的示例表示：当X0为ON时，执行“字逻辑与”指令，将源操作数［S1］（对应二进制表示为0101 1001 0011 1011）与源操作数［S2］（对应二进制表示为1111 0110 1011 0101）对应的各位相与，将结果送至目标元件［D］中，则执行指令后，D4的结果为0101 0000 0011 0001，即H5031。“字逻辑或”和“字逻辑异或”的结果分别为1111 1111 1011 1111和1010 1111 1000 1110，即HFFBF和HAF8E，读者可自行分析上述结果。

字逻辑运算指令以位（bit）为单位作相应的运算，WXOR指令与求反指令（CML）组合使用可以实现“异或非”运算，如图7-1所示。

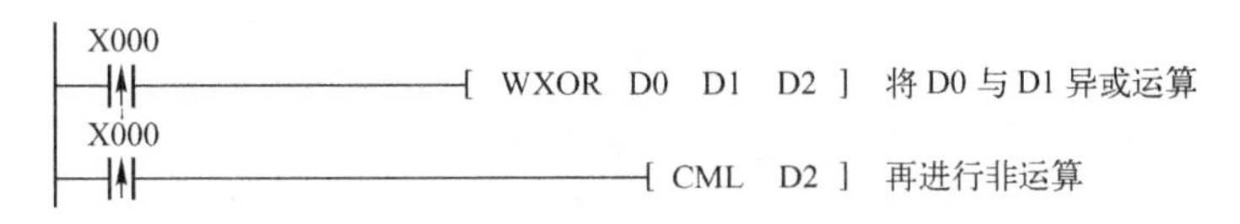

图7-1　“异或非”运算梯形图

7.1.2　求补运算指令NEG（FNC 29）

求补运算指令NEG用于将［D］指定的数的每一位取反后再加1，将结果存于同一元件中，求补指令实际上是绝对值不变的变号操作。求补指令只有目标操作数。

FX系列PLC的负数用其补码的形式来表示，最高位为符号位，正数时该位为0，负数时该位为1，将负数求补后得到它的绝对值。求补运算指令的使用说明如表7-2所示。

表7-2　求补运算指令NEG（FNC 29）

FNC 29	NEG	求补		
案例分析	X000 ［NEG D10］（D.） $\overline{(D10)}$ + 1 → (D10)			
适用范围	字软元件：K,H KnX KnY KnM KnS T C D V,Z（D.：KnY～V,Z） 位软元件：X Y M S			
扩展	NEG　连续执行型 NEGP　脉冲执行型	16位指令 3步	DNEG　连续执行型 DNEGP　脉冲执行型	32位指令 5步

指令表中的示例表示：当X0为ON，对D10里的数据求补码，再送入D10中。

7.2　数据处理指令

数据处理指令包含区间复位指令ZRST、解码指令DECO、编码指令ENCO、平均值计算指令MEAN等，其中区间复位指令可用于初始化，编译码指令可用于字元件中的某1位的位码的编译。

7.2.1 区间复位指令 ZRST（FNC 40）

区间复位指令 ZRST（Zone Reset，FNC 40）用于将［D1］和［D2］指定的元件号范围内的同类元件成批复位。区间复位指令的使用说明如表 7-3 所示。

表 7-3 区间复位指令 ZRST（FNC 40）

FNC 40	ZRST	全部复位	
案例分析	X010 —[ZRST M500 M599] 整体复位位元件 M500 ~ M599 —[ZRST C235 C255] 整体复位字元件 C235 ~ C255（0 的写入和触点的清除） —[ZRST S0 S127] 整体复位状态 S0 ~ S127 （D1、D2 分别标注第一、第二操作数）		
适用范围	字软元件：K,H KnX KnY KnM KnS T C D V,Z（D1 D2：T、C、D） 位软元件：X Y M S（D1 D2：Y、M、S） D1 编号 D2 编号 指定同一种类的要素		
扩展	ZRST 连续执行型 ZRSTP 脉冲执行型	16 位指令 3 步	

［D1］和［D2］指定的应为同一类元件，［D1］的元件号应小于［D2］的元件号。如果［D1］的元件号大于［D2］的元件号，则只有［D1］指定的元件被复位。单个位元件和字元件可以用 RST 指令复位。

表中的示例表示：当 X10 为 ON 时，M500 ~ M599、C235 ~ C255、S0 ~ S127 都复位。

虽然 ZRST 指令是 16 位处理指令，［D1］和［D2］也可以指定 32 位计数器。

7.2.2 解码指令 DECO（FNC 41）

解码（译码）指令 DECO（Decode）用于码的变换，将某组二进制码转换为数据中的某位的“1”，利用解码指令，可以用数据寄存器中的数值来控制指定位元件的 ON/OFF。解码指令的使用说明如表 7-4 所示。

表 7-4 解码指令 DECO（FNC 41）

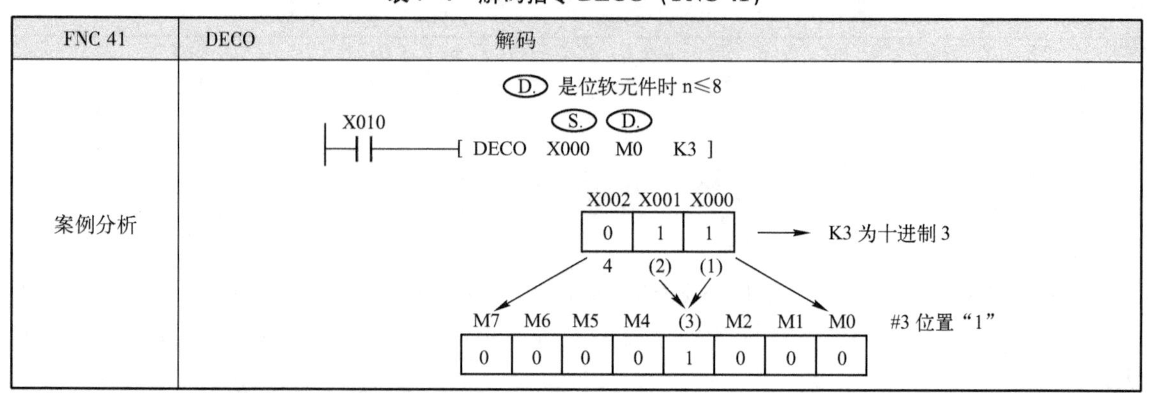

续表

FNC 41	DECO	解码
适用范围	字软元件：K,H　KnX　KnY　KnM　KnS　T　C　D　V,Z（S.：K,H～V,Z；D.：T～V,Z） 位软元件：X　Y　M　S（S.：X～S；D2.：Y～S） n=1~8 n=0 时不作处理，0~8 以外会出错	
扩展	DECO　连续执行型 DECOP　脉冲执行型	16 位指令 3 步

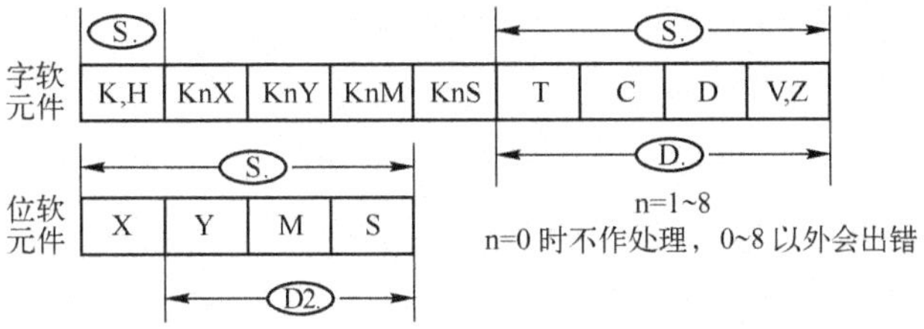

指令表中的示例表示：X2～X0 组成的 3 位（n=3）二进制数为 011，相当于十进制数 3（$2^1+2^0=3$），由目标操作数 M7～M0 组成的 8 位二进制数的第 3 位（M0 为第 0 位）：M3 被置 1，其余各位为 0。

若［D］指定的目标元件是字元件 T、C、D，应使 n≤4，目标元件的每一位都受控，若［D］指定的目标元件是位元件 Y、M、S，应使 n≤8。n=0 时，不作处理。

7.2.3　编码指令 ENCO（FNC 42）

编码指令 ENCO（Encode）是解码（译码）指令 DECO（Decode）逆运算，用于某位的“1”转换为数据存入寄存器，编码指令的使用说明如表 7-5 所示。

表 7-5　编码指令 ENCO（FNC 42）

FNC 42	ENCO	编码
案例分析	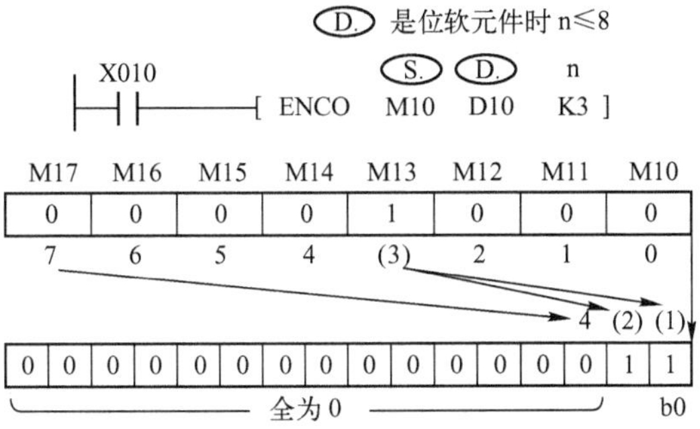 D. 是位软元件时 n≤8 X010　[ENCO　M10(S.)　D10(D.)　K3(n)] M17　M16　M15　M14　M13　M12　M11　M10 0　0　0　0　1　0　0　0 7　6　5　4　(3)　2　1　0 4　(2)　(1) 0 0 0 0 0 0 0 0 0 0 0 0 0 0 1 1 全为 0　b0	
适用范围	字软元件：K,H　KnX　KnY　KnM　KnS　T　C　D　V,Z；n（S.：T～V,Z；D.：T～V,Z） 位软元件：X　Y　M　S（S.：X～S） n=1~8 n=0 时不作处理，0~8 以外会出错	
扩展	ENCO　连续执行型 ENCOP　脉冲执行型	16 位指令 3 步

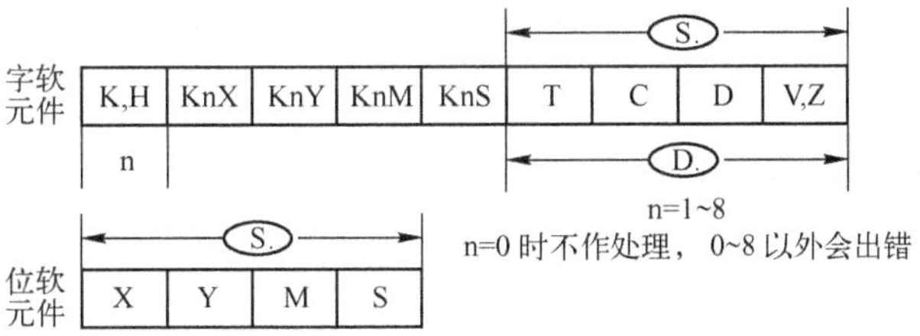

表中的示例表示：当 X10 为 ON 时，编码指令将源元件 M17 ~ M10 中为“1”的 M13 是位数 3，编码为二进制数 011，并将 3 送到目标元件 D10 的低 2 位。解码/编码指令在 n = 0 时不作处理。当执行条件 OFF 时，指令不执行，编码输出保持不变。

编码指令 ENCO（Encode）只有 16 位运算。当［S］指定的源操作数是字元件 T、C、D、V 和 Z 时，应使 n≤4，当［S］指定的源操作数是位元件 X、Y、M 和 S 时，应使 n = 1 ~ 8，目标元件可以取 T、C、D、V 和 Z。若指定源操作数中为 1 的位不止一个，只有最高位的 1 有效。若指定源操作数中所有的位均为 0，则出错。

7.2.4　求置 ON 位总数指令 SUM（FNC 43）

求置 ON 位总数指令 SUM（FNC 43）用于统计源操作数中为 ON 的位的个数，并将它送入目标操作数。位元件的值为 1 时称为 ON。求置 ON 位总数指令的使用说明如表 7-6 所示。

表 7-6　求置 ON 位总数指令 SUM（FNC 43）

FNC 43	SUM	ON 位数		
案例分析	X000 ─┤├─［SUM D0(S.) D2(D.)］ D0 中的 1 的个数存入 D2 中。无 1 时零位标志 M8020 会动作。 D0：0 1 0 1 0 1 0 1 0 1 0 1 0 1 1 1 ＞ 9 个“1” D2：0 0 0 0 0 0 0 0 0 0 0 0 1 0 0 1（8 4 2 1）			
适用范围	字软元件：K,H　KnX　KnY　KnM　KnS　T　C　D　V,Z（S.：K,H ~ V,Z；D.：KnY ~ V,Z） 位软元件：X　Y　M　S			
扩展	SUM　连续执行型 SUMP　脉冲执行型	16 位指令 5 步	DSUM　连续执行型 DSUMP　脉冲执行型	32 位指令 9 步

表中的示例表示：当 X000 为 ON 时，则 D0 中的 9 个“1”被统计出，并将 9 存入 D2 中。

7.2.5　ON 位判别指令 BON（FNC 44）

ON 位判别指令 BON（Bit ON Check）用于检测指令元件［S］中的第 n 位是否为 ON，若为 ON，则将目标操作数［D］变为 ON。

16 位运算时，n = 0 ~ 15，32 位运算时，n = 0 ~ 31。ON 位判别指令的使用说明如表 7-7 所示。

该指令用来检测指定元件中的指定位是否为 ON。若为 ON，则位目标操作数变为 ON。动作见指令表。

表7-7 ON位判别指令BON（FNC 44）

FNC 44	BON ON位判断
案例分析	X000 ─┤├─[BON Ⓢ D10 Ⓓ M0 n K15] D10中的第n=15位为ON时M0动作，X0为OFF时M0不变化 D10: b15 1 0 1 0 1 0 1 0 1 0 1 0 1 0 1 0 b0 M0→ON 0 0 1 0 1 0 1 0 1 0 1 0 1 0 1 0 M0→OFF
适用范围	字软元件：K,H KnX KnY KnM KnS T C D V,Z（S.：全部；n：K,H） 位软元件：X Y M S（D.：Y M S）
扩展	BON 连续执行型 BONP 脉冲执行型 16位指令 7步；DBON 连续执行型 DBONP 脉冲执行型 32位指令 13步

表中的示例表示：当X0为ON时，如果D10中的第15（n=15）位为ON，则M0动作。

【例7.1】D10中的数如果是负数，求它的绝对值。满足此要求的梯形图程序，如图7-2所示。

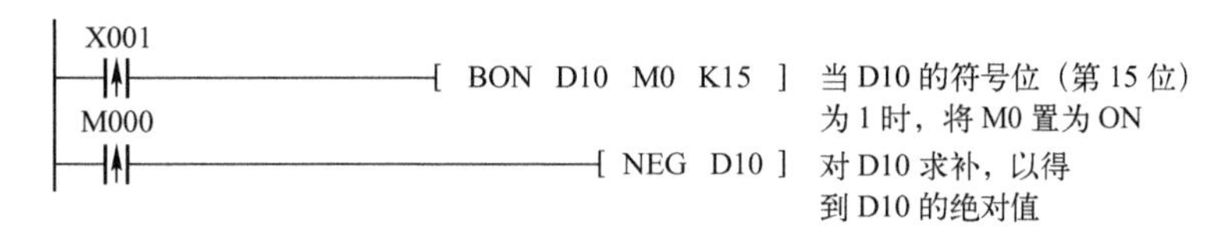

图7-2 绝对值的梯形图

此梯形图程序当X1为ON，算出D10的绝对值。

7.2.6 平均值指令MEAN（FNC 45）

平均值指令用来求n个源操作数［S］的代数和被n除的商，将余数略去，将结果送至目标操作数［D］中。平均值指令的使用说明如表7-8所示。

若指定的源操作数的区域超出允许的范围，n的值会自动缩小，只求允许范围内元件的平均值。若n的值超出范围1~64，则出错。

表7-8 平均值指令MEAN（FNC 45）

FNC 45	MEAN 平均值
案例分析	X000 ─┤├─[MEAM Ⓢ D0 Ⓓ D10 n K3] $\frac{(D0)+(D1)+(D2)}{3}$ → (D10) D0、D1、D3三个数平均给到D10

续表

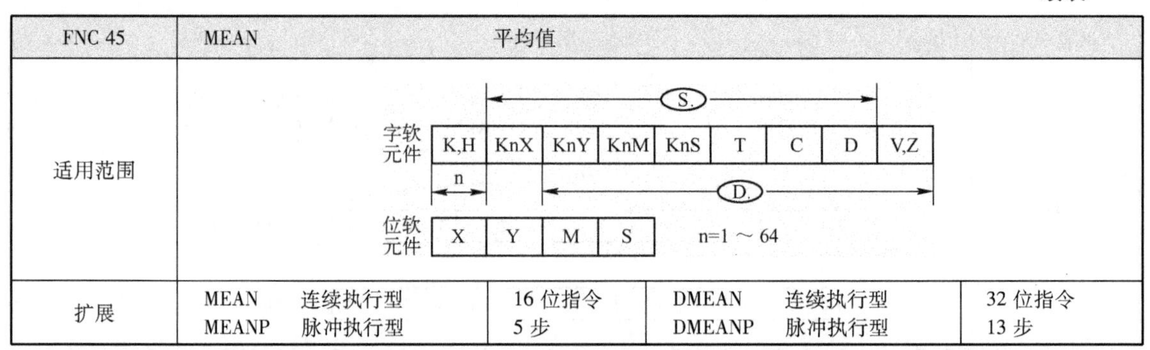

FNC 45	MEAN	平均值		
适用范围	字软元件：K,H KnX KnY KnM KnS T C D V,Z（S. 范围：KnX ~ D；n：K,H；D. 范围：KnY ~ V,Z） 位软元件：X Y M S n=1 ~ 64			
扩展	MEAN 连续执行型 MEANP 脉冲执行型	16 位指令 5 步	DMEAN 连续执行型 DMEANP 脉冲执行型	32 位指令 13 步

7.2.7 报警器置位指令 ANS（FNC 46）和复位指令 ANR（FNC 47）

在使用 ANS 和 ANR 时，状态标志寄存器 S900 ~ S999 用作外部故障诊断的输出，称为信号报警器。

报警器置位指令 ANS（Annunciator Set）用于置位信号报警器。其源操作数为 T0 ~ T199，目标操作数为 S900 ~ S999，n = 1 ~ 32 767（定时器以 100ms 为单位的设定值）。报警器置位指令的使用说明如表 7-9 所示。

表 7-9 报警器置位指令 ANS（FNC 46）

FNC 46	ANS	信号报警的置位		
案例分析	X000 X001 —[ANS T0 K10 S900]（S. m D.）			
适用范围	字软元件：K,H KnX KnY KnM KnS T C D V,Z（S.：T，T0 ~ T199） 位软元件：X Y M S（D.：S，S900 ~ S999） m=1 ~ 32.767(单位 100ms)			
扩展	ANS 连续执行型	16 位指令 7 步		32 位指令

表中的示例表示：当 X0、X1 都 ON，则 1 秒后 S900 为 ON，否则 S900 为 OFF。

报警器复位指令 ANR（Annunciator Reset）用于复位信号报警器，与 ANS 指令构成配套指令。

报警器复位指令无操作数。指令表中用故障复位按钮 X0 和 ANR 指令将用于故障诊断的状态继电器复位，每按一次复位按钮，按元件号递增的顺序将一个故障报警器状态复位。报警器复位指令的使用说明如表 7-10 所示。

发生某一故障时，对应的报警器状态为 ON，如果同时发生多个故障，D8049 是 S900 ~ S999 中地址最低的被置位的报警器的元件号。将它复位后，D8049 是下一个地址最低的被置位的报警器的元件号。图 7-3 是该指令的应用例题。

表 7-10　报警器复位指令 ANR（FNC 47）

FNC 47	ANR	信号报警的复位	
案例分析	X000 ─┤├─[ANR]		
适用范围	信号报警器复位没有对应软元件		
扩展	ANR　连续执行型 ANRP　脉冲执行型	16 位指令 1 步	32 位指令

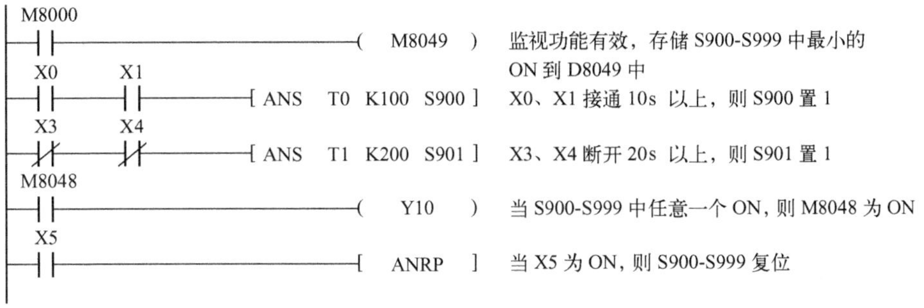

```
M8000
─┤├──────────────────( M8049 )       监视功能有效，存储 S900-S999 中最小的
                                      ON 到 D8049 中
X0      X1
─┤├────┤├────────[ ANS  T0  K100  S900 ]   X0、X1 接通 10s 以上，则 S900 置 1
X3      X4
─┤/├───┤/├───────[ ANS  T1  K200  S901 ]   X3、X4 断开 20s 以上，则 S901 置 1
M8048
─┤├──────────────────( Y10 )         当 S900-S999 中任意一个 ON，则 M8048 为 ON
X5
─┤├──────────────────[ ANRP ]        当 X5 为 ON，则 S900-S999 复位
```

图 7-3　报警器指令及应用

图 7-3 中 M8000 的常开触点一直接通，使 M8049 的线圈通电，特殊数据寄存器 D8049 的监视功能有效，D8049 用来存放 S900～S999 中处于活动状态且元件号最小的状态继电器的元件号。

信号报警器用来表示错误条件或故障条件，图中第二条 ANS 指令可以实现如下功能：X0、X1 都为 ON 后，定时器 T0 开始计时，如果 10s 时间到（n = 100），则 S900 变为 ON。第三条指令中的 X3、X4 为 ON 状态，定时器 T1 的设定时间 20s。如果在 20s 内限位开关 X3、X4 未动作，说明系统出现故障，S901 将会动作。

如果 S900～S999 中任意一个的状态为 ON，特殊辅助继电器 M8048 为 ON，使指示故障的输出继电器 Y10 变为 ON。

若图中第二、三条 ANS 指令的输入电路断开，定时器 T0、T1 复位，而 S900、S901 仍保持为 ON。

7.2.8　二进制平方根指令 SQR（FNC 48）

平方根指令 SQR（Square Root）为进行平方根运算，其源操作数［S］应大于零。平方根指令的使用说明如表 7-11 所示。

表 7-11　平方根指令 SQR（FNC 48）

FNC 48	SQR	BIN 开方运算
案例分析	X000 ─┤├─[SQR　D10(S)　D12(D)]　$\sqrt{D10} \rightarrow D12$	

续表

FNC 48	SQR	BIN 开方运算		
适用范围	S.：K,H、D 字软元件：K,H｜KnX｜KnY｜KnM｜KnS｜T｜C｜D｜V,Z D.：D 位软元件：X｜Y｜M｜S			
扩展	SQR　连续执行型 SQRP　脉冲执行型	16 位指令 5 步	DSQR　连续执行型 DSQRP　脉冲执行型	32 位指令 9 步

表图指令中的 X0 为 ON 时，将存放在 D10 中的数开平方，结果存放在 D12 内。计算结果舍去小数，只取整数。M8023 为 ON 时，将对 32 位浮点数开方，结果为浮点数。源操作数为整数时，将自动转换为浮点数。如果源操作数为负数，运算错误标志 M8067 将会 ON。

7.2.9　浮点数转换指令 FLT（FNC 49）

浮点数转换指令 FLT（Floating Point）的作用是将数据转换为浮点数据，其源操作数和目标操作数均为 D。浮点数转换指令的使用说明如表 7-12 所示。

表 7-12　浮点数转换指令 FLT（FNC 49）

FNC 49	FLT	BIN 整数 → 二进制浮点转换		
案例分析	X000 ─┤├─[FLT　D10（S.）　D12（D.）]　(D10) → (D13，D12)　BIN 的整数　二进制浮点值 X001 ─┤├─[DFLT　D16　D18]　(D17，D16) → (D19，D18)　BIN 的整数　二进制浮点值			
适用范围	S.：D 字软元件：K,H｜KnX｜KnY｜KnM｜KnS｜T｜C｜D｜V,Z D.：D 位软元件：X｜Y｜M｜S			
扩展	FLT　连续执行型 FLTP　脉冲执行型	16 位指令 5 步	DFLT　连续执行型 DFLTP　脉冲执行型	32 位指令 9 步

指令表中的 X0 为 ON，且 M8023（浮点数标志）为 OFF 时，该指令将存放在源操作数 D10 中的数据转换为浮点数，并将结果存放在目标寄存器 D13 和 D12 中。X1 为 ON 是 32 位合并。

这个指令的逆变换是 INT（FNC 129），该指令用于存放浮点数的目标操作数应为双整数，源操作数可以是整数或双整数。

7.2.10　高低字节交换指令 SWAP（FNC 147）

高低字节交换指令 SWAP 的作用是将数据的高低字节交换，其源操作数见指令表。高低字节交换指令的使用说明如表 7-13 所示。

表 7-13　高低字节交换指令 SWAP（FNC 147）

FNC 147	SWAP　　　　高低字节交换指令
案例分析	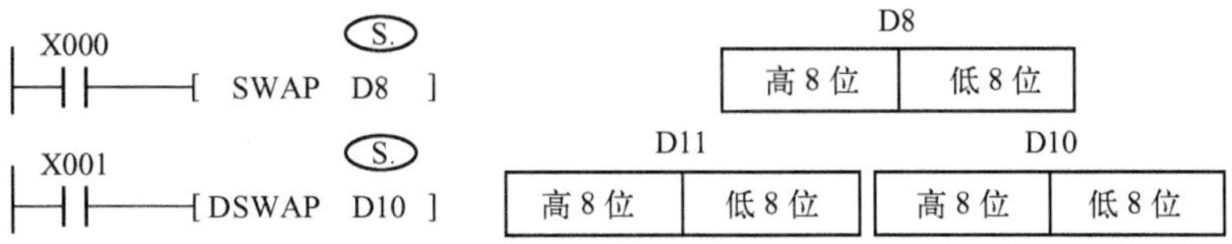 X000 ─┤├─[SWAP D8]（S.）　D8：高 8 位 | 低 8 位 X001 ─┤├─[DSWAP D10]（S.）　D11：高 8 位 | 低 8 位　D10：高 8 位 | 低 8 位
适用范围	字软元件：K,H | KnX | KnY | KnM | KnS | T | C | D | V,Z（S.：KnY～V,Z）
扩展	SWAP 连续执行型　SWAPP 脉冲执行型　16 位指令 3 步　DSWAP 连续执行型　DSWAPP 脉冲执行型　32 位指令 5 步

指令表例题中，当 X0 为 ON，D8 为一个 16 位的字由两个 8 位的字节组成，16 位运算时，该指令交换源操作数的高字节和低字节。当 X1 为 ON 时，D11、D10 为 32 位运算时，先交换 D10 的高字节和低字节，再交换 D11 的高字节和低字节。

7.3　方 便 指 令

方便类指令可以利用最简单的顺控程序进行复杂控制。该类指令有状态初始化、数据查找、绝对值式/增量式凸轮控制、示教/特殊定时器、旋转工作台控制、列表数据排列等。

7.3.1　状态初始化指令 IST（FNC 60）

状态初始化指令 IST（Initial State，FNC 60）与 STL（步进梯形）指令一起使用，用于自动设置多种工作方式的系统的顺序控制编程。状态初始化指令的使用说明如表 7-14 所示。

图 7-4（a）所示是工作传送机构，通过机械手将工作从 A 点传送到 B 点。图 7-4（b）是机械手的操作面板，面板上操作可分为手动和自动两种。

表 7-14　状态初始化指令 IST（FNC 60）

FNC 60	IST　　　　自动步进
案例分析	 X000 ─┤├─[IST X20 S20 S20]（S.）（D1.）（D2.）　在步进阶梯中的初始状态和特殊辅助继电器的自动控制指令。 指定（S.）运行模式的起始输入 X020：各个操作　　X020：连续运行 X021：原点复归　　X021：原点复归开始 X022：单步　　　　X022：自动开始 X023：循环运行一次　X023：停止 （D1.）指定自动操作模式中，实用状态的最小序号。 （D2.）指定自动操作模式中，实用状态的最大序号。

续表

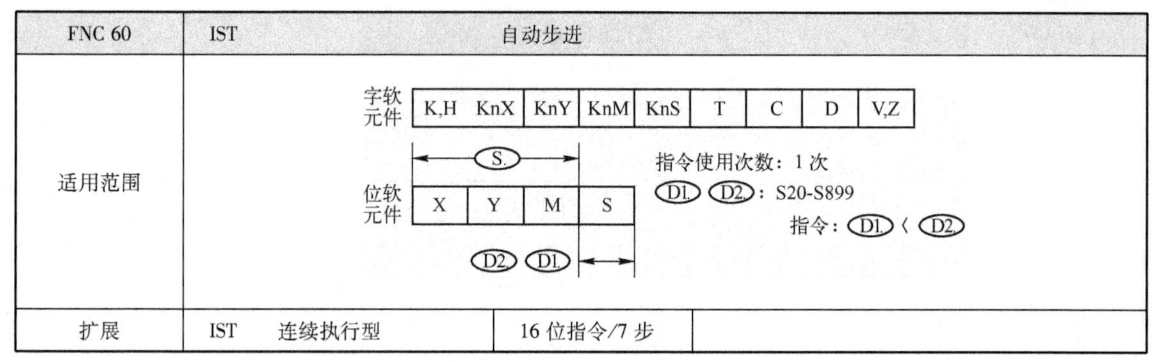

FNC 60	IST	自动步进
适用范围	字软元件：K,H KnX KnY KnM KnS T C D V,Z 位软元件：X Y M S S.：X、Y、M；D1. D2.：S 指令使用次数：1 次 D1. D2.：S20-S899 指令：D1. 〈 D2.	
扩展	IST　　连续执行型	16 位指令/7 步

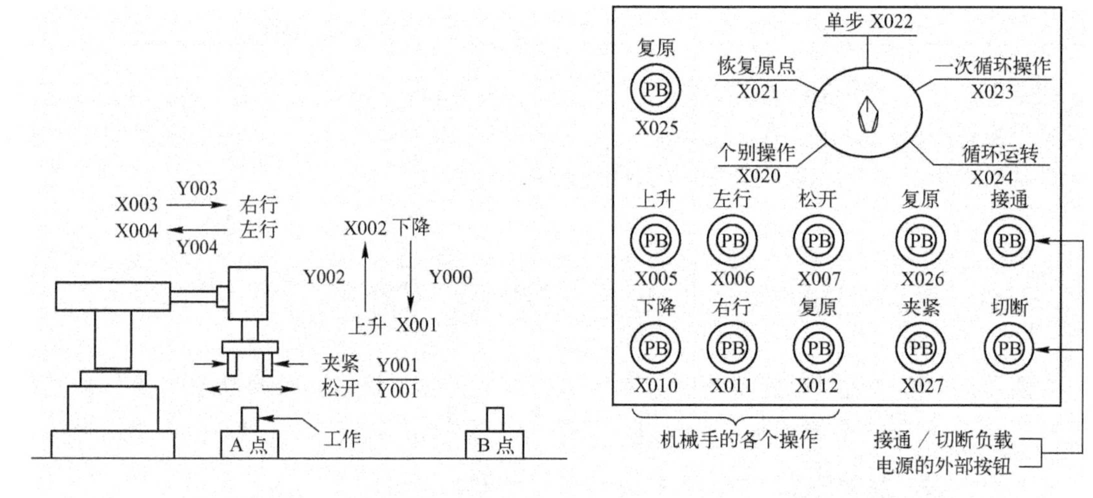

（a）工作传送机构输入 / 输出控制　　（b）工件传送机构操作面板

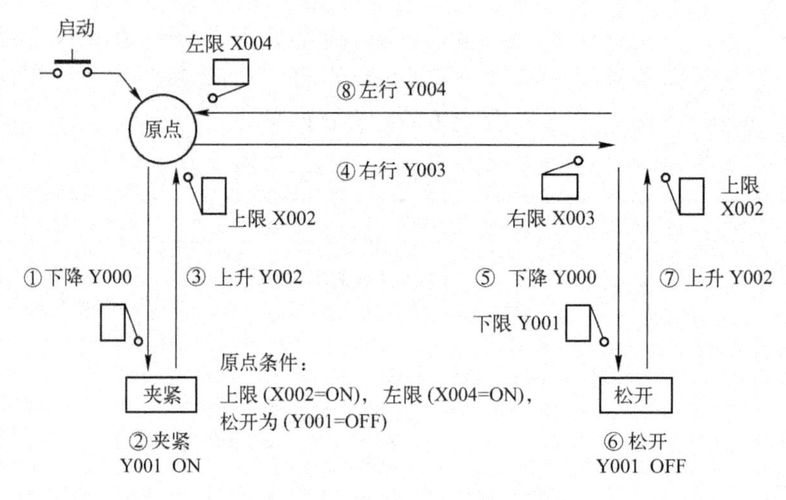

（c）传送机构控制原理图

图 7-4　状态初始化指令 IST 示意图

手动　单个操作：用单个按钮接通或切断各负载的模式。

　　　原点复位：按下原点复归按钮时，使机械自动回归原点的模式。

自动　单步：每次按下启动按钮，前进一个工序。

　　　循环运行一次：在原点位置上按启动按钮时，进行一次循环后自动运行在原点停止。途中按停止按钮，工作停止，若再按启动按钮则在原位置继续运行至原点后自动停止。

连续运行：在原点位置上按启动按钮，开始连续反复运转。若按停止按钮，运行至原点位置后停止。

图 7-4（c）是工件传送机构的控制原理图。左上为原点，按“①下降，②夹紧，③上升，④右行，⑤下降，⑥松开，⑦上升，⑧左行”的顺序从左到右传送。下降/上升、左行/右行使用的是双电磁阀（驱动/非驱动 2 个输入），夹紧使用的是单磁阀（只在通电中动作）。

根据操作面板模式分配以下号码的输入触点。

X020：各个操作　　　　X021：原点复位

X022：单步操作　　　　X023：循环一次

X024：连续运行操作　　X025：原点启动

X026：自动启动　　　　X027：停止

则可以编写出步进状态初始化、单个操作、原点复位、自动运行（包括单步、循环一次、连续运行）四部分梯形图程序，如图 7-5 所示。

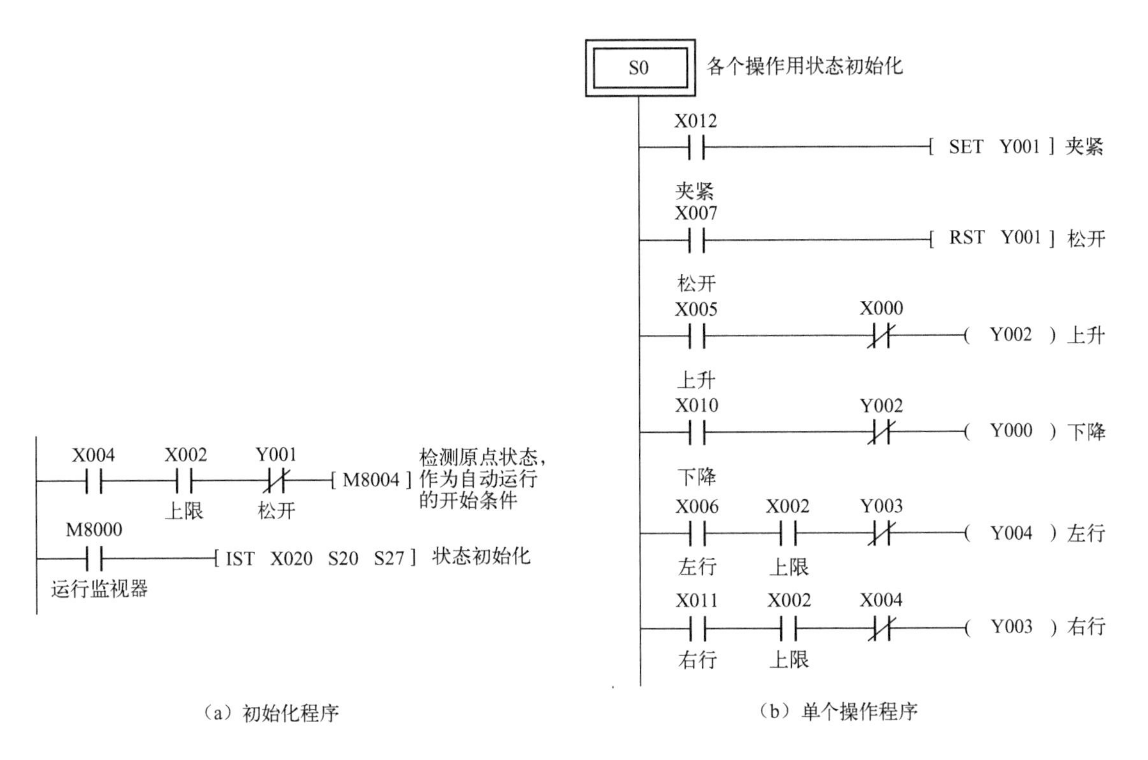

（a）初始化程序　　　　（b）单个操作程序

图 7-5　状态初始化指令 IST 机械手程序

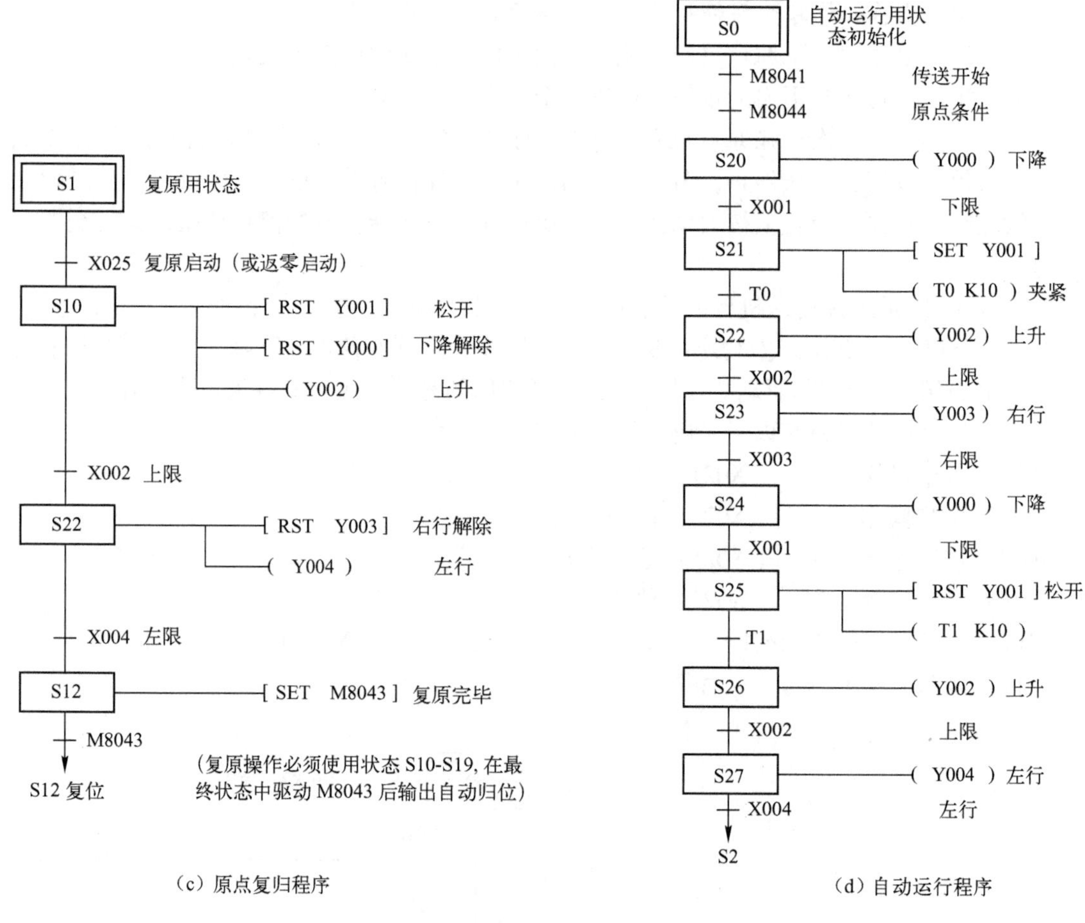

（c）原点复归程序　　（d）自动运行程序

图 7-5　状态初始化指令 IST 机械手程序（续）

7.3.2　数据搜索指令 SER（FNC 61）

数据搜索指令 SER（Data Search，FNC 61）用于在数据表中查找指定的数据，详见指令表。n 用来指定表的长度，即搜索的项目数，16 位指令 n = 256，32 位指令 n = 128。数据搜索指令的使用说明如表 7-15 所示。

表 7-15　数据搜索指令 SER（FNC 61）

FNC 61	SER　　数据查找
案例分析	X000 ─┤├─[SER (S1.)D100 (S2.)D0 (D.)D10 n K9]　进行对相同数据检索，最大值、最小值检索指令 (S1.) 指定起始元件首地址。 (S2.) 指定检索值。 (D.) 用于存放搜索结果。 n　指定被检索数据个数

续表

FNC 61	SER	数据查找		
适用范围	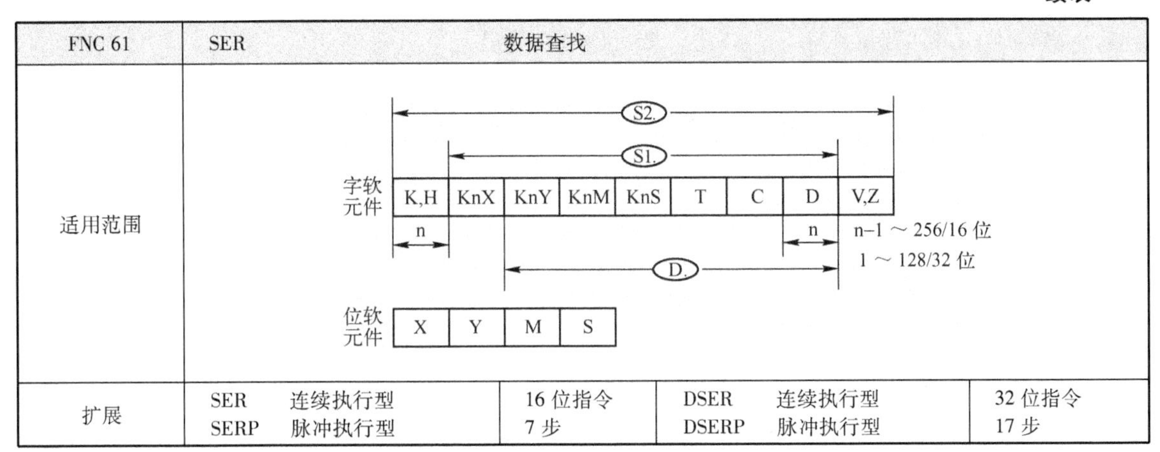			
扩展	SER　连续执行型 SERP　脉冲执行型	16 位指令 7 步	DSER　连续执行型 DSERP　脉冲执行型	32 位指令 17 步

若指令表图中 D0 的值为 100，表 7-16 和表 7-17 给出了一个搜索指令的例子。图中的 X0 为 ON 时将 D100 ~ D108 中的每一个值与 D0 中的内容相比较，结果存放在 D10 ~ D14 这 5 个数据寄存器中。

表 7-16　被搜索的数据

序　号	0	1	2	3	4	5	6	7	8
元件号	D100	D101	D102	D103	D104	D105	D106	D107	D108
数据	100	111	100	98	123	66	100	95	210
搜索结果	符合		符合			最小	符合		最大

表 7-17　搜索结果

元　件　号	搜 索 内 容	序　号
D10	符合值个数	3
D11	第一个符合值在表中的序号	0
D12	最后一个符合值在表中的序号	6
D13	表中最小的数的序号	5
D14	表中最大的数的序号	8

7.3.3　绝对值式凸轮顺控指令 ABSD（FNC 62）

装在机械转轴上的编码器给 PLC 的计数器提供角度位置脉冲，绝对值式凸轮顺控指令 ABSD（Absolute Drum）可以产生一组对应于计数值变化的输出波形，用来控制最多 64 个输出变量（Y、M 和 S）的 ON/OFF，输出点的个数由 n 指定。绝对值式凸轮顺控指令的使用说明如表 7-18 所示。

在指令表图的程序中，有 4 个输出点（n = 4）用 M0 ~ M3 来控制。对应于旋转台旋转一周期间，M0 ~ M3 的 ON/OFF 状态变化是受凸轮通过 X1 提供的角度位置脉冲（1°/脉冲）控制的。D300 ~ D307 的数据如表 7-19 所示。

表 7-18　绝对值式凸轮顺控指令 ABSD（FNC 62）

FNC 62	ABSD	绝对值式凸轮控制		
案例分析	X000　(S1.)　(S2.)　(D.)　n [ABSD　D300　C0　M0　K4] C0　X001　(RST　C0) C0　(C0)　K360 对应计数器的当前值产生多少个输出波形的指令。 (S1.) 指定器件中的数据。 (S2.) 指定计数器当前值。 (D.) 指定输出波形。			
适用范围	(S1.)　(S2.) 字软元件：K,H　KnX　KnY　KnM　KnS　T　C　D　V,Z n n-1＜＝N＜＝64 位软元件：X　Y　M　S (D.)			
扩展	ABSD　连续执行型	16 位指令 9 步	DABSD　连续执行型	32 位指令 17 步

表 7-19　D300 ~ D307 的数据对照表

上　升　点	下　降　点	对 象 输 出
D300—40	D301—140	M0
D302—100	D303—200	M1
D304—160	D305—60	M2
D306—240	D307—280	M3

从 D300 开始的 8 个（$2^n=8$）数据寄存器用来存放 M0 ~ M3 的开通点（由 OFF→ON）和关断点（由 ON→OFF）的位置值。可以用 MOV 指令将开通点数据存入 D300 ~ M307 中的奇数单元，关断点数据存入偶数单元。例如，M0 的开通点和关断点分别受 D300 和 D301 的控制，M1 的开通点和关断点分别受 D302 和 D303 的控制等，如图 7-6 所示。

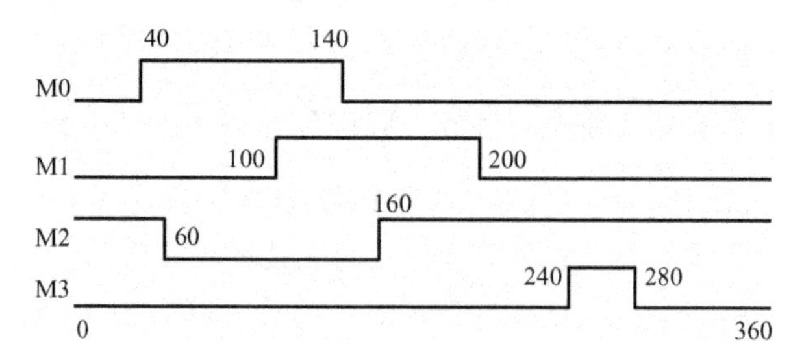

图 7-6　绝对值式凸轮 M0 ~ M3 输出示意图

若 X0 为 OFF，各输出点的状态不变。本指令只能使用一次。

7.3.4　增量式凸轮顺控指令 INCD（FNC 63）

增量式凸轮顺控指令 INCD（Increment Drum）根据计数器对位置脉冲的计数值，实现对最多 64 个输出变量（Y、M 和 S）的循环顺序控制，使它们依次为 ON，并且同时只有一个输出变量为 ON。源操作数和目标操作数与 ABSD 指令的相同，只有 16 位运算，$1 \leqslant n \leqslant 64$，该指令只能用一次。增量式凸轮顺控指令如表 7-20 所示。

表 7-20　增量式凸轮顺控指令 INCD（FNC 63）

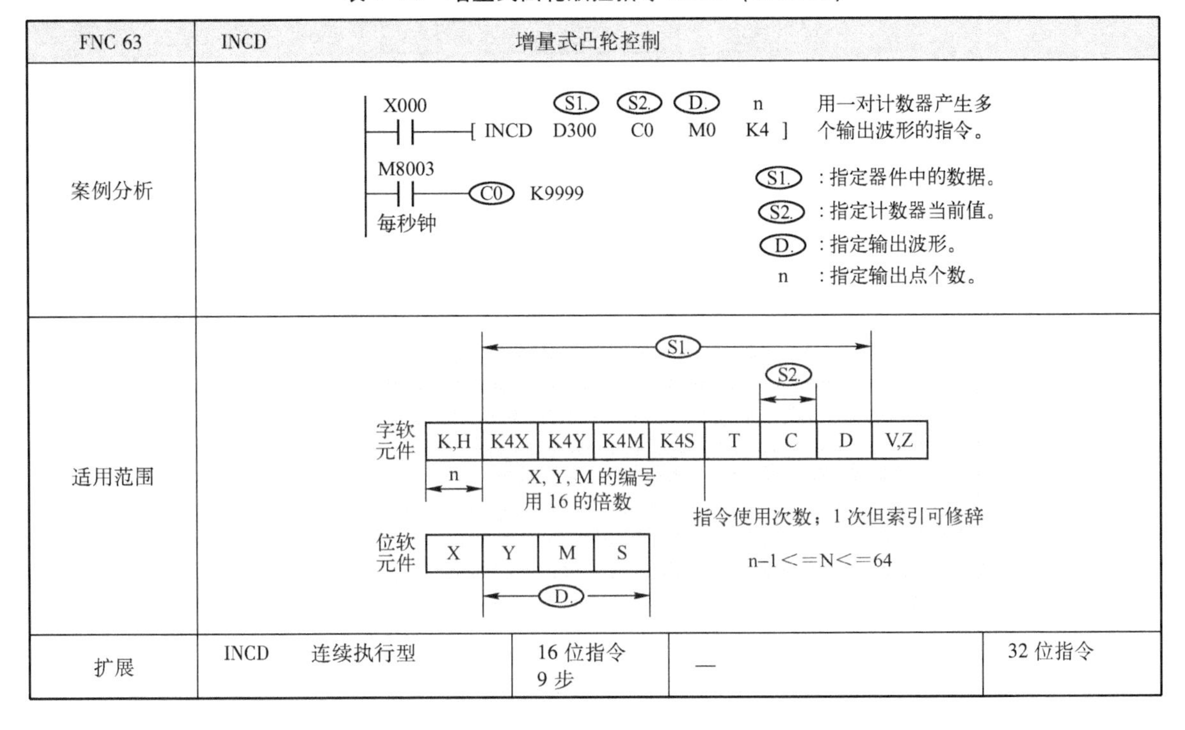

FNC 63	INCD	增量式凸轮控制		
案例分析	X000 [INCD D300 C0 M0 K4]（S1. S2. D. n）用一对计数器产生多个输出波形的指令。 M8003 每秒钟 (C0) K9999 S1.：指定器件中的数据。 S2.：指定计数器当前值。 D.：指定输出波形。 n：指定输出点个数。			
适用范围	字软元件：K,H　K4X　K4Y　K4M　K4S　T　C　D　V,Z（S1.；S2.：C） n；X, Y, M 的编号用 16 的倍数 位软元件：X　Y　M　S（D.） 指令使用次数：1 次但索引可修辞 n-1<=N<=64			
扩展	INCD　连续执行型	16 位指令 9 步	—	32 位指令

INCD 指令用来产生一组对应于计数值变化的输出波形。在指令表的程序中，有 4 个输出点（n＝4）用 M0～M3 来控制，它们的 ON/OFF 状态受凸轮提供的脉冲个数控制。从 D300 开始的 4 个（n＝4）数据寄存器，用来存放使 M0～M3 处于 ON 状态的脉冲个数，可以用 MOV 指令将它写入 D300～D303，指令表中 D300～D303 的值分别为 20、30、10 和 40，如表 7-21 所示。

表 7-21　对象输出表

定　值	对 象 输 出
D300—20	M0
D301—30	M1
D302—10	M2
D303—40	M3

C0 的当前值依次达到 D300～D303 中的设定值后自动复位，然后又重新开始计数，段计数器 C1 用来计复位的次数，M0～M3 按 C1 的值依次动作。由 n 指定的最后一段完成后，标志 M8029 置 1，以后又重复上述过程。若 X0 为 OFF，C0 和 C1 复位（当前值清零），同时 M0～M3

变为 OFF，X0 再为 ON 后重新开始运行。若 X0 为 OFF，各输出点的状态不变，如图 7-7 所示。

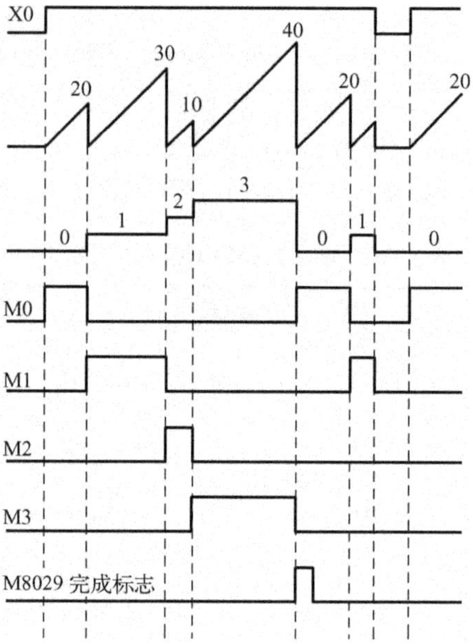

X0
C0 当前值 20 30 10 40 20 20
C1 当前值 0 1 2 3 0 1 0
M0
M1
M2
M3
M8029 完成标志

图 7-7　增量式凸轮顺控 M0 ~ M3 输出示意图

7.3.5　示教定时器指令 TTMR（FNC 64）

示教定时器指令 TTMR（Teaching Timer）用于记录输入动作的时间长度，只有 16 位运算。使用 TTMR 指令可以用一按钮调整定时器的设定时间。示教定时器指令的使用说明如表 7-22 所示。

表 7-22　示教定时器指令 TTMR（FNC 64）

FNC 64	TTMR　示教定时器		
案例分析	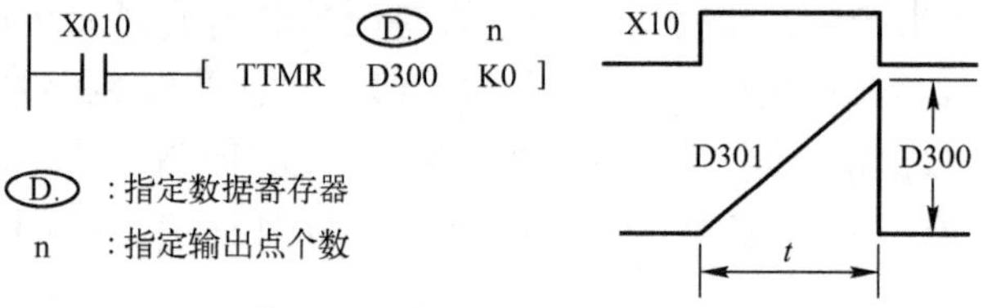 X010 ─┤├─[TTMR D300 K0] D.：指定数据寄存器 n：指定输出点个数 X10　D301　D300　t		
适用范围	字软元件：K,H　KnX　KnY　KnM　KnS　T　C　D　V,Z（n：K,H；D.：C、D） 位软元件：X　Y　M　S n-1 ~ 64		
扩展	TTMR　连续执行型	16 位指令 5 步	—	32 位指令

指令表中的示教定时器将按钮 X10 按下的时间乘以系数 10^n 后作为定时器的预置值，按钮按下的时间由 D301 记录，该时间乘以 10^n 后存入 D300。设按钮按下的时间为 t（s），存入 D300 的值为 $10^n \times t$，即 $n=0$ 时存入 t，$n=1$ 时存入 $10t$，$n=2$ 时存入 $100t$。X10 为 OFF 时，

D301 复位，D300 保持不变。

图 7-8 用示教定时器指令设置定时器 T0 ~ T9 的设定值，它们的设定值分别存放在 D400 ~ D409 中。T0 ~ T9 是 100ms 定时器，实际运行时间是示教定时提供的数据的 1/10（以 s 为单位）。定时器的序号用接在 X0 ~ X3 上的十进制数字拨码开关来设定，BIN 指令将拨码开关设定的 1 位十进值数（BCD 码）转换为二进制数，并送到变址寄存器 Z，示教按钮 X10 按下的时间（s）存入 D300，用下降沿微分指令 LDF 在放开按钮时将 D300 中的时间值送入拨码开关指定的数据寄存器，其元件号为 400 加 Z 中拨码开关设定的定时器元件号，这样就完成了一个示教定时器的设定。改变拨码开关的设定值，重复上述步骤，可以完成对其他示教定时器的设定。

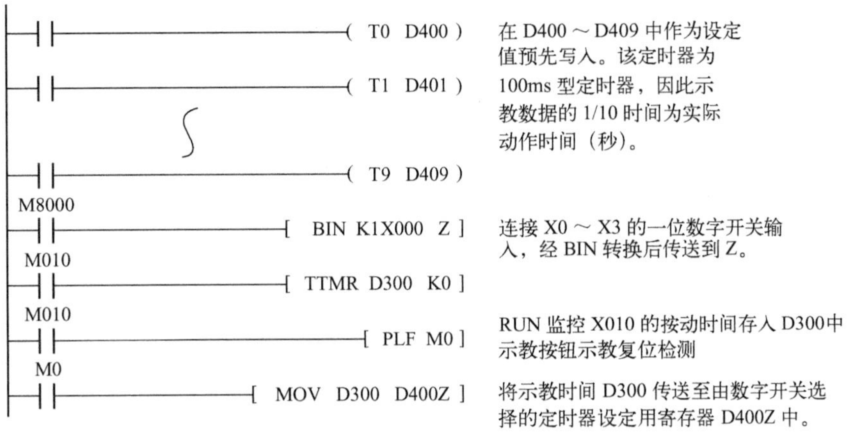

```
──┤├──────────( T0  D400 )      在 D400 ~ D409 中作为设定
                                值预先写入。该定时器为
──┤├──────────( T1  D401 )      100ms 型定时器，因此示
                                教数据的 1/10 时间为实际
      ∫                         动作时间（秒）。
──┤├──────────( T9  D409 )
 M8000
──┤├──────────[ BIN K1X000 Z ]  连接 X0 ~ X3 的一位数字开关输
                                入，经 BIN 转换后传送到 Z。
 M010
──┤├──────────[ TTMR D300 K0 ]
 M010
──┤├──────────[ PLF M0 ]        RUN 监控 X010 的按动时间存入 D300中
                                示教按钮示教复位检测
 M0
──┤├──────────[ MOV D300 D400Z ] 将示教时间 D300 传送至由数字开关选
                                择的定时器设定用寄存器 D400Z 中。
```

图 7-8 示教定时器指令应用

7.3.6 特殊定时器指令 STMR（FNC 65）

特殊定时器指令 STMR（Special Timer）用来产生延时断开定时器、单脉冲定时器和闪动定时器，该指令只有 16 位运算。特殊定时器指令的使用说明如表 7-23 所示。

表 7-23 特殊定时器指令 STMR（FNC 65）

FNC 65	STMR 特殊定时器			
案例分析	X000 ──┤├──[STMR T10 K100 M0]（S. m D.） S.：指定定时器。 D. M0~M3产生不同的10s时间的波形 m ：定时器时间设定值			
适用范围	字软元件：K,H（m） KnX KnY KnM KnS T（S.） C D V,Z 位软元件：X Y（D.） M（D.） S S.：T0~T199(100ms/计数器) m ：1~32767			
扩展	STMR 连续执行型	16 位指令 7 步	—	32 位指令

m 用来指定定时器的设定值，指令表中 T10 的设定值为 10s（m = 100）。表中的 M0 是延时断开定时器，M1 是 X0 由 ON→OFF 的单脉冲定时器。M2 和 M3 是为闪动而设的，如图 7-9 所示。

图 7-10 中 M3 的常闭触点接到 STMR 指令的输入电路中，使 M1 和 M2 产生闪动输出。

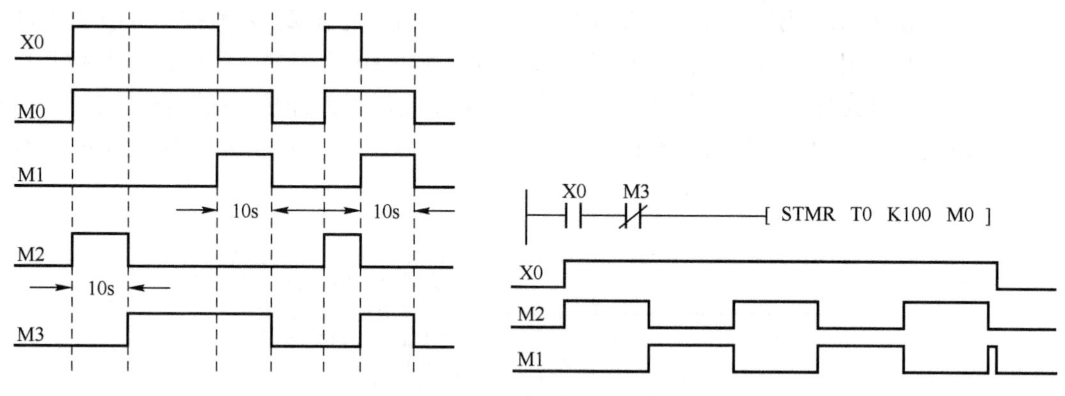

图 7-9 特殊定时器指令动作示意图　　图 7-10 特殊定时器指令 M1、M2 闪动程序及其示意图

7.3.7 交替输出指令 ALT（FNC 66）

交替输出指令 ALT（Alterhate）是控制位输出交替变化，该指令只有 16 位运算。交替输出指令的使用说明如表 7-24 所示。

表 7-24 交替输出指令 ALT（FNC 66）

FNC 66	ALT（P）	交替输出		
案例分析	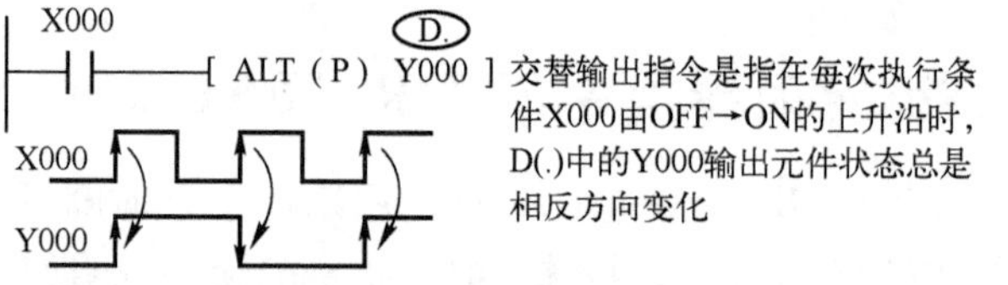 X000 —[ALT（P） Y000]（D.） X000、Y000 时序图 交替输出指令是指在每次执行条件X000由OFF→ON的上升沿时，D(.)中的Y000输出元件状态总是相反方向变化			
适用范围	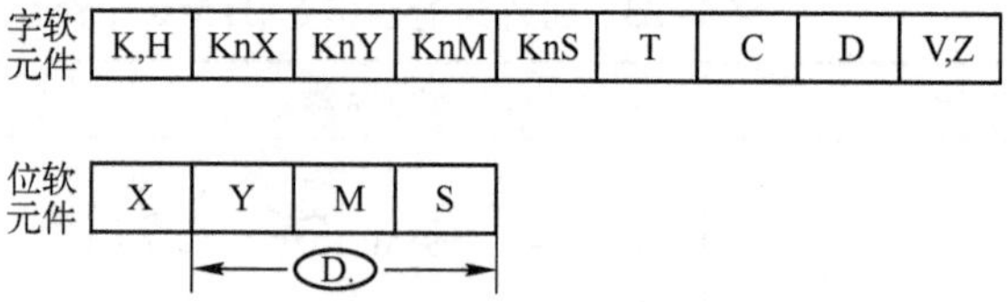 字软元件：K,H KnX KnY KnM KnS T C D V,Z 位软元件：X Y M S ←(D.)→（X Y M S）			
扩展	ALT　连续执行型 ALTP　脉冲执行型	16 位指令 3 步	—	32 位指令

每当指令表中的 X0 由 OFF 变为 ON 时，Y0 的状态改变一次，若不用脉冲执行方式，每个扫描周期 Y0 的状态都要改变一次。ALT 指令具有分频器的效果，使用 ALT 指令，用一只按钮 X0 就可以控制 Y0 对应的外部负载的启动和停止。

7.3.8 斜坡信号输出指令 RAMP（FNC 67）

斜坡信号输出指令 RAMP 是用于控制输出值由初值到终值，沿斜坡渐变的指令。该指令只能作 16 位运算。斜坡信号输出指令的使用说明如表 7-25 所示。

表 7-25　斜坡信号输出指令 RAMP（FNC 67）

FNC 67	RAMP　　　　　斜皮信号			
案例分析	X000 ─┤├─[RAMP D1 D2 D3 K1000]（S1. S2. D. n） S1.：起始值。 S2.：终端值。 D.：指定数据存储器。 n ：扫描次数。 预先把所有的初始值与目标值写入D1、D2中，若X000置于ON时，D3的内容从D1的值到D2的值慢慢变化。其移动时间为n个扫描时间			
适用范围	字软元件：K,H　KnX　KnY　KnM　KnS　T　C　D　V,Z（S1. S2. D.：D；n：K,H） 位软元件：X　Y　M　S n-1~32767			
扩展	RAMP　　连续执行型	16 位指令 9 步	—	32 位指令

预先将斜坡输出信号的初始值和最终值分别写入 D1 和 D2，X0 为 ON 时 D3 中的数据即从初始值逐渐地变为最终值，变化的全过程所需的时间为 n = 1000 个扫描周期。

将设定的扫描周期时间（稍长于实际扫描周期）写入 D8039，然后令 M8039 置 1，PLC 进入恒值扫描周期运行方式。如扫描周期的设定值为 20ms，D3 的值从 D1 的值变到 D2 的值所需的时间为 20ms × 1000 = 20s。

若在斜坡输出过程中 X0 关断，则停止斜坡输出，D3 的值保持不变。此后若 X0 再次接通，D3 清 0，斜坡输出重新从 D1 的值开始运行。输出达到 D2 的值时，标志 M8029 置 1。

若保持标志 M8026 为 ON 状态，斜坡输出为保持方式，其最终值可以保持，如图 7-11 所示。若保持标志为 OFF，为重复方式，D3 达到 D2 的值后恢复为 D1 的值，重复斜坡输出。

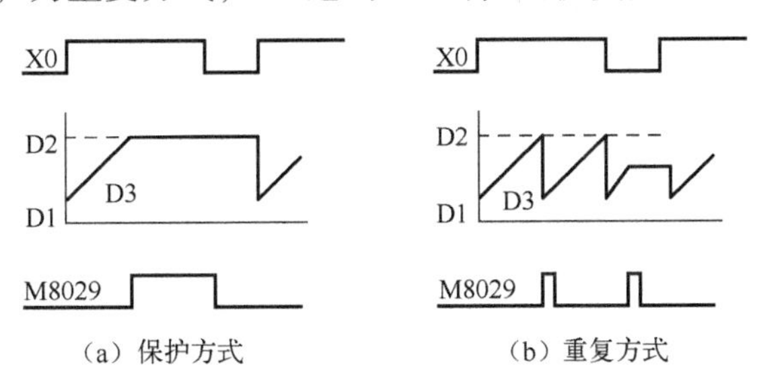

（a）保护方式　　（b）重复方式

图 7-11　斜坡信号输出

当 D1 < D2 时，输出值为增加；当 D1 > D2 时，输出值为减少。

7.3.9　旋转工作台控制指令 ROTC（FNC 68）

旋转工作台控制指令 ROTC 使工作台上指定位置的工件以最短的路径转到出口位置。该指令只能作 16 位运算。旋转工作台控制指令的使用说明如表 7-26 所示。

表 7-26　旋转工作台控制指令 ROTC（FNC 68）

<table>
<tr><td>FNC 68</td><td>ROTC</td><td colspan="3">旋转工作台控制</td></tr>
<tr><td>案例分析</td><td colspan="4">X000　　S.　m1　m2　D.
[ROTC　D200　K10　K2　M0]
S1.：指定调用的条件寄存器。
m1 ：工作台分度区数，m1:2~32767且m1>=m2。
m2 ：低速区间数，m2:2~32767。
D.：指定调用的辅助继电器。</td></tr>
<tr><td>适用范围</td><td colspan="4">字软元件：K,H　KnX　KnY　KnM　KnS　T　C　D　V,Z（S.：D；m1,m2：K,H）
指令使用次数：1次（但索引可修饰）
位软元件：X　Y　M　S（D.：Y、M、S）</td></tr>
<tr><td>扩展</td><td>ROTC　　连续执行型</td><td>16 位指令
9 步</td><td>—</td><td>32 位指令</td></tr>
</table>

指令表中的程序指定 D200 作为旋转工作台位置检测计数器，指定旋转工作台划分的位置数 m1 为 10，指定低速区间数 m2 为 2。旋转工作台示意图如图 7-12 所示。

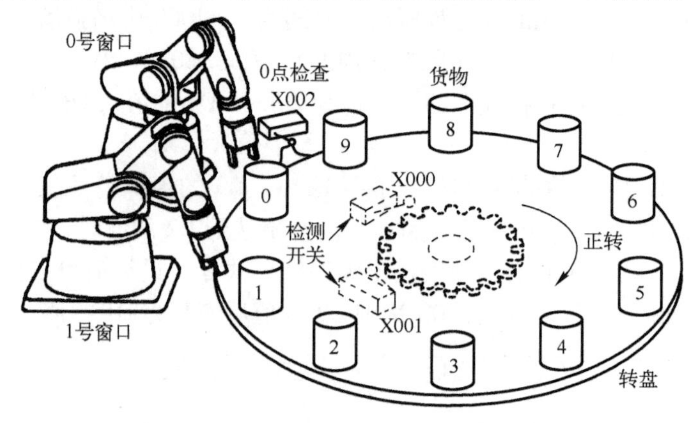

图 7-12　旋转工作台示意图

图 7-13 中的目标操作数实际上指定 M0 ~ M2 和 M3 ~ M7 分别用来存放输入信号和输出信号。图中用一个 2 相开关 X0 和 X1 检测工作台的旋转方向，X2 是原点开关，当 0 号工件转到 0 号位置时，X2 接通。输入信号 X0 ~ X2 驱动 M0 ~ M2（可以选任意的 X 和 M 作首元件），M0 ~ M2 分别为 A 相信号、B 相信号和原点检测信号。

M3 ~ M7 分别用来控制高速正转、低速正转、停止、低速反转和高速反转。它们在指令执行中自动输出结果，如表 7-27 所示。

表 7-27　M0 ~ M7 输出表

序　　号	M0 ~ M7	功　　能
1	M0	A 相信号
2	M1	B 相信号

续表

序　　号	M0 ~ M7	功　　能
3	M2	原点检测信号
4	M3	高速正转
5	M4	低速正转
6	M5	停止
7	M6	低速反转
8	M7	高速反转

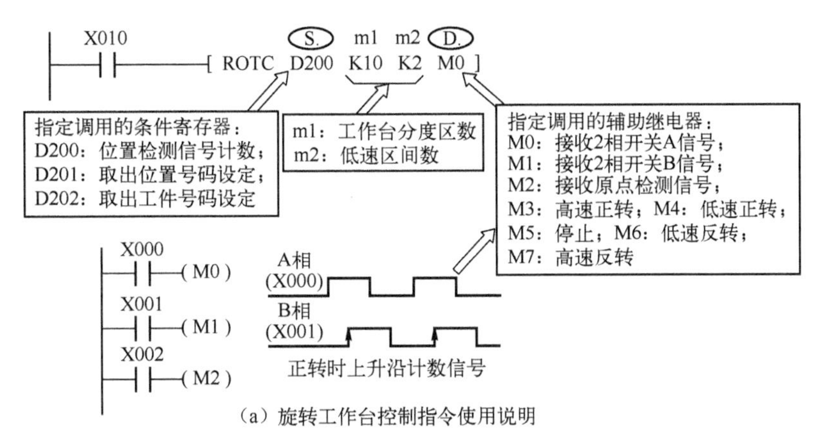

图 7-13　旋转工作台控制预设输入 X 驱动信号

D200 指定为工作台位置检测信号计数寄存器，D201 指定为取出位置号寄存器，D202 指定为取出工件号寄存器，D201 和 D202 在指令执行前要预先设定，如表 7-28 所示。

表 7-28　D200 ~ D202 功能表

序　　号	D200 ~ D202	功　　能
1	D200	作为计数寄存器使用
2	D201	取出位置号码设定
3	D202	取出工件号码设定

上述的设定任务完成后，若 X10 变为 ON，执行 ROTC 指令，自动控制 M3 ~ M7，使工作台上被指定的工件以最短的路径转到出口位置。X10 为 OFF 时，M3 ~ M7 均为 OFF。

执行 ROTC 指令时，若原点监测信号 M2 变为 ON，计数寄存器 D200 清 0，在开始运行之前应先执行上述清 0 操作。

旋转检测信号如果取工件 0 与工件 1 之间的分度区间动作 10 次，分度区数设定，调用窗口的号码设定，工件号码的设定均要设定为 10 的倍值。低速区间的设定值也可以设为分度区的中间值。

若一个工件区间旋转检测信号（M0、M1）的脉冲数为 10，则分度数、呼唤位置号和工件位置号都必需乘以 10。例如，若旋转检测信号为 100 脉冲/周，工作台分成 10 个位置，则 m1 应为 100，工件输入/输出信号应为 0、10、20、…、90。要使低速区为 1.5 个位置区间，则置 m2 = 15。

7.3.10 数据排序指令 SORT（FNC 69）

数据排序指令 SORT（Sort）是将数据编号，按指定的内容重新排列，该指令程序中只能使用一次。数据排序指令的使用说明如表 7-29 所示。

表 7-29　数据排序指令 SORT（FNC 69）

FNC 69	SORT	列表数据排列		
案例分析	X010 ─┤├─[SORT (S.)D100 m1 K5 m2 K4 (D.)D200 n D0] (S.)：指定源排列表。 m1：行数。 m2：列数。 (D.)：存放新表。 n：指定列号。			
适用范围	字软元件：K,H　KnX　KnY　KnM　KnS　T　C　D（(S.)(D.)）　V,Z K,H (m1,m2,n) 位软元件：X　Y　M　S 指令使用次数：1次 m1:1~32 m2:1~6 n:1~m2			
扩展	SORT　连续执行型	16 位指令 17 步	—	32 位指令

［S］指定表的首地址，即要进行排序表的第一项内容的地址，［D］指定排序后新表的首地址，它们后面应有足够的空间来存放整张表的内容。m1 = 1 ~ 32，指定排序表的行数；m2 = 1 ~ 6，指定排序表的列数，数据被排列后存放于一个新表中。n = 1 - m2，指定对表中哪一列的数据进行排序。

数据进行排序原表如表 7-30 所示。

表 7-30　数据进行排序原表

列号 / 行号	1	2	3	4
	人员身高	身高	体重	年龄
1	D100 1	D105 150	D110 45	D115 20
2	D101 2	D106 180	D111 50	D116 40
3	D102 3	D107 160	D112 70	D117 30
4	D103 4	D108 100	D113 20	D118 8
5	D104 5	D109 150	D114 50	D119 45

指令表图中的 X10 由 OFF 变为 ON 时，SORT 指令将按 D0 指定的列号，根据该列数据（n）从小到大的顺序，将各行重新排列，结果存入以 D200 为首地址的新表内。

数据排序后的表格如表 7-31 与表 7-32 所示。

表 7-31　数据排序表 1

列号 / 行号	1	2	3	4
	人员身高	身高	体重	年龄
4	D103 4	D108 100	D113 20	D118 8
1	D100 1	D105 150	D110 45	D115 20
5	D104 5	D109 150	D114 50	D119 45
3	D102 3	D107 160	D112 70	D117 30
2	D101 2	D106 180	D111 50	D116 40
D0 = K2（列号）身高排序执行指令时				

表 7-32　数据排序表 2

列号 / 行号	1	2	3	4
	人员身高	身高	体重	年龄
4	D103 4	D108 100	D113 20	D118 8
1	D100 1	D105 150	D110 45	D115 20
2	D101 2	D106 180	D111 50	D116 40
5	D104 5	D109 150	D114 50	D119 45
3	D102 3	D107 160	D112 70	D117 30
D0 = K3（列号）体重排序执行指令时				

7.4　外部 I/O 设备指令

外部 I/O 设备指令是可供 PLC 与外部设备交换数据的指令，这类指令可以通过最少的程序和外部接线，简单地进行复杂的控制，因此，这类指令具有与上述方便指令近似的性质。

7.4.1　十键输入指令 TKY（FNC 70）

十键输入指令 TKY（Ten Key）是专用读按键的指令，该指令程序中只能使用一次。十键输入指令的使用说明如表 7-33 所示。

表 7-33　十键输入指令 TKY（FNC 70）

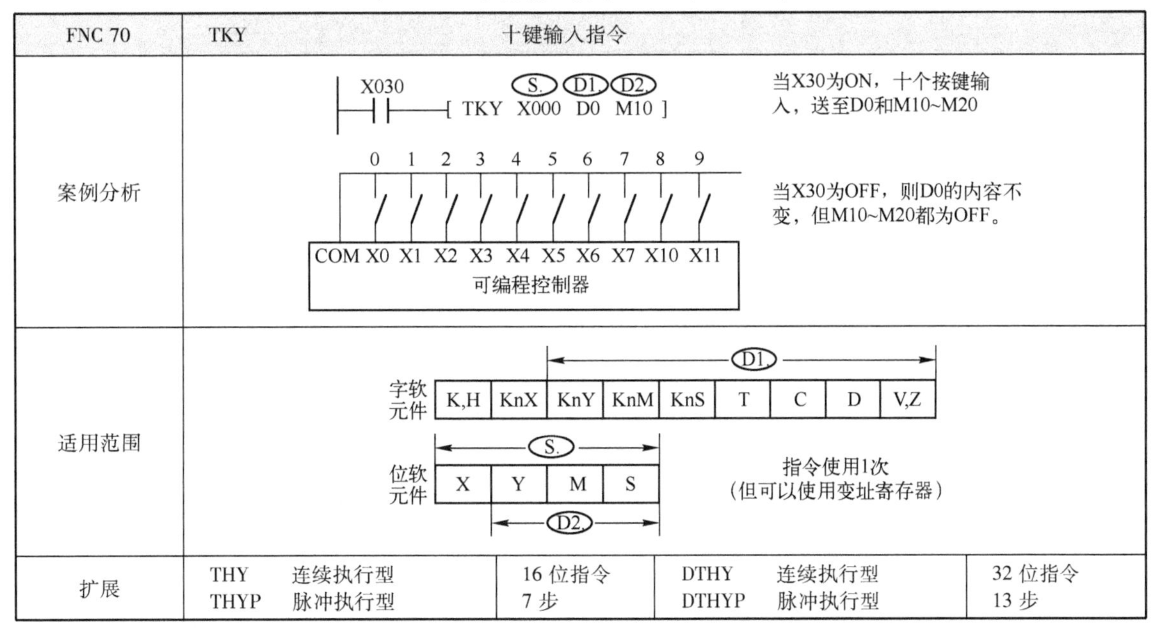

FNC 70	TKY	十键输入指令		
案例分析	X030 [TKY X000 D0 M10]（S. D1. D2.） 0 1 2 3 4 5 6 7 8 9 COM X0 X1 X2 X3 X4 X5 X6 X7 X10 X11 可编程控制器	当X30为ON，十个按键输入，送至D0和M10~M20 当X30为OFF，则D0的内容不变，但M10~M20都为OFF。		
适用范围	字软元件：K,H KnX KnY KnM KnS T C D V,Z（D1.） 位软元件：X Y M S（S.）（D2.）	指令使用1次 （但可以使用变址寄存器）		
扩展	THY　连续执行型 THYP　脉冲执行型	16 位指令 7 步	DTHY　连续执行型 DTHYP　脉冲执行型	32 位指令 13 步

指令表中用 X0 作首元件，10 个键接在 X0 ~ X7、X10、X11 上。以表图中（1）~（4）的顺序按数字键 X2、X1、X3 和 X0，则［D0］中存入数据 2130，如图 7-14 所示。若送入的数大于 9 999，高位数溢出并丢失，数据以二进制形式存于 D0。

使用 32 位指令 DTKY 时，D0 和 D1 组合使用，输入的数据大于 99 999 999 时，高位数据溢出。

M10 ~ M19 的动作对应于 X0 ~ X11。按下 X2 后，M12 置 1 至另一键被按下，其他键也一样。任意一键按下，键信号标志 M20 置 1，直到该键放开。

两个或更多的键按下时，最先按下的键有效。X30 变为 OFF 时，D0 中的数据保持不变，但是 M10 ~ M20 全部变为 OFF。

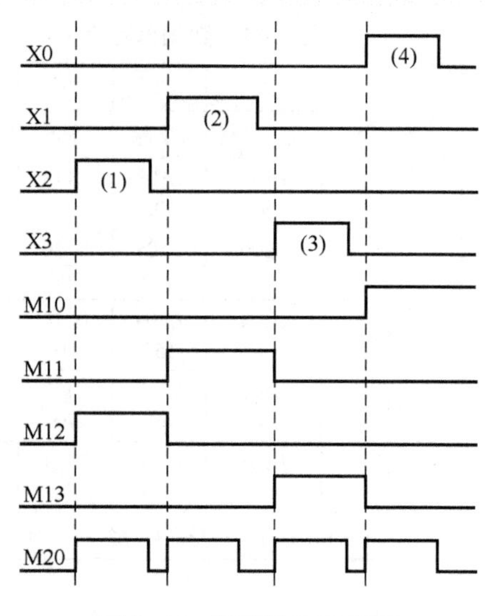

图 7-14　顺序数字示意图

7.4.2　十六键输入指令 HKY（FNC 71）

十六键输入指令 HKY（Hex Decimal Key）用矩阵方式排列的 16 个键来输入 BCD 数字和 6 个功能键 A ~ F 的状态（见图 7-15），占用 PLC 的 4 个输入点和 4 个输出点。十六键输入指令的使用说明如表 7-34 所示。

表 7-34　十六键输入指令 HKY（FNC 71）

FNC 71	HKY	十六键输入指令		
案例分析	X004 ─┤├─［HKY X000 Y004 D0 M0］（S.　D1　D2　D3） 当X004为ON，十六个按键输入，送至D0和M10~M20 当X004为OFF，则D0的内容不变，但M0~M7都为OFF。			
适用范围	字软元件：K,H　KnX　KnY　KnM　KnS　T　C　D　V,Z（D2：T、C、D、V,Z） 位软元件：X　Y　M　S（S.：X；D1：Y；D3：Y、M、S） 指令使用1次（但可以使用变址寄存器）			
扩展	HKY　连续执行型 HKYP　脉冲执行型	16 位指令 9 步	DHKY　连续执行型 DHKYP　脉冲执行型	32 位指令 17 步

图 7-15 中 HKY 指令输入的数字 0 ~ 9 999 以二进制数的方式存放在 D0 中，大于 9 999 时溢出。DHKY 双字指令可以在 D0 和 D1 中存放数字 0 ~ 99 999 999。按下任意一个数字键时 M7 置 1（不保持）。功能键 A ~ F 与 M0 ~ M5 相对应，按下任意一个功能键时 M6 置 1（不保持）。

X4 变为 OFF 时，D0 保持不变，M0 ~ M7 全部 OFF。该指令只能使用一次。

按下 A 键，M0 置 1 并保持，再按下 D 键则 M0 置 0，M3 置 1 并保持，依次类推。同时按下多个键时，先按下的有效。将 M8167 置 ON，可以输入十六进制数 0 ~ FH，至 D0 中。

按下 0 ~ 9 任意键，M7 工作，按下 A ~ F 任意键，M6 工作。

按键 M0 ~ M7 动作示意图如图 7-16 所示。

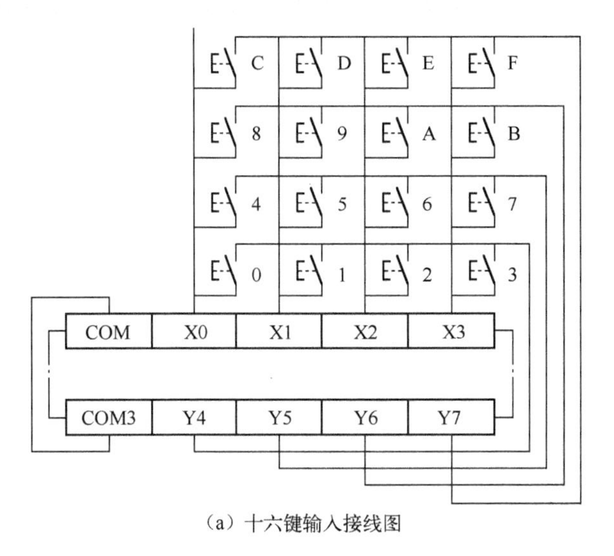

（a）十六键输入接线图

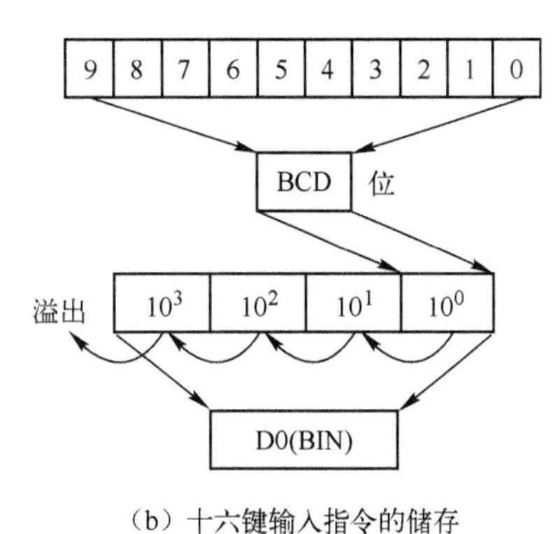

（b）十六键输入指令的储存

图 7-15　HKY 指令输入示意图

F	E	D	C	B	A	0~9
M5	M4	M3	M2	M1	M0	
M6						M0

图 7-16　按键 M0～M7 动作示意图

为防止键输入的滤波延迟造成的存储错误，建议使用恒定扫描方式及定时器中断处理。扫描全部 16 个键需要 8 个扫描周期。

7.4.3　数字开关指令 DSW（FNC 72）

数字开关指令 DSW（Digital Switch）用于读入一组或两组 4 位 BCD 码数字开关的设置值，该指令只有 16 位运算，程序中可以使用两次。数字开关指令的使用说明如表 7-35 所示。

表 7-35　数字开关指令 DSW（FNC 72）

FNC 72	DSW	数字开关指令	
案例分析	X001 ─┤├─[DSW　X010(S.)　Y010(D1.)　D0(D2.)　K1(D3.)]　4位1组（n=1）或2组（n=2）数字开关设定值的读入指令		
适用范围	字软元件：K,H（n）　KnX　KnY　KnM　KnS　T　C　D　V,Z（D2.：T、C、D、V,Z） 位软元件：X（S.）　Y（D1.）　M　S FX2N有指令使用次数 n=1或2		
扩展	DSW　　连续执行型	16 位指令 9 步	

DSW 指令占用 PLC 的 4 个或 8 个输入点和 4 个输出点。[S] 用来指定选通输入点的首位元件号，[D1] 用来指定选通输出点的首位元件号，n 用来指定开关的组数，n = 1 或 2。

图 7-17 中的第一组 4 位 BCD 码数字开关接到 X10～X13，按 Y10～Y13 的顺序选通读入，数据以二进制数的形式存放在 D0 中。n＝2 时有两组数字开关，第二组数字开关接到 X14～X17，仍由 Y10～Y13 顺序选通读入，数据以二进制数的形式存放在 D1 中。第二组数据只有在 n＝2 时才有效，当 X1 保持为 ON 时，Y10～Y13 依次为 ON，一个周期完成后标志 M8029 置 1。

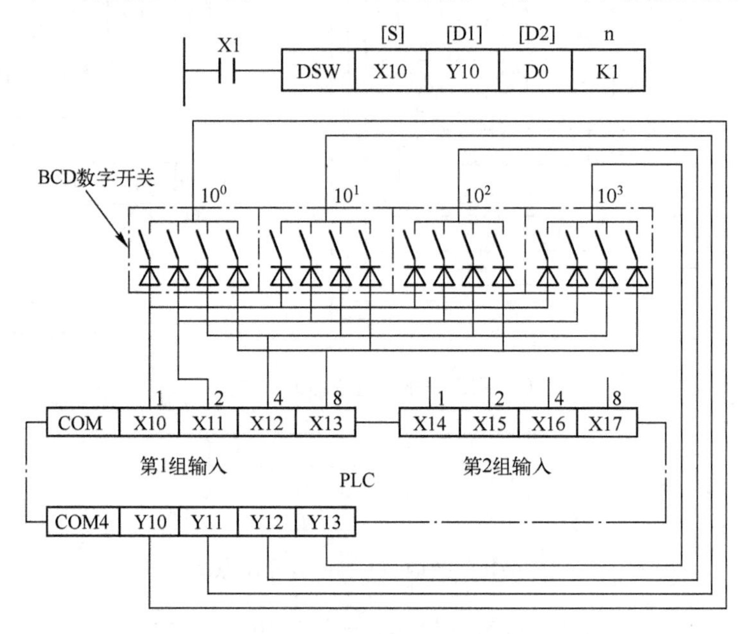

图 7-17　数字开关指令的输入电路

图 7-17 中的二极管用于防止在输入电路中出现寄生回路，可以选用 0.1 A/50 V 的二极管。

如果需要连续读入数字开关的值，应使用晶体管输出型的 PLC，如果不需要连续读入，也可以使用继电器输出的 PLC，可以用按钮输入和 SET 指令将 M0 置位，用 M0 驱动 DSW 指令，并用执行完毕标志 M8029 和复位指令将 M0 复位。

7.4.4　7 段译码指令 SEGD（FNC 73）

7 段译码指令 SEGD（Seven Segment Decoder）将源操作数［S］指定的元件的低 4 位中的十六进制数（0～F）译码后送给 7 段显示器显示，译码信号存于目标操作数［D］指定的元件中，输出时要占用 7 个输出点。该指令只有 16 位运算。7 段译码指令的使用说明如表 7-36 所示。

表 7-36　7 段译码指令 SEGD（FNC 73）

FNC 73	SEGD	7 段译码指令
案例分析	X000 ⓈⒹ [SEGD D0 K2Y0] 当X000为ON，将D0译码输出至Y0~Y7。对应显示0~F B0 B1 B2 B3 B4 B5 B6 Y0对应B0，Y6对应B6。1为ON点亮笔画	

续表

FNC 73	SEGD	7 段译码指令	
适用范围	字软元件：[S.] K,H、KnX、KnY、KnM、KnS、T、C、D、V,Z；[D.] KnY、KnM、KnS、T、C、D、V,Z		
扩展	SEGD　连续执行型 SEGDP　脉冲执行型	16 位指令 5 步	

[S] 指定的元件的低 4 位（只用低 4 位）中的十六进制数（0 ~ F）经译码后驱动 7 段显示器，译码信号存于 [D] 指定的元件中，[D] 的高 8 位不变。指令表中 7 段显示器的 B0 ~ B6 分别对应于 [D] 的最低位（第 0 位）至第 6 位，某段应亮时 [D] 中对应的位为 1，反之为 0。例如显示数字“0”时，B0 ~ B5 均为 1，B6 为 0，[D] 的值为十六进制数 3FH。

7.4.5　带锁存的 7 段显示指令 SEGL（FNC 74）

带锁存的 7 段显示指令 SEGL（Seven Segment with Latch）用 12 个扫描周期显示一组或两组 4 位数据，占用 8 个或 12 个晶体管输出点。目标操作数 [D] 指定 Y，只有 16 位运算，n = 0 ~7，该指令程序中可以使用两次。带锁存的 7 段显示指令的使用说明如表 7-37 所示。

表 7-37　带锁存的 7 段显示指令 SEGL（FNC 74）

FNC 74	SEGL	7 段译码分时显示指令	
案例分析	X000 ─┤├─[SEGL　D0(S.)　Y000(D.)　K0(n)]　当X000为ON，将D0译码输出至4位1组或两组的带锁存7段码的指令 《4位1组时》n=0~3　《4位2组时》n=4~7		
适用范围	字软元件：[S.] K,H、KnX、KnY、KnM、KnS、T、C、D、V,Z；n：K,H 位软元件：X、Y、M、S；[D.] Y		
扩展	SEGL　连续执行型 SEGLP　脉冲执行型	16 位指令 7 步	

SEGL 指令显示一组或两组 4 位数据，完成 4 位显示后标志 M8029 置为 1。PLC 的扫描周期应大于 10ms，若小于 10ms，应使用恒定扫描方式。该指令的执行条件一旦接通，指令反复执行，若执行条件变为 OFF，停止执行。

程序见图表参数，接线图如图 7-18 所示，图中若使用一组输出（n =0 ~3），D0 中的二进制数据转换为 BCD 码（0 ~9 999），各位依次送到 Y0 ~ Y3。若使用两组输出（n =4 ~7），D0 中的数据送到 Y0 ~ Y3，D1 中的数据送到 Y10 ~ Y13，选通信号由 Y4 ~ Y7 提供。

PLC 的晶体管输出电路有漏输出（即集电极输出）和源输出（即发射极输出）两种，如图 7-19 所示，前者为负逻辑，梯形图中的输出继电器为 ON 时输出低电平；后者为正逻辑，梯形图中的输出继电器为 ON 时输出高电平。

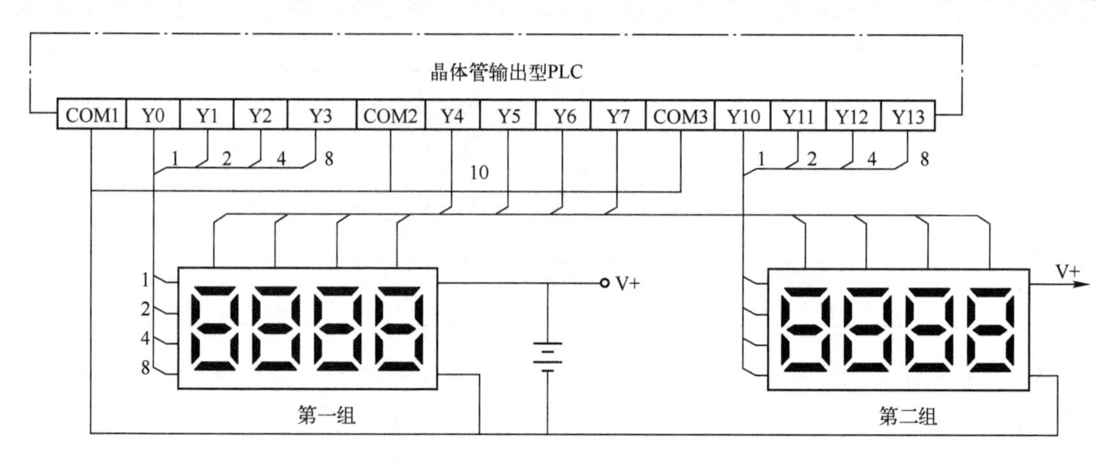

图 7-18　带锁存的 7 段显示接线图

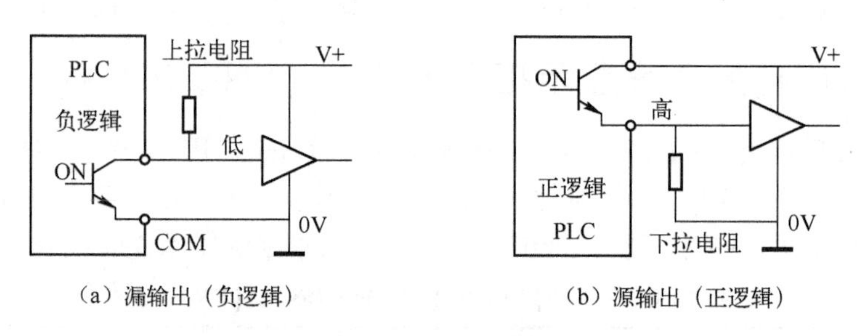

（a）漏输出（负逻辑）　　（b）源输出（正逻辑）

图 7-19　PLC 接线

7 段显示器的数据输入（由 Y0 ~ Y3 和 Y10 ~ Y13 提供）和选通信号（由 Y4 ~ Y7 提供）也有正逻辑和负逻辑之分。若数据输入以高电平为“1”，则为正逻辑；反之为负逻辑。选通信号若在高电平时锁存数据，则为正逻辑；反之为负逻辑。

参数 n 的值由显示器的组数、PLC 与 7 段显示器的逻辑是否相同来确定，如表 7-38 所示。设 PLC 的输出为负逻辑，显示器的数据输入为负逻辑（相同），选通信号为正逻辑（不同），一组显示时 n = 1，两组显示时 n = 5。

表 7-38　参数 n 的确定

组　数	1				2			
PLC 与数据输入类型	相同		不同		相同		不同	
PLC 与选通脉冲类型	相同	不同	相同	不同	相同	不同	相同	不同
n	0	1	2	3	4	5	6	7

7.4.6　方向开关指令 ARWS（FNC 75）

方向开关指令 ARWS（ArroW Switch）用方向开关（4 个按钮）来输入 4 位 BCD 数据，用带锁存的 7 段显示器来显示当前设置的数值。该指令只有 16 位运算。n = 0 ~ 3，其确定方法与 SEGL 指令相同。ARWS 指令只能使用一次，且必须使用晶体管输出型 PLC。方向开关指令的使用说明如表 7-39 所示。

表 7-39　方向开关指令 ARWS（FNC 75）

FNC 75	ARWS	方向开关指令		
案例分析	X000 ─┤├─[ARWS　X010(S.)　D000(D1.)　Y0(D2.)　K0(n)]　通过位移动与各位数值增减用的箭头开关输入数据的指令			
适用范围	字软元件：K,H　KnX　KnY　KnM　KnS　T　C　D　V,Z（n：K,H；D1.：T、C、D、V,Z） 位软元件：X　Y　M　S（S.：X、Y、M、S；D2.：Y）			
扩展	ARWS　连续执行型 ARWSP　脉冲执行型	16 位指令 9 步		

ARWS 指令用移位按钮用来移动输入和显示的位，增加键和减少键用来修改该位的数据。

图 7-20 中的 ARWS 指令将数据写入 D0，D0 中存放的是十六进制数，但为了方便以 BCD 码表示（0～9 999）。X0 刚接通时，指定的是最高位，每按一次右移键，指定位往右移动一位，按一次左移键时则往左移动一位，指定位由接到显示器的选通信号（Y4～Y7）上的 LED 发光二极管来确认。

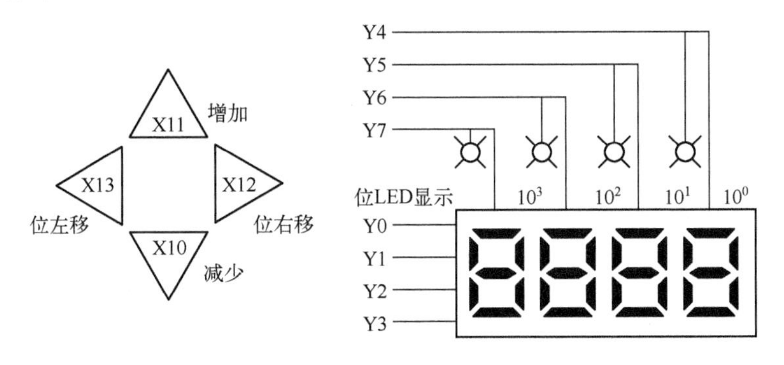

图 7-20　方向开关

外部接线图和梯形图如图 7-21 与图 7-22 所示。用读写键和交替输出指令 ALT 来切换读/写操作。因位数不多，只用了右移键。T0～T99 的设定值由 D300～D399 给出，读操作时用 3 个拨码开关设定定时器的元件号，按设定键 X3 时用数字开关指令 DSW 将元件号读入到 Z0 中，

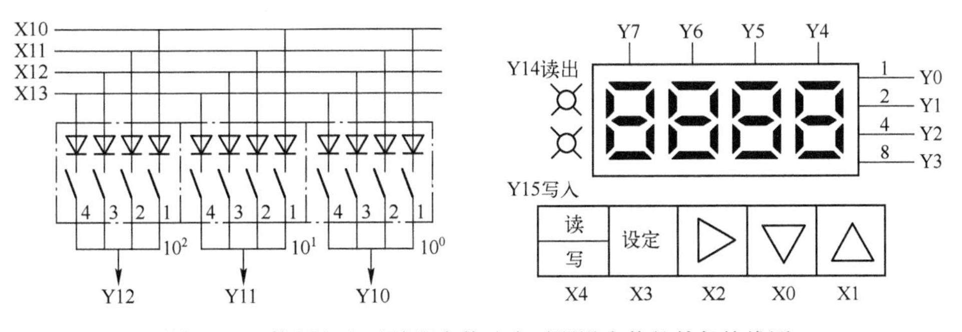

图 7-21　使用方向开关指令修改定时器设定值的外部接线图

并用带锁存的 7 段显示指令 SEGL 将指定的定时器的当前值送给 7 段显示器显示。刚进入写操作时将待设定定时器原来的设定值 D300Z0 送到 D511，写操作时用加 1 键、减 1 键和右移键（X0 ~ X2）来修改指定定时器的设定值，修改好后按设定键，用 MOVP 指令将 D511 中的新值送入指定的定时器对应的数据寄存器 D300Z0，就完成了一个定时器设定值的修改工作。

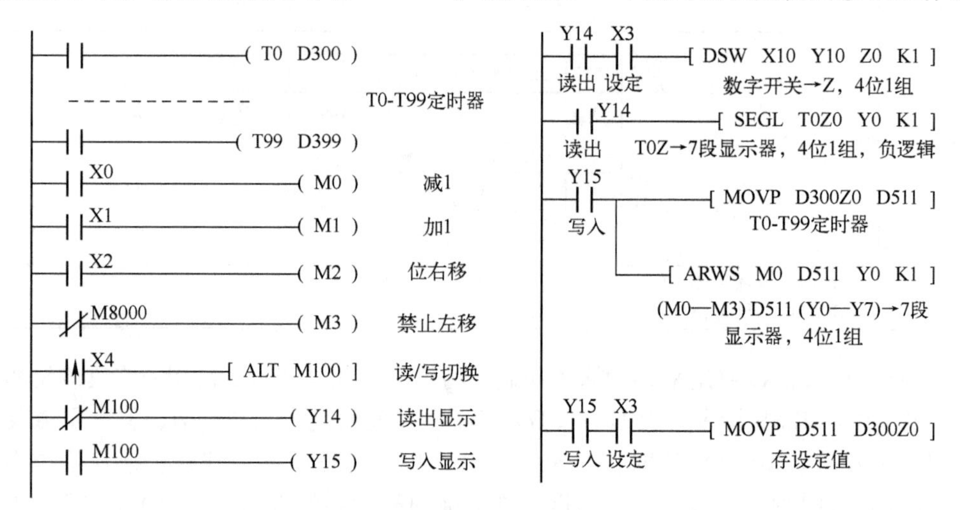

图 7-22　用方向开关指令修改定时器 T0 ~ T99 的设定值。

7.4.7　ASCII 码转换指令 ASC（FNC 76）

ASCII 码转换指令 ASC（ASCII Code）将字符变为 ASCⅡ码并存放在指定的元件中，该指令只有 16 位运算，该指令适合于用外部显示单元来显示出错等信息。ASCII 码转换指令的使用说明如表 7-40 所示。

表 7-40　ASCII 码转换指令 ASC（FNC 76）

FNC 76	ASC	ASCII 码转换指令		
案例分析	X000 [ASC (S.) ABCDEFG (D.) D300] A~H ASC码转换后传送到D300~D303中。 高8位 低8位 D300: 42 41 D301: 44 43 D302: 46 45 D303: 48 47			
适用范围	字软元件: K,H / KnX / KnY / KnM / KnS / T / C / D / V,Z；(D.): T、C、D、V,Z (S.) 由计算机输入的8个字母数字。			
扩展	ASC　连续执行型 ASCP　脉冲执行型	16 位指令 11 步		

表图中的 X0 由 OFF 变为 ON 时，将 8 个字符变换为 ASCII 码后存放在目标元件 D300 ~ D303 中。

在 M8161 为 ON 时（8 位处理模式）执行该指令，向 D300 ~ D307 的低 8 位传送 ASCII 码，高 8 位为 0。

7.4.8　ASCII 码打印指令 PR（FNC 77）

打印指令 PR（Print）用于 ASCII 码的打印输出，PR 指令和 ASCII 指令配合使用，可以用外部显示单元显示出错信息等。该指令只有 16 位运算。ASCII 码打印指令的使用说明如表 7-41 所示。

表 7-41　ASCII 码打印指令 PR（FNC 77）

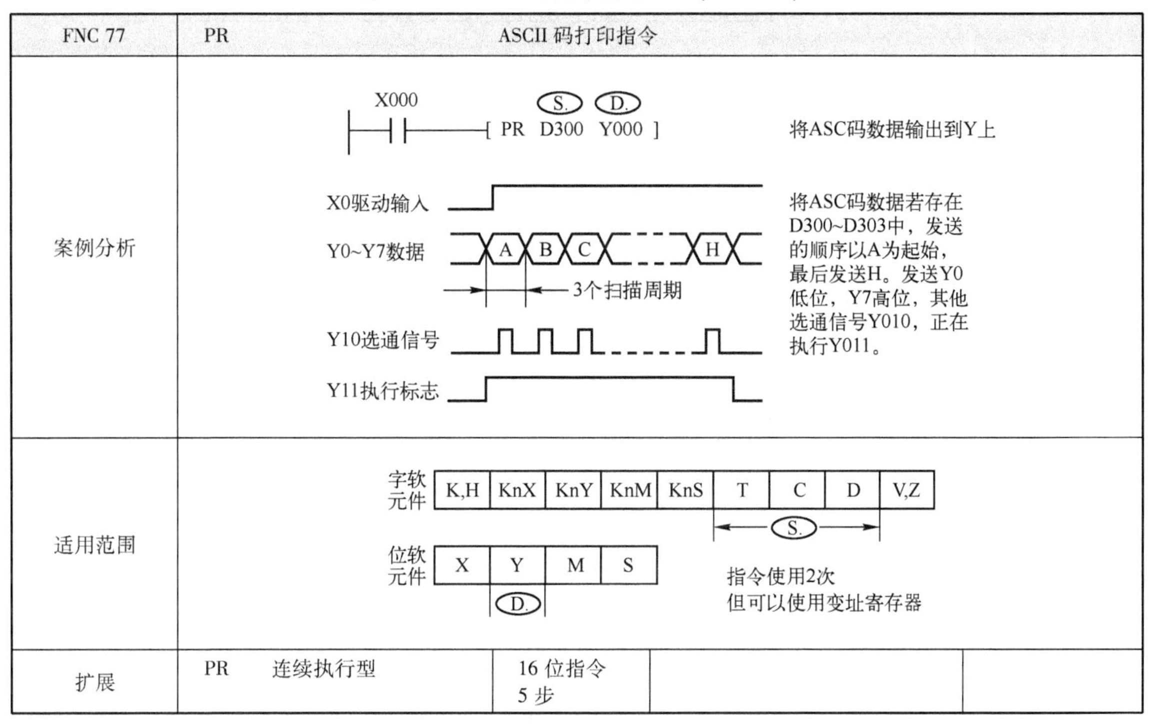

FNC 77	PR	ASCII码打印指令		
案例分析	X000 ⓈⒹ [PR D300 Y000] 将ASC码数据输出到Y上 X0驱动输入 Y0~Y7数据 A B C … H 3个扫描周期 Y10选通信号 Y11执行标志 将ASC码数据若存在D300~D303中，发送的顺序以A为起始，最后发送H。发送Y0低位，Y7高位，其他选通信号Y010，正在执行Y011。			
适用范围	字软元件：K,H　KnX　KnY　KnM　KnS　T　C　D　V,Z（S.：T、C、D） 位软元件：X　Y　M　S（D.：Y） 指令使用2次 但可以使用变址寄存器			
扩展	PR　连续执行型	16 位指令 5 步		

当 X0 为 ON，执行表图中的 PR 指令时，D300 ~ D303 中的 8 个 ASCII 码送到 Y0 ~ Y7 去打印，同时用 Y10 和 Y11 输出选通信号和执行标志信号。PR 指令可以使用 2 次，且必须使用晶体管输出型 PLC。若扫描时间短，可以用定时中断方式执行。

标志 M8027 为 ON 时 PR 指令可以一次送 16 个 ASCII 码。

7.5　FX 系列外部设备指令

FX 系列外部设备指令（FNC80 ~ 89）包括与串行通信有关的指令、模拟量功能扩展板处理指令和 PID 运算指令。

7.5.1 并联运行指令 PRUN（FNC 81）

并联运行指令 PRUN（Parallel Run）用于控制 FX 的并行链接适配器 FX2－40AW/AP，它将源数据传送到位发送区，并行链接通信用特殊 M 标志控制，并联运行指令的使用说明如表 7-42 所示。

表 7-42　并联运行指令 PRUN（FNC 81）

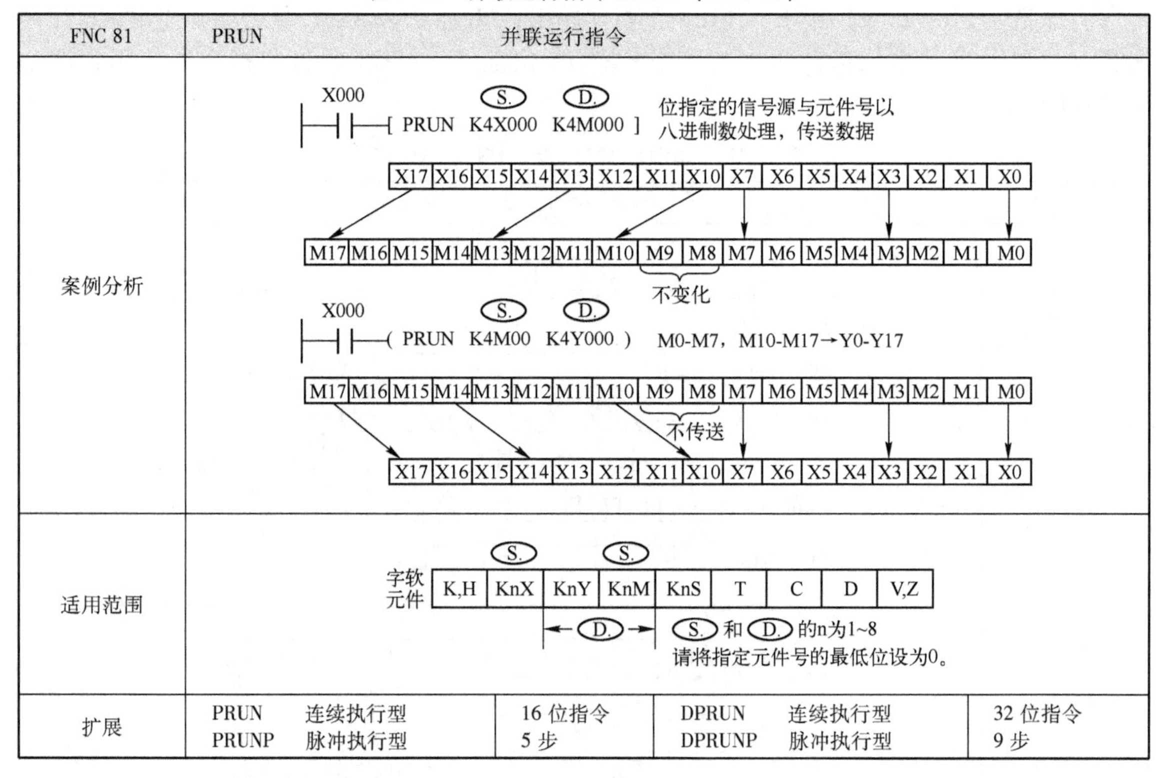

FNC 81	PRUN	并联运行指令		
案例分析	X000 [PRUN K4X000 K4M000] 位指定的信号源与元件号以八进制数处理，传送数据；M8、M9 不变化。X000 (PRUN K4M00 K4Y000) M0-M7，M10-M17→Y0-Y17；M8、M9 不传送			
适用范围	字软元件：K,H KnX KnY KnM KnS T C D V,Z；S. 和 D. 的n为1~8，请将指定元件号的最低位设为0。			
扩展	PRUN　连续执行型 PRUNP　脉冲执行型	16 位指令 5 步	DPRUN　连续执行型 DPRUNP　脉冲执行型	32 位指令 9 步

PRUN 将数据送入位发送区或从位接收区读出。传送时位元件的地址为八进制数，用 PRUN 指令将 16 个输入点 K4X0（X0～X7 和 X10～X17）送给发送缓冲区中的 K4M0（M0～M7 和 M10～M17）时，数据不会写入 M8 和 M9，因为它们不属于八进制计数系统。

7.5.2 HEX→ASCII 码转换指令 ASCI（FNC 82）

HEX→ASCII 码转换指令 ASCI 是将［S］中的 HEX 转换为 ASCII 码。该指令只有 16 位运算。HEX→ASCII 码转换指令的使用说明如表 7-43 所示。

表 7-43　HEX→ASCII 转换指令 ASCI（FNC 82）

FNC 82	ASCI	HEX→ASCII 转换指令
案例分析	X000 [ASCI D100 D200 K4] 将HEX数据的各位转换ASCII码，向目标的高8位、低8位分别传送。传送的字符数用n指定 M8161=ON则为8位模式 M8161=OFF则为16位模式	

续表

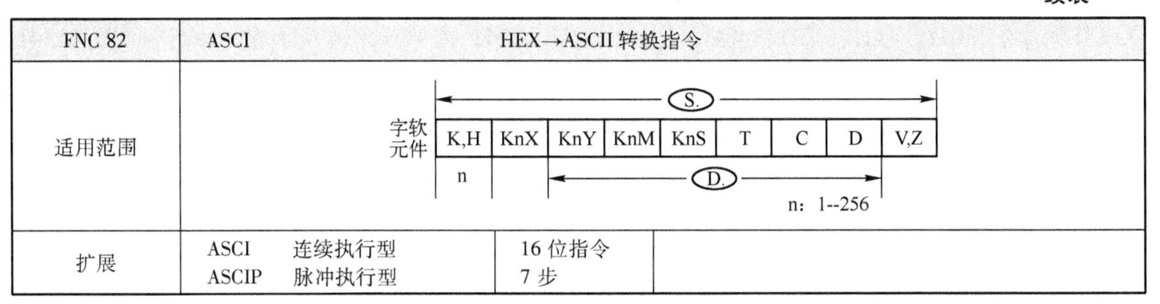

FNC 82	ASCI	HEX→ASCII 转换指令
适用范围	字软元件：〔S.〕 K,H、KnX、KnY、KnM、KnS、T、C、D、V,Z；n：K,H；〔D.〕 KnY、KnM、KnS、T、C、D；n：1--256	
扩展	ASCI　连续执行型 ASCIP　脉冲执行型	16 位指令 7 步

HEX 是十六进制数的缩写，数字后面的“H”表示十六进制数。在运行时如果 M8161 为 OFF 则为 16 位模式，每 4 个 HEX 占一个数据寄存器，转换后每两个 ASCII 码占一个数据寄存器，转换的字符个数由 n 指定，n = 1 ~ 256。设 D100 中存放的是十六进制数 0ABCH，X0 为 ON 时，ASCI 指令将 D100 中的十六进制数 0ABCH 转换为对应的 4 个 ASCII 码，存入 D200 和 D201，0 对应的 ASCII 码 30H 存入 D200 的低位字节，十六进制数 C 对应的 ASCII 码 43H 存入 D201 的高位字节。

在运行时如果 M8161 一直为 ON，则为 8 位模式，［S］中的 HEX 数据被转换为 ASCII 码，传送给［D］的低 8 位，其高 8 位为 0。设 D100 中存放的是十六进制数 0ABCH，十六进制数 0 对应的 ASCII 码 30H 存入 D200 的低位字节，十六进制数 CH 对应的 ASCII 码 43H 存入 D203 的低位字节。

7.5.3　ASCII→HEX 转换指令 HEX（FNC 83）

ASCII→HEX 转换指令 HEX 的将源中最多 256 个 ASCII 码转换为 4 位 HEX 数，传送给目标，该指令只有 16 位运算，n = 1 ~ 256。ASCII→HEX 转换指令的使用说明如表 7-44 所示。

表 7-44　ASCII→HEX 转换指令 HEX（FNC 83）

FNC 83	HEX	ASCII→HEX 转换指令
案例分析	X000 ─┤├─［HEX　D100(S.)　D200(D.)　K4］ M8161=ON则为8位模式 M8161=OFF则为16位模式	将ASCII数据的各位转换HEX码，向目标的高8位，低8位分别传送。传送的字符数用n指定
适用范围	字软元件：〔S.〕 K,H、KnX、KnY、KnM、KnS、T、C、D、V,Z；n：K,H；〔D.〕 KnY、KnM、KnS、T、C、D；n：1--256	
扩展	HEX　连续执行型 HEXP　脉冲执行型	16 位指令 7 步

M8161 为 OFF 时为 16 位模式，每两个 ASCII 码占一个数据寄存器，每 4 个 ASCII 码转换后得到的 HEX 数占一个数据寄存器，转换的字符个数由 n 指定。

M8161 为 ON 时为 8 位模式，只转换源操作数低字节中的 ASCII 码。

表中的示例表示：当 X0 为 ON，设 n = 8，D100 ~ D103 中存放的是 0ABC1234H 对应的 ASCII 码字符 30H、41H、42H、43H、31H、32H、33H 和 34H，转换后的十六进制数 1234H 存放在 D200 中，0ABCH 存放在 D201 中，其中的 4H 放在 D200 的低 4 位。

M8161 为 ON 时为 8 位模式，每个 ASCII 码占一个数据寄存器，设 D100 ~ D107 中存放的是 0ABC1234H 对应的 ASCII 码字符，转换后的十六进制数的存放方式与 16 位模式时相同。

7.5.4 校验码指令 CCD（FNC 84）

校验码指令 CCD（Check Code）的将源中 n 个字节的 8 位二进制数据求和并异或，再将求和与异或的结果分别送到目标中，n = 1 ~ 256，该指令只有 16 位运算。校验码指令的使用说明如表 7-45 所示。

表 7-45 校验码指令 CCD（FNC 84）

FNC 84	CCD	CCD 校验码指令	
案例分析	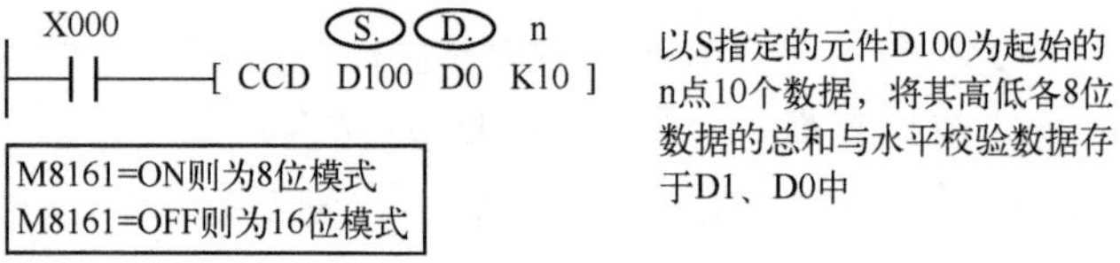 X000 ─┤├─[CCD D100 D0 K10]（S. D. n） M8161=ON则为8位模式 M8161=OFF则为16位模式 以S指定的元件D100为起始的n点10个数据，将其高低各8位数据的总和与水平校验数据存于D1、D0中		
适用范围	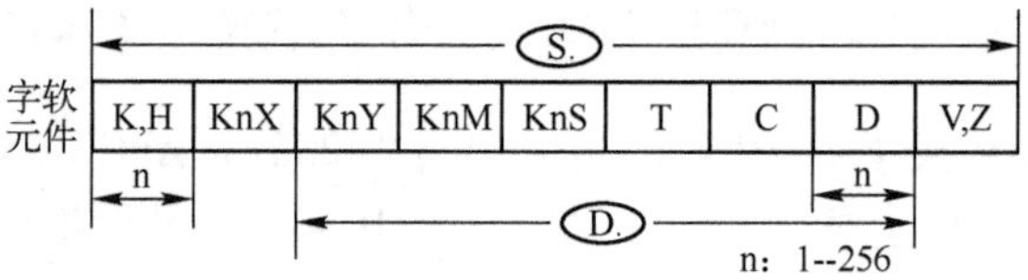 字软元件：K,H KnX KnY KnM KnS T C D V,Z S.：K,H ~ V,Z；D.：KnY ~ D；n：K,H、D；n：1--256		
扩展	CCD 连续执行型 CCDP 脉冲执行型	16 位指令 7 步	

当图表中的 X0 为 ON，则 CCD 指令开始运算。

M8161 为 OFF 时为 16 位模式，CCD 指令将［S］指定的 D100 ~ D104 中 10 个字节的 8 位二进制数据求和并异或，求和与异或的结果分别送到［D］指定的 D0 和 D1，可以将求和与异或的结果随同数据发送出去，对方收到后对接收到的数据也求和与异或，并判别接收到的求和与异或的结果是否等于自已求出来的，如果不等则说明数据传送出了错误。

M8161 为 ON 时为 8 位模式，CCD 指令将［S］指定的 D100 ~ D109 中 10 个数据寄存器低 8 位的数据求和并异或，结果送到［D］指定的 D0 和 D1。

7.5.5 FX－8AV 模拟量功能扩展板读出指令 VRRD（FNC 85）

模拟量功能扩展板读出指令 VRRD（Variable Resistor Read）是读 FX_{2N} – 8AV – BD 数据的指令，FX_{2N} – 8AV – BD 是内置式 8 位 8 路模拟量功能扩展板，板上有 8 个小型电位器，用 VRRD 指令读出的数据（0 ~ 255）与电位器的角度成正比。该指令只有 16 位运算。模拟量功能扩展板读出指令的使用说明如表 7-46 所示。

表 7-46　模拟量功能扩展读出指令 VRRD（FNC 85）

NFC 85	VRRD	模拟量功能扩展读出指令
案例分析	X000 ─┤├─[VRRD K0 D0]（S. D.）	电位器NO.0的模拟值转换为8位BIN数据，把0~255传送到D0中。
适用范围	字软元件：S.：K,H、KnX、KnY、KnM、KnS、T、C、D、V,Z；D.：KnY、KnM、KnS、T、C、D、V,Z	S.：电位器序号0~7
扩展	VRRD　连续执行型 VRRDP　脉冲执行型	16 位指令 5 步

表中的示例表示：X0 为 ON 时，读出 0 号模拟量的值（［S］=0），送到 D0 后作为定时器 T0 的设定值。也可以用乘法指令将读出的数乘以某一系数后作为设定值。

7.5.6　FX-8AV 模拟量功能扩展板开关设定指令 VRSC（FNC 86）

模拟量功能扩展板开关设定指令 VRSC（Variable Resistor Scale）将电位器读出的数四舍五入，整量化为 0~10 的整数值，存放在［D］中。该指令只有 16 位运算。模拟量功能扩展板开关设定指令的使用说明如表 7-47 所示。

表 7-47　模拟量功能扩展板开关设定指令 VRSC（FNC 86）

FNC 86	VRSC	模拟量功能扩展板开关设定指令
案例分析	X000 ─┤├─[VRSC K1 D1]（S. D.）	电位器NO.1的刻度0~10以BIN值存入D1中，旋钮在旋转刻度中时通过4舍5入化成0~10的整数值。
适用范围	字软元件：S.：K,H、KnX、KnY、KnM、KnS、T、C、D、V,Z；D.：KnY、KnM、KnS、T、C、D、V,Z	S.：电位器序号0~7
扩展	VRSC　连续执行型 VRSCP　脉冲执行型	16 位指令 5 步

源操作数［S］和目标操作数［D］与模拟量功能扩展板读出指令的一样，［S］用来指定模拟量的编号，取值范围为 0~7，这时电位器相当于一个有 11 挡的模拟开关。表图中用模拟开关的输出值和解码指令 DECO 来控制 M0~M10，用户可以根据模拟开关的刻度 0~10 来分别控制 M0~M10 的 ON/OFF。

7.5.7　PID 回路运算指令（FNC 88）

PID（比例微分积分）回路比例、积分、微分的运算指令，PID 指令参数如表 7-48 所示。

表 7-48 PID 回路运算指令（FNC 88）

FNC 88	PID	PID 运算指令	
案例分析	X000 —┤├—[PID D0 D1 D100 D150] S1. S2. S3. D. 目标值 测定值 参数 输出值 S3中有比例、积分、微分、报警、输出滤波等多个参数设置		
适用范围	S1. S2. S3.：D 字软元件：K,H KnX KnY KnM KnS T C D V,Z D.：D S3.：D0—D7975		
扩展	PID 连续执行型	16 位指令 9 步	

表中的示例表示：S3 为 D100，定义了比例、积分、微分等参数，D100 ~ D124 的定义如表 7-49 所示。

表 7-49 PID 参数表

序号	参数	例	功能	范围
1	S3	D100	采样时间（Ts）	1 ~ 32767（ms）
2	S3 +1	D101	动作方向（ACT）	位信号详见下表
3	S3 +2	D102	输入滤波常数（α）	0 ~ 99%
4	S3 +3	D103	比例增益（Kp）	1 ~ 32767%
5	S3 +4	D104	积分时间（TI）	0 ~ 32767(×10ms)
6	S3 +5	D105	微分增益（KD）	0 ~ 100%
7	S3 +6	D106	微分时间（TD）	0 ~ 32767(×10ms)
8 9	S3 +7 ~ S3 +19	D107 ~ D119	PID 运算的内部处理占用	
10	S3 +20	D120	输入变化量（增侧）报警设定值	0 ~ 32767，受 S3 +1 的 b1 控制
11	S3 +21	D121	输入变化量（减侧）报警设定值	0 ~ 32767，受 S3 +1 的 b1 控制
12	S3 +22	D122	输出变化量（增侧）报警设定值，另外，输出上限设定值	0 ~ 32767，受 S3 +1 的 b2、b5 控制
13	S3 +23	D123	输出变化量（减侧）报警设定值，另外，输出下限设定值	0 ~ 32767，受 S3 +1 的 b2、b5 控制
14	S3 +24	D124	报警输出	b0 输入变化量（增侧）溢出 b1 输入变化量（减侧）溢出 b2 输出变化量（增侧）溢出 b3 输出变化量（减侧）溢出

S3 +1（如 D101）动作方向（ACT）的位功能如表 7-50 所示。

表 7-50 动作方向（ACT）的位功能表

序号	S3 +1 的位功能	== “1”	== “0”
1	b0	正动作	逆动作
2	b1	输入变化量报警无	输入变化量报警有效
3	b2	输出变化量报警无	输出变化量报警有效

续表

序号	S3 +1 的位功能	== "1"	== "0"
4	b3	不可用	
5	b4	自动调谐不动作	执行自动调谐
6	b5	输出值上下限设定无	输出值上下限设定有效
7	b6 ~ b15	不可用	

b2 与 b5 不能同时为 ON。

7.6　浮点数运算指令

浮点数运算指令包括浮点数的比较、变换、四则运算、开平方和三角函数等指令，浮点数为 32 位数，FNC 110 ~ 127 均为 32 位双字指令，指令的助记符前面均应加字母 D。

7.6.1　科学计数法与浮点数

科学计数法和浮点数可以用来表示整数或小数，包括很大的数和很小的数。

1. 科学计数法

在科学计数法中，数字占用相邻的两个数据寄存器字（如 D0 和 D1），D0 中是尾数，D1 中是指数，数据格式为尾数 $\times 10^{指数}$，其尾数是 4 位 BCD 整数，范围为 0、1000 ~ 9999 和 -9999 ~ -1000，指数的范围为 -41 ~ +35。例如，小数 24.567 用科学计数法表示为 $2\,456 \times 10^{-2}$。

科学计数法格式不能直接用于运算，可以用于监视接口中数据的显示。在 PLC 内部，尾数和指数都按 2 的补码处理，它们的最高位为符号位。

使用应用指令 EBCD 和 EBIN 可以实现科学计数法格式与浮点数格式之间的相互转换。

2. 浮点数格式

浮点数由相邻的两个数据寄存器字（如 D11 和 D10）组成，D10 中的数是低 16 位。在 32 位中，尾数占低 23 位（b0 ~ b22 位，最低位为 b0 位），指数占 8 位（b23 ~ b30 位），最高位（b31 位）为符号位。

$$浮点数 = (位数) \times 2^{指数}$$

因为尾数为 23 位，与科学计数法相比，浮点数的精度有很大的提高，其尾数相当于 6 位十进制数。浮点数的表示范围为 $\pm 1.175 \times 10^{-38}$ ~ $\pm 3.403 \times 10^{38}$。

使用应用指令 FLT 和 INI 可以实现整数与浮点数之间的相互转换。

7.6.2　浮点数比较指令 ECMP（FNC 110）

二进制浮点数比较指令 ECMP 用于两个浮点数的比较，该指令只有 32 位运算。浮点数比较指令的使用说明如表 7-51 所示。

ECMP 指令用来比较源操作数 [S1] 和 [S2]，比较结果用目标操作数 [D] 指定的元件的 ON/OFF 状态来表示，常数参与比较时，被自动转换为浮点数。

表 7-51　浮点数比较指令 ECMP（FNC 110）

FNC 110	ECMP　二进制浮点比较
案例分析	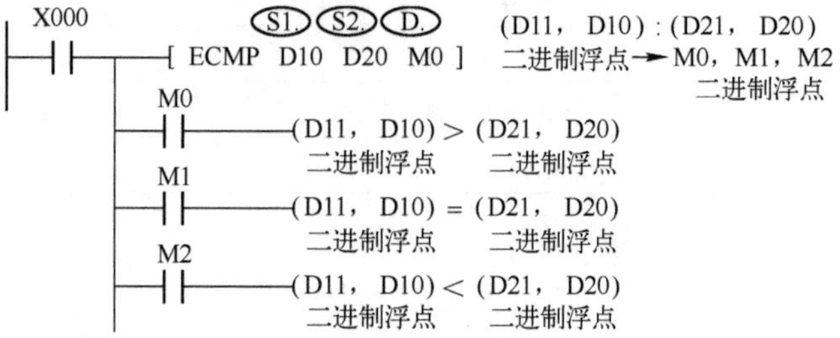 X000　(S1)(S2)(D) [ECMP D10 D20 M0]　(D11，D10)：(D21，D20) 二进制浮点→M0，M1，M2 二进制浮点 M0　(D11，D10) > (D21，D20)　二进制浮点　二进制浮点 M1　(D11，D10) = (D21，D20)　二进制浮点　二进制浮点 M2　(D11，D10) < (D21，D20)　二进制浮点　二进制浮点
适用范围	字软元件：K,H　KnX　KnY　KnM　KnS　T　C　D　V,Z（(S1)、(S2)：K,H、D） 位软元件：X　Y　M　S（(D)：Y、M、S） (D) 占用3点
扩展	16 位指令　DECMP 连续执行型　DECMPP 脉冲执行型　32 位指令 13 步

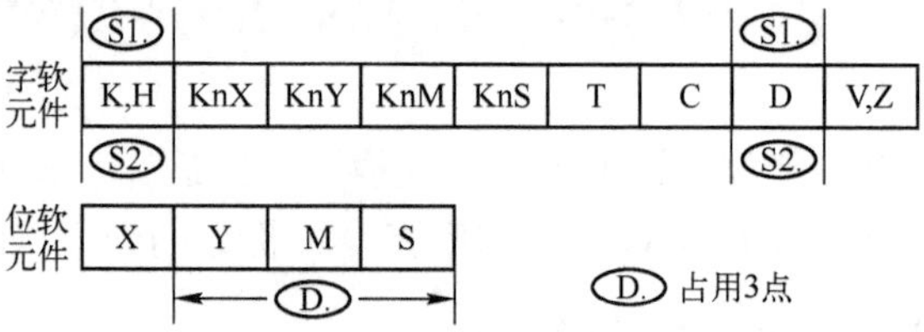

7.6.3　浮点数区间比较指令 EZCP（FNC 111）

浮点数区间比较指令 EZCP 用于浮点数区间内的比较，只有 32 位运算，［S1］应小于［S2］。浮点数区间比较指令的使用说明如表 7-52 所示。

表 7-52　二进制浮点数区间比较指令 EZCP（FNC 111）

FNC 111	EZCP　二进制浮点数区间比较
案例分析	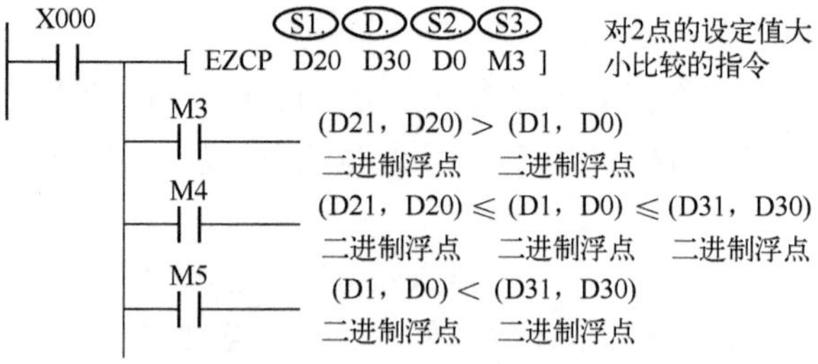 X000　(S1)(D)(S2)(S3) [EZCP D20 D30 D0 M3]　对2点的设定值大小比较的指令 M3　(D21，D20) > (D1，D0)　二进制浮点　二进制浮点 M4　(D21，D20) ≤ (D1，D0) ≤ (D31，D30)　二进制浮点　二进制浮点　二进制浮点 M5　(D1，D0) < (D31，D30)　二进制浮点　二进制浮点
适用范围	字软元件：K,H　KnX　KnY　KnM　KnS　T　C　D　V,Z（(S1)(S2)(S3)：K,H ～ V,Z） 位软元件：X　Y　M　S（(D)：Y、M、S） (D) 占用3点 (S1) ≤ (S2) 请设置
扩展	16 位指令　DEZCP 连续执行型　DEZCPP 脉冲执行型　32 位指令 17 步

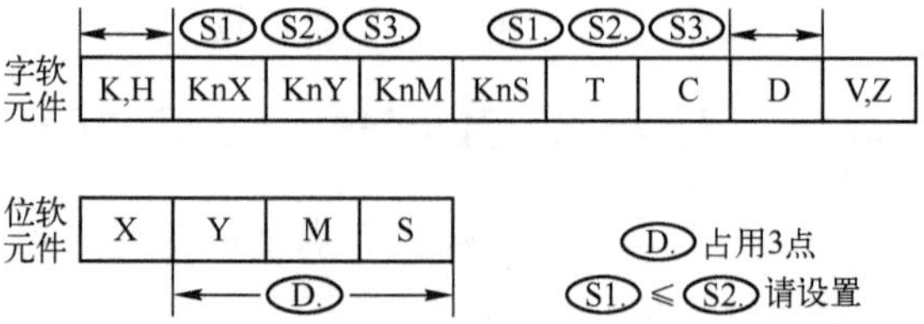

[S3] 指定的浮点数与提供比较范围的源操作数 [S1] 和 [S2] 相比较，比较结果用目标操作数指定的元件的 ON/OFF 状态来表示，参与比较的常数被自动转换为浮点数。

7.6.4　浮点数转换指令 EBCD/EBIN（FNC 118/119）

1. 浮点数转换为科学计数法格式的数指令 EBCD（FNC 118）

浮点数转换为科学计数法格式的数指令 EBCD，如表 7-53 所示。

表 7-53　浮点数转换为科学计数法格式的数指令 EBCD（FNC 118）

FNC 118	EBCD	二进制浮点——→十进制浮点		
案例分析	X000 ─┤├─[EBCD D50(S.) D20(D.)]　(D51，D50) 二进制浮点 ——→ (D21，D20) 十进制浮点			
适用范围	字软元件：K,H　KnX　KnY　KnM　KnS　T　C　D(S.)(D.)　V,Z 位软元件：X　Y　M　S			
扩展		16 位指令	DEBCD　连续执行型 DEBCDP　脉冲执行型	32 位指令 9 步

指令表图中的 DEBCD 指令将 D50、D51 中的浮点数转换为科学计数法格式的数后存入 D20（尾数）和 D21（指数），指令之前的“D”表示双字指令。为了保证转换的精度，尾数在 1 000 ~9 999 之间（或等于 0）。例如，设 $S=3.4567\times10^{-5}$时，转换后 D20 = 3 456，D21 = -8。

在 PLC 内，浮点数运算全部用二进制浮点数的方式进行。由于人们不习惯二进制浮点数，可以将它转换为十进制浮点数，再送给外部设备。

2. 科学计数法格式的数转换为浮点数指令 EBIN（FNC 119）

科学计数法格式的数转换为浮点数指令 DEBIN，它是 32 位运算。科学计数法格式的数转换为浮点数指令的使用说明如表 7-54 所示。

表 7-54　科学计数法格式的数转换为浮点数指令 EBIN（FNC 119）

FNC 119	EBIN	十进制浮点——→二进制浮点		
案例分析	X000 ─┤├─[EBIN D20(S.) D50(D.)]　(D21，D20) 十进制浮点 ——→ (D51，D50) 二进制浮点			
适用范围	字软元件：K,H　KnX　KnY　KnM　KnS　T　C　D(S.)(D.)　V,Z 位软元件：X　Y　M　S			
扩展		16 位指令	DEBIN　连续执行型 DEBINP　脉冲执行型	32 位指令 9 步

该指令将源操作数指定的单元内的科学计数法格式的数转换为浮点数，并存入目标地址。表中，将 D20（尾数）、D21（指数）中的科学计数法格式的数转换浮点数后存入 D50（低数）和 D51（高位），为了保证转换的精度，科学计数法格式的数的尾数应在 1 000～9 999 之间（或等于 0）。

【例 7.2】 将数 3.14 转换为二进制浮点数的梯形图如图 7-23 所示，试分析程序功能。

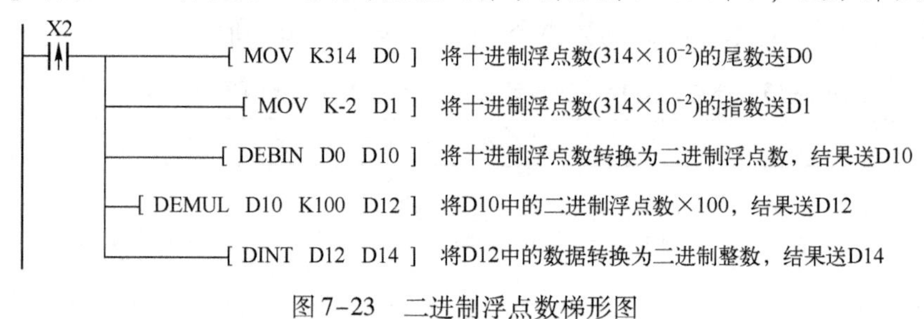

图 7-23　二进制浮点数梯形图

3. 浮点数转换为二进制整数指令 INT（FNC 129）

浮点数转换为二进制整数指令 DINT。该指令将源操作数指定的浮点数舍去小数部分后转换为二进制整数，并存入目标地址。浮点数转换为二进制整数指令的使用说明如表 7-55 所示。

表 7-55　浮点数转换为二进制整数指令 INT（FNC 129）

FNC 129	INT	二进制浮点 ⟶ BIN 整数变换		
案例分析	X000 —[INT D10 D20]（S. D10，D. D20） (D11，D10) ⟶ (D20) 二进制浮点　BIN整数小数点以后的数舍去 X001 —[DINT D100 D200]（S. D100，D. D200） (D101，D100) ⟶ (D200) 二进制浮点　BIN整数小数点以后的数舍去			
适用范围	字软元件：K,H　KnX　KnY　KnM　KnS　T　C　D（S.、D.）　V,Z 位软元件：X　Y　M　S			
扩展	INT　连续执行型 INTP　脉冲执行型	16 位指令 5 步	DINT　连续执行型 DINT　脉冲执行型	32 位指令 9 步

表中，当 X0 为 ON，则将浮点数（D1、D0）转换为二进制存入 D20。

该指令是 FUN 49（FLT）指令的逆运算，运算结果为 0 时，零标志 M8020 为 ON；因转换结果不足 1 而舍掉时，借位标志 M8021 为 ON；如果运算结果超出目标操作数的范围，将会发生溢出，进位标志 M8022 为 ON，此时目标操作数中的值无效。

7.6.5　浮点数的四则运算指令（FNC 120/121/122/123）

浮点数运算指令的源操作数［S1］和［S2］可以取 K、H 和 D，目标操作数［D］为 D，只有 32 位运算。源操作数和目标操作数均为浮点数，常数参与运算时，被自动转换为浮点数。运算结果为 0 时 M8020（零标志）为 ON，超过浮点数的上、下限时，M8022（进位标志）和

M8021（借位标志）分别为ON，运算结果分别被置为最大值和最小值。源操作数和目标操作数如果是同一数据寄存器，应采用脉冲执行方式。

1. 浮点数的加法指令（FNC 120）与减法指令（FNC 121）

浮点数加法指令DEADD将两个源操作数［S1］和［S2］内的浮点数相加，运算结果存入目标操作数［D］。

浮点数减法指令DESUB将［S1］指定的浮点数减去［S2］指定的浮点数，运算结果存入目标操作数［D］。

2. 浮点数的乘法指令（FNC 122）与除法指令（FNC 123）

浮点数乘法指令DEMUL将两个源操作数［S1］和［S2］内的浮点数相乘，运算结果存入目标操作数［D］。浮点数除法指令DEDIV将［S1］指定的浮点数除以［S2］指定的浮点数，运算结果存入目标操作数［D］。除数为零时出现运算错误，不执行指令。

浮点数的四则运算指令的使用说明如表7-56所示。

表7-56　浮点数的四则运算指令（FNC 120/121/122/123）

FUN 120	EADD	二进制浮点加法		
FUN 121	ESUB	二进制浮点减法		
FUN 122	EMUL	二进制浮点乘法		
FUN 123	EDIV	二进制浮点除法		
案例分析	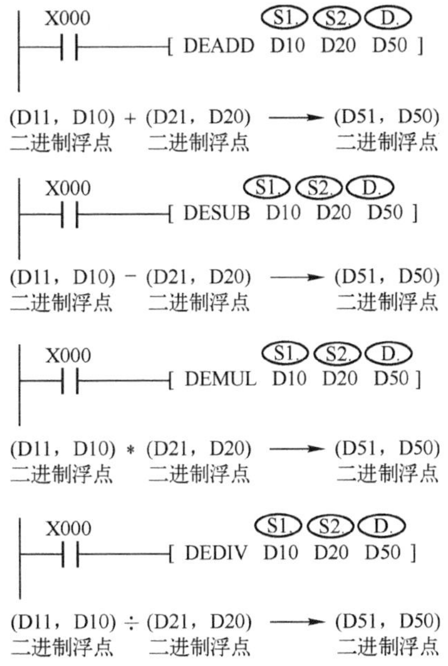 X000 ─┤├─［DEADD D10 D20 D50］（S1 S2 D） (D11，D10) + (D21，D20) ──→ (D51，D50) 二进制浮点　二进制浮点　二进制浮点 X000 ─┤├─［DESUB D10 D20 D50］（S1 S2 D） (D11，D10) − (D21，D20) ──→ (D51，D50) 二进制浮点　二进制浮点　二进制浮点 X000 ─┤├─［DEMUL D10 D20 D50］（S1 S2 D） (D11，D10) * (D21，D20) ──→ (D51，D50) 二进制浮点　二进制浮点　二进制浮点 X000 ─┤├─［DEDIV D10 D20 D50］（S1 S2 D） (D11，D10) ÷ (D21，D20) ──→ (D51，D50) 二进制浮点　二进制浮点　二进制浮点			
适用范围	字软元件：K,H（S1、S2）；KnX、KnY、KnM、KnS、T、C（S1、S2）；D（S1、S2、D）；V,Z 位软元件：X、Y、M、S			
扩展		16位指令	DEADD　连续执行型 DEADDP　脉冲执行型	32位指令 13步

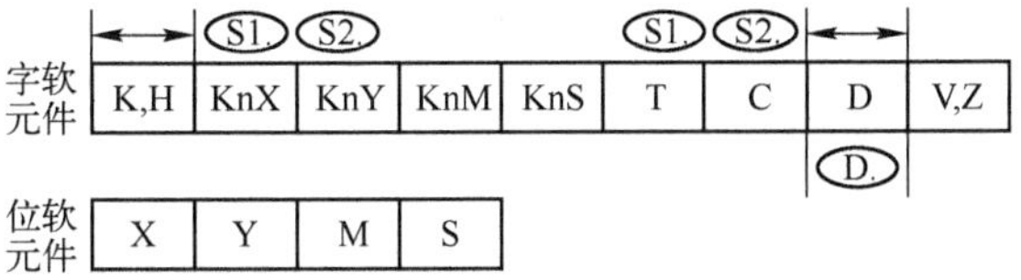

【例 7.3】将 D0 中的 16 位整数和由 X0～X7 输入的 2 位 BCD 码数（X0 输入的为最低位，X7 输入的为最高位）转换为浮点数，然后进行下式中的浮点数运算：

$$(D0)\div(X7\sim X0)\times 34.5\rightarrow(D11,D10)$$

运算结果转换为十进制浮点数和 32 位二进制整数。其梯形图如图 7-24 所示，试分析程序功能。

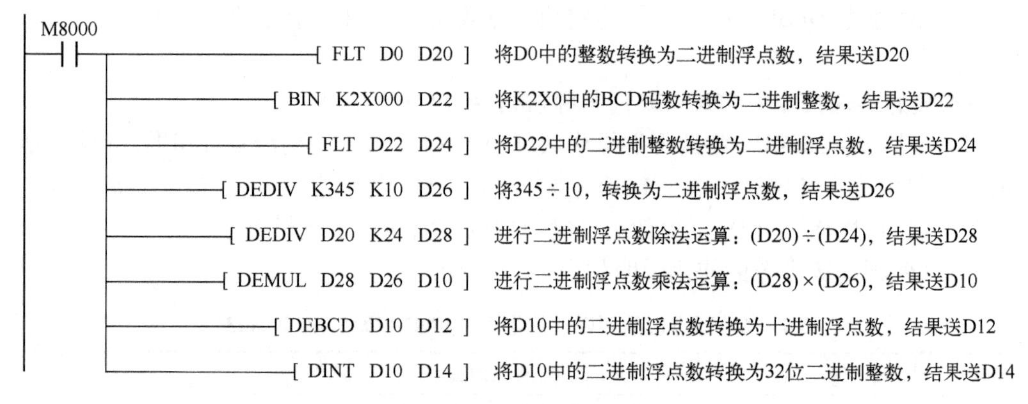

图 7-24　十进制浮点数例题梯形图

7.6.6　浮点数开平方指令 ESQR（FNC 127）

浮点数开平方指令 DESQR 为浮点数开方，结果存入目标中。浮点数开平方指令的使用说明如表 7-57 所示。

表 7-57　浮点数开平方指令 DESQR（FNC 127）

FNC 127	DESQR　二进制浮点开平			
案例分析	X000 —[DESQR D20(S.) D50(D.)]　$\sqrt{(D21，D20)}$ 二进制浮点 → (D51，D50) 二进制浮点			
适用范围	字软元件：K,H (S.)、KnX、KnY、KnM、KnS、T、C、D (S.)(D.)、V,Z；位软元件：X、Y、M、S；(S.) 的内容只有整数才有效			
扩展		16 位指令	DESQR 连续执行型 DESQRP 脉冲执行型	32 位指令 9 步

表中，当 X0 为 ON，则对浮点数（D21、D20）开方，再存入目标（D51、D50）中。

源操作数应为正数，若为负数则出错，运算错误标志 M8067 ON，不执行指令。源操作数为常数时，自动转换为二进制浮点数。

7.6.7　浮点数三角函数运算指令 SIN/COS/TAN（FNC 130/131/132）

浮点数三角函数运算指令包括 DSIN（正弦）、DCOS（余弦）和 DTAN（正切）指令，该指令只有 32 位运算。浮点数三角函数运算指令的使用说明如表 7-58 所示。

表 7-58 浮点数三角函数运算指令（FNC 130/131/132）

FNC 130	SIN	浮点 SIN 运算
FNC 131	COS	浮点 COS 运算
FNC 132	TAN	浮点 TAN 运算
案例分析 	X000 —| |—[DSIN (S.)D50 (D.)D60] X000 —| |—[DCOS (S.)D50 (D.)D60] X000 —| |—[DTAN (S.)D50 (D.)D60]	(D51，D50) 二进制浮点 → (D61，D60)SIN 二进制浮点 (D51，D50) 二进制浮点 → (D61，D60)COS 二进制浮点 (D51，D50) 二进制浮点 → (D61，D60)TAN 二进制浮点
适用范围 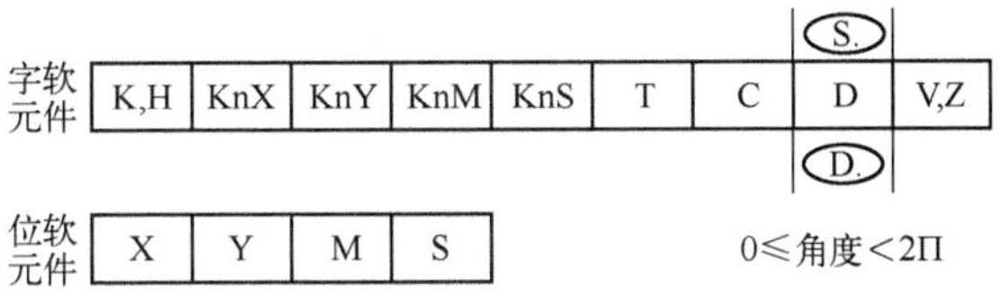	字软元件：K,H KnX KnY KnM KnS T C D V,Z（S.、D.：D） 位软元件：X Y M S	0≤角度＜2Π
扩展	16 位指令	DSIN 连续执行型 DSINP 脉冲执行型 32 位指令 13 步

表中，当 X0 为 ON，则对浮点数（D51、D50）SIN、COS、TAN，再存入目标（D61、D60）中。

这些指令用来求出源操作数指定的浮点数的三角函数，角度单位为弧度，结果也是浮点数，并存入目标操作数指定的单元。源操作数应满足 0≤角度≤2π，弧度值 = π × 角度值/180。

【例 7.4】 在 X0 的上升沿求 sin45 的浮点数值。其梯形图如图 7-25 所示，试分析程序功能。

```
X0
—|↑|—[ DEDIV  K31415926  K1800000000  D20 ]   将π÷180，并转换为二进制浮点数，结果送D20
     [ DEMUL  D20  K45  D22 ]                  将D20中的二进制浮点数×45°，结果送D22
     [ DSIN  D22  D24 ]                        将sin45的二进制浮点数值，结果送D24
     [ DEMUL  D24  K1000  D26 ]                将D24中sin45的二进制浮点数值×1000，结果送D26
     [ DINT  D26  D28 ]                        将D26中的二进制浮点数变为二进制整数，结果送D28
```

图 7-25 求 sin45 的浮点数值梯形图

7.7 时钟运算指令

PLC 内实时钟的年、月、日、时、分和秒分别存放在 D8018 ~ D8013 中，星期存放在

D8019 中，如表 7-59 所示。

表 7-59　时钟命令使用的寄存器

地 址 号	名　称	设 定 范 围
D8013	秒	0～59
D8014	分	0～59
D8015	时	0～23
D8016	日	0～31
D8017	月	0～12
D8018	年	0～99（后两位）
D8019	星期	0～6（对应星期日～星期六）

实时钟命令使用下述的特殊辅助继电器：

M8015（时钟设置）：为 ON 时时钟停止，可以在它的下降沿（由 ON－OFF）写入时间。

M8016（时钟锁存）：为 ON 时 D8013～D8019 中的时钟数据被冻结，以便显示出来，但是时钟继续运行。

M8017（±30s 校正）：在它的下降沿（由 ON→OFF）时如果是 0～29 秒，修正为 0 秒，如果是 30～59s，将秒变为 0，向分进一位。

M8018（实时钟标志）：为 ON 时表示 PLC 安装有实时钟。

M8019（设置错误）：设置的时钟数据超出了允许的范围。

7.7.1　时钟数据比较指令 TCMP（FNC 160）

时钟数据比较指令 TCMP（Time Compare）指定时间的时、分、秒，与时钟数据比较，将比较结束输出到［D］。该指令的使用说明如表 7-60 所示。

该指令用来比较指定时刻与时钟数据的大小。时钟数据的时间存放在［S］～［S］+2 中，比较的结果用来控制［D］～［D］+2 的 ON/OFF（见指令表图）。图中的 X0 变为 OFF 后，目标元件的 ON/OFF 状态仍保持不变。

表 7-60　时钟数据比较指令 TCMP（FNC 160）

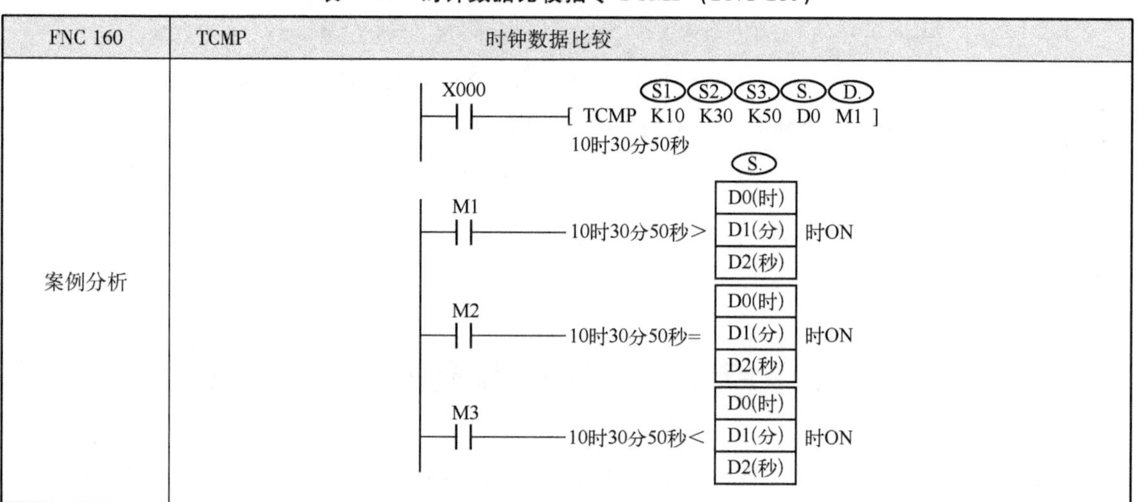

FNC 160	TCMP	时钟数据比较
案例分析		（见梯形图）

续表

FNC 160	TCMP	时钟数据比较	
适用范围	字软元件：K,H　KnX　KnY　KnM　KnS　T　C　D　V,Z（S1.　S2.　S3.：K,H～V,Z；S.：T～D） 位软元件：X　Y　M　S（D.：Y～S） D. 占用3点		
扩展	TCMP　连续执行型 TCMPP　脉冲执行型	16 位指令 11 步	32 位指令

7.7.2　时钟数据区间比较指令 TZCP（FNC 161）

时钟数据区间比较指令 TZCP（Time Zone Compare）将目标与指定时间作区间运算，并输出位，该指令只有 16 位运算。时钟数据区间比较指令的使用说明如表 7-61 所示。

表 7-61　时钟数据区间比较指令 TZCP（FNC 161）

FNC 161	TZCP	时钟数据比较	
案例分析	X000 —[TCZP　D20　D30　D0　M3]（S1.　S2.　S.　D.） M3：D20(时) D21(分) D22(秒)（S1.） > D0(时) D1(分) D2(秒)（S.）　时ON M4：D20(时) D21(分) D22(秒) ≤ D0(时) D1(分) D2(秒) ≤ D30(时) D31(分) D32(秒)（S2.）　时ON M5：D0(时) D1(分) D2(秒) > D30(时) D31(分) D32(秒)　时ON		
适用范围	字软元件：K,H　KnX　KnY　KnM　KnS　T　C　D　V,Z（S1.　S2.　S.：T～D） 位软元件：X　Y　M　S（D.：Y～S） D. 占用3点 请使 S1. ≤ S2.		
扩展	TZCP　连续执行型 TZCPP　脉冲执行型	16 位指令 9 步	32 位指令

[S] 中的时间与 [S1]、[S2] 指定的时间区间相比较，比较的结果用来控制 [D] ~ [D] +2 的 ON/OFF。[S1]、[S2] 和 [S] 分别占用 3 个数据寄存器，表中的 D20 ~ D22 分别用来存放时、分、秒。

7.7.3　时钟数据加法指令 TADD（FNC 162）

时钟数据加法指令 TADD（Time Addition）用于将存放的时间数据（时、分、秒）相加，并存入目标元件中。时钟数据加法指令的使用说明如表 7-62 所示。

表 7-62　时钟数据加法指令 TADD（FNC 162）

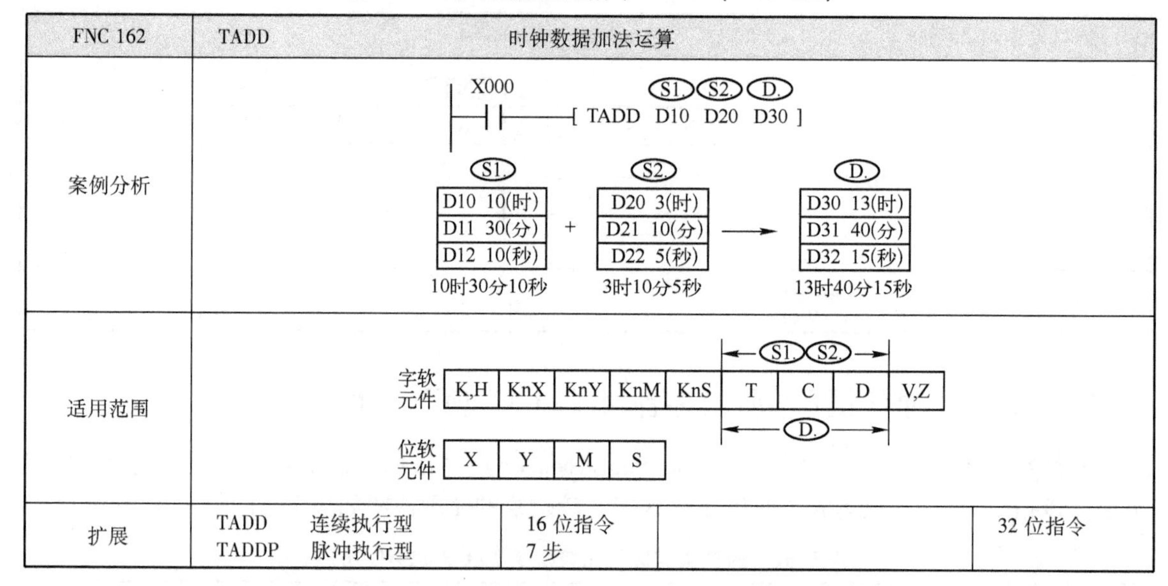

FNC 162	TADD	时钟数据加法运算	
案例分析	X000 ─┤├─[TADD D10 D20 D30]（S1. S2. D.） S1.：D10 10(时)，D11 30(分)，D12 10(秒)，10时30分10秒 + S2.：D20 3(时)，D21 10(分)，D22 5(秒)，3时10分5秒 → D.：D30 13(时)，D31 40(分)，D32 15(秒)，13时40分15秒		
适用范围	字软元件：K,H　KnX　KnY　KnM　KnS　T　C　D　V,Z（S1. S2.：T、C、D；D.：T、C、D） 位软元件：X　Y　M　S		
扩展	TADD　连续执行型 TADDP　脉冲执行型	16 位指令 7 步	32 位指令

指令表图中的 TADD 指令将 D10 ~ D12 和 D20 ~ D22 的时钟数据相加后存入 D30 ~ D32 中。运算结果如果超过 24h，进位标志 ON，其和减去 24h 后存入目标地址。

7.7.4　时钟数据减法指令 TSUB（FNC 163）

时钟数据减法指令 TSUB（Time Subtraction）的用法类似于时钟数字加法指令。时钟数据减法指令的使用说明如表 7-63 所示。

表 7-63　时钟数据减法指令 TSUB（FNC 163）

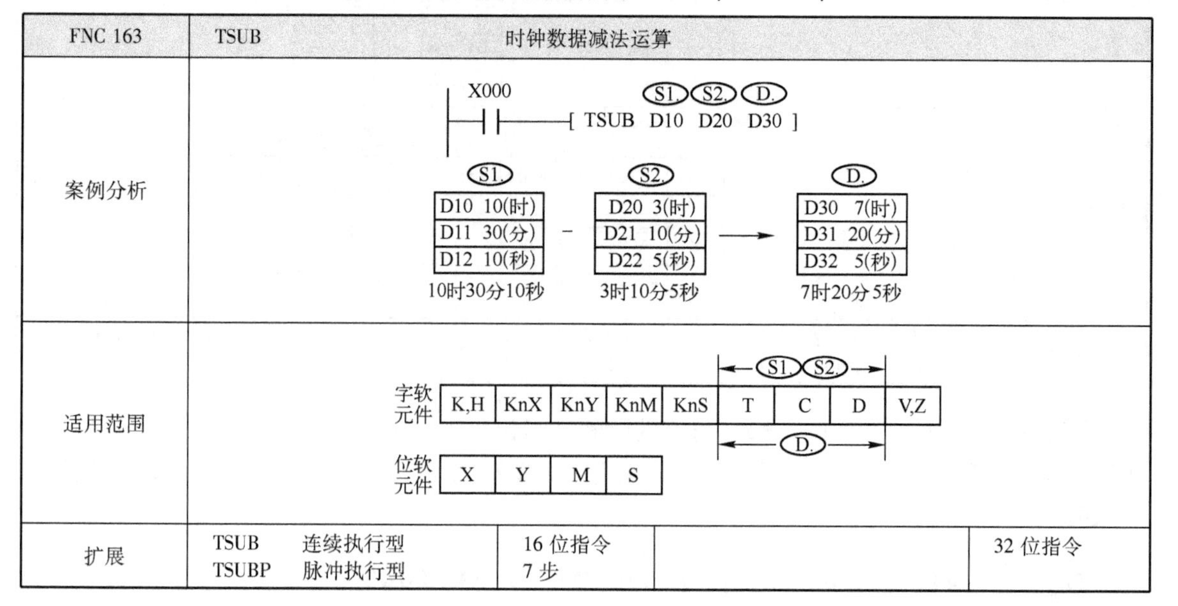

FNC 163	TSUB	时钟数据减法运算	
案例分析	X000 ─┤├─[TSUB D10 D20 D30]（S1. S2. D.） S1.：D10 10(时)，D11 30(分)，D12 10(秒)，10时30分10秒 − S2.：D20 3(时)，D21 10(分)，D22 5(秒)，3时10分5秒 → D.：D30 7(时)，D31 20(分)，D32 5(秒)，7时20分5秒		
适用范围	字软元件：K,H　KnX　KnY　KnM　KnS　T　C　D　V,Z（S1. S2.：T、C、D；D.：T、C、D） 位软元件：X　Y　M　S		
扩展	TSUB　连续执行型 TSUBP　脉冲执行型	16 位指令 7 步	32 位指令

指令表图中的 X0 为 ON 时，将 D10 ~ D12 和 D20 ~ D22 的时钟数据相减后存入 D30 ~ D32 中。运算结果如果小于零，借位标志 ON，其差值加上 24h 后存入目标地址。

7.7.5　时钟数据读出指令 TRD（FNC 166）

时钟数据读出指令 TRD（Time Read）的目标操作数［D］可以取 T、C 和 D，只有 16 位运算。时钟数据读出指令的使用说明如表 7-64 所示。

表 7-64　时钟数据读出指令 TRD（FNC 166）

FNC 166	TRD	时钟数据读取	
案例分析	X000 —┤├— [TRD D0]（D0 为 D.）		
适用范围	字软元件：K,H / KnX / KnY / KnM / KnS / T / C / D / V,Z（D. 可取 T、C、D） 位软元件：X / Y / M / S D. 占用7点		
扩展	TRD　连续执行型 TRDP　脉冲执行型	16 位指令 3 步	32 位指令

该指令用来读出内置的实时钟的数据，并存放在［D］开始的 7 个字内。指令表图中的 X0 为 ON 时，D8018 ~ D8013 中存放的年、月、日、时、分和秒分别读入 D0 ~ D5，D8019 中的星期值读入 D6。

7.7.6　时钟数据写入指令 TWR（FNC 167）

时钟数据写入指令 TWR（Time Write）用来将时间设定值写入内置的实时钟，该指令只有 16 位运算。时钟数据写入指令的使用说明如表 7-65 所示。

表 7-65　时钟数据写入指令 TWR（FNC 167）

FNC 167	TWR	时钟数据写入	
案例分析	X000 —┤├— [TWR D0]（D0 为 S.）		
适用范围	字软元件：K,H / KnX / KnY / KnM / KnS / T / C / D / V,Z（S. 可取 T、C、D） 位软元件：X / Y / M / S		
扩展	TWR　连续执行型 TWRP　脉冲执行型	16 位指令 3 步	32 位指令

写入的数据预先放在［S］开始的 7 个单元内。当 X0 为 ON，执行该指令，内置的实时钟的时间立即变更，改为使用新的时间。表中的 D0 ~ D5 分别存放年、月、日、时、分和秒，D6 存放星期，X0 为 ON 时，D0 ~ D5 中的预置值分别写入 D8018 ~ D8013，D6 中的数写入 D8019。

【例 7.5】 试编写一段梯形图程序，将 PLC 的实时钟设置为 2015 年 3 月 15 日（星期一）10 时 30 分 25 秒。

解：根据题意，设计的 PLC 实时钟设置梯形图程序如图 7-26 所示。

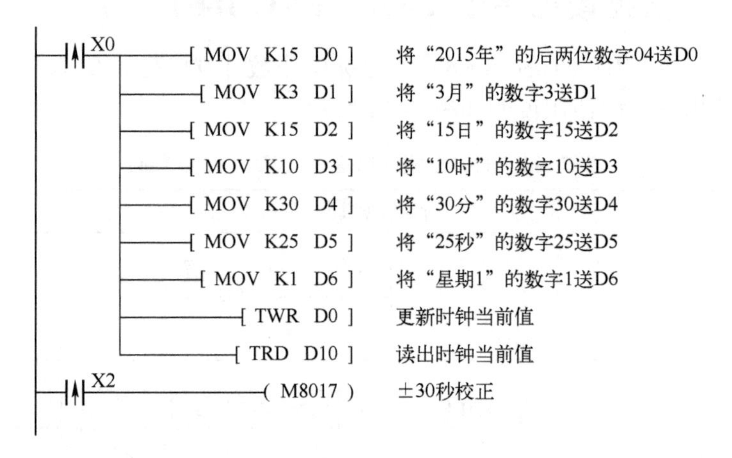

图 7-26　PLC 的实时钟设置梯形图

在设置时间时，程序中的时间设置值应比实际时间滞后一些，在设定的时间到达时接通 X0，将设定值写入实时钟。"±30s 校正"标志 M8017 为 ON 时，秒值变为 0，若当时秒值 <30，分值不变；若秒值 >30，分值加 1。

7.7.7　小时定时器指令 HOUR（FNC 169）

小时定时器指令 HOUR 为小时计时指令。小时定时器指令的使用说明如表 7-66 所示。

表 7-66　小时定时器指令 HOUR（FNC 169）

FNC 169	HOUR　计时表			
案例分析	X000 —[HOUR K300 D200 Y005]（S. D1. D2.） D200记录小时当前值，D201将计不满1小时的秒当前值。 当X0处于ON的时间超过300小时，Y5则变为ON。			
适用范围	字软元件：K,H KnX KnY KnM KnS T C D V,Z（S.：全部；D1.：D） 位软元件：X Y M S（D2.：Y M S）			
扩展	HOUR　连续执行型	16 位指令 7 步	DHOUR　连续执行型	32 位指令

在小时定时器指令 HOUR 中，[S] 可以选所有的数据类型，它是使报警器输出 [D2] 为 ON 所需的延时时间（小时），[D1] 为当前的小时数，为了在 PLC 断电时也连续计时，应选有电池后备的数据寄存器。[D1]+1 是以 s 为单位的小于 1 小时的当前值。

在 [D1] 超过 [S] 时，例如在 300 小时零 1s 时，表图中的报警输出 Y5（[D2]）变为 ON。Y5 为 ON 后，小时定时器仍继续运行。其值达到 16 位（HOUR 指令）或 32 位数（DHOUR 指令）的最大值时停止定时。如果需要再次工作，应清除 [D1] 和 [D1]+1（16

位指令）或［D1］~［D1］+2（32 位指令）。

7.8　高速处理指令

7.8.1　输入输出刷新指令 REF（FNC 50）

REF（P）指令是用于集中更新输入输出的指令，其使用说明如表 7-67 所示。

表 7-67　输入输出刷新指令 REF（FNC 50）

FNC 50	REF 输入输出刷新	
案例分析 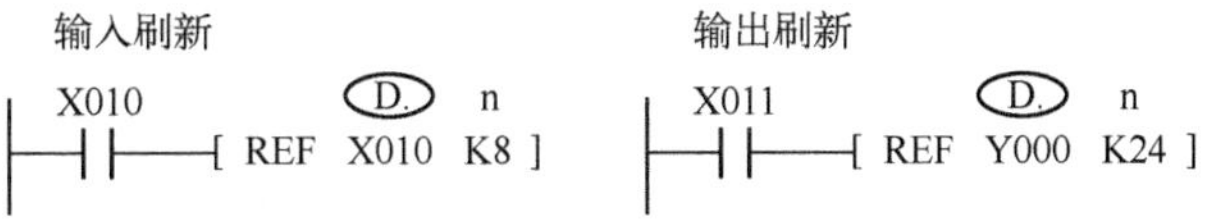	输入刷新：X010 —[REF X010 K8]（D. = X010，n = K8） 输出刷新：X011 —[REF Y000 K24]（D. = Y000，n = K24）	
适用范围 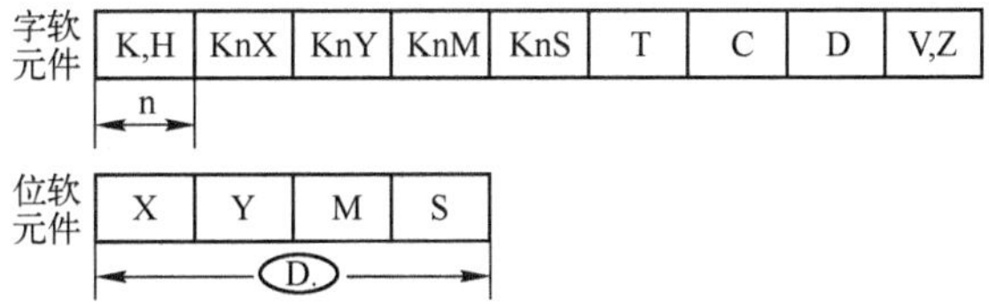	字软元件：K,H、KnX、KnY、KnM、KnS、T、C、D、V,Z（n：K,H） 位软元件：X、Y、M、S（D.：X、Y、M、S）	
扩展	REF　连续执行型 REFP　脉冲执行型	16 位指令 5 步

输入输出刷新指令 REF 是使输入输出立刻更新，配合中断使用，以求快速更新，n 为 8 的倍数。

7.8.2　滤波调整指令 REFF（FNC 51）

滤波调整指令 REFF（P）用于调节滤波时间。在 FX 系列 PLC 中 X0 ~ X17 使用了数字滤波器，其使用说明如表 7-68 所示。

表 7-68　滤波调整指令 REFF（FNC 51）

FNC 51	REFF 滤波调整
案例分析	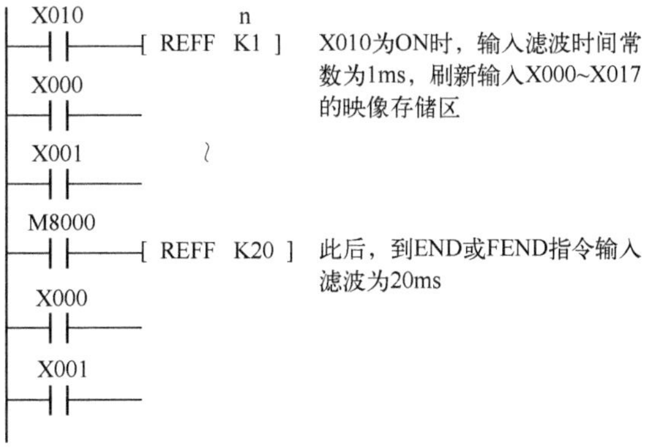 X010 —[REFF K1]（n）　X010为ON时，输入滤波时间常数为1ms，刷新输入X000~X017的映像存储区 X000 X001 ～ M8000 —[REFF K20]　此后，到END或FEND指令输入滤波为20ms X000 X001

续表

FNC 51	REFF	滤波调整	
适用范围	字软元件：K,H KnX KnY KnM KnS T C D V,Z n（K,H） n=0~60(滤波系数ms) 位软元件：X Y M S X000~X017无须指定。但是16点基本单元时为X000~X007		
扩展	REFF　连续执行型 REFFP　脉冲执行型	16 位指令 3 步	

用 REFF 指令可调节其滤波时间，范围为 0 ~ 60ms（实际上由于输入端有 RL 滤波，所以最小滤波时间为 50μs）。如图 7-27 所示，当 X0 接通时，执行 REFF 指令，滤波时间常数被设定为 1ms。

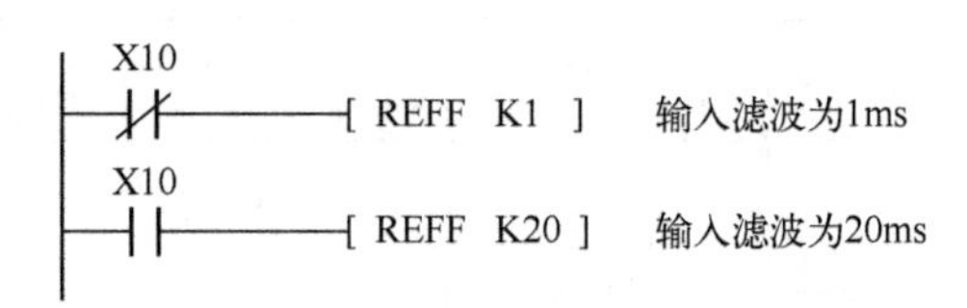

图 7-27　滤波调整指令

使用 REFF 指令时应注意：REFF 为 16 位运算指令，占 7 个程序步。

7.8.3　矩阵输入指令 MTR（FNC 52）

MTR 矩阵输入指令可以将 8 点输入与 n 点输出构成 8 行 n 列的输入矩阵，从输入端快速、批量接收数据。矩阵输入指令的使用说明如表 7-69 所示。

表 7-69　矩阵输入指令 MTR（FNC 52）

FNC 52	MTR	矩阵输入	
案例分析	M0 —[MTR X020 Y020 M30 K3] （S.）（D1.）（D2.）n		
适用范围	字软元件：K,H KnX KnY KnM KnS T C D V,Z n（K,H） 位软元件：X Y M S S.（X）D1.（Y）D2.（Y、M、S） S. X000，X010，X020……等最下位为0的X D1. X000，X010，X020……等最下位为0的Y D2. Y，M，S，……最下位为0 n　K，H，n，……n…2~8有效		
扩展	MTR　连续执行型	16 位指令 9 步	

指令表中［S］只能指定 X000、X010、X020……等最低位为 0 的 X 作起始点，占用连续 8 点输入，通常选用 X010 以后的输入点，若选用输入 X000 ~ X017 虽可以加快存储速度，

但会因输出晶体管还原时间长和输入灵敏度高而发生误输入，这时必须在晶体管输出端与 COM 之间接 3.3kΩ/0.5W 负载电阻；［D1］只能指定 Y000、Y010、Y020……等最低位为 0 的 Y 作起始点，占用 n 点晶体管输出；［D2］可指定 Y、M、S 作为储存单元，下标起点应为 0，数量为 8×n。因此，使用该指令最大可以用 8 点输入和 8 点晶体管输出存储 64 点输入信号。

指令使用说明如图 7-28 所示。表图指令中 n=3，是一个 8 点输入，3 点输出，可以存储 24 点输入的矩阵。图 7-28（a）是指令的矩阵电路，3 点输入 Y020、Y021、Y022 依次反复为 ON，每一次第一列、第二列、第三列的输入依次反复存储，存入 M30～M37、M40～M47、M50～M57 中。存储顺序如图 7-28（b）所示。驱动条件应采用 M8000，PLC 运行中，常置于 ON 状态，确保指令正常工作。

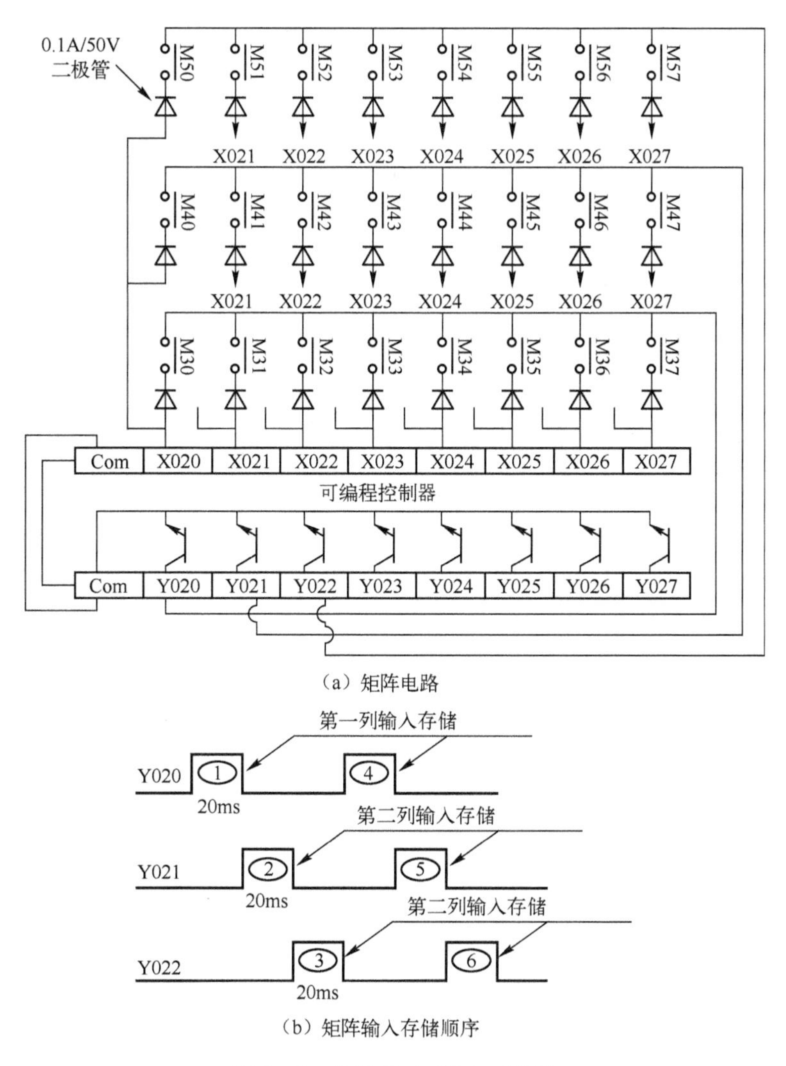

（a）矩阵电路

（b）矩阵输入存储顺序

图 7-28　矩阵输入 MTR 示意图

7.9 运算指令实训

7.9.1 人机界面简介

可编程控制器（Programmable Logic Controller）在工厂自动化中占有举足轻重的地位。技术的不断发展极大地促进了基于PLC为核心的控制系统在控制功能、控制水平等方面的提高。同时对其控制方式、运行水平的要求也越来越高，因此交互式操作界面、报警记录和打印等要求也成为整个控制系统中重要的内容。对于那些工艺过程较复杂，控制参数较多的工控系统来说，尤其显得重要。新一代工业人机界面的出现，对于在构建PLC工控系统时实现上述功能，提供了一种简便可行的途径。

人机界面的英文全称为Human Machine Interface，简称HMI，又称为触摸屏监控器，是一种智能化操作控制显示装置。工业人机界面以特殊设计的计算机系统32位RISC CPU芯片为核心，在STN、TFT液晶显示屏或EL电发光显示器上罩盖有透明的电阻网络式触摸屏。触摸屏幕时，电阻网络上的电阻和电压发生变化并由软件计算出触摸位置。

HMI的主要功能有：数据的输入与显示；系统或设备的操作状态的实时信息显示；在HMI上设置触摸控件可把HMI作为操作面板进行控制操作；报警处理及打印；此外，新一代工业人机界面还具有简单的编程、对输入的数据进行处理、数据登录及配方等智能化控制功能。

当HMI用于PLC控制系统时，HMI与PLC之间通过串口以Direct Link（直接连接）方式进行通信。在该方式下，HMI根据要求直接读入PLC的数据或把数据写入PLC相应的地址中。由于内装通信协议，因此无须编制通信程序，从而大大减少了PLC用户程序的负担。在系统设计时，直接指定控制部件与其对应PLC的输入/输出（I/O）、寄存器（R）、中间寄存器（M）的地址，运行时HMI就能自动和PLC进行数据交换。直接读取或改写PLC相应地址的内容，并据此改变画面上显示内容。同时通过对HMI的触摸操作，可向PLC相应的地址输入数据。

整个HMI监控系统采用树形结构，由监控主画面及相应功能子画面组成。在监控主画面下端设有控制功能键，按动功能键可以依次进入相应子画面，执行所需的功能。在每一个子画面中可通过上一页、下一页功能键在同一功能组中进行画面切换，在任一子画面都可以通过主画面功能键退回到监控主画面。系统自动采集相关数据，将切割计划、测量脉冲、辊道速度等一些重要生产工艺参数显示在主画面上，便于操作人员的观察。监控主画面上还有生产过程的动态画面显示，在动态画面上以各种形式模拟出主要控制设备的运行情况，例如光电开关的动作、电磁阀的吸合、电机的运行停止等，直观、生动地反映出现场的过程，方便操作人员对生产情况、设备工况的了解。

HMI编程软件提供了丰富的控制部件，如按钮部件、画面切换部件、指示灯部件、数据文本显示部件等，实现上述功能只要根据需要选择相应的控制部件，定义好其属性即可。监控软件内附的图库及作图工具来构造生产现场的模拟画面，简便易行。内容丰富的作图工具库，使得画面生动、丰富多彩。

此外，充分利用HMI的优势将原先布置在控制柜上的开关、指示灯尽可能地用HMI中的控制部件替代，这样做减少硬件设备，简化了现场设备间的接线，更重要的是给设计和调试带来诸多方便。

利用HMI触摸操作的特性使参数设置变得极为直观和简便。在参数设定时，点击数字输入控件自动弹出系统的数字键盘进行操作。每个参数在部件属性中定义并分配了相应的PLC地址，当确认后输入的数据将存入PLC指定的地址中。操作完成后，按动ENT键，可消去数字键盘同时完成数字输入。此种设计模式可最大化地利用画面的有效面积。同时每个参数都设有上下限限制，当输入数值超限时，系统将拒绝接受并且不能退出键盘，待输入正确后方可退出。此外对重要的系统设备参数组，为安全起见，可以对参数设置画面设置访问权限，赋予操作人员不同的操作权限，增加系统的安全性。

在系统报警设计时，将故障信息在报警编辑器中编辑好，并在报警记录子画面中设置报警记录显示部件用于故障信息显示。系统运行发生故障时，HMI根据PLC传送的故障信号，将报警编辑器中对应的故障信息在报警记录子画面显示出来。同时监控主画面上的“故障”信号灯将闪烁，声响报警。此时操作人员可进入报警记录子画面，根据故障信息查找原因，及时处理。

7.9.2　实训内容

【实训7.1】密码锁开锁，判断密码，然后开锁。报警器置位指令ANS及复位指令ANR。

【实训7.2】测试HKY指令，测试数字开关指令DSW指令。

【实训7.3】测试绝对值式凸轮顺控指令ABSD，使用该指令设计交通灯。

【实训7.4】状态初始化指令IST，完成机械手程序设计，接线图见第5章。

【实训7.5】测试浮点数转换指令FLT，再由常数转换浮点数指令，显示在触摸屏上。

【实训7.6】测试旋转工作台控制指令ROTC。

【实训7.7】测试方向开关ARWS，并制作显示电路。

【实训7.8】MTR矩阵输入指令。

【思考题】

1. 密码锁开锁，可设置密码，如果三次输入密码不对则报警。
2. 为密码锁加装密码显示电路。

本章小结

本章介绍了FX_{2N}系列PLC的除数据传送、算术运算、循环移位与移位、比较、程序流向控制之外功能指令。这些有200多条功能指令（也称为功能指令）。字逻辑运算指令、浮点运算、定位、时钟运算、方便指令、格雷码变换、外部设备等功能指令，实际上是许多功能不同的子程序。与基本逻辑指令只能完成一个特定动作，功能指令能完成实际控制中的许多不同类型的操作，能完成一系列的操作，使可编程控制器的功能变得更强大，这些指令并不是使程序设计变得难了，而是使程序设计变得简单了。

FX_{2N}系列PLC功能指令可以归纳为逻辑运算、数据处理、高速处理、方便类、外部I/O、FX系列外围设备、外部设备指令、触点比较等十一大类。引用功能指令编程时要注意功能指令的使用条件和源、目操作数的选用范围和选用方法，并注意有些功能指令在整个程序中只能使用一次。

习　题　7

一、填空题

1. 有些功能指令在整个程序中使用是有限制的，最少只能使用________次。

2. 在科学记数法中，数字占用相邻的两个数据寄存器字（如 D0 和 D1），________中是尾数，________中是指数。

3. PLC 内的实时钟的________分别存放在 D8018 ~ D8013 中。

二、设计题

1. C0 的计数脉冲和复位信号分别由 X1 和 X2 提供，在 X0 为 ON 时，将计数器 C0 的当前值转换为 BCD 码后送到 Y0 ~ Y13，设计出梯形图程序。C0 的计数值应限制在什么范围?

2. 用 X0 控制接在 Y0 ~ Y7 上的 8 个彩灯是否移位，每 1s 移 1 位，用 X1 控制左移或右移，用 MOV 指令将彩灯的初值设定为十六进制数 HOF（仅 Y0 ~ Y3 为 1），试设计出满足此要求的梯形图程序。

3. A/D 转换得到的 8 个 12 位二进制数据存放在 D0 ~ D7 中，A/D 转换器的输出数值 0 ~ 4000 对应温度值 0 ~ 1200℃，在 X0 的上升沿，用循环指令将 D0 ~ D7 中的数据转换为对应的温度值，存放在 D20 ~ D27 中，试设计出满足此要求的梯形图程序。

4. 用时钟运算指令控制路灯的定时接通和断开，20:00 时开灯，06:00 时关灯，试设计出满足此要求的梯形图程序。

5. 求出 D10 ~ D12 中最大的数，存放在 D100 中，编写出程序。

6. D10 中圆的半径（mm）为整数值，令圆周率为 3.14159，用浮点数运算求圆周长，并将其转换为整数（mm）后存放在 D20 中。

第 8 章　程序控制类指令的程序设计

程序控制类指令也属于应用类指令，但该类指令涉及程序结构，故单独列出一章较为合适，它们主要是跳转指令、子程序指令、中断指令及程序循环指令等。程序控制类指令用于程序执行流程的控制。对一个扫描周期而言，跳转指令可使程序出现跨越或重复等以实现各程序段的选择。子程序指令可重复调用某段程序。循环指令可多次重复执行特定的程序段。中断指令则用于中断信号引起的子程序调用。程序控制类指令可以影响程序执行的流向及内容。对合理安排程序的结构，有效提高程序的功能，对实现某些技巧性运算，都有重要的意义。本章将通过实例，详细阐述程序控制类指令设计技巧和方法。

本章学习重点：程序控制指令如何用于程序执行流程的控制。

本章学习难点：程序执行流程技巧。

8.1　主控指令及其应用

MC/MCR 指令属基本指令，该指令在主控单元中进行详细描述，但也对结构有影响，且需对 PLC 的运行机制了解和理解的前提下，才能对该指令有着很好的理解。

图 8-1（a）为主控指令 MC/MCR。当 X0 为 OFF 时，Y0、Y1 都为 OFF，可以看到当主控条件关断后，从 MC 到 MCR 之间为“关电”状态，即没电，这是有扫描运算的。而图 8-1（b）中，当 X0 为 OFF 时，Y1 一定为 ON，则结论是无论 X0 如何，被控程序段是被扫描运算的。

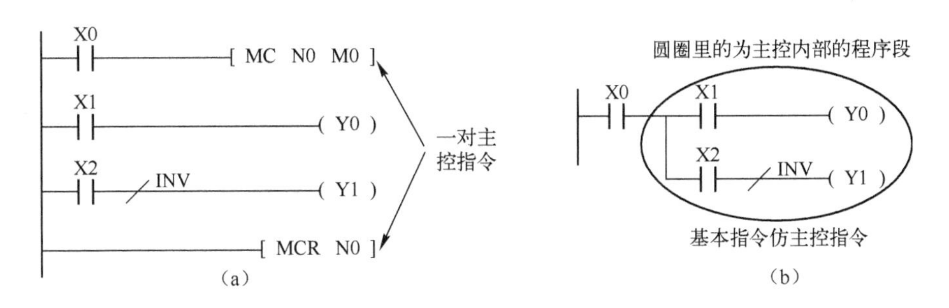

图 8-1　MC/MCR 主控指令与基本指令

8.2　看门狗指令及其应用

凡是计算机都有死机的可能，PLC 等工业控制类计算机用看门狗来应对。看门狗指令 WDT 是用来选择执行监视定时器刷新的指令，监视定时器是 D8000，一般初值为 200ms，这个定时器是用来检测程序有无死机，一旦定时器动作，就表示 PLC 死机了，大家知道 PLC 是循环扫描工作方式，中间是三个阶段，加上固有两个阶段，一共 5 个阶段，执行完这 5 个阶段称为一个周期，执行完这一个周期所用的时间称为一个扫描周期。这个时间大致是 ms 级的，如 3ms，而且没有结构指令的跳转，一般每个扫描周期时间也大致是相等的。每次扫描结束后监视定时器 D8000 将重新计时。一旦监视定时器 D8000 动作，证明 PLC 必定是死机了，系统通过重新启动恢复运行。

WDT（Watch Dog Timer）指令是用来选择执行监视定时器刷新的指令，使得定时器重新计时。这个监视定时器称为“看门狗”，这种刷新定时器的指令动作也称为“喂狗”。具体使用情况如表 8-1 所示。

表 8-1　WDT 指令（FNC 7）

FNC 7	WDT	监视定时器刷新 - 看门狗		
案例分析	X000 ─┤├─[WDT]　当X0为ON，则监视定时器刷新			
适用范围	FX_{1N}，FX_{2N}，FX_{2NC}			
扩展	WDT　连续执行型 WDTP　脉冲执行型	16 位指令 1 步		

例如，一个长的跳转程序，如 CJ 跳转、FOR/NEXT 循环等，都可能导致程序执行时间大于 200ms，那么可以在程序中间加上 WDT 指令，让其监视定时器复位，如图 8-2（a）所示；或者是在开机初始化时，将监视定时器的定时值改到大于其程序的执行时间，如图 8-2（b）所示。

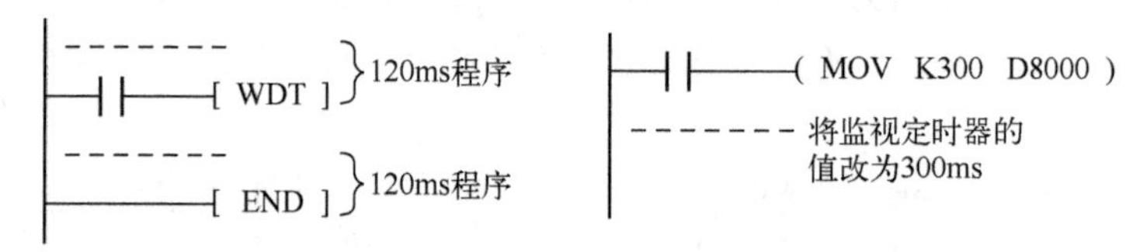

图 8-2　监视定时器应用

8.3　跳转指令及其应用

跳转指令 CJ 可用来选择执行跳过暂且不执行的程序段，被跳过的程序不运算。该指令改变了扫描周期，改变了程序从上至下逐行执行的顺序，能像汇编等语言类的指令，可以跳转了。

8.3.1　跳转指令说明及跳转对扫描过程的影响

该指令的助记符、指令代码、操作数、程序步见表 8-2，跳转指令的梯形图使用的情况如表 8-2 所示。当 X0 置 1，跳转指令 CJ P1 执行条件满足，程序将从 CJ P1 指令处跳至标号 P1 处，仅执行该梯形图中 X5 后面的程序。此处跳转指针 P1 对应 CJ P1 跳转指令。

表 8-2　跳转指令（FNC 0）

FNC 0	CJ	条件跳转		
案例分析	X000 [CJ P1] P1 X005 (C0 K50) X004 (T0 K100) 当X0为ON，则程序跳转到P1处继续执行 当X0为ON，这段省略程序将不执行			
适用范围	FX_{1N}，FX_{2N}，FX_{2NC}：P0 ~ P127			
扩展	CJ　连续执行型 CJP　脉冲执行型	16 位指令 3 步		

跳转指令执行的意义为在满足跳转条件 X0 为 ON 之后的各个扫描周期中，PLC 将不再扫描执行跳转指令 CJ P1 与跳转指针 P1 间的程序，即跳到以指针 P1 为入口的程序段中执行。直到跳转的条件不再满足，跳转停止进行。

8.3.2　跳转程序段中元器件在跳转执行中的工作状态

CJ 指令改变了程序的运行结构，由于有了跳转，故有一部分程序未被执行，这部分程序中的元器件在跳转执行中的工作状态情况如下。

（1）处于被跳过程序段中的输出继电器、辅助继电器、状态寄存器，由于该段程序不再被扫描执行，即使被跳过的梯形图中涉及的工作条件发生变化，它们的工作状态将保持跳转发生前的状态不变，如图 8-3 所示。

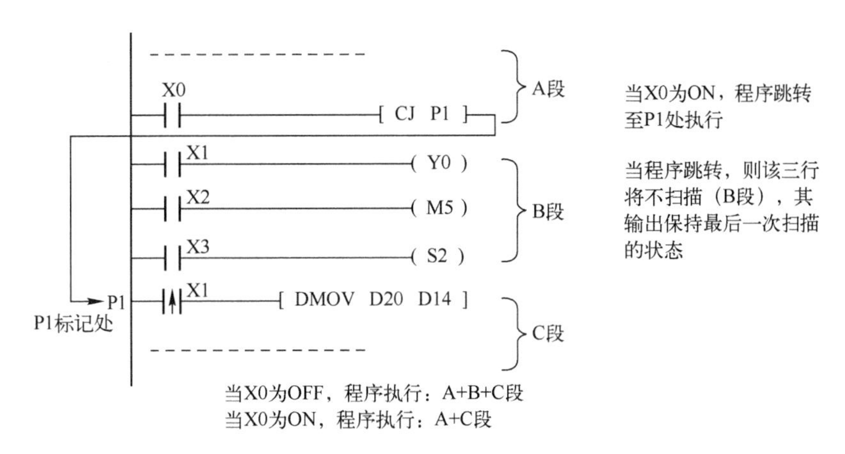

图 8-3　输出继电器、辅助继电器和状态寄存器在跳转程序段中的执行情况

（2）被跳过程序段中的时间继电器和计数器，无论其是否具有掉电保持功能，由于相关程序停止执行，它们的现实值寄存器被锁定，跳转发生后其计数、计时值保持不变，在跳转终止，程序继续执行时，计时、计数将继续进行，如图 8-4 所示。

此外，计时、计数器的复位指令具有优先权，即使复位指令位于被跳过的程序段中，执行条件满足时，复位工作也将执行。

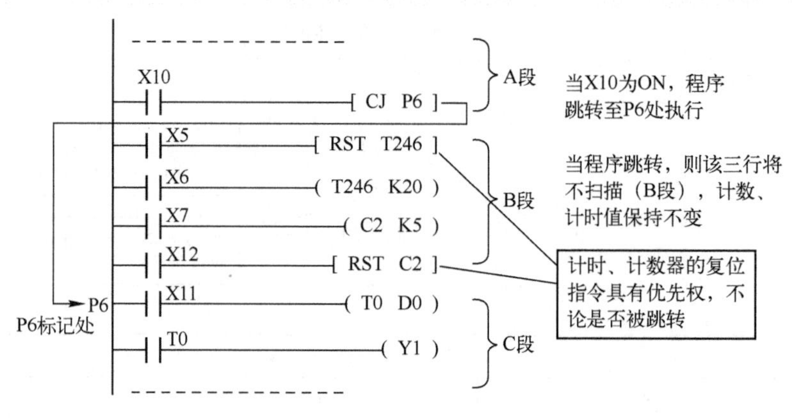

图 8-4　计数器、定时器的跳转程序段

8.3.3　使用跳转指令的要点

（1）由于跳转指令具有选择程序段的功能。在同一程序中因跳转而不会被同时执行的同一线圈，不被视为双线圈。如图 8-5 所示，当 X1 为 ON ，则程序执行 A + C + D 段，当 X1 为 OFF，则程序执行 A + B + D 段，实际上 X1 成为 C 段和 B 段的选择开关。C 段和 B 段有 Y1 输出线圈，且 C 段、B 段不会被同时执行程序段，Y1 线圈不被视为双线圈。用辅助继电器 M8000 作为跳转指令的工作条件，跳转就成为无条件跳转。

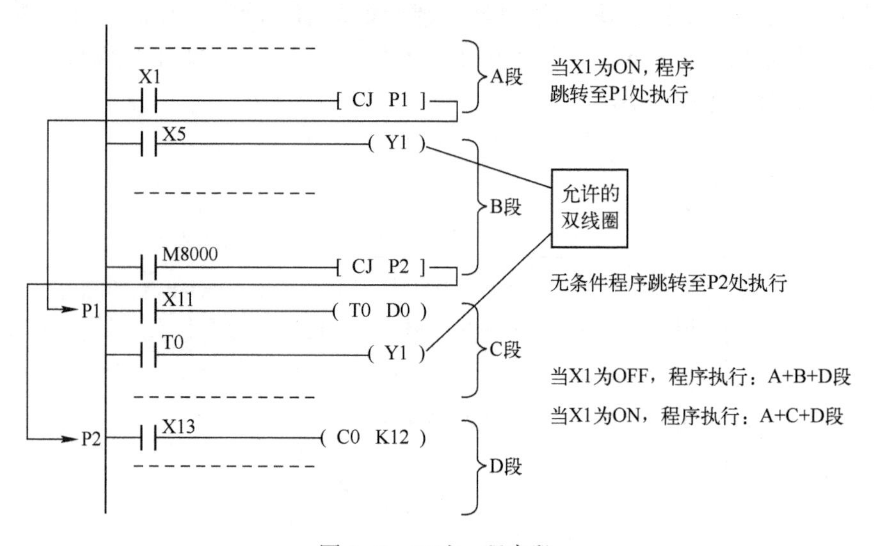

图 8-5　二选一程序段

（2）可以有多条跳转指令使用同一标号。如图 8-6 所示，如 X16 接通，第一条跳转指令有效，从这一步跳到标号 P10。如果 X16 断开，而 X17 接通，则第二条跳转指令生效，程序从第二条跳转指令处跳到 P10 处。但不允许一个跳转指令对应两个标号的情况，即在同一程序中不允许存在两个相同的标号。

像 MOV、SET、RST 等指令都属动作类指令，比如 SET 执行过了，则该输出就为“1”。如果现在条件为 OFF，但输出依然是“1”。就比如开过灯了，现在不去开了，灯依然是开的，因为这个动作以前执行过。MOV 等动作指令也是一样。

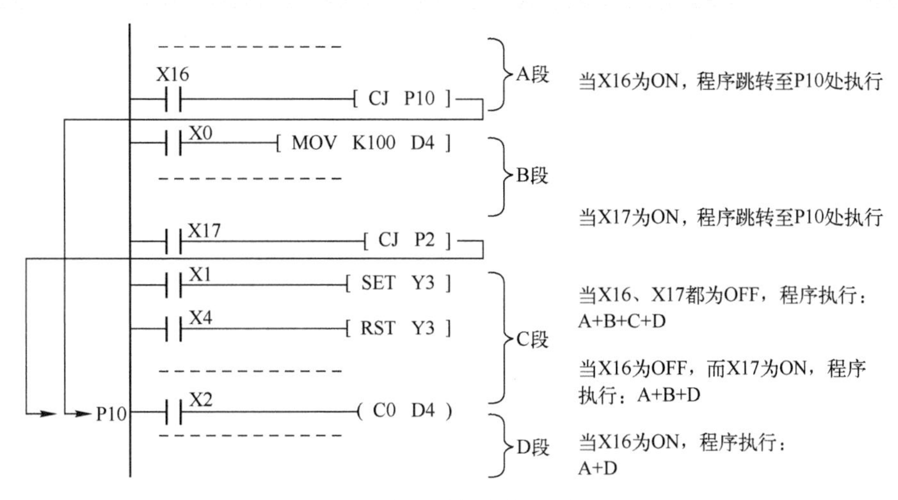

图 8-6　二条跳转指令使用同一标号

（3）标号一般设在相关的跳转指令之后，也可以设在跳转指令之前。但要注意从程序执行顺序来看，如果由于标号在前造成该程序的执行时间超过了警戒时钟设定值，看门狗动作，则 PLC 会重新启动，如图 8-7 所示。

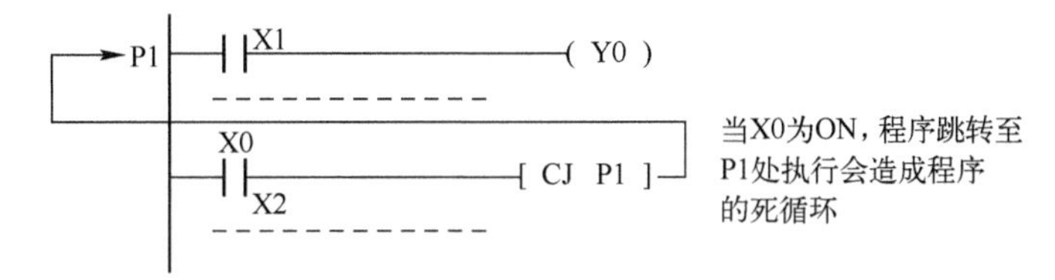

图 8-7　向回跳转会造成死机

（4）跳转可用来执行程序初始化工作。如图 8-8 所示，在 PLC 运行的第一个扫描周期中，跳转（CJ P10）将不执行，程序执行初始化程序后执行工作程序。而从第二个扫描周期开始，初始化程序则被跨过，不再执行。

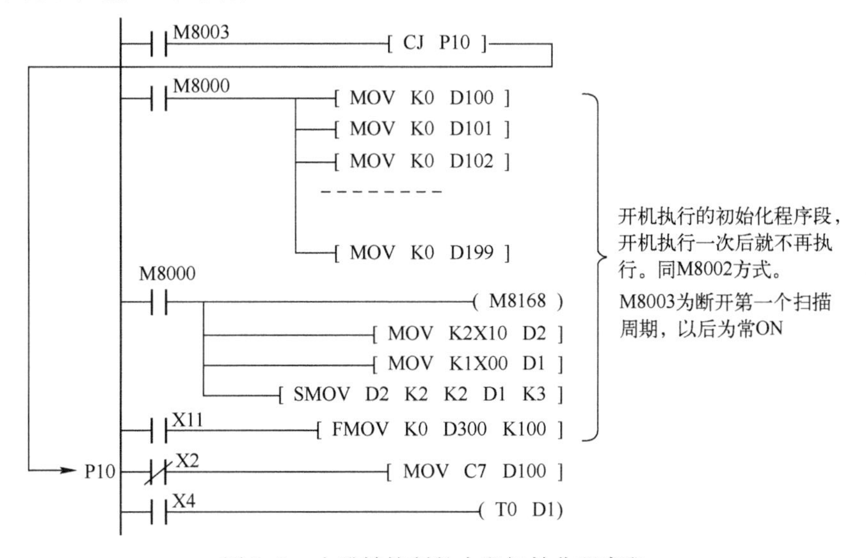

图 8-8　由跳转控制的大段初始化程序段

（5）图 8-9 说明了跳转与主控区的关系。

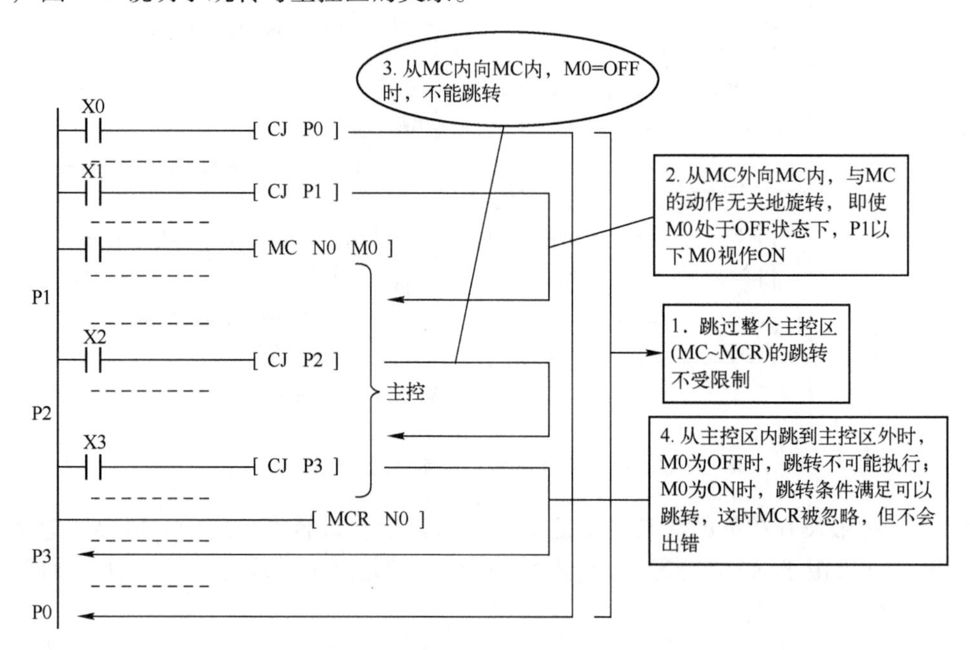

图 8-9　跳转与主控混合

① 对跳过整个主控区（MC～MCR）的跳转不受限制，当 X0 为 ON，则（CJ P0）跳转。

② 从主控区外跳到主控区内时，跳转独立于主控操作，当 X1 为 ON，则（CJ P1）执行时，不论 M0 状态如何，主控均作 ON 处理。

③ 在主控区内跳转时，如 M0 为 OFF，跳转不可能执行。

④ 从主控区内跳到主控区外时，M0 为 OFF 时，跳转不可能执行；M0 为 ON 时，跳转条件满足可以跳转，这时 MCR 被忽略，但不会出错。

⑤ 从一个主控区内跳到另一个主控区内时，当 M1 为 ON 时，可以跳转。执行跳转时不论 M2 的实际状态如何，均看做 ON。MCR N0 被忽略，如图 8-10 所示。

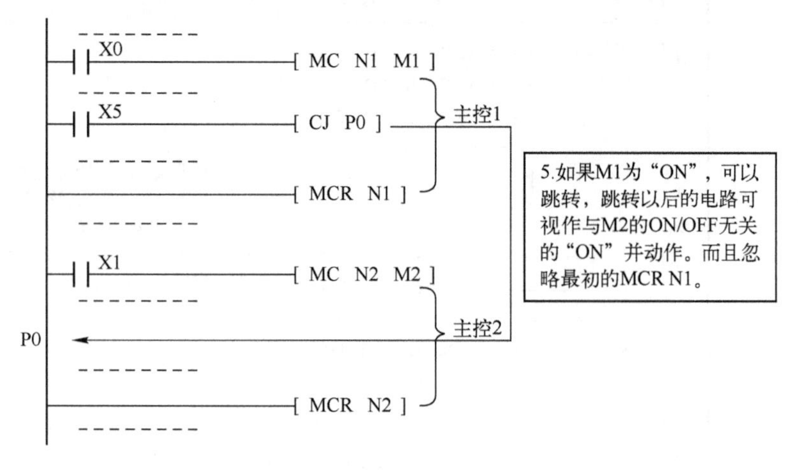

图 8-10　一个主控区内跳到另一个主控区

8.3.4 跳转指令的应用及实例

跳转指令可用来选择执行一定的程序段，在工业控制中经常使用。例如，同一套设备在不同的条件下，有两种工作方式，需运行两套不同的程序时可使用跳转指令。常见的手动、自动工作状态的转换就是这种情况。为了提高设备的可靠性及满足调试的需要，很多控制需要建立自动和手动两种工作方式。如图 8-11 所示，跳转控制中编排了两段程序，一段用于手动 B 段，另一段用于自动 A 段。然后设立一个手动 B 段/自动 A 段转换开关对程序段进行选择。图中输入继电器 X10 为手动 B 段/自动 A 段的转换开关。当 X10 置 1 时，执行自动工作方式；当 X10 置 0 时，执行手动工作方式。

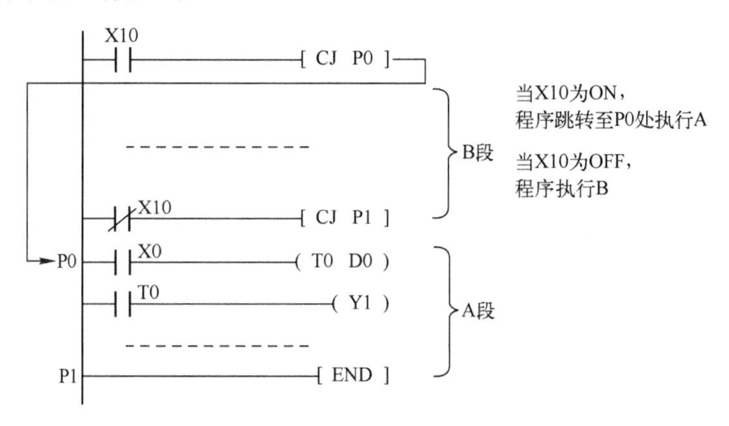

图 8-11　手动 B 段/自动 A 段转换程序

8.4 子程序指令

8.4.1 子程序指令的使用要素及其梯形图表示

子程序是为一些特定的控制目的编制的相对独立的程序。为了区别于主程序，规定在程序编排时，将主程序排在前边，子程序排在后边，并以主程序结束指令 FEND（FNC 06）将这两部分隔开。子程序指令的助记符、指令代码、操作数、程序步等，如表 8-3 所示。

表 8-3　子程序指令（FNC 01/02）

FNC 01	CALL	子程序调用
FNC 02	SRET	子程序返回
案例分析		X000 [CALL P10] X0为ON，则呼叫子程序1 [FEND] 第一个END(first end) P10 X1 (Y1) 子程序1为从P10开始到SRET处结束，然后返回到CALL的下一行继续 [SRET] [END]

续表

FNC 01	CALL	子程序调用	
FNC 02	SRET	子程序返回	
适用范围	1. 指针（P）：P0～P127 2. 对子程序返回，无适用软元件 3. 指针编号可作为变址修改，嵌套最多为 5 层		
扩展	CALL　连续执行型 CALLP　脉冲执行型	16 位指令 3 步	单独指令 SRET 1 步 是不需要驱动点的单独指令

子程序调用指令 CALL 安排在主程序段中；X0 是子程序执行的条件，当 X0 置 1 时标号为 P10 的子程序得以执行。子程序 P10 安排在主程序结束指令 FEND 之后，标号 P10 和子程序返回指令 SRET 间的程序构成了 P10 子程序的内容。当主程序带有多个子程序时，子程序可依次列在主程序结束指令之后，并以不同的标号相区别。

主程序结束指令 FEND 的使用说明如表 8-4 所示。

表 8-4　主程序结束指令（FNC 06）

FNC 06	FEND　　主程序结束
案例分析	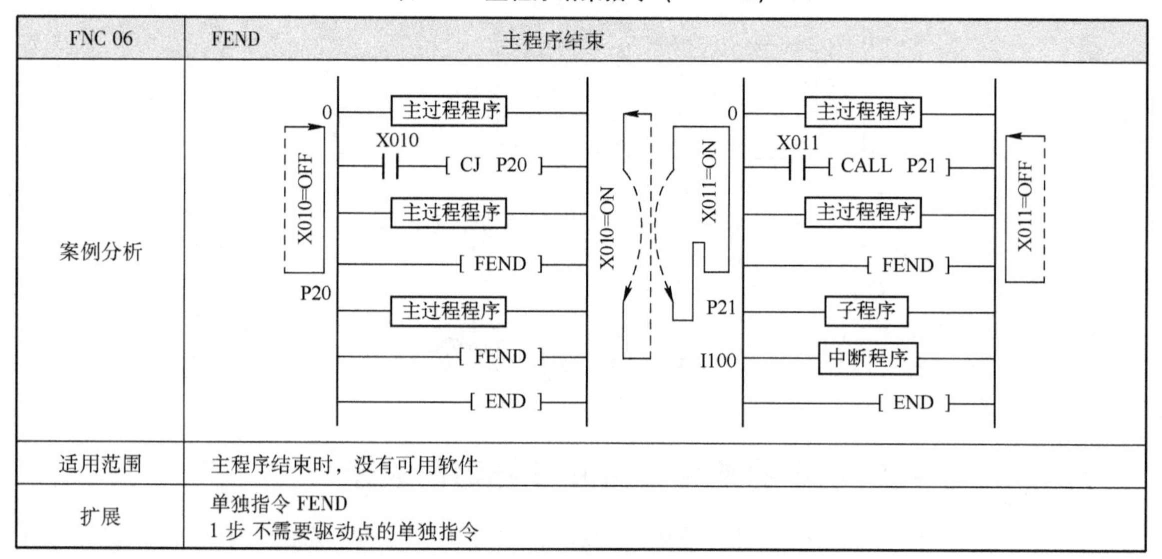
适用范围	主程序结束时，没有可用软件
扩展	单独指令 FEND 1 步 不需要驱动点的单独指令

8.4.2　子程序的执行过程及在程序编制中的意义

这里以图 8-12 为例分析子程序的执行过程。当 X1 置 1 或 X3 置 1 或 X5 置 1 时，执行子程序调用指令 CALL P10，即每当程序执行到该指令时，都转去执行 P10 子程序，遇到 SRET 指令即返回原断点继续执行原程序。只要条件保持置 1 状态，就相当于在主程序中加入了这么一段程序。而在 X0 置 0 时，程序的扫描就仅在主程序中进行。

子程序的这种执行方式对有多个控制功能需依一定的条件有选择地实现是有重要意义的，它可以使程序的结构简洁明了。编程时将这些相对独立的功能都设置成子程序，而在主程序中再设置一些入口条件实现对这些子程序的控制即可。图 8-13 就是按照这种思想编制的多个子程序的总体结构图。当有多个子程序排列在一起时，标号和最近的一个子程序返回指令构成一个子程序。

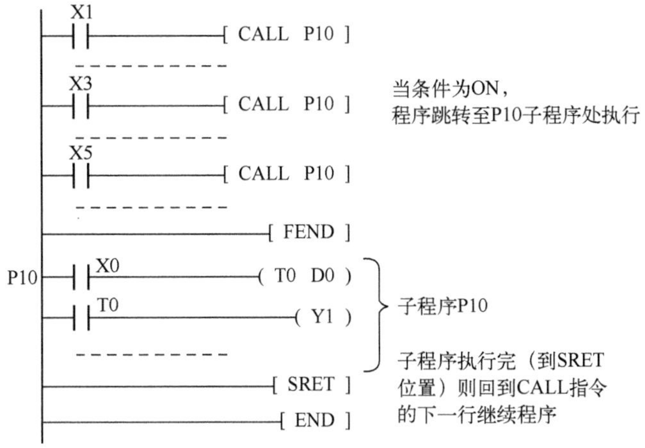

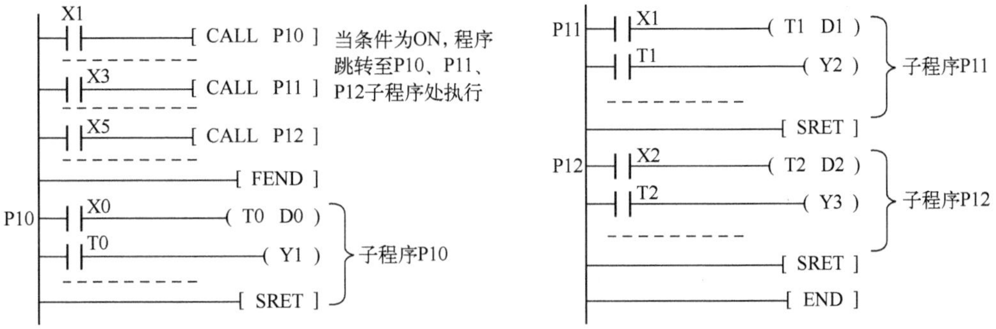

X1
CALL P10
X3
CALL P10
当条件为ON，
程序跳转至P10子程序处执行
X5
CALL P10
FEND
P10
X0
T0 D0
T0
Y1
子程序P10
子程序执行完（到SRET位置）则回到CALL指令的下一行继续程序
SRET
END

图 8-12　子程序的使用

X1
CALL P10
当条件为ON，程序跳转至P10、P11、P12子程序处执行
X3
CALL P11
X5
CALL P12
FEND
P10
X0
T0 D0
T0
Y1
子程序P10
SRET
P11
X1
T1 D1
T1
Y2
子程序P11
SRET
P12
X2
T2 D2
T2
Y3
子程序P12
SRET
END

图 8-13　多个子程序

子程序可以实现五级嵌套。图 8-14 是一级嵌套的例子。子程序 P0 是脉冲执行方式，即 X0 置 1 一次，子程序 P0 只执行一次。当子程序 P0 开始执行并 X1 置 1 时，程序转去执行子程序 P1，当 P1 执行完毕后又回到 P0 原断点处执行 P1。直到 P1 执行完成后返回主程序。

X0
CALLP P0
当X0条件为ON，
程序跳转至P0
子程序处执行
FEND
P0
X10
T10 D10
T10
Y10
子程序P0
X1
CALL P1
SRET
P1
X11
T11 D11
T11
Y11
子程序P1
SRET
END

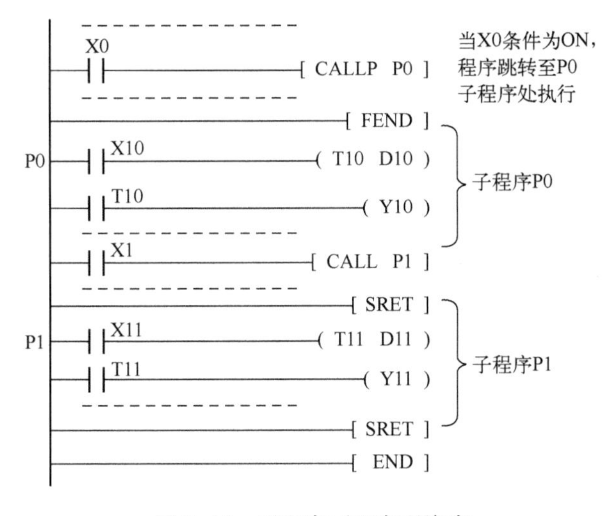

图 8-14　子程序可以实现嵌套

跳转情况如图 8-15 所示，先由主程序跳转至子程序 P0，再由 P0 启动跳转至子程序 P1，子程序 P1 执行完回到 P0，P0 执行完回到主程序。

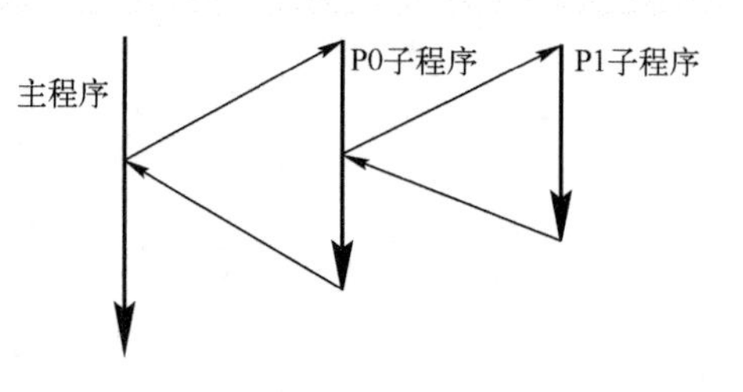

图 8-15　嵌套子程序跳转示意图

8.4.3　子程序应用实例

如图 8-16 所示是一个子程序应用实例。一个数据处理程序，需多次用到数据的运算，即将 D9 ~ D0 中的数由大到小进行排序，再将 D8 ~ D1 进行平均，相当于去掉一个最大值和一个最小值，得出的值放到 D10 中。第一段程序是 X0 为 ON，则将 D100 ~ D109 的数据进行上述运算，结果放到 D12 中；第二段程序是 X1 为 ON，则将 D110 ~ D119 的数据进行上述运算，结果放到 D13 中；第三段程序是 X2 为 ON，则将 D120 ~ D129 的数据进行上述运算，结果放到 D14 中，在设计程序的总体结构时，将数据处理及运算作为子程序，主程序中设计了多次启动子程序的程序。

```
      X0   --------------
   ---| |-----+---[ BMOVP  D100  D0  K10 ]   当X0条件为ON
              |                                将D100~D109存入D9~D0
              +---------------[ CALLP  P0 ]   程序跳转至P0子程序处执行
      X0
   ---| |-------------[ MOVP  D10  D12 ]      将D10存入D12
           --------------
      X1
   ---| |-----+---[ BMOVP  D110  D0  K10 ]   当X1条件为ON
              |                                将D110~D119存入D9~D0
              +---------------[ CALLP  P0 ]   程序跳转至P0子程序处执行
      X1
   ---| |-------------[ MOVP  D10  D13 ]      将D10存入D13
           --------------
      X2
   ---| |-----+---[ BMOVP  D120  D0  K10 ]   当X2条件为ON
              |                                将D120~D129存入D9~D0
              +---------------[ CALLP  P0 ]   程序跳转至P0子程序处执行
      X2
   ---| |-------------[ MOVP  D10  D14 ]      将D10存入D14
           --------------
   ---------------------------[ FEND ]
   ---------------------------[ SRET ]  ┐
P0         --------------                 ├ 数据处理
                                          │ 子程序
   ---------------------------[ SRET ]  ┘
   ---------------------------[ END ]
```

图 8-16　数据处理子程序框架

子程序的执行条件 X0、X1、X2，启动后先将数据处理，然后再启动运算。

8.5　中断指令及其应用

8.5.1　中断指令说明及其梯形图表示

中断指令包括 IRET、EI、DI，其中，IRET 是中断返回指令，EI 是中断许可指令，DI 为中断禁止指令，它们的使用说明如表 8-5 所示。

表 8-5 中断指令（FNC 03/04/05）

FNC 03	IRET	中断返回
FNC 04	EI	中断许可
FNC 05	DI	中断禁止
案例分析	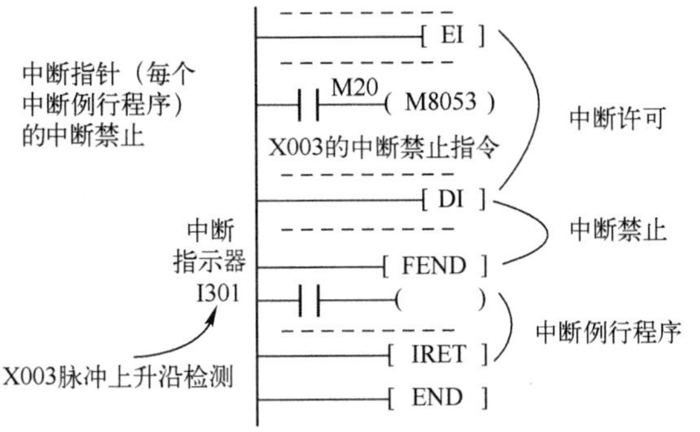 [EI] M20 (M8053) X003的中断禁止指令 [DI] [FEND] ( ) [IRET] [END] 中断指针（每个中断例行程序）的中断禁止 中断指示器 I301 X003脉冲上升沿检测 中断许可 中断禁止 中断例行程序	
适用范围	对中断返回及中断许可，无对象因素	
扩展	单独指令 IRET 1 步 不需要驱动点的单独指令	单独指令 DI 1 步 不需要驱动点的单独指令

由表 8-5 可以看出，中断程序作为一种子程序安排在主程序结束指令 FEND 的 SRET 之后的。主程序中允许中断指令 EI 和不允许中断指令 DI 间的区间，表示可以开放中断的程序段。中断标号和距其最近的一处中断返回指令 IRET 构成一个中断子程序，即表中“中断例行程序”。

中断是计算机特有的一种工作方式。在主程序的执行过程中，遇到中断条件满足去执行中断子程序。和前面介绍过的子程序一样，中断子程序也是为某些特定的控制功能而设定的。和普通子程序的不同点是，这些特定的控制功能都有一个共同的特点，即要求响应时间小于机器的扫描周期。因而，中断子程序都不能由程序内安排的条件引出。能引起中断的信号称为中断源，FX_{2N}系列可编程序控制器有两种中断源，即外部中断和定时器中断。外部中断有 6 个，分别是 X0 ~ X5 中断，定时器中断有 3 个，中断时间为 10 ~ 99ms。为了区别不同的中断及在程序中标明中断子程序的入口，规定了中断标号。FX_{2N}系列可编程序控制器中断标号方法如表 8-6 所示。

表 8-6 中断标号与中断相关的辅助继电器

外部中断	定时器中断
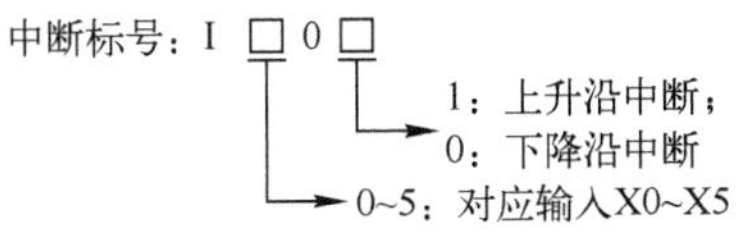 中断标号：I □ 0 □ 1：上升沿中断； 0：下降沿中断 0~5：对应输入X0~X5	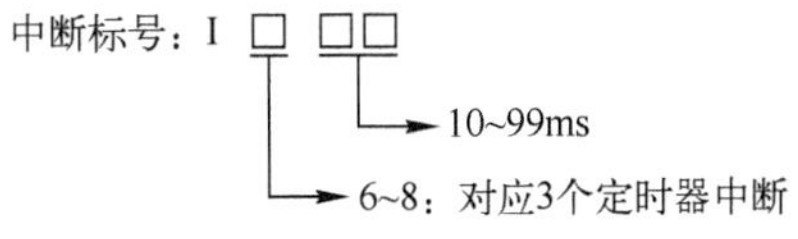 中断标号：I □ □□ 10~99ms 6~8：对应3个定时器中断
中断封锁辅助继电器 M8050 ~ M8055	中断封锁辅助继电器 M8056 ~ M8058

从表 8-6 中可以看出，外部中断信号由输入端子送入，可用于机外突发随机事件引起的中断。定时中断是机内中断，使用定时器引出，多用于周期性工作场合。由于中断的控制是脱离于程序的扫描执行机制的，多个突发事件出现时处理也必须有个秩序，这就是中断优先权。

FX_{2N}系列 PLC 一共可安排 9 个中断，其优先权依中断号的大小决定，号数小的中断优先权高，如表 8-7 所示。由于外部中断号整体高于定时器中断，故外部中断的优先权较高。

表 8-7　中断优先权、注解与中断闭锁

中优先级	中断标号	中断注释	中断闭锁继电器
0（最高）	I000	X0 的下降沿中断	M8050
	I001	X0 的上升沿中断	
1	I100	X1 的下降沿中断	M8051
	I101	X1 的上升沿中断	
2（最高）	I200	X2 的下降沿中断	M8052
	I201	X2 的上升沿中断	
3	I300	X3 的下降沿中断	M8053
	I301	X3 的上升沿中断	
4	I400	X4 的下降沿中断	M8054
	I401	X4 的上升沿中断	
5	I500	X5 的下降沿中断	M8055
	I501	X5 的上升沿中断	
6	I620	定时器 6 号 20ms 中断　10 ~ 99ms 可设	M8056
7	I755	定时器 7 号 55ms 中断　10 ~ 99ms 可设	M8057
8（最低）	I890	定时器 8 号 90ms 中断　10 ~ 99ms 可设	M8058

由于中断子程序是为一些特定的随机事件而设计的。在主程序的执行过程中，不同的中断源启动不同的已编写好的中断程序。嵌套中断程序跳转示意图如图 8-17 所示。

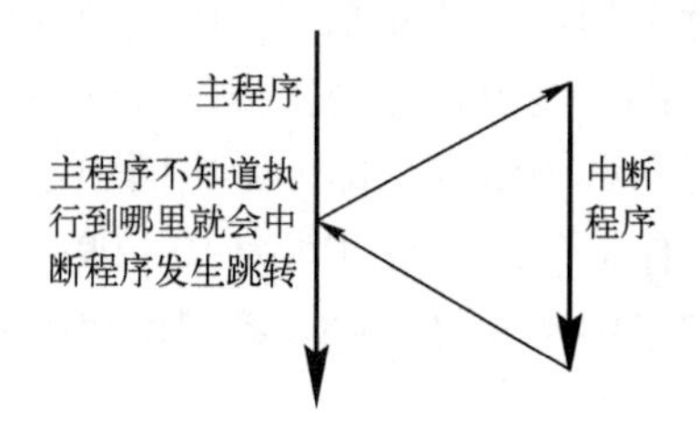

图 8-17　嵌套中断程序跳转示意图

对可以响应中断的程序段用允许中断指令 EI 及不允许中断指令 DI 标示出来。EI 指令与 DI 间的程序段为允许中断程序段。如果在主程序的任何地方都可以响应中断，称为全程中断。另外，如果机器安排的中断比较多，而这些中断又不一定需同时响应时，还可以通过特殊辅助继电器 M8050 ~ M8058 实现中断的选择。这些特殊辅助继电器和 9 个中断的对应关系，在表 8-7 里进行了表述。当这些中断闭锁继电器通过控制信号被置 1 时，其对应的中断被闭锁。

中断指令的梯形图如图 8-18 所示。从图中可以看出，当 X17 为 ON，则闭锁 X1 中断，X2 为 ON，则开放某段程序的中断，X3 为 ON，则闭锁某段程序的中断。后面一个是 X1 中断，另一个是定时器 55ms 的中断，FX_{2N}系列 PLC 可实现不多于两级的中断嵌套。

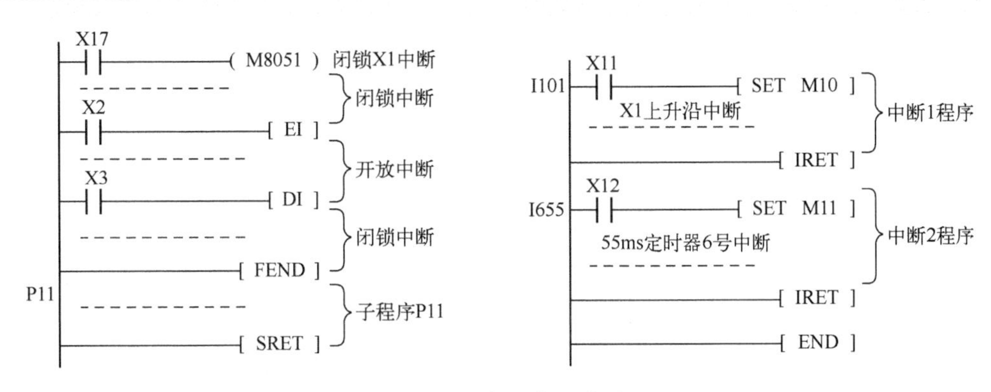

图 8-18　中断指令的梯形图

另外，一次中断请求，中断程序一般仅能执行一次。

8.5.2　中断指令的执行过程及应用实例

1. 外部中断子程序

【**例 8.1**】如图 8-19 所示是带有外部中断子程序的梯形图。试分析程序的动作过程。

解： 在主程序段程序执行中，特殊辅助继电器 M8050 为零时，标号为 I001 的中断子程序允许执行。该中断在输入口 X0 送入上升沿信号时执行。上升沿信号出现一次，该中断执行一次。执行完毕后即返回主程序。中断子程序的内容为 M8013 驱动输出继电器 Y12 工作。作为执行结果的输出继电器 Y12 的状态，视 X0 上升沿出现时秒时钟脉冲 M8013 的状态而定。即 M8013 为“1”时，则 Y12 置“1”；M8013 为零时，Y12 置“0”。

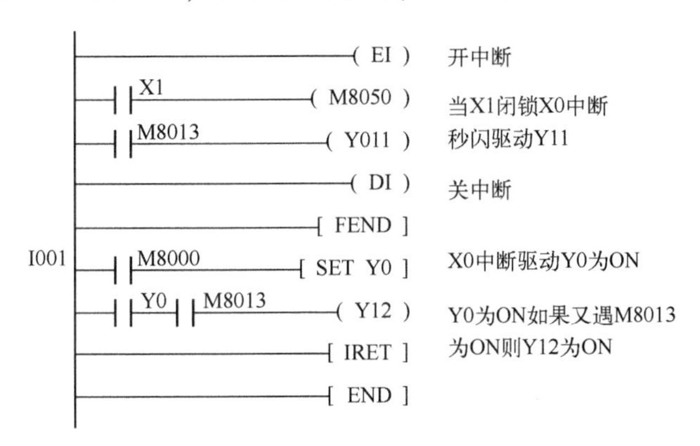

图 8-19　外部中断子程序

外部中断常用来引入发生频率高于 PLC 扫描频率的信号，或用于处理那些需快速响应的信号。例如，在可控整流装置的控制中，取自同步变压器的触发同步信号，可经专用输入端子引入可编程控制器作为中断源，并以此信号作为移相角的计算起点。

2. 时间中断子程序

【**例 8.2**】如图 8-20 所示为一段试验性质的时间中断子程序，试分析程序的执行情况。

解： 中断标号 I650 为中断序号为 6，时间周期为 50ms 的定时器中断，从梯形图的内容来看，当 X17 为 ON，每执行一次中断程序将向数据存储器 D0 中加 1，当加到 1000 时使 Y2 置 1，为了验证中断程序执行的正确性，在主程序段中设有时间继电器 T0，设定值为 500，并用此时间继电器控制输出口 Y1，这样当 X20 由 ON 至 OFF 并经历 50s 后，Y1 及 Y2 应同时置 1。

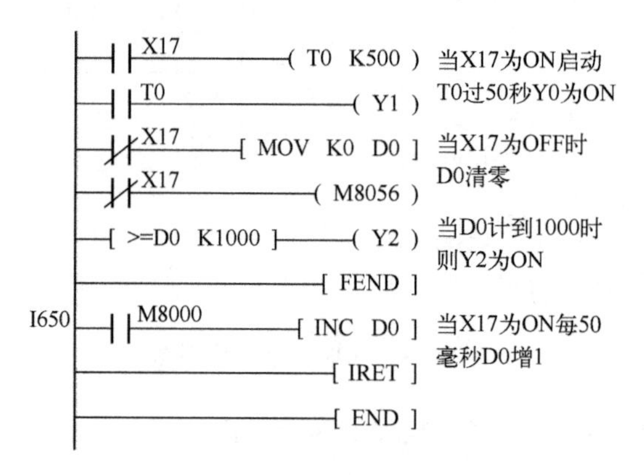

图 8-20　定时器中子程序

【例 8.3】 试分析图 8-21（a）中含 RAMP 指令的程序的执行过程。

解： 这是一个在斜坡输出编程中使用时间中断的例子。斜坡输出指令是用于产生线性变化的模拟量输出的指令，在电机等设备的软启动控制中很有用处，梯形图中 RAMP 指令为斜坡输出指令。该指令源操作数 D1 为斜坡初值，D2 为斜坡终值，D3 为斜坡数据存储单元。辅助操作数 K1000 意为从初值到终值需经过的指令操作次数，D3 的输出由初值 1，分 1000 步，变到 255。

该指令如不采取中断控制方式，从初值到终值的时间及变化速率要受到扫描周期的影响。而使用标号 I610 时间中断程序，D3 中数值的变化时间及变化的线性就有了保障，如图 8-21（b）所示。

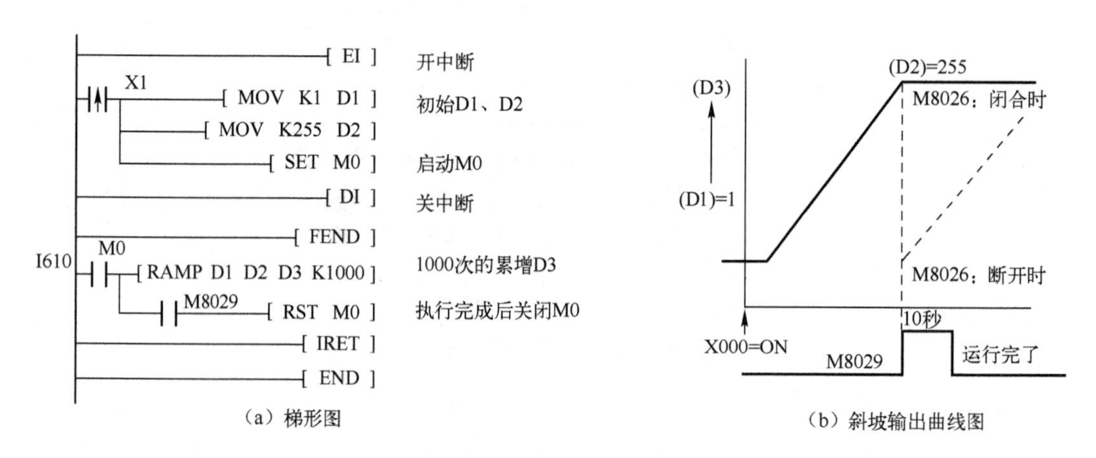

（a）梯形图　　（b）斜坡输出曲线图

图 8-21　斜坡输出编程中使用定时中断

时间中断在工业控制中还常用于快速采样处理，以定时快速地采集外界迅速变化的信号。

执行结束后，M8029 动作，RAMP 指令的驱动输入断开。在重复运行模式下，D3 的值一达到最终值 D2，则立即返回初始值 D1，再次重复同样的动作。

8.5.3　输入和输出有关的指令——输入输出刷新指令 REF

REF 输入输出刷新指令用于在运算过程中，需要最新的输入信息以及希望立即输出运算结果时，就可以用 REF 刷新指令。其使用说明表 8-8 所示。

表 8-8　输入输出刷新指令（FNC 50）

FNC 50	REF	输入输出刷新	
案例分析	输入刷新 X010　(D.)　n [REF X010 K8] 当X10为ON，输入 X10~X17立即刷新	输出刷新 X011　(D.)　n (REF Y000 K24) 当X11为ON，输出 Y0~Y27立即刷新	
适用范围	字软元件：K,H　KnX　KnY　KnM　KnS　T　C　D　V,Z（n：K,H） 位软元件：X　Y　M　S（D.：X、Y、M、S）		
扩展	REF　连续执行型 REFP　脉冲执行型	16 位指令 3 步	

输入刷新对输入点 X010 ~ X017 的 8 个点刷新，输出刷新对 Y000 ~ Y007、Y010 ~ Y017、Y020 ~ Y027 的 24 个点刷新。在指令中指定［D］的元件首地址时，应为 X000、X010…，Y000、Y010、Y020…。刷新点数应为 8 的倍数，此外的其他数值都是错误的。

该指令属高速计数类的指令，可以实现快速输入和输出。大家知道，PLC 采用循环扫描工作方式，从输入信号读入，再到程序由上到下运算，运算完更新输出，这样工作方式使得输出的更新很慢，REF 指令可以在程序没有运算完毕时立即更新输出。

【例 8.4】 如图 8-22 所示的梯形图，当输入 X0 为 ON 时，Y0 快速为 ON；当 X0 为 OFF 时，则 Y0 快速为 OFF。试分析程序的执行过程。

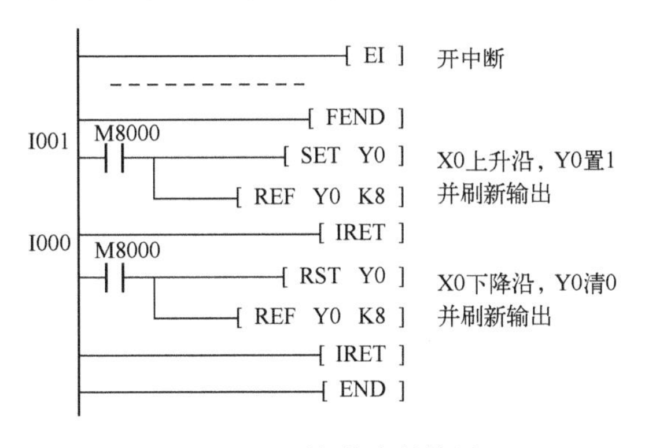

图 8-22　刷新指令的使用

该题利用 X0 上升沿和下降沿的两个中断，使得程序进入中断程序，上升沿置 1，下降沿清 0，然后刷新输出。

8.6 循环指令

8.6.1 程序循环指令的要素及梯形图表示

循环指令由 FOR 及 NEXT 两条指令构成，这两条指令总是成对出现，其使用说明如表 8-9 所示。

表 8-9 循环指令（FNC 08/09）

FNC 08	FOR　　循环开始	
FNC 09	NEXT　　循环结束	
案例分析	[FOR K5] [NEXT] 循环5次	
适用范围	对中断返回及中断许可，无对象因素	
扩展	单独指令 FOR 1 步 不需要驱动点的单独指令	单独指令 NEXT 1 步 不需要驱动点的单独指令

每一对 FOR 指令和 NEXT 指令间的程序，是依一定的次数进行循环的部分。循环的次数由 FOR 指令后的设定值给出，如表中是 5 次。

图 8-23 所示是三级嵌套梯形图，三条 FOR 指令和三条 NEXT 指令相互对应。在梯形图中相距最近的 FOR 指令和 NEXT 指令是一对，其次是距离稍远一些的，最后是距离更远一些的。

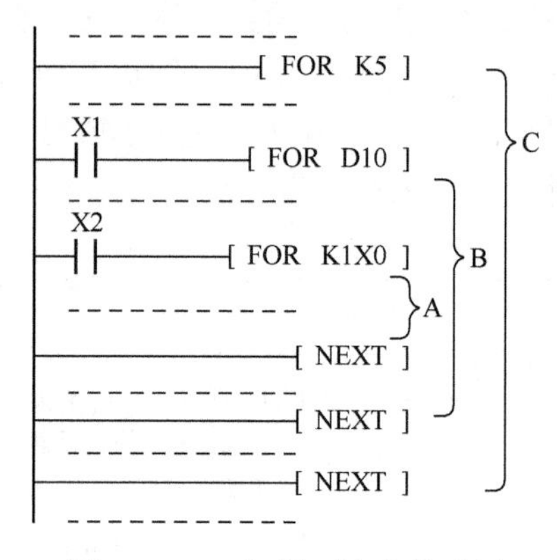

图 8-23 三级循环嵌套梯形图

从图 8-23 中还可看出，假设最内圈的 K1X0 为 3，D10 的值为 4，最外面的值是 5，也假设所有的循环条件都是为 ON 的，那么循环嵌套 A 程序的执行总次数为 60 次。以图 8-23 的程序为例，程序执行到中间的核心层，B 程序执行一次，A 程序执行 3 次，B 程序 4 次执行完，则 A 程序执行 12 次，此时 C 程序只执行一次。当 C 程序执行 5 次，则 B 程序执行 20 次，A 程序当然是 60 次了。从以上的分析可以看到，多层循环间的关系是循环次数相乘的关系。

【例 8.5】 当 X0 为 ON，计算 D0 ~ D99 的 8 位累加和，所有寄存器需将高位移至低位，而低位运算时需屏蔽高位，将最后 2 个字（8 位）作检验码用，送入 D100 中，试编程实现。

解：根据题意，设计的梯形图程序如图 8-24 所示。

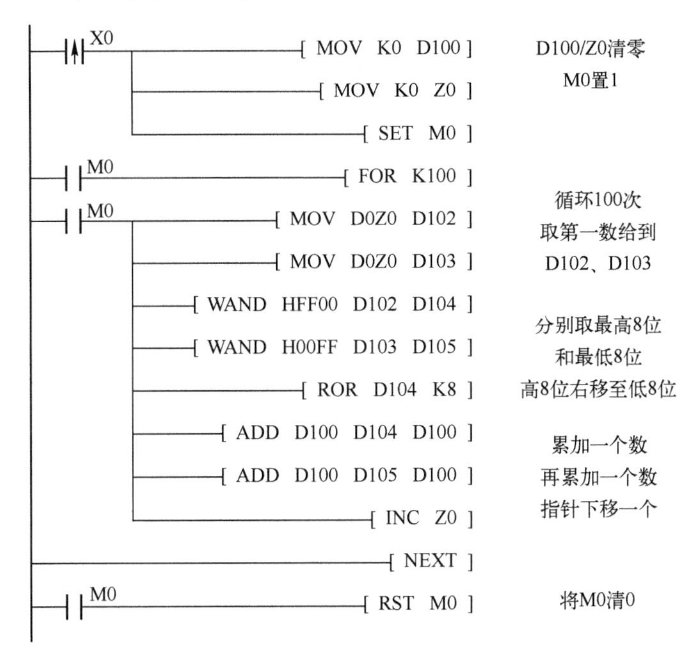

图 8-24　一百个数的 8 位累加和程序

8.6.2　循环程序的意义及应用

循环指令用于某种操作需反复进行的场合。如对某一取样数据做一定次数的加权运算，控制输出口依一定的规律做反复的输出动作，或利用反复的加减运算完成一定量的增加或减少，或利用反复的乘除运算完成一定的数据移位。循环程序可以使程序简明扼要，既增加了编程的方便，又提高了程序的运行效率。

8.7　PLC 结构指令电路的实训

8.7.1　PLC 死机故障产生的原因

凡是计算机都会死机，PLC 也不例外，它在运行过程中会出现死机的情况，给日常的工业和生产造成不可估量的损失。所以要了解导致 PLC 死机的原因，并能根据这些原因对 PLC 程序进行排查，以便快速排除故障。

PLC 死机故障一般分为两种，硬件故障和软件故障。产生硬件故障的原因包括：电源出现问题或者电缆出现问题；PLC 的连接模块和地址分配模块出现问题；扩展模块出现问题；I/O 发生损坏，程序运行时不能继续向下面执行命令。产生软件故障的原因包括：PLC 程序触发了系统的死循环导致程序死机；程序改写了系统的参数区，但却没有初始化造成死机；PLC 程序被认为编写的保护程序的启动导致死机。

高档的 PLC（如 S7－400）应对死机情况采用两套系统，两个单独的模块被组态并以冗余方式使用时，则采用冗余 I/O。这种方式能够得到最高的可靠性，因为系统可以忍受单个 CPU 和单个信号模件发生故障。避免由于单个 CPU 故障造成系统瘫痪，无扰动切换，不会丢失任何信息。

8.7.2 实训内容

【实训 8.1】SB1～SB4、SB6、SB7 为按钮，按如图 8－25 进行 PLC 接线，编写【例 8.2】的程序并进行调试，测试中断时间与普通定时器的一致性。

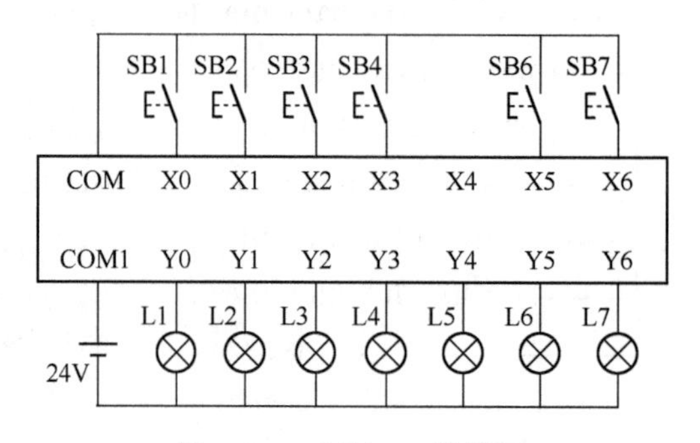

图 8－25　实训 8.1 接线图

【实训 8.2】编写一个向后跳转程序，跳转前 Y0 为 ON，跳转中 Y1 为 ON，跳转后 Y2 为 ON。测试并观察程序执行情况。

【实训 8.3】编写一个含 FOR/NEXT 指令的应用程序，或编制嵌套程序，并测试循环扫描时间，分别测试循环程序运行时间小于循环扫描时间，循环程序运行时间大于循环扫描时间，再修改循环扫描时间。

【实训 8.4】重新设计机械手程序，定义并设计一个自动程序和一个手动程序。

【实训 8.5】设计一个急停的中断按钮，并用输出刷新立即输出。

【思考题】

1. 用中断时间计数，普通的定时器做同值的输出脉冲计数，哪一个更准确。
2. 编写一个向后跳转程序，做一个 D0～D99 的平均数计算，在一个扫描周期里做完。
3. 编写一个含 FOR/NEXT 指令的应用程序，做 D0～D99 的冒泡程序（把其中最大的数挑出来）。

本章小结

程序是由一条条的指令组成的，指令的集合总是完成一定的功能。在控制要求复杂，程序也变庞大时，这些表达一定功能的指令块又需合理地组织起来，这就是程序的结构。

程序结构至少在以下几个方面具有重要的意义。

① 方便于程序的编写。编程序和写文章类似，合适的文章结构有利于作者思想的表达。选取了合适的文章结构后写作会得心应手。好的程序结构也有利于体现控制要求，能给程序设计带来方便。

② 有利于读者阅读程序。好的程序结构体现了程序编者清晰的思路，读者在阅读时容易理解，易于和作者产生共鸣。

③ 好的程序结构有利于程序的运行。可以减少程序的冲突，使程序的可靠性增加。

④ 好的程序结构有利于减少程序的实际运行时间，使 PLC 的运行更加有效。

常见的程序结构类型有以下几种。

（1）简单结构。程序的常用结构也称为线性结构。指令平铺直述地写下来，执行时也是平铺直述地运行下去。程序中也会分一些段，如在第 4 章中遇到的交通灯程序，放在程序最前边的是灯的总开关程序段，中间是时间点形成程序段，最后是灯输出控制程序段。简单结构的特点是每个扫描周期中每一条指令都要被扫描。

（2）有跳越及循环的简单结构。由控制要求出发，程序需要有选择地执行时要用到跳转指令。前面已有这样的例子。如自动、手动程序段的选择，初始化程序段和工作程序段的选择。这时在某个扫描周期中就不一定全部指令被扫描了，而是有选择的，被跳过的指令不被扫描。循环用于当需要多次执行某段程序时，其他程序就相当于被跳过。

（3）多个功能块及中断块。FX_{2N}系列属小型机，编写除主程序以外功能块来独立地解决局部的、单一的问题，相当于一个个的子程序，前面讨论过的子程序指令及中断程序指令常用来编制功能块，这就是模块化程序结构。

这种程序结构为编程提供了清晰的思路。各程序块的功能不同，编程时就可以集中精力解决局部问题。主程序解决程序的入口控制，子程序完成单一的功能，程序的编制无疑得到了简化。当然，作为主程序和作为功能块的子程序，也还是简单结构的程序。不过并不是简单结构的程序就可以简单地堆积而不要考虑指令排列的次序，PLC 的串行工作方式使得程序的执行顺序和执行结果有十分密切的联系，这在任何时候的编程中都是重要的。

如果是多人协作的程序组织，就需要分配好资源以及相关的标志位，通过各部分相交的寄存器和标志位。协调各编程者的程序，使得程序相对来说比较独立。这就是结构化编程。它特别适合具有许多同类控制对象的庞大控制系统，有利于程序的调试。

习　题　8

一、选择题

1. 循环指令由 FOR 及 NEXT 两条指令构成，可以循环多次，但（　　）。

A. 不得大于 128 次　　B. 不得大于 256 次

C. 要考虑程序执行时间　　D. 不得大于 1024 次

2. 跳转指令在向回跳的时候，该指令可能会对程序造成（　　）。

A. 跑飞　　B. 死机

C. 没影响　　D. 基本没影响

3. 当中断 X0 动作，程序执行中断程序（　　）。

A. 一次执行　　B. 二次执行

C. 三次执行　　D. 每次扫描执行

4. 刷新指令用于在运算过程中，可用于（　　）的刷新。

A. 输入信号　　　　B. 输出信号
C. 计数器　　　　D. 输入与输出

二、填空题

1. 程序控制类指令涉及程序结构，它们主要是________指令、________指令、________指令及________指令

2. 看门狗指令 WDT 可用来选择执行________刷新的指令。

3. ________可用来选择执行一定的程序段，跳过暂且不执行的程序段。

4. 中断的程序段用允许中断指令________及不允许中断指令________指令标示出来。

5. 子程序调用指令________安排在主程序段中，当子程序执行的条件满足，子程序得以执行。子程序安排在主程序结束指令________之后，第一个________之间。

6. 循环指令由________及________两条指令构成，这两条指令总是________出现的。

三、简答题

1. 跳转发生后，PLC 还是否对被跳转指令跨越的程序段逐行扫描、逐行执行。被跨越的程序中的输出继电器、时间继电器及计数器的工作状态怎样？

2. 考查跳转和主控区关系（图 8-4），说明从主控制区和由主控区内跳出主控区各有什么条件？跳转和主控两种指令哪个优先？

3. 试比较中断子程序和普通子程序的异同点。

4. FX_{2N}系列可编程控制器有哪些中断源？如何使用？这些中断源所引出的中断在程序中如何表示？

四、编程题

1. 请设计三块程序结构，单按键设定，安排这三套程序。

2. 某设备设有外应急信号，用以封锁全部输出口，以保证设备的安全。试用中断方法设计相关梯形图。

3. 设计一个时间中断程序，每 20ms 读取输入口 K2X000 数据一次，每 1s 计算一次平均值，并选 D100 存储。

4. 设计一个循环程序，计算 D100 ~ D199 的数据均方根。

第 9 章　功能模块、高速计数、通信技术

在信息化、自动化、智能化的今天，可编程控制器通信是实现工厂自动化的重要途径。为了适应多层次工厂自动化系统的客观要求，现在的可编程控制器生产厂家，都不同程度地为自己的产品增加 A/D、D/A、高速计数、温度控制、高速脉冲输出、通信功能等，开发自己的通信接口和通信模块，使可编程控制器的控制向高速化、多层次、大信息、高可靠性和开放性的方向发展。要想更好地应用可编程控制器，就必须了解可编程控制器功能模块、高速计数、通信等实现方法。本章将对上述内容做重点介绍。

本章学习重点：硬件接线及设计技巧和方法。

本章学习难点：A/D、D/A、高速计数、地址映射，RS 指令。

9.1　功能模块

三菱机型的 PLC 可通过外加特殊功能模块来完成一些特殊的功能，如 A/D 转换功能等，其硬件电路完善，有的自带 CPU。常用的功能模块主要有模拟量输入模块、模拟量输出模块、过程控制模块、脉冲输出模块、高速计数器模块、可编程凸轮控制器等，它们都安装在主机之外。

图 9-1 与图 9-2 所示是 PLC 主机及其功能模块的实物图。下面对这些功能模块做一下简单介绍。

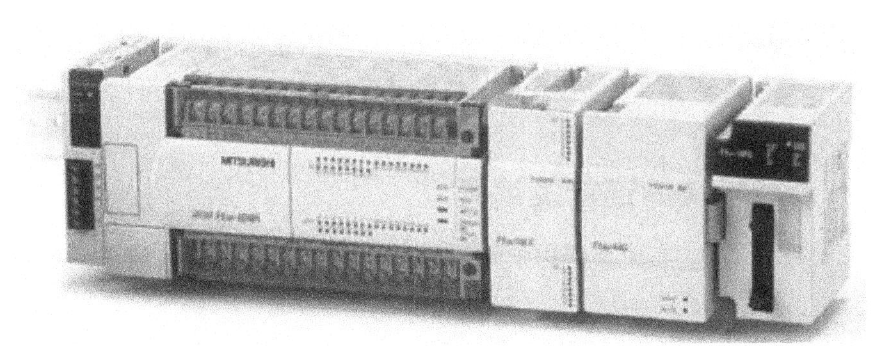

图 9-1　PLC 主机模块实物图

（1）模拟量输入模块：模拟量输入模块用于将温度、压力、流量等传感器输出的模拟量电压或电流信号，转换成数字信号供 PLC 基本单元使用。FX_{2N}系列 PLC 的模拟量输入模块主要有 FX_{2N} -2AD 型 2 通道模拟量输入模块、FX_{2N} -4AD 型 4 通道模拟量输入模块、FX_{2N} -4AD - PT 型 4 通道热电阻传感器用模拟量输入模块、FX_{2N} -4AD - TC 型 4 通道热电偶传感器用模拟量输入模块等。

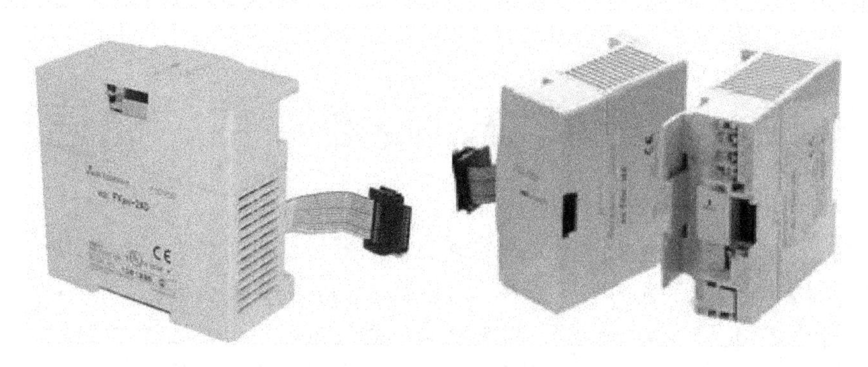

图 9-2　PLC 功能模块实物图

（2）模拟量输出模块：模拟量输出模块主要用于将 PLC 运算输出的数字信号，转换为可以直接驱动模拟量执行器的标准模拟电压或电流信号。FX_{2N}型 PLC 的模拟量输出模块主要有：FX_{2N} - 2DA 型 2 通道模拟量输出模块、FX_{2N} - 4DA 型 4 通道模拟量输出模块等。

（3）过程控制模块：过程控制模块用于生产过程中模拟量的闭环控制。使用 FX_{2N} - 2LC 过程控制模块可以实现过程参数的 PID 控制。FX_{2N} - 2LC 模块的 PID 控制程序由 PLC 生产厂家设计并存储在模块中，用户使用时只需设置其缓冲寄存器中的一些参数，使用非常方便，一般使用在大型的过程控制系统中。

（4）脉冲输出模块：脉冲输出模块可以输出脉冲串，主要用于对步进电动机或伺服电动机的驱动，实现多点定位控制。与 FX_{2N}系列 PLC 配套使用的脉冲输出模块有 FX_{2N} - 1PG、FX_{2N} - l0GM、FX_{2N} - 20GM 等。

（5）高速计数器模块：利用 FX_{2N}系列 PLC 内部的高速计数器可进行简易的定位控制，对于更高精度的点位控制，可采用 FX_{2N} - 1HC 型高速计数器模块。高速计数器模块 FX_{2N} - IHC 是适用于 FX_{2N}系列 PLC 的特殊功能模块。利用 PLC 的外部输入或 PLC 的控制程序可以对 FX_{2N} - 1HC 计数器进行复位和启动控制。

（6）可编程凸轮控制器：可编程凸轮控制器 FX_{2N} - IRM - SET. 是通过主要旋转角传感器 F7 - 720 - RSV，实现高精度角度、位置检测和控制的专用功能模块，可以代替机械凸轮开关，实现角度控制。

9.1.1　功能模块的连接及编号

硬件系统主机扩展时，首先要解决配置问题。配置 FX_{2N}系列 PLC 硬件系统时，应满足如下条件。

（1）系统的开关量 I/O 点数不超过 256 点。

（2）当系统中有特殊功能模块时，系统的开关量 I/O 点数 n 应满足：

$$n \leqslant 256 - k$$

式中，k 为系统中所有特殊功能模块的等效 I/O 点数之和。

（3）每台主机连接的特殊功能模块不超过 8 块。

系统中所有扩展设备消耗的内部 DC 5V 电源电流总量不超过主机或扩展单元内部 DC 5V 电源提供的电流总量；系统中所有扩展设备消耗的外部 DC 24V 电源电流总量不超过主机或扩展单元外部 DC 24V 电源提供的电流总量。

接在 FX_{2N}基本单元右边扩展总线上的特殊功能模块（如模拟量输入模块 FX_{2N} -4AD、模拟量输出模块 FX_{2N} -2DA、温度传感器模拟量输入模块 FX_{2N} -2DA-PT 等），从最靠近基本单元的那一个开始依次编号为 0~6 号，扩展的 I/O 不占用编号，如图 9-3 所示。

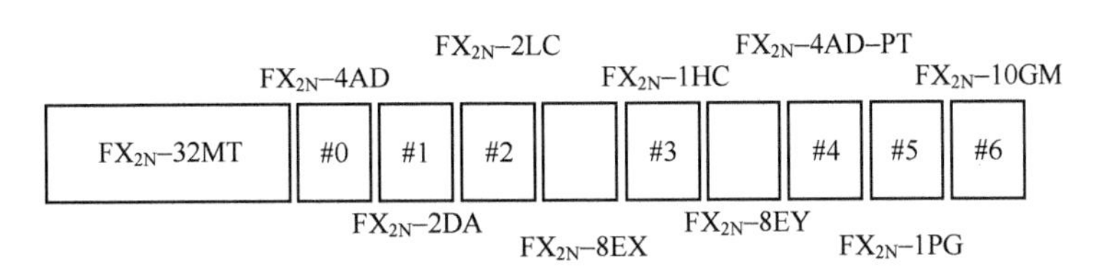

图 9-3　功能模块的连接及编号示意图

9.1.2　功能模块的专用指令

三菱模块缓冲区 BFM 是控制模块的核心区域，对该区域的读写控制，就是对模块的控制，三菱有专门两条指令实现对模块缓冲区 BFM 的读写，即 TO 指令和 FROM 指令。TO 为写命令，就是 PLC 对模块寄存器的写命令。FROM 为读命令，执行该命令会使数据从模块流到 PLC。M8028 为 ON 时，在 FROM 和 TO 指令执行过程中，禁止中断；在此期间发生的中断在 FROM 和 TO 指令执行完后执行。M8028 为 OFF 时，在这两条指令的执行过程中不禁止中断。下面对这两种指令的使用方法做一下简要介绍。

FROM 指令（FNC 78）的功能是实现对特殊模块缓冲区 BFM 指定位的读取操作。m1 用于指定特殊功能模块的编号，取值范围为 0~7；n 用于指定待传送数据的字数，n=1~32（16 位操作）或 1~16（32 位操作）。该指令的使用说明如表 9-1 所示。

表 9-1　FROM 指令（FNC 78）

FNC 78	FROM	读模块		
案例分析	X001 ─┤├─ [FROM K2 K20 D10 K3]（m1 m2 (D.) n）			
适用范围	字软元件：K,H　KnX　KnY　KnM　KnS　T　C　D　V,Z；n/m：K,H；(D.)：KnY～V,Z 操作数：m1=0～7　m2=0～32767　n=1～32767			
扩展	FROM　连续执行型 FROMP　脉冲执行型	16 位指令 9 步	DFROM　连续执行型 DFROMP　脉冲执行型	32 位指令 17 步

表中的示例表示：当 X1=ON 时，FROM 指令执行。从特殊功能模块#2 的缓冲寄存器#20、#21、#22 中读出 16 位数据传至 PLC 基本单元的 D10、D11、D12 三个单元中。当 X1=OFF 时，FROM 指令不执行，传送地址 D10、D11、D12 中的数据不变。

TO 指令的功能是由 PLC 基本单元对特殊功能模块缓冲寄存器 BFM 写入数据。写特殊功能模块指令 TO 的源操作数［S］可以取所有的数据类型，m1、m2 和 n 的取值范围与读特殊功能模块指令相同。TO 指令的使用说明如表 9-2 所示。

表 9-2 TO 指令（FNC 79）

FNC 79	TO	写模块
案例分析	X001 ─┤├─[TO H2 K10 D20 K2]（m1 m2 (S.) n）	
适用范围	字软元件：K,H（n/m）、KnX、KnY、KnM、KnS、T、C、D、V,Z（S.） 操作数：m1=0～7　m2=0～32767　n=1～32767	
扩展	TO 连续执行型　TOP 脉冲执行型　16 位指令 9 步	DTO 连续执行型　DTOP 脉冲执行型　32 位指令 17 步

表中的示例表示：当 X1 = ON 时，TO 指令执行。将 PLC 基本单元 D20、D21 的数据写入特殊功能模块#2 的缓冲寄存器#10、#11 中。当 X1 = OFF 时，TO 指令不执行，BFM#10、#11 中的数据不变。

9.1.3 FX_{2N} -4AD-PT 热电阻输入模块

FX_{2N} PLC 常用的温度传感器输入模块 FX_{2N} -4AD-PT 有 CH1 ~ CH4 四个通道，每个通道都可进行 A/D 转换，分辨率为 12 位。当采用电流输入时，耗电为 5V，30mA。FX_{2N} -4AD-PT 的技术指标如表 9-3 所示。

表 9-3 FX_{2N} -4AD-PT 的技术指标

	摄氏度（℃）	华氏度（℉）
模拟量输入信号	箔温度 PT100 传感器（100Ω），3 线，4 通道	
传感器电流	PT100 传感器（100Ω）时 1mA	
补偿范围	-100 ~ +600℃	-148 ~ +1112 ℉
数字输出	-1000 ~ +6000	-1480 ~ +11120
	12 转换（11 个数据位 +1 个符号位）	
最小分辨率	0.2 ~ 0.3℃	0.36 ~ 0.54 ℉
整体精度	满量程的 ±1%	
转换速度	15ms	
电源	主单元提供 5V/30mA 直流，外部提供 24V/50mA 直流	
占用 I/O 点数	占用 8 个点，可分配为输入或输出	
适用 PLC	FX_{1N}，FX_{2N}，FX_{2NC}	

FX_{2N} -4AD-PT 通过扩展电缆与 PLC 主机相连，四个通道的外部连接三线制的 PT100 温度传感器，接线图如图 9-4 所示。PT100 外部输入的交叉线接 L+ 和 L-，补偿线接 I-。传感器走线和电源线或其他可能产生电气干扰的电线隔开。如果存在电气干扰，将电缆屏蔽层与外壳地线端子（FG）连接到 FX_{2N} -4AD-PT 的接地端和主单元的接地端。

FX_{2N} -4AD-PT 可以使用可编程控制器的外部或内部的 24V 电源。

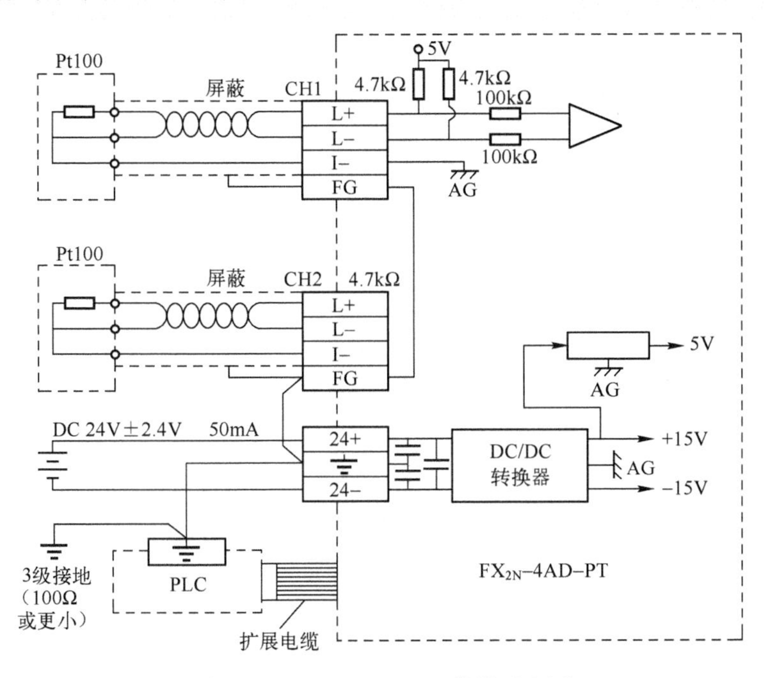

图9-4　FX_{2N} -4AD-PT接线示意图

特殊功能模块缓冲寄存器BFM为编程的核心，PLC主机对模块的读/写操作（FROM/TO）就是对该区域的操作。每种模块都有自己特定的定义，FX_{2N} -4AD-PT的BFM如表9-4所示。

表9-4　FX_{2N} -4AD-PT的BFM

BFM	内　　容	说　　明
#1～#4	CH1～CH4的平均温度值的采样次数（1～4096），默认值=8	①平均温度的采样次数被分配给BFM#1～#4。只有1～4096的范围是有效的，溢出的值将被忽略，默认值为8 ②最近转换的一些可读值被平均后，给出一个平均后的可读值。平均数据保存在BFM的#5～#8和#13～#16中 ③BFM#9～#12和#17～#20保存输入数据的当前值。这个数值以0.1℃或0.1℉为单位，不过可用的分辨率为0.2℃～0.3℃或者0.36℉～0.54℉
#5～#8	CH1～CH4在0.1℃单位下的平均温度	
#9～#12	CH1～CH4在0.1℃单位下的当前温度	
#13～#16	CH1～CH4在0.1℉单位下的平均温度	
#17～#20	CH1～CH4在0.1℉单位下的当前温度	
#21～#27	保留	
#28	数字范围错误锁存	
#29	错误状态	
#30	识别号K2040	
#31	保留	

BFM#28是数字范围错误锁存，它锁存每个通道的错误状态如表9-5所示，据此可用于检查温度传感器是否断开。

表9-5　FX_{2N} -4AD-PT BFM#28位信息

b15到b8	b7	b6	b5	b4	b3	b2	b1	b0
未　　用	高	低	高	低	高	低	高	低
	CH4		CH3		CH2		CH1	

“低”表示当测量温度下降，并低于最低可测量温度极限时，对应位为 ON；“高”表示当测量温度升高，并高于最高可测量温度极限或者热电偶断开时，对应位为 ON。

如果出现错误，则在错误出现之前的温度数据被锁存。如果测量值返回到有效范围内，则温度数据返回正常运行，但错误状态仍然被锁存在 BFM#28 中。当错误消除后，可用 TO 指令向 BFM#28 写入 K0 或者关闭电源，以清除错误锁存。

BFM#29 中各位的状态是 FX_{2N} -4AD-PT 运行正常与否的信息，具体规定如表 9-6 所示。

表 9-6　FX_{2N} -4AD-PT BFM#29 位信息

BFM#29 各位的功能	ON（1）	OFF（0）
b0：错误	如果 b1～b3 中任何一个为 ON，出错通道的 A/D 转换停止	无错误
b1：保留	保留	保留
b2：电源故障	DC 24V 电源故障	电源正常
b3：硬件错误	A/D 转换器或其他硬件故障	硬件正常
b4～b9：保留	保留	保留
b10：数字范围错误	数字输出/模拟输入值超出指定范围	数字输出值正常
b11：平均值的采样次数错误	采样次数超出范围，参考 BFM#1～#4	正常（1～4096）
b12～b15：保留	保留	保留

缓冲存储器 BFM#30 为 FX_{2N} -4AD-PT 的识别码为 K2040，它就存放在缓冲存储器 BFM#30 中。在传输/接收数据之前，可以使用 FROM 指令读出特殊功能模块的识别码（或 ID），以确认正在对此特殊功能模块进行操作。

实例程序：图 9-5 所示的程序中，FX_{2N} -4AD-PT 模块占用特殊模块 4 的位置（见图 9-3），平均采样次数是 4，输入通道 CH1～CH4 以摄氏度表示的平均温度值分别保存在数据寄存器 D0～D3 中。

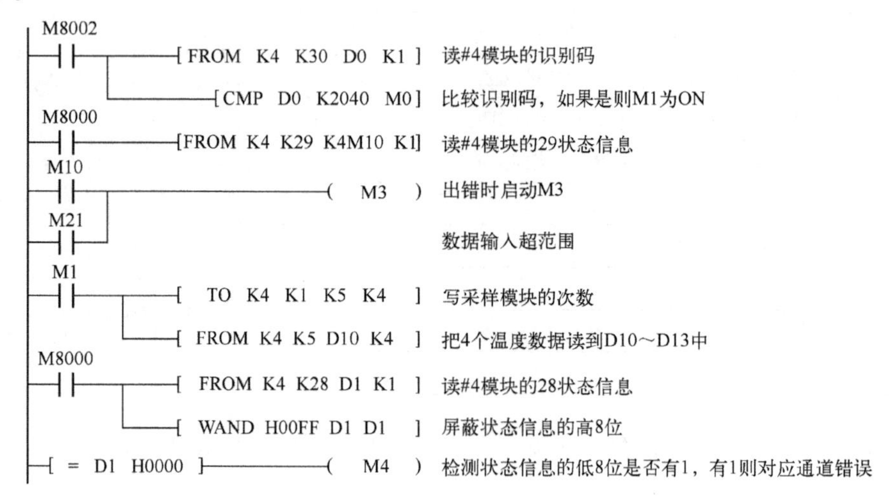

图 9-5　FX_{2N} -4AD-PT 基本应用程序

9.1.4　模拟量输入模块 FX_{2N} -4AD

模拟量输入模块 FX_{2N} -4AD 有 CH1～CH4 四个通道，每个通道都可进行 A/D 转换，分辨率为 12 位，是一种高精度、可直接连接在扩展总线上的模拟量输入单元，FX_{2N} －4AD 模块有电压输入和电流输入两种接线形式。不同接线方式下的技术指标如表 9-7 所示。

表 9-7　FX_{2N} －4AD 不同接线方式下的技术指标

项　　目	电 压 输 入	电 流 输 入
	4 通道模拟量输入，通过输入端子变换可选电压或电流	
模拟量输入范围	DC －10 ~ ＋10V（输入电阻 200kΩ） 绝对最大输入 ±15V	DC －20 ~ ＋20mA（输入电阻 250Ω） 绝对最大输入 ±32mA
数字量输出范围	带符号为 16 位二进制（有线数值 11 位）数值范围 －2048 ~ ＋2047	
分辨率	5mV（10V ×1/2000）	20μA（20mA ×1/1000）
综合精确度	±1%（在 －10 ~ ＋10V 范围）	±1%（在 －20 ~ ＋20mA 范围）
转换速度	每通道 15ms（高速转换方式时为每通道 6ms）	
隔离方式	模拟量与数字量间用光电隔离。从基本单元来的电源经 DC/DC 转换器隔离，各输入端子间不隔离	
模拟量用电量	24（1 ±10%）V DC 50mA	
I/O 占有点数	程序上为 8 点（计输入或输出点均可），有 PLC 供电的消耗功率为 5V 30mA	

FX_{2N} －4AD 的接线有电压输入和电流输入两种形式，外部连接根据外部输入电压或电流量的不同而不同。若外部输入为电压信号，则将信号的＋、－极分别与模块 V＋和 V－相连。若外部输入为电流信号，则需要把 V＋和 I＋相连。如有过多的干扰信号，应将系统机壳的 FG 端与 FX_{2N} －4AD 的接地端相连。FX_{2N} －4AD 的接线如图 9-6 所示。

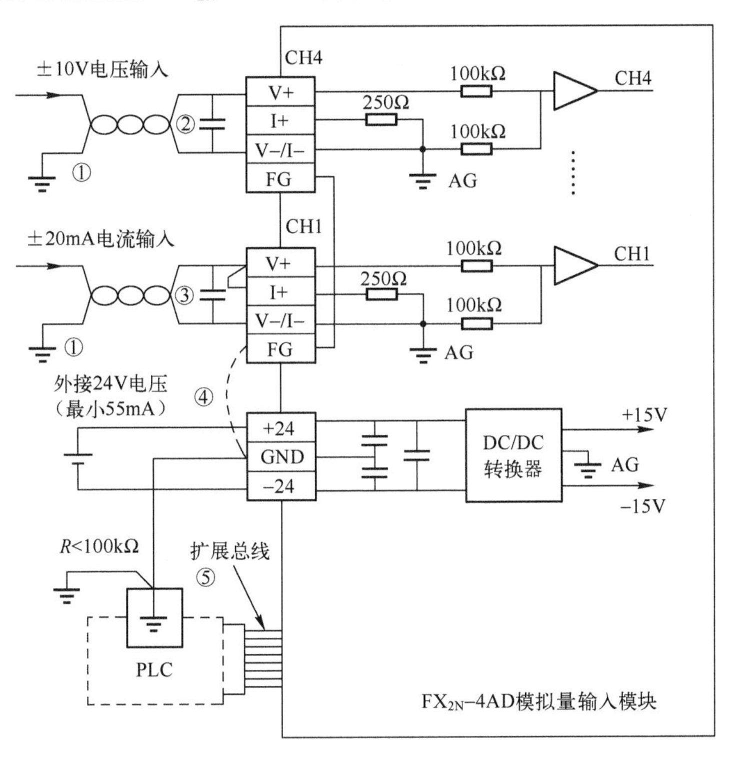

图 9-6　FX_{2N} －4AD 的接线示意图

FX_{2N} -4AD 模块可 4 路输入同时使用，可设置输入电压为 -10 ~ +10V，分辨率 5mV；也可设置成电流输入，范围 4 ~ 20mA 或 -20 ~ 20mA，分辨率 20μA。如果输入的绝对值电压超过 15V，则可对单元造成损坏。模块的 12 位转换结果以二进制补码形式存放，最大值 2047，最小值 -2048。分辨率电压为 1/2000，即 5mV；分辨率电流为 1/1000，即 20μA。总体精度 1%。转换速度为 6 ~ 15ms。模/数转换对应曲线如图 9-7 所示。

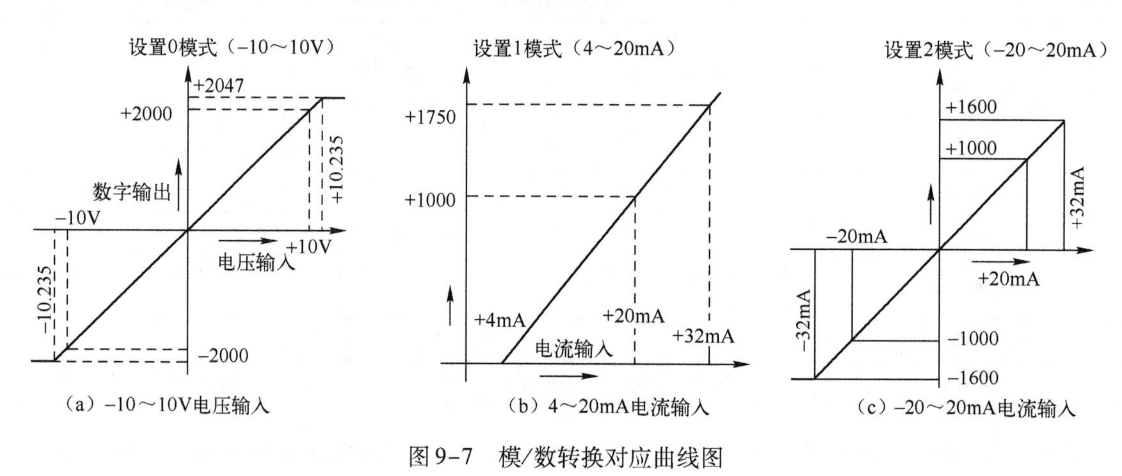

图 9-7　模/数转换对应曲线图

FX_{2N} -4AD 内部有 32 个 16 位的缓冲寄存器（BMF），用于与主机交换数据。FX_{2N} -4AD 模块 BFM 的分配表如表 9-8 所示。

表 9-8　FX_{2N} -4AD 模块 BFM 分配表

BFM	内　容		说　明
* #0	通道初始化，默认设定值 = H 0000		① BFM#0 为设置 4 个通道的控制字。详细说明见下文。 ② BFM#30 为缓冲器确认码，可用 FROM 指令读出特殊功能块的认别号。FX_{2N} -4AD 单元的确认码为 K2010。
* #1	通道 1 平均值取样次数	存放通道#1 ~ #4 的采样值次数，默认值 = 8，可修改。越大则数据越稳定，但数据更新慢	
* #2	通道 2 平均值取样次数		
* #3	通道 3 平均值取样次数		
* #4	通道 4 平均值取样次数		
#5	通道 1 平均值	存放四个通道的平均输入采样值	
#6	通道 2 平均值		
#7	通道 3 平均值		
#8	通道 4 平均值		
#9	通道 1 当前值	每个输入通道当前值存放	
#10	通道 2 当前值		
#11	通道 3 当前值		
#12	通道 4 当前值		
#13 ~ 14	保留		
#15	用于选择 A/D 转换速度：0 为正常速度，15ms；如为 1，则选择高速，6ms。		
#16 - #19	保留		

续表

BFM	内　容	说　明
* #20	重置默认设定值，默认设定值 = H 0000	① 当 BFM#20 被设置为1时，FX_{2N}-4AD 模块所有的设置将复位为默认值。 ② 如果 BFM#21 的（b1，b0）被设置为（1，0），则偏移量与增益值被保护，为了设置偏移量与增益值，（b1，b0）必须设为（1，0），默认值为（0，1）。 ③ BFM#23 和 BFM#24 的偏移量与增益值送入指定单元，用于指定通道。输入通道的偏移量与增益值由 BFM#22 适当的 G-O（增益-偏移）位确定。 ④ BFM#23 和 BFM#24 中的增益值和偏移量的单位是 mV（或 μA）。FX_{2N} - 4AD 分辨率为 5mV（或 20μA），为最小刻度
* #21	禁止零点和增益调整默认设定值 = 0，当设置为 1 时则是（允许）	
* #22	零点、增益调整 b7 | b6 | b5 | b4 | b3 | b2 | b1 | b0 G4 | 04 | G3 | 03 | G2 | 02 | G1 | 01	
* #23	零点值，默认设定值 = 0	
* #24	增益值，默认设定值 = 5000	
* #25 ~ * #28	保留	
* #29	出错信息	
* #30	识别码：K2010	
#31	不能使用	

在 BFM 分配表中，对 BFM#0 中写入十六进制 4 位数字 H××××进行 A/D 模块通道初始化，最低位数字控制 CH1，最高位控制 CH4。有四种模式，如表 9-9 所示。

表 9-9　控制字的设置

序　号	控　制　字	解　释
1	× = 0 时	设定输入范围为 -10 ~ 10V
2	× = 1 时	设定输入范围为 4mA ~ 20mA
3	× = 2 时	设定输入范围为 -20 ~ 20mA
4	× = 3 时	关断通道

例如，BFM#0 = H3210 则说明：

CH1 设定输入范围为 -10 ~ +10V　------0

CH2 设定输入范围为 4 ~ 20mA　------1

CH3 设定输入范围为 -20 ~ +20mA　------2

CH4 通道关闭　------3

增益与偏移是使用 FX_{2N} -4AD 要设定的两个重要参数，可通过 PLC 的软件进行调整 FX_{2N} -4AD 的增益与偏移，其调整意义如图 9-8 所示。

增益与偏移是通过开启#21 寄存器的位来开启，以及设置 * #23 零点值和 * #24 增益值来设置的，有些不准的数值转换就可通过增益与偏移作细微调整。

BFM#29 的状态信息设置含义如表 9-10 所示。

表 9-10　BFM#29 的状态信息设置含义

#29 缓冲器位	ON	OFF
b0：错误	当 b1 ~ b4 为 ON 时，b0 = ON，如果 b2 ~ b4 任意一位为 ON，通道停止	无错误
b1：偏移量与增益值错误	偏移量与增益值修正错误	偏移量与增益值正常
b2：电源不正常	24VDC 错误	电源正常

续表

#29 缓冲器位	ON	OFF
b3：硬件错误	A/D 或其他硬件错误	硬件正常
b10：数字范围错误	数字输出值小于 -2048 或大于 +2047	数字输出正常
b11：平均值错误	数字平均采样值大于 4096 或小于 0	平均值正常
b12：偏移量与增益修正禁止	#21 缓冲器的禁止位（b1，b0）设置为（1，0）	#21 的（b1，b0）（0，1）
#29 缓冲器位	ON	OFF

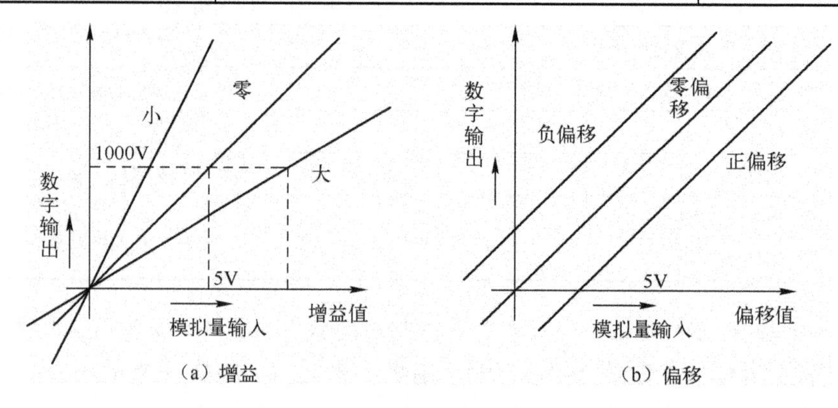

图 9-8　FX_{2N} -4AD 的增益与偏移状态示意图

实例程序：图 9-9 所示的程序中，FX_{2N} -4AD 模块占用特殊模块 0 的位置（见图 9-3）。

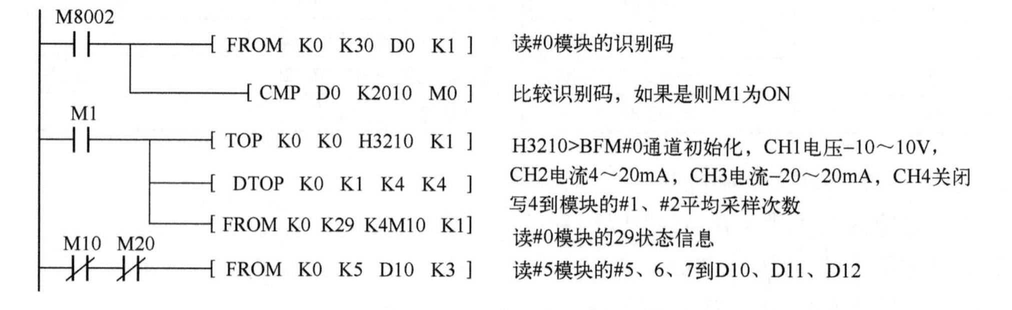


```
M8002
──┤├──────────────────────[ SET  M3 ]            开机M3开始调整
M3
──┤├──┬───────────────────[ TOP  K0  K21  K1  K1 ]      BFM#21=01允许调整
      ├───────────────────[ TOP  K0  K22  K0  K1 ]      将零点和增益全部复位BFM#20=00
      └───────────────────( T0  K4 )                    延时0.4秒
T0
──┤├──┬───────────────────[ TOP  K0  K23  K0  K1 ]      零点值=0V
      ├───────────────────[ TOP  K0  K24  K2500  K1 ]   增益值=2.5V
      ├───────────────────[ TOP  K0  K22  H0003  K1 ]   G101=11，零点和增益的允许写入CH1中
      └───────────────────( T1  K4 )                    延时0.4秒
T1
──┤├──┬───────────────────[ RST  M3 ]                   复位M3结束调整
      └───────────────────[ TOP  K0  K21  K2  K1 ]      零点和增益的调整禁止
```

图 9-9　FX_{2N} -4AD 基本应用程序

9.1.5 模拟量输出模块 FX_{2N} -2DA

FX_{2N}系列中有关模拟量输出的特殊功能模块有 FX_{2N} -2DA（2 路模拟量输出）、FX_{2N} -4DA（4 路模拟量输出）。FX_{2N} -2DA 为 2 通道 12 位 D/A 转换模块，每个通道可独立设置电压或电流输出。FX_{2N} -2DA 是一种具有高精度的直接在扩展总线上的模拟量输出单元。FX_{2N} -2DA 的技术指标如表 9-11 所示。

表 9-11 FX_{2N} -2DA 技术指标

项　目	电压输出	电流输出
	2 通道模拟量输出。根据电流输出还是电压输出，使用不同的端子	
模拟量输出范围	-10 ~ +10V DC（外部负载电阻 1 ~ 10MΩ）	+4 ~ +20mA DC（外部负载电阻 500Ω 以下）
数字量输入	电压 = -2048 ~ +2047	电流 =0 ~ 1024
分辨率	2.5mV（10V 1/4000）	5A（20mA 1/4000）
综合精确度	满量程 10V 的 ±1%	±1%（在 -20 ~ +20V 范围）
转换速度	每通道 4ms（高速转换方式时为每通道 3.5ms）	
隔离方式	模拟量与数字量间用光电隔离。与基本单元来的电源经 DC/DC 转换器隔离，通道间没有隔离	
模拟量用电量	24（1 ±10%）VDC 130mA	
I/O 占有点数	程序上为 8 点（计输入或输出点均可），有 PLC 供电的消耗功率为 5V 30mA	

FX_{2N} -2DA 的接线有电压输入和电流输入两种形式，外部连接根据输出电压或电流的不同而不同。外部输出为电压量信号，则将信号输出接模块 V + 和 V - 相连。若外部输出为电流量，则需要把 I + 和 I - 相连。如有过多的干扰信号，应将系统机壳的 FG 端与 FX_{2N} -2DA 的接地端相连。FX_{2N} -2DA 的接线如图 9-10 所示。

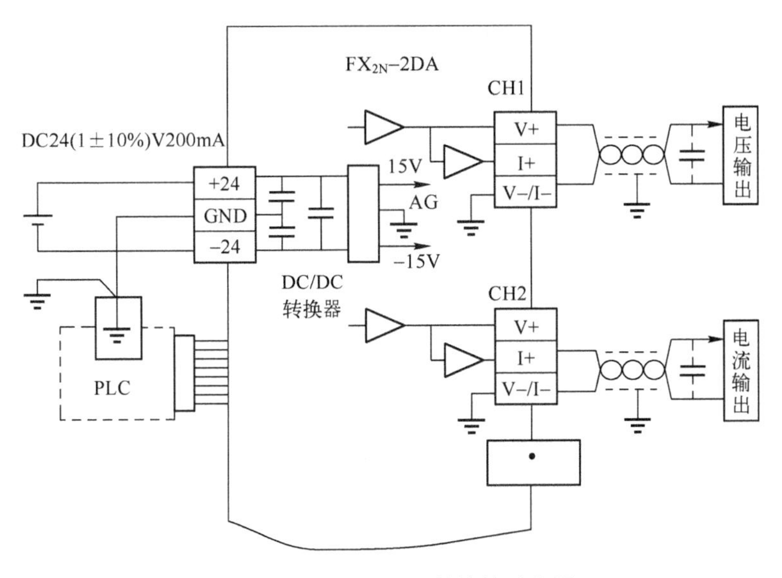

图 9-10 FX_{2N} -2DA 的接线示意图

FX_{2N} -2DA 模块可 2 路输出同时使用。模式 0 为 -10V ~ +10V 电压输出，模式 1 为 4 ~ 20mA 电流输出，模式 2 为 0 ~ 20mA 电流输出。数/模转换对应曲线如图 9-11 所示。

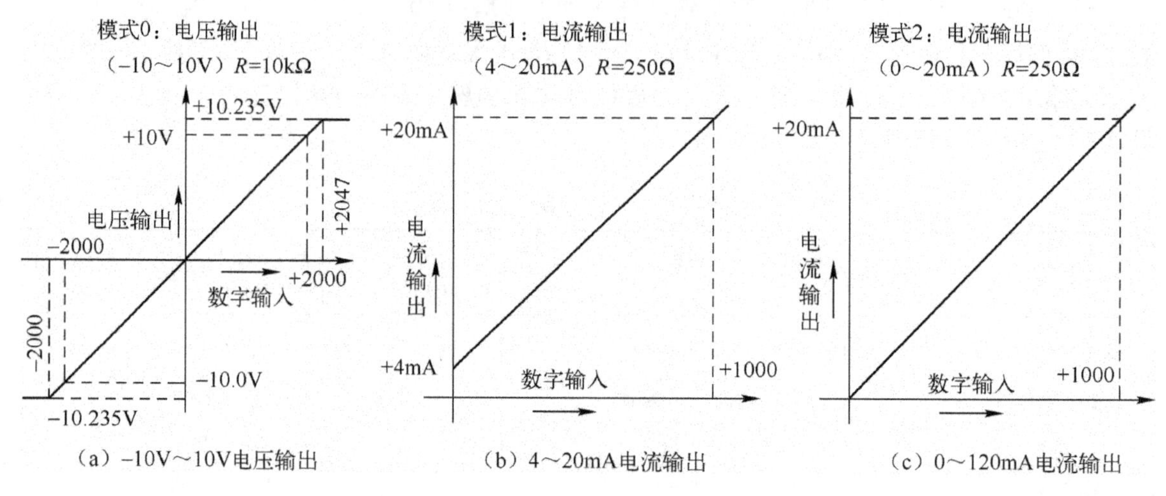

图 9-11　FX_{2N} -2DA 数/模转换对应曲线图

特殊功能模块 FX_{2N} -2DA 的缓冲寄存器 BFM，是 FX_{2N} -2DA 同 PLC 基本单元进行数据通信的区域，这一缓冲寄存器区由 32 个 16 位的寄存器组成，编号为 BFM#0 ~ #31。FX -2DA BFM 分配表如表 9-12 所示。

表 9-12　FX_{2N} -2DA 模块 BFM 分配表

BFM 编号	b15 ~ b8	b7 ~ b3	b2	b1	b0	说　明
#0 - #15	保留					① BFM#17：b0：通过将 1 变成 0，通道 2 的 D/A 转换开始。 ② b1：通过将 1 变成 0，通道 1 的 D/A 转换开始。 ③ b2：通过将 1 变成 0，D/A 转换的低 8 位数据保持
#16	保留	输出数据的当前值（8 位数）				
#17	保留		D/A 低位数据保持	通道 1 的 D/A 转换开始	通道 2 的 D/A 转换开始	
#18 及其以上	保留					

D/A 转换的数据为 12 位的，通过 2 次送入模块，先将低 8 位送入 BFM#16，通过控制存放由 BFM#17（数字值）指定通道。由 BFM#17（数字值）指定通道的 D/A 转换数据。D/A 数据以二进制形式出现，并以低 8 位和高 4 位两部分顺序进行存放和转换。

偏移和增益的调整，FX_{2N} -2DA 的偏移和增益的调整程序如图 9-12 所示。

D/A 输出为 CH1 通道，在调整偏移时将 X0 置 ON，将 0 写入到 D/A 输出，设 CH1 为电压输出，X0 为 ON，CH1 输出 0V；X1 为 ON，CH1 输出 10V。调整偏移再将 X1 置 ON，将 4000 写入到 D/A 输出，调整偏移/增益，通过 GAIN 和 OFFSET 旋钮对通道 1 进行增益调整和偏移调整；反复交替调整 X0、X1 偏移值和增益值，直到获得稳定的数值。

【**例 9.1**】液压折板机系统示意图如图 9-13 所示，电液伺服缸 A、缸 B 含驱动器，各自自带 0～10V 的位置信号。设计一控制电路。实现两个缸体的同步运行，设缸 A 为主动缸，缸 B 为从动缸。

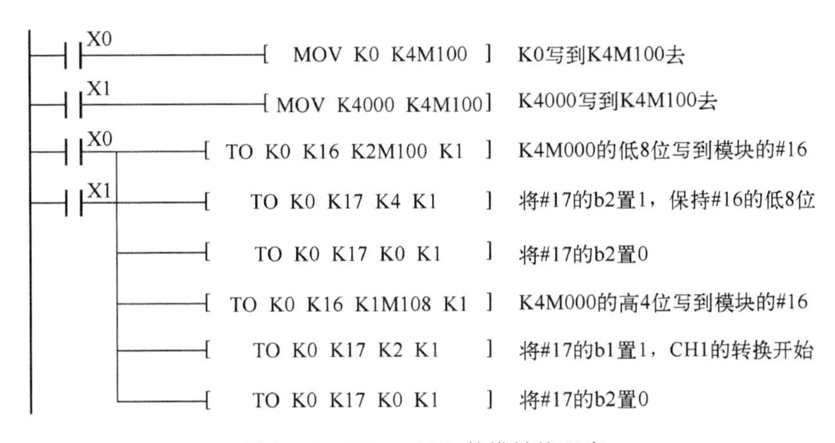

图 9-12　FX_{2N} -2DA 数模转换程序

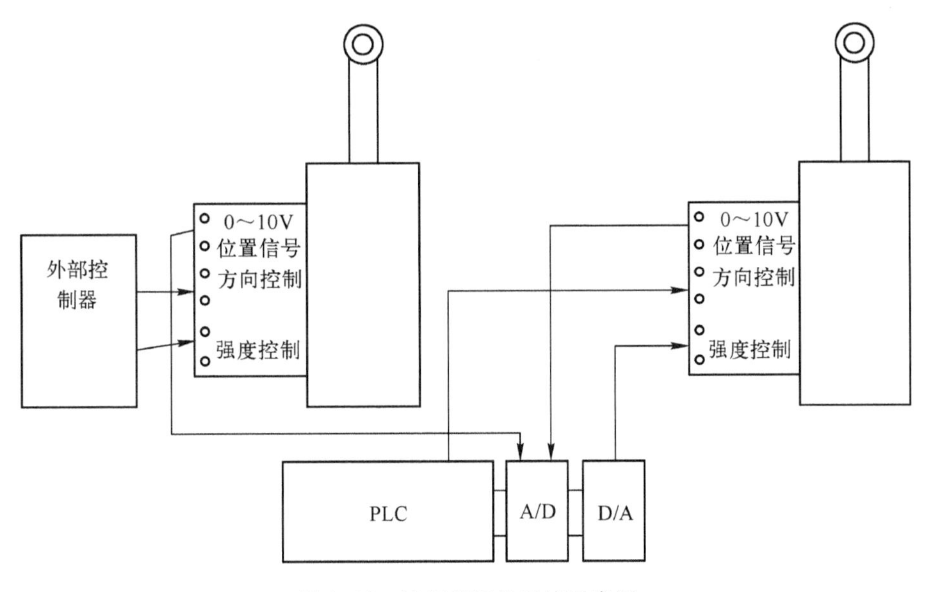

图 9-13　液压折板机系统示意图

解：

（1）安装 A/D、D/A 模块，安装位置同图 9-3 所示。通道 A/D 选择 1CH、2CH。缸 A 位置信号接 1CH、缸 B 位置信号接 2CH。3CH、4CH 不用，故 BFM#0 设置为 H3300。

（2）模/数转换速度选择：BFM#15 设置为 H0001，为高速。

（3）调整增益与偏移量。按增益 5000，偏移 0 设置。

编写的 PLC 程序如图 9-14 所示。

输出开关 M50、M51 由触摸屏操作控制。

```
M8002
─┤├──────────[ SET M100 ]                初始设置
M100
─┤├─┬────────[ TOP K0 K21 K1 K1 ]         （K1）->BFM#21调整设置允许
    ├────────[ TOP K0 K22 K0 K1 ]         （K0）->BFM#22复位调整位，
    └────────( T0 K4 )                    清除以前设置
T0
─┤├─┬────────[ TOP K0 K23 K0 K1 ]         （K0）->BFM#23偏移设置
    ├────────[ TOP K0 K24 K2500 K1 ]      （K2500）->BFM#24增益设置
    ├────────[ TOP K0 K22 H000F K1 ]
    └────────( T1 K4 )
T1
─┤├─┬────────[ RST M100 ]                 设置结束
    │                                     （K2）->BFM#21
    └────────[ TOP K0 K21 K2 K1 ]         BFM#21增益/偏移禁止调整

M8002
─┤├─┬────────[ FROM K0 K30 D100 K1 ]      读#0模块的识别码
    ├────────[ CMP D100 K2010 M0 ]        比较识别码，如果
    │                                     是则M1为ON
    └────────[ FROM K0 K29 K4M10 K1]      读BFM#29单元数据

M1  M10  M20
─┤├──┤/├──┤/├─┬──[ FROM K0 K5 D0 K2 ]     读出两路A/D的值
              └──( M30 )                  识别码对，没有错误
M30                                       则M30为ON
─┤├─┬─[ > D0 D1 ]─┬─[ SUB D0 D1 D10 ]
    │             └─( M31 )               两个位置差，放到D10
    └─[ <= D0 D1 ]─┬─[ SUB D1 D0 D10 ]
                   └─( M32 )              M31、M32为方向

M50
─┤├─┬────────[ MUL D10 K16 D12 ]         将D10乘16再除
    └────────[ DIV D12 K10 D16 ]         10，送入D16中

M50
─┤├─┬────────[ MOV D16 K4M100 ]          将D16送入K4M100中，
    ├────────[ TOP K1 K16 K2M100 K1]     低8位送入BFM#16
    ├────────[ TOP K1 K17 K0004 K1 ]     BFM#17的b2控制位为
    │                                    1，然后设为0，保持
    ├────────[ TOP K1 K17 K0000 K1 ]     低8位
    ├────────[ TOP K1 K16 K1M108 K1]     K4M100中，高8位送入
    │                                    BFM#16
    ├────────[ TOP K1 K17 H0002 K1 ]     BFM#17的b1控制位为
    │                                    1，然后设为0，则CH1
    └────────[ TOP K1 K17 H0000 K1 ]     输出8
```

图9-14　电液伺服控制程序

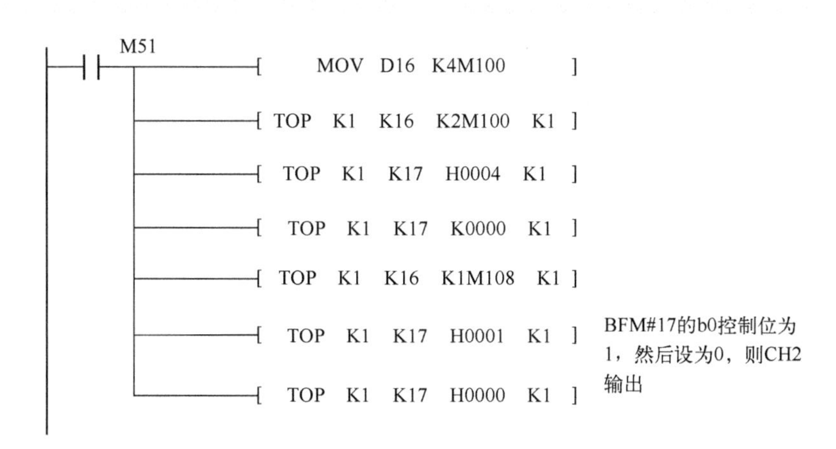

图 9-14　电液伺服控制程序（续）

9.2　高速计数

PLC 的工作模式为循环扫描工作方式，如果是高于 PLC 扫描周期的输入和输出信号，则须外接高速脉冲输出模块（如 FX_{2N} - 1PG）和高速脉冲输入模块（FX_{2N} - 1HC 模块）。FX 系列 PLC 中，当 X0 ~ X7 用作高速计数输入时或使用 FNC56 速度检测指令以及中断输入时，输入滤波器的滤波时间自动设置为 50ms。Y0 ~ Y2 可用作高速脉冲输出。常用的高速计数指令有比较置位指令 HSCS、比较复位指令 HSCR、区间比较指令 HSZ 等。

9.2.1　高速计数器

高速计数器是 PLC 的编程软元件，相对于普通计数器，高速计数器用于频率高于机内扫描频率的机外脉冲计数，由于计数信号频率高，计数以中断方式进行，故当计数器的当前值等于设定值时，计数器的输出接点立即工作。

由于高速计数是采用中断模式，故受机器中断处理能力限制，特别是使用多个高速计数，应注意其高速计数的频率总和不应超过 20kHz，还要考虑不同输入和计数器的具体情况，如表 9-13 所示。

表 9-13　高速计数器类型

高速计数器类型	1 相输入		2 相输入	
	特殊输入点	其他输入点	特殊输入点	其他输入点
输入点	X0、X1	X2 ~ X5	X0、X1	X2 ~ X5
最高频率	60kHz	10kHz	30kHz	5kHz

FX_{2N} 型 PLC 的 C0 ~ C99 为一般 16 位计数器，C100 ~ C199 为锁存 16 位计数器，C200 ~ C234 为 32 位顺/倒计数器，对应特殊继电器 M8200 ~ M8234 作为对应计数器加减计数的切换，如图 9-15 所示。

还有 C235 ~ C255 共 21 点高速计数器，属 32 位计数器，它们和 X0 ~ X5 配合，可进行高速计数，X6、X7 为辅助。计数方向由特殊继电器 M8235 ~ M8255 所控制，由于中断方式计数，

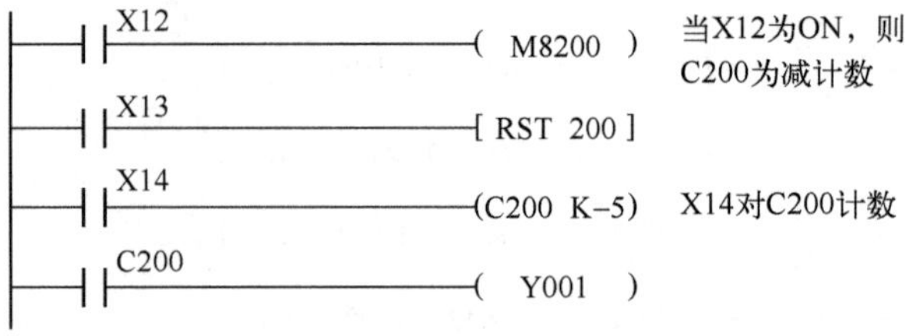

```
X12
─┤├──────────────( M8200 )   当X12为ON，则C200为减计数
X13
─┤├──────────────[ RST 200 ]
X14
─┤├──────────────(C200 K-5)   X14对C200计数
C200
─┤├──────────────( Y001 )
```

图 9-15　C200 的双向计数

且当前值 = 预置值时，计数器立刻动作，但输出信号却依赖于扫描周期，如表 9-14 所示。

表 9-14　FX_{2N} 型 PLC 有 C235 ~ C255 共 21 点高速计数器

		X000	X001	X002	X003	X004	X005	X006	X007	方　向
一相一计数输入	C235	U/D								M8235
	C236		U/D							M8236
	C237			U/D						M8237
	C238				U/D					M8238
	C239					U/D				M8239
	C240						U/D			M8240
	C241	U/D	R							M8241
	C242			U/D	R					M8242
	C243				U/D	R				M8243
	C244	U/D	R					S		M8244
	C245			U/D	R				S	M8245
一相二计数输入	C246	U	D							M8246
	C247	U	D	R						M8247
	C248				U	D	R			M8248
	C249	U	D	R				S		M8249
	C250				U	D	R		S	M8250
二相二计数输入	C251	A	B							M8251
	C252	A	B	R						M8252
	C253				A	B	R			M8253
	C254	A	B	R				S		M8254
	C255				A	B	R		S	M8255

U（UP）表示增计数，D（DOWN）表示减计数，A 表示 A 相输入，B 表示 B 相输入，R 表示复位输入，S 表示启动输入。

C235 ~ C240 为 1 相（无启动）单输入（X0 ~ X5）高速计数器，如图 9-16 所示。

C241 ~ C245 为 1 相（有启动 X6、X7）单输入（X0 ~ X5）高速计数器，如图 9-17 所示。

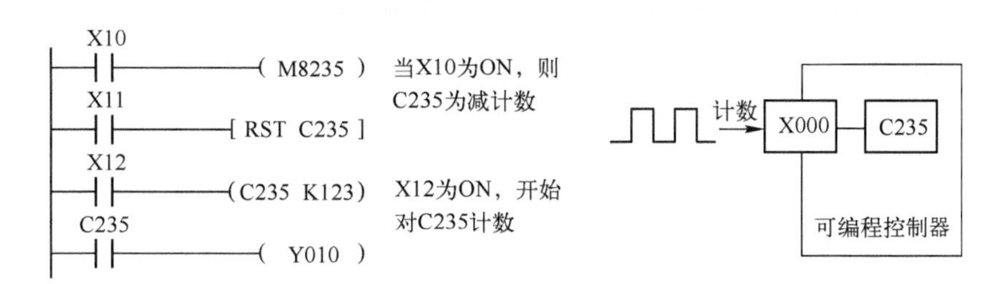

图9-16　单相无启动/复位高速计数器

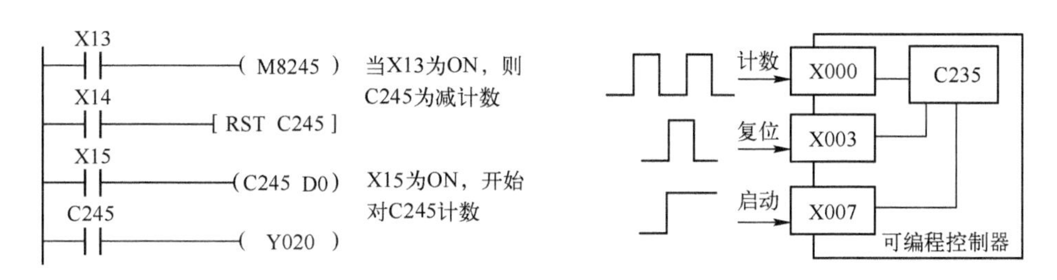

图9-17　单相带启动/复位高速计数器

C246～C250为1相2计数（有启动X6、X7）单输入（X0～X5）高速计数器，如图9-18所示。

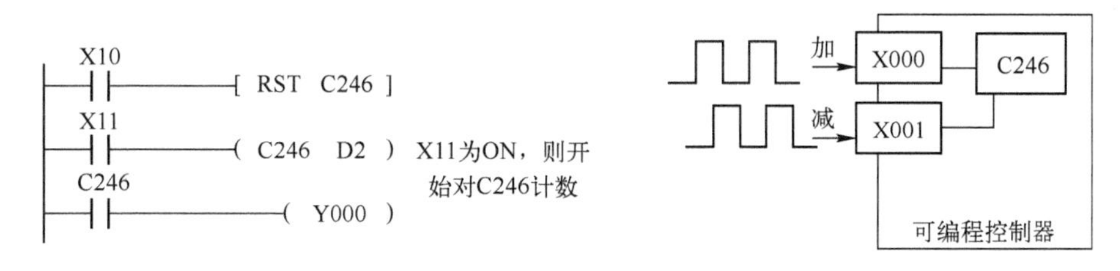

图9-18　单相双输入高速计数器

C251～C256为2相2计数（有启动X6、X7）单输入（X0～X5）高速计数器，如图9-19所示。

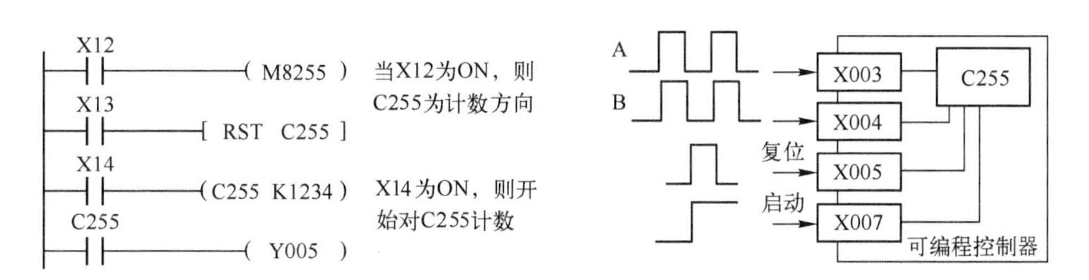

图9-19　两相两输入型高速计数器

综合上述高速计数器是采用中断工作方式，输出的话还是按循环扫描的顺序输出的。如果要快速输出，需使用高速计数器的专用指令，FX_{2N}型PLC高速处理指令中有以下3条是关于高速计数器的，都是32位指令。

9.2.2 高速计数器比较置位指令 HSCS（FNC 53）

高速计数器置位 HSCS 指令用于高速计数器的置位，使计数器的当前值达到预置值时，计数器的输出触点立即动作。立即的含义——用中断的方式使置位和输出立即执行而与扫描周期无关。高速计数器比较置位指令的使用说明如表 9-15 所示。

表 9-15 高速计数器比较置位指令 HSCS（FNC 53）

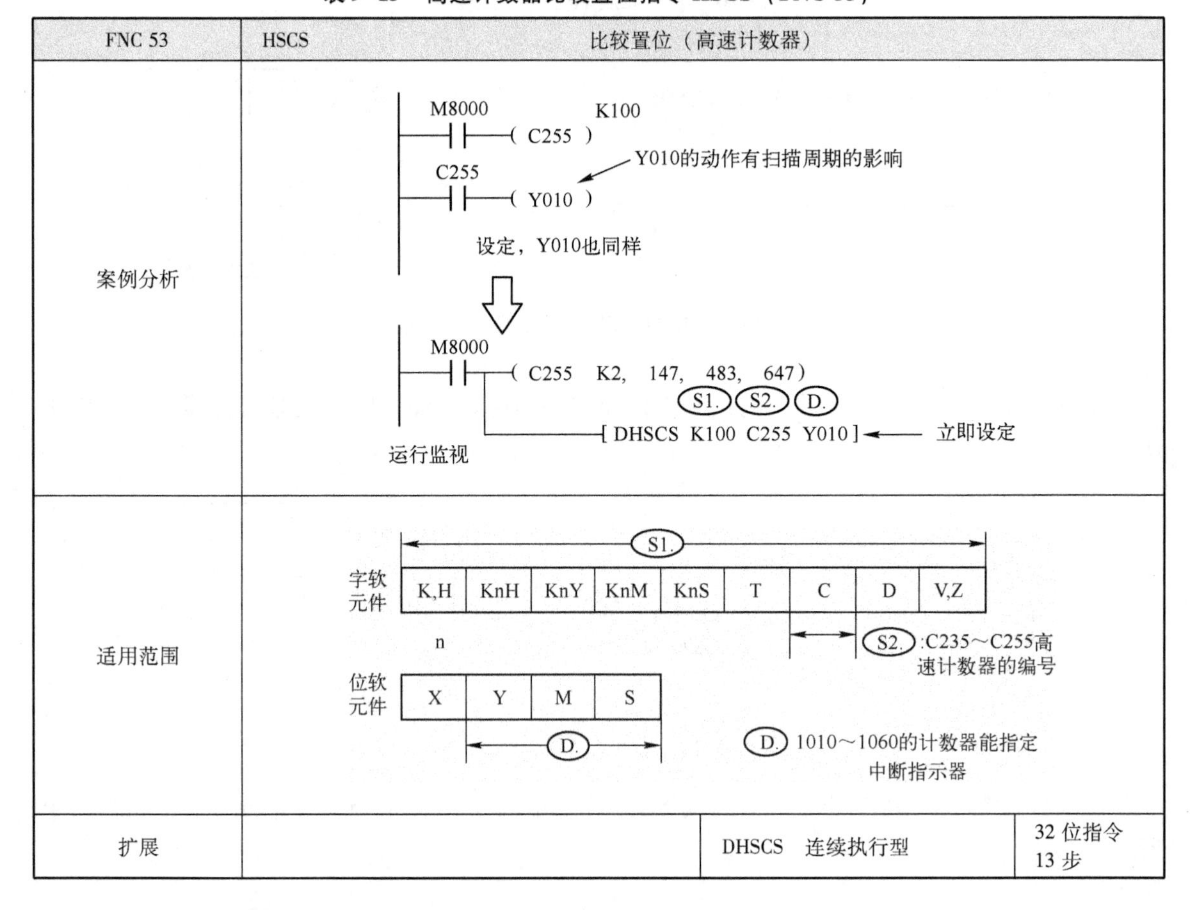

FNC 53	HSCS	比较置位（高速计数器）	
案例分析	（梯形图）		
适用范围	（软元件图）		
扩展		DHSCS 连续执行型	32 位指令 13 步

表中的示例表示：当 M8000 一直为 ON，则开放 C255 高速计数，计数到后不能够马上输出，而采用 HSCS，实际上是采用中断方式立即输出。当 C255 从 99 计到 100，或 101 计到 200 时，Y010 为 ON。

9.2.3 高速计数器比较复位指令 HSCR（FNC 54）

高速计数器比较复位指令用于高速计数器的复位。其使用说明如表 9-16 所示。

表中的示例表示：采用 C255 计数器高速计数，计数到后受扫描周期影响，不能马上清 0，而采用 HSC 指令，R 实际上是采用中断方式立即复位。当 C255 的值从 199 计到 200，或 201 到 200，则 Y010 复位。

表 9-16　高速计数器比较复位指令 HSCR（FNC 54）

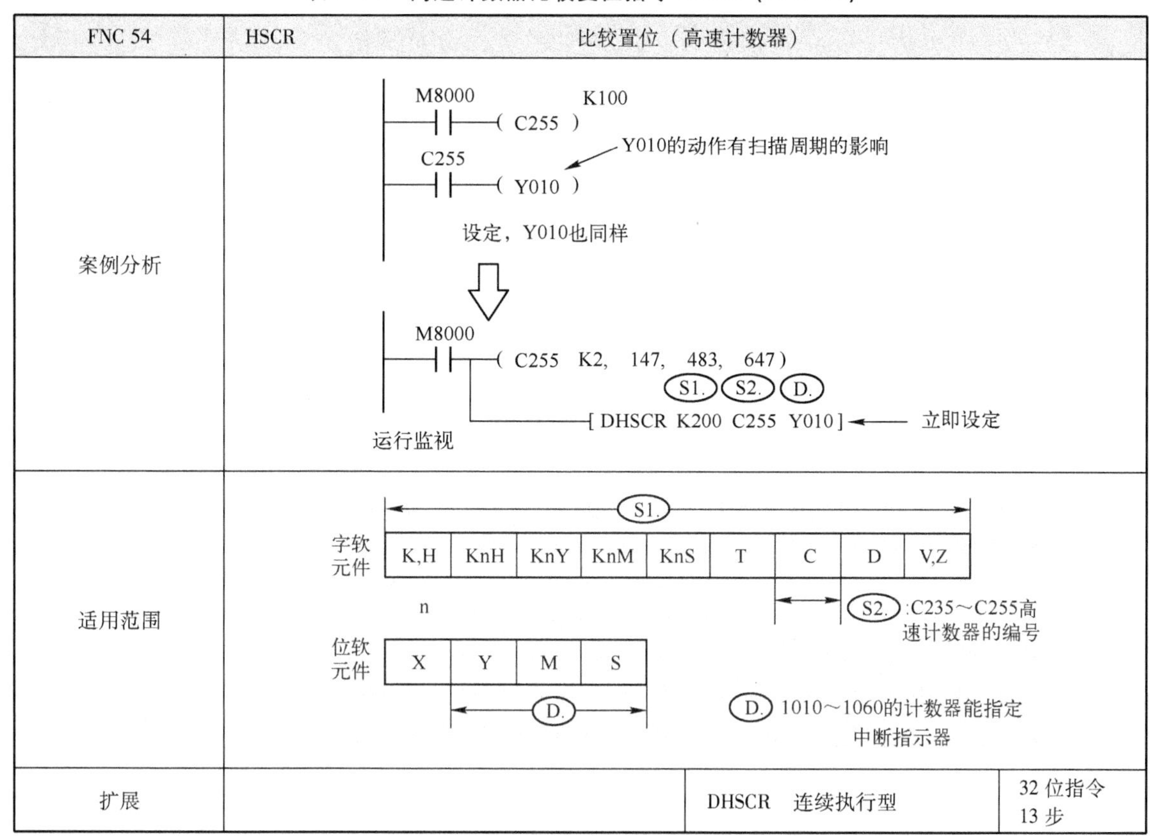

FNC 54	HSCR	比较置位（高速计数器）	
案例分析	M8000 K100 (C255) C255 (Y010) ← Y010的动作有扫描周期的影响 设定，Y010也同样 ⇩ M8000 (C255 K2, 147, 483, 647) S1. S2. D. [DHSCR K200 C255 Y010] ← 立即设定 运行监视		
适用范围	字软元件: K,H / KnH / KnY / KnM / KnS / T / C / D / V,Z （S1.） n S2. :C235～C255高速计数器的编号 位软元件: X / Y / M / S （D.） D. 1010～1060的计数器能指定中断指示器		
扩展		DHSCR　连续执行型	32 位指令 13 步

图 9-20 所示是采用高速计数器比较置位指令和比较复位指令的例子，读者可自行分析程序功能。

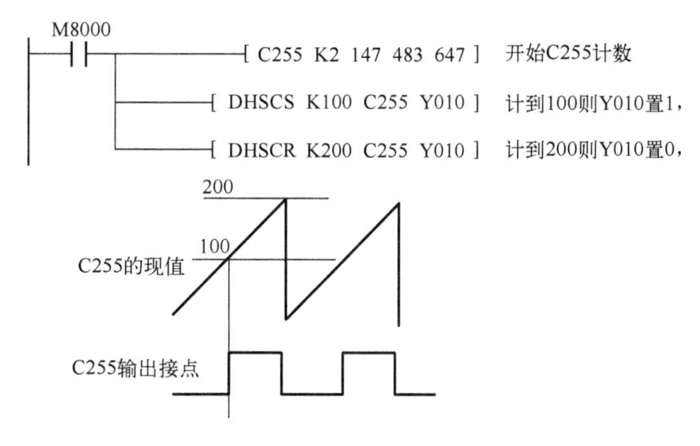

图 9-20　高速计数器比较置位和比较复位指令使用示例

9.2.4　高速计数器区间比较指令 HSZ（FNC 55）

高速计数器区间比较指令用于高速计数的数据比较，并将比较结果用位信号输出，类似于比较指令 CMP 的功能，只不过前者用于高速计数指令，其使用说明如表 9-17 所示。

表 9-17　高速计数器区间比较指令 HSZ（FNC 55）

FNC 55	HSZ	区间比较指令（高速计数器）	
案例分析	M8000 (C255 K2, 147, 483, 647) [DHSZ K1000 K2000 C255 Y000] S1. S2. S. D. 比较输出的动作： K1000>C255当前值　Y000 ON K1000≥C255当前值≥K2000　Y001 ON K2000<C255当前值　Y002 ON		
适用范围	S1. S2. 字软元件：K,H / KnH / KnY / KnM / KnS / T / C / D / V,Z n S.：C235～C255高速计数器的编号 位软元件：X / Y / M / S D. D. 1010～1060的计数器能指定中断指示器		
扩展		DHSZ　连续执行型	32 位指令 17 步

该指令和其他高速指令一样，都是不受扫描周期的影响。表中的示例表示：M8000 启动 C255 计数，当 C255 不到 1000 时，Y0 输出；当 C255 计数计到 1000 和 2000 之间时，Y1 输出；当 C255 计到 2000 以上时，则 Y2 输出。

9. 2. 5　速度检测指令 SPD（FNC 56）

速度检测指令 SPD 用于检测给定时间内从高速计数器输入端输入的脉冲数，并计算出速度。其中，[S1] 用于指定输入信号源，[S2] 用于指定单位时间，[D] 用于指定存储结果寄存器。该指令的使用说明如表 9-18 所示。

表 9-18　速度检测指令 SPD（FNC 56）

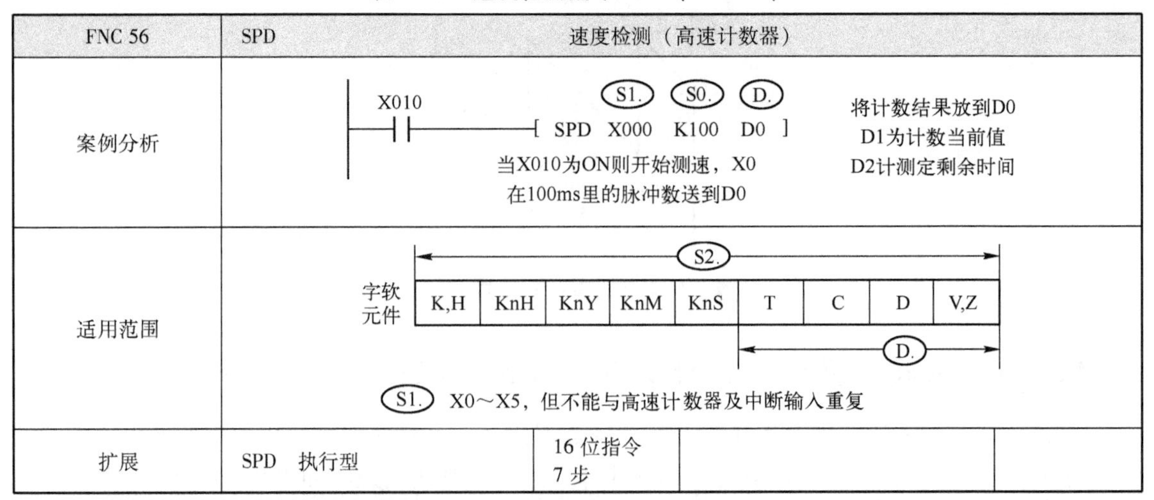

FNC 56	SPD	速度检测（高速计数器）	
案例分析	X010 [SPD X000 K100 D0] S1. S0. D. 当X010为ON则开始测速，X0在100ms里的脉冲数送到D0 将计数结果放到D0 D1为计数当前值 D2计测定剩余时间		
适用范围	S2. 字软元件：K,H / KnH / KnY / KnM / KnS / T / C / D / V,Z D. S1. X0～X5，但不能与高速计数器及中断输入重复		
扩展	SPD　执行型	16 位指令 7 步	

注意，该指令的输出 D0 连用 3 个寄存器，即 D0、D1、D2。表中的示例表示：当 X010 为 ON 时，启动 X0 测速度，即 100ms 内的脉冲数，SPD 指令测速的示意图如图 9-21 所示。

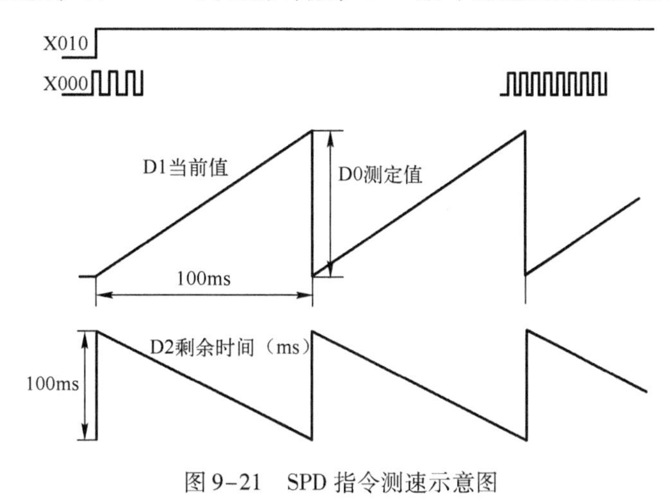

图 9-21　SPD 指令测速示意图

9.2.6　脉冲输出指令 PLSY（FNC 57）

脉冲输出指令 PLSY 用于产生指定数量的脉冲，其中，[S1] 用于指定脉冲频率，[S2] 用于指定脉冲个数，[D] 用于指定输出口。其使用说明如表 9-19 所示。

表 9-19　脉冲输出指令 PLSY（FNC 57）

FNC 57	PLSY	速度检测（高速计数器）		
案例分析	X000 ─┤├─[PLSY K1000 D0 Y000]（S1. S2. D.） 当X000为ON则Y0脉冲，脉冲数D0（个），周期1000ms 周期：S1=2～20kHz 脉冲数：S2=1～32767 1～2147483647（32位） 输出：D			
适用范围	字软元件：K,H　KnH　KnY　KnM　KnS　T　C　D　V,Z（S1. S2. 适用全部） D.：Y0、Y1，但不能与高速计数器及中断输入重复			
扩展	PLSY　执行型	16 位指令 7 步	DPLSY　执行型	32 位指令 13 步

PLSY 输出的引脚指定输出脉冲的 Y 编号，但仅 Y0、Y1 有效，且 PLC 必须为晶体管输出。输出控制不受扫描周期影响，采用中断方式。对同一 Y 编号，指令在程序中只能使用一次。表中的示例表示：当 X0 为 ON，则 Y0 输出周期为 1000Hz 的脉冲 D0（数量）个。

若 X000 为 OFF，则输出中断，当 X0 再次置 ON 时，程序从初始状态开始动作，发出连续脉冲。PLSY 指令输出波形示意图如图 9-22 所示。指令结束后，M8029 为 ON，当脉冲数设置为 0 时，则为连续脉冲。S1 的内容在指令执行中间可以修改，S2 的内容不能变更。输出口 Y0 的总数存于 D8141（高位）和 D8140（低位）中，输出口 Y1 的总数存于 D8143（高位）和

D8142（低位）中，输出口 Y0 、Y1 两口总数存于 D8137（高位）和 D8136（低位）中。各口可以通过 DMOV 指令加以清除。

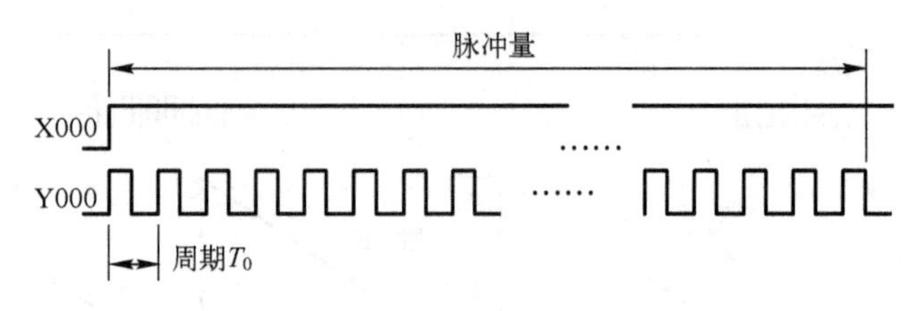

图 9-22　PLSY 输出波形示意图

9.2.7　脉宽调制指令 PWM（FNC 58）

脉宽调制指令用于产生指定脉冲宽度和周期的脉冲串。其中，［S1］用于指定脉冲宽度，［S2］用于指定脉冲周期，［D］用于指定输出口。其使用说明如表 9-20 所示。

表 9-20　脉宽调制指令 PWM（FNC 58）

FNC 58	PWM	脉宽调制输出（高速计数器）		
案例分析	X011 —[PWM D10 K10000 Y001]（S1. S2. D.） 当X011为ON则Y1脉冲，脉宽为D10（ms），周期10000ms 周期：S2=1～32767ms 脉宽：S1=0～32767ms 输出：D			
适用范围	S1. S2.：字软元件 K,H、KnH、KnY、KnM、KnS、T、C、D、V,Z D.：Y0、Y1，但不能与高速计数器及中断输入重复			
扩展	PWM　执行型	16 位指令 7 步		

PWM 指令由于脉冲宽度和周期可控制，经常通过 PWM 指令来实现对加热器、变频器的控制，从而实现对加热器加热、电动机速度的控制。甚至可以作为数据传输。输出只能 Y0、Y1 有效，且 PLC 必须为晶体管输出。表中，当 X11 为 ON，则 Y1 输出脉宽为 D10，周期为 10 秒的脉冲。D10 可在 0～10000 里变化。等于或大于 10000（周期值）时会产生错误，特别是两个参数相等时也会误发短脉冲。输出波形如图 9-23 所示；当 X11 为 OFF 时，则 Y001 也为 OFF。

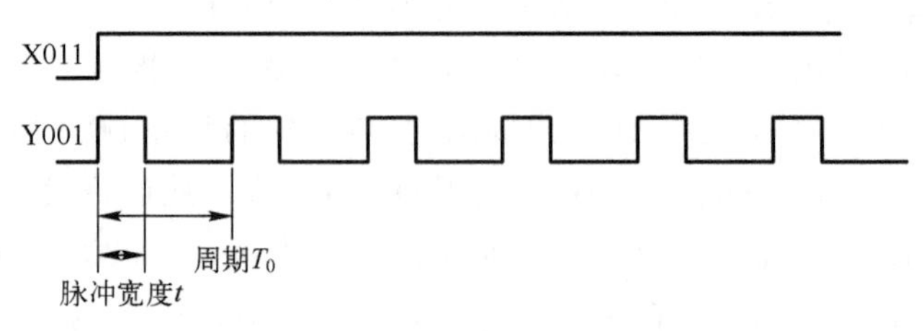

图 9-23　PWM 输出波形示意图

9.2.8　带加减速的脉冲输出 PLSR（FNC 59）

带加减速的脉冲输出指令 PLSR 的功能是对所指定的最高频率进行加减速时间的加减速调节，并输出所指定的脉冲数。其使用说明如表 9-21 所示。其中，［S1］用于指定最高频率，［S2］用于指定总脉冲数，［S3］用于指定加减速时间，［D］用于指定输出口。

表 9-21　带加减速的脉冲输出 PLSR（FNC 59）

FNC 59	PLSR	带加减速的脉冲输出（高速计数器）		
案例分析	X010 ─┤├─［PLSR　K1000（S1.）　D12（S2.）　K3000（S3.）　Y000（D.）］ 当X010为ON则Y0脉冲，最低为100Hz(1000/10)，加速时间为3000ms，最高频率为1000Hz，脉冲个数为D12个。 最高频率：S1=10～20kHz 总脉冲数：S2=110～32767个 110～2147483647个（位） 加减速时间：S3=<5000ms 输出：D			
适用范围	字软元件（S1.）（S2.）（S3.）：K,H、KnH、KnY、KnM、KnS、T、C、D、V,Z （D.）晶体管输出Y0、Y1，但不能与高速计数器及中断输入重复			
扩展	PLSR　执行型	16 位指令 7 步	DPLSR　执行型	32 位指令 17 步

表中的示例表示：当 X010 为 ON，脉冲从初始状态开始加速度，在指定时间里加速到指定速度（频率）后，在指定速度运行，达到末端在指定的时间里减速运行，最终完成输出总脉冲数。脉冲监视 Y000 对应 M8147，Y001 对应 M8148，其对应输出是 M8147、M8148 为 ON。

该指令的加速时间与减速时间是相等的，从最小速度到最高速度时间的 1/10 和速度差的 1/10 进行累加的，在应用该指令于步进电机时，一次变速量应设定在步进电机不失调的范围。加减速的时间不能太小，至少 10 倍于扫描时间，即 10×（D8012），加减速时间最大值设定符合 S3＜（S2/S1）×818。加减速时间最小值设定符合 S3〉（90000/S1）×5，当设置不到 90000/S1 时，在 90000/S1 值时结束。加减速的变速数按 S1/10 计算，次数固定为 10 次，PLSR 的输出波形如图 9-24 所示。

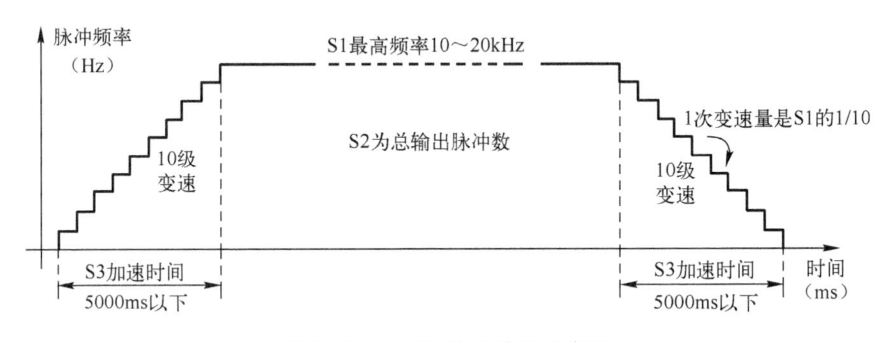

图 9-24　PLSR 输出波形示意图

PLSR 指令的输出脉冲数存入的特殊寄存器与 PLSY 相同。

【例 9.2】 设计一步进电机控制程序，开机时电机慢速复位找原点，按下启动按钮，电机驱动丝杆小车前进（Y2 前进方向）8000 步，停 2 秒再前进 2000 步，停 1 秒，而后退回原点并停止，再次启动，则以同样的方式运行。步进电机示意图如图 9-25 所示。

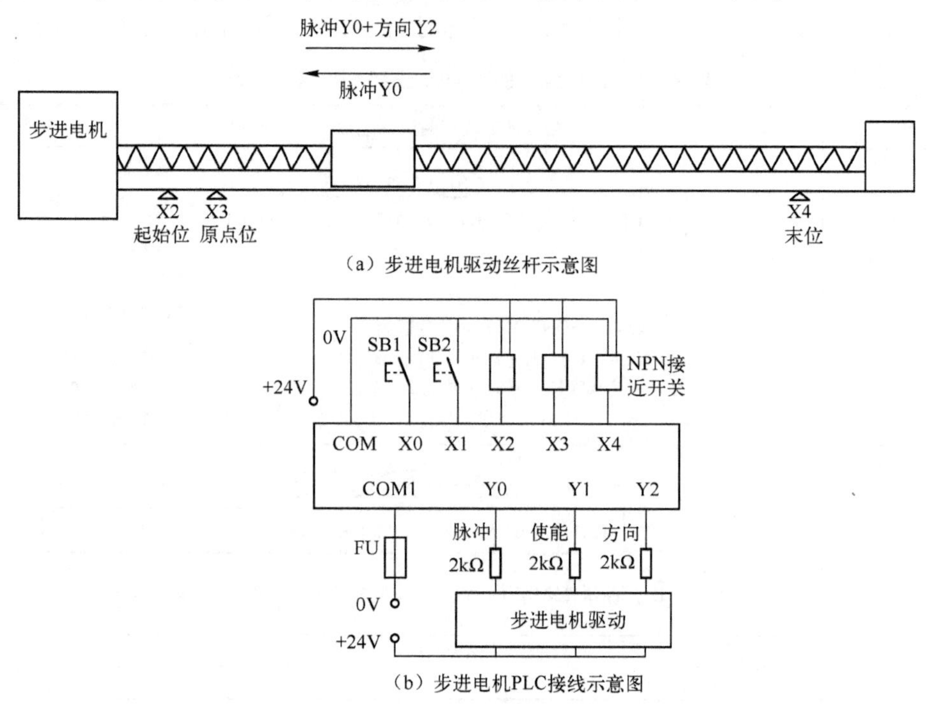

图 9-25　步进电机示意图

解： 根据题意，设计系统流程图和梯形图程序，如图 9-26 和图 9-27 所示。

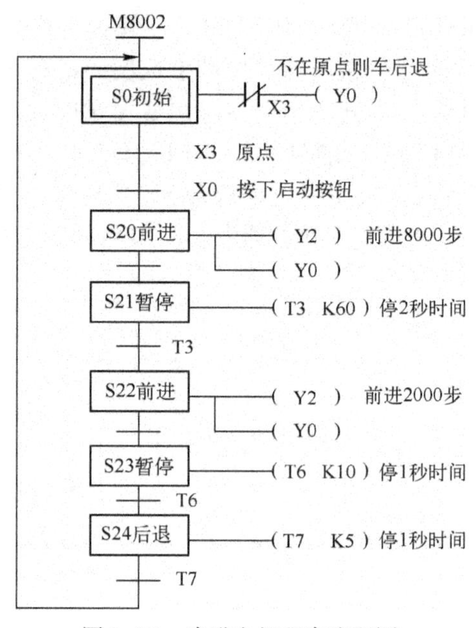

图 9-26　步进电机程序流程图

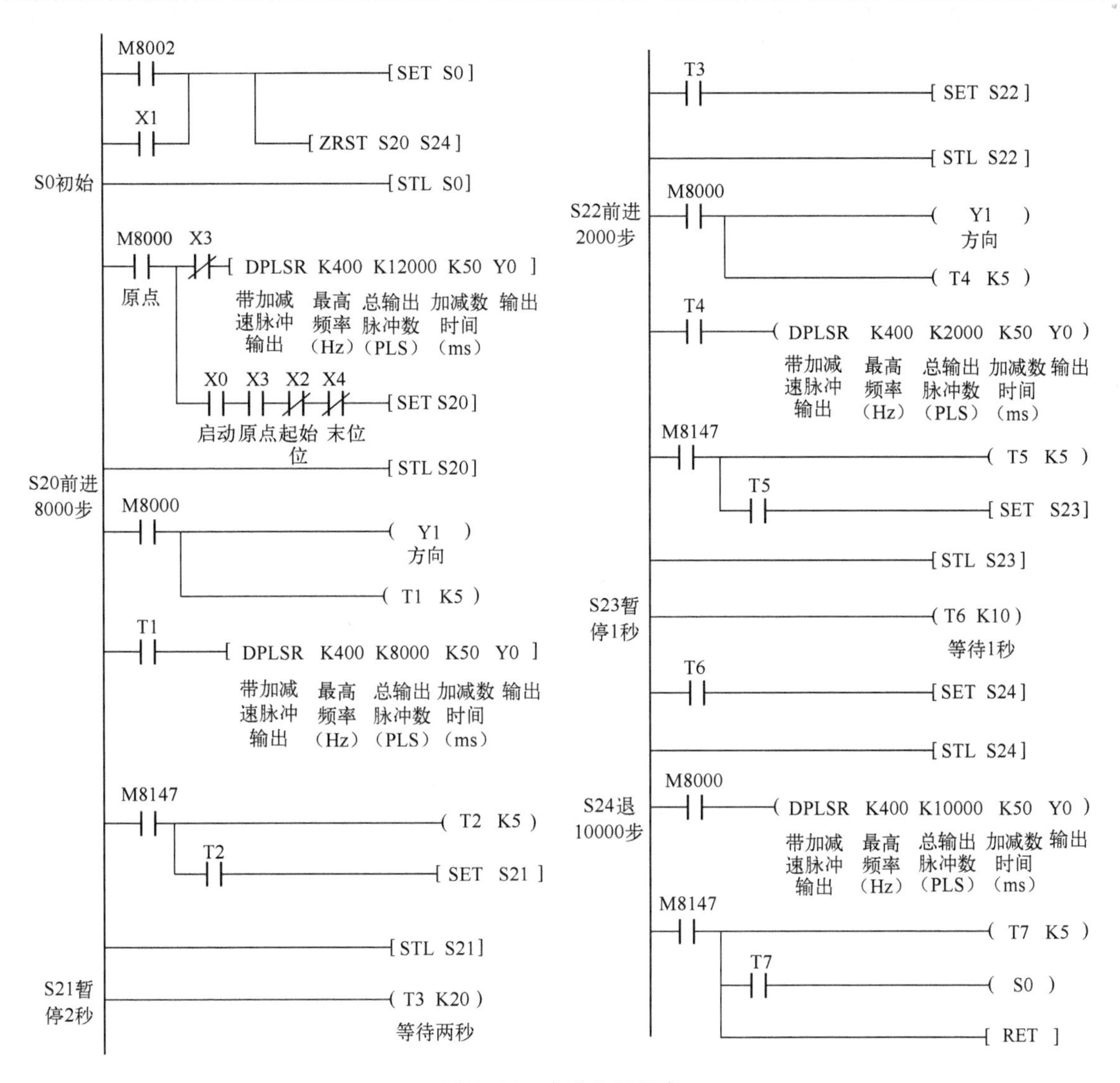

图 9-27　步进电机程序

9.3　通信网络的基础知识

两台设备 PLC 之间或 PLC 与触摸屏或 PLC 与计算机或 PLC 与现场设备之间的信息交换，它们之间就产生了通信。其实，当用编程器向 PLC 输入程序时，编程器与 PLC 之间有信息传递，这就是最简单的 PLC 通信。计算机和 PLC 都属于数字设备，它们之间交换的信息都是由“0”和“1”表示的数字信号，通常把具有一定编码要求的数字信号称为数据信息。PLC 通信属于数据通信。

可编程控制通信的任务就是把地理位置不同的可编程控制器、计算机、各种现场设备用通信介质连接起来，按照规定的通信协议，以某种特定的通信方式高效率地完成数据的传送、交换和处理。

随着 Internet 技术的发展及与 PLC 技术的结合，PLC 已经不仅仅在相互之间进行通信，而是能够实现多个 PLC 与传感器、控制器、终端计算机、远程模块、服务器等之间进行通信，从而形成新的学科——工业控制网络。

因本章基于小型机的编程，故讨论以三菱 FX_{2N} 为主的小型机之间的通信。

9.3.1 通信系统的基础

数据通信方式有两种基本方式：并行通信方式和串行通信方式。

并行通信是指所传送的数据的各位同时发送或接收，并行通信线路复杂，成本高，故并行通信不适合远距离传送。

串行通信是指所传送的数据按顺序一位一位地发送或接收。不管传送的数据有多少位，只需 1 ~2 根传输线分时传送即可。串行通信在长距离传送时，通信线路简单而且成本低，近年来串行通信技术飞速发展，传送速率可达每秒兆字节的数量级。串行通信广泛应用于 PLC 系统中。

串口通信又分为同步传送和异步传送，同步模式是依靠同步信号来同步，一般使用比较麻烦，发送端与接收端之间的同步问题是数据通信中的一个重要问题。同步不好，轻者导致误码增加，重者使整个系统不能正常工作。为解决这一传送过程中的问题，在串行通信中采用了异步传送。

异步传送也称为起止式传送，它是利用起止法达到收发同步。在异步传送中，被传送的数据编码成一串脉冲，字节传送的起始位由“0”开始，然后是被编码的字节，通常规定低位在前，高位在后，接下来是校验位（可省略）；最后是停止位“1”（可以是 1 位，1.5 位或 2 位）表示字节的结束。例如，传送一个 ASCII 字符（每个字节符有 7 位），若选用 2 位停止位，那么传送这个 7 位的 ASCII 字符就需 11 位，其中包含 1 位起始位，1 位校验位，2 位停止位和 7 位数据位。其格式如图 9-28 所示。

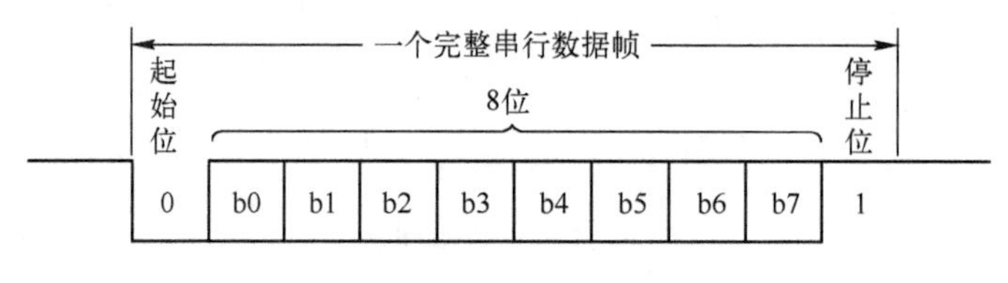

图 9-28　异步传送

异步传送按照这种约定的固定格式，由发送设备一帧一帧地发送，接收设备一帧一帧地接收，在开始位与停止位的控制下，保证数据传送不产生误码。异步通信方式的硬件结构简单，但传送每一字节都要加入开始位、校验位和停止位，传送效率较低，主要用于中、低速数据通信。

在数据通信中，按照数据传送的方向也可将通信分为单工、半双工和全双工 3 种方向传送，如图 9-29 所示。

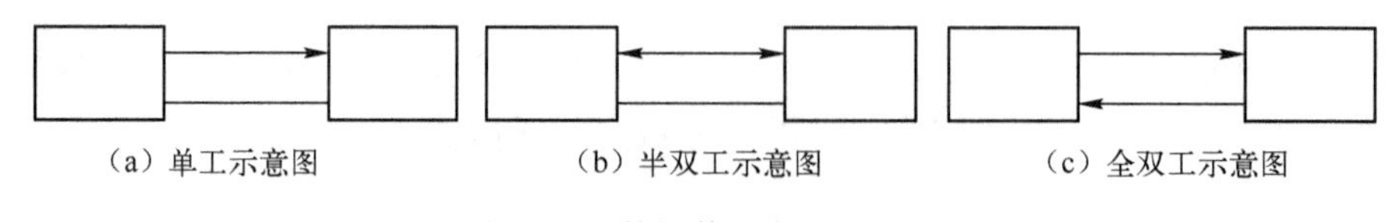

图 9-29　数据传送方向示意图

单工通信是指数据的传送总是保持同一个方向，不能反向传送。半双工通信就是指信息流可以在两个方向上传送，但同一时刻只限于一个方向传送，全双工通信方式是指两个通信设备可以同时发送和接收信息。线路上任一时刻都有两个方向的数据在流动，

9. 3. 2　通信系统的接口

FX_{2N}系列 PLC 的串行异步通信接口主要有 RS－232C、RS－422A、RS－485 等，如图 9-30 所示。

图 9-30　三菱各类通信模块

1. RS－232C 接口

RS－232C 接口是美国电子工业协会 EIA 于 1962 年公布的一种标准化接口。“RS”是英文“推荐标准”的缩写：“232”是标识号；“C”表示此接口标准的修改次数。它既是一种协议标准，又是一种电气标准，它规定了终端和通信设备之间信息交换的方式与功能。

RS－232C 接口是计算机普遍配备的接口，应用既简单又方便。它采用按位串行通信的方式传递数据，单端接收，单端发送，所以数据传送速率低，抗共模干扰能力差，波特率规定为 19200bps、9600bps、4800bps、2400bps、1200bps、600bps、300bps 等几种。RS－232C 的最大通信距离为 15m，在通信距离近、传送速率和环境要求不高的场合应用比较广泛。

RS－232C 采用负逻辑，用 －5 ～ －15V 表示逻辑状态“1”，用 ＋5 ～ ＋15V 表示逻辑状态“0”。RS－232C 可使用 9 针或 25 针的 D 型连接器，PLC 一般使用 9 针的连接器，距离较近时只需要 3 根线，GND 为信号地。RS－232C 使用单端驱动、单端接收的电路，容易受到公共地线上的电位差和外部引入的干扰信号的影响。

2. RS－422A 接口

RS－422A 接口是 EIA 于 1977 年推出的新接口标准 RS－449 的一个子集。它定义 RS－232C 所没有的 10 种电路功能，规定用 37 脚的连接器。它采用平衡驱动、差分接收电路，从根本上取消了信号地线：发送器、接受器仅使用 ＋5V 的电源，因此通信速率、通信距离、抗共模干扰等方面较 RS－232C 接口都有较大的提高。平衡驱动器相当于两个单端驱动器，其输入信号相同，两个输出信号互为反相信号。外部输入的干扰信号是以共模方式出现的，两根传输线上的共模干扰信号相同，因接收器是差分输入，共模信号可以互相抵消。只要接收器有足够的抗共模干扰能力，就能从干扰信号中识别出驱动器输出的有用信号，从而克服外部干扰的影响。

使用 RS－422A 接口，最大数据传输速率可达 10Mbp s（对应的通信距离为 12m）。最大通

信距离为1200m（对应的通信速率为10Kbps）。一台驱动器可以连接10台接收器。

3. RS－485A 接口

RS－485A接口实际上是RS－422A的变形，RS－422A接口为全双工，两对平衡差分信号线接口分别用于发送和接收；RS－485为半双工，只有一对平衡差分信号线，不能同时发送和接收。它的信号传送是用两根导线间的电位差来表示逻辑1、0的，这样RS－485接口仅需两根传输线就可完成信号的发送与接收任务。由于传输线也采用差动接收、差动发送的工作方式，而且输出阻抗低、无接地回路问题，所以它的干扰抑制性很好，传输距离可达1200m，传输速率可达10Mbps。

使用RS－4485通信接口和双绞线可组成串行通信网络，构成分布式系统，系统中最多可有32个站，新的接口器件已允许连接128个站。

9.3.3 通信系统的协议

一个数据通信系统各设备间通过通信总线进行数据通信，各通信设备一般由数据传送、数据传送控制、通信协议和通信软件等部分组成，图9-31为通信设备之间的关系示意图。

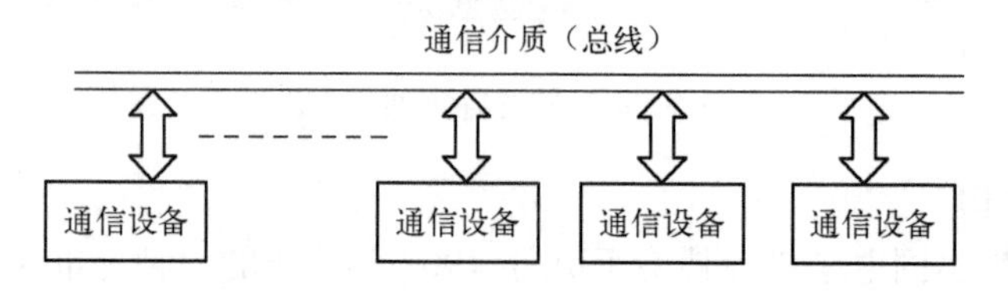

图9-31 通信系统构成

传送设备至少需要两个，一个发送设备，一个接收设备。对于多台设备之间的数据传送，其中还有主从之分。主设备起控制、发送和处理信息的主导作用，从设备被动地接收、监控和执行主设备的信息。主从关系在实际通信时由数据传送的结构来确定。在PLC的通信系统中，传送设备可以是PLC、计算机或各种外围设备。

通信介质是信息传送的基本通道，是发送设备和接收设备之间的桥梁。通信介质必须具有传输速率高、能量损耗小、抗干扰能力强、性能价格比高等特性。PLC使用的通信介质有同轴电缆（带屏蔽）、双绞线、光纤、红外线、无线电、微波、卫星通信等。在各种通信介质中，由于双绞线（带屏蔽）和同轴电缆的成本低、安装简单，性能价格比比较高，广泛应用PLC的通信之中。

通信协议是通信过程中必须严格遵守的各种数据传送规则，是通信得以进行的基础。

通信协议是数据通信时必须遵守的各种规则。它其实是由国际上公认的标准化组织或其他专业团体集体制定的、已被人们普遍接受的有关通信的各种电气技术、机械技术或软件技术标准。目前国际上公认的标准化组织及其通信协议主要有以下4个。

（1）国际标准化组织ISO：世界上最著名的国际标准化组织之一，主要由美国国家标准化组织与其他国家的标准化的代表所组成。ISO在通信方面的主要贡献是建立了开放式系统互联通信协议OSI。

（2）国际电子电气工程师协会IEEE：世界上最为著名的标准化专业组织之一，它对通信的主要贡献是建立了IEEE 802通信协议。这个协议包含了IEEE 802.1～802.11共11个项目。

（3）美国高级研究院 ARPA：它是美国国防部的一个标准化组织，20 世纪 60 年代开始致力于不同种类的计算机间的互联问题的研究，并成功地开发了著名的 TCP/IP 通信协议。这个协议已成为当今国际互联网的通信标准。

（4）美国通用汽车公司 GM：美国最早的一家在“工厂自动化”方面走在世界前列的大型汽车制造商。1980 年，GM 公司参考了 ISO 的 OSI 模型和 IEEE 802 模型，提出一个公共的通信标准——制造自动化协议 MAP，并于 1982 年发表了第一个版本 MAP 1. 1。以后分别于 1984 年、1985 年、1986 年升级到 MAP 1. 2、MAP2. 1 和 MAP 3. 0 等几个版本。MAP 协议的模型与 ISO 的 OSI 协议基本相同，只是内容和功能有所增强。MAP 协议的产生，使来自不同的厂家的可编程控制器、工业计算机、自动化仪表等设备和控制系统连成一个整体。MAP 协议是一个高效能、低价格的通信标准，是组成计算机集成制造的基本原则。

目前，PLC 和上位机（计算机）之间的通信可以按照标准协议（如 TCP/IP）进行，但 PLC 之间、PLC 与远程 I/O 的通信协议还没有标准化。

PLC 的通信是通过硬件和软件来实现的。硬件上有专用的通信接口和通信模块，软件上有现成的通信功能指令和上位通信程序。

FX 系列可编程控制器支持 N: N 网络通信、并行链接通信、计算机链接、无协议通信、可选编程端口 5 种类型的通信。

通信软件用于对通信的软、硬件进行统一调度、控制和管理。

9. 3. 4　三菱 PLC 的无协议通信

无协议通信指令 RS 用于进行数据传输，其使用说明如表 9-22 所示。其中，[S1] 用于指定发送数据地址，m 为发送数据点数，[D] 用于指定接收数据地址，n 为接收数据点数。

表 9-22　串行数据传送指令 RS（FNC 80）

FNC 80	RS	串行数据传送		
案例分析	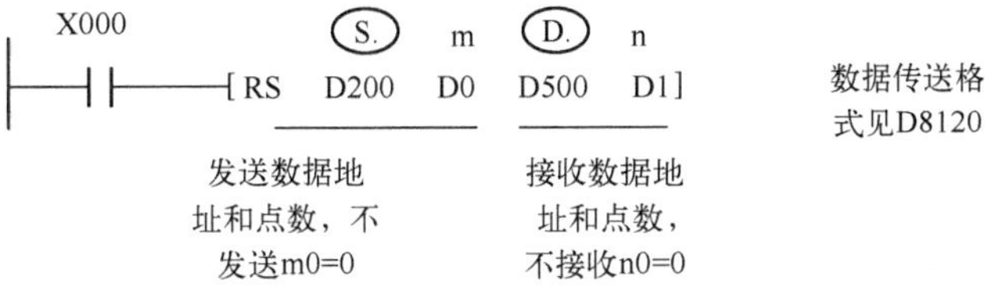 X000 ─┤├─[RS D200 D0 D500 D1]（S. m D. n） 发送数据地址和点数，不发送m0=0 接收数据地址和点数，不接收n0=0 数据传送格式见D8120			
适用范围	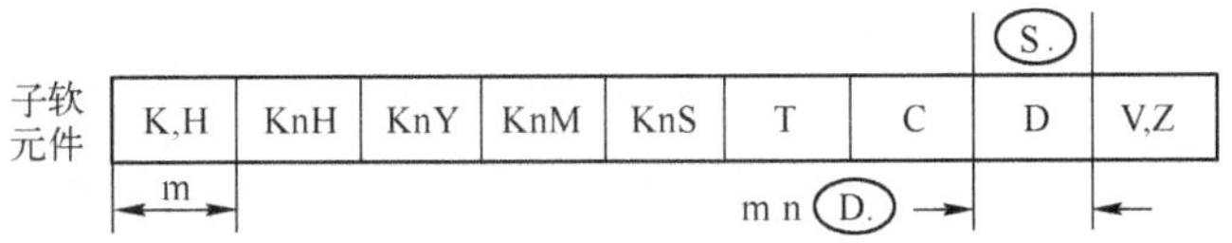 子软元件：K,H　KnH　KnY　KnM　KnS　T　C　D（S.）　V,Z m：K,H；m n（D.）：→ D ←			
扩展	RS　连续执行型	16 位指令 9 步		32 位指令

表中的示例表示：当 X0 为 ON，则启动串口指令。先发送指令，发送完毕则等待指令接收。串口设置是通过 D8120 来设置的，主要参数有数据位数、停止位数、检验码、波特率以及有无协议、通信端口、和校验等，如表 9-23 所示。

表 9-23　数据传送格式设置寄存器 D8120 位信号表

<table>
<tr><th rowspan="2">位　号</th><th rowspan="2">名　称</th><th colspan="3">内　容</th></tr>
<tr><th colspan="2">0（位 OFF）</th><th>1（位 ON）</th></tr>
<tr><td>B0</td><td>数据长</td><td colspan="2">7 位</td><td>8 位</td></tr>
<tr><td>B1
B2</td><td>奇偶性</td><td colspan="3">B2B1：　(0.0)：无校验
(0.1)：奇校验　ODD
(1.1)：偶校验　EVEN</td></tr>
<tr><td>B3</td><td>停止位</td><td colspan="2">1 位</td><td>2 位</td></tr>
<tr><td>B4
B5
B6
B7</td><td>传送速率（bps）</td><td colspan="3">B7B6B5B4：
(0.0.1.1)　300　(0.1.0.0)　600
(0.1.0.1)　1200　(0.1.1.0)　2400
(0.1.1.1)　4800　(1.0.0.0) 9600 (1.0.0.1)　19200</td></tr>
<tr><td>B8</td><td>起始符</td><td colspan="2">无</td><td>有（D8124）初始值 STX（02H）</td></tr>
<tr><td>B9</td><td>终止符</td><td colspan="2">无</td><td>有（D8125）初始值 ETX（03H）</td></tr>
<tr><td rowspan="2">B10B11</td><td rowspan="2">控制线</td><td>无顺序</td><td colspan="2">B11B10：(0.0) 无　(0.1) 普通模式
(1.0) 互锁模式　(1.1) 调制解调器模式</td></tr>
<tr><td>计算机链接通信</td><td colspan="2">B11B10　(0.0) RS-485 接口
(0.1) RS-232 接口</td></tr>
<tr><td>B12</td><td colspan="4">不可用</td></tr>
<tr><td>B13</td><td>和检验</td><td colspan="2">不附加</td><td>附加</td></tr>
<tr><td>B14</td><td>协议</td><td colspan="2">不使用</td><td>使用</td></tr>
<tr><td>B15</td><td>控制顺序</td><td colspan="2">方式 1</td><td>方式 4</td></tr>
</table>

大多数可编程控制器都有一种串口无协议通信指令，如 FX 系列的 RS 指令，它们用于可编程控制器与上位计算机或其他 RS-232C 设备的通信。这种通信方式最为灵活，可编程控制器与 RS-232C 设备之间可以使用用户自定义的通信规定，但是可编程控制器的编程工作量较大，对编程人员的要求较高。如果不同厂家的设备使用的通信规定不同，即使物理接口都是 RS-485，也不能将它们接在同一网络内，在这种情况下一台设备要占用可编程控制器的一个通信接口。

【例 9.3】 有串口发送自定义协议，打开文件夹协议，更改目录命令 0x0c，该命令为主机提供更改工作目录的功能，参数为 N 字节目录名，程序如图 9-32 所示，试分析程序的执行过程。

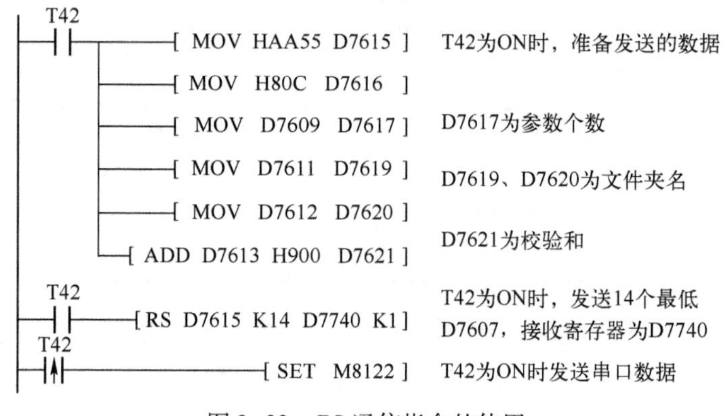

图 9-32　RS 通信指令的使用

用各种 RS－232C 单元，包括个人计算机、条形码阅读器和打印机，来进行数据通信，可通过无协议通信完成，此通信使用 RS 指令或一个 FX_{2N}－232－IF 特殊功能模块完成。

9.3.5　三菱 PLC 的 1∶1 通信

并行通信解决方案用 FX_{2N}/FX_{2NC}/FX_{1N}/FX 和 FX_{2C} 可编程控制器进行数据传输时，是采用 100 个辅助继电器和 10 个数据寄存在 1∶1 的基础上来完成。FX_{1S} 和 FX_{0N} 的数据传输是采用 50 个辅助继电器和 10 个数据寄存器进行的。并行通信解决方案如表 9-24 所示。

表 9-24　并行通信解决方案

项　目		规　格
传输标准		与 RS－485 以及 RS－422 相一致
最大传输距离		每一个网络单元都使用 FX_{0N}－485ADP：500m 当使用功能扩展板（FX_{1N}－485－BD－FX_{2N}－485－BD）时：50m 合并时：50m
通信方式		半双工
波特率		19200b/s
可连接站点数		1∶1
刷新范围	FX_{1N} 系列 PLC	[主站到从站] 位元件：50 点，字元件：10 点* [从站到主站] 位元件：50 点，字元件：10 点*
	FX_{1N}/FX_{2N}/FX_{2NC} 系列	[主站到从站] 位元件：100 点，字元件：10 点* [从站到主站] 位元件：100 点，字元件：10 点*
通信时间		正常模式：70ms 包括交换数据＋主站运行周期＋主站运行周期 高速模式：20ms 包括交换数据＋主站运行周期＋从站运行周期
连接设备	FX_{1S} 系列	FX_{1N}－485－BD 或者 FX_{1N}－CNV－BD 和 FX_{0N}－485ADP
	FX_{1N} 系列	
	FX_{2N} 系列	FX_{1N}－485－BD 或者 FX_{1N}－CNV－BD 和 FX_{0N}－485ADP
	FX_{2NC} 系列	FX_{0N}－485ADP 专用适配器

注：*——在高速模式中，字元件为 2 点。

当两个 FX 系列的可编程控制器的主单元分别安装一块通信模块后，用单根双绞线连接即可，编程时设定主站和从站，两块 FX_{2N}－485－BD 模块并行通信连接示意图如图 9-33 所示。

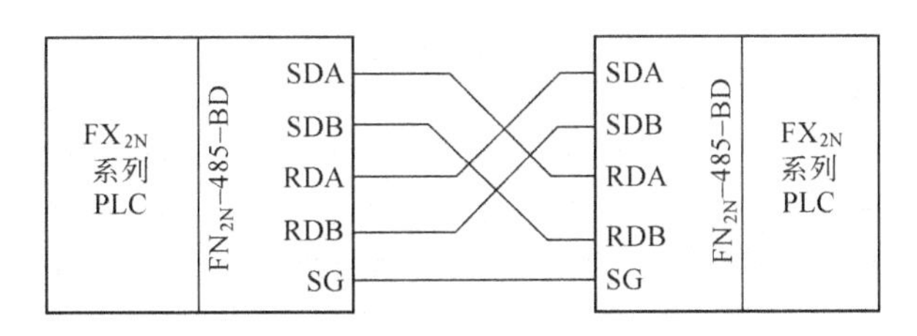

图 9-33　FX_{2N}－485－BD 模块并行通信连接示意图

FX_{2N}并行通信是通信双方规定的专用存储单元机外的通信。设置好两台可编程控制器间进行自动的数据传送，很容易实现数据通信连接。主站和从站的设定由 M8070 和 M8071 设定，另外并行连接有一般和高速两种模式，由 M8162 的通断识别。主从站的设定和通信用辅助继电器和数据寄存器。有关通信参数及设定，如表 9-25 所示。

表 9-25　有关通信参数及设定

元件号	说明
M8070	该位为“1”，则表示该 PLC 为并行连接主站
M8071	该位为“1”，则表示该 PLC 为并行连接主站
M8072	该位为“1”，则表示该 PLC 工作在并行通信模式
M8073	该位为“1”，则表示该 PLC 工作在标准并行通信模式，发生 M8070/M8071 设置错误。
M8162	该位为“1”，则表示该 PLC 工作在高速并行通信模式。
D8070	并行通信的警戒时钟 WDT（默认值为 500ms）

由表可以看出，并行通信模式有两种，一种是普通模式（特殊辅助继电器 M8162：OFF），另一种是高速模式（特殊辅助继电器 M8162：ON）。普通模式下主从双方互传 10 个数据的示意图如图 9-34 所示。

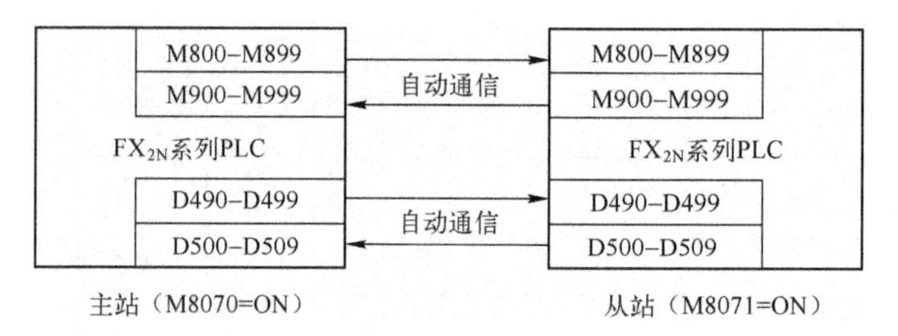

图 9-34　普通模式下主从双方互传

在高速模式下，当仅有两个数据字读写时，主从双方互传示意图如图 9-35 所示。

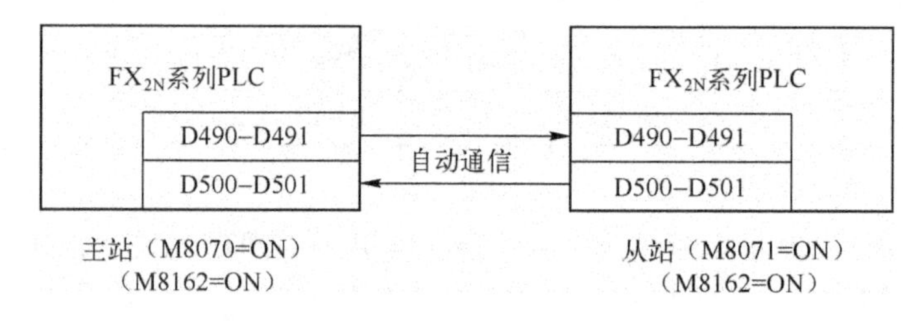

图 9-35　高速模式下主从双方互传

【例 9.4】有两台 PLC 采用高速并行通信模式，要求两台 PLC 之间能够完成如下的控制要求：①当主站的计算值 D10 + D12 < 100 时，从站 Y0 为 ON；②将从站数据寄存器 D100 的值传送到主站，作为主站计数器 T10 的设定值；③主站点输入 X0 ~ X7 的 ON/OFF 状态输出到从站点的 Y0 ~ Y7；④从站点的 MO ~ M7 的 ON/OFF 状态输出到主站点的 Y0 ~ Y7。试根据控制要求设计主从站点梯形图。

解：根据题意，设计的主从站梯形图程序如图 9-36 和图 9-37 所示。

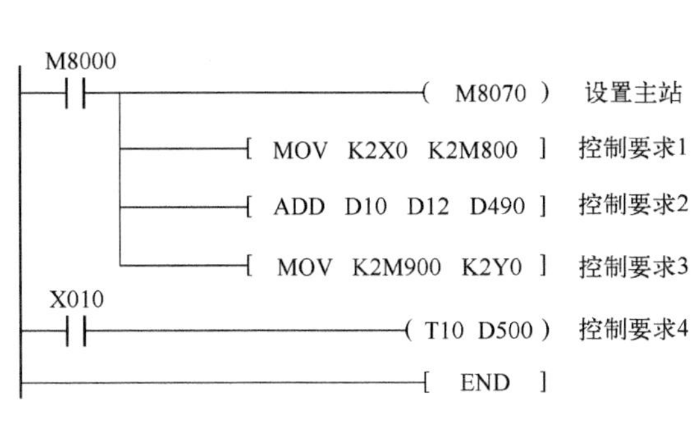

图9-36　高速模式下主站程序

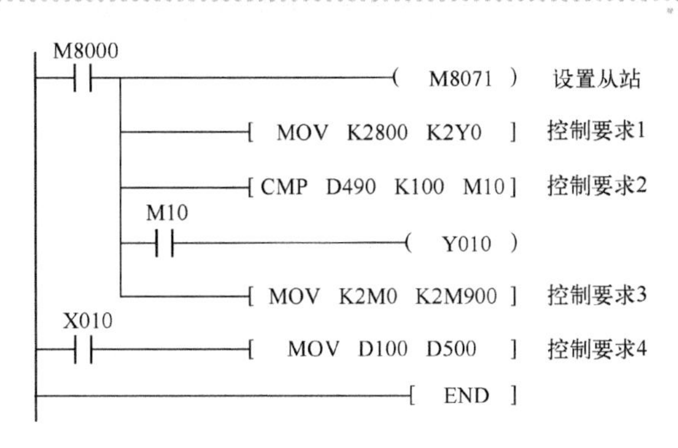

图9-37　高速模式下从站程序

9.3.6　三菱 PLC 的 N:N 通信

用 FX_{2N}、FX_{2NC}、FX_{1N}、FX_{0N}可编程控制器进行的数据传输可建立在 N:N 的基础上，N:N 通信解决方案如表9-26 所示。使用此网络通信，可以设计出一个 8 站的小规模链接系统。

表9-26　N:N 通信解决方案

项　　目		规　　格
传输标准		与 RS-485 相一致
最大传输距离		每一个网络单元都使用 FX_{0N}-485ADP 时：500m 当一个网络功能扩展板（FX_{1N}-485-BD 或者 FX_{2N}-485-BD）时：50m 合并时：50m
通信方式		半双工
波特率		38400bps
可连接站点数		最多8个站
刷新范围	模式0	位元件：0点；字元件：4点（FX_{1S}/FX_{1N}/FX_{2N}/FX_{2NC}） 如果一个系统中使用了一个 FX_{1S}，只能用模式0
	模式1	位元件：32点；字元件：4点（FX_{1S}/FX_{1N}/FX_{2N}/FX_{2NC}）
	模式2	位元件：64点，字元件：8点（FX_{1S}/FX_{1N}/FX_{2N}/FX_{2NC}）
连接设备	FX_{1S}	FX_{1N}-485-BD 或者 FX_{1N}-CNV-BD 以及专用适配器 FX_{0N}-485-APD
	FX_{1N}	
	FX_{2N}系（2.00板或者其后的版本）	FX_{1N}-485-BD 或者 FX_{1N}-CNV-BD 以及专用适配器 FX_{0N}-485-APD
	FX_{2NC}系列	FX_{0N}-485-APD
可用的可编程控制器		FX_{1S}/FX_{0N}（2.00版或者其后的版本）FX_{1N}/FX_{2N}（2.00版或者其后的版本）FX_{2NC}

N:N 网络通信系统配置如图 9-38 所示。

FX 系列 PLC 可以同时最多 8 台联网，在被连接的站点中位元件（0～64 点）和字元件（4～8 点）可以被自动连接，每一个站可以监控其他站的共享数据的数字状态。

对于 FX_{1N}/FX_{2N}/FX_{2NC}类可编程控制器，使用 N:N 网络通信辅助继电器，其中 M8038 用来设置网络参数，M8183 在主站点通信错误时为 ON，M8184～M8190 在从站点产生错误时为 ON（第 1 个从站点 M8184，第 7 个从站点 M8190），M8191 在与其他站点通信时为 ON。有关通信

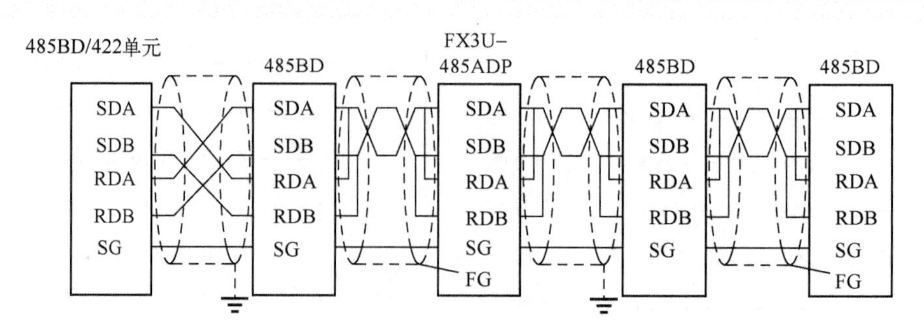

图 9-38　N∶N 网络通信系统网络示意图

参数及设定，如表 9-27 所示。

表 9-27　N∶N 网络的特殊辅助继电器功能说明

继电器号	功　能	说　明	响应类型	读/写方式
M8038	网络参数设置	为 ON 时，进行 N∶N 网络的参数设置	主站、从站	读
M8183	主站通信错误	为 ON 时，主站通信错误	从站	读
M8184 ~ M8190	从站通信错误	为 ON 时，从站通信错误	主站、从站	读
M8191	数据通信	为 ON 时，表示正在和其他站通信	主站、从站	读

上述的主站错误等，不包含 CPU 错误、各站编程、停止状态等，特殊辅助继电器 M8184 ~ M8190 对应的 PLC 从站号为 NO. 1 ~ NO. 7。

站号由数据寄存器 D8176 设置，0 为主站点，1 ~ 7 为从站点号。D8177 设定从站点的总数，设定值 1 为一个从站点，2 为两个从站点。D8178 设定刷新范围，0 为模式 0（默认值），1 为模式 1，2 为模式 2。D8179 主站设定通信重试次数，设定值为 0 ~ 10。D8180 设定主站点和从站点间的通信驻留时间，设定值为 5 ~ 255，对应时间为 50 ~ 2550ms。

表 9-28 为 N∶N 网络的特殊数据寄存器功能说明。

表 9-28　N∶N 网络的特殊数据寄存器功能说明

继电器号	功　能	说　明	响应类型	读/写方式
D8173	站号	保存 PLC 自身的站号	主站、从站	读
D8174	从站数量	保存网络中从站的数量	主站、从站	读
D8175	更新范围	保存要更新的数据范围	主站、从站	读
D8176	站号设置	对网络中 PLC 站号的设置	主站、从站	写
D8177	设置从站数量	对网络中从站的数据进行设置	从站	写
D8178	更新范围设置	对网络中数据的更新范围进行设置	从站	写
D8179	重试次数设置	设置网络中通信的重试次数	从站	读/写
D8180	公共暂停值设置	设置网络中的通信公共等待时间	从站	读/写
D8201	当前网络扫描时间	保存当前的网络扫描时间	主站、从站	读
D8202	最大网络扫描时间	保存当前的最大网络扫描时间	主站、从站	读
D8203	主站发生错误次数	保存当前主站发生错误次数	主站	读
D8204 ~ D8210	从站发生错误次数	保存当前从站发生错误次数	主站、从站	读
D8211	主站通信错误代码	保存当前主站通信错误代码	主站	读
D8212 ~ D8218	从站通信错误代码	保存当前从站通信错误代码	主站、从站	读

上述的通信错误等，不包含本站的 CPU 错误、本站编程、停止状态等，特殊辅助寄存器 D8204 ~ D8210 对应的 PLC 从站号为 NO. 1 ~ NO. 7。特殊数据寄存器 D8212 ~ D8218 对应的 PLC 从站号为 NO. 1 ~ NO. 7。

N: N 的 PLC 联网的参数设置步骤如下：

(1) 站号设置，将 0 ~ 7 写入相应的 PLC 的数据寄存器 D8176 中，主站为 0，从站为 1 ~ 7。

(2) 从站数量写到主站 PLC 的 D8177，该设置不需要从站 PLC 的参与。

(3) 设置模式 0 ~ 2，即数据更新范围，将数值 0 到 2 写入主站的 D8178 寄存器中，下面有模式 0、模式 1、模式 2 的不同网络数据更新范围。

在模式 0 的情况下（FX_{1S}、FX_{0N}、FX_{1N}、FX_{2N}、FX_{2NC}），各站点中的 4 个寄存器共用软元件号如表 9-29 所示。

表 9-29　模式 0 情况下的公用软元件号

站 点 号	软 元 件 号	
	位软元件（M）	字软元件（D）
	0 点	4 点
第 0 号		D0 ~ D3
第 1 号		D10 ~ D13
第 2 号		D20 ~ D23
第 3 号		D30 ~ D33
第 4 号		D40 ~ D43
第 5 号		D50 ~ D53
第 6 号		D60 ~ D63
第 7 号		D70 ~ D73

#0 ~ 7 站点的数据映射情况如图 9-39 所示。

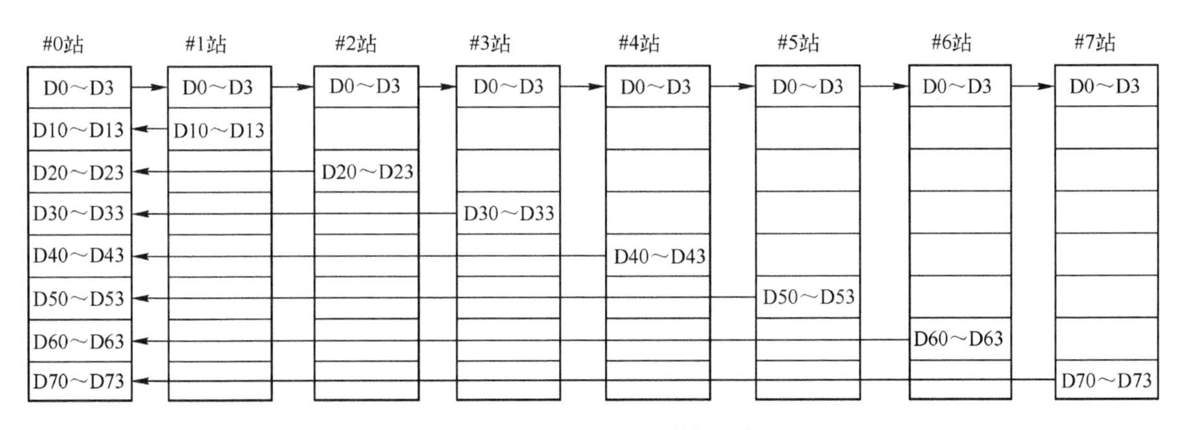

图 9-39　模式 0 情况下数据映射

在模式 1 的情况下（FX_{1N}、FX_{2N}、FX_{2NC}），各站点中的 32 点 4 个寄存器共用软元件号如表 9-30 所示。

表 9-30　模式 1 情况下的共用软元件号

站　点　号	软 元 件 号	
	位软元件（M）	字软元件（D）
	32 点	4 点
第 0 号	M1000 ~ M1031	D0 ~ D3
第 1 号	M1064 ~ M1095	D10 ~ D13
第 2 号	M1128 ~ M1159	D20 ~ D23
第 3 号	M1192 ~ M1223	D30 ~ D33
第 4 号	M1256 ~ M1287	D40 ~ D43
第 5 号	M1320 ~ M1351	D50 ~ D53
第 6 号	M1384 ~ M1415	D60 ~ D63
第 7 号	M1448 ~ M1479	D70 ~ D73

#0 ~ 7 站点的数据映射情况如图 9-40 所示。

#0站	#1站	#2站	#3站	#4站	#5站	#6站	#7站
D0～D3 M1000～M1031	D0～D3 M1000～M1031	D0～D3 M1000～M1031	D0～D3 M1000～M1031	D0～D3 M1000～M1031	D0～D3 M1000～M1031	D0～D3 M1000～M1031	D0～D3 M1000～M1031
D10～D13 M1064～M1095	D10～D13 M1064～M1095						
D20～D23 M1128～M1159		D20～D23 M1128～M1159					
D30～D33 M1192～M1223			D30～D33 M1192～M1223				
D40～D43 M1256～M1287				D40～D43 M1256～M1287			
D50～D53 M1320～M1351					D50～D53 M1320～M1351		
D60～D63 M1384～M1415						D60～D63 M1384～M1415	
D70～D73 M1448～M1479							D70～D73 M1448～M1479

图 9-40　模式 1 情况下数据映射

在模式 2 的情况下（FX_{1N}、FX_{2N}、FX_{2NC}），各站点中的 64 点 8 个寄存器共用软元件号如表 9-31 所示。

表 9-31　模式 2 情况下的共用软元件号

站　点　号	软元件号	
	位软元件（M）	字软元件（D）
	64 点	8 点
第 0 号	M1000 ~ M1063	D0 ~ D7
第 1 号	M1064 ~ M1127	D10 ~ D17
第 2 号	M1128 ~ M1191	D20 ~ D27
第 3 号	M1192 ~ M1255	D30 ~ D37
第 4 号	M1156 ~ M1319	D40 ~ D47
第 5 号	M1320 ~ M1383	D50 ~ D57
第 6 号	M1384 ~ M1447	D60 ~ D67
第 7 号	M1448 ~ M1511	D70 ~ D77

#0 ~7 站点的数据映射情况如图 9-41 所示。

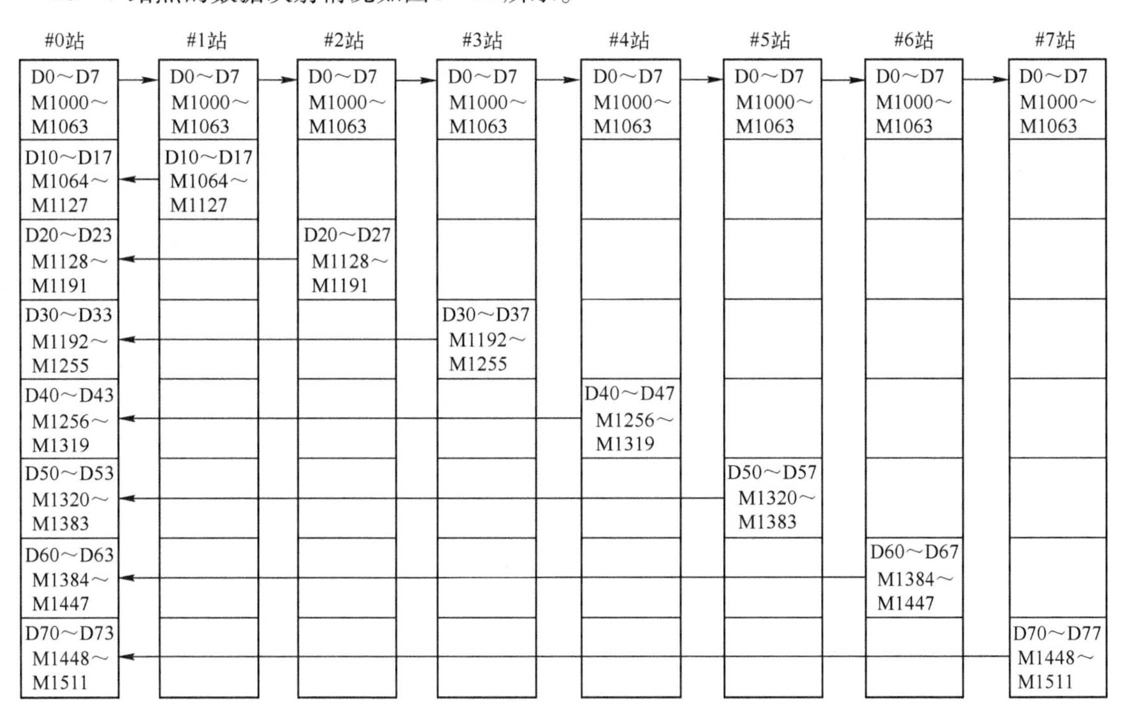

图 9-41　模式 2 情况下数据映射

（4）通信重试次数的设置，将 0 ~10 写入主站 PLC 的 D8179 中，默认值是 3。

（5）设置公共暂停时间，将数值 5 ~255 写入主站的 PLC 的 D8180 中，默认值是 5（每个单位 10ms），该时间为主站和从站通信引起的延时。

了解了相关标志位的设定和各站点的软元件的编号后，N: N 网络中的程序编制就很容易实现了。

【例 9.5】有一个系统，该系统有 3 个站点，其中一个主站，两个从站，每个站点的 PLC

都连接一个 FX_{2N} - 485 - BD 通信板，通信板之间用单根双绞线连接，如图 9-42 所示。刷新范围选择模式 1，重试次数选择 3，通信超时选 50ms，系统要求如下：

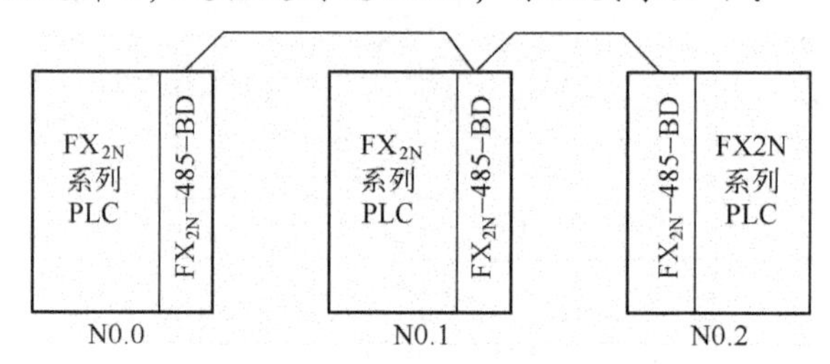

图 9-42　3 个站点系统连接示意图

(1) 主站点的输入点 X0 ~ X3 输出到从站点 1 和 2 的输出点 Y10 到 Y13。

(2) 从站点 1 的输入点 X0 ~ X3 输出到主站和从站点 2 的输出点 Y14 到 Y17。

(3) 从站点 2 的输入点 X0 ~ X3 输出到主站和从站点 1 的输出点 Y20 到 Y23。

解：根据系统要求编写的主从站点的梯形图如图 9-43 ~ 图 9-45 所示。

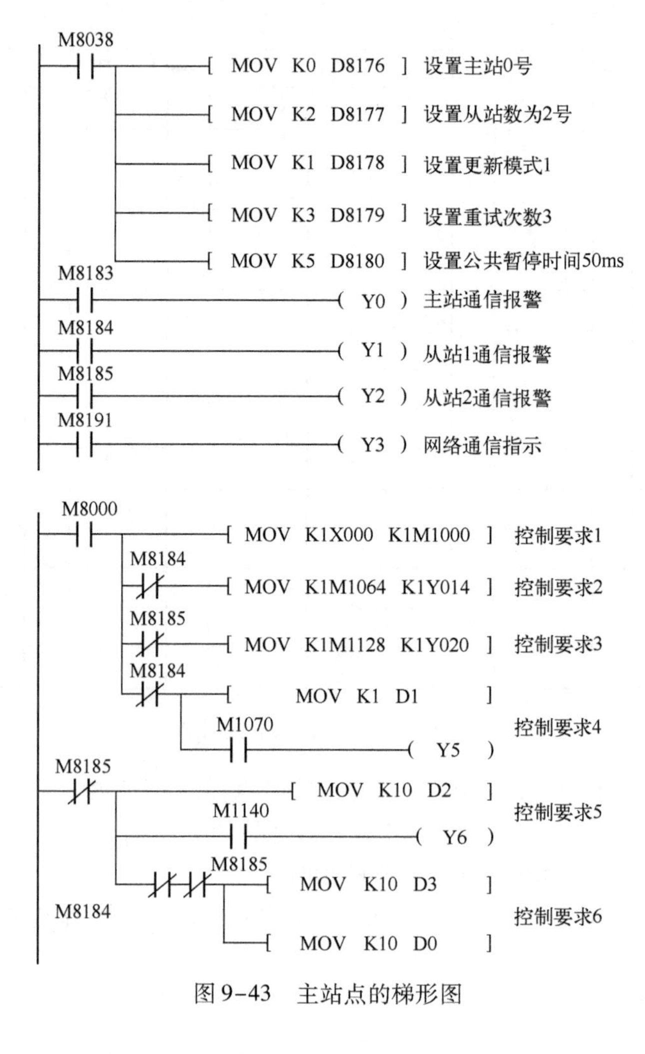

图 9-43　主站点的梯形图

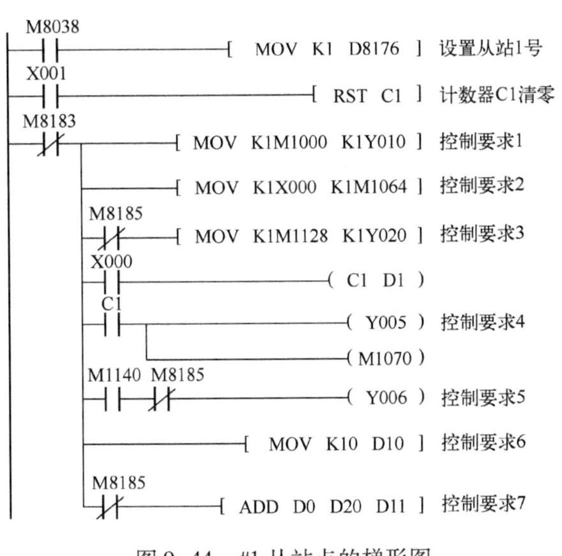

图 9-44　#1 从站点的梯形图

M8038
MOV K2 D8176
设置从站2号
X001
RST C2
计数器C2清零
M8183
MOV K1M1000 K1Y010
控制要求1
MOV K1X000 K1M1128
控制要求2
M8184
MOV K1M1064 K1Y014
控制要求3
X000
C2 D2
C2
Y006
控制要求4
M1140
M1070 M8184
Y005
控制要求5
MOV K10 D20
控制要求6
M8184
ADD D3 D10 D21
控制要求7

图 9-45　#2 从站点的梯形图

9.3.7　计算机连接（用专用协议进行数据传输）

计算机使用 RS－232C 接口与 PLC 连接的示意图如图 9-46 所示。SC－09 编程电缆实际是将 RS232 转换为 422 接口。这就是计算机常用的连接 PLC 的模式。

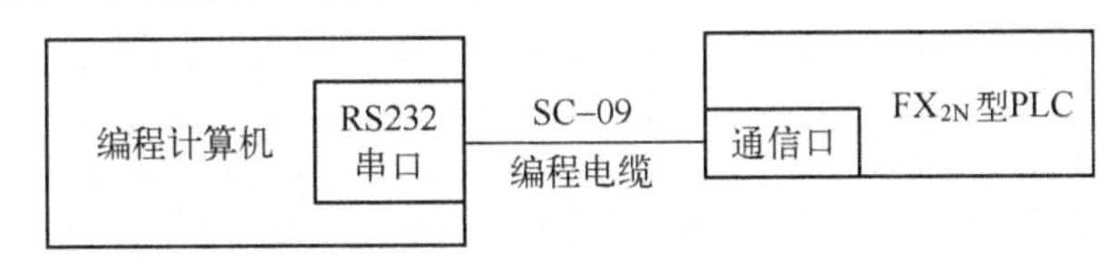

图 9-46　计算机 RS－232C 接口与 PLC 连接的示意图

小型控制系统中的可编程控制器除了使用编程软件外，一般不需要与别的设备通信。可编程控制器的编程器接口一般都是 RS－422 或 RS－485，而计算机的串行通信接口是 RS－232C，编程软件与可编程控制器交换信息时需要配接专用的带转接电路的编程电缆或通信适配器，例如为了实现编程软件与 FX 系列 PLC 之间的程序传送，需要使用 SC－09 编程电缆。

三菱公司的计算机连接可用于一台计算机与一台或最多 16 台 PLC 的通信，由计算机发出读写可编程控制器中的数据的命令帧，可编程控制器收到后返回响应帧。用户不需要对可编程控制器编程，响应帧是可编程控制器自动生成的，但是上位机的程序仍需用户编写。

如果上位计算机使用组态软件，软件提供常见可编程控制器的通信驱动程序，用户只需在组态软件中做一些简单的设置，可编程控制器和计算机则都不需要用户设计。

计算机通信解决方案如表 9-32 所示。

表 9-32　计算机通信解决方案

项　　目		规　　格
传输标准		与 RS－485（RS－422）或者 RS－232C 相一致
最大传输距离	RS－485（RS－422）	每一个网络单元都使用 FX_{0N}－485ADP 时：500m 当使用功能扩展板（FX_{1N}－485－BD－FX_{2N}－485－BD）时：50m
	RS－232C	15m

续表

项　　目		规　　格
通信方式		半双工，上/下
波特率		300/600/1200/2400/4800/9600/19200b/s
可连接站点数		RS－485（RS－422）：最多 16 个站 RS－232C：一个站
通信协议格式		MELSEC－A 微机链接协议（专用）的格式 1 和格式 4
连接设备 RS － 485（RS － 422）	FX_{1S}系列	FX_{1N}－485－BD 或者 FX_{1N}－CNV－BD 以及 FX_{0N}－485ADP
	FX_{1N}系列	
	FX_{2N}系列	FX_{2N}－485－BD 或者 FX_{2N}－CNV－BD 以及 FX_{0N}－485ADP
	FX_{2NC}系列	FX_{0N}－485ADP
连接设备 RS－232C	FX_{1S}系列	FX_{1N}－485－BD 或者 FX_{1N}－CNV－BD 以及 FX_{0N}－485ADP
	FX_{1N}系列	
	FX_{2N}系列	FX_{2N}－485－BD 或者 FX_{2N}－CNV－BD 以及 FX_{0N}－485ADP
	FX_{2NC}系列	FX0N－232ADP
可用的可编程控制器		FX_{1N}/（1.20 版或者其后的版本）FX_{1N}/FX_2，FX_{2NC}（3.30 版或者其后的版本）FX_{2N}/FX_{2NC}系列可编程控制器

9.3.8　可选编程端口通信

现在的可编程终端产品（如三菱的 GOT－900 系列图形操作终端）一般都能用于多个厂家的可编程控制器。与组态软件一样，可编程终端与可编程控制器的通信程序也不需要由用户来编写，在为编程终端的画面组态时，只需要指定画面中的元素（如按钮、指示灯）对应的可编程控制器编程元件的编号就可以了，二者之间的数据交换是自动完成的。对于 FX_{2N}、FX_{2NC}、FX_{1N}、FX_{1S}系列的可编程控制器，当该端口连接在 FX_{2N}－232－BD、FX_{0N}－32ADP，FX_{1N}－232－BD、FX_{2N}－422－BD 上时，可支持一个编程协议。

9.4　功能模块、高速计数、通信的实训

9.4.1　步进电机与伺服电机

步进电机并不能像普通的直流电机、交流电机一样在常规下使用。步进电机需要加装驱动装置才可以启动，图 9-47 所示为雷赛 DM 系列步进电机及其驱动装置。

PLC 可通过控制步进电机驱动来控制步进电机，主要是通过速度脉冲、方向信号、使能信号三路控制信号实现，故在非超载的情况下，电机的转速、停止的位置只取决于脉冲信号的频率和脉冲数，而不受负载变化的影响，即给电机加一个脉冲信号，电机则转过一个步距角。这一线性关系的存在，加上步进电机只有周期性的误差而无累积误差等特点，使得在速度、位置等控制领域用步进电机来控制变得非常简单。驱动器上采用细分技术，进一步细化了步距角，提高了精度。

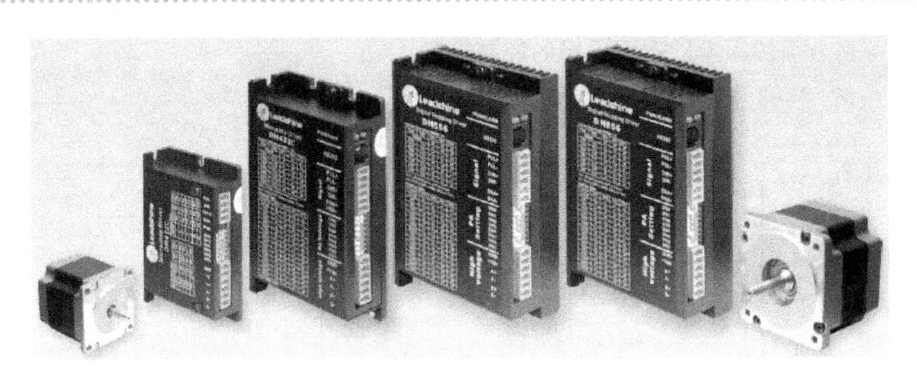

图 9-47　步进电机及其驱动实物图

步进电机及其驱动装置与 PLC 的接线如图 9-48 所示。

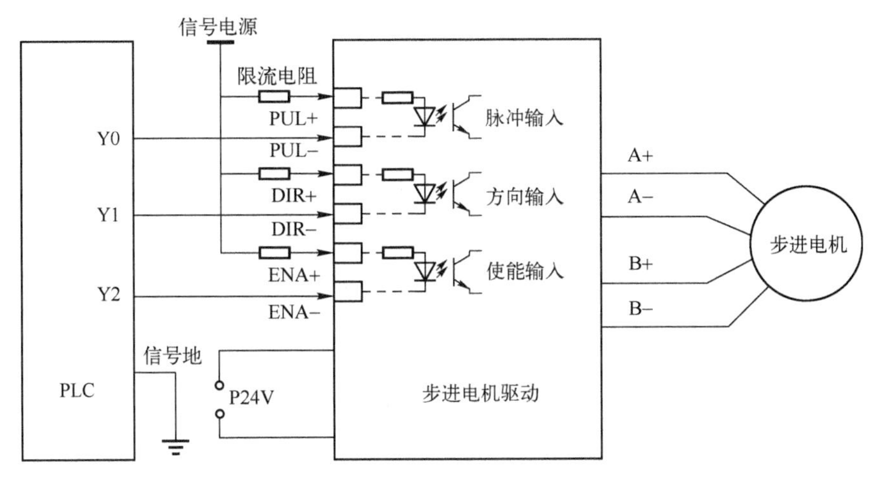

图 9-48　步进电机及其驱动装置与 PLC 的接线图

三菱 PLC 的 Y0、Y1 能输出高速脉冲，可通过指令控制脉冲的速度，已达到控制电机转速的目的。

伺服电机和步进电机两者在控制方式上相似，但在使用性能和应用场合上存在着较大的差异。交流伺服电机的控制精度由电机轴后端的旋转编码器保证，其运转非常平稳，即使在低速时也不会出现振动现象。其接线图如图 9-49 所示。

步进电机的输出力矩随转速升高而下降，且在较高转速时会急剧下降，所以其最高工作转速一般在 300～600rpm。交流伺服电机为恒力矩输出，即在其额定转速（一般为 2000rpm 或 3000rpm）以内，都能输出额定转矩，在额定转速以上为恒功率输出。步进电机一般不具有过载能力；而交流伺服电机具有较强的过载能力。

步进电机的控制为开环控制，启动频率过高或负载过大易出现丢步或堵转的现象，停止时转速过高易出现过冲的现象，所以为保证其控制精度，应处理好升、降速问题。交流伺服驱动系统为闭环控制，驱动器可直接对电机编码器反馈信号进行采样，内部构成位置环和速度环，一般不会出现步进电机的丢步或过冲的现象，控制性能更为可靠。

综上所述，交流伺服系统在许多性能方面都优于步进电机。但在一些要求不高的场合也经常用步进电机来做执行电动机，因其价格低廉，所以在控制系统的设计过程中要综合考虑控制要求、成本等多方面的因素，选用适当的控制电机。

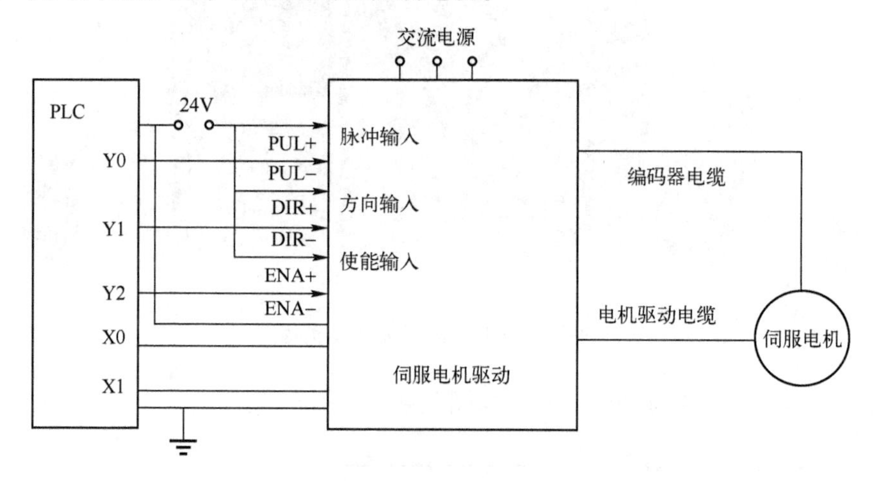

图 9-49　伺服电机及其驱动与 PLC 的接线图

9.4.2　实训内容

【实训 9.1】FX_{2N} -4AD-PT 热电阻输入模块温度实验。按图 9-50 接好线，分别用手握住 CH1、CH2、CH3、CH4 温度传感器，观察触摸屏温度的变化。

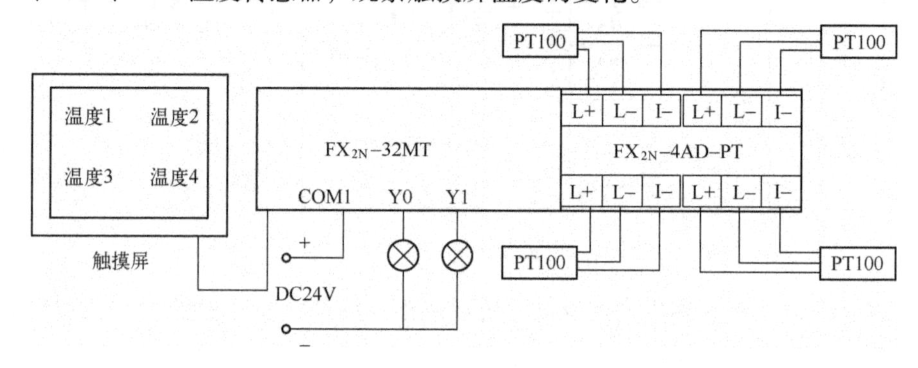

图 9-50　FX_{2N} -4AD-PT 热电阻输入模块接线图

【实训 9.2】FX_{2N} -4AD 模拟量输入模块实验。CH1 接 0～10V 可调电压输入，CH2 接 0～20mA 可调电流。按图 9-51 所示接线，调节电压、电流旋钮，观察触摸屏电压、电流数据的变化。

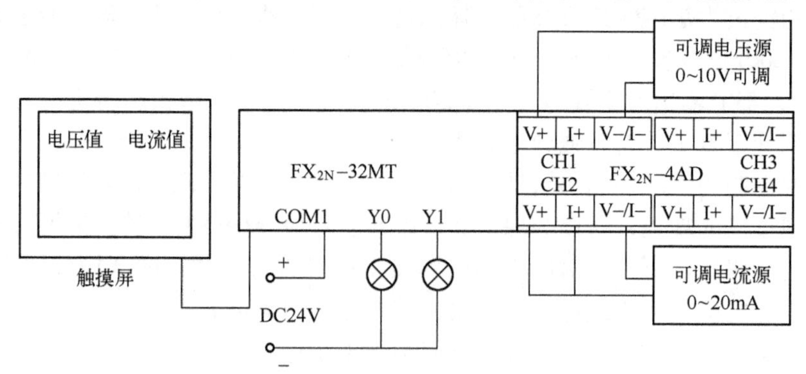

图 9-51　FX_{2N} -4AD 模拟量输入模块接线图

【实训 9.3】FX_{2N} -2DA 模拟量输出模块实验。通过触摸屏设置电压、电流值，CH1 输出电压至电压表，CH2 输出电流至电流表，按图 9-52 接线，观察电压、电流的测量数据。

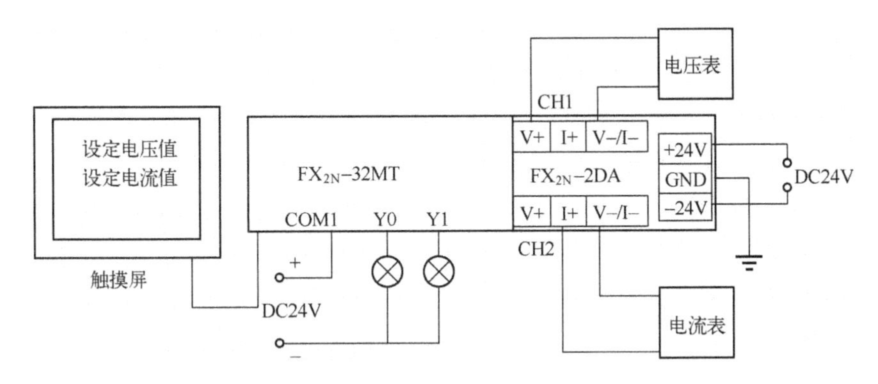

图 9-52　FX_{2N} -2DA 模拟量输出模块接线图

【实训 9.4】步进电机及驱动实验。按图 9-53 接线，用高速脉冲指令测试步进电机前进与后退，提高频率测试系统的失步。编写程序控制电机正转 50 圈，有加速和减速时间各 3 秒，停 5 秒，再反转 60 圈，停 3 秒，如此循环，反复 10 次后停止。

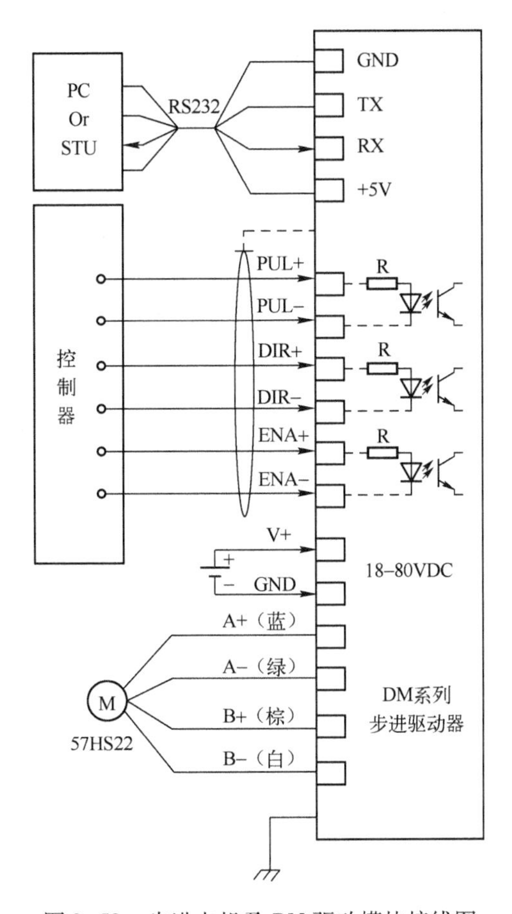

图 9-53　步进电机及 DM 驱动模块接线图

【实训 9.5】伺服电机及其驱动实验。按图 9-54 接线，用高速脉冲指令测试伺服电机前进与后退，提高频率测试系统的失步。编写程序控制电机正转 50 圈，有加速和减速时间各 3 秒，停 5 秒，再反转 60 圈，停 3 秒，如此循环，反复 10 次后停止。

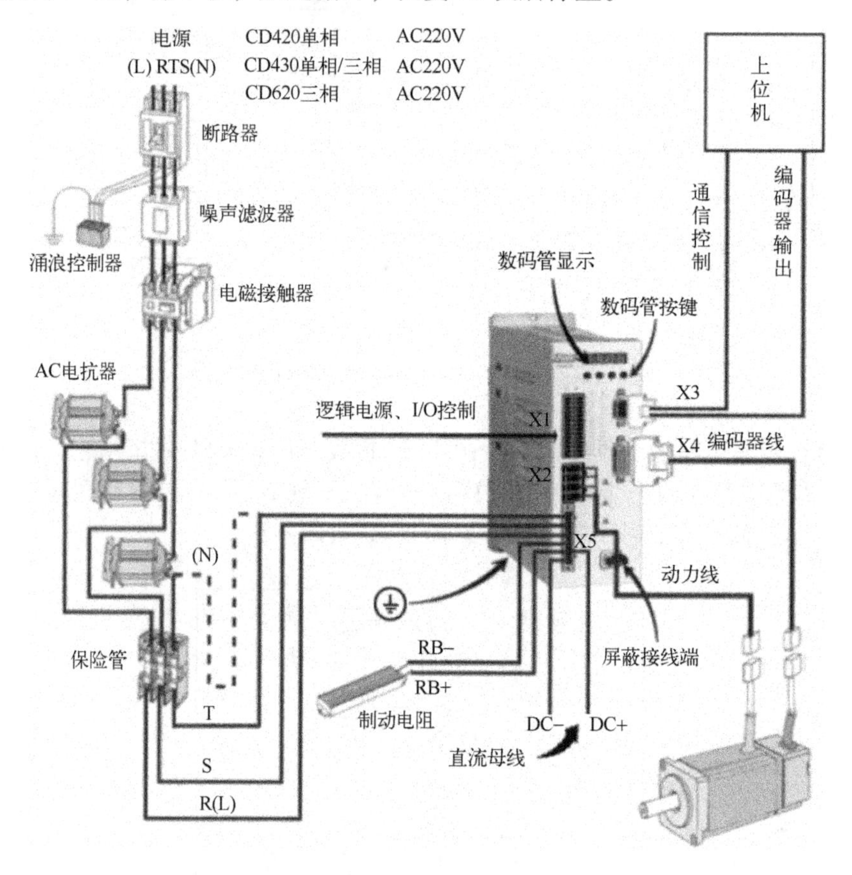

图 9-54 伺服电机及驱动模块接线示意图

【实训 9.6】1:1 网络通信实验。按【例 9.4】接线并调试系统。系统接线如图 9-33 所示，自定义测试数据。

【实训 9.7】N:N 网络通信实验。该系统有 5 个站点，其中一个主站，4 个从站，每个站点的可编程控制器都连接一个 FX_{2N}－485－BD 通信板，通信板之间用单根双绞线连接。刷新范围选择模式 1，重试次数选择 3，通信超时选 50ms，系统接线如图 9-55 所示。

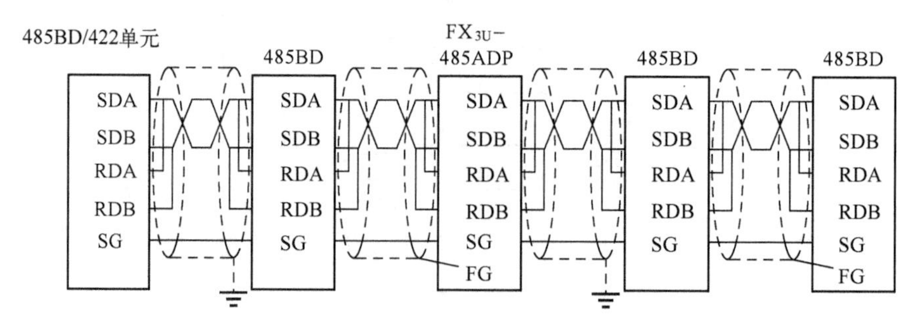

图 9-55 5 个站的网络通信系统示意图

【思考题】

（1）双容水箱供水系统示意图如图 9-56 所示，设被控水箱流入量为 Q1，改变电动调节阀的开度 F_{1-1}可以改变 Q1 的大小，被控水箱的流出量为 Q4，改变出水阀 F_{1-3}的开度可以改变 Q4。液位 h 的变化反映了 Q1 与 Q4 不等而引起水箱中蓄水或泄水的过程。试分别控制两水箱水位。

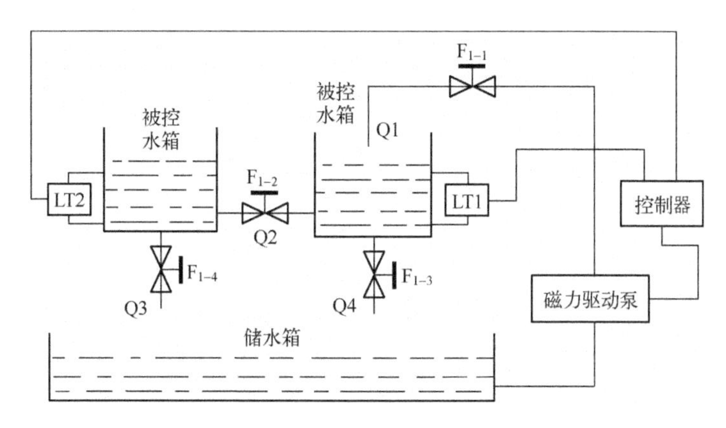

图 9-56　双容水箱供水系统示意图

双容水箱供水系统的接线图如图 9-57 所示。

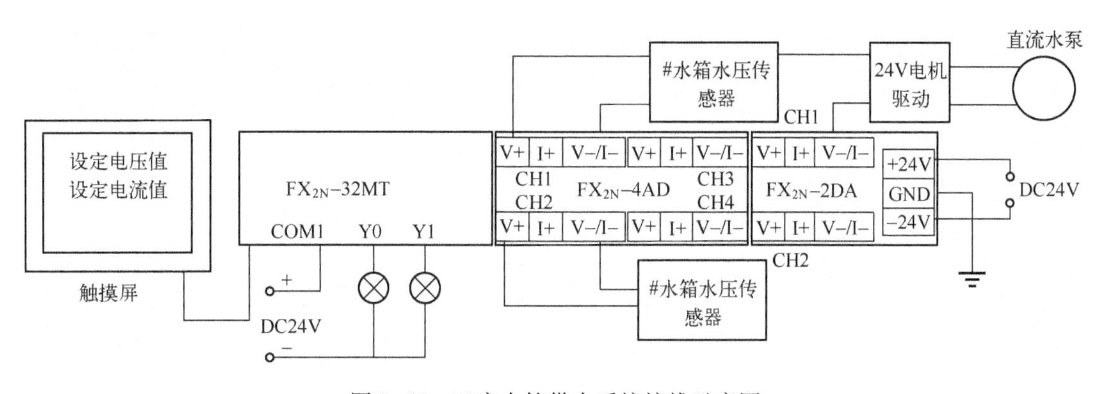

图 9-57　双容水箱供水系统接线示意图

（2）设计一个两路恒温控制系统，将两把 25W 电烙铁和 PT100 传感器绑在一起，分别设定 65℃和 75℃，进行温度控制，并加入 PID 运算，改进 PID 参数。两路恒温接线系统的接线图如图 9-58 所示。

（3）设计一个远程温度显示系统，采用 1∶1 网络通信，加入远程启停功能，可以远程显示当前温度功能。

（4）设计一个自动送料机系统，一次送料长度最大为 30cm，由步进电机控制，现在要设计一款 10～2000cm 可调的送料机构，要求有触摸屏设置，按下执行按钮后可自动执行。自动送料机系统示意图如图 9-59 所示。

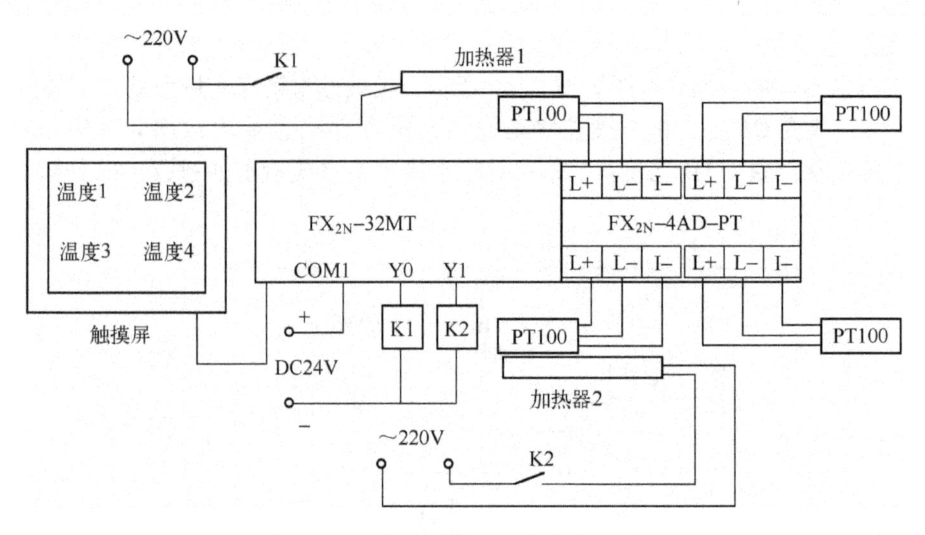

图 9-58　两路恒温控制系统接线示意图

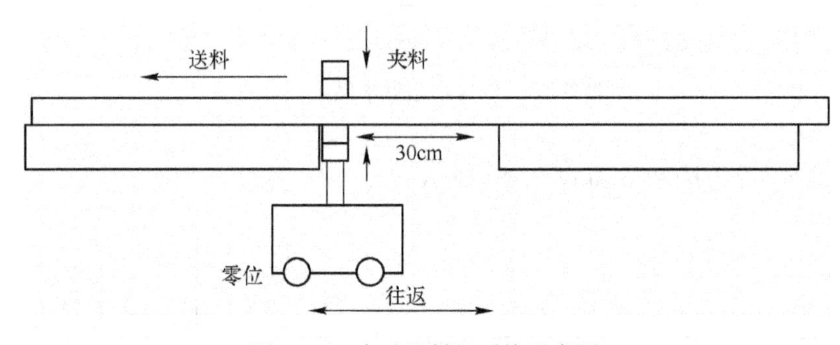

图 9-59　自动送料机系统示意图

本章小结

可编程控制器发展到今天，其功能越做越强。A/D、D/A、高速计数、温度控制、高速脉冲输出、通信功能等功能的推出，更加扩大了 PLC 的应用范围，PLC 已不再是早期那种只能进行开关量逻辑运算的产品了，而是具有越来越强的模拟量处理能力，以及其他过去只有在计算机上才能具有的高级处理能力，如浮点数运算、PID 调节、温度控制、精确定位、步进驱动、报表统计等。从这种意义上说，PLC 系统与 DCS（集散控制系统）的差别越来越小了，用 PLC 同样可以构成一个过程控制系统。

特别 PLC 网络功能的增加，随后就有着两个发展趋势：一方面，PLC 网络系统已经不再是自成体系的封闭系统，而是迅速向开放式系统发展，各大品牌 PLC 除形成自己各具特色的 PLC 网络系统、完成设备控制任务之外，还可以与上位计算机管理系统联网，实现信息交流，成为整个信息管理系统的一部分；另一方面，现场总线技术得到广泛的采用，PLC 与其他安装在现场的智能化设备，如智能仪表、传感器、智能型电磁阀、智能型驱动执行机构等，通过一根传输介质（如双绞线、同轴电缆、光缆）链接起来，并按照同一通信规约互相传输信息，由此构成一个现场网络，这种网络与单纯的PLC远程网络相比，配置更灵活，扩展更方便，造价更低，性能价格比更好，也更具开放意义。

习　题　9

一、填空题

1. FX_{2N}系列PLC的模拟量输入模块主要有：________________________、________________、________________。

2. 三菱有专门两条指令实现对模块缓冲区BFM的读写，即________指令和________指令。________为写命令，就是从PLC到模块的写命令。________为读命令，执行该命令会使数据从模块流到PLC。

3. FX_{2N}-4AD-PT通过扩展电缆与PLC主机相连，四个通道的外部连接三线制的________温度传感器。

4. 三菱FX_{2N}-4AD是三菱电机公司推出的一款FX_{2N}系列PLC模拟量输入模块，有________通道，每个通道都可进行A/D转换，分辨率为________位，是一种具有高精度的直接在扩展总线上的模拟量输量单元。

5. FX_{2N}系列中有关模拟量输出的特殊功能模块有：________（2路模拟量输出）。

6. 高速计数器用于频率高于机内扫描频率的机外脉冲计数，由于计数信号频率高，计数以________方式进行，

7. FX系列PLC的中，当________用作高速计数输入时或使用FNC56速度检测指令以及中断输入时，输入滤波器的滤波时间自动设置为50ms。________可用于高速脉冲输出，

8. 大多数可编程控制器都有一种串行口无协议通信指令，如FX系列的________指令，它们用于可编程控制器与上位计算机或其他RS-232C设备的通信。

9. FX系列可编程控制器支持________、________、________、________、________5种类型的通信。

二、简答题

1. 比较并行通信和串行通信的优缺点。
2. 计算机通信时可以采用哪些通信方式?
3. 异步数据串行通信对通信参数有哪些要求?
4. 组成N:N的网络的基本条件有哪些?
5. 在FX_{2N}系列可编程控制器构成的N:N网络中允许有多少个从站和主站?

三、设计题

1. 在FX_{2N}系列可编程控制器与计算机构成的串行通信系统中，在PLC中利用串行通信指令RS将数据寄存器D20~D100的数据传送到计算机中，要求发送寄存器的数量设置为4个，当进行数据通信时，Y010=NO。

2. 两台 FX_{2N}系列可编程控制器，采用并行通信，要求从站的输入信号 X000 ~ X027 传送到主站，当从站的这些信号全部为 NO 时，主站将数据寄存器 D10 ~ D20 的值传送给从站并保存在从站的数据寄存器 D10 ~ D20 中。通信方式采用标准模式。

3. 由 5 台 FX_{2N}系列可编程控制器构成的 N: N 网络中，试编写所有各站的输出信号 Y000 ~ Y007 和数据寄存器 D10 ~ D20 共享，各站都将这些信号保存在各自的辅助寄存器（M）和数据寄存器（D）中的程序。

4. 在 A/D、D/A 系统中，有 A/D 采样 0 ~ 10V 转换为 4 ~ 20mA 电流输出。

5. 设计一个三路断带保护，在电动机皮带传动的传动轴上加一个三路传感器，当每路感应到低于 20 个脉冲，即产生该路的报警信号，每路电机启动 5 秒后检测。

第 10 章　通用变频器应用

变频器（Variable - frequency Drive，VFD）是变频技术与微电子技术的应用产品，是一种通过改变电机工作电源频率来控制交流电动机的电力控制设备。我们使用的电源分为交流电源和直流电源，一般的直流电源大多是由交流电源通过变压器变压，整流滤波后得到的。交流电源在人们使用电源中占总使用电源的 95% 左右。故采用变频器对鼠笼型异步电动机进行调速，具有调速范围广、静态稳定性好、运行效率高、使用方便、可靠性高、经济效益显著等优点。

本章学习重点：变频器的选型、设置、应用。

本章学习难点：变频器的原理。

10.1　变频调速原理

无论是用于家庭还是用于工厂，单相交流电源和三相交流电源，其电压和频率均按各国的规定有一定的标准，如我国规定，直接用户单相交流电压为 220V，三相交流电压为 380V，频率为 50Hz，其他国家的电源电压和频率可能与我国的电压和频率不同，如有单相 100V/60Hz，三相 200V/60Hz 等，标准电压和频率的交流供电电源称为工频交流电。

通常，把电压和频率固定不变的工频交流电变换为电压或频率可变的交流电的装置称为“变频器”。

在工业领域所使用的大部分交流异步电动机，其旋转速度近似地取决于电机的极数和频率，略低于电磁场的转速，而电磁场转速就是同步速度 n。

$$n = 60f/p$$

式中，f 为电源频率，p 为电机极数。

频率的改变使得电磁场转速发生改变，即同步速度发生改变，电机的转速也随之改变。

图 10-1 所示为电机特性曲线，f_1、f_2、f_3、f_4 为 4 种频率，频率 $f_1 > f_2 > f_3 > f_4$。对应的同步转速为 $n_1 > n_2 > n_3 > n_4$，对负载转矩不变的 M_N 来说就对应着 4 个不同的电机转速。

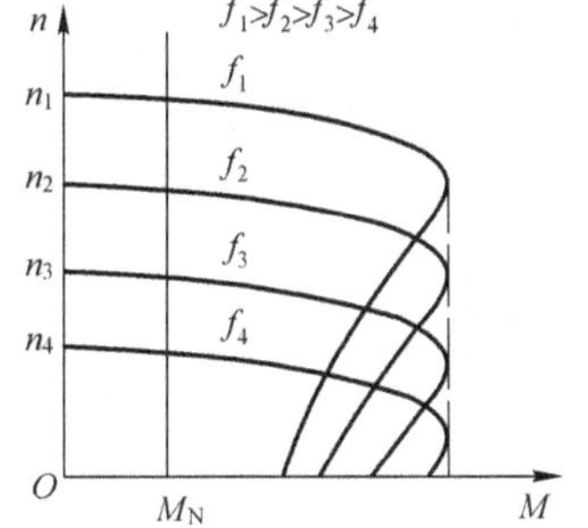

图 10-1　电机变频特性曲线

电机的极数是固定不变的。由于极数值 p 不是一个连续的数值（为 2 的倍数，如极数 p 为 2、4、6），因此不适合改变极对数或特别复杂来调节电机的速度。

同步速度 n 或电机旋转速度的单位是 r/min（每分钟旋转次数），也可表示为 rpm。例如，4 极电机 50Hz 1500［r/min］，电机的旋转速度同频率成比例。

另外，频率是电机供电电源的电信号，所以该值能够在电机的外面调节后再供给电机，这样电机的旋转速度就可以被自由地控制。因此，以控制频率为目的的变频器，是作为电机调速设备的优选设备。

采用变频器运转，随着电机的加速相应提高频率和电压，启动电流被限制在150%额定电流以下（根据机种不同，为125%～200%）。用工频电源直接启动时，启动电流为额定电流的6～7倍，因此，将产生机械电气上的冲击。采用变频器传动可以平滑地启动（启动时间变长）。启动电流为额定电流的1.2～1.5倍，启动转矩为70%～120%额定转矩；对带有转矩自动增强功能的变频器，启动转矩为100%以上，可以带全负载启动。

变频器不是简单改变频率，同时还要控制电压。如果仅改变频率，电机将被烧坏。特别是当频率降低时，该问题就非常突出。为了防止电机烧毁事故的发生，变频器在改变频率的同时必须要同时改变电压，例如，为了使电机的旋转速度减半，变频器的输出频率必须从60Hz改变到30Hz，这时变频器的输出电压就必须从200V改变到约100V，这也是人们常说的V/F控制模式。

10.2 通用变频器的组成及结构

常用变频器的结构如图10-2所示，采用交—直—交的转换方式。

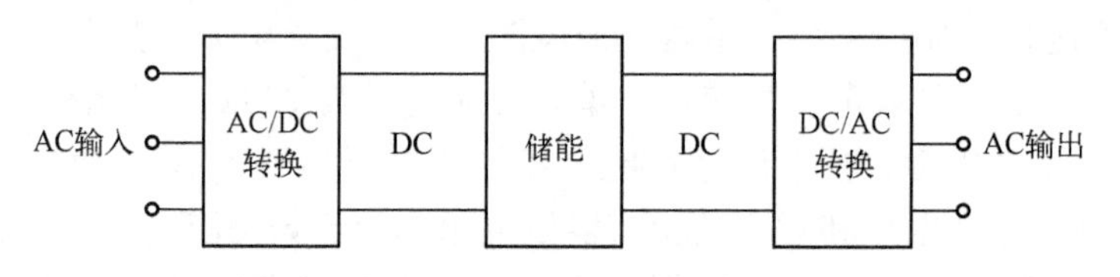

图10-2 变频器交—直—交的结构示意图

其内部结构如图10-3所示，主要包括整流器、逆变器、中间储能环节、采样电路、驱动电路、主控电路和控制电源等。

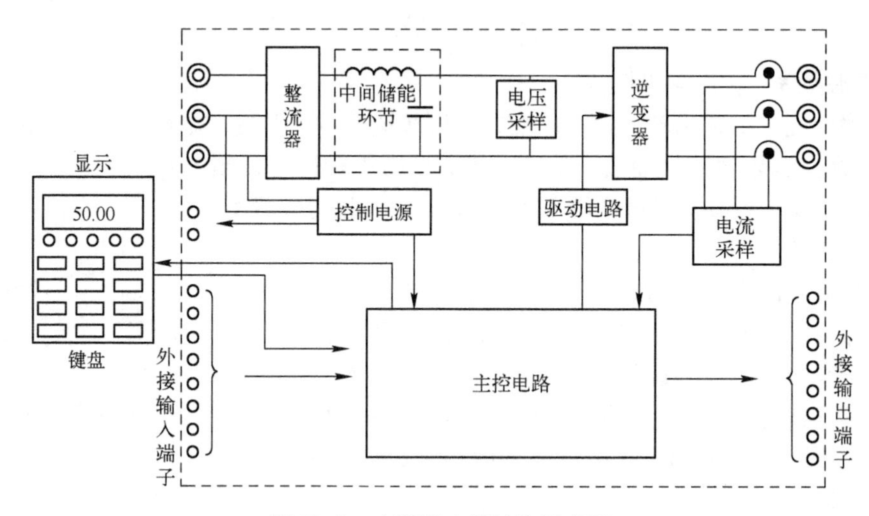

图10-3 变频器内部结构示意图

10.2.1　整流器

一般的三相变频器其整流电路由全波整流桥组成，它的作用是把三相（也可以是单相）交流电整流成直流电，经中间直流环节平波后给逆变电路和控制电路提供所需要的直流电源。整流电路可分为不可控整流电路和可控整流电路，其结构如图 10-4 所示。不可控整流电路使用的器件为电力二极管（PD），可控整流电路使用的器件通常为普通晶闸管（SCR）。

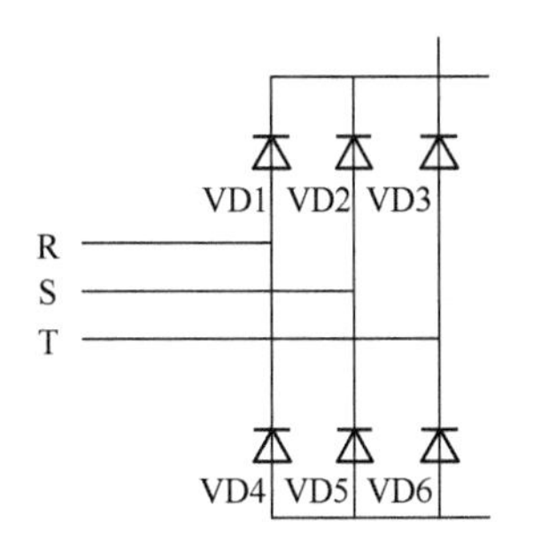

图 10-4　整流电路结构

10.2.2　逆变器

逆变电路的作用是在控制电路的作用下，将直流电路输出的直流电源转换成频率和电压都可以任意调节的交流电源。逆变电路的输出就是变频器的输出，所以逆变电路是变频器的核心电路之一，起着非常重要的作用。

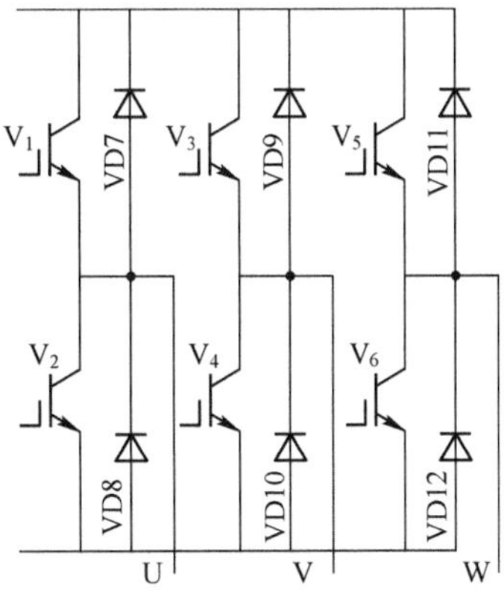

图 10-5　逆变电路结构

变频器中应用最多的是三相桥式逆变电路，其核心就是电力电子器件，不同于可控硅的完全可控的大功率开关元件，它由电力晶体管（GTR）组成。目前，常用的开关器件有门极可关断晶闸管（GTO），电力晶体管［GTR 或 BJT，通常又称为双极型晶体管（BJT）］，功率场效应晶体管（P-MOSFET，具有驱动功率小、控制线路简单、工作频率高的特点）。绝缘栅双极型晶体管（IGBT）是复合型全控器件，具有输入阻抗高、工作速度快、通态电压低、阻断电压高、承受电流大等优点，属于全控器件，是功率开关电源和逆变器的理想电力半导体器件。

最常见的逆变电路结构形式是利用六个功率开关器件（GTR、IGBT、GTO 等）组成的三相桥式逆变电路，其结构如图 10-5 所示。

有规律地控制逆变器中功率开关器件的导通与关断，可以得到任意频率的三相交流输出。

10.2.3　中间直流环节

中间直流环节的作用是对整流电路输出的直流电进行平滑，以保证逆变电路和控制电路能够得到高质量的直流电源。主要是依靠电容器、电抗器进行缓冲。通用变频器直流滤波电路的大容量铝电解电容，通常是由若干个电容器串联和并联构成的电容器组，以得到所需的耐压值和容量。另外，因为电解电容器容量有较大的离散性，这将使它们的电压不相等，所以，电容器要各并联一个阻值相等的匀压电阻，消除离散性的影响，因而电容的寿命则会严重制约变频器的寿命，故又称为中间储能环节。其结构如图 10-6 所示。

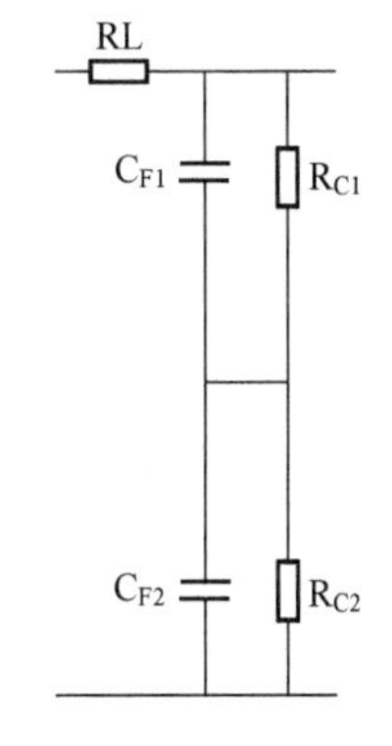

图 10-6　中间储能滤波电路结构

10.2.4　主控电路

主控电路是变频器的核心部分，主控电路的优劣决定了调速系统性能的优劣。主控电路通常由运算电路、检测电路、控制信号的输入/输出电路和驱动电路构成。其主要任务是完成对逆变器的开关控制，对整流器的电压控制以及完成各种保护等。

10.2.5　采样电路

采样电路包括电流采样和电压采样，其作用如下。

（1）提供控制数据。尤其是进行矢量控制时，必须测定足够的数据提供给微机进行矢量控制运算。

（2）提供保护采样。将采样值提供给各保护电路（在主控电路内），在保护电路内与有关的极限值进行比较，必要时采取跳闸等保护措施。

10.2.6　驱动电路

用于驱动各逆变管，如逆变管为 GTR，则驱动电路还包括以隔离变压器为主体的专用驱动电源。

10.2.7　控制电源

控制电源为以下各部分提供稳压电源。

（1）主控电路。主控电路以微机电路为主体，要求提供稳定性非常高的 DC5V 电源。

（2）外控电路。外控电路的电源可以由外部提供，也可以由变频器提供，如为给定电位器提供电源，通常为 DC5V 或 DC10V 等。

10.3　变频器的逆变控制

逆变器是变频器的核心组件，是变频器的重要组成部分，按直流电源的性质可分为电压型逆变器和电流型逆变器；按输出电压调节方式可分为脉冲幅值调制 PAM、脉冲宽度调制 PWM 和正弦脉宽调制 SPWM。下面将分类阐述一下其原理。

10.3.1　逆变器的分类

1. 电压型

典型的电压型逆变器的结构形式如图 10-5 所示，其中用于逆变器功率开关管的换相电路未画出。图中逆变器的每个导电臂均由一个可控开关器件和一个不可控器件（二极管）反并联组成，功率开关管 V_1 ~ V_6 为主开关器件，VD7 ~ VD12 为回馈二极管。

2. 电流型

典型的电流型逆变器的主电路结构如图 10-7 所示。其特点是中间电流环节采样大电感作为储能环节，无功功率将由该电感来缓冲。

由于电感的作用，直流电路趋于平稳，电动机的电流波形为方波或阶梯波，电压波形接近于正弦波。直流电源的内阻较大，近似于电流源，故称为电流型逆变器。这种电流型逆变器，其晶体管在每周期内工作 120°，属于 120°导电型。

3. 脉幅调制（PAM）

脉冲幅度调制方式（Pulse Amplitude Modulation）简称脉幅调制，即按一定的时间间隔抽取一个时间连续函数的数值，把时间连续函数变为时间离散函数。

4. 脉宽调制（PWM）

脉冲宽度调制方式（Pluse Width Modulation）简称脉宽调制。它是一种对模拟信号电平进行数字编码的方法。通过高分辨率计数器的使用，方波的占空比被调制用来对一个具体模拟信号的电平进行编码。

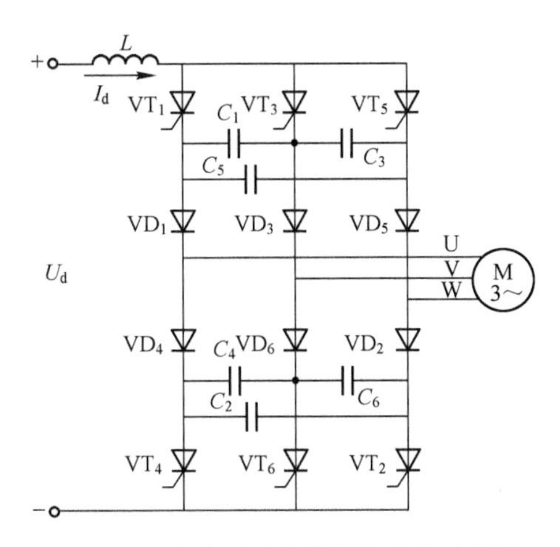

图 10-7　电流型逆变器的主电路示意图

5. 正弦脉宽调制（SPWM）

这种调制方式是当今运用最多的，在脉宽调制中，如果脉冲宽度和占空比的大小按正弦规律分布，则输出电流的波形接近于正弦波，这就是正弦脉宽调制（SPWM）。如图 10-8 所示为单极调制示意图。

实际变频器中，更多地使用双极调制方式，其特点是：三角波和所得到的相电压脉冲系列都是双极性的，但线电压脉冲系列却是单极性的，如图 10-9 所示。

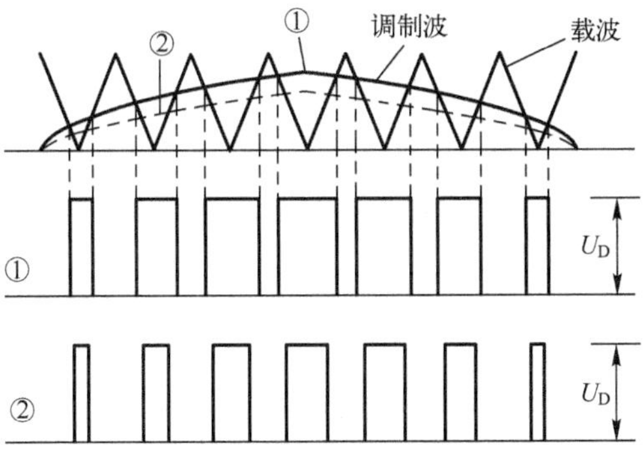

图 10-8　单极调制示意图

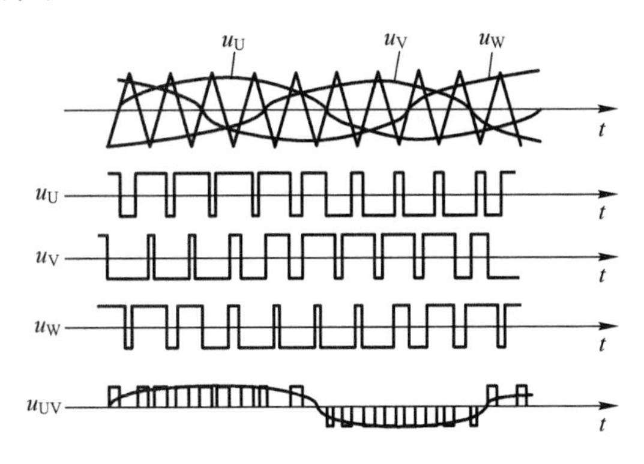

图 10-9　双极调制示意图

在具体电路中，开关器件的工作情况如图 10-10 所示。

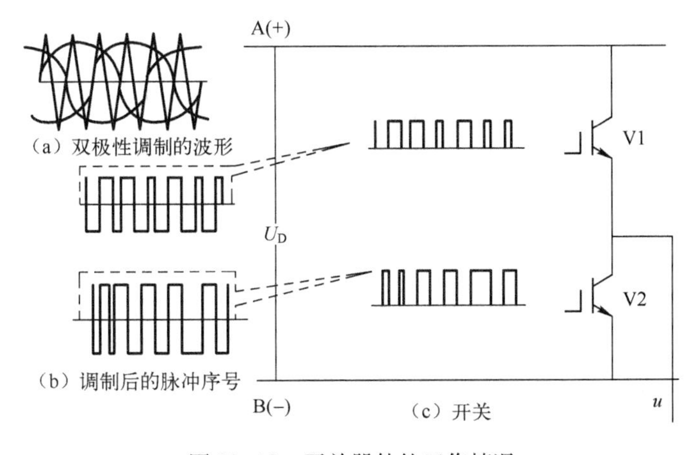

图 10-10　开关器件的工作情况

6. 智能功率模块 IPM

智能功率模块（Intelligent Power Module，IPM）是先进的混合集成电力电子器件，由高速、低耗的 IGBT 芯片和优化的门极驱动及保护电路构成。由于采用了有电流传感功能的 IGBT 芯片，故可以实现高效的过电流保护和短路保护。

10.3.2 控制方式

低压通用变频器的输出电压为 380～650V，输出功率为 0.75～400kW，工作频率为 0～400Hz，它的主电路都采用交—直—交电路。其控制方式经历了以下四代。

第一代，$U/f=C$ 的正弦脉宽调制（SPWM）控制方式。其特点是控制电路结构简单、成本较低，机械特性硬度也较好，能够满足一般传动的平滑调速要求，目前在各个领域得到广泛应用。但是，这种控制方式在低频时，由于输出电压较低，转矩受定子电阻压降的影响比较显著，使输出最大转矩减小。另外，其机械特性终究没有直流电动机硬，动态转矩能力和静态调速性能都还不尽如人意，且系统性能不高，控制曲线会随负载的变化而变化，转矩响应慢、电机转矩利用率不高，低速时因定子电阻和逆变器死区效应的存在而性能下降，稳定性变差等，因此人们又研究出矢量控制变频调速。

第二代，电压空间矢量（SVPWM）控制方式。它是以三相波形整体生成效果为前提，以逼近电机气隙的理想圆形旋转磁场轨迹为目的，一次生成三相调制波形，以内切多边形逼近圆的方式进行控制的。经实践使用后又有所改进，即引入频率补偿，能消除速度控制的误差；通过反馈估算磁链幅值，消除低速时定子电阻的影响；将输出电压、电流闭环，以提高动态的精度和稳定度。但控制电路环节较多，且没有引入转矩的调节，所以系统性能没有得到根本改善。

第三代，矢量控制（VC）方式。矢量控制变频调速的做法是将异步电动机在三相坐标系下的定子电流 I_a、I_b、I_c，通过三相－二相变换，等效成两相静止坐标系下的交流电流 I_{a1}、I_{b1}，再通过按转子磁场定向旋转变换，等效成同步旋转坐标系下的直流电流 I_{m1}、I_{t1}（I_{m1} 相当于直流电动机的励磁电流；I_{t1} 相当于与转矩成正比的电枢电流），然后模仿直流电动机的控制方法，求得直流电动机的控制量，经过相应的坐标反变换，实现对异步电动机的控制。其实质是将交流电动机等效为直流电动机，分别对速度、磁场两个分量进行独立控制。通过控制转子磁链，然后分解定子电流而获得转矩和磁场两个分量，经坐标变换，实现正交或解耦控制。矢量控制方法的提出具有划时代的意义。然而在实际应用中，由于转子磁链难以准确观测，系统特性受电动机参数的影响较大，且在等效直流电动机控制过程中所用矢量旋转变换较复杂，使得实际的控制效果难以达到理想分析的结果。

第四代，直接转矩控制（DTC）方式。1985 年，德国科学家首次提出了直接转矩控制变频技术。该技术在很大程度上解决了上述矢量控制的不足，并以新颖的控制思想、简洁明了的系统结构、优良的动静态性能得到了迅速发展。该技术已成功地应用在电力机车牵引的大功率交流传动上。直接转矩控制，直接在定子坐标系下分析交流电动机的数学模型，控制电动机的磁链和转矩。它不需要将交流电动机等效为直流电动机，因而省去了矢量旋转变换中的许多复杂计算；它不需要模仿直流电动机的控制，也不需要为解耦而简化交流电动机的数学模型。

10.4　变频器的接口与接线

本节以三菱 E500 变频器接线端为例，介绍变频器的接口和接线，如图 10-11 所示。

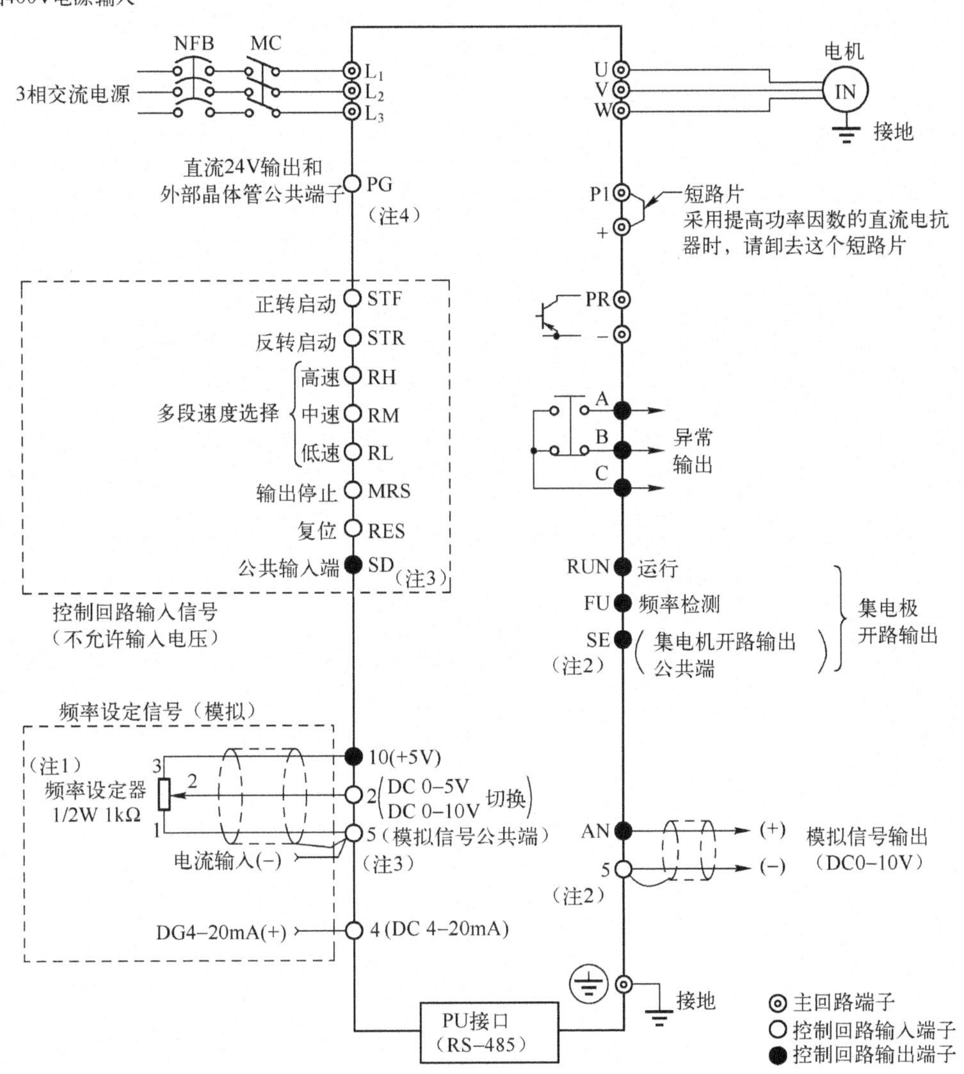

图 10-11　三菱 E500 变频器外部接线示意图

各端子的说明如表 10-1 所示。

表 10-1　三菱 E500 变频器端子说明

类　　型		端子标记	端子说明	说　　明	
输入信号	启动及功能设定	STF	正转启动	STF 信号处于 ON 为正转，处于 OFF 为停止。程序运行模式时，为程序开始/停止信号（ON 开始，OFF 停止）	当 STF 和 STR 信号同时处于 ON 时，相当于给出停止指令
		STR	反转启动	STR 信号处于 ON 为反转，处于 OFF 为停止	
		STOP	启动自保持选择	使 STOP 信号处于 ON，可以选择启动信号自保持	
		RH、RM、RL。	多段速度选择	用 RH、RM 和 RL 信号的组合可以多段速度选择	输入端子功能选择（Pr. 180 ~ Pr. 186）用于改变端子功能
		JOG	点动模式选择	JOG 信号 ON 时选择点动运行（出厂设置），用启动信号（STF 和 STR）可以点动运行	
		RT	第 2 加/减速时间选择	RT 信号处于 ON 时选择第 2 加/减速时间	
		MRS	输出停止	MRS 信号为 ON（20ms，变频器输出停止。用电磁制动停止电动机）时，用于断开变频器的输出	
		RES	复位	使端子 RES 信号处于 ON（0.1s 以上），然后断开，可用于解除保护回路动作的保持状态	
		AU	电流输入选择	只在端子 AU 信号处于 ON 时，变频器才可用直流 4 ~ 20mA 作为频率设定信号	输入端子功能选择（Pr. 180 ~ Pr. 186）用于改变端子功能
		CS	瞬时停电再启动选择	CS 信号预先处于 ON，瞬时停电再恢复时变频器便可自动启动，但用这种运行方式时必须设定有关参数，因为出厂时设定为不能再启动	
		SD	公共输入端（漏型）	输入端子和 FM 端子的公共端。直流 24V、0.1A（PC 端子）电源的输出公共端	
		PC	直流 24V 电源和外部晶体管公共端接点输入公共端（源型）	当连接晶体管输出（集电极开路输出），例如可编程控制器时，将晶体管输出用的外部电源公共端接到这个端子时，可以防止因漏电引起的误动作，该端子可用于直流 24V、0.1A 电源输出。当选择源型时，该端子作为接点输入的公共端	
模拟信号	频率设定	10E	频率设定用电源	10V DC，容许负荷电流 10mA	按出厂设定状态连接频率设定电位器时，与端子 10 连接。当连接到 10E 时，请改变端子 2 的输入规格
		10		5V DC，容许负荷电流 10mA	
		2	频率设定（电压）	输入 0 ~ 5V DC（或 0 ~ 10V DC）时，5V（10V）对应最大输出频率，输入/输出成正比例。用参数 Pr. 73 的设定值来进行输入直流 0 ~ 5V（出厂设定）和 0 ~ 10V 的选择，输入阻抗 10kΩ 时，容许最大电压为直流 20V	
		4	频率设定（电流）	DC 4 ~ 20mA，20mA 为最大输出频率，输入输出成反比。只在端子 AU 信号处于 ON 时，该输入信号有效。输入阻抗为 250Ω 时，容许最大电流为 30mA	
		1	辅助频率设定	输入 0 ~ 5V DC 时或 0 ~ 10VDC 时端子 2 或 4 的频率设定信号与这个信号相加。用 Pr. 73 设定不同的参数进行输入 0 ~ 5V DC 或 0 ~ 10V DC（出厂设定）的选择。输入阻抗 10kΩ，容许电压 20VDC	
		5	频率设定公共端	频率信号设定端（2、1 或 4）和模拟输出端 AM 的公共端子，请不要接大地	

续表

<table>
<tr><th colspan="2">类　型</th><th>端子标记</th><th>端 子 说 明</th><th colspan="2">说　明</th></tr>
<tr><td rowspan="9">输出信号</td><td>接点</td><td>A，B，C</td><td>异常输出</td><td>指示变频器因保护功能动作而输出停止的转换接点，AC200V0.3A，DC30V0.3A 异常时：B－C 间不导通（A－C 间导通）正常时：B－C 间导通（A－C 间不导通）</td><td rowspan="6">输出端子功能选择通过（Pr.180 ~ Pr.186）改变端子功能</td></tr>
<tr><td rowspan="6">集电极开路</td><td>RUN</td><td>变频器正在运行</td><td>变频器输出频率为启动频率（出厂时为 0.5Hz，可变更）以上时为低电平，正在停止或正在直流制动时为高电平①。容许负荷为 DC24V，0.1A</td></tr>
<tr><td>SU</td><td>频率到达</td><td>输出频率达到设定频率的 10%（出厂设定，可变更）以上时为低电平，正在加/减速或停止时为高电平②。容许负荷为 DC24V.0.1A</td></tr>
<tr><td>OL</td><td>过负荷报警</td><td>当失速保护功能动作时为低电平，失速保护解除时为高电平①。容许负荷为 DC24V，0.1A</td></tr>
<tr><td>IPF</td><td>瞬时停电</td><td>瞬时停电，电压不足保护动作时为低电平①，容许负荷为 DC24V，0.1A</td></tr>
<tr><td>FU</td><td>频率检测</td><td>输出频率为任意设定的检测频率以上时为低电平，以下时为高电平①，容许负荷为 DC24V，0.1A</td></tr>
<tr><td>SE</td><td>集电极开路输出公共端</td><td colspan="2">端子 RUN、SU、OL、IPF、FU 的公共端子</td></tr>
<tr><td>脉冲</td><td>FM</td><td>指示仪表用</td><td rowspan="2">可以从 16 种监视项目中选一种作为输出，例如输出频率、输出信号与监视项目的大小成比例</td><td>出厂设定的输出的项目：频率容许负荷电流 1mA，60Hz 时 1440 脉冲/s</td></tr>
<tr><td>模拟</td><td>AM</td><td>模拟信号输出</td><td>出厂设定的输出的项目：频率输出信号 DC0 ~ 10V 时，容许负荷电流 1mA</td></tr>
<tr><td>通信</td><td>RS－485</td><td>PU</td><td>PU 接口</td><td colspan="2">通过操作面板的接口，进行 RS－485 通信，遵守标准：EIARS－485 标准、通信方式：多任务通信；通信速率：最大为 19200bps；最长距离：500m</td></tr>
</table>

10.5　变频器的功能及参数

变频器的功能因类型不同有所差异，即使是相同功能参数，其名称叫法也不一致，这里主要介绍大致一致的参数。

1. 频率给定功能

变频器的输出频率跟随频率给定方式及给定信号的不同而改变，因此选择合适的给定方式和给定信号是变频器正常运行的前提。变频器输出频率的给定方式分为模拟量给定和数字量给定。

2. 加减速时间

加速时间就是输出频率从 0 上升到最大频率所需时间，减速时间是指从最大频率下降到 0 所需时间。通常用频率设定信号上升、下降来确定加减速时间。在电动机加速时须限制频率设定的上升率以防止过电流，减速时则限制下降率以防止过电压。加速时间设定要点是将加速电流限制在变频器过电流容量以下，不使过流失速而引起变频器跳闸；减速时间设定要点是防止直流滤波电路电压过高，不使再生过压失速而使变频器跳闸。加减速时间可根据负载计算出来，但在调试中常采取按负载和经验先设定较长加减速时间，通过启、停电动机观察有无过电流、过电压报警；然后将加减速设定时间逐渐缩短，以运转中不发生报警为原则，重复操作几次即可。

3. 启动频率

即变频器开始启动的频率，对于静摩擦系数较大的负载，不能从 0 开始，为了易于启动，启动时要有一定冲击。

4. 频率限制

频率限制即设置变频器输出频率的上、下限幅值，是为了防止误操作或外接频率设定信号源出故障，而引起输出频率的过高或过低而导致设备损坏的一种保护功能。在应用中按实际情况设定即可。此功能还可作限速使用，如有的皮带输送机，由于输送物料不太多，为减少机械和皮带的磨损，可采用变频器驱动，并将变频器上限频率设定为某一频率值，这样就可使皮带输送机运行在一个固定、较低的工作速度上。

5. 转矩提升

转矩提升又称为转矩补偿，是为了补偿因电动机定子绕组电阻所引起的低速时转矩降低，而把低频率范围增大的方法。设定为自动时，可使加速时的电压自动提升以补偿启动转矩，使电动机加速顺利进行。如采用手动补偿，根据负载特性，尤其是负载的启动特性，通过试验可选出较佳曲线。对于变转矩负载，如选择不当会出现低速时的输出电压过高，而浪费电能的现象，甚至还会出现电动机带负载启动时电流大，而转速上不去的现象。

6. 电子热过载保护

本功能为保护电动机过热而设置，它是变频器内 CPU 根据运转电流值和频率计算出电动机的温升，从而进行过热保护，电子过流保护的作用和设定与继电器相同。通过设定电子过流保护的电流值，可防止电动机过热，得到最优的保护性能。本功能只适用于“一拖一”场合，而在“一拖多”时，则应在各台电动机上加装热继电器。

电子热保护设定值(%)=[电动机额定电流(A)/变频器额定输出电流(A)]×100%。

7. 直流制动

在大多数情况下，采用再生制动方式来停止电动机，但对于某些要求快速制动，而再生制动又容易引起过电压的场合，应采用直流制动方式。

8. 适用负载选择

有恒转矩负载（如运输机械、台车）；有变转矩负载（如风车、水泵）；有提升类负载等。

9. 控制方式选择

选择 U/F 控制方式和矢量控制方式。

10. 电机参数

变频器在参数中设定电机的功率、电流、电压、转速、最大频率，这些参数可以从电机铭牌中直接得到。

11. 跳频

在某个频率点上，有可能会发生共振现象，特别在整个装置比较高时；在控制压缩机时，要避免压缩机的喘振点。

12. 基底频率

此参数主要用于调整变频器输出到电动机的额定值，当用标准电动机，通常设定为电动机的额定频率，当需要电动机运行在工频电源与变频器切换时，设定与电源频率相同。

10.6　变频器的运行调试

变频器能否成功地应用到各种负载中，且长期稳定地运行，现场调试很关键，必须按照下述相应的步骤进行。

10.6.1　变频器的空载通电检验

(1) 将变频器的电源输入端子经过漏电保护开关接到电源上。

(2) 将变频器的接地端子接地。

(3) 确认变频器铭牌上的电压、频率等级与电网的是否相吻合，无误后送电。

(4) 主接触器吸合，风扇运转，用万用表 AC 挡测试输入电源电压是否在标准规范内。

(5) 熟悉变频器的操作键盘键，以变频器为例：

FWD 为正向运行键，令驱动器正向运行；

REV 为反向运行键，令驱动器反向运行；

ESC/DISPL 为退出/显示键，退出功能项的数据更改，故障状态退出，退出子菜单或由功能项菜单进入状态显示菜单；

STOP/RESET 为停止复位键，令驱动器停止运行，异常复位，故障确认；

PRG 为参数设定/移位键；

SET 为参数设定键，数值修改完毕保存，监视状态下改变监视对象；

▲▼为参数变更/加减键，设定值及参数变更使用，监视状态下改变给定频率；

JOG 为手动运行键，按下手动运行，松开停止运行，不同变频器操作键的定义基本相同。

(6) 变频器运行到 50 Hz，测试变频器 U、V、W 三相输出电压是否平衡。

(7) 断电完全没显示后，接上电机线。

10.6.2　变频器带电机空载运行

(1) 设置电机的基本额定参数，要综合考虑变频器的工作电流。

(2) 设定变频器的最大输出频率、基频、设置转矩特性。U/F 类型的选择包括最高频率、基本频率和转矩类型等项目。最高频率是变频器—电动机系统可以运行的最高频率，由于变频器自身的最高频率可能较高，当电动机容许的最高频率低于变频器的最高频率时，应按电动机及其负载的要求进行设定。基本频率是变频器对电动机进行恒功率控制和恒转矩控制的分界线，应按电动机的额定电压进行设定。转矩类型指负载是恒转矩负载还是变转矩负载。用户根据变频器使用说明书中的 U/F 类型图和负载特点，选择其中的一种类型。通用变频器均备有多条 U/F 曲线供用户选择，用户在使用时应根据负载的性质选择合适的 U/F 曲线。为了改善变频器启动时的低速性能，使电机输出的转矩能满足生产负载启动的要求，要调整启动转矩。在异步电机变频调速系统中，转矩的控制较复杂。在低频段，由于电阻、漏电抗的影响不容忽略，若仍保持 U/F 为常数，则磁通将减小，进而减小了电机的输出转矩。为此，在低频段要对电压进行适当补偿以提升转矩。一般变频器均由用户进行人工设定补偿。普通变频器则为用户提供两种选择，即 42 种 U/F 提升方式，自动转矩提升。

（3）变频器的频率设置及运行控制均为键盘模式，按运行键、停止键，观察电机是否能正常地启动、停止。

（4）熟悉变频器运行发生故障时的保护代码，观察热保护继电器的出厂值，观察过载保护的设定值，需要时可以修改。变频器的使用人员可以按变频器的使用说明书对变频器的电子热继电器功能进行设定。电子热继电器的门限值定义为电动机和变频器两者的额定电流的比值，通常用百分数表示。当变频器的输出电流超过其容许电流时，变频器的过电流保护将切断变频器的输出。因此，变频器电子热继电器的门限最大值不超过变频器的最大容许输出电流。

（5）变频器运行到满频，测试输出电压及电流，看是否与键盘监视的值相吻合。

10.6.3 带载试运行

（1）手动操作变频器面板上的运行停止键，观察电机运行停止过程及变频器的监视，看是否有异常现象。

（2）如果启动、停止电机过程中变频器出现过流保护动作，应重新设定加速、减速时间。电机在加、减速时的加速度取决于加速转矩，而变频器在启动、制动过程中的频率变化率是用户设定的。若电机转动惯量或电机负载变化，按预先设定的频率变化率升速或减速时，有可能出现加速转矩不够，从而造成电机失速，即电机转速与变频器输出频率不协调，从而造成过电流或过电压。因此，需要根据电机转动惯量和负载合理设定加、减速时间，使变频器的频率变化率能与电机转速变化率相协调。检查此项设定是否合理的方法是先按经验选定加、减速时间进行设定，若在启动过程中出现过流，则可适当延长加速时间；若在制动过程中出现过流，则适当延长减速时间。另一方面，加、减速时间不宜设定太长，时间太长将影响生产效率，特别是频繁启动、制动时。

（3）如果变频器仍然存在运行故障，应尝试增加最大电流的保护值，但是不能取消保护，应留有至少 10% ~20% 的保护余量。

（4）如果变频器运行故障还是发生，应更换更大一级功率的变频器。

（5）如果变频器带动电机在启动过程中达不到预设速度，可能有下述两种情况。

① 系统发生机电共振，可以从电机运转的声音进行判断。采用设置频率跳跃值的方法，可以避开共振点。一般变频器能设定三级跳跃点。U/F 控制的变频器驱动异步电机时，在某些频率段，电机的电流、转速会发生振荡，严重时系统无法运行，甚至在加速过程中出现过电流保护动作使得电机不能正常启动，在电机轻载或转动惯量较小时更为严重。普通变频器均备有频率跨跳功能，用户可以根据系统出现振荡的频率点，在 U/F 曲线上设置跨跳点及跨跳宽度。当电机加速时可以自动跳过这些频率段，保证系统能够正常运行。

② 电机的转矩输出能力不够，不同品牌的变频器出厂参数设置不同，在相同的条件下，带载能力不同，也可能因变频器控制方法不同，造成电机的带载能力不同；或因系统的输出效率不同，造成带载能力会有所差异。对于这种情况，可以增加转矩提升量的值。如果达不到，可用手动转矩提升功能，不要设定过大，电机这时的温升会增加。对于风机和泵类负载，应降低转矩的曲线值。

10.6.4　变频器与上位机相连进行系统调试

如果系统中有上位机，将变频器的控制线直接与上位机控制线相连，并可将变频器的操作模式改为端子控制。根据上位机系统的需要，可调定变频器接收频率信号端子的量程 0～5 V 或 0～10 V，以及变频器对模拟频率信号采样的响应速度。如果需要另外的监视表头，应选择模拟输出的监视量，并调整变频器输出监视量端子的量程。

10.7　变频器的选型安装及回路设计

10.7.1　变频器控制类型的选择

正确选用变频器的类型，首先要按照生产机械的类型、调速范围、静态速度精度、启动转矩的要求，然后决定选用那种控制方式的变频器最合适。所谓合适是既要好用又要经济，以满足工艺和生产的基本条件和要求为前提。变频器的控制方式有 U/F 控制方式、转差频率控制方式、矢量控制方式三种。

（1）U/F 控制方式。也称恒定电压/频率的控制方式，即通过电压/频率的比值保持一定而得到所需要的转矩特性。U/F 控制是一种开环控制方式，由于它的控制方式比较简单，所以相比之下，控制电路的成本也较低。这种控制方式一般应用于对控制精度要求不高的风机、水泵类的调速系统中。

（2）转差频率控制方式。转差频率控制方式是对 U/F 控制方式的一种改进。这种控制方式的实现过程是：先由速度传感器和控制电路得到实际转速与给定转速的速度偏差信号，再由转差控制器计算出基准速度偏差值，再用基准偏差值与实际的转速值相加得到基准同步转速值，控制器可以根据这个值计算出逆变器的频率和电压的控制信号。转差频率控制是一种速度闭环标量控制，与开环的 U/F 控制方式相比，在负载转矩发生较大变化时，仍然能够达到较高的速度，并具有较好的转矩特性。

（3）矢量控制方式。矢量控制方式是交流电动机的一种理想的调速方法。矢量控制的基本思想是将异步电动机的定子电流分解为产生磁场的励磁电流分量和与其相垂直的产生转矩的转矩电流分量，并分别加以控制。在这种控制方式中，同时控制异步电动机的定子电流的幅值和相位，即控制定子电流矢量，所以称这种控制方式为矢量控制方式。矢量控制是一种高性能的控制方式。采用矢量控制的交流调速系统在调速特性上可以与直流电动机相媲美。

10.7.2 容量的选择

按合理的容量选择变频器，实际上是一个变频器与电机的最佳匹配过程，最常见、也较安全的是使变频器的容量大于或等于电机的额定功率，但实际匹配中要考虑电机的实际功率与额定功率相差多少，通常都是设备所选能力偏大，而实际需要的能力小，因此按电机的实际功率选择变频器是合理的，避免选用的变频器过大，使投资增大，功耗增大。

按电机实际功率确定变频器容量的过程是：首先测定电机的实际功率，以此来选择变频器的容量。当电动机处于频繁启动、制动工作或处于重载启动且较频繁工作时，可选取大一级的变频器，以利于变频器长期、安全地运行。一般来说，变频器功率值与电动机功率值相当时最为合适。故设置安全系数为1.0～1.2，则变频器的容量P_b为：

$$P_b = 1.1P_M(\text{kW})$$

式中，P_M为电机功率。计算出P_b后，按变频器产品目录选具体规格。

当一台变频器用于多台电机时，应满足：至少要考虑一台电动机启动电流的影响，以避免变频器过流跳闸。

变频器容量选定后，对于轻负载类，经测试，电动机实际功率确实有富余，可以考虑选用功率小于电动机功率的变频器，但要注意瞬时峰值电流是否会造成过电流保护动作。变频器电流一般应按$1.1I_N$（I_N为电动机额定电流）来选择，或按厂家在产品中标明的与变频器的输出功率额定值相配套的最大电机功率来选择。

10.7.3 外部电磁干扰的处理方法

如果变频器周围存在干扰源，它们将通过辐射或电源线侵入变频器的内部，引起控制回路误动作，造成工作不正常或停机，严重时甚至损坏变频器。提高变频器自身的抗干扰能力固然重要，但受装置成本限制，在外部采取噪声抑制措施，消除干扰源显得更为合理。以下几项措施是对噪声干扰实行“三不”原则的具体方法。

（1）变频器周围所有继电器、接触器的控制线圈上须加装防止冲击电压的吸收装置，如RC吸收器。

（2）尽量缩短控制回路的配线距离，并使其与主线路分离。

（3）指定采用屏蔽线的回路，必须按规定进行，若线路较长，应采用合理的中继方式。

（4）变频器接地端子应按规定设置，不能同电焊、动力接地混用。

（5）变频器输入端安装噪声滤波器，避免由电源进线引入干扰。

以上即为不输出干扰、不传送干扰、不接受干扰的“三不”原则。

10.7.4 变频器对周边设备的影响及故障防范

变频器的安装使用也将对其他电气设备产生影响，有时甚至导致其他电气设备故障。因此，对这些影响因素进行分析探讨，并研究应该采取哪些措施是非常必要的。

由于目前的变频器几乎都采用PWM控制方式，这样的脉冲调制方式使得变频器运行时在电源侧产生高次谐波电流，造成电压波形畸变，对供电系统产生严重影响，通常可采用以下处理措施：

（1）采用专用变压器对变频器供电，与供电系统隔离；

（2）在变频器输入侧加装滤波电抗器，降低高次谐波分量。

对于有进相电容器的场合，高次谐波电流将使电容器发热严重，为此必须在电容前串接电抗器，以减小谐波分量。

此外，由于变频器的软件开发更加完善，可以预先在变频器的内部设置各种故障防止措施，并使故障化解后仍能保持继续运行，例如，对自由停车过程中的电机进行再启动；对内部故障自动复位并保持连续运行。

10.8　变频器的运行设置

变频器的频率参数、启动控制信号、所带电机的参数等都需要通过变频器的操作面板来设置，或通过专用软件来设定。本节简单介绍变频器的参数设置，通过本节，让读者对变频器的参数设置有一个基本了解，如果需要详细了解，请读者查阅变频器厂家的使用说明书。

本节以三菱 FR－E500－0.75kW 变频器为例，介绍基本功能参数。

（1）转矩提升（Pr. 0）。

（2）上限频率（Pr. 1）和下限频率（Pr. 2）。

（3）基底频率（Pr. 3）。

（4）多段速度（Pr. 4，Pr. 5，Pr. 6）。Pr. 24，Pr. 25，Pr. 26，Pr. 27 也是多段速度的运行参数，属数字信号控制频率，RH、RM、RL、REX 信号组合出 15 种速度，如图 10-12 所示。

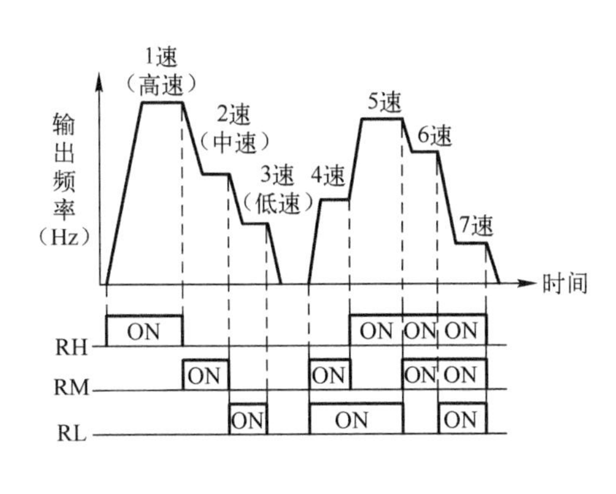

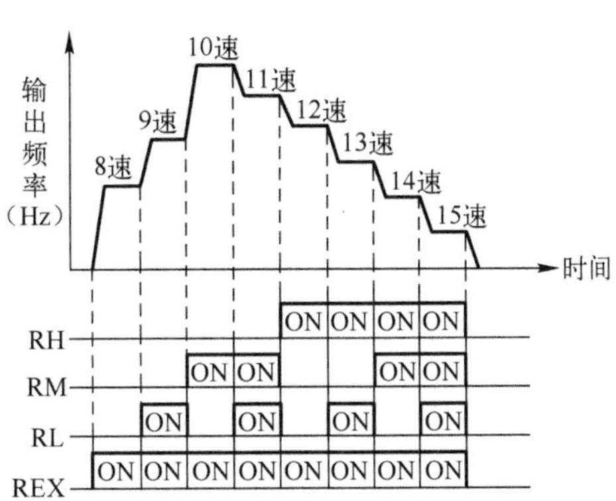

图 10-12　多段速示意图

（5）加、减速时间（Pr. 7，Pr. 8）及加、减速基准频率（Pr. 20）。

（6）电子过流保护（Pr. 9）。

（7）点动运行频率（Pr. 15）和点动加、减速时间（Pr. 16）。

（8）操作模式选择（Pr. 79），如表 10-2 所示。变频器有 4 种控制模式，分别是面板控制方式，即通过面板按键启停控制变频器，表中的1项；外部输入控制方式，即外接电位器、按钮等控制变频器输出，表中的2项；面板和外部输入综合控制变频器，表中的3、4项；通信控制方式，即通过通信口发出指令控制变频器。

表10-2　三菱FR-E500变频器操作模式表

Pr. 79 设定值	功　能		
0	电源投入时为外部操作。可用操作面板，参数单元的键，切换PU操作模式和外部操作模式		
1	操作模式	运行频率	启动信号
	PU操作模式	用操作面板，参数单元的键进行数字设定	操作面板的RUN（FWD，REV）键或参数单元的FWD，REV键
2	外部操作模式	外部信号输入（端子2（4）-5之间，多段速选择）	外部信号输入（端子STF，STR）
3	外部/PU组合操作模式1	用操作面板，参数单元的键进行数字设定，或外部信号输入（多段速设定）	外部输入信号（端子STF，STR）
4	外部/PU组合操作模式2	外部信号输入（端子2（4）-5之间，多段速选择）	操作面板的RUN（FWD，REV）键或参数单元的FWD，REV键

（9）直流制动相关参数（Pr. 10，Pr. 11，Pr. 12）。Pr. 10是直流制动时的动作频率，Pr. 11是直流制动时的动作时间（作用时间），Pr. 12是直流制动时的电压（转矩），通过这三个参数的设定，可以提高停止的准确度，使之符合负载的运行要求。

（10）启动频率（Pr. 13）。Pr. 13参数设定在电动机开始启动时的频率，如果频率（运行频率）设定的值小于启动频率，电动机不运转，若Pr. 13的值低于Pr. 2的值，即使没有运行频率（即为“0”），启动电动机也将运行在Pr. 2的设定值。

（11）负载类型选择参数（Pr. 14）。用此参数可以选择与负载特性最适宜的输出特性（U/F特性）。

（12）MRS端子输入选择（Pr. 17）。用于选择MRS端子的逻辑，Pr. 17=0时，常开触点闭合后有输出；Pr. 17=2时，常闭触点断开后有输出。

（13）参数禁止写入选择（Pr. 77）和逆转防止选择（Pr. 78）。

对于变频与工频之间的相互切换，通用变频器已内置了复杂的顺序控制功能，因此，只需要设置通用变频器的相关参数，输入自动切换选择、启动及停止等信号，就能很容易地实现切换时的电磁接触器之间的互锁，平稳地完成切换功能，从而使电动机的转速波动小，又不产生切换火花。

利用变频器的输入信号MRS、CS、JOG、STF、RES、SD来控制其输出IPF、OL、FU，而输入信号可以通过Pr. 180～Pr. 186的设定来选择，输出信号可以通过Pr. 190～Pr. 195的设定来选择，切换过程的时间可以通过相关参数Pr. 135～Pr. 139、Pr. 57～Pr. 58、Pr. 79的设定值来改变，接线图如图10-13所示。

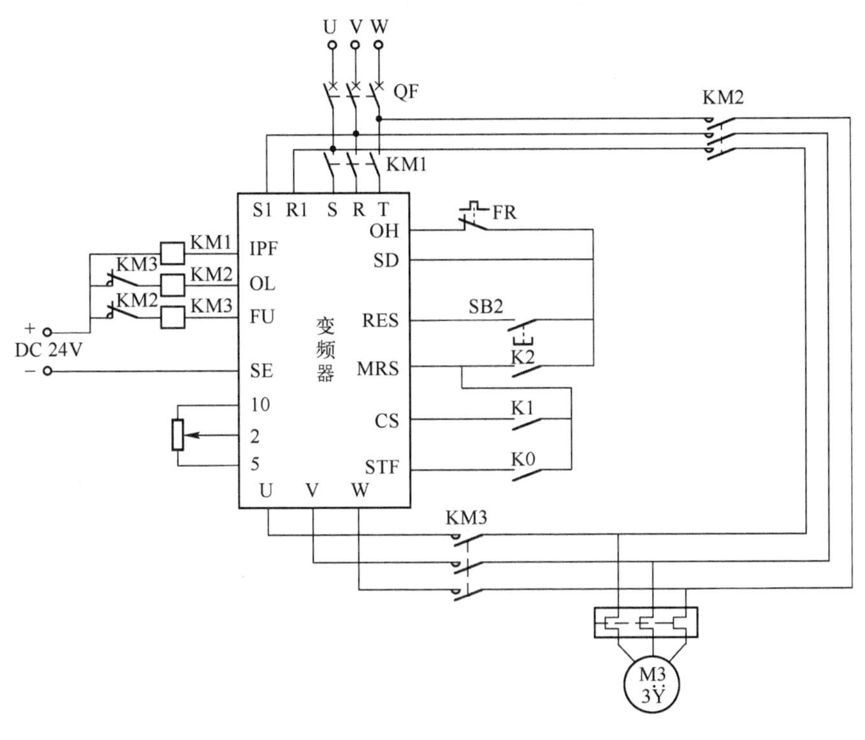

图 10-13　变频器控制变频与工频之间的相互切换电路接线图

10.9　变频器的 PID 控制

变频器的 PID 控制是与传感器元件构成的一个闭环控制系统，实现对被控量的自动调节，在温度、压力、流量等参数要求恒定的场合应用十分广泛，是变频器在节能方面常用的一种方法。

10.9.1　PID 控制概述

PID 控制是指将被控量的检测信号（即传感器测得的实际值）反馈到变频器，并与被控量的目标信号（即设定值）进行比较，以判断是否已经达到预定的控制目标。若尚未达到，则根据两者的差值进行调整，直至达到预定的控制目标为止，其控制原理框图如图 10-14 所示。

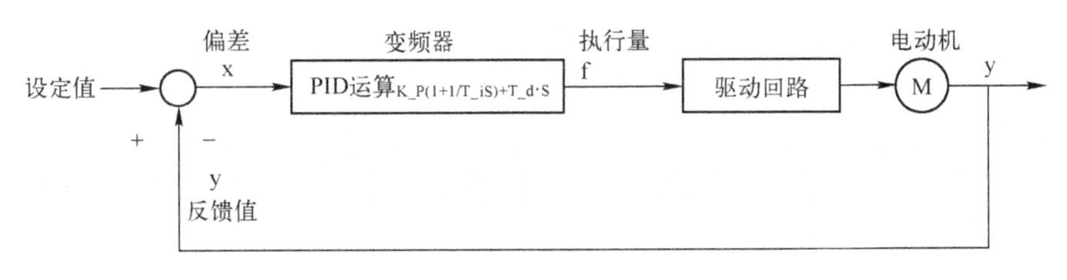

图 10-14　PID 控制示意图

PID 控制以其结构简单、稳定性好、工作可靠、调整方便而成为工业控制的主要技术之一。PID 控制又称 PID 调节，是比例微分积分控制，是利用 PI 控制和 PD 控制的优点组合而成的。根据偏差及时间变化产生一个执行量，即输出值。

10.9.2 变频器的 PID 功能

通过变频器实现 PID 控制有两种情况：一是变频器内置的 PID 控制功能，给定信号通过变频器的端子输入，反馈信号也反馈给变频器的控制端，在变频器内部进行 PID 调节以改变输出频率；二是外部的 PID 调节器，将给定信号与反馈信号进行比较后加到变频器的控制端，调节变频器的输出频率。

变频器的 PID 调节的特点如下：

① 变频器的输出频率 f_x 只根据实际值与目标值的比较结果进行调整，与被控量之间无对应关系。

② 变频器的输出频率 f_x 始终处于调整状态，其数值通常不稳定。

利用变频器内置的 PID 功能进行控制时，其接线原理图如图 10-15 所示。

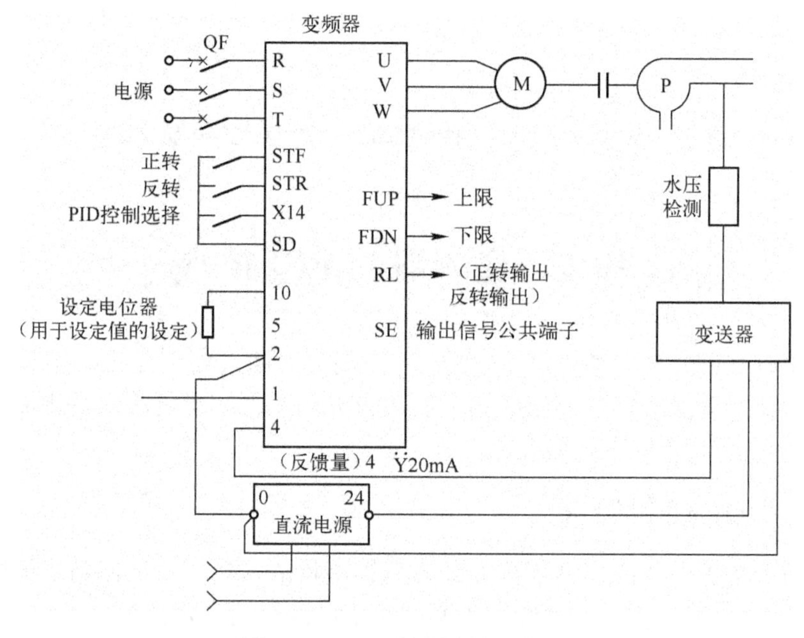

图 10-15　PID 控制接线原理图

输出信号端子由 Pr. 191 ~ Pr. 194 设定，输入信号端子由 Pr. 180 ~ Pr. 186 设定。变频器内置 PID 参数由 Pr. 128 ~ Pr. 134 设定。

10.10 变频器的实训

本实训以 FR - E500 三菱变频器为例，全面训练面板操作模式、外部端子控制、多段速运行开关控制、模拟量控制以及内部 PID 闭环控制等。

【实训 10.1】面板操作模式应用。变频器的面板操作模式的启、停练习，在［PU］运行模式下，设定 Pr. 1 = 50Hz、Pr. 2 = 3Hz、Pr. 3 = 50Hz、Pr. 7 = 5s、Pr. 8 = 3s，运行频率分别为 30Hz、40Hz，试操作运行。

【实训 10.2】外部运行操作应用。外部运行操作就是用变频器控制端子上的外部接线控制电动机启停和运行频率的一种方法。

【实训 10.3】外部运行多段速度应用。FR - E500 三菱变频器的多段速度运行参数如表 10-3 和表 10-4 所示。

表 10-3　三菱变频器 E500 基本参数设置

参数号	设定值	功能
Pr. 0	5%	提升转矩
Pr. 1	50Hz	上限频率
Pr. 2	3Hz	下限频率
Pr. 3	50Hz	基底频率
Pr. 7	5S	加速时间
Pr. 8	3S	减速时间
Pr. 9	3A	电子过流保护（1000W 电机）
Pr. 20	50	加、减速基准频率
Pr. 79	3	组合操作模式 1

表 10-4　三菱变频器 E500 七段速度运行参数设定

控制端子	RH	RM	RL	RM，RL	RH，RL	RH，RM	RH，RM，RL
参数号	Pr. 4	Pr. 5	Pr. 6	Pr. 24	Pr. 25	Pr. 26	Pr. 27
设定值（Hz）	50	30	15	20	45	35	10

用 PLC 控制多段速度运行的示意图如图 10-16 所示。

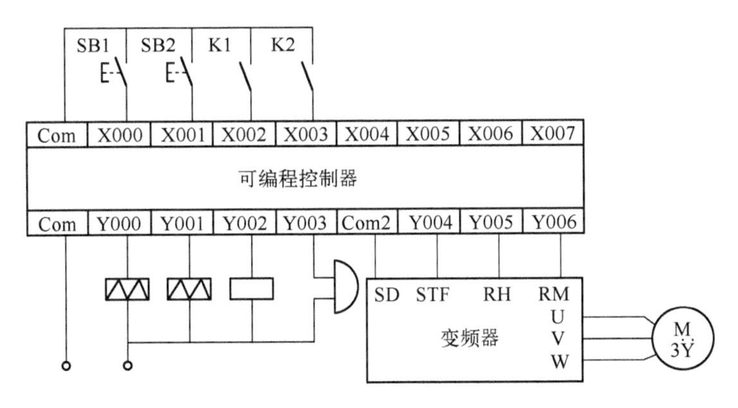

图 10-16　PLC 控制三菱变频器的多段速度系统接线图

数据设定的参数表如表 10-5 所示。

表 10-5　数据设定运行参数表

参　数　号	Pr. 232	Pr. 233	Pr. 234	Pr. 235	Pr. 236	Pr. 237	Pr. 238	Pr. 239	
设定值（Hz）	22	28	48	40	36	24	18	8	

【实训 10. 4】改用通信控制方式进行上述控制。

【实训 10. 5】FR - E500 三菱变频器的外部模拟量控制速度运行。用外部接线的方式控制电动机运行图 10-12 中的三段速的速度曲线控制（50Hz，10 秒；30Hz，8 秒；15Hz，6 秒；循环），也可以外接电位器（1W、1kΩ 的电位器）来手动控制运行频率，然后改变基本参数的值反复操作练习（同样，不需要考虑低速运行，正向直接加速到 45Hz 运行，反向直接加速到 50Hz 运行）。

【实训 10. 6】完成变频器的变频—工频切换及应用。

变频与工频切换的系统接线图如图 10-17 所示，参考厂家说明书，参数设置：Pr. 135 ~ Pr. 139、Pr. 57 ~ Pr. 58、Pr. 185 ~ Pr. 194、Pr. 79。

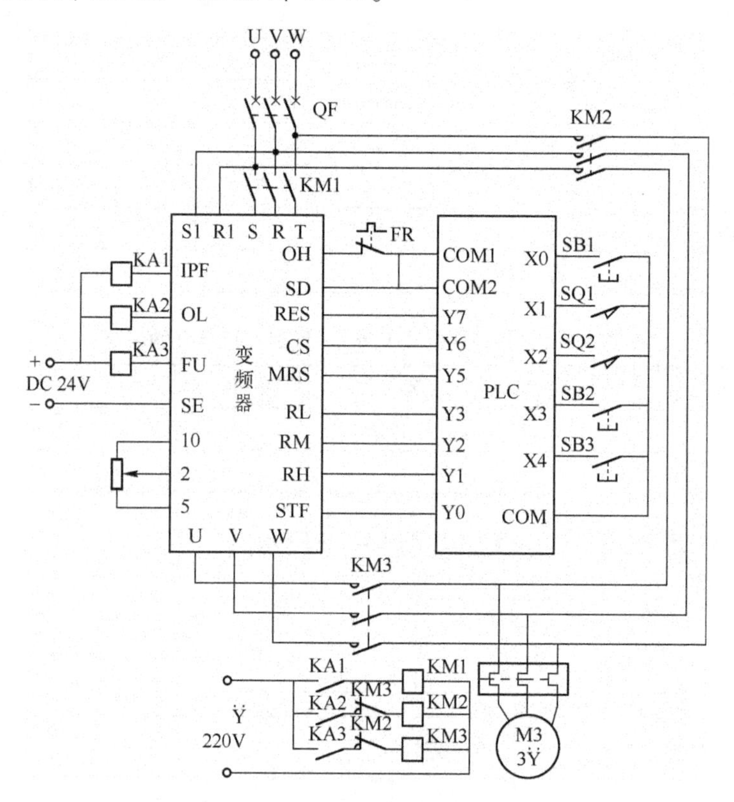

图 10-17　PLC 控制三菱变频器的变频和工频切换接线图

【实训 10. 7】变频恒压供水系统对于某些工业或特殊用户是非常重要的，例如在某些生产过程中，若自来水供水压力不足或短时间断水，可能会影响产品质量，严重时使产品报废和设备损坏。又如当发生火警时，若供水压力不足或无水供应，不能迅速灭火，可能引起重大经济损失和人员伤亡。所以，某些用水区采用恒压供水系统，具有较大的经济和社会意义。

变频调速恒压供水设备以其节能、安全、高品质的供水质量等优点，使供水行业的技术装备水平从 20 世纪 90 年代初开始经历了一次飞跃。恒压供水调速系统实现水泵电机无级调速，依据用水量的变化自动调节系统的运行参数，在用水量发生变化时保持水压恒定以满足用水要求，是当今最先进、合理的节能型供水系统。

掌握工频与变频切换的思路，了解恒压供水在实际中的应用及系统工作原理。例如，一个实际的供水系统，由于供水网压力不足，系统需要供水，一般情况下开 1 台水泵向管网充压，当供水量大时，开 2 台泵同时向管网充压。要想维持供水网的压力在一定的值以上，在管网系统的管道上安装了压力变送器作为反馈元件，为控制系统提供反馈信号。

通过可编程控制器切换继电器组，以此来协调投入工作的电机的台数，并完成电机的起停、变频与工频的切换。通过调整电机组中投入的电机的台数和控制电机组中每台电机的工作状态，使供水系统的工作压力恒定，进而达到恒压供水的目的。

本章小结

电动机使用变频器的作用就是为了调速，并降低启动电流。为了产生可变的电压和频率，该设备首先要把电源的交流电变换为直流电（DC），这个过程称为整流。把直流电（DC）变换为交流电（AC）的装置，其科学术语为“inverter”（逆变器）。一般逆变器是把直流电源逆变为一定的固定频率和一定电压的逆变电源。变频器是利用电力半导体器件的通断作用将工频电源变换为另一频率的电能控制装置，能实现对交流异步电机的软启动、变频调速、提高运转精度等功能。

变频器（Variable - frequency Drive，VFD）是应用变频技术与微电子技术，通过改变电机工作电源频率方式来控制交流电动机的电力控制设备。变频器主要由整流（交流变直流）、滤波、逆变（直流变交流）、制动单元、驱动单元、检测单元微处理单元等组成。变频器靠内部 IGBT 的开断来调整输出电源的电压和频率，根据电机的实际需要来提供其所需要的电源电压，进而达到节能、调速的目的，另外，变频器还有很多的保护功能，如过流、过压、过载保护等。随着工业自动化程度的不断提高，变频器也得到了非常广泛的应用。

习　题　10

一、填空题

1. 一般变频器的结构为________的转换方式。

2. 变频器内部结构主要包括了________、________、中间储能环节，采样电路，________，主控电路和________等。

3. 变频器逆变电路的作用是在控制电路的作用下，将直流电路输出的________转换成________频率和________电压都可以任意调节的。

4. 变频器输出频率的给定方式分为________量给定和________量给定。

5. 变频器电子热过载保护________本功能为________保护而设置。

6. 变频器在参数中设定电机的________、________、________、________、________，这些参数可以从电机铭牌中直接得到。

7. 在某个频率点上，有可能会发生共振现象，特别在整个装置比较高时；在控制压缩机时，要避免压缩机的喘振点，叫________。

二、简答题

1. U/F 模式是什么意思？

2. 采用变频器运转时，电机的启动电流、启动转矩怎样？

3. 简述电动机变频调速原理。

4. 简述变频器控制类型。

三、设计题

1. 为电机配置变频器，一风机，配置电机 1kW；一皮带机，配置 1kW 电机，请配置变频器。

2. 设计一调速回路。采用编码器，主轴配置变频器，进行钟摆运动。

参考文献

[1] THE FX SERIES OF PROGRAMMABLE CONTROLLER PROGRAMMING MANUAL MITSUBISHI ELECTRIC CORPORATION. 2003. 4
[2] PROGRAMMING MANUAL OF THE FX_{3G} · FX_{3U} · FX_{3UC} SERIES OF PROGRAMMABLE CONTROLLER MITSUBISHI ELECTRIC CORPORATION. 2009. 9
[3] USER'S GUIDE OF THE FX_{3U} · FX_{3UC} SERIES OF PROGRAMMABLE CONTROLLER MITSUBISHI ELECTRIC CORPORATION. 2005. 12
[4] USER'S GUIDE OF THE FX SERIES OF PROGRAMMABLE CONTROLLER MITSUBISHI ELECTRIC CORPORATION. 1999. 11
[5] USER'S GUIDE OF THE FX_{1S} SERIES OF PROGRAMMABLE CONTROLLER MITSUBISHI ELECTRIC CORPORATION. 2000. 8
[6] HARDWARE MANUAL OF THE FX_{2N} SERIES OF PROGRAMMABLE CONTROLLER MITSUBISHI ELECTRIC CORPORATION. 2006. 5
[7] GX Works2 Version1 Operating Manual (Common) MITSUBISHI ELECTRIC CORPORATION. 2008. 7
[8] GX Developer Version8 Operating Manual (Special Functions for Overseas) MITSUBISHI ELECTRIC CORPORATION. 2008. 1
[9] GX Developer Version8 Operating Manual (SFC) MITSUBISHI ELECTRIC CORPORATION. 2008. 6
[10] GX Developer Version8 Operating Manual MITSUBISHI ELECTRIC CORPORATION. 2008. 6
[11] FX_{2N} -485 - BD USER'S GUIDE MITSUBISHI ELECTRIC CORPORATION. 2006. 8
[12] FR - A700 / F700 SERIES INSTRUCTION MANUAL MITSUBISHI ELECTRIC CORPORATION. 2014. 8
[13] FR - E500 - EC Instruction Manual MITSUBISHI ELECTRIC CORPORATION. 2001. 8
[14] FR - D700 Instruction Manual MITSUBISHI ELECTRIC CORPORATION. 2008. 11
[15] 史国生. 电气控制与可编程控制器技术. 北京：化学工业出版社，2003
[16] 张万忠. 可编程控制器应用技术. 北京：化学工业出版社，2002
[17] 阮友德. PLC、变频器、触摸屏综合应用实训. 北京：中国电力出版社，2009
[18] 上海市维修电工中、高级 PLC 考题. 上海市人力资源和社会保障局，2013
[19] 2015 自动化生产线安装与调试国赛样卷. 全国职业院校技能大赛组委会，2015

《可编程控制器技术（三菱机型）》读者意见反馈表

尊敬的读者：

感谢您购买本书。为了能为您提供更优秀的教材，请您抽出宝贵的时间，将您的意见以下表的方式（可从 http://www.huaxin.edu.cn 下载本调查表）及时告知我们，以改进我们的服务。对采用您的意见进行修订的教材，我们将在该书的前言中进行说明并赠送您样书。

姓名：________________ 电话：________________________________

职业：________________ E-mail：________________________________

邮编：________________ 通信地址：______________________________

1. 您对本书的总体看法是：

□很满意 □比较满意 □尚可 □不太满意 □不满意

2. 您对本书的结构（章节）：□满意 □不满意 改进意见________________

____

____

3. 您对本书的例题： □满意 □不满意 改进意见________________

____

____

4. 您对本书的习题： □满意 □不满意 改进意见________________

____

____

5. 您对本书的实训： □满意 □不满意 改进意见________________

____

____

6. 您对本书其他的改进意见：

____

____

____

____

7. 您感兴趣或希望增加的教材选题是：

____

____

____

请寄：100036 北京市海淀区万寿路 173 信箱高等职业教育分社 王昭松 收

电话：010－88254015 E-mail：wangzs@phei.com.cn